AMAZÔNIA E A CRISE DA MODERNIZAÇÃO

AMAZÔNIA E A CRISE DA MODERNIZAÇÃO

Maria Angela D'Incao
Isolda Maciel da Silveira
(organizadoras)

Museu Paraense Emílio Goeldi
Belém — Pará
1994

A Amazônia e a crise de modernização / Maria Angela D'Incao e Isolda Maciel da Silveira. — Belém: Museu Paraense Emílio Goeldi, 1994.

592 p. : il. (Coleção Eduardo Galvão)

ISBN 85-7098-040-X

1. Amazônia - Aspectos econômicos e sociais. 2. Biodiversidade. 3. Desenvolvimento sustentável - Brasil - Amazônia. 4. Cultura - Brasil - Amazônia. 5. Etnologia - Brasil - Amazônia. 6. Industralização - Brasil - Amazônia. 7. Amazônia - Conflitos. 8. Políticas públicas - Brasil - Amazônia. I. D'Incao, Maria Angela, org. II. Silveira, Isolda Maciel da, org.

CDD . 330.9811

Caixa Postal 399/Post Office Box 399
Belém, Pará, Brasil 66040-170

ÍNDICE

Parte I
As Novas Tecnologias e a Ética de Conservação da Biodiversidade

Parte II
Amazônia: Região, Relações com a Nação e a Sociedade Global

Parte III
Cultura, História, Gênero e Práticas na Amazônia

Parte IV
Identidade Indígena

Parte V
Desenvolvimento Sustentável: Mito ou Paradigma?

Parte VI
Grandes Projetos e Industrialização

Parte VII
Políticas Públicas e Demandas Sociais

APRESENTAÇÃO

Pedro L. B. Lisboa

O advento da rodovia Belém-Brasília tirou a Amazônia do isolamento terrestre. E por ela entraram os conceitos de modernização para desenvolver a região nos anos 60, hoje claramente avaliados como equivocados. Interessante notar, entretanto, que a busca para um melhor destino para a Amazônia ainda parece distante. Os dados sobre a região estão na mesa, mas são analisados sob uma ótica individual. A floresta, as comunidades indígenas, os animais, os rios e o homem dos povoados, parecem os fragmentos de um quebra-cabeça sobre um tabuleiro, aguardando o encaixe ideal, ainda não encontrado. O evento "Amazônia e a Crise da Modernização", que deu origem a este livro, representou mais um passo para a solução deste desafio.

As mudanças que pretendiam a modernização foram sendo implantadas sem que a sociedade, a princípio, se apercebesse disso. Primeiro, veio a operação desmonte, com a demolição de estradas de ferro, a construção da Transamazônica e o avanço do desmatamento. Florestas densas, com plantas e animais que ainda não haviam sido sequer inventariados, foram substituídas por pastagens sem futuro. Depois, chegaram os megaprojetos de colonização, como o Programa Pólo Noroeste em Rondônia e Mato Grosso. Centenas de milhares de migrantes desembarcaram na região para ocupar as margens das novas estradas que cortavam a região em direção aos quatro pontos cardeais, atravessando inclusive terras indígenas, para desenvolver uma agricultura em solo e clima desconhecidos. Como a redenção poderia vir sob a forma industrializada, surgiram a Zona Franca de Manaus e alguns pólos metalúrgicos, como os de Carajás e de Barcarena. A exploração madeireira foi incentivada e expandida. Mas para mover todos esses investimentos faltava a energia, daí surgirem as hidrelétricas, algumas gigantescas como a de Tucuruí, que mesmo levando energia para o Nordeste brasileiro, ainda não alimenta a maioria dos municípios do Pará. Apesar da aparência de planejamento, sobreveio o fracasso do modelo implantado. Por quê?

Todos os setores da sociedade, hoje, apontam para uma resposta de consenso. A origem exógena deste modelo desenvolvimentista autoritário, que ainda persiste, ignorando a sociedade local e esquecendo que o desenvolvimento deve vislumbrar a melhora da qualidade de vida do homem e do ambiente em que este vive, foi a responsável pelo fracasso.

Mais recentemente, a conscientização sobre a conservação ambiental e a necessidade de uma melhor qualidade de vida para o homem foram consolidadas. A sociedade se organizou para tentar contornar os problemas já instalados e participar do debate sobre as próximas ações que se pretendem para a região amazônica. Três conceitos se tornaram o símbolo da necessidade de uma nova percepção de desenvolvimento regional: biodiversidade, zoneamento ecológico-econômico e manejo sustentado. É sobre essa base que se desenha um novo futuro para a região. Mas a fase que atravessamos ainda é de amadurecimento. Ainda não sabemos exatamente o que propor para o aproveitamento e a conservação da biodiversidade. O zoneamento sério, envolvendo ciência e planejamento, do qual se fala há mais de uma década, ainda está por ser feito, a despeito de ser citado como uma prioridade para a região e algumas tentativas embrionárias tenham sido levadas a cabo. O manejo sustentado pode ser entendido teoricamente, mas, quando levado para a prática, ainda mostra uma complexidade considerável, não permitindo ainda a sua implementação de forma plena e sistematizada como um instrumento para desenvolver a região.

Com vista a ser um ativo participante do processo de desenvolvimento regional, o Museu Goeldi, apoiado na sua tradição de 128 anos de estudo da flora, fauna, ambiente físico e do homem da Amazônia, concluiu o seu Planejamento Estratégico, definindo objetivos e diretrizes gerais, de longo prazo, em consonância com as necessidades regionais na área de Ciência & Tecnologia. Neste contexto, a conferência ''Amazônia e a Crise da Modernização'', apoiada por este órgão, procurou fornecer uma visão multidisciplinar dos problemas que hoje afetam o ambiente e o homem amazônico. Não se propôs a fornecer soluções definitivas para as questões, mas, certamente, representou um momento importante de diálogo para se entender e debater a dinâmica dos fatores passados e presentes, que estão determinando a forma equivocada da política desenvolvimentista que vem sendo implantada na região e as suas conseqüências sobre a economia, a educação, a cidadania e a cultura do homem da região.

INTRODUÇÃO

Este livro contém grande parte dos trabalhos apresentados na conferência AMAZÔNIA E A CRISE DA MODERNIZAÇÃO, realizada pelo Departamento de Ciências Humanas do Museu Paraense Emílio Goeldi, entre 29 de setembro e 01 de outubro de 1993. A conferência reuniu um número considerável de intelectuais brasileiros e estrangeiros, jornalistas, políticos e representantes de movimentos sociais interessados nas questões da Amazônia. Procuramos adotar uma perspectiva interdisciplinar, evitando que as questões culturais, políticas e sociais fossem relegadas a um segundo plano, como ocorre, muitas vezes, nas discussões sobre as possibilidades do desenvolvimento sustentável dentro do "background" dos grandes projetos, da industrialização e das metrópoles na Amazônia.

O presente volume é resultado desse projeto e reúne não só textos que foram debatidos durante a conferência, mas também alguns textos que não puderam ser apresentados. Por outro lado, alguns textos apresentados na conferência não estão incluídos, por razões de diversas ordens. Com algumas exceções, a maior parte dos textos aqui apresentados foi escrita especialmente para a conferência e compõem um todo interdisciplinar, onde os múltiplos aspectos da sociedade global e da Amazônia hoje, são tratados. A ordem em que os textos aparecem neste volume não segue exatamente a mesma de apresentação na conferência. Foram feitos novos arranjos para melhor adequar os conteúdos aos capítulos e seus temas. O leitor, porém, não precisará seguir exatamente essa ordem, podendo iniciar e traçar seu próprio roteiro de leitura. Os textos foram escritos ou elaborados individualmente, ainda que para uma discussão interdisciplinar.

Fazer uma introdução à altura das teses apresentadas nesse volume não se constitui, evidentemente, em uma tarefa fácil e rápida. São muitos os temas e muitas as tensões existentes entre eles. Desse modo, na primeira parte desta Introdução, fazemos somente uma breve apresentação dos textos e, na segunda parte, tentamos um recorte de uma leitura possível no conjunto deles, indicando caminhos e problemas.

I

Tendo em vista a importância que os debates sobre a conservação ambiental assumiu na sociedade como um todo e na região, acreditamos indispensável refletir sobre os fundamentos da tecnologia moderna e sobre as possibilidades de uma ética de conservação para o futuro. Abrindo a *primeira parte* deste volume, Novas Tecnologias e a Ética da Preservação da Biodiversidade, temos um conjunto de trechos de correspondência de *Harald Sioli* à coordenação da conferência, que denominamos *Sobre o futuro das pesquisas na Amazônia.* O leitor jovem poderá, através dessa correspondência, aprender que a luta em favor da preservação na Amazônia não começou hoje e que os problemas de hoje são maiores que os de ontem. Em seguida, *Hermínio Martins*, em *Hegel, Texas: temas de Filosofia e Sociologia*, analisa as raízes filosóficas da tecnologia moderna e suas significações para a sociedade, assim como os resultados morais dessa criação. Proporciona ao leitor interessado nas questões filosóficas da tecnologia e da modernização, do futuro e da responsabilidade sobre ele, pontos essenciais para reflexão e embasamento da discussão contemporânea sobre a crise de um modelo de modernização. Para os propósitos de nossa discussão, esse texto fornece subsídios para a compreensão do porquê nossa civilização pode moralmente se apoiar, até aqui, em um modelo de desenvolvimento fundado na exploração de energias não renováveis incapaz de promover o bem estar do homem em geral. Em seguida, o texto *Limites culturais na responsabilidade de conservação da biodiversidade*, de *Maria Angela D'Incao*, interroga sobre as poucas possibilidades oferecidas pelas estruturas sócioculturais brasileiras em direção a uma política educacional eficiente voltada para este objetivo. *Marlúcia Martins*, ao tratar da *Biodiversidade, Ética e Educação para a conservação*, enfatiza que o processo de perda da biodiversidade tem sido, até o momento, irreversível e que, necessariamente, preservar significa rever o modelo de desenvolvimento. *Clarita Müller-Plantenberg*, na direção da educação e da cidadania, defende que *As precondições de previsão: conhecimento da população acerca das cadeias de impacto previsão e prevenção da produção de alumínio na Amazônia* pressupõem processos técnicos e comunicativos e, assim, a necessidade de uma estratégia de pesquisa que não somente analise os aspectos técnicos dos processos de produção e seus impactos na natureza, mas que também se responsabilize pelos problemas causados para o homem, sua saúde e condições de vida futura. Apresenta farto material de pesquisa relativo à produção de alumínio na Amazônia brasileira e venezuelana.

Dando continuidade, o leitor vai encontrar em *Ecos*, de *Ernani Chaves*, uma fala sugestiva sobre a questão do conhecimento e o momento de conscientização de nossa ignorância relativa à nossa própria cultura e meio ambiente. Sob o título *Comunidades tradicionais: sobrevivência e preservação ambiental*, *Lourdes Gonçalves Furtado*, a propósito da proposta de criação de reservas pesqueiras dos pescadores da região do Médio-Amazonas, observa a importância da luta pelas reservas e do modelo de preservação ambiental dado pela tradição de comunidades pesqueiras tradicionais. Este texto, juntamente com o de D'Incao, M. Martins,

Müller-Plantenberg, aponta para a possibilidade de pensar a conservação através da prática da cidadania advinda do dia a dia das populações e, também, para a importância de se procurar construir uma conscientização a partir do conhecimento popular, entendido como não sendo meramente contemplativo, mas condição necessária para a efetiva construção de um saber conservacionista. Em igual medida, mas de diferentes modos, Sioli e Chaves tocam a questão da opção de um modelo de desenvolvimento para a Amazônia e Martins revela as raízes e consequências do conhecimento anti-humanidade.

A *parte dois*, Amazônia: Região, Relações com a Nação e a Sociedade Global, reúne as três plenárias da conferência onde os textos perpassam, de diferentes modos, as três instâncias. Abre essa parte do volume o artigo de *Aziz Ab'Saber*, *A região amazônica*, enfatizando que a grande diversidade biológica e humana da região necessita de uma setorização. Adverte sobre os perigos de se partir de planejamentos homogeneizantes, que poderiam acabar com diques que a natureza edificou há milhares de anos. *Francisco de Oliveira* discorre em *A reconquista da Amazônia*, sobre o que considera o novo surto de expansão capitalista na Amazônia, a partir dos anos sessenta, em que o Estado oferece condições de uma verdadeira acumulação primitiva para empresas estatais e privadas, abdicando, assim, do monopólio de violência, abrindo caminho para todo tipo de violência privada ou pública. O grande desafio é saber como o Estado democrático, de direito, pode pensar a ocupação territorial. Quer ele controlar as estatais? Pode renunciar à exploração da Amazônia? De que forma?

Oliveiros S. Ferreira apresenta, em *Reflexões sobre a Nação e a Amazônia*, uma análise do conceito de Nação de uma perspectiva da história brasileira. Indica que, até há pouco tempo, o Brasil ainda se considerava uma Nação sem que se realizasse o necessário *plebiscito cotidiano*, mas que não nos constituímos em Nação, somente em um Estado. Analisa a Amazônia dentro deste quadro histórico-teórico, estabelecendo conexões entre a Região Amazônica e o poder central brasileiro, expondo o modo como este cuida e pode entender a Amazônia. Fundando suas observações na compreensão do Estado construído à frente da Nação, ocasionando a não-formação plena da cidadania, o texto de *Bertha K. Becker*, *Estado, Nação e Região no final do século XX*, apresenta argumentos de que a noção de soberania nacional, desde o século XVII, constrói-se em função da noção de territorialização: houve sempre uma concorrência territorial entre as diferentes nações. Entende que a consciência ecológica, da utopia ecológica à ideologia ecológica, vem a ser a politização da natureza. Finalmente toma a Amazônia como área crítica; a Amazônia como capital-natureza do ponto de vista da geopolítica. Pergunta: Quem, afinal, expressa a Amazônia? Diferentes projetos dentro da Amazônia se debatem entre a modernização e a ecologia. Os direitos da região e da

Nação sobre o território amazônico implicam o debate sobre a soberania no mundo atual. Resta saber se é possível compatibilizar interesses atuantes em diferentes escalas de poder. *Lúcio Flávio Pinto*, com o artigo *A Amazônia entre estruturas desfavoráveis*, pontua que em 1966 a União consolidou mecanismos institucionais, creditícios e políticos para promover a integração da Amazônia, sua maior fronteira de recursos, à economia nacional. A Amazônia deixava de ser reserva para se tornar meio de produção efetiva. Em 1973 começaram a ser dados os passos mais importantes para que a integração amazônica se estendesse a mercados internacionais especializados, através da oferta de minérios e energia barata e abundante, não apenas pela via convencional, mas armazenada em produtos novos, como o alumínio. Lúcio Flávio defende a tese de que as estruturas econômicas, tanto a nível nacional como internacional, condicionam o futuro da região.

Márcio Souza, em *Representação regional, Cabanagem e leseira: "Só é elite quem age contra os interesses da região"*, fornece ao leitor um depoimento original sobre a Cabanagem e a constituição das elites políticas regionais; trata da própria estrutura colonial transformada na estrutura nacional até hoje presente. Analisa, em especial, a Cabanagem como movimento incorporado pela elite e pelo povo. Discorre sobre a região, culturalmente falando, observa as atitudes regionais particulares quando denomina de *leseira* a credulidade absoluta de uma região. Em seguida, o artigo de *Paulo Nogueira Batista*, *O Brasil e o desenvolvimento sustentável*, trata da necessidade do desenvolvimento sustentável para o Brasil, assinalando a impossibilidade de se continuar o modelo de desenvolvimento baseado em energia não renovável. Analisa a insustentabilidade ecológica e política do subdesenvolvimento, o custo ambiental da revolução industrial e da revolução verde e o desafio ambiental como fator de cooperação mundial. Oferece, no final, pontos para uma política de desenvolvimento econômico socialmente justo e economicamente sustentável para o Brasil.

O artigo seguinte, de *Laymert Garcia dos Santos*, *A encruzilhada da política ambiental brasileira*, versa sobre a contradição entre a biodiversidade e as relações de poder sobre o conhecimento da biodiversidade, a biotecnologia. Discute a questão do valor do conhecimento no setor biotecnológico e busca um entendimento entre esses dados do novo mercado e a Amazônia, o mais rico depositário biodiverso de recursos naturais do mundo. Analisa, em detalhes, as novas tecnologias ligadas à biodiversidade, contribuindo com uma importante pesquisa nessa área de investigação, associada à questão política que envolve toda a discussão da biodiversidade. *Thomas Hurtienne*, no texto *O que representa a Amazônia para a sociedade global?*, analisa a conjuntura mundial e os conflitos inerentes à economia no que tange à ecologia. Enfatiza a existência de uma contradição nessa forma de viver do modelo civilizatório, chamado *fordista*, que torna semelhante a maneira de organizar os espaços, a infra-estrutura, as cidades, o modo de viver. A contradição deriva do fato de que essa globalização não permite a plena realização desse estilo econômico e social em todas as partes do mundo, recaindo sobre o Terceiro Mundo a pior parte, especialmente no que se refere ao consumo. *David Cleary* apresenta o instigante texto *Problemas na interpretação da história moderna da Amazônia*, onde sustenta que o capitalismo fracassou na Amazônia e que o mercado do interior se encontra sob o domínio da forma de economia informal, em que o garimpo, o contrabando e o narcotráfico têm influência marcante na conformação das relações econômicas. Fornece argumentos e exemplos em favor de sua tese.

Paul Singer encerra esta segunda parte com o texto *Amazônia na sociedade global*, onde procede a uma análise crítica dos textos de Cleary e de Santos. Enfatiza, entre outras coisas, no primeiro texto, que não concorda com a tese da presença da economia informal na Amazônia por razões factuais, históricas e conceituais. Indica que a Amazônia não é, no seu entender, mais autárquica e menos capitalista, uma vez que essa desestabilização é característica passageira também de outras economias de regiões menos desenvolvidas. Sobre o texto de Santos, observa que o mesmo desconfia de todo o aproveitamento econômico da floresta, uma vez que a biotecnologia, por produzir homogeneidade, não poderá manter a biodiversidade, no que certamente tem razão, cabendo ao governo brasileiro ser o guardião da floresta. Nesta parte, como em outros tópicos, oferece sugestões para as teses de Santos.

A *terceira parte* deste volume congrega textos sobre Cultura, História, Gênero e Práticas na Amazônia. Abre esta parte o artigo de *Geraldo Mártires Coelho*, *História e identidade cultural na Amazônia*, onde, a partir da análise das relações que se estabelecem entre Cultura e História, no Brasil, de um modo geral, reflete sobre a cultura na Amazônia, partindo de uma cronologia da História da Amazônia. Observa os condicionantes que indicaram os rumos seguidos pela pesquisa e pelo ensino de História na Amazônia, desde a segunda metade deste século, mas que tem suas raízes no modelo que privilegia a história política e factual regional, a crônica oficializada do poder e da conquista, de governadores e de generais, de portentados e de bispos. Daí por que a história de negros e índios não figurasse nessa historiografia. Nessa mesma direção histórica, *Angela Maria de Moraes Bertho*, com o texto *O Museu Paraense Emílio Goeldi no contexto cultural da Amazônia*, apresenta o processo de formação e desenvolvimento desta instituição científica, fornecendo importantes informações sobre a produção e a difusão científica do saber sobre a Amazônia desde 1866. *Maria Lucia Medeiros*, com o texto *O lugar da errância*, contribui para o debate sobre a importância da Literatura para o conhecimento da Amazônia, apresentando uma análise de visões literárias essa região, onde está presente a universalidade do escritor. Percebe na região um emaranhado de símbolos, a floresta, por exemplo, de todos nós, latino-americanos, europeus e brasileiros, resultado de um sonho de sair de si próprio à procura do outro, que somos nós ainda, numa expressão dialética do próprio ser. *Anaíza Vergolino-Henry* apresenta um trabalho na área de religião afro-brasileira, *História comum, tempos diferentes*, onde sublinha a importância da interpretação dualista da cultura amazônica e a necessidade de relativizá-la. Para também mergulhar mais na riqueza do imaginário amazônico, é urgente considerar as visões de mundo sob diferentes pontos de vista, de outras percepções do mundo. *Véronique Boyer-Àraújo* oferece uma outra versão do imaginário das populações caboclas em *Do 'mau olhado' à 'coisa feita' ou o caminho para a mediação do filho de santo*. Procede a uma diferenciação entre mau-olhado e coisa-feita, através dos procedimentos e significados dos diagnósticos dos males. Juntamente com o de Vergolino-Henry e Medeiros, esse trabalho mostra a importância de pesquisas sobre o imaginário para se compreender, mais adequadamente, as populações que vivem na Amazônia, seu contexto cultural e simbólico, ampliando a variedade dos atores da cultura na Amazônia.

Em seguida, um conjunto de textos versam sobre a temática das relações de gênero na Amazônia. *Maria Luzia Miranda Álvares*, em *Educação e (in)submissão feminina no Pará*, oferece ao leitor uma pesquisa importante sobre o passado da mulher das camadas urbanas (Belém) que, diferentemente do que em geral se espera do passado feminino em sociedades tradicionais, participaram e influíram em movimentos políticos da época, rompendo os bloqueios impostos ao seu livre trânsito na esfera pública. *Maria Angélica Motta-Maués*, com seu texto *Quando chega essa 'visita'*, aborda o status social e simbólico da mulher em Itapuá, uma comunidade pesqueira, revelando os domínios da vida social e material dos quais a mulher é excluída em função de seu caráter biofisiológico. Trata-se de um estudo importante sobre a ritualização da menstruação feminina que somente dará um papel de autoridade à mulher quando a mesma se iguala ao homem, isto é, quando entra no período da menopausa. O estudo de *Edilsa Fontes*, *Mulher na Padaria dá problema de amores*, trata das imagens dominantes sobre a mulher, no contexto de Belém dos anos 1920-30 e a progressiva marginalização que elas sofrem de uma atividade que foi exercida principalmente por elas, a fabricação do pão. O trabalho de *Maria Cristina Maneschy* mostra a participação feminina na produção de uma comunidade pesqueira. *Uma presença discreta: a mulher na pesca* oferece ao leitor uma análise de como as transformações sociais e econômicas ocorridas na região, ao provocarem mudanças na tecnologia pesqueira, levaram à redefinição das funções exercidas pelas mulheres na economia da comunidade. Esses estudos de gênero indicam, de diferentes modos, que as transformações sofridas pela mulher, no modelo de transformação burguesa, que é dado pelo modelo de desenvolvimento capitalista, foi no sentido de restringir seu papel, desmistificando a idéia de que a modernização nas relações de gênero trouxe, unicamente, uma libertação da mulher.

O texto de *José Carlos Castro*, intitulado *Amazônia e Cidadania*, parte do reconhecimento da falta de cidadania na Amazônia, observa o trânsito da população da floresta até às cidades, analisa as linguagens das casas rodeadas por grades. Observa comportamentos sociais que significam cuidado com a violência e a linguagem do silêncio. Seguindo a mesma linha, *Jussara da Silveira Derenji* apresentou *A seleção e a exclusão no meio urbano das reformas do fim do século XIX em Belém do Pará*, onde analisa a relação entre medidas de planejamento urbano e cidadania. No caso de Belém, demonstra que medidas segregadoras e excludentes de parcelas da população refletem sobre a ocupação de seu espaço e podem ser consideradas como, ainda que parcialmente, responsáveis por problemas atuais de apropriação de espaços pelos seus cidadãos. Nessa mesma direção, mas na Belém de hoje, *Saint-Clair da Trindade Jr.* apresenta o artigo *Cidadania e a re/produção do espaço urbano de Belém e a questão da cidadania*, uma análise sobre o crescimento acelerado de Belém e Ananindeua, o qual é mais que uma simples expressão espacial do processo de metropolização: reflete as contradições do tipo de urbanização decorrente da dinâmica econômica que se impõe à região. No momento atual tem-se verificado uma tendência contínua de redefinição do conteúdo social das baixadas. No processo de redefinição do conteúdo social das baixadas, Trindade Jr. focaliza a questão dos espaços equipados e não equipados que definem o direito ou não à cidadania.

Encerram esta terceira parte dois textos sobre a cultura do clientelismo e da impunidade. *Jacky Picard*, em *O clientelismo nas colônias agrícolas do sudeste do Pará*, analisa a cultura do clientelismo através das relações sociais que se estabelecem a partir da prática da compra e venda por parte dos proprietários de supermercados com os agricultores: comprando e fornecendo mercadorias por troca em espécie na época de preços baixos, guardando os grãos para serem comercializados no período de preços altos. Típica transação comercial brasileira nas regiões de fronteira agrícola. *Roberto Araújo*, em *Manejo ecológico, manejos políticos: observações preliminares sobre conflitos numa área do Baixo-Amazonas*, analisa dinâmicas novas de antigas violências. Observa que o "controle comunitário" de certas áreas pesqueiras - uma proteção à própria comunidade pesqueira - encoraja expedições punitivas ilegais, consideradas por vezes pelas autoridades como legítimas. Através da apresentação de um caso, Araújo levanta um conjunto de questões para se compreender como, diante da ausência de um controle social efetivo por parte do Poder Público, diferentes grupos ou facções locais podem justificar acões violentas em nome de uma referencia à "comunidade".

A *quarta parte* do volume reúne trabalhos que discutem a Identidade Indígena. *Priscila Faulhaber* apresenta seu texto *Identidade étnica em discussão*, aprofundando indagações dentro da perspectiva da Antropologia Política, a temática da identidade étnica em relação com a emergência do movimento indígena (Tefé/AM), referentes aos processos de demarcação de terras indígenas, como fronteiras territoriais. O trabalho aponta para a discussão conceitual sobre nacionalidade e fronteira étnica e também sobre movimentos étnicos e movimentos sócio-religiosos, cuja abordagem deve considerar procedimentos comparativos. *Roberto Cortez*, em seu texto *Mas, afinal, o que é identidade?*, reflete sobre o fato de que, apesar de importantes pesquisas de relações interétnicas baseadas em modelos e conceitos fecundos, como o de fricção e de identidade terem renovado os estudos antropológicos durante um período de muita produção, permanecem problemas. Postula a existência da diferença mais que da identidade entre as sociedades indígenas. *João Pacheco de Oliveira* apresentou seu trabalho *Novas identidades indígenas: análise de alguns casos na Amazônia e no Nordeste*, onde procura indagar sobre identidade indígena através de uma abordagem comparativa, usando como recurso analítico as unidades sociais diferenciadas. Destaca alguns referenciais para entender a identidade hoje: a luta pela terra é um deles, do mesmo modo que os conflitos decorrentes do mesmo referencial. Por muitos aspectos as atividades agrícolas indígenas podem ser comparadas às da unidade familiar camponesa. As novas identidades indígenas são sugeridas pela perda cultural sob a pressão que leva à descontinuidade de suas práticas. Essa descontinuidade não se dá por problemas de diferença cultural, mas sim de uma produção da instância política, calcada em fatores históricos. *Lucia Hussak van Velthem*, com o texto intitulado *Peles pintadas: a decoração corporal como identidade*, enfatiza o modo como a identidade indígena é percebida pela mídia ao noticiar as reivindicações indígenas relacionadas a conflitos territoriais. Van Velthem, com essa constatação, indica a íntima associação existente entre identidade étnica e pintura corporal, associação que é central na maioria das sociedades indígenas. Tomando os *Wayana* do norte do Pará como exemplo, o trabalho enfoca os aspectos relativos à construção e decoração corporal indígenas, pois se revelam formas eficazes de oposição aos demais componentes cosmológicos e meios de afirmação da própria humanidade que vem a ser a identidade *Wayana*.

Encerra esta quarta parte *Márcio Meira* com o artigo *Articulações políticas e identidade étnica no alto Rio Negro*. Meira observa que, recentemente, muitos grupos indígenas brasileiros, tomados como extintos, reapareceram no cenário político nacional, no bojo de uma luta pelo reconhecimento de direitos territoriais. A partir daí, analisa as estratégias políticas, entre elas a de etnias "situacionais", procurando ressaltar os fatores externos aos grupos que exercem influência nesse processo e o caráter dinâmico da cultura e da manipulação de traços culturais como sinais diacríticos.

Na *quinta parte* deste volume, encontram-se os trabalhos reunidos em torno da temática do Desenvolvimento Sustentável: Mito ou Paradigma?. *Darrell A. Posey* abre esta seção com seu trabalho denominado *Será que o "Consumismo Verde" vai salvar a Amazônia e seus habitantes?*, onde apresenta uma acurada reflexão sobre a valorização da diversidade biocultural. Enfatiza a importância que o conhecimento da indústria tem ganho, procurando associar-se aos motivos de preservação do planeta Terra, isto é, a idéia de preservação da floresta. Aborda a biodiversidade, o direito de propriedade intelectual e o mercado. Mostra a dificuldade de se lidar com a floresta sem levar em conta seus habitantes e seus sistemas ecológicos, enfatizando a importância de se captar, especialmente o mercado, numa democracia de consumidores para que possa existir uma esperança de que mudanças estruturais ocorram na Amazônia. *Horácio Martins de Carvalho* também não expressa otimismo com relação à sustentabilidade do desenvolvimento em seu trabalho *Padrões de sustentabilidade: uma medida para o desenvolvimento sustentável*, e enfatiza que, do ponto de vista ideológico, o conceito de sustentabilidade, de desenvolvimento sustentável é bastante complexo e muito pouco claro. É especialmente no conceito de sustentabilidade - econômica, ecológica, política e institucional - que reside a maior controvérsia e propõe padrões de sustentabilidade a partir da compreensão de que a maior complexidade dos sistemas biológicos e sociais facilita a complexidade interativa aumentando a capacidade de regeneração. *Maria Célia Nunes Coelho*, com o texto denominado *Desenvolvimento sustentável, Economia Política do meio ambiente e a problemática ecológica da Amazônia*, apresenta as duas perspectivas teóricas que têm despertado interesse entre cientistas e não cientistas: o desenvolvimento sustentável e a economia política do meio ambiente. Propõe a construção de um arcabouço teórico mais consistente à discussão das relações entre sociedade e natureza e das relações entre ciência, tecnologia e natureza na Amazônia.

David McGrath, *Fábio Castro* e *Célia Futemma*, com o artigo *Reservas de lago e o manejo comunitário da pesca no Baixo-Amazonas*, apresentam um exemplo de sustentabilidade no caso de comunidades ribeirinhas, de toda a região do Baixo Amazonas, que estão fechando os lagos locais para pescadores de fora, e, em alguns casos, implementando regras para aumentar a produtividade da pesca nos lagos locais. *Déborah Lima Ayres*, com texto referente à sua experiência em Mamiraua, *A implantação de uma unidade de Conservação em área de várzea*, oferece um outro exemplo de sustentabilidade através da implantação de uma unidade de conservação do Amazonas, a Estação Ecológica Mamirauá. O modelo de implantação procura conciliar os interesses da população de usuários tradicionais da área, transformada em reserva, aos objetivos de preservação da biodiversidade, base da criação das unidades de conservação. A originalidade desta implantação reside na participação comunitária na tomada de decisões a respeito do funcionamento da estação ecológica.

A *sexta parte* deste volume, Grandes Projetos e Industrialização, reúne artigos referentes ao desenvolvimento da Amazônia através da industrialização e também trabalhos que versam sobre os efeitos dos impactos dos grandes projetos sobre as populações. *José Marcelino Monteiro da Costa* abre esta parte com o artigo *Grandes projetos e o crescimento da indústria na Amazônia*, onde trata, em perspectiva, das potencialidades de crescimento da atividade industrial na Amazônia vinculadas aos grandes projetos implantados ou em implantação. Observa que os padrões de impacto, no primeiro momento, sempre são de natureza negativa e somente a médio e longo prazo é que irão prevalecer os de natureza positiva, isto é, o desenvolvimento. Procede a uma análise sobre o custo de expansão virtual da indústria regional que se divide entre o crescimento industrial regional e os grandes projetos e o crescimento industrial e as condicionalidades exógenas. Enfatiza as fases conjunturais da economia internacional, a hodierna onda neo-protecionista, a formação de megablocos econômicos e movimentos ambientalistas e o novo paradigma tecnológico. *David Ferreira Carvalho* apresenta uma análise sobre a *Industrialização tardia e grandes projetos*, onde historia, através do percurso do desenvolvimento do capitalismo mundial, seus efeitos no Brasil e na Amazônia. Observa que, a partir dos anos 50, com os planos de metas, tem-se no país a industrialização de bens de capital autônomo e a criação do mercado industrial que, nos anos 70, vai levar a uma busca de integração do mercado da Amazônia, com uma ocupação desordenada. Nos anos 80, com investimentos maciços, temos uma forte concentração da terra na Amazônia. Pontua a importância de se compreender o significado da 3a. revolução industrial e a forma de inserção da Amazônia nessa revolução que envolve o chamado complexo eletrônico e a biotecnologia.

Sonia Barbosa Magalhães, com o trabalho sob o título *As grandes hidrelétricas e as populações camponesas*, trata dos efeitos perversos da construção de hidrelétricas sobre as populações caboclas. Analisa as implicações deste tipo de opção desenvolvimentista para as populações camponesas que vivem e produzem nos territórios inundados, tomando como referência o caso de Tucuruí. *Edna Castro* apresenta em *Processos de trabalho e relações de poder no Carajás*, uma abordagem socioantropológica das mudanças sociais no trabalho de homens e mulheres na região do Programa Grande Carajás, através da análise dos sistemas produtivos. Observa, entre outras, as práticas diferenciadas no mercado de trabalho, formal e informal, tendo em vista as necessidades e expectativas dos novos empregadores na região. Analisa a presença do paternalismo burocrático nas relações de trabalho, fornecendo ao leitor uma análise do desenvolvimento desigual que produz também formas de exclusão diferenciadas por sexo. *Alex Fiuza de Mello*, em seu texto *Capitalismo, pesca e empobrecimento na Amazônia: a contra-face da modernização*, identifica fenômenos que, decorrentes da penetração da dinâmica capitalista de produção (industrial ou não) e comercialização do pescado, bem como, da implantação de outros projetos empresariais, têm levado populações tradicionais de pescadores na Amazônia a vivenciarem um empobrecimento, com repercussões em suas estratégias de sobrevivência e reprodução social.

A *parte final* deste volume, Políticas Públicas e Demandas Sociais, reúne um conjunto de textos relativos ao desenvolvimento, à preservação, a movimentos sociais e à possibilidade de vida plena na Amazônia. Abre esta seção o artigo de *Herbert Schubart*, *O zoneamento ecológico-econômico como instrumento para o desenvolvimento sustentável da Amazônia*, que enfatiza a necessidade da passagem de um paradigma desenvolvimentista para um paradigma de desenvolvimento sustentável e a visão de que o zoneamento ecológico-econômico é um instrumento ordenador das políticas públicas para a Amazônia. O zoneamento, segundo Schubart, apresenta dois componentes importantes: o técnico e o político. O componente técnico sistematiza as informações e o componente político tenta coordenar e harmonizar as políticas públicas de forma abrangente. *Manfred Nitsch* apresenta seu texto sob o título *Riscos do planejamento regional na Amazônia brasileira: observações relativas à lógica complexa do zoneamento*. Segundo ele, a lógica do zoneamento leva a uma tendência pouco apropriada para a Amazônia: parcelamento de um Estado inteiro ou de outra região maior em "zonas" com diferentes intensidades de uso da terra significa que se proíbem certos usos, permitindo outros. Trata-se de um instrumento político dificilmente aplicável por processos democráticos, enquanto que altamente suscetível a formas tecnocráticas de exercício de poder. A base conceitual e metodológica do zoneamento, como proferido pela Secretaria de Assuntos Estratégicos da Presidência da República, é, segundo Nitsch, então, altamente problemática, porque parte da assunção falsa de que existe um holismo harmônico entre o homem e a natureza, escamoteando a amplitude de opções e conflitos sociais na sociedade moderna, tanto no uso da terra, como na preservação ou não da floresta e da biodiversidade.

O texto de *Rui Barbosa Rocha* e *Christopher Uhl*, submetido ao tema *Uso de dados governamentais no planejamento da Amazônia: o Pará como estudo de caso*, enfoca o problema da informação e dos dados governamentais no que se refere a sua qualidade. Observam que os dados governamentais não acompanham as rápidas transformações no Pará. Sugerem estratégias para o aproveitamento mais adequado dos dados.

Alfredo Wagner Berno de Almeida, com o texto *Universalização e localismo: movimentos sociais e crise dos padrões tradicionais de relação política na Amazônia*, observa que os movimentos sociais na área rural da Amazônia que vêm, nas últimas décadas, consolidando-se fora dos marcos tradicionais do controle clientelístico, e tendo nos Sindicatos dos Trabalhadores Rurais uma de suas expressões maiores, passam hoje por desdobramentos que fogem ao sentido de uma organização sindical e às formas de enquadramento estatal. A presença da constituição das *unidades de mobilização*, com forte coesão social tendente à constituição de forças sociais, não deriva de uma simples resposta a problemas localizados, mas, ao contrário, ganham universalismo e maior poder de barganha junto aos governos e ao

Estado. Almeida fornece ao leitor uma cronologia pontual de todas as manifestações de transformação desses movimentos. O fato de a unificação ter-se cindido não significa que houve um enfraquecimento dos movimentos rurais. As novas formas de coesão grupal revelam novos padrões de relações políticas na Amazônia em detrimento dos mediadores tradicionais. O universal encontra-se indissociado do conflito.

A fala de *Airton Faleiro*, *Um projeto de cidadania*, trata da necessidade da reversão do direcionamento das políticas públicas na Amazônia. Enfatiza que a política para a Amazônia vem no sentido inverso às necessidades e em concordância com as elites. Analisa dados da realidade amazônica no tocante à energia, políticas em direção à posse da terra, procurando um desenvolvimento compatível e verdadeiramente social, partindo de uma unificação dos movimentos sociais através de uma luta pela cidadania, baseada na economia familiar. Na mesma direção, *José Adalberto Silva* fala, em *Um arco de Alianças*, na necessidade de respeito à cidadania às reservas indígenas, relatando as dificuldades políticas neste reconhecimento e a necessidade de uma união em defesa de segmentos equivalentes: camponeses, seringueiros, índios.

Encerra esta final parte e esse volume *José H. Benatti*, com o texto sob o título *A posse agrária alternativa e a reserva extrativista na Amazônia*, onde analisa a questão do direito legal, frisando que o Estado não aceita o pluralismo jurídico como uma possibilidade normal, ao contrário, a pluralidade é vista como anomia. Observa que na Amazônia existe um etnocentrismo jurídico que trouxe conflitos particularmente no campo. Define posse agrária alternativa criada a partir do próprio conflito, devendo, cada região, procurar sua forma específica de ocupar o território e que a floresta deve estar contida nessas formas. Trabalho importante que oferece subsídios para uma sociologia jurídica sobre áreas de moradia e de trabalho dos seringueiros.

II

O objetivo mais geral dessa conferência foi de refletir sobre a situação da Amazônia dentro do contexto da crise de um modelo de desenvolvimento centrado no uso de energias não-renováveis. Acreditamos que a divisão temática deste volume já sugira linhas de pesquisa bastante abrangentes para os anos vindouros. Contudo, seria importante, para finalizar, delinear um conjunto de questões e tensões levantadas pelos trabalhos contidos no volume.

Um tema recorrente dos textos se refere ao desenvolvimento de novas tecnologias e à responsabilidade da conservação da biodiversidade. Diferentes artigos convergem ao associarem o problema da educação ambiental à emergência da cidadania. Não se pode, com efeito, esperar constituir uma ética preservacionista unicamente através de programas escolares. A constituição da cidadania é essencial para a mentalidade conservacionista. A ausência de alternativas econômicas, inclusive no meio urbano, contribui para a destruição dos meios naturais por pessoas em busca de uma última chance de sobrevivência (Silva). Educar não consiste em somente ensinar na escola hábitos adequados ao meio social e ambiental: a aprendizagem dos hábitos depende também da existência de condições de vida mais estáveis para as unidades familiares (Faleiro). Consiste, por exemplo, em práticas que possam levar em conta as experiências das populações regionais, na exploração dos recursos naturais e agrícolas (Furtado, Posey, MacGrath e outros, Ayres). Mas é necessário, também, possibilitar uma melhor integração ao mercado da pequena produção agrícola e extrativista, como forma de se assegurar a cidadania (Picard), e de se estabelecerem novos padrões de convivência na floresta, zona rural e cidades.

Dentro da perspectiva da cidadania, educação, história, e ampliando os segmentos dos personagens do contexto amazônico, as questões de gênero (Álvares, Fontes, Maneschy, Motta-Maués, E.Castro), assim como dos negros, dos índios, das religiões afro (Vergolino-Henry) e populares (Boyer-Araújo), vêm revelar "o outro lado" da história oficial, que foi, essencialmente, não só de grandes vultos (Coelho) mas também masculina, branca e cristã. O espaço que essas pesquisas deve ocupar no futuro deverá ser cada vez maior, caso se queira constituir uma educação e cidadania abrangente e que possa eliminar a visão parcial do modelo civilizatório atual.

Nessa direção, os antropólogos, desde há muito tempo, têm trabalhado com temas que levam em conta as diversidades, não vistas mais como exóticas, como muitas vezes, ironicamente ou não, esses estudos foram considerados, mas sim como populações, ou segmentos cultural e politicamente importantes dela, que têm e buscam o direito à cidadania. No processo de constituição da cidadania, é também essencial a difusão e responsabilidade do conhecimento sobre os riscos de certas práticas, não só constitutivas das pequenas propriedades, mas especialmente das grandes sobre o meio ambiente, assim como os riscos de saúde que pesam sobre parcelas da população envolvidas em áreas de grandes projetos de impacto na floresta (Müller-Plantenberg). Também as consequências, os resultados que pesam sobre as populações tradicionais (Fiuza, Magalhães), um controle rígido sobre os chamados efeitos perversos, são essenciais não só para as populações em si, mas, também, para a sobrevivência dos próprios ecossistemas. Assim, além disso, é necessário respeitar as caraterísticas dos sistemas de produção tradicionais, assegurando a determinadas atividades extrativas e indígenas, por exemplo, a área territorial de que necessitam (Benatti, Silva).

Ainda que os trabalhos tratem, em geral, da ausência da cidadania, alguns indicam direções de análise para se entenderem as causas dessa ausência na Amazônia e no Brasil. É o caso, por exemplo, da cultura do paternalismo (Picard, E. Castro), da violência e impunidade no Brasil (Castro, Araújo), dos espaços de exclusão (Trindade Jr., Derenji), da visão branca da cultura indígena (van Velthem), da visão da lei (Benatti), e dos financiamentos desiguais para grandes e pequenos produtores rurais (Faleiro).

É importante a discussão de identidade no contexto da globalização. Com o sentimento de Nação não mais servindo para o sentido da identificação, os grupos de diferentes conteúdos culturais, políticos e econômicos se reorganizam. No caso da identidade indígena, as novas formas de identificação são imperativas (Faulhaber). Ainda que a etnia, dado que a diversidade encontrada hoje possa não ser fator de identidade (Cortez), os movimentos sociais ao se reorganizarem ao redor não somente, mas especialmente da terra (de Oliveira) unificam-se e a etnia aparece como um elemento de reavivamento na arena política (Meira). Com as implicações dessa universalização que os movimentos sociais parecem ganhar (Almeida), há uma questão política essencial: poderão os indígenas, os seringueiros, os extrativistas e os camponeses manter alianças, apesar das contradições de interesses entre esses diferentes segmentos sociais? A forma como a cidadania poderá viabilizar-se na Amazônia constitui importante área de pesquisa, especialmente quando se tenta pensar nas possibilidades e na ética de conservação da biodiversidade.

Através das reivindicações populares, muitas vezes identificadas como as mesmas, quer indígenas, caboclas, urbanas ou rurais, masculinas ou femininas, analisadas e apontadas como importantes áreas de pesquisa (P. de Oliveira, Silva, E. Castro, Meira, Almeida, Faleiro), pode-se, sem dúvida, afirmar que, em face das transformações recentes da sociedade brasileira e mundial como um todo, impõe-se a necessidade de apoio à pequena produção familiar. Os movimentos sociais e o sindicalismo passam a se identificar também com a busca de alternativas sociais e econômicas. Com isso, alteram-se as reivindicações assim como os possíveis parceiros. Hoje, talvez se presencie uma aproximação do sindicalismo rural na Amazônia em direção a uma atuação mais estreita com os organismos internacionais ligados à questão ambiental e à pesquisa, objetivando, entre outras coisas, alterar significativamente as políticas públicas rgiomais.

Bem como os movimentos sociais, os investidores e agências financiadoras - nacionais e estrangeiras - as Organizações Não- Governamentais de todos os credos e nacionalidades, e as agências de desenvolvimento oficiais, compartilham a responsabilidade pelo processo de formação da cidadania e da responsabilidade pela conservação da biodiversidade. E é somente a partir da assunção dessas primeiras e básicas responsabilidades que se pode pensar na possibilidade de um desenvolvimento auto-sustentável.

Os esforços atuais em ordenar os vastos territórios amazônicos são disputados até internacionalmente, uma vez que fazem parte do Programa Piloto do Grupo dos 7 para o resgate das florestas tropicais brasileiras. Há uma urgência nessa questão: o zoneamento tem sido visto por todos, como algo necessário e importante para a preservação da floresta amazônica. Entretanto, o artigo de Nitsch constitui-se em uma crítica central ao zoneamento. Não se pode mais deixar de atentar para o fato de que, sendo uma derivação do sentido de organização e planejamento em abstrato, típico do gnosticismo tecnológico (Martins), e antecedendo-se a demandas ainda não existentes, contém uma lógica destrutiva. Schubart, autor do texto que forneceu argumentos para a crítica de Nitsch, por outro lado, afirma que o zoneamento é somente um guia, um mapa, não será uma lei, não encerrando, assim, os problemas apontados pela crítica. Ab'Saber, por sua vez, conhece os perigos de um planejamento homogeneizador, mas também procura, em sua proposta para a preservação da Amazônia, uma relação *harmoniosa* entre homem e natureza. Nunes Coelho pontua a presença da visão *harmônica* nas diferentes perspectivas do pensamento ecológico hoje. Esse pressuposto da harmonização, para outros (Nitsch) pode constituir-se em um equívoco. Assim, há um ponto de tensão essencial entre esses textos, que deverá, certamente, ser retomado, caso se acredite que ainda é tempo de se negociarem e se rediscutirem políticas realmente importantes para a preservação da Amazônia, sem mistificações ou enganos, uma vez que novos equívocos só poderão conduzir-nos a repetir um modelo de desenvolvimento não sustentado com o beneplácito de organizações governamentais ou não, nacionais e internacionais com rótulo de ecológicas.

Ora, como sublinharam diversos autores, o projeto do Estado para ocupar a Amazônia sempre se apresentou como um projeto capaz de instituir uma Nação à frente da sociedade (Ferreira, Becker) como se o Estado fosse a Nação. A crise atual do Estado brasileiro vem, de várias formas, demonstrar os limites desse projeto demiúrgico (Oliveira). Uma vertente dessas questões torna-se, então, particularmente relevante, quando se pensa sobre o papel atual das ONGs. Interferindo junto aos mais diversos segmentos das populações regionais, as Organizações Não-Governamentais têm desempenhado um papel que cabe normalmente ao Estado, no que diz respeito tanto à oferta de determinados serviços básicos, quanto à elaboração e à administração de projetos de desenvolvimento. Esse papel deve ser analisado sistematicamente para se compreender melhor as dinâmicas políticas atuais.

Há, ainda, nessa direção, mais um conjunto de questões relativas ao Estado e à sociedade global que vamos explicitar: o primeiro trata da visão do Estado brasileiro em crise e conduz à pergunta: em nome de quem se legitima o controle da conservação da floresta amazônica? (Santos, Beker). A resposta pode ser anunciada na pergunta de Hurtienne: o que significa a Amazônia para a sociedade global? Trata-se de questão imperativa, quando se discute a globalização. A conservação não se dará certamente a partir de uma vontade intelectual, ditada somente por boas intenções. Ela necessita de atores sociais, políticos e econômicos dinâmicos, que possam ter peso no processo interativo que a globalização certamente envolve.

O desenvolvimento da Amazônia que, na década de 70 e sob pretexto de integrar a região ao mercado, levou-a a uma ocupação desordenada (F.Carvalho), é percebido como resultado de estruturas desfavoráveis (Pinto) e, mais ainda, como sendo grandemente desprovida de elites que genuinamente lutem pela região (Souza). Um tipo de desenvolvimento que, alienígena e interrompido pela crise econômica nacional e mundial, não possibilitou o desaparecimento dos efeitos perversos. Pelo contrário, o inchamento das cidades e os índices de pessoas fora do mercado formal (Cleary) indicam que, na Amazônia, os efeitos positivos da industrialização estão longe de poder emergir e recompensar os custos sociais e econômicos, ainda que a experiência do Projeto Grande Carajás seja uma realidade (E. Castro). O desenvolvimento baseado no modelo *fordista* poderá ser ainda um paradigma no desenvolvimento da Amazônia? Não se pode ignorar que há expectativas de que, se não tivessem a economia nacional e internacional entrado em crise (Costa), a Amazônia ter-se-ia beneficiado com a implantação dos grandes projetos. Sobre a preservação, obviamente, não se tem a mesma idéia, ainda que se possa assumir que a pobreza aumenta a degradação do meio ambiente. As elites brasileiras estarão interessadas em um desenvolvimento auto-sustentado ? Essas questões são centrais para o desenvolvimento futuro da Amazônia e o presente volume indica respostas e sugere posições e direções.

Um outro grande conjunto de questões se refere ao desenvolvimento sustentado: até agora desenvolvimento sustentado não foi adequadamente definido, assim como não o foram as suas características necessárias. Ainda que haja um consenso político e teórico sobre a necessidade de se buscar um desenvolvimento auto-sustentado no país (Batista, Nunes Coelho), a ciência não tem desenvolvido métodos para avaliar e medir os componentes ou efeitos *out put* desse modelo de desenvolvimento (Martins Carvalho), daí a dificuldade de implementá-lo na prática. Modernização da economia tem sido definida como progresso, somente quando houve expansão de consumo. Ora, esse modelo, baseado sobretudo na história recente dos países industriais, não se preocupa com os efeitos locais, sociais ou ambientais; o conceito e o modelo foram desenvolvidos de fora, no sentido de que as comunidades locais (e os vários segmentos da cultura, como os índios, caboclos, ribeirinhos, etc.) não tiveram participação intelectual nem no desenvolvimento do conceito, nem na prática de implementação (Posey). Ao mesmo tempo, um conjunto de questões em diferentes artigos reafirma a destruição e empobrecimento dos sistemas culturais e ecológicos dos povos nativos da Amazônia. Haverá possibilidade de se estudar, através dos modelos indígenas e tradicionais de extrativismo, modelos de manejo para desenvolvimento sustentável (Ayres, McGrath e outros), integrando utilização tradicional com unidades de conservação? Serão essas experiências economicamente viáveis e paradigmas para outros agentes econômicos na Amazônia? Será possível aproveitar aí conhecimentos obtidos graças à biotecnologia, considerada como o fundamento da terceira revolução industrial? De que forma se poderá, assim, dispor de melhores meios de conservação ambiental? A Amazônia dispoẽ de instituições científicas de pesquisa, cuja existência contribui, há mais de um século, no caso do MPEG (Bertho), produzindo conhecimentos sobre a região. Elas poderão ser elos de ligação dessa nova fase na qual as pesquisas deverão estar atentas tanto à conservação, não meramente preservação, quanto à necessidade de construção da cidadania. É impossível pensar a conservação sem a dimensão das questões humanas envolvidas na Amazônia. Toda a história da devastação é resultado também dessa falácia: pensar os sistemas biológicos e agro-florestais dissociados dos sistemas culturais e sociais (Martins Carvalho).

Parece que, apesar da constituição, formação e consolidação dos atores sociais, políticos e econômicos - já evidente no Conselho Nacional dos Seringueiros, União dos Povos da Floresta, Movimento e Organizações Indígenas, Sindicatos Rurais e Urbanos, Movimentos de Mulheres - eles não têm tido ainda a capacidade de se oporem à depredação ambiental, constituindo um Estado democrático de fato. Argui-se, entretanto, que justamente o Estado-Nação encontra-se posto em xeque pela transnacionalização e globalização, de modo que o controle da violência, monopólio do Estado, é tarefa desse mesmo Estado que se encontra já parcialmente ultrapassado pelas tendências mais dinâmicas. Essa visão, entretanto, considera a globalização como algo dado, e não como um processo constituído por atores sociais, políticos e econômicos. Então, a questão pode residir na possibilidade de que os atores amazônicos, evidentemente não isolados, juntamente com as novas lideranças locais, regionais e nacionais possam opor uma contra-hegemonia aos processos de degradação social e ambiental e compareçam, por sua vez, como atores do processo de globalização. Com o que, conforme já se assinalou, por se oporem à pura lógica do mercado e da acumulação (Cleary, Singer, Oliveira), os atores sociais da Amazônia parecem portadores da modernidade. Poderá ser este o caminho do desenvolvimento futuro da Amazônia?

III

É tempo de encerrar esta introdução. Há evidentemente muitos outros problemas e questões que este conjunto rico de textos sugere. Caberá ao leitor descobrí-los e também avaliar a contribuição que este debate oferece à discussão, que foi a de buscar a interdisciplinariedade entre as diversas áreas e disciplinas envolvidas com a Amazônia de hoje, procurando, para isso, muitas vezes orientações teóricas e políticas distintas, pois somente assim, no debate de diferentes posições, é possível compreender, aprender e buscar soluções.

Muitas pessoas e instituições nos ajudaram na realização da conferência e da presente publicação. Não vamos tentar nomeá-los todos aqui, para não corrermos o risco de cometermos injustiças com a omissão de nomes. Funcionários e colegas do Museu Goeldi que acreditaram na viabilidade do projeto e deram o melhor de si nas diferentes etapas de organização e realização dela, não podem deixar de ser os primeiramente anunciados. Devemos agradecimentos ao Núcleo de Altos Estudos Amazônicos (NAEA) da Universidade Federal do Pará, pela possibilidade oferecida de desenvolver o início deste projeto, durante a estada de uma das organizadoras da conferência, como professora visitante em seu quadro de professores e pesquisadores.

Devemos agradecimentos especiais à aluna *Carmen Roseli Caldas Menezes*, pela enorme carga de trabalho resultante de sua tentativa de ser aluna estagiária. Igualmente *Ibraim José das Mercês Rocha*, pela sua disponibilidade em trabalhar sem remuneração, trabalho bem feito que também foi essencial nesta tarefa mais do que intelectual que resulta sempre em eventos desta natureza. A eles nossos melhores agradecimentos e a confiança em seu futuro intelectual.

Devemos agradecimentos especiais a muitos colegas e amigos aqui na cidade de Belém, pela confiança e apoio ao projeto da conferência e sugestões de operacionalidade. Cada um, em particular, sabe da importância que teve para a conferência e trabalho posterior que resultou neste livro.

Ao Centro de Filosofia da UFPa, pelo apoio logístico nas inscrições. À Associação Brasileira de Antropologia, assim como ao Sindicato de Sociólogos do Estado do Pará, pelo apoio moral, que é sempre muito bem-vindo.

Devemos agradecimentos também às seguintes instituições pelo apoio financeiro: ao Conselho Nacional de Desenvolvimento Científico e Tecnológico (CNPq), ao Governo do Estado do Pará, à Fundação Cultural do Município de Belém (FUMBEL), à antiga Fundação Educacional do Estado do Pará (FEP), hoje Universidade Estadual do Pará, ao Fórum da Amazônia Oriental (FAOR) e à Instituição Universidade Popular (UNIPOP), sem o que teria sido impossível a realização do evento e a publicação deste volume.

Last, but not least, devemos registrar que atuaram como Comissão Científica, além das organizadoras da Conferência, os seguintes colegas: *Aziz Ab'Saber*, Presidente da Sociedade Brasileira para o Progresso da Ciência (SBPC) e Professor da Universidade de São Paulo; *Francisco de Oliveira*, Diretor do Centro Brasileiro de Análise e Planejamento (CEBRAP) e Professor da Universidade de São Paulo; *Hermínio Martins*, Professor da *Social Sciences Faculty* e do Centro de América Latina, *St. Antony's College* da Universidade de Oxford e *Manfred Nitsch*, Diretor e Professor do Instituto de Estudos Latino-Americanos da Universidade Livre de Berlim. Nossos agradecimentos por essa colaboração essencial à longa distância.

Maria Angela D'Incao e
Isolda Maciel da Silveira
Departamento de Ciências Humanas do MPEG.

Belém, 18 de maio de 1994.

PARTE I

AS NOVAS TECNOLOGIAS E A ÉTICA DE CONSERVAÇÃO DA BIODIVERSIDADE

SOBRE O FUTURO DAS PESQUISAS NA AMAZÔNIA[1]

...a querida Amazônia tem um papel especial entre os problemas atuais, que são globais. Um dos múltiplos aspectos deles é a destruição da vida na Amazônia, uma exuberância que é singular, na Terra, em formas de vida e em complexidade. Um outro aspecto é a avalanche demográfica (ao meu ver o mais grave de todos os problemas!). Um outro vem a ser o caráter mercantilista da civilização moderna que já domina o globo inteiro.(...)

Estou triste em não poder aceitar o convite (...). O meu acostumado ambiente amazônico, o de 1940 a mais ou menos 1970, já não existe mais, nem o da natureza, nem o humano. Sei que o meu tempo na Amazônia passou. A geração mais nova tem que assumir a tarefa de continuar as pesquisas, a Amazônia e a luta pela sobrevivência dela...

Fiz o que pude para aprender e compreender sobre a vida na Amazônia, região pela qual peguei um amor profundo à primeira vista em fevereiro de 1940 (...) dei aulas e conferências e escrevi artigos para informar gente interessada e responsável sobre as realidades ecológicas, dos povos indígenas (...) e para sensibilizá-las contra as conseqüências desastrosas de um "desenvolvimento" moderno na região, baseado em conceitos e métodos originados em zonas geográficas, climáticas etc... bem diferentes do globo.

Não posso mais apresentar fatos e conclusões novas para reforçar a luta pela sobrevivência da natureza singular da nossa Amazônia, ameaçada pela ganância de uma civilização que já se tornou global e, evidentemente, se encontra agora já bem no fim. Ao meu ver o verdadeiro problema consiste em uma corrida dramática e nefasta, à qual assistimos, entre dois competidores. Qual desses dois terá êxito: a destruição finalmente total da vida na Amazônia (mais tarde no planeta inteiro), ou o colapso desta civilização devastadora? - Será que a tarefa dos atuais defensores da Amazônia se restringe, por isso, a dar alento às realizações dos projetos e empreendimentos "desenvolvimentistas" para ampliar a chance do segundo competidor do colapso desta civilização de ganhar a corrida?

Eu... ao invés de ser capaz de oferecer novos argumentos para proteger a Amazônia, no melhor dos casos, poderia repetir mais outra vez o que já está bem conhecido. A ordem do dia, agora, deve ser: "a juventude para a frente"! O futuro é

[1] Trechos de cartas do Professor Harald Sioli à Coordenação da Conferência.

dela, e que ela vença a batalha da sobrevivência da vida e da beleza da Amazônia, é o meu ardente voto! Os obstáculos são tremendos. Porém, se algo tem a força para removê-los deve ser o idealismo da juventude!

....e um grande abraço do velho Amazônida.

Harald Sioli

UMA PEQUENA BIOGRAFIA DE HARALD FELIX LUDWIG SIOLI[2]

Nasceu em 25 de agosto de 1910 em Köthen, Alemanha. Fez seus estudos de biologia nas Universidades de Heidelberg, Göttingen e Kiel onde recebeu o título de Doutor em Filosofia na área de Zoologia, Botânica e Limnologia, em julho de 1934.

Em 1934/35 fez sua primeira viagem ao Brasil, acompanhando o professor Dr. Friedrich Lenz, do Instituto Hidrobiológico da Sociedade Kaiser Wilhelm (a qual hoje é a Sociedade Max Planck) em Plön, nas pesquisas limnológicas que fez no sertão árido do Nordeste do Brasil.

Em 1928, voltou ao Brasil como assistente do Conselho de Pesquisas da Alemanha em um intercâmbio do mesmo com o Instituto Biológico de São Paulo.

Em 1940, sendo impedido de voltar à Alemanha dado o início da Segunda Guerra Mundial e tendo terminado o intercâmbio com o Instituto Biológico de São Paulo, transfere-se para a Amazônia Brasileira a fim de ali iniciar pesquisas sobre a Limnologia das águas da região.

De 1942 a 1945, interrompeu aqueles estudos devido ao internamento em Tomé-açu, Estado do Pará, em conseqüência da entrada do Brasil contra a Alemanha, na Segunda Guerra Mundial.

Entre 1945 e 1955 foi assistente, mais tarde chefe da seção de Limnologia do Instituto Agronômico do Norte, em Belém do Pará. Na época, era diretor o Dr. Felisberto C. de Camargo. Nessa função passou 3 anos (1947-49) nas Plantações Ford, em Belterra e Fordlândia, administradas pelo IAN.

Em 1954, foi pesquisador do SESP em Belo Horizonte - MG.

Entre 1955 e 1957 excerceu o cargo de chefe da Seção de Limnologia do INPA, Manaus.

Em 1957, voltou à Alemanha como Diretor Executivo do Instituto Hidrobiológico da Sociedade Max Planck, em Plön.

Entre 1966 e 1978 foi Diretor do Departamento de Ecologia Tropical do mesmo Instituto (o nome hoje Instituto Max Planck de Limnologia), Plön, Alemanha.

Desde 1978, o Dr. Sioli é Professor Emérito.

---

2 Dados fornecidos por H. Sioli.

HEGEL, TEXAS: TEMAS DE FILOSOFIA E SOCIOLOGIA[1]

Hermínio Martins

A idéia de que os artefatos técnicos representam extensões (projeções, amplificações) do ser humano e, o que não é o menos, do corpo humano (os sentidos, os membros, o sistema nervoso, etc.) tornou-se um *topos* do pensamento moderno. Aquilo a que poderíamos chamar a teoria protética da tecnologia, foi formulada numa variedade de textos, entre 1860 e 1870, e aparece também, em versões parciais, no marxismo clássico, nas popularizações da teoria evolucionista de Darwin e na psicanálise freudiana. A primeira exposição sistemática dessa perspectiva foi apresentada num tratado sobre a filosofia da tecnologia, publicado em 1877, por Ernest Kapp (1808 - 1896).[2] O nosso autor, como jovem hegeliano que era, partilhou um meio intelectual muito semelhante ao do marxismo clássico. Forçado ao exílio político pela derrota dos levantes liberais e democráticos alemães de 1848 - 1849, estabeleceu-se numa colônia alemã do Texas, onde teve uma vida ativa como agricultor, inventor, hidroterapista e estudioso. Ao regressar à Alemanha, quase 20 anos mais tarde, absorveu as idéias evolucionistas, tal como elaboradas pelos divulgadores alemães de Darwin, e as doutrinas que modelaram o clima filosófico e estético do mundo de língua alemã.

Enquanto hegeliano, vê a história humana como a objetivação da essência humana. Como hegeliano de esquerda, considera que essa objetivação deriva, não do espírito, mas do ser humano corporizado. Tal como Feuerbach tinha visto na antropologia a chave para a teologia, Kapp a vê como chave para um entendimento da história da tecnologia. Formulou, assim, uma teoria antropológica da tecnologia. A locução central explicativa desta antropologia da tecnologia é "projeção orgânica" (*Organprojektion*). Deste modo, as ferramentas primitivas são facilmente vistas como projeções de parte do corpo humano e, sobretudo, da mão humana, cuja versatilidade

---

1 Trabalho traduzido da versão inglesa MARTINS, Hermínio, 1993 "Hegel, Texas: Issues in the Philosophy and Sociology of Technology". In: MARTINS, H.(ed.). Knowledge and Passion - Essays in Honour of Jonh Rex. London, I. B. Tauris, p. 226-249. Tradução portuguesa por João Bettencourt da Câmara. Revisão para o português do Brasil por Ernani Chaves.

2 Boas exposições da obra de Kapp podem ser encontradas em Brun (1963), Curtis (1978) e Huning (1985). Os dados biográficos estão em Mitcham (1985).

e maleabilidade a entronizam como parte mais tecnogênica do corpo (por exemplo, as mãos em concha teriam gerado a classe dos implementos contentores e o punho cerrado seria o análogo dos martelos e de muitas espécies de armas). Os sentidos humanos da visão e da audição forneceriam os modelos para instrumentos ópticos e acústicos, respectivamente. Eventualmente a estrutura interna do corpo humano facultaria o modelo inconsciente de outros artefatos técnicos. Mesmo as invenções recentes do tempo de Kapp são postas em correspondência analógica com as estruturas interiores do corpo humano: os cabos do telégrafo elétrico são comparados aos nervos e as entradas de ferro ao aparelho circulatório. Nestas últimas analogias, o nosso autor estava longe de representar uma exceção, dado que comparações semelhantes foram formuladas por muitos observadores, seus contemporâneos. O que parece mais forçado na obra de Kapp é a tentativa de formular uma teoria da tecnologia, exaustiva e unitária, de tipo estritamente antropocêntrico e antropomórfico, em que cada estado e cada estágio da tecnologia é posto em correspondência com uma fase da espécie humana.

Todavia, se Kapp desenvolve uma teoria antropológica da tecnologia, elabora, também, no mesmo passo, uma teoria tecnológica da antropologia. O inconsciente produz externalizações técnicas variadas, projetando vários traços e fases do ser humano. Uma vez produzidos, os artefatos técnicos facultam os meios indispensáveis, através dos quais os seres humanos podem alcançar o conhecimento de si próprios. A auto-compreensão da natureza humana não pode ser atingida através da introspecção ou através do estudo do comportamento humano como tal, mas por meio do estudo dos *produtos* do trabalho humano, sobretudo artefatos técnicos. Cada artefato, cada objeto tecnológico fornecem por assim dizer, um procedimento de descoberta para uma fase da natureza humana e para a composição de nossos espíritos e corpos. Isto explicaria por que as metáforas tecnológicas têm sido tão cruciais, em todas as épocas do pensamento, para a nossa auto-interpretação. Kapp, contudo, não considera, sistematicamente, a maneira como estes modelos tecnomórficos da natureza humana são reificados, como se não tivessem sido, de fato, resultantes de projeções orgânicas, inconscientes. Na visão de Kapp, o homem pré-tecnológico era um *homo absconditus*[3], radicalmente desprovido de auto-conhecimento e de auto-consciência. Mercê da incessante criação de artefactos técnicos, mais fases do ser humano tornam-se progressivamente acessíveis à consciência, até que os poderes, capacidades e faculdades mais ocultos do Homem lhe são, gradualmente, desvendados através da consideração das suas próprias obras. Assim é o estudo dos produtos da ação humana, especialmente os poderes do Homem à mente humana (uma antecipação de teses semelhantes de Popper relativas ao Mundo Três, o mundo dos produtos da ideação humana, embora

---

3 Esses dois termos não foram usados por Kapp mas por Ernst Bloch. Parece, todavia, serem adequados para transmitir os ensinamentos de Kapp.

Kapp isole os instrumentos como a mais importante categoria das obras humanas, para o progresso da auto-consciência ou auto-conhecimento dos homens). Na antropodicéia de Kapp o desdobrar de possibilidades tecnológicas poderia, eventualmente, produzir a condição do *homo manifestus*, o ser humano totalmente auto-consciente, embora não seja muito claro se Kapp o concebe como sendo, de fato, um estágio final ou, simplesmente, um ideal regulador.

Kapp não discute, sistematicamente, obstáculos sociais ou epistêmicos, nem ao estágio, tecnologicamente, máximo do *homo manifestus*, nem ao adequado reconhecimento de que o mundo tecnológico consiste apenas em projeções do nosso ser (aquilo a que McLuhan chamou "a atitude narcísica de contemplar as extensões de nossos corpos como existindo *lá fora* e realmente independente de nós, [1964: 68; sublinhado no original]). Por outras palavras, Kapp não dispõe de uma teoria da alienação tecnológica, talvez porque veja a tecnologia como uma força exclusivamente desalienante. A ênfase metafísica na passagem do inconsciente ao consciente por via da externalização técnica oferece-lhe uma espécie de garantia cósmica de que o crescimento da tecnologia será, *pari passu*, o crescimento da auto-consciência humana.

A ênfase feuerbachiana no corpo, ou melhor, no ser humano corporizado, data até certo ponto a sua aproximação como uma forma do que poderíamos chamar "somatismo tecnológico". Porque a presunção da unidade, integridade, profundidade e, sobretudo prioridade, ontológicas do ser humano corporizado - em suma, da prioridade ontológica do orgânico sobre o mecânico é posta em risco pelas bio-tecnologias contemporâneas e pelo impulso para a mecanização da vida orgânica. Enquanto para Kapp o ser humano mergulhava as suas raízes nas profundezas do inconsciente, para a tecnociência contemporânea as profundezas do inconsciente não existem, mas apenas os sistemas de processamento de informação sob uma forma ou outra. Nesta perspectiva, a tecnologia é a chave para a antropologia, mas a antropologia não tem prioridade ontológica. O "somatismo tecnológico" já não passa sem ser questionado e uma configuração mais saliente nas teorias tecnológicas de hoje é quase o seu reverso - o "gnosticismo tecnológico", que discutiremos na seção seguinte.

II

As correntes e tendências recentes numa variedade de áreas tecnológicas, bem como as prolépticas pretensões e profecias de destacados estudiosos em campos tais como a genética, a engenharia biológica e a inteligência artificial, sustentam a tese de que estamos atualmente enfrentando uma síndrome cultural que Victor Ferkiss (1980) chamou "gnosticismo tecnológico" (mas que poderia igualmente chamar-se "gnosticismo técnico-científico", dada a interpenetração da investigação científica e da invenção técnica. De fato, os advogados maiores destes projetos têm sido trabalhadores identificados, primariamente, como "cientistas" e não como "tecnólogos"). A expressão "gnosticismo tecnológico" pode parecer contraditória dado que o gnosticismo é usualmente entendido como envolvendo horror ao orgânico, repugnância pelo corpo, aversão pelo natural - certamente pela *natura naturata*, pelos seres naturais na sua manifesta bruteza, senão mesmo pelos poderes ocultos, plásticos, da *natura naturans* - e um pathos metafísico por via do qual a "viscosidade" das coisas é sentida como radicalmente inimiga do espírito. A tecnologia implica manipulação do mundo material e, por aí, aparece como inerentemente contra-gnóstica. Todavia, pela expressão superficialmente paradoxal "gnosticismo tecnológico" quer significar o casamento das realizações, projetos e aspirações tecnológicos com os sonhos, caracteristicamente gnósticos de se transcender radicalmente a condição humana (e não, simplesmente, de a melhorar e habilitar os seres humanos a triunfarem sobre as forças naturais hostis). Ultrapassar os parâmetros básicos da condição humana - a sua finitude, contingência, mortalidade, corporalidade, animalidade, limitação existencial - aparece como um móbil e até como uma das legitimações da tecno-ciência contemporânea, pelo menos em algumas áreas. É indubitável que expressões hiperbólicas, tais como "abolição" ou "aniquilamento" do espaço e do tempo, por exemplo, têm circulado pelo menos a partir de 1840, quando a invenção do telégrafo elétrico evocou uma "retórica do tecnologicamente sublime" (Marx 1964), e têm sido reiteradas em relação a muitos desenvolvimentos subseqüentes das tecnologias dos transportes e comunicações. Tornaram-se lugares-comuns do discurso relativo aos meios de comunicação eletrônicos e às tecnologias de informação. A "retórica do eletrônico sublime" (Carey 1989) é uma variação atual e, particularmente, luxuriante sobre um tema mais vasto e pode, sem dúvida, ser parcialmente descontada como hipérbole jornalística devido ao crescimento da telemática (a interligação entre sistemas computadorizados e telecomunicações). Permite o entrever fugaz de computopias, nas quais o mundo material e o correspondente mundo da experiência sensorial são, crescentemente, substituídos pelo processamento de informações (com um estatuto ontológico diferente e superior, mais próximo do espírito do que da matéria e da energia, na visão clássica do Mundo).

Filósofos da tecnologia, de Bergson (1907) a Gehlen (1980), sublinharam que o impulso maior da tecnologia humana envolvia a manipulação do inorgânico pelo orgânico (tal como representada pelo *homo faber*) e pressupunha que o mundo orgânico permaneceria, essencialmente, opaco ao entendimento analítico-redutivo, retendo a sua integridade ontológica face ao impulso tecnológico da nossa espécie (exceto quanto a intervenções tecnológicas limitadas, tais como aquelas cujas realizações Darwin já tinha ponderado enquanto desenvolvia a teoria da seleção natural). Esta teoria da tecnologia já não é sustentável, dado que a manipulação do mundo orgânico para induzir transformações nos mundos tanto orgânico como inorgânico tem sido uma área maior de crescimento nos últimos decênios. Enquanto para Bergson o impulso tecnológico (o que se poderia chamar *élan technique*) da nossa espécie continuava a "tecnologia natural" dos organismos vivos, geralmente por outros meios, e permaneceria dentro do horizonte do *élan vital*, as perspectivas atuais da engenharia biológica indicam uma inflexão maior na evolução das tecnologias humanas, precisamente num sentido gnosticizante. A fabricação de formas de vida artificiais (para um largo espectro de fins utilitários, mas também com a aspiração subjacente de produzir organismos mais perfeitos) num contexto planetário onde as espécies biológicas estão longe de se encontrarem exaustivamente catalogadas, e em que, de fato, estão desaparecendo a um ritmo cada vez mais acelerado, com uma crescente e irreparável perda de biodiversidade (maior do que a das eco-catástrofes naturais) é um dos paradoxos da nossa situação contemporânea. O sentimento que nos apresentava o mundo dos organismos vivos como um dado adquirido básico foi, radicalmente, derrubado pela perspectiva da transformação indefinida das fronteiras naturais das espécies biológicas e de uma extraordinária aceleração dos processos de mudança genética e somática (veja-se, e.g., Rifkin: 1983). A temporalidade tecnológica da bioengenharia substitui o passo lento característico do quadro temporal da evolução biológica, por via da intervenção direta em genomas (e independentemente das mudanças em larga escala, causadas de maneira indireta e freqüentemente não-intencionada, nos hábitats e biomas, pelo crescimento técnico-econômico). Os lamentos ocasionados pela destruição de hábitats e espécies naturais são freqüentemente afastados pela asserção de que a tecnologia pode fabricar substitutos exatos para toda e qualquer espécie "natural" que se venha a perder. Essa posição é defendida não só por autoridades tecno-científicas, mas também por economistas de relevo, cuja teodicéia do crescimento econômico se apóia, constantemente, na "falácia da substituibilidade infinita" (Daly 1977) e, em último recurso, no argumento de que há gente que realmente *gosta* de árvores de plástico. Considere-se também a perspectiva, seriamente encarada por investigadores de renome no campo da inteligência artificial (IA) - e seja como for, pelos advogados do chamado "programa forte da IA" - de que dentro dos próximos quarenta anos, "nós" estaremos em condições de substituir os nossos cérebros pensantes (que não passam de "computadores de carne") por mentes sem cérebro, substituindo o nosso "*fleshware*" por "*software*" e o nosso *cogito* por um *computo* e.g. (Moravec 1990). O argumento consiste em que, dado que a mente é, essencialmente, computacional, os seus laços com um corpo orgânico são contingentes: uma enorme diferença relativamente ao materialismo antropológico de Feuerbach que inspirou muito da teorização novecentista sobre a tecnologia, incluindo o "somatismo tecnológico" de Kapp. Estes desenvolvimentos e perspectivas tecnológicos representam candidatos *prima facie* para inclusão na rubrica do "gnosticismo tecnológico", embora em outros casos pudessem ser discutidos. É fora de dúvida que cada área da tecnologia precisa ser, cuidadosamente, avaliada quanto às suas implicações ontológicas, mas também parece ser razoavelmente claro que se deve tomar em séria conta a tendência gnosticizante de algumas tecnologias recentes. Não será demais sublinhar-se aqui fortemente que essas considerações não são de modo algum dirigidas contra o "projeto de modernidade" enquanto tal, nem contra o papel essencial que as tecnologias podem desempenhar no sentido da visão prometéica clássica, para mitigar as insuficiências e enfermidades da condição humana. A busca de transcendência também é inseparável da condição humana e não pode, de maneira nenhuma, ser descartada como uma hubris cartesiana ou sob qualquer outra forma.

Ao tomar o "gnosticismo tecnológico" como conceito organizador nesta discussão da filosofia e sociologia da tecnologia, não queremos, com isso, associar o presente argumento às implicações de largo alcance de que o conceito de gnosticismo é portador, como categoria central da filosofia da história e da política de Voegelin (1968). Para Voegelin, a essência da modernidade assenta no crescimento do gnosticismo imanentizado em formas tais como a doutrina do progresso infinito ou perpétuo, as visões de sociedades perfeitas e da perfectibilidade humana em geral, e os movimentos sociais os quais reclamam da gnose historiográfica como conhecimento salvífico, projetando o fim da história como redenção da humanidade. No Ocidente, tais tendências gnósticas militam contra a herança revelatória noética clássica e judaico-cristã, através da axial teodicéia da história elaborada por Joaquim de Flora (m. 1202) a qual é freqüentemente vista como a matriz principal do gnosticismo imanentizado e historicizado. Os mais favoráveis aos projetos de modernidade e do Iluminismo repudiariam ou restringiriam esta interpretação, sublinhando o colapso interno da visão de mundo medieval-católica como fator que permitiu a emergência da ciência moderna e a legitimação da *curiositas* como "segunda derrota do gnosticismo" (Blumenberg 1983). Para Blumenberg, a "descoberta da tecnicização" na tecnologia industrial moderna tornando óbvio, pelo menos por algum tempo, o pesadelo malthusiano, representou outra fase na "auto-afirmação do Homem perante a desumanidade da Natureza" (1983: 224). Assim, a tônica dessa última perspectiva recai mais sobre os contra-valores científicos modernos, do que sobre os contra-valores clássicos e religiosos, no confronto com a possibilidade permanente do gnosticismo na civilização ocidental. Nenhum dos dois autores tomou em consideração a inflexão das modernas tecnologias para caminhos gnosticistas, nem a "miserabilização da Natureza", causada por uma tecnosfera onipresente. Estes desenvolvimentos minaram, parcialmente, as condições de existência da civilização moderna e da sua herança cultural,. dando asas a uma profunda preocupação com a irrestrita visão prometéica do melhoramento tecnológico das condições de vida da espécie e do papel intrinsecamente libertador do conhecimento científico.

Estes debates mais amplos da filosofia da história e da política e a avaliação global da modernidade não podem ser tratados, especificamente, neste capítulo. Mas pelo menos como rodapé histórico pode recordar-se que as ambigüidades da tecno-ciência contemporânea não são emergências inteiramente novas ou o resultado de conjunturas totalmente sem precedentes. A constelação cultural que presidiu o crescimento da ciência moderna nascente incluiu contribuições gnósticas. Entre as influências que modelaram o desenvolvimento da ciência matemática-experimental e das cosmologias suas acompanhantes, acham-se a alquimia (como berçário de práticas experimentais, mas também, em certa medida, das suas visões mais amplas, envolvendo o projeto de domesticação do tempo e a aceleração dos processos naturais), a astrologia ou a astro-biologia, o hermetismo, o pitagorismo místico e os ensinamentos cabalísticos, bem como uma variedade de formas de mágica natural ou espiritual.

Estas influências têm sido, se é que existem, sobrestimadas nos últimos decênios, assumindo uma forma particularmente inflada na "tese de Yates" que, virtualmente, apresentou a revolução científica do século XVII como um rebento de correntes místicas, mágicas e míticas, subjacentes (ou, pelo menos, como constituindo estas o clima intelectual permeante, no seio do qual a ciência moderna nasceu). Todavia, poder-se-ia invocar aqui "o último Mago" - como Newton foi apelidado por Keynes - que dedicou milhares de horas a experiências alquímicas e encheu resmas de papel com protocolos e relatórios detalhados sobre elas, embora, evidentemente, estes tenham permanecido como um fundo bibliográfico inédito e esotérico (Dobbs, 1975). É importante não se exagerar o papel dessas influências e, seja como for, a maneira exata como se combinaram com outros fatores, lógica e historicamente anteriores, na teia complexa da causalidade histórica contínua a iludir qualquer síntese retrospectiva coerente. A teleologia natural aristotélico-tomista de um cosmo ordenado e inteligível já tinha sido minada pelo voluntarismo teológico do século XIV que implicava a contingência radical do mundo empírico. De certo modo, Descartes foi o último e o maior dos voluntaristas teológicos; para ele, Deus podia até anular as leis da *lógica* e todos os axiomas da razão (Funkenstein, 1986).

As tendências gnostizantes da tecno-ciência contemporânea, diferentemente das da ciência moderna nascente, não podem ser, diretamente, imputadas a correntes de pensamento gnósticas designáveis. Contudo, não deixa de ser curiosa a circunstância que criou o que poderíamos chamar uma afinidade eletiva entre o espírito da tecno-ciência moderna e o ethos deste gnosticismo mundanal e imanentizado (em vez de transcendente, à maneira clássica). Tempos houve em que muito da sociologia da ciência se encontrava em torno da afinidade eletiva entre a visão ascética do Mundo (especialmente no protestantismo radical) e o ethos da ciência moderna (com a sua têmpera universalista, empírica, experimental, transformativa), embora alguns críticos preferissem sublinhar a afinidade da ciência moderna com o ethos do hedonismo cosmológico do prazer propiciado pelo mundo natural. A derrota do gnosticismo que se verificou, senão exatamente, como a ciência moderna nascente, pelo menos com o seu desenvolvimento posterior através do século XVIII, não foi definitiva. Talvez devêssemos falar de um "terceiro gnosticismo" (Landmann 1983) não só na virulência de movimentos e ideocracias totalitários, e no permeante historicismo relativizador das sociedades liberais, mas no cerne recôndito da tecno-ciência corrente.

Seria errado supor-se que alguns dos recentes desenvolvimentos tecno-científicos mencionados acima como "gnósticos", não foram antecipados e mesmo ardentemente desejados por alguns dos mais refletidos cientistas. Gostaria de relembrar aqui o notável texto publicado pelo físico socialista J. D. Bernal em 1929, um de uma família de escritos do mesmo período, especulando de maneira muito fundamental sobre as implicações das tecnologias futuras, incluindo as bio-tecnologias, para a profunda transformação de seres humanos e sociedades. Seria sempre um texto notável, mas o fato de o autor ter exercido, subseqüentemente, uma influência maior no pensamento de sociedades tanto democráticas como de socialismo de Estado, quanto ao papel de transformação global da tecno-ciência (foi ele que criou, em 1939, a frase "a revolução científica e tecnológica do nosso tempo" que viria a ser tão proeminente no discurso comunista a partir, mais ou menos, de 1968) confere-lhe um valor adicional. Seja como for, Bernal, já então laureado com o Prêmio Lenine, voltou a publicar o seu trabalho em 1970, sem em nada o enjeitar, embora os objetivos estabelecidos para a Humanidade na sua visão de um futuro a muito longo prazo parecessem completamente dissonantes com os do progresso e abundância terrenos da tecno-ciência munificiente que ele próprio advogou, como propagandista da ciência e do socialismo durante vários decênios[4]. Na obra - talvez, significativamente, intitulada *O Mundo, a Carne e o Diabo* - propôs uma série de objetivos tecno-gnósticos para o desenvolvimento da nossa espécie com base na ciência.

Um desses objetivos era o advento do "homem mecanizado", em que a maior parte possível do corpo humano natural orgânico seria substituída: o homem tecnologizado consistiria, em grande parte, numa caixa craniana com um corpo mecânico novo. Novos órgãos dos sentidos artificiais substituiriam o nosso débil *sensorium* e alargariam enormemente as nossas capacidades sensoriais para percepcionarmos o espaço e o tempo (uma visão que foi, parcialmente, ultrapassada pela de algumas correntes da inteligência artificial, em que o próprio cérebro seria substituído por *software* inorgânico). Enquanto fossem ainda necessários, os corpos humanos seriam produzidos em fábricas ectogenéticas (Haldane 1923). A comida natural seria *inteiramente* substituída por comida sintética, antes de haver uma emancipação mais completa, relativamente a essas necessidades. Uma boa parte da espécie passaria eventualmente a viver em colônias espaciais permanentes, encapsuladas em meios totalmente artificiais (e aqui, curiosamente, o gnosticismo tecnológico apela para o gnosticismo estético antecedente, dado que Bernal nota que a pintura moderna rejeitou a representação do mundo natural, incluindo o corpo humano. Poderia ter citado, por exemplo, a extrema repulsa de Mondrian por tudo o que fosse reminiscente de formas orgânicas no trabalho pictórico). A nova humanidade mecanizada contemplaria o resto dos humanos, irredimivelmente orgânicos e vivendo na Terra, como uma espécie de *zôo*. O gnosticismo clássico abominava a individualização, a separação ontológica e a diáspora de seres (Brun 1963), estando a individualização e o estatuto da pessoa humana de qualquer modo ontologicamente viciados pela inevitabilidade da morte. Bernal concebia a interligação de cérebros de tal sorte que múltiplos indivíduos se achariam ligados por laços afetivos tão fortes que a mais fanática devoção que possamos observar hoje, mal permitiria entrevê-los; eventualmente, com o crescimento destas coletividades, algo como a imortalidade seria alcançado. Para os gnósticos clássicos o conhecimento salvífico é o telos da existência: para Bernal a descoberta científica substituiria todos os outros objetivos e

---

[4] O pacote estonteante de aceleração tecno-científica e valores ostensivamente socialistas-humanistas no ensino de Bernal foi chamado "bernalismo" por Werskey (1978), um termo que se beneficiou de ampla divulgação.

necessidades e, pelo menos os eleitos do saber, os cientistas-gnosticistas, entregar-se-iam à busca da auto-consciência cósmica, deixando, talvez, para trás, mentes (ou cérebros) de nível inferior, dado que o conhecimento era visto como sendo, ao mesmo tempo, o meio e o fim da existência condigna. Há, através do texto, uma tensão vincada entre o elitismo científico e um igualitarismo que nunca é, inteiramente, repudiado, levando o autor a postular uma hierarquia de espíritos em que a vanguarda científica seria a portadora da evolução cognitiva, deixando literalmente para trás os ainda não exclusivamente dedicados à descoberta científica.

O cultivo da ciência e da tecnologia estabelece recorrentemente o objetivo do saber total, como na visão laplaciana de um universo em bloco fechado, onde seria possível prever todo o futuro e retrodizer todo o passado (uma maneira de abolir o tempo ou, pelo menos, os modos mais fortes e mais ricos da temporalidade, para além da mera sucessão ordinal)[5]. Os tecnólogos de hoje têm a tendência de conceber tecnofanias em que dominação total da Natureza é ela mesma quase desmaterializada em saber absoluto e numa espécie de *totum simul*. Versões correntes de tecnofanias ligadas ao discurso sobre as tecnologias da informação, nas quais a "informação" se torna o conceito dominante do quadro categorial, sugerem que a conversão total do não-informacional em informação é o momento da consumação do progresso tecnológico. Uma vez que informação e luz estão estreitamente relacionadas - a informação na tecnologia eletrônica é transmitida à velocidade da luz - algo parecido com a metafísica da luz neo-platônica, na qual a perfeição ontológica é equacionada ou simbolizada pela luz, tem sido formulado por vários profetas das tecnologias da informação[6]. Mas, mesmo aqui, Bernal, embora não tivesse antecipado os *lasers*, os computadores eletrônicos ou a cibernética, tinha já formulado este tipo de tecnofania: "a própria consciência pode acabar ou desaparecer da humanidade que se tornou completamente eterealizada ... tornando-se em massas de átomos no espaço, comunicando por radiações e, talvez, em última análise, resolvendo-se a si mesma, inteiramente, em luz" (Bernal 1970: 29, 46). Aqui a tecnofania transforma-se em fotofania (*fiat lux*).

Apesar do que, por vezes, tem sido defendido, parece-me que esta visão tecno-gnóstica está, de várias maneiras, muito distante do messianismo revolucionário "vulgar", na tradição socialista ou mesmo marxista-leninista. Considere-se a visão de Trotsky sobre o grande salto em frente da Humanidade sob o socialismo ou sob o comunismo, publicada apenas alguns anos antes do esboço tecno-utópico de Bernal sobre o progresso futuro da espécie:

> "O Homem tornar-se-á, incomensuravelmente, mais forte, mais sábio e mais sutil; o seu corpo tornar-se-á mais harmonioso, os movimentos mais rítmicos, a voz mais musical. O tipo humano médio elevar-se-á às alturas de um Aristóteles, de um Goethe, ou de um Marx. E acima deste cume novos picos se erguerão" (Trotsky 1925: 256).

---

[5] Para uma cosmologia recente com uma hierarquia estratificada de temporalidade, veja-se Fraser (1982).

[6] Parece pertinente lembrar que os neo-platônicos clássicos podiam ser altamente críticos do gnosticismo, como no caso de Plotino.

É óbvio que Trotsky não dispunha nem da imaginação nem dos conhecimentos científicos e tecnológicos de Bernal, nem, diga-se, da mesma inclinação para elaborar projetos visionários. Apesar disso, o contraste entre estas duas visões do futuro coletivista, entronizado pela ciência e pela tecnologia, parece ter por fundamento mais do que as substâncias diferentes da formação intelectual entre os autores, enraizando-se em concepções muito divergentes sobre o florescimento humano. O revolucionário profissional foi mais conservador na sua escala de valores e, pelo menos a este nível, mais congruente com o humanismo socialista dominante e a visão prometéica do domínio tecnológico da Natureza com vista a assegurar-se o melhoramento da condição humana. As próprias referências ao aperfeiçoamento do corpo humano, ingênuas e suscetíveis de ridículo, mostram um sentido distintamente naturalista e não-gnóstico para a ancoragem biológica de tipos humanos cada vez mais superiores. Nenhum dos dois visionários avaliou inteiramente, quer o politeísmo de valores *à la* Weber, quer mesmo a riqueza do firmamento de valores exterior à perspectiva radicalmente agonística de Weber, mas que podem, igualmente, sugerir uma visão pan-trágica, na qual a realização de valores, necessariamente, envolve perdas e ganhos, e em que os sonhos da razão se podem tornar pesadelos. Embora tanto Trotsky como Bernal, mais tarde, tivessem apoiado grandiosos projetos de macro-engenharia, só Bernal contemplou a "miserabilização da Natureza", porque via o desaparecimento de espécies naturais, de paisagens e, de fato, de todo o habitat planetário, sem compunção (não para maximizar a população humana, mas por amor da entrega ilimitada à descoberta científica ou ao impulso para a tecnofania). E foi o cientista, não o revolucionário messiânico, que concebeu o colapso da identidade pessoal na humanidade futura e a emergência de seres, coletivizados, imortais, como categoria ontológica mais alta do que os indivíduos discretos, mortais e corporizados. Isto não é o Grande Ser de Comte, evocado mais tarde por Haldane, dado que o conceito do positivista era, essencialmente, retrospectivo, envolvendo o culto de grandes homens do passado e o sentimento de que a Humanidade é uma continuidade constituída, em boa parte, pelos mortos (nem esse fundador da Sociologia teria apoiado a manipulação tecnológica radical do mundo orgânico ou sequer da geosfera).

III

Nas páginas seguintes tratamos, com um pouco mais de detalhes, de alguns dos desenvolvimentos e perspectivas tecnológicos mais problemáticos, já brevemente indicados ou aludidos na seção anterior, embora a discussão se mantenha apenas em esboço, imposto pelos limites de um ensaio breve. Cada uma dessas áreas tecno-científicas tem atraído um vasto corpo de literatura acadêmica e panfletária e continuará, seguramente, a fazê-lo durante ainda algum tempo. Embora haja indícios de uma bipolarização da opinião em cada uma das áreas em litígio, poucas confrontações decisivas tiveram ainda lugar (embora se tenham registrados conflitos sociais e políticos bastante significativos, particularmente, sobre os direitos de reprodução).

(1) A área onde se tem verificado o combate mais consistente e amargo é provavelmente a das tecnologias reprodutivas[7]. O rápido desenvolvimento das "novas tecnologias da reprodução" durante os últimos vinte e cinco anos, aproximadamente, tem concitado respostas confusas, ambivalentes e largamente flutuantes por parte de feministas bem como de outras seções de opinião. A perplexidade moral bem como as respostas políticas hesitantes têm sido a norma entre os governos ocidentais. O gnosticismo tecnológico inclina para pontos de referências tecnológicas, relativamente às limitações animais da condição humana, e o nascimento parturitivo é um alvo evidente. Haldane (1923) já tinha sugerido que a ectogênese podia e devia vir a predominar numa sociedade cientificamente bem ordenada, o que foi saudado por Bernal, que incorporou a fábrica ectogenética como o modo dominante de reprodução, e satirizado por Aldous Huxley na sua distopia clássica. Nos tempos pacíficos do tecno-feminismo (Firestone 1971) foi até proclamado que este modo de reprodução compensaria finalmente - ou contribuiria para compensar - a desigualdade "natural" entre os sexos: a tecnologia de reprodução seria, assim, instrumental para derrubar a dominação patriarcal. A noção de que uma tecnologia ou técnica poderia ser, *per se*, única, exclusiva e, decisivamente, libertadora para as mulheres ou para qualquer segmento subordinado da Humanidade já não goza do tipo de plausibilidade antecedente de que um dia terá talvez beneficiado.

De modo geral, o pensamento feminista inclinou-se para uma atitude mais crítica e, sem dúvida, mais suspeitosa no que tange às tecnologias alegadamente libertadoras, em todas as esferas, incluindo as das tecnologias da reprodução. Na verdade, em certo casos, *todas* as "novas" tecnologias da reprodução foram rejeitadas, indiscriminadamente, como deveras prejudiciais para as mulheres e totalmente concebidas por interesses masculinos e/ou pelos interesses inconfessados de bio-tecnólogos do sexo masculino. Esta visão um tanto extrema, que exagera a medida em que qualquer tecnologia pode estar total, exclusiva e permanentemente sob o controle de qualquer grupo ou categoria social identificáveis, é talvez a perspectiva de uma minoria saliente. As críticas feministas têm acentuado corretamente a forma como a gravidez e o parto têm sido largamente apropriados pela profissão médica, pelas definições médicas e por sistemas de alta tecnologia de saúde pública, que lidam com eles, mais ou menos, como se se tratassem de áreas de patologia ou quase-patologia. Sabe-se que estas tendências para a medicalização e para a hospitalização no tratamento de processos naturais também ocorrem na área da morte e têm, possivelmente, co-determinado mudanças nas atitudes ocidentais respeitantes aos moribundos, a mortes e aos mortos (veja-se, e.g., Martins 1983).

As vias gnosticizantes tecnologizam, se é que de fato não transcendem ainda, efetivamente, a facticidade natural e existencial da condição humana. As tecnologias

---

7 Discussões recentes e úteis sobre tecnologias de reprodução podem ser achadas em Sawicki (1991) e Wajcman (1991).

genéticas e de reprodução sugerem, atualmente, a possibilidade de réplicas humanas (*cloning*), dado que a replicação de gado é já uma prática bem estabelecida. Isto constituiria uma nova versão do sonho alquímico, mas agora "algênico" (Rifkin 1983), da imortalidade. Já não é a sobrevivência de um e o mesmo indivíduo, numericamente distinto, que está em causa, mas a sobrevivência indefinida da mesma pessoa-tipo, através da multiplicação de réplicas suas, sucessivas e numericamente distintas. Seja como for, a replicação é um tema central das tecnologias contemporâneas: fazerem-se cópias, freqüentemente até melhores do que os originais de uma entidade, seja ela qual for e, em alguns casos, fazerem-se cópias sem original - simulacro platônico evocado por Baudrillard (1981). Os genes são replicadores e o mesmo se aplica a elementos culturais ou *memas* (Dawkins 1978). Que estranho - numa época em que a arbitrariedade radical do signo lingüístico, a incomensurabilidade dos paradigmas científicos e o estatuto não representativo das teorias científicas, bem como o caráter não-mimético e anicônico das artes se tornaram dogmas do pensamento contemporâneo - que muito da tecnologia contemporânea se centre em torno da proclamada capacidade para a replicação, simulação e *cloning* perfeitos! Regressando à questão do *cloning*: esta é uma área em que a bio-ética humanista pode convergir com a ética religiosa tradicional para estipular proibições absolutas (Ferkiss 1980), no caso de um possível mercado para compra e venda de partes do corpo humano para transplantes. A menos que algumas proibições absolutas de natureza ética e legal sejam estipuladas, a deriva para as bio-tecnologias radicais e para os bio-mercados, com direito de propriedade de genes e partes do corpo humano, por exemplo, pode tornar-se irresistível, nas atuais condições de *laissez innover*. A articulação de tendências tecnológicas com tendências de mercado, privatização, atribuição de direitos de propriedade e reificação do consumo no caso das mães hospedeiras, ilustra o que pode acontecer em situações de incerteza moral e de alegações conflituais de sofrimento humano e de direitos humanos.

(2) O rápido desenvolvimento das biotecnologias ou da engenharia biológica contemporâneas representa, como notamos, uma nova época da tecnologia, não antecipada pela maioria dos teóricos clássicos da tecnologia que presumiram, explícita ou implicitamente, que o mundo orgânico se manteria, largamente, inacessível a uma intervenção tecnológica de semblante mais criativo do que destrutivo ou de tipo simplesmente terapêutico. A primazia do orgânico sobre o mecânico foi tão postulada por filósofos vitalistas da tecnologia, como Samuel Butler ou Bergson, como por antropólogos da tecnologia de Kapp a Gehlen. Este postulado metafísico foi freqüentemente, se bem que não sempre, associado ao pressuposto de que o mundo orgânico permaneceria, epistemicamente, inacessível ao intelecto discursivo ou à razão instrumental, e de que só poderia ser conhecido de maneira não-discursiva e não instrumental. As conquistas da genética molecular contemporânea, cujo maior salto em frente foi aproximadamente simultâneo à emergência do computador eletrônico digital de alta velocidade, têm-se achado crescentemente associadas com a modelação computadorizada, com a teoria da informação, com a cibernética e com a micro-

eletrônica. O programa de investigação reducionista e metafísica da biologia parece ter sido triunfantemente reclamado. Se isto é ou não verdade não precisa ser discutido aqui, mas as suas implicações práticas e técnicas são de grande alcance e de interesse central tanto para a filosofia da tecnologia como para a filosofia da ciência, e tanto mais assim, quanto as questões levantadas à metafísica valorativa (Rescher 1982) e à tecno-ética requerem reflexão urgente e eventualmente legislação, num futuro próximo e em várias outras áreas.

As bio-tecnologias não buscam meramente facultar melhoramentos cosméticos e mais próteses para organismos humanos e não-humanos, mas criar novas formas de vida. De todas as tecnologias contemporâneas é talvez a bio-tecnologia a que tem uma vocação mais decisivamente ontológica. O seu horizonte inclui a criação de novas formas de vida orgânica como resultado de modificações genéticas, incluindo transferências genéticas entre espécies e, potencialmente, o derrubar das fronteiras entre espécies biológicas naturais [enquanto a evolução tanto orgânica como inorgânica tinha sido na generalidade adversa a mesoformas e, na verdade um princípio geral de instabilidade das mesoformas foi anunciado por muitos filósofos naturais tais como Fraser (1982)]. As formas de vida artificiais iludem as fronteiras naturais e os limites da evolução biológica "normal". A atual agenda bio-tecnológica também inclui a criação de formas de vida mistas, biológicas e mecânicas, aproximando a criação de computadores orgânicos [utilizando pastilhas (*chips*) biológicas em vez de micro-pastilhas de sílica]. Por parte da tecnologia dos computadores tem sido dito que estes, progredindo, rapidamente, através de uma seqüência de gerações tecnológicas, estão a adquirir cada vez mais propriedades características da vida (reprodução, locomoção, metabolismo com o meio ambiente) para além de atributos semelhantes aos do cérebro e das capacidades de cálculo, com que começaram a sua carreira evolucionária (Simons 1983/85). Formas de vida artificiais, seres bio-mecânicos, computadores com aparência de vida: estas criações ontológicas mostram que as implicações ontológicas das bio-tecnologias e das novas tecnologias da informação são consideráveis e desafiam a metafísica descritiva recebida (a nossa imagem do equipamento básico do Mundo e suas articulações ontológicas), bem como as cosmologias comuns. Dessauer, um filósofo da tecnologia que escreveu na Alemanha de Weimar, caracterizou o domínio dos artefatos tecnológicos com um "quarto domínio" de coisas feitas, a acrescentar aos mundos comuns taxonomicamente denotados como animal, vegetal e mineral. Mas este quarto domínio de coisas feitas exerce-se atualmente com uma "causalidade descendente" sobre os mundos anteriores e refaz fronteiras e divisões, no seu seio e entre eles: rediferencia, desdiferencia e re-estratifica a cadeia pré-existente de seres naturais como matéria, puramente manipulável, pondo entre parêntesis quaisquer atitudes ou piedades naturais que poderiam prejudicar o que aparece como um projeto faustiano de Gestão Total (e.g., Heim 1987) dos mundos orgânico e inorgânico. A vincada fronteira ontológica entre esses mundos bem como entre o natural e o artificial entrou agora na arena do essencialmente contestável, à luz das capacidades tecnológicas contemporâneas. A criação de novas tecno-espécies, envolvendo várias combinações do orgânico e do inorgânico, do natural e do artificial, do humano e do não-humano, é um ponto alto na agenda da demiurgia tecnológica atual ("fazer de Deus", uma frase freqüentemente usada em relação com os genefixos e a engenharia biológica de novas formas de vida invoca a imagem errada da criação *ex nihilo*: a *poiese* tecnológica é timaica[8] ou demiúrgica embora as visões tecnofânicas, como notamos, aspirem a um saber total quase divino e ao *totum simul*).

Mas talvez até a analogia demiúrgica seja, excessivamente, rebuscada. Outra analogia que tem gozado de considerável popularidade é a da alquimia. De fato, o geneticista Lederberg citado por Rifkin (1983) cunhou o termo "algenia" para designar a analogia bio-tecnológica com a antiga alquimia: toda a matéria viva cai sob as categorias e técnicas da mecanização. Tal como os alquimistas, os algenistas procuram ultrapassar a heterocronia entre os processos naturais lentos e progressivos e o desejo humano de processos de fruição à medida da vida humana, cada vez mais acelerados e compressores do tempo, obtidos através de acelerações tecnicamente induzidas (embora se possa dizer que toda a tecnologia visa a comprimir o tempo dos processos que ocorrem naturalmente). Apesar disso, ninguém supõe que os algenistas contemporâneos procuram ou experimentam o tipo de regeneração moral e aperfeiçoamento espiritual que os alquimistas buscavam em consonância com o aperfeiçoamento ontológico verificado nos materiais processados em laboratório. Mas a diferença maior está, evidentemente, no fato de as bio-tecnologias "funcionarem" ao contrário das práticas dos gnósticos alquímicos em geral, apesar da sua eficácia ocasional e do seu valor psicagógico. O gnosticismo bio-tecnológico "funciona", embora a criação de formas de vida, bem como de máquinas, geralmente, com capacidade e margens crescentes de auto-orientação e autonomia, seguramente reforce a imprevisibilidade de tais artefatos (de fato, as possibilidades criativas de tecno-evolução, se em co-evolução com os tecnólogos humanos, são freqüentemente apresentadas como uma das realizações maiores das tecnologias contemporâneas).

A criação de vida artificial mista e as tecnoformas que competem com a mente têm, talvez surpreendentemente, sido bem recebidas e elogiadas pela ficção científica feminista e por alguma filosofia feminista. As emoções ontológicas induzidas pela transgressão das espécies e das fronteiras categoriais, são, aí, geralmente entendidas como suporte para o desejo feminista de esbater os sexos, os gêneros e os geradores. As feminitas rejubilam-se com a destruição de dicotomias tão veneráveis e tipicamente assimétricas como natural/artificial, Natureza/cultura, masculino/feminino, mecânico/orgânico, espírito/corpo, Deus/Homem, original/réplica, eu/outro. Vêem o aparecimento ficcional ou real de andróides (embora estes devessem talvez chamar-se *gnóides*), de *cyborgs*, mosaicos e quimeras como ditosos desafios às separações e

---

[8] Referência ao diálogo platônico "Timeu", que trata, justamente, da cosmologia (nota de Ernani Chaves).

dualismos ontológicos (Haraway 1985). Não parece claro que o igualitarismo moral implique, necessariamente a abolição de todas as separações ontológicas: esse, é claro, era o sonho gnóstico de transcender a diáspora dos seres. Embora as feministas contemporâneas tenham mostrado grande simpatia pelo gnosticismo clássico, que algumas estudiosas, entre elas, consideram proto-feminista e igualitário, não se seguiria daí que aprovar isto, fosse aprovar o gnosticismo *tecnológico* que envolve projetos de transformação global hostis à proteção ambiental e à preservação de valores da biosfera, a que as eco-feministas têm grande apreço. O igualitarismo e a desconfiança por dicotomias ou polaridades assimétricas, tais como a polaridade mestra entre Direita e Esquerda, que tem subscrito distinções odiosas nas práticas sociais (Herz 1909) ou a dicotomia masculino-feminino, certamente não implicam nem requerem uma ontologia gnóstica de cancelamento de todos os dualismos.

Em qualquer caso, as polêmicas sobre os nossos quadros metafísicos descritivos e valorativos são um tema completamente distinto da efetiva intervenção tecnológica, no refazer das fronteiras taxonômicas existentes. Por que haveria a tecno-ontologia de ditar a nossa metafísica reflexiva ou, necessariamente, legitimar as nossas preocupações igualitárias? Deveriam as tecno-espécies ser consideradas superiores ou mais conciliáveis com uma ética feminista do que as bio-espécies naturais ou as taxonomias comuns? Certamente que todas as instâncias de categorização deveriam ser reconsideradas em termos de quadros categoriais alternativos, e que a tecno-ontologia não deveria beneficiar de um estatuto privilegiado só porque o esbatimento dos gêneros parece ter uma afinidade com o esbatimento das distinções entre estes. É a própria capacidade de refazermos bio-espécies e de criarmos tecno-espécies compósitas que reclamam prudência, tanto como as implicações ecológicas mais vastas das tecnologias industriais avançadas.

Channel (1991) afirma que o colapso das fronteiras entre o mecânico e o orgânico, o natural e o artificial, os sistemas de processamento de informações vivos e não-vivos anuncia uma nova visão de mundo "biônica". Mas isso implica que as nossas capacidades tecnológicas deveriam ditar a nossa metafísica valorativa, as nossas concepções do valor e "considerabilidade moral" de coisas fabricadas e não fabricadas. Não é preciso subscrevermos os extremismos anti-tecnológicos da "ecologia profunda" ou da ética biocêntrica, para sugerirmos que uma metafísica mais reflexiva e valorativa não deveria tomar as implicações ontológicas e axiológicas das tecnologias contemporâneas como adquiridas: valores de primeira importância podem achar-se nas coisas e meios não-fabricados, e uma posição antropocêntrica ou tecnocêntrica em ontologia ou axiologia não deveria prevalecer sobre outras posições (o que nem sequer seria rebento novo das preocupações ambientais correntes. G. E. Moore, por exemplo, postulou que a beleza natural continuaria a ser valiosa mesmo na ausência de quaisquer seres humanos embora a apreciação dessa beleza por seres humanos lhe acrescente valor. E nem toda a gente *gosta* de árvores de plástico ou sequer, necessariamente, as valoriza por esbaterem distinções - categoriais entre o inorgânico e o orgânico). Embora a tecno-ontologia, entendida como determinação dos nossos mapas ontológicos pelo horizonte corrente da manipulação tecnológica deva ser vista com suspeita, isto não invalida que as metáforas e modelos tecnológicos desempenhem importantes funções heurísticas na imaginação científica e metafísica. Na verdade, os escritos de Platão e Aristóteles estão repletos de metáforas tecnomórficas, incluindo nas suas considerações sobre a vida orgânica e no esquema aristotélico de explicação causal. Mas, pretender que a tecnologia é matriz primeira dos modelos metafísicos e científicos da realidade e da explicação seria pretender demais. As metáforas biomórficas e sociomórficas têm sido utilizadas bem como as tecnomórficas e têm interagido de maneira extremamente complicada (Topitsch 1954). Pretender-se que a tecnologia, por si só, faculta as metáforas mestras para a compreensão da natureza *não-humana* é uma versão interessante, mas duvidosa, de determinismo tecno-cultural. Seja como for, dado que as nossas práticas tecno-econômicas têm revelado vastos potenciais destrutivos, os tropos da tecnologia merecem um escrutínio metafísico especial em vez de um apoio triunfalista ou de uma forte presunção antecedente de adequação metafísica. As nossas estâncias éticas não deveriam ser acriticamente modeladas pelos tropos tecno-científicos que prevalecem em qualquer período particular: mesmo um conceito-chave tão permeantemente usado como o de "informação", tal como aparece na biologia contemporânea, é perniciosamente polissêmico, como observado por Oyama (1985) na sua notável avaliação crítica, que não foi suficientemente notada ou assimilada.

(3) De harmonia com a antropologia tecnológica de Kapp só nos podemos compreender através dos artefatos que fazemos. Os objetos tecnológicos fornecem processos de descoberta para o nosso auto-conhecimento. Estudiosos contemporâneos do movimento da Inteligência Artifical poderiam bem concorrer com esta posição embora não subscrevessem no essencial a assimetria entre o orgânico e o mecânico que é axiomática na aproximação de Kapp. Seja como for, o mais importante modelo tecno-científico da mente é hoje o modelo computacional ou de processamento de informação e este modelo derivou do desenvolvimento dos computadores eletrônicos e digitais não-especializados. A versão fraca do programa da inteligência artificial limita-se a afirmar que os programas de computador fornecem um instrumental heurístico maior para o estudo da mente. A versão forte, a única aqui considerada, pretende que a mente (humana) seja essencialmente computacional: em princípio todos os traços dos processos mentais são acessíveis à modelação por computador e não há fundamento substancial na física, na tecnologia ou na lógica (sob a forma de teoremas de impossibilidade ou de princípios de indecidibilidade) para excluir quaisquer traços desta investigação dos poderes representativos do programa. Embora as operações de cálculo e lógico-formais tenham permitido os êxitos iniciais da tecnologia dos computadores, o alcance da modelação computadorizada não se restringe a elas; a simulação de emoções e até de psicopatologias tem sido conseguida com sucesso, de acordo com o que um espirituoso chamou a *intelligentzia* artificial (Simons 1985).

Durante os primeiros passos do movimento da AI, a finalidade principal era facultar modelos satisfatórios do funcionamento do cérebro humano: havia analogias óbvias entre desempenhos do tipo tudo-ou-nada, de disparo de neutrões e a álgebra binária de Boole, entre os neurônios e portas lógicas, mas o retorno relativamente magro deste programa levou a uma mudança para projetos de investigação mais sofisticados; tratou-se, então, de modelar não o cérebro mas a própria mente. Tomou-se consciência de que o computador digital é uma máquina abstrata (ou autômato abstrato) e que esta versatilidade o tornava mais adequado e frutuoso para desenvolver modelos computacionais verdadeiramente gerais sem substanciação ou referência às descobertas da ciência do cérebro. Assim, de acordo com o modelo computacional da mente, as funções mentais ou sistemas funcionais podem ter, em princípio, *qualquer* realização física, embora, na prática, os computadores tenham sido baseados nas pastilhas de sílica (o que de fato pode vir a mudar com o advento de pastilhas não baseadas na sílica ou bio-pastilhas).

Reciprocamente, e esta é a tese do chamado funcionalismo materialista (Seager 1983), também se tem defendido que todas as realizações das descrições-sistêmicas mentais-funcionais são necessariamente sistemas físicos. O fato de as mentes humanas parecerem essencial e inexplicavelmente relacionadas com o cérebro e com o corpo humanos não faz, de fato, qualquer diferença: é uma característica contingente da biologia humana particularista e não um requisito necessário e universal para os processos da mente cujas descrições sistêmicas funcionais podem ser realizadas em sistemas inorgânicos, bem como em *"fleshware"* de mentes humanas biologicamente corporizadas. Os seguidores desta linha de pensamento cunharam alguns epítetos selecionados para a visão particularista de que as mentes humanas são, essencialmente, corporizadas; "chauvinismo de espécie" é um deles, bem como a caracterização do cérebro como um mero "computador de carne". A posição forte da AI pode ser vista como implicando que todos os poderes da mente humana - concebida como uma espécie do gênero sistema de processamento de informação - poderiam, em princípio, ser, integralmente, transferidos para programas de computador. Vários advogados das teses fortes da AI têm-se envolvido em experiências de pensamento provocantes, para dramatizar esta teoria estritamente computacional da mente. Talvez a mais provocante tenha sido a avançada por Moravec a qual nos convida a conceber como perspectiva provável que, dentro de quarenta anos, todos os traços da vida mental de uma dada pessoa podem ser inteiramente simulados por programas de computador, e que, conseqüentemente, poder-se-ia continuar a existir como uma mente sem o cérebro que antes suportava a vida mental:

> O cérebro é simulado camada a camada e depois escavado. Eventualmente o seu crânio fica vazio e a mão do cirurgião [a mão de um cirurgião cerebral robô] alcança o mais recôndito do seu cérebro. Embora não tenha perdido a consciência ou sequer o fio dos seus pensamentos, a sua mente foi removida do cérebro e transferida para uma máquina. Num passo final e desorientador o cirurgião retira a mão. O seu corpo subitamente abandonado entra em espasmos e morre. A sua perspectiva mudou... para o corpo novo e brilhante do estilo, cor e material que tiver escolhido. (citado em Enrose 1990:3).

A psicologia filosófica recente tem-se especializado em horríficas experiências com o pensamento, algumas vezes sugeridas por distopias científicas ou por idealizações de possibilidades ou práticas tecno-científicas correntes (a cirurgia cerebral e as comissurectomias têm sido freqüentemente citadas). Estas experiências com o pensamento transcendem as descobertas da biologia humana, mas evocam as técnicas da nano-tecnologia emergente, bem como o modelo computacional da mente que é o programa de investigação metafísica e científica mais tenazmente mantido e mais sistematicamente desenvolvido na teoria da mente[9].

Talvez devêssemos olhar estas experiências com o pensamento e os programas de investigação que dramatizam como o último e mais alto estágio do gnosticismo tecnológico e como a inflexão mais faustiana na "retórica do tecnologicamente sublime". Como no pós-modernismo contemporâneo, a "profundidade" (ontológica ou epistemológica) é evitada, mas uma espécie de terrível e até demônica sublimidade é cultivada. Que a mente possa alguma vez vir a ser totalmente translúcida perante si mesma é um horror metafísico peculiar da tecno-ciência hiperbólica.

REFERÊNCIAS BIBLIOGRÁFICAS

BAUDRILLARD, J. 1981. *Simulacres et simulation*. Paris, Galilée.

BERGSON, H. 1907. *L'évolution créatrice*. Paris, Alcan.

BERNAL, J. D. 1970/1929. *The World, the Flesh and the Devil*. London, Cape.

BLUMENBERG, H. 1983. *The Legitimacy of the Modern Age*. Cambridge, Mass, MIT Press.

BRUN, J. 1963. *Prendre et comprendre*. Paris, PUF.

CAREY, J. 1989. *Communication as Culture*. London, Unwin Hyman.

CHANNEL, D. F. 1991. *The Vital Machine. New York*, Oxford University Press.

CURTIS, J. 1978. *Culture as Polyphony*. Columbia, Mo., University of Missouri Press.

DALY, H. 1977. *Steady-state Economics*. San Francisco, Calif., W. H. Freeman.

DAWKINS, R. 1976. *The Selfish Gene*. Oxford University Press.

DOBBS, B. 1975. *The Foundations of Newton's Alchemy*. Cambridge University Press.

FERKISS, V. 1980. *Technology and culture; gnosticism, naturalism and incarnational integration*. Cross-currents.

FIRESTONE, S. 1971. *The Dialectic of Sex*. New York, William Marrow.

FRASER, J. T. 1982. *The Genesis and Evolution of Time*. Brighton, Harvester Press.

9 "Nanotecnologia": o desenvolvimento de micro-máquinas à escala molecular dos nanômetros (bilionésimos de metro). A tecnologia dos computadores opera no quadro operacional dos nano-segundos (bilionésimos de segundo) e daí o falar-se da cultura computadorizada do nano-segundo.

FRUNKENSTEIN, A. 1986. *Theology and the Scientific Imagination from the Middle Ages to the Seventeenth Century*. Princeton, Princeton University Press.

GEHLEN, A. 1980. *Man in an Age of Technology*. New York, Columbia University Press.

HALDANE, J. B. S. 1923. *Deadalus or Science and the Future*. London, Kegan Paul.

HARAWAY, D. 1985. 'A manifesto for cyborgs:science, technology, and socialist feminism in the 1980s', *Socialist Review* 80.

HEIM, M. 1987. *Electric Language: a Philosophical Study of Word-Processing*. New Haven, Yale University Press.

HERTZ, R. 1909. 'La prééminence de la main droite: étude sur la polarité religieuse', *Revue philosophique de la France et de l'étranger* 68.

HUNING, A. 1985. 'Homo mensura: human beings are their technology - technology is human', *Research in Philosophy and Technology* 8.

KAPP, E. 1977. *Grundlinien einer Philosophie der Technik*. Braun-schweig, Westermann.

LANDMANN, M. 1983. The children of darkness are more clever than the children of light: why do machines make their appearance only in the machine age? *Graduate Faculty Philosophy Journal* 9.

MARTINS, H. 1983. Tristes durées. In: FEIJO, R.; MARTINS, H. & Pina-Cabral,J. (eds). *Death in Portugal*. Oxford, Jaso.

MARX, L. 1964. The *Machine in the Garden*. New York: Oxford University Press.

McLUHAN, M. 1964. *Understanding Media*. London, Routledge & Kegan Paul.

MITCHAM, C. 1985. 'What is philosophy of technology?'. *International Philosophical Quarterly* 25.

MORAVEC, H. 1990. *Mind Children: the Future of Robot and Human Intelligence*,Cambridge, Mass.: Harvard University Press.

OYAMA, S. 1985. *The Ontogeny of Information*. Cambridge: Cambridge University Press.

PENROSE, R. 1990. 'Matter over mind'. Review of Moravec, 1990, *New York Review of Books* 1 February 1990.

RESCHER, N. 1982. *Essays in Philosophical Analysis*. Pittsburgh, University of Pittsburgh Press.

RIFKIN, J. 1983. *Algeny*. Harmondsworth: Penguin Books.

SAWICKI, J. 1991. *Disciplining Foucault*. London, Routledge & Kegan Paul.

SEAGER, W. 1983. 'Functionalism, qualia and causation'. *Mind* 92.

SIMONS, G. 1983. *Are Computers Alive?* Brighton: Harvester Press.

SIMONS, G. 1985. *The Biology of Computer Life*. Brighton, Harvester Press.

TOPITSCH, E. 1954. 'Society, technology and philosophic reasoning'. *Philosophy of Science* 16.

TROTSKY, L. 1925. *Literature and Revolution.* New York, International Publishers

VOEGELIN, E. 1968. *Science, Politics and Gnosticism* Chicago: Henry Regnery.

WAJCMAN, J. 1991. *Feminism Confronts Technology*. Cambridge, Polity Press.

WERSKEY, G. 1978. *The Visible College*. London, Routle & Kegan Paul.

LIMITES CULTURAIS NA RESPONSABILIDADE DE CONSERVAÇÃO DA BIODIVERSIDADE

Maria Angela D'Incao

A biodiversidade sugere, em primeiro lugar, a coexistência de diferentes; em segundo lugar, a compreensão da necessidade e da importância da coexistência de diferentes para a sobrevivência de um sistema, no caso específico da Amazônia, um conjunto de diversos subsistemas, ecossistemas e sistemas culturais. A biodiversidade supõe a coexistência de diferentes subsistemas em sistemas maiores. Supõe tanto a diversidade da área (diferentes ecossistemas), como a diversidade dentro de um ecossistema (diferentes espécies) e, ainda, a diversidade dentro da espécie (diferentes genes e códigos genéticos). Nas sociedades humanas, do ponto de vista de sua composição, temos sistemas sociais com a presença de diferentes culturas ou subsistemas em convivência dentro de um mesmo espaço, levando ao que se denomina de pluralismo cultural. Além disso, temos diversidades raciais e sexuais de onde deriva a necessidade de aceitação dos diferentes. Há evidentemente outras diferenças: a de classe social, e as diferenças políticas, econômicas e históricas, tanto no plano da sociedade local, como da sociedade maior. Não vamos, obviamente, definir e discutir todas essas diferenças; somente as anunciamos para reconhecer não só semelhanças entre os diferentes planos de diversidade (o bio e o sócio-cultural), como também para reconhecer que essa área envolve muitos planos de análise e de dificuldades.

Há certamente muito de técnico, de imprevisível e, mesmo, de desconhecido nas possibilidades da biodiversidade em termos do conhecimento específico e econômico - trata-se da possibilidade de uma nova revolução "industrial", em que biotecnologia é tomada como indústria - contudo há também muito de factível ligado a áreas que permeiam, influem e ultrapassam a tecnicidade envolvida no conhecimento específico. Áreas que se situam em planos igualmente importantes, mas usualmente esquecidos ou não considerados adequadamente por não serem precisos como os técnicos, que aparentemente não apresentam divergências.

Presentes em todas as sociedades e influenciando os projetos sociais, estão os planos culturais, sócio-psicológicos, político-partidários e ideológicos. Trata-se do conjunto de valores, concepções e ideais que orientam os programas educacionais e de ação social em toda a sociedade. E isso é percebido nem sempre com clareza nas instâncias educacionais, na mídia, nos discursos políticos e na formulação de planos de interferência na realidade social, onde a assistência ao menor, à mulher, ao velho, ao carente é uma pequena representação de como essas questões são tratadas numa dada sociedade.

A pergunta que orienta a nossa reflexão sobre cultura e prática de conservação é: poderão a escola e as políticas sociais formularem projetos eficazes e duradouros em direção à biodiversidade, quer dizer, aos diversos ecossistemas, espécies biológicas e variedades genéticas? Nessa análise, procuraremos seguir uma perspectiva cultural, e assim nos valeremos, como recurso expositivo, de dois conjuntos de considerações: primeiro, sobre a escola; segundo, sobre o assistencialismo, na tentativa de lançar um pouco de luz às possibilidades da conquista de uma ética através da escola e das políticas públicas no campo social, em direção à solução de problemas das gerações futuras e, em particular, à conservação da biodiversidade como expressão da responsabilidade relativa ao futuro. A escola no Brasil.

A prática da educação brasileira tem mostrado que programas de educação para setores modernos são, à primeira vista, relativamente fáceis e desejáveis de assumir em uma sociedade onde existe tanto o culto ao discurso da modernidade, como a ideologia ou o desejo de que todos podemos ser modernos e jovens, especialmente nas ações relativas ao consumo. É também geral a crença formal em programas e currículos educacionais modernizantes e, ainda mais, uma convicção de que a educação pode, quase sozinha, resolver os problemas da sociedade. Ainda que compartilhemos de algumas dessas crenças e tenhamos estado sempre nesta luta, a da transformação da sociedade através da educação, é necessário observar mais de perto, alguns pontos críticos envolvidos na educação com vista à possibilidade para a ética da preservação brasileira.

Por muitas evidências e por muitas análises e estudos, já se pode assumir que desde há uns 20 anos, a educação formal no Brasil tem dado mostras de que não tem conseguido cumprir um mínimo compatível com os propósitos enunciados em seus programas[1]. Vejamos alguns pontos: em primeiro lugar é preciso reconhecer que a educação formal nunca assumiu seu papel de transmissora de conhecimentos fundamentais à vida ativa e integrada na sociedade, e recentemente tem perdido dia a dia o que havia conquistado nos anos anteriores à ditadura militar, por muitas causas que não cabem ser discutidas aqui[2]. Em segundo lugar, conectado ao primeiro, tem-se o fato de que a escola cada vez mais se apóia na família (em uma etérea e

---

[1] São inúmeros os trabalhos de análise que mostram por que a educação brasileira não tem conseguido viabilizar-se como tal e quais são os entraves de natureza econômica e social. Entretanto, o país, mesmo nessas circunstâncias, não produziu ainda um programa realista de educação.

[2] É importante não perder de vista que a deteriorização dos salários dos professores do nível primário e médio não se dá somente por um descaso dos poderes públicos, mas, também, por motivos que se referem a uma *desnecessidade* da mão-de-obra e, com isso, da educação de uma parte considerável, senão da maioria, da população, do ponto de vista do capital na economia mundial sempre mais globalizante.

fantasmagórica imagem de família) para desempenhar seu papel de transmissora de conhecimentos e alocadora de chances no mercado de trabalho. As queixas e o decorrente jogo de responsabilidades entre a escola e a família são comuns, ocorrem em toda reunião de pais e mestres, nas falas de muitos pedagogos e nos discursos oficiais. Essa assunção está presente em todos os discursos político-educacionais e em todos os projetos de ensino público e particular: a família tem que fazer a sua parte. Os pais, por seu turno, ao discurso pedagógico se calam e não formalizam as críticas à escola. E em conseqüência, ou não valorizam a jornada escolar, ou retiram seus filhos da escola. Hoje talvez se possa dizer que entre as populações despossuídas, seja mais compatível a visão da escola como um local de aprendizagem de malandragem, tanto pelas companhias que acabam redundando, como pela inadequação dos currículos às realidades sociais envolvidas e à própria atitude de descaso que a escola acaba desenvolvendo com relação às crianças. Deveria ser preocupante para um país saber, por exemplo, que a merenda escolar é quase que, para muitas crianças, a única condição de atração da clientela mais humilde.

O que a escola espera da família vai muito além do que a família pode, até em circunstâncias ótimas, tentar oferecer, qual seja, um lar estável sem muitos conflitos, alimentação adequada, local adequado de moradia, tempo para se dedicar aos estudos e valorização positiva da escola. Contudo, além disso, a escola espera que a família se ocupe com as lições de casa, em uma palavra: assegure o conhecimento curricular.

Em terceiro lugar, e como conseqüência desse par de esperas desencontradas, a convicção por parte de muitos educadores de que, porque a família não colabora, não ajuda, não está presente, a escola e em conseqüência, os alunos, fracassam. Ocorre, entretanto, que, do ponto de vista da família (e vamos tomá-la aqui, propositadamente, de um modo ideológico-burguês), a escola fica horas com a criança e a mesma não consegue aprender, muitas vezes, sequer regras básicas de organização e responsabilidade, quanto mais o gosto pelo conhecimento. Em geral, a criança vai para casa com tarefas que são impossíveis para a família enfrentar: não somente devido à dificuldade em si do conhecimento, mas também porque a família concebida nos programas educacionais, não existe. Seria preciso a cada família ter um professor polivalente em casa para cobrir as falhas deixadas pelo ensino escolar diário, ou cada escola precisaria ter um serviço de complementação sócio-psicológica para cobrir as falhas deixadas pelas famílias.

Dada a sua generalidade, pode-se pensar que estamos diante de um *ethos* cultural às avessas: a crença de que a escola fracassa na sociedade brasileira porque a família não realiza o seu papel de co-responsável na transmissão do conhecimento[3], e vice-versa.

---

[3] Na verdade a família de classe média ou burguesa, a "família modelo", quando existe, realiza geralmente esta função e reforça as expectativas da escola e, com isso, aumenta mais ainda o hiato social entre classes altas, médias e baixas.

Essas expectativas generalizadas, talvez possam encontrar seu fio condutor de compreensão na história da educação brasileira. A escola no Brasil sempre existiu em função das classes dominantes. Na Colônia, o filho abastado ia estudar em Portugal e, como representante de uma classe de certo modo aristocrática, procurava escolas de Direito, como convinha ao período. Fora isso, restava na Colônia a educação jesuítica e a educação na Casa Grande. Para a grande maioria das classes baixas, escravos inclusive, não havia nenhum tipo de instrução, permaneciam iletrados. Essa era a época e esse era o mundo social brasileiro. Em uma estrutura social e econômica baseada na escravidão, tendo a monocultura como atividade maior, não havia demanda por escolas de outra natureza. O resto era a poesia, as letras. E aí ficava o espaço para a discórdia, para a diversidade de interesses e de visões. Em uma terra de iletrados, as classes média e alta até puderam se sensibilizar com a força poética de contestadores sem que isto ameaçasse posições. A diversidade de pensamento enquanto ficou no espaço literário não foi uma questão política forte. Toda vez que ela colocou em risco o poder, foi combatida até a morte, como mostra a história brasileira: haja vista as reações às revoltas nativistas e aos chamados movimentos nacionalistas.

De resto, nesse período, somente as aulas em casa, dadas por pessoas cultas ou mães educadas que certamente existiram. No Império vamos encontrar já os colégios religiosos que dividiam sua ação entre as elites rurais ou urbanas, professando um ensino clássico e o ensino de profissões aos pobres ou bastardos, como parte da política do Império em amparar, através das instituições religiosas ou da Casa da Roda, crianças indesejáveis, na tentativa de aumentar as almas no território sempre considerado despovoado pelo poder central. Além disso, havia professores franceses ou alemães nas casas dos grandes fazendeiros de café e açúcar ou das novas elites urbanas nas capitais de maior porte.

Somente com a República vamos ter alguma preocupação com a educação para a Nação democrática de um modo mais generalizado com vista ao estabelecimento de uma política nacional de educação[4]. Mesmo assim, somente nas décadas de 50 e 60, é que a educação pública vai generalizar-se em seus graus primários e secundários e a partir de 60, no nível universitário, primordialmente nos estados do Sul do país.

Até a década de 1950, a educação formal é ainda basicamente prerrogativa das classes altas no país como um todo, e vista não como uma condição, uma necessidade econômica para todos, mas com um sentido de certo modo diletante, especialmente para mulheres. A população urbana que busca esse tipo de serviço público é relativamente pequena comparada ao que será na década de 60; porém, seu

---

4 No projeto da constituição da Nação está o projeto da educação. A grande luta da Igreja Católica com o Estado pelo monopólio daquela será uma luta não completamente perdida para a Igreja que, ainda hoje, detém, ainda que com transformações substanciais na sua organização e na sua constituição, um energético poder nesse particular, tanto dentro do governo, quanto nas novas versões do catolicismo.

crescimento vai intensificar-se rapidamente. De qualquer modo, a educação formal acaba por resultar em uma possibilidade alternativa para as classes urbanas de um modo geral, e para a mulher em particular. Nessa época os homens das classes altas, vida de regra, não estudavam. Não tinham essa necessidade: viviam ou de suas profissões que eram aprendidas dentro do próprio ofício familiar, ou das rendas do patrimônio; o trabalho, de um modo geral, tal como concebido na sociedade capitalista, sempre foi estranho ao homem de posses no Brasil. Porém, à medida que o país se industrializava, aumentavam as especializações.

A partir daí, começa a haver uma mudança significativa na prática da educação pública: no bojo da ideologia desenvolvimentista-democrática, emergem escolas públicas de bom nível como reivindicações das classes médias urbanas em ascensão. Na escola não se distinguia ainda a concepção de massa e de povo. Tratava-se de um país ondc 70% da população vivia na zona rural. Serão, sobretudo, as classes médias urbanas que procurarão através do conhecimento, a ascensão a empregos qualificados através da educação escolarizada. É nesse período que se tem a possibilidade da generalização da chamada Escola Nova que, desde as décadas de 30 e de 40, já se anunciava nas Escolas Normais do Estado de São Paulo e Rio de Janeiro, propiciando a parcelas urbanas o ingresso ao serviço público e à indústria e serviços privados. Com ela, temos a ideologia da criança como o centro do lar, da família burguesa como centro de apoio intelectual à criança e a educação escolarizada como uma possibilidade mais ampla de ascensão social.

A esse raro momento da escola pública de bom nível, inspirado por ventos democratizantes com a real contrapartida desenvolvimentista, quer dizer, com a criação de novos empregos tanto em indústrias como no setor de serviços públicos e privados, correspondeu um outro processo social mais geral, próprio das camadas altas e das em ascensão que se traduziu por uma necessidade de procura de resguardo social. De um modo geral, a cidade cresce, incha, em decorrência das transformações em curso na sociedade rural brasileira. Esse fato acaba por tornar difícil nas cidades o antigo reconhecimento social, impossibilitando a distinção de classe social. Nesse momento, generaliza-se o processo observado desde o século XIX - a procura, por parte da burguesia, não somente de lugares para moradia mais isolados e resguardados da massa parda e sem rosto que se atropela nos centros urbanos, como também de colégios segregados para a elite.

Do ponto de vista da relação homem/meio-ambiente, nota-se que para a ideologia industrial-desenvolvimentista-urbana foi essencial, nesse momento, que o modelo "fordista" fosse considerado universalmente replicável, dissolvendo, assim, o vínculo - sempre existente de certa forma na cultura rural - entre a sustentabilidade ecológica e a vida humana.

Na década de 50, quando a "fronteira agrícola" dos plantadores de café transborda o Estado de São Paulo em duas direções, norte do Paraná e Mato Grosso, as terras que ficam para trás não estão exauridas pelo processo de cultura itinerante, como acreditou Pierre Monbeig. Ao contrário, quando a última região do Estado de São Paulo - Alta Sorocabana - começou a apresentar decréscimo de população, 30%

das matas estavam em pé e as terras eram recém-desmatadas. A "frente agrícola" deixou para trás terras férteis transformadas em pastagens, sob o regime da grande propriedade. A prática de utilização de mão-de-obra do *sem-terra* para a derrubada da floresta e o posterior plantio de alguma cultura de exportação sob o regime de trabalho da parceria ou arrendamento foi o modelo agrícola que redundou, sendo o suporte da ideologia-desenvolvimentista-urbana, tanto por não fixar o homem na terra, (liberando-o para os centros urbanos em crescimento, com alguma capacidade inicial de absorção de mão-de-obra, e para regiões onde a propriedade da terra não havia ainda se consolidado), como também por conceber, por volta da década de 60, a empresa rural como uma empresa capitalista quase industrial, em que as relações sociais e econômicas, mediadas por salários ou diárias acabam por reduzir a convivência social na terra onde a relação com a natureza teve a chance de ser sustentável com a roça do morador, entre outras modalidades de sustentabilidade. Realizaram-se naquele momento os grandes avanços da "fronteira agrícola" no sul do país, sem maiores críticas como hoje ocorre na Amazônia, concebida e financiada para ser destinada à grande propriedade e à pastagem. Isto tudo certamente contribuiu, ao lado da ideologia desenvolvimentista-urbana, à convicção geral de que modernização e modernidade significam dominar a natureza e acabar com a floresta. E isto tanto foi mais fácil quanto a grande propriedade desenvolveu a pecuária extensiva.

Entretanto, à medida que o desenvolvimento não se efetivou na proposta dos anos 60, os novos rumos do capital desacreditam a escola pública como elevador social geral porque a burguesia iria através das escolas particulares, lutar pelas melhores vagas nas universidades, pois só assim poderiam em geral competir pelos melhores empregos para seus filhos. Dá-se, então, o surgimento do profissional formado pela escola privada e depois pela universidade, que também é privada em muitas áreas e não mais dentro da empresa familiar como foi no passado.

A escola pública pensada pelos reformadores da Escola Nova para ser a alavanca do progresso social, transformou-se por ser pública - e desse modo um dos poucos espaços de democratização nesse país - no mecanismo que perpetua velhos hábitos da sociedade brasileira. Finalmente, a escola pública acabou por ser definida com raras exceções, como espaço para pobres. Hoje, entretanto, pesquisas têm mostrado, que do ponto de vista do conhecimento em si, não há diferenças essenciais entre a escola pública e a privada[5].

---

5 Veja-se, por exemplo, o estudo sobre os candidatos aprovados no Vestibular da UNESP em 1985 e 1986, realizados por Whitaker, D.C.A., (1989) onde a pesquisadora revela que nessa Universidade pública, cujos *campi* estão espalhados pelo interior do Estado de São Paulo, a esmagadora maioria dos aprovados realizou todos os seus estudos de 1º e 2º graus na Escola Pública. Mesmo no caso do vestibular para Medicina, o curso mais procurado pelos vestibulandos do Estado de São Paulo, mais de 50% dos aprovados realizaram o 2º grau na Escola Pública. Outra observação importante é relativa ao que a pesquisadora chama de "efeito cursinho": quer o candidato seja da escola pública, quer da particular (de 2º grau), ele terá passado - na esmagadora maioria - pelo "cursinho" que prepara para o vestibular, fenômeno que equaliza os dois tipos de escola com vista ao objetivo considerado.

O que se passou, pois, foi que, de fato, as classes média e alta procuraram construir um espaço próprio para seus filhos dentro da tendência de se auto-segregarem, com sua rede de influências, da grande massa anônima que chega às escolas públicas desde a década de 60. Apesar disso, não conseguiram estabelecer sempre critérios de excelência, uma vez que o critério de seleção é o econômico. A auto-segregação[6] das elites na escola particular reforçou as exclusões, mas a escola pública e seu professorado defendeu, até certo ponto, seus espaços. Esse processo em ambos os tipos de escola cristalizou-se ao redor da "modernização", eliminando tanto a diversidade cultural como o resto das visões ruralistas-ambientais, já que os brancos (e os "embranquecidos" pela ascensão social) recolhem-se, mais ainda, a seus espaços onde praticam apenas as normas da cultura dominante.

Essa atitude da escola é resultado da intransigência geral com relação a diferentes formas culturais que acaba impossibilitando não só o respeito e valorização mínimos pelas diferenças culturais, como também obstaculiza o próprio ensino e aprendizagem da convivência não-depredadora com a natureza. Isso acabou tendo dois efeitos psicossociais com resultados econômicos: um deles foi, e é, a construção de uma ideologia de auto-exclusão das camadas mais abastadas da sociedade como um todo, e a manutenção de sua hegemonia na disputa dos melhores empregos no país; o outro se refere à aceitação de uma outra atitude, qual seja, a de que a escola pública é para pobres, para cidadãos de segunda categoria, assim como o trabalho, não merecendo políticas públicas fortes. Nessas últimas duas décadas, com a retração das possibilidades de ascensão social através da educação escolarizada e com a crise do modelo de desenvolvimento, deteriorou-se todo o sistema educacional brasileiro, que, na verdade, nunca primou por ser adequado às necessidades da industrialização, tampouco da democratização maciça.

A ASSISTÊNCIA SOCIAL PARCELADA E A CARIDADE

Refletindo sobre a assistência que deverá ser destinada nos próximos anos à preservação da biodiversidade da Amazônia para a integridade de seus sistemas ecológicos, ocorrem-nos algumas observações sobre a assistência social e a caridade no Brasil.

Neste último ano, no programa Criança Esperança, notou-se, mais uma vez, a ausência da procura de soluções que passassem pelas instâncias complexas das

---

6 No caso do Brasil, nem mesmo a ilusão dada por uma forte ideologia igualitária, como é o caso dos EEUU, chega a ser possível na estruturação de classes: não há nenhuma possibilidade de se poder pensar que ainda que separados, somos iguais ("separate but egual", se diria nos EEUU). Aqui, ao contrário, a exclusão pela cor e pela classe é de tal ordem que não permite nenhum apelo consistente de igualdade.

questões sociais[7]. Difícil deixar de formular a questão: por que a caridade neste país é tão facilmente aceita?

A caridade em direção às crianças brasileiras tem sido, cada vez mais, exercida tanto pelos governos, como por entidades privadas e não governamentais, religiosas ou não, ou por pessoas anônimas de classes altas ou médias.Ainda que se tenha uma posição crítica com relação à caridade, em geral não escolhemos esse caminho indiscriminadamente para a reflexão que queremos fazer aqui. Não vamos discutir a necessidade ou não da caridade - entendida tanto em sentido amplo que inclui a solidariedade e a compaixão, como em sentido restrito que vem a ser o que vamos chamar de "meia caridade" ou caridade barata - hoje, na sociedade brasileira: o país cada vez mais desgovernado exige das instituições e das camadas não totalmente empobrecidas, atitudes em direção aos que precisam. A necessidade é tão premente e simples quanto a de um prato de comida, de um pedaço de pão para matar a fome ou um cobertor para agasalhar do frio.

Procuraremos buscar alguns pontos para a compreensão desse fenômeno que acomete um grande número de pessoas nesse país: a busca de praticar o bem através da prática da caridade aos pobres, desamparados, e especialmente, às crianças. Vamos tomar como parâmetro o que ocorre em uma sociedade onde não há a pobreza do tipo que vivenciamos aqui. Nesse caso, a forma que a caridade vai tomar, em geral se distancia daquela à qual estamos habituados. Nos países europeus e nos EEUU, a caridade vai se dirigir a doentes em fase terminal, a excepcionais e à distante pobreza no Terceiro Mundo em geral. A caridade, aquela que parte de uma necessidade circunstancial - terremotos, calamidades naturais - sempre parte do pressuposto de que o dinheiro, a ajuda imediata, poderá servir, senão para resolver, pelo menos minorar ou programar uma estratégia que vise ao encaminhamento de um problema para uma solução plausível. Nenhuma dessas formas de caridade parece aviltar os que a recebem. Ao contrário, passa a existir um laço de união ainda que não duradouro no sentido da continuidade dos contatos, que conforta e recompõe a integridade da pessoa que recebe. Trata-se do tipo de caridade onde a solidariedade e a compaixão são ingredientes essenciais. Há também, por outro lado, um grande número de caridosos anônimos, especialmente em países desenvolvidos onde a omissão do nome

---

[7] Neste último ano, no grande show do Ministro da Criança, com exceção do ator Antônio Fagundes, que teve uma fala sugestiva: *a criança deveria ser como o nosso filho*, os demais nem de longe pensaram em soluções que passassem pelos problemas das famílias dessas crianças. Regina Duarte, pateticamente, repetiu que *amamentar é dar amor*; Tony Ramos falou em *um amigo sem rosto*, na batalha da solidariedade como um desafio nosso. O grande Roberto Carlos reforçou a necessidade de que *a gente precisa do amigo do peito, de fé, um irmão camarada*. Mas o amigo não pode ser caritativo. A amizade pressupõe relações igualitárias, livres, coisa que a caridade não propicia. Meu grande respeito pelos referidos artistas, à parte. No programa o que se presenciou foi como se todos assumissem que não existe uma solução mais que provisória que pudesse ser incorporada a um programa de caridade.

do que pratica a caridade é muitas vezes condição dela. Há outras formas que são tidas como tais e que consistem em adoção de crianças abandonadas ou de asilo, ou mesmo de crianças deficientes. A religião em geral, umas mais outras menos, desempenham um grande papel na ação em direção a esse tipo de caridade, e mesmo na caridade menor de um modo geral.

O que queremos com essas observações é refletir sobre o tipo de ação caritativa que as crianças pobres, neste país, têm recebido de instituições, religiosas ou não, e de como a mídia tem tratado essa questão, e os efeitos que decorrem desses atos, particularmente nas regiões mais longínquas, como a Amazônia.

O "dia das crianças", este ano, transcorreu, mais uma vez, cheio de caridade, não só do tipo Criança Esperança. Em tantos lugares verificou-se a organização de festividades, com "comes e bebes" para o menor carente. Foram tantas as festividades que houve, em algumas localidades, até superposição de comemorações, para não mencionar a disputa por locais, instituições e bairros para se praticar a caridade. Tudo isso convergindo para as crianças deveria ser bonito e justo. Entretanto, cabe indagar não só o porquê dessa quase que volúpia social em direção a essa atividade caritativa, como também sobre os efeitos que essa caridade tem, de fato, nas pessoas que recebem essas comemorações e também nas que as praticam.

Entre as possibilidades explicativas para a primeira questão, acreditamos poder incluir a presença de uma necessidade político-social que a população brasileira tem sentido cada dia mais, em ter que fazer algo pela pobreza, por esta colônia interna dentro de nosso mundo. Talvez se trate da expressão de ações associativas, exercícios primários de cidadania em um país que se apresenta inviável já por muitas gerações, onde as formas de solidariedade estão rompidas ou mesmo nunca existiram na maior parte das situações. Entretanto, essa caridade que não vai além de poucas horas, faz-nos pensar na esperança que poderá advir desses atos em direção aos urgentemente necessitados. O país está sem um mínimo de estrutura para poder orientar ações de natureza sustentavelmente associativas no campo da compaixão e solidariedade social.

A esperança decorre, como todos sabemos, de um cotidiano mais estruturado, onde é possível ter sonhos, planejar o futuro, poder agir com relação às metas propostas. O tipo de caridade ao qual estão expostas as crianças e seus familiares nos atos mencionados, jamais nos levará a promover mais que esperança vã nessa parcela da população.

Há certamente algo entre esse tipo de caridade e a estrutura da sociedade e cultura dominante brasileira, que exclui o pobre, a escola do pobre. Existe, na verdade, o perigo de que a preservação da biodiversidade, tanto pelo respeito à vida, como pela utilidade potencial econômica para as gerações futuras, também seja concebida dentro desta categoria de caridade barata. Afinal por que haveria de ser diferente? A biodiversidade está, em muitos aspectos, associada aos sistemas culturais de povos indígenas. E como tem a sociedade brasileira se comportado com os índios?

Contudo, essa questão não é nem fácil nem simples. Por exemplo, a propaganda veiculada pela televisão, convidando os cidadãos a não fecharem os vidros de seus carros ao menor pedinte, no programa contra a fome proposto por Betinho, talvez tenha tido o efeito desejado (que a sua campanha, aliás teve por todo esse país), mas teve talvez também, o de aumentar não só o número de pedintes na rua, mas a sua agressividade. Do mesmo modo, a propaganda de reciclar o lixo plástico - com ausência da crítica ao próprio estilo de vida dominante - não chega a criar responsabilidade no que se refere à questão ambiental e do futuro. São questões difíceis e cuja solução certamente não reside em um mero despertar de consciências das classes média e alta.

Formulamos a impressão que nos tem ficado desse momento de nossa história particular: os séculos de convivência subserviente deram uma *quase naturalidade*, não só aos que praticam essa meia caridade[8], como também aos que estão igualmente habituados a ela. É sobre isso que não se pode evitar de pensar, quando se vivencia toda essa caridade eterna e parcelada na vivência cotidiana em nossas cidades, em nossa mídia e também nas nossas soluções oficiais paliativas. Um Estado que cada vez menos dá conta de resolver o problema de milhões de "párias" adultos e crianças - jogados pelas ruas - não cria espaços para que possam reconstruir-se culturalmente. Incapaz de criar condições de desenvolvimento, enfraquecido cada vez mais para formular projetos duradouros onde a terra e o trabalho pudessem ser elementos essenciais na solução dos problemas sociais, de onde poderá tirar vontade política para conservar ecossistemas, espécies, variedades genéticas?

Como pensar na possibilidade da responsabilidade para com o futuro em um país onde a escola tem dado mostras de um excessivo cansaço, onde as questões públicas, ligadas à educação pública se assemelham à caridade? Esperar superar facilmente todos esses anos de subserviência e desigualdades equivaleria certamente a condenar os sistemas culturais e a floresta Amazônica à degradação e destruição.

Essas considerações, talvez demasiado pessimistas, tiveram a intenção de mostrar que a escola não tem condições de criar uma ética de conservação rápida e urgente. Mesmo que os melhores pedagogos possam criar estratégias de ensino, isto fatalmente não ocorreria por razões culturais e políticas. Claro, a escola poderia e deverá ser uma aliada importante. A vontade política de um Estado também em igual medida, poderia ser essencial. A televisão igualmente poderia ser um poderoso aliado. Mas é preciso que outros processos paralelos ocorram. O apoio às unidades familiares, aos povos indígenas, agricultores e extratores na sua permanência e trabalho na terra, pode redundar na melhor das escolas de preservação. Políticas públicas voltadas para a conscientização não de algo remoto e distante, mas de algo

---

8 Caridade de *panela sem tampa* no dizer da escritora Adélia Prado em seu belo romance *Componentes da Banda*.

próximo dentro de sua casa. Esta talvez seja, para começar, a melhor maneira de se falar sobre qualquer responsabilidade para as gerações futuras e a vida no planeta Terra. Certamente não é a única. Incentivar as comunidades a se tornarem, elas próprias, responsáveis pela conservação, valorizando as outras culturas que contêm os conhecimentos da biodiversidade, especialmente quando se vive da floresta e da terra. Ora, a biodiversidade tem que ser pensada dentro da cultura. O conhecimento sobre diversidade de organismos vivos e de variações genéticas, está embutido nas culturas daqueles que convivem com as espécies e delas tiram seu sustento. Ignorar a cultura, as formas de saber de diferentes parcelas da população que chegam à escola pública - prática da escola brasileira - será também ignorar e desprestigiar o seu conhecimento.

Além disso, em outro plano, há relações que fluem de uma relação que poderia envolver várias formas de conhecimento como válidas, ainda que não completas e que poderiam se beneficiar grandemente não só da biodiversidade, mas também do respeito ao multiculturalismo. O processo de modernização enquanto homogeneização cultural também procura homogeneizar a paisagem social e cultural, oficializando uma única cultura como válida e com direito à voz e representação. Os discursos escolares estão muito distantes da conservação da biodiversidade, tanto porque expressam de fato um conhecimento monocultural, como porque ao professarem uma cultura única, rejeitam a diversidade cultural e não se dão conta das culturas presentes nas salas de aula. Se nesse processo, nem instruir, ela mesma está conseguindo, como poder esperar que a escola possa transmitir atitudes que envolvam o que se entende por processo educativo mais amplo que inclui atitudes em direção à convivência com diferenças sociais, culturais, raciais e econômicas e por acréscimo, convivência e prática da responsabilidade pelo futuro que inclui entre muitas coisas, a prática da conservação?

REFERÊNCIAS BIBLIOGRÁFICAS

BOURDIEU, P. 1966, L'école conservatrice: les inégalités devant l'école et devant la culture. *Revue Française de Sociologie* 7(3)

BOURDIEU, P. e Passeron J.C. 1975, A reprodução. Livraria Francisco Alves, Ed. Rio de Janeiro.

CUNHA.L.A.R. 1975, Educação e desenvolvimento social no Brasil. Livraria Francisco Alves Ed., Rio de Janeiro.

WHITAKER, D.C.A. 1981, A seleção dos privilegiados. Ed. Semente, São Paulo.

WHITAKER, D. C. A. 1989, Unesp: diferentes perfis de candidatos para diferentes cursos: estudos de variáveis formadoras do capital cultural. UNESP, São Paulo.

BIODIVERSIDADE, ÉTICA E EDUCAÇÃO PARA CONSERVAÇÃO

Marlúcia B. Martins

Diversidade biológica é a propriedade de grupos ou classes de entidades vivas de serem variadas, isto é, comportar mais de um tipo, possuir diferenças. A biodiversidade, assim como a complexidade, é atributo dos sistemas biológicos e se manifesta em todos os seus níveis hierárquicos (moléculas, genes, indivíduos, populações e espécies).

A produção das variações biológicas se dá pelos processos de mutação e recombinação. A manutenção de uma novidade genética se faz, via de regra, por seleção natural. Estes processos produzem a diversidade dentro de uma mesma linhagem evolutiva.

A diversidade acumulada intraespecificamente pode servir de base para a diferenciação entre linhagens, quando, por razões diversas, os descendentes produzidos passam a integrar um caminho evolutivo independente, originando um processo de especiação, o que significa a produção de novas espécies.

A diversidade de espécies em um determinado ambiente será resultado não apenas da história evolutiva das espécies (ocorrência de especiações), mas também de fatores biogeográficos (história de migrações, determinantes climáticos, topográficos etc) e ecológicos (condições ambientais, níveis de interação entre espécies, complexidade e estabilidade dos sistemas, entre outros).

Desta forma, a biodiversidade não está distribuída homogeneamente no planeta. Ela varia com a região geográfica, com o tipo de habitat e com o grupo de organismo em questão. A maior concentração de espécies encontra-se nas latitudes tropicais. Vinte por cento das espécies conhecidas estão no mar e cinqüenta por cento nas florestas tropicais. Plantas com flores (fanerógramas) e insetos são os grupos de seres vivos mais diversificados e a alta diversidade das florestas tropicais é também atribuída ao fato deste habitat ser o que concentra o maior número desses organismos. Enquanto o número de espécies conhecidas de vertebrados está em torno de 43.000, só os insetos são contados em 790.000 e, dependendo de estimativas, podem ultrapassar a casa dos milhões (May 1992).

A perda de biodiversidade é conseqüência da extinção das espécies. Ao longo da história da vida no planeta houve vários períodos de extinção maciça, cujas causas foram alterações climáticas, movimentos de acomodação da crosta terrestre, interconexão de faunas distintas, atividade humana, etc. A taxa de perda de espécies estimada para o momento atual é de 4 a 6 mil espécies por ano. Estes índices superam na ordem de 10.000 vezes os eventos mais drásticos já registrados na história do planeta, que foram os ocorridos no Permeano, que provocou uma redução de 52 % no número de espécies marinhas então existentes (Wilson, 1989).

Extinção é um processo irreversível. Na escala do tempo ecológico, a recuperação da biodiversidade perdida é praticamente improvável. Calcula-se que a restauração dos níveis de diversidade, depois dos eventos de extinção maciça no Cretáceo levou entre 5 e 10 milhões de anos.

O principal fator de extinção hoje é a destruição de habitats (fragmentação, redução e modificação). Os outros fatores como introdução de espécies exóticas, alterações dos padrões hidrológicos, uso de energia fóssil e da biomassa e a poluição, geralmente estão associados ao primeiro fator e atuam como amplificadores desse potencial de extinção.

Desde o tempo pré-agricultural, as atividades humanas reduziram as florestas de 50 para 5 bilhões de hectares em todo planeta, tendo-se perdido 35% das florestas temperadas, 25% das savanas e 20% das florestas tropicais.

No Brasil de hoje, temos apenas 5% da cobertura original da mata atlântica e 80% da floresta amazônica. Considerando-se a taxa atual de destruição de florestas em torno de 1-2% ao ano, em 50 anos teremos a metade das espécies florestais extintas.

QUAIS AS CONSEQÜÊNCIAS DA PERDA DA BIODIVERSIDADE?

A redução da biodiversidade para a Amazônia traz como conseqüência imediata o colapso do ecossistema, dado o alto grau de interdependência existente entre os diferentes elementos presentes na floresta. Com o colapso do sistema, perdemos espécies e, com elas, seus produtos (benefícios) que podem ser vistos desde a matéria prima (madeira, farmacêuticos, etc) até as condições climáticas, fortemente influenciadas por elas. Além disso, perdemos também a oportunidade do conhecimento, da descoberta.

E O QUE GANHAMOS COM A PERDA DA BIODIVERSIDADE, PELA DESTRUIÇÃO DA FLORESTA?

Preservar a biodiversidade implica, necessariamente rever o modelo de desenvolvimento e, nesse sentido, a educação para a preservação não pode ser desvinculada da educação para a cidadania. A sociedade precisa ser informada sobre os custos e benefícios da manutenção da biodiversidade. Ela deve ter acesso ao fluxo de informação para estar capacitada a fazer opções e interferir nas decisões, a fim de que suas aspirações sejam efetivamente concretizadas.

A educação para a conservação deve estar calcada nos princípios da ética e da lógica. O princípio ético básico que norteia o pensamento conservacionista é o direito à vida. E da lógica advém a percepção da interdependência entre todos o organismos vivos, incluindo o próprio ser humano.

Ainda sob o aspecto educacional é importante ressaltar que preservar a biodiversidade é conferir-lhe um valor. É encará-la como uma riqueza, um bem. Isso significa valorizar a pluralidade, a coexistência das diferenças, das variações.

O pensamento conservacionista, no sentido em que se apresenta na atualidade, tem um alcance bem mais amplo na própria organização da sociedade. E, neste contexto, pensando a biodiversidade amazônica, não podemos esquecer que, nessa floresta, além da imensa diversidade de insetos e plantas, também vive um povo, com toda sua pluralidade.

REFERÊNCIAS BIBLIOGRÁFICAS

DONVAN, S. K.(ed.) 1989. *Mass extinctions, processes and evidence*. London, Belhaven Press, 266p.

MAY, R.M. 1992. Past efforts and future prospects towards understanding how many species there are. In: SOLBRIG, O.T. et al. (eds.) *Biodiversity and global change.* International Union of Biological Sciences, Monograph 8. p. 71-81.

SOLBRIG, O.T. 1991. *Biodiversity*. New York, UNESCO. 58p.

WILSON, E.O. 1989. Threats to biodiversity. *Scientific American*, 261(3): 60-70.

AS PRECONDIÇÕES DE PREVISÃO: CONHECIMENTOS DA POPULAÇÃO ACERCA DAS CADEIAS DE IMPACTO DO ALUMÍNIO NA AMAZÔNIA

Clarita Müller-Plantenberg

INTRODUÇÃO

Prever e prevenir os possíveis impactos sociais e ambientais dos projetos econômicos presume não somente um conhecimento das causas científicas e técnicas, mas, também, uma capacidade de análise e mobilização de processos sociais e comunicativos. Os cidadãos em cada lugar, cada comunidade, cada região deverão entender seu próprio processo de vida e de trabalho.

Em meu país existem, por exemplo, trabalhos bem elaborados acerca do inter-relacionamento entre emissões industriais e a morte gradual de nossas florestas. Mas, ainda falta um conhecimento específico dentro de cada região sobre as causas regionais. Portanto, falta comunicação acerca disso. Sem conhecimento e sem uma comunicação adequada não pode haver uma introdução de mecanismos de controles fortes e efetivos. Vale dizer que os conhecimentos são insuficientes por um lado, porque os impactos têm causas complexas que produzem cadeias de impactos, que nem sempre são facilmente entendidas. Também muitas vezes o conhecimento de "especialistas" é pouco valorizado dentro do processo social de educação e dentro da programação dos meios de comunicação.

Nosso manejo social do meio ambiente alemão - historicamente muito valorizado - hoje é deficiente, subdesenvolvido. Com olhos abertos perdemos nossas florestas, apesar de que, uma parte das organizações de meio ambiente tenha enumerado as causas de forma correta e tenha dado passos para impedir politicamente que sigam as emissões nocivas. Os estados europeus não têm resolvido o problema, apesar das leis de proteção e manutenção do ar puro na Europa, dos controles da indústria e dos intentos de tranqüilizar o tráfico. O problema não é resolvido pelas empresas européias, apesar da instalação de filtros. Muitas vezes têm exportado o problema: por razões financeiras e para evadir os controles; têm exportado indústrias altamente poluidoras e indústrias intensivas em uso de espaço e energia.

O discurso ecológico tem sido elaborado pelas mesmas empresas sem incluir os impactos nocivos exportados. A não-informação pública no lugar da produção exportada fortalece esse esquema modernizante, só aparentemente flexível e eficiente.

Com essas breves anotações, como européia, quero justificar por que a responsabilidade de cidadania escapa, até agora, dos mecanismos de controle criados. As condições de uma produção responsável, sem custo para as futuras gerações são:

1. informação sobre as cadeias de impacto no espaço e no tempo de um processo de produção - mesmo traspassando as fronteiras;

2. elaboração e divulgação da análise de produtos e dos processos de avaliação de impactos anteriores à execução de projetos; e

3. controle social da produção, através da responsabilidade social ampliando o processo de democratização da sociedade.

Os custos da modernidade não podem ser resolvidos com conhecimento somente técnico de alguns poucos, mas com a participação da sociedade inteira no caminho da democratização. Uma sociedade que assume esta responsabilidade vai entender os modos de vida e produção diferentes e pode também assim, lograr aproximar uma valorização de seu caráter multicultural dentro de regiões altamente diversas.

Um exemplo específico é a produção de alumínio dentro da Amazônia brasileira e venezuelana, para ilustrar o que até agora foi resumido de forma geral nesta introdução.

EXEMPLOS DO BRASIL E DA VENEZUELA: QUESTÕES AO NOSSO CONSUMO FUTURO E AS RELAÇÕES EXTERIORES DA ALEMANHA

A conquista do continente latino-americano deixou a região do Amazonas intacta até o início dos anos 70, porém agora a marcha às regiões mais distantes parece incessante. Rios são contaminados ou represados, florestas são inundadas, queimadas ou derrubadas para artigos de consumo de luxo. A destruição da floresta tropical pela derrubada de madeira de lei ou pela incontrolada aquisição de terras para a criação de gado já é um tema bastante discutido publicamente. Menos conhecidos, no entanto, são a extensão da produção de alumínio na região do Amazonas e as suas conseqüências ecológicas e sociais.

As grandes empresas tentam uma legitimação da produção através de estratégias ecológicas em relação ao consumo e à reciclagem. Elas pretendem apaziguar a população local afetada ou integrá-la, de modo que as vozes dos afetados na região, pela expansão da produção, não sejam ouvidas. Neste artigo se tenta apresentar o motor deste processo de destruição que está sendo omitido pela Ciência, Economia e Política[1], e que caracteriza o "capitalismo real existente".

Em primeiro lugar vão ser descritas as conseqüências ecológicas locais da produção de bauxita-alumínio, tomando como exemplo o norte da Amazônia e as conseqüências para a população da região. Algumas pessoas afetadas vão ser ouvidas. Vai-se perguntar também pelos motivos e critérios das indústrias de alumínio e pelos custos da produção. Por fim, vai-se tentar tirar lições das experiências feitas até agora.

Como poderiam ser as atividades do governo a favor da conservação das condições de vida da sociedade, dentro de uma natureza viva? Quais são as conseqüências para atividades da sociedade e das indústrias? Como poderia ser um controle do mercado para a conservação do futuro?

As conseqüências negativas da produção de alumínio no Brasil foram mencionadas no primeiro congresso para a defesa do meio-ambiente (1984) por um representante do clube dos engenheiros do Rio e pela comissão de peritos do primeiro presidente depois da abertura democrática (1985). Por que, então, este tema desaparece do debate público científico e político?

I. — DA BAUXITA AO ALUMÍNIO

Cada minério tem as suas qualidades próprias. Por isso, as conseqüências da extração e produção para o homem e a natureza na região devem ser vistas especificamente. O processo de venda dentro e fora do país depende de condições específicas que trazem diferentes modos de produção e consumo: as pressões do mercado mundial levam a conseqüências diretas nas regiões de origem, ao homem

---

[1] Por que, por exemplo, a OECD não menciona na sua reportagem ambiental, que ela publicou por ocasião do seu trigésimo aniversário no início de 1991, os amplos problemas ambientais causados pela indústria de alumínio e pela construção de hidrelétricas? Por que se encontram reportagens sobre estes temas em nosso hemisfério norte somente em jornais sobre os direitos humanos (por exemplo Pogrom) e jornais sobre informações ambientais (por exemplo Probe International)? Não só no Brasil e Venezuela, mas também no Canadá este procedimento está aumentando. Jeffrey Wollock, um advogado do Sierra Club nos EUA, mostra a relação entre a produção de alumínio por empresas européias no Canadá e a energia necessária para a produção, que vem da hidrelétrica do projeto James Bay/Canadá. Esta forma de desenvolvimento dos interesses das empresas tem - segundo Wollock - conseqüências negativas também para os europeus. Ele escreve: "Os europeus têm bons motivos para protestar contra o fato de que este megaprojeto contribui para o efeito estufa com a emissão dos "gases estufa" que se formam da vegetação da floresta e da taiga que foi inundada e agora está apodrecendo... Uma série de empresas e agências européias usam a energia extremamente barata que a Hydro-Quebec do projeto James Bay III oferece. As empresas de transporte de Hamburgo planejam comprar hidrogênio para os ônibus. O processo necessário necessita de muita energia. A Austria Metall sociedade anônima, a Hoogovens (Holanda) e a Vereinigte Aluminiumwerke (VAW - maior empresa de alumínio na Alemanha) são sócios da Alouette-Schmelze. Pechiney, a maior empresa da França, é sócia da fábrica de alumínio Bécancour. Todas estas empresas planejam enriquecer à custa da natureza de Quebec e dos povos indígenas.

e à natureza. A gravidade destas conseqüências em relação às condições de vida, tanto locais a longo prazo, como mundiais, ainda não consegue se expressar; os produtores e a maioria dos consumidores não se interessam pelos lados sombrios da produção.

1 — As etapas da produção e suas conseqüências ecológicas e econômicas para a população afetada

Pode-se pressupor que seja de conhecimento geral, que a produção de alumínio consome grandes quantidades de energia. Sobre as destruições que a produção provoca em suas etapas, desde a extração da matéria-prima até a obtenção do produto final, os consumidores, em geral, sabem pouco.

Se nós, por exemplo, observarmos a fábrica da Alumar em São Luís/Maranhão, no norte da Amazônia brasileira, que extrai bauxita da mina da Mineração Rio do Norte em Oriximiná e recebe energia da represa de Tucuruí, e colocarmos de um lado o proveito para a sociedade pela extração da bauxita, da produção de alumina e alumínio e do outro lado os danos provocados na região, nós temos a seguinte situação:

1 — Etapa: Extração da bauxita.

Para uma tonelada de alumínio têm que ser extraídas de quatro a cinco toneladas de bauxita.

Durante a extração da bauxita são criados empregos nas minas. A pescaria na região, porém, é impedida pelo barro vermelho (em sua forma natural - ainda não misturado quimicamente) que chega ao lago Batata e ao rio Trombetas, em Oriximiná/Pará. Através da extração da bauxita, turvam-se estas águas e extingue-se a vida no lago e no rio. Deste modo, é suprimida uma importante fonte de alimentação regional.

Perto da mina da Mineração Rio do Norte vai ser explorada uma nova jazida da ALCOA (veja abaixo). Para uma futura extração de bauxita em Paragominas/Pará, onde quase não existem mais florestas, vão ser desmatadas mais áreas nas jazidas de bauxita. Lá vivem pequenos agricultores e coletores.

2 — Etapa: Transporte para a fabricação de alumina.

Para o transporte da bauxita e a fabricação de alumina foram criados empregos. Para a planejada construção da linha férrea para o transporte da bauxita das futuras minas em Paragominas vão ser criados novos empregos. Por outro lado, esta linha férrea que vai ligar a região ao porto, corta a área indígena Awa-Gurupi dos Guajá.

3 — Etapa: Fabricação de alumina (óxido de alumínio).

De quatro a cinco toneladas de bauxita se recebe duas toneladas de alumina.

Estas duas toneladas dão uma tonelada de alumínio após o processamento industrial. Bauxita é um mineral decomposto, que contém óxido de alumínio (55 a 65%), óxido de ferro, silício e óxido de titânio. Na primeira etapa a bauxita é processada a óxido de alumínio. No método Bayer a bauxita é secada, moída, dissolvida em bicabornato de sódio e aquecida sob pressão na autoclave a 250ºC. Neste processo o alumínio se encontra como solução em aluminato de sódio, enquanto o óxido de ferro, silício, óxido de titânio e uma grande parte do bicabornato de sódio ficam no barro vermelho, sem se dissolverem. Este barro vermelho se deposita no chão e é derivado.

Na produção de alumina este resíduo tóxico se acumula na proporção de 1,55: 1 em matéria sólida. Como esta matéria está sempre misturada com líquido resulta uma proporção de 7,75 toneladas de barro vermelho com soda cáustica por tonelada de alumina. Isto significa: 15,5 toneladas de barro vermelho por tonelada de alumínio.

Após um esfriamento, mistura-se hidróxido de alumínio ao aluminato de sódio e os cristais do hidróxido de alumínio formam cristais maiores. Estes são filtrados e fervidos em fornos giratórios para se retirar a água. O produto deste processo é a alumina (óxido de alumínio).

Anualmente se solta por tonelada de alumina oito vezes mais barro vermelho. Com uma produção de 110 mil toneladas de alumínio na primeira etapa de expansão da indústria Alumar em São Luís, acumulam-se 1.705.000 toneladas de barro vermelho. No momento, a produção anual está para ser elevada a 335 mil toneladas, o que significaria uma produção três vezes maior de barro vermelho com soda cáustica. Este barro é conduzido a depósitos.

Na prática não se pode evitar que o barro se infiltre às águas subterrâneas, nem a inundação dos depósitos. Como estes resíduos são matérias com base, a vida nas águas é eliminada. Os pescadores da baía de São Luís são os afetados, e muitos já estão sentindo as conseqüências desde que a Alumar iniciou a produção. Ao todo são 60 mil pescadores que vivem da pesca (Hagemann, 1985: 62 e Müller-Plantenberg 1988: 486) No local não se pratica nenhuma forma de uso do barro vermelho.[2]

4 — Etapa: Construção de Hidrelétricas para a produção de energia.

A energia gerada pela hidrelétrica de Tucuruí vem a beneficiar principalmente as indústrias de alumínio Albrás em Barcarena/Pará e a Alumar em São Luís/ Maranhão.

---

[2] Teoricamente, o barro vermelho pode ser usado das seguintes formas: 1. "Na produção de asfalto para as estradas, podem ser substituídas as partes de cimento e cal. A mistura produziria um asfalto avermelhado que, provavelmente, reduziria o reflexo dos faróis dos carros à noite; 2. Para tingir produtos de cimento e concreto e como tinta para pintar; 3. Como fonte para se obter produtos de ferro especiais como, por exemplo, ferro eletrolítico com uma grande pureza; 4. Como substituto de cal e cal apagada para alteração do pH dos solos. Isto está sendo praticado, segundo a Alumar, com bons resultados, na Austrália.

Para a construção de estradas e hidrelétricas foram gerados novos empregos por tempo limitado. Ao mesmo tempo, porém, cerca de 30 mil pessoas estão sendo expulsas, entre elas índios, caboclos, garimpeiros e pescadores.

Como o lago represado pela barragem inundou 2.430 km² de floresta, as doenças transmitidas por transmissores que vivem na água aumentaram, além de que mudaram as condições de pesca. Abaixo da barragem foi registrado o desaparecimento de algumas espécies locais de peixes. Os pescadores observam que os peixes estragam mais depressa do que antes (comunicado dos pescadores da ilha da represa de Tucuruí, setembro). A navegação do rio Tocantins foi interrompida, pois um açude planejado não foi construído.

5 — Etapa: Construção das linhas de alta tensão.

Para a produção de 1 kg de alumínio são necessários 15,87 quilowattes[3]. A baixa radiação dos fios de alta tensão, que vão da hidrelétrica à fábrica, podem enfraquecer o sistema imunológico do homem e perturbar o crescimento normal das células. Os danos causados por campos eletromagnéticos estão sendo objeto de estudo nos EUA e foram motivo de pagamento de indenização obtido através da justiça. O medo das conseqüências pode teoricamente - segundo a jurisdição nos EUA - fazer com que os terrenos adjacentes às linhas de alta tensão percam em valor. Os debates sobre possíveis conseqüências das linhas de alta tensão (ainda) não seguiram o modelo do vizinho ao norte.

A posição inicial foi diferente: a vegetação debaixo das linhas de alta tensão foi removida com líquidos de desfolhagem à base de dioxina (herbicida desfolhador). Surgiram doenças na população e animais, e foram registradas deformações em recém-nascidos.

Além disso, foi cortada a área indígena Mãe Maria dos índios Gavião.

6 — Etapa: Estabelecimento do local de produção - a produção de alumínio

De quatro a cinco toneladas de bauxita se obtém uma tonelada de alumínio. Por tonelada de alumínio são produzidos de 2,5 a 3 kg de fluoríticos. Na fábrica a inalação da poeira de criolita, que contém flúor, leva a doenças (calcificação nas juntas, ligamentos e coluna).

Através de reações durante a produção surgem os fluorídricos, que são venenos altamente corrosivos e voláteis, como, por exemplo, o flúor hidrogênio. Este é parte dos gases da fundição do alumínio e prejudica a pescaria, agricultura (animais e plantas), assim como a população ao redor das fábricas.

---

3 Fernando Milanez menciona este número em seu artigo de novembro de 1990 como média da eficiência energética do Brasil, Jamaica e Guiana e se refere a dados do International Primary Aluminium Institute em um artigo de 13.7.1990 sobre "Eletric Power Utilization 1989".

C.C. Gordon, professor de botânica na Universidade de Montana, Canadá, investigou os efeitos da fundição de alumínio Kitimat da indústria ALCAN. Perto da fábrica existe uma faixa de 1,6 km de largura e 32 km de comprimento repleto de árvores mortas, que a indústria tenta atribuir a um ataque de insetos. De acordo com a repartição de agricultura dos EUA, os fluoríticos gasosos não-metais já causaram mais danos a animais caseiros que outros materiais nocivos à natureza: se os fluoríticos são absorvidos pelo organismo através dos alimentos ou água, eles são armazenados nos ossos e dentes. Os ossos crescem. As conseqüências para o homem são, entre outros, problemas de estômago, dores nos ossos, etc.

As pernas e o maxilar se desgastam e os dentes se desgastam até o maxilar. Isto é muito comum no gado, que então não pode mais comer nem beber.

A Sociedade para o Desenvolvimento Industrial no Maranhão fez, em 1980, um acordo com a Alcominas (a representante da indústria ALCOA) sobre o planejado estabelecimento de uma fábrica de alumínio em São Luís. Achou-se necessário 3.500 ha. Logo depois a fábrica fez um pedido de 10 mil ha ao governador (1.500 ha para a fábrica, 2.000 ha para os depósitos de barro vermelho e uma faixa verde). Sobre este pedido foram feitas negociações secretas em junho de 1980, sem consultar o parlamento do Maranhão.

Apesar do protesto público e a instituição de um grupo de trabalho parlamentar, foi feito um acordo com a ALCOA. A indústria iria receber água pela metade do preço.

De acordo com a legislação brasileira isto foi ilegal, pois a Constituição prevê que a entrega de um terreno maior de 3.000 ha tem que passar pelo Senado. Para a expansão da fábrica da Alumar em São Luís foram desalojadas 20 mil pessoas do terreno que a companhia havia adquirido. Em Barcarena foram desalojadas quase a mesma quantidade de pessoas de suas terras pela companhia Albrás/Alunorte (Hagemann 1985: 62; Müller-Plantenberg 1988: 486).

2 — OS AFETADOS SE COMUNICAM.

A expulsão de pequenos produtores, índios e pescadores é a conseqüência da grande demanda de terras que é característica da produção de alumínio, de energia e do transporte de energia. A produção nociva destrói a natureza e no decorrer do tempo, a base de vida de outros pequenos produtores e pescadores em decorrência da destruição da fauna e da flora, inclusive as pessoas adoecem.

A base do processo de decisão estatal para a expansão da indústria de bauxita e alumínio é quase que exclusivamente aquele processo de crescimento econômico que se mostra através dos valores de troca obtidos no mercado. Deste modo são desprezadas as formas de produção duradouras dos pequenos produtores, coletores, caçadores e pescadores. A importância destas formas de produção consiste em que estas pessoas usam os recursos locais para a própria subsistência e para o abastecimento da população regional com alimentos, de uma forma duradoura, e conservam assim os recursos para gerações futuras.

A destruição dos recursos naturais - ar, solo e água - para estes modos de produção regional, produção de frutas e hortaliças assim como a pesca, destrói os dois: a economia de subsistência dos pequenos produtores e o fornecimento do excedente para a população regional em São Luís (frutas, hortaliças, peixes e caranguejos).

Hoje os desalojados pela produção de alumínio ao norte do Brasil vivem doentes e pobres nas periferias das cidades, ou no interior. O fornecimento da população regional foi cortado sensivelmente. Os mangues, conhecidos como o "banco dos pobres" por fornecerem peixes e caranguejos, estão morrendo. O rendimento da pesca cai. Muitas vezes os peixes já estão estragados. A Amazônia é obrigada a importar alimentos. Ela fica duplamente dependente.

Apenas dois meses após o início da produção, em novembro de 1984, a população de Coqueiro, um povoado de pequenos produtores e pescadores perto de São Luís, se mostrou assustada diante das mudanças na vegetação. As folhas das árvores secam e os frutos caem precocemente das árvores. Os moradores também ficam doentes. Em 1987 a maioria dos pequenos produtores e pescadores dos povoados ao redor já foram desalojados, ao todo 20 mil pessoas. Somente a população de dois povoados, entre eles Coqueiro, continua em suas terras, apesar da grande pressão. Eles não sabem para onde ir. No início de 1991, o advogado Josemar Pinheiro, que sempre defendeu a população local, comunica que a situação se agravou.

As conseqüências mortais do processo de produção descrito foram comentadas pela população afetada da seguinte maneira:

OS PESCADORES, OS TRABALHADORES.

"Nós já vimos camarão morto boiando por aqui, caranguejo aos montes e muitos peixes mortos. Ficou muito difícil encontrar peixes. Os peixes estão cheios de bolhas. Quando se abre um peixe, ele já está estragado por dentro." (Pescadores em Coqueiro, novembro de 1984).

"Há oito dias eu saí de barco para pescar. Eu estava quase morto quando eu voltei para casa. Eu tinha ataques de vertigem e não conseguia me manter em equilíbrio nem para frente, nem para trás. Meu filho me trouxe para casa. Ele disse: Vamos embora daqui senão você ainda cai morto. Eu queria pelo menos morrer em casa. Em casa eu fiquei três dias na cama, antes eu nunca tinha ficado doente. Eu já vivo aqui há 38 anos e nunca me aconteceu alguma coisa aqui. Aconteceu na água, eu tinha tirado camarão." (Pescador em Coqueiro, novembro de 1984).

"Eu também sou pescador, há oito dias eu fiquei doente. Eu tenho uma gripe forte. Eu tomo muitos medicamentos, mas ela não passa." (pescador em Coqueiro, novembro de 1984).

"Eu nasci e me criei aqui. Eu tenho 67 anos e sempre fui pescador. Hoje já não existe nada para pescar. Eles dragaram a área de inundação por mais de 5 km e destruíram a base de alimentação dos pescadores. Agora a área ficou tão funda que os peixes não entram mais. Agora não tem mais nada. Nos últimos cinco meses piorou bastante. Os caranguejos morreram e os peixes sumiram. O que ainda tinha eram "tainhas". Estes são peixes que se alimentam daquilo que eles encontram no lodo. Mas eles também desapareceram. Elas não encontram mais alimento.

Eu estive lá dentro. Quando se está lá, o corpo inteiro coça e tem que se tirar a camisa, lá na

ALCOA. Eu trabalhei lá por mais de um ano. Eu conheço todos lá e sei como é lá. O lixo é jogado no chão e os restos da produção nem são removidos. Ninguém pode entrar nesta parte do terreno e pronto. Quando a água sobre, tudo é inundado e a sujeira é distribuída em todas partes. Isto aqui é uma ilha e tudo que é despejado aqui se encontra em pouco tempo na capital. Foi o maior pecado construir esta fábrica aqui. Isto é o pior que se fez ao Maranhão. Quem soube antes disso e mesmo assim ajudou a planejar é um criminoso. O pior é à noite. Tudo fica escuro. Se dorme em uma casa de palha, o vento traz toda a poeira para dentro e a gente respira tudo. A poeira ataca as vias respiratórias, de manhã se toma água que está cheia de poeira branca. Como é que se pode viver aqui?" (Pescador em Coqueiro antigo trabalhador da fábrica de alumínio, novembro de 1984). Eles trabalham durante o dia, à tarde e à noite.

OS PEQUENOS PRODUTORES E OS DESPEJADOS

Um produtor mostra o estado de uma árvore:

"Este aqui é um caju. Ele seca assim como as flores. Já não tem mais quase nenhuma. As folhas novas também secam. O cajueiro ainda vinga frutos, mas eles secam e caem. Isto quer dizer que ele não produz nada. Nós temos aqui mais ou menos 130 cajueiros. Este ano nós tivemos só umas 30 frutas. Desde que a ALCOA está aqui isto começou. Antigamente não tinha isto e eu já vivo aqui há 22 anos. A mandioca morre, as mangueiras morrem..." (Coqueiro, novembro de 1984).

"Quanto produz uma mangueira? 40-50 anos? As pessoas vão chegar aqui e dizer: `Eu dou 50.000 cruzeiros para vocês por esta mangueira.' O que são 50.000 cruzeiros? Isto não é nada. Se dá o preço de uma árvore pelo preço de uma fruta? Principalmente as laranjeiras e os abacateiros são muito sensíveis, estes não têm mais aqui. Isto aqui são plantas de pimenta, também não estão no melhor estado. As plantas começaram a morrer depois que a ALCOA chegou aqui. As bananas também morrem. Elas secam, ficam marrom e caem. Coco também não têm mais nesta região, tudo morreu." (Produtor de Coqueiro, novembro de 1984).

"Ainda tem alguns pássaros aqui, alguns ainda se vê. Mas me disseram que no outro lago ainda se encontra muitos pássaros. Mortos. No lago do barro vermelho, lá tem muitos pássaros." (Pequenos produtores de Coqueiro, novembro de 1984).

A falta de esperança daqueles que vão para as cidades é relatada por um representante das famílias: "Nos seus abrigos precários grassam a tuberculose, lepra, tifo e pneumonia; as crianças pequenas sofrem de diarréia. O dinheiro da indenização não dura muito; não existe trabalho" (Filme sobre a ALCOA 1988).

O que aconteceu com aqueles que migraram para o interior do Maranhão só se pode imaginar. Ao longo da linha férrea de Carajás vão ser construídas metalúrgicas que vão funcionar com carvão vegetal. Conseqüentemente vão acontecer grandes derrubadas que já estão expulsando os moradores de lá.

OMISSÃO DO PERIGO PARA A SAÚDE E A VIDA

Repartições estatais e alguns médicos tentam negar e omitir o perigo para a saúde da população. Uma mãe se queixa sobre a doença de seus filhos:

"Muitas crianças estão doentes aqui. Na minha casa todas as crianças estão doentes. Elas têm coceira no corpo inteiro, feridas, de vez em quando dificuldades na vista, gripe e diarréia. Elas estão cansadas e sofrem de falta de ar. Os médicos dizem que é por causa do calor e que é prisão de ventre."

Um vizinho porém relata sobre uma diagnose bem diferente:

"Uma mulher ali do lado é casada com um trabalhador da ALCOA. Ela queria limpar o quintal e ficou doente. Ela foi ao espanhol lá no hospital. Ele é farmacêutico e confirmou que a causa é a poluição ambiental. As emissões tóxicas queimaram a sua pele. Nós fizemos fotos onde pode-se ver que as suas pernas estão cheias de manchas". (Moradores de Coqueiro, novembro de 1984).

"Nós temos que lavar todas as plantas e verduras para poder comê-las, mas a poeira branca também contamina a água." (Dona de casa, Coqueiro, novembro de 1984).

"Há um tempo atrás a fábrica juntou toda a poeira, a vermelha, branca e preta e depositou em um lugar. A poeira foi coberta de areia. Os caminhões despejam a poeira, e em cima a areia, para escondê-la. No inverno quando chove bastante, tudo vai escorrer para o mar pois aquela área é um pouco elevada. Nós temos aqui os mais altos índices de precipitação de todo o Brasil o que complica a situação. Eles já fizeram um fosso para que quando vier a chuva tudo escorra para o mar. E isto já aconteceu uma vez. Há dias em que os pescadores têm que voltar porque eles não podem chegar perto do porto de tanta poluição." (Pescador, Ilha Grande, novembro de 1984).

Os moradores dos povoados ao redor da fábrica não se queixam somente por causa da poeira, mas também por causa das nuvens de fumaça e outras emissões que a fábrica solta, principalmente à noite, e que o vento traz até eles:

"Já faz algum tempo, era de noite e todos dormiam. No meio da noite eles acordaram e sentiram um forte cheiro na casa. Eles ficaram com medo, a esposa tentou levantar mas não conseguiu. Ela tinha fortes dores de cabeça. Ela não enxergava direito.
Aquela mulher ali do lado queria acordar o seu filho na noite de anteontem para ontem para ele ir ao trabalho. Então ela sentiu o mesmo cheiro de enxofre e outras coisas. Desde este dia ela tem queixas e começaram as queimaduras na pele." (Um velho homem em Coqueiro, novembro de 1984).

"Eu não estou passando bem. Uma noite nós abrimos a porta e levamos uma brisa com esta poeira. Eu estou doente; eu acho que eu vou à cidade logo amanhã. Ainda ontem eu preparei aqui um peixe e não queria comer nada dele; eu tinha febre. Há mais de 15 dias que eu tenho febre com dores de cabeça. Então corria o meu nariz e saiu muito sangue, um pano cheio. Desde aquele dia quando veio a fumaça da ALCOA todos ficaram doentes. Eu nem queria ir embora. Eu nasci aqui e me criei aqui. Até agora eu estava passando bem, agora não mais. Eu quero ir embora de qualquer jeito. Eu ainda não sinto a coceira mas nós estamos doentes de outro modo. Nós não podemos ver direito. Meu filho passou cinco dias mal. Eu tenho mais de 70 anos e nunca houve isto antes, só desde que, a ALCOA está aqui." (Pescador, Coqueiro, novembro de 1984).

Eles se defendem...

Em 1980, quando a companhia recebeu o terreno para a construção da fábrica de alumínio, foi criada uma comissão para a defesa da ilha e foi preparada uma assembléia no centro da cidade. As repartições públicas, o governador e a justiça tentaram impedi-la, e ela teve que ser realizada em um outro lugar.

No decorrer do ano de 1980 vários bancos estrangeiros ofereceram à companhia 750 milhões de dólares sem se interessar pelo "proveito e prejuízo" para a população regional e as suas futuras chances de vida.

O deslocamento dos pequenos produtores foi realizado pela Comissão para o Desenvolvimento da Indústria (CDI) que recebe uma porcentagem das quantias de indenização.

Para a construção foram empregadas 22 companhias e 4.000 pessoas. O lixo leva à poluição dos rios e do porto, e molesta os moradores. Após o término da construção foram empregadas somente 2.000 pessoas na fábrica. As condições de trabalho são miseráveis: salários baixos, pagamento retardado, horas extras e freqüentes demissões.

A permissão para a construção, a ALCOA recebeu da Secretaria para Recursos Naturais do Maranhão, somente em 1982. Esta permissão continha uma série de restrições. Isto quer dizer que a fábrica foi construída sem a permissão, e as restrições não foram cumpridas. O apoio à população é feito pela Comissão para a defesa da ilha, o grupo ASSACRE, o advogado Josemar Pinheiro e um deputado. A Sociedade para a Defesa dos Direitos Humanos, a Caritas e a pastoral da saúde também se colocam a favor da população. O trabalho dos oponentes da ALCOA é voltado contra os responsáveis do governo, que, em vez de esclarecerem, apóiam o procedimento da ALCOA e deixam a população no escuro. Tancredo Neves, o primeiro presidente designado da abertura democrática depois de 21 anos de ditadura, encarregou um grupo de peritos da política ambiental de sua secretaria técnica, que tomou os desejos das organizações regionais, desenvolveu propostas políticas concretas e, além disso, exigiu:

> "Têm que ser criados mecanismos que ajudem a restabelecer os direitos do cidadão e possibilitar uma transparência necessária, para que a sociedade possa debater sobre os grandes projetos nacionais e alterar ou suspender aqueles que são indesejáveis. Deste modo a sociedade pode receber um direito de veto e de voto em questões que atingem toda a sociedade e, neste caso, da herança natural e cultural do país. Porém, isto significa também, que sejam notados os custos do consumo de energia, sejam feitos balanços de energia e cálculos de entropia. O subvencionamento das tarifas de energia elétrica que baixam o preço abaixo do nível internacional, principalmente, em processos de transformação que engolem muita energia - como é o caso da eletrólise de alumínio - não são aceitáveis." (AMDA e outros 1985).
>
> ...pois eles sabem que a perda da produtividade da natureza significa o fim de um "consumo renovável."

Um representante do movimento para a defesa da ilha faz em novembro de 1984 um esboço sobre as possibilidades de defesa dos atingidos:

> "Nós planejamos iniciar com uma ação de indenização para as plantações e peixes que se perderam, o que por si já é um passo muito difícil. Onde eles vão encontrar novos empregos, casas e terra para novas plantações? A questão da indenização também é muito difícil. As pessoas aqui vão perder a relação com a natureza. Como elas já vivem aqui há muito tempo vai ser erradicado um pedaço da sua história. Isto pode ter graves conseqüências psicológicas. Se elas forem deslocadas para um outro lugar a sua vida vai mudar completamente. Nós não queremos somente uma indenização monetária sobre o valor atual. Nós queremos o valor potencial: não só o valor atual, mas também o que seria o valor amanhã. Assim como por exemplo o mangue: ele é fonte de alimentação e de vida. Ele é o 'banco dos pobres'. Os peixes, os caranguejos, tudo desaparece. E a indenização? Quanto vale um mangue?"

II. DA PERSPECTIVA DO CAPITAL

1 — A tática econômica das empresas e direção de fábrica diante das exigências da sociedade e das condições do governo

O poder da empresa coloca em questão a defesa do interesse público. Esse poder controla o mercado imobiliário e as reservas de água. Contribuiu para o desemprego e iniciou uma destruição gigantesca da flora e da fauna (English 1984). Não estava disposto a demonstrar, publicamente, os seus investimentos em questões ambientais nem a sua política ambiental que fora proclamada fortemente (Hagemann 1985). As universidades não se manifestam sobre os problemas ecológicos que ameaçam a região. O governador está, claramente, ao lado da empresa e a protege desprezando a lei vigente. A extensão do controle sobre assuntos públicos pela empresa sugere ver São Luís como uma *company toen* moderna. Assim como as empresas de exploração de matéria-prima nos primeiros tempos da conquista da América Latina, esta empresa tem nas mãos o destino de uma cidade e de toda uma região. A diferença com o tempo colonial é que a empresa hoje não só extrai a matéria-prima como também controla o processo de industrialização.

O LOCAL DE PRODUÇÃO

Além da jazida, existem outros critérios para a decisão do local de produção para os produtores de alumínio: baixo preço de energia, água barata, preços de terra baixos e baixos níveis de salários. A disposição do Estado de construir uma infra-estrutura completa e de isentar as empresas de impostos é um aspecto importante para os planos de construção e de extensão no ramo. De grande importância é também que as grandes e ricas jazidas estejam perto das fontes de energia, dos meios de transporte e dos mercados. Existe, além disso, um grande interesse em condições políticas estáveis e um - em comparação com outros países - sistema de mercado autoritário, no qual os interesses das empresas se sobrepõem sobre os interesses públicos e estatais.

Isto é válido principalmente após a crise da produção de alumínio, que deteriorou as chances de venda do alumínio em comparação a outros materiais, e por conseguinte levou a uma crescente estocagem e a uma baixa carga de capacidade de produção. Neste contexto as empresas foram obrigadas a processos de transformações. Desde meados dos anos 80 a produção de bauxita e alumínio está novamente crescendo.

A FÁBRICA DE ALUMÍNIO ALUMAR EM SÃO LUÍS, MARANHÃO

A fábrica Alumar em São Luís/Maranhão pertence em 60% à empresa americana ALCOA, que é uma das seis maiores empresas do ramo com uma movimentação anual de 10,9 bilhões de dólares, e em 40% à empresa Billiton do grupo Shell (Holanda).

Uma série de condições vantajosas deixou um investimento no Brasil parecer favorável. O acesso aos recursos de produção foi subvencionado pelo Estado. Contra o planejamento inicial, a construção da hidrelétrica de Tucuruí foi subvencionada pelo governo brasileiro com 5.4 bilhões de dólares e 2,5 a 3 bilhões de juros. A empresa iria receber água pela metade do preço e poderia pagar as tarifas de eletricidade com 10% de desconto à Eletronorte, a empresa de eletricidade dos estados do norte (Sá 1987; Galvão 1986). Além disso, a empresa teve por 15 anos uma completa isenção dos impostos imobiliários e uma isenção de 90% dos impostos sobre venda.

Os acordos foram feitos favorecendo a empresa, desprezando os processos de autorização e excluindo o parlamento. A política empresarial encontrou condições muito favoráveis diante da regulamentação estatal do abastecimento de energia, das condições de transporte e da possibilidade de integração vertical com o processo de industrialização. Estas condições favoráveis porém não foram fixadas a longo prazo. Diante da dívida externa e dos interesses fundamentais em uma economia nacional rentável, o interesse nacional em obter divisas tinha que ser considerado a médio prazo, já pela necessidade de reagir à descapitalização do setor energético. Os impostos não pagos nos primeiros cinco anos, numa ordem de 99 milhões de dólares, foram cobrados publicamente. As organizações regionais exigiram a consideração dos passos jurídicos prescritos e a formulação de outras leis para a defesa dos interesses da sociedade, como por exemplo a obrigação do pagamento de impostos.

A empresa formou *joint ventures* para a garantia da matéria-prima e dos mercados, para consolidar seu poder econômico e para a melhoria das possibilidades de tomar influência, e se esforçou em ampliar seus mercados de venda, em investigar novos materiais e em limitar as atividades da política ambiental. Para garantir os direitos de exploração no rio Trombetas na presente fase favorável da conjuntura de alumínio, a ALCOA iniciou lá a extração de bauxita. Outros produtores reagiram de modo semelhante: a empresa de mineração estatal brasileira Companhia Vale do Rio Doce (CVRD) está montando uma empresa de alumínio estatal, a Aluvale, para diversificar a fabricação da matéria-prima.

2 — Produção e consumo de alumínio mundial de 1970 até 1989

À primeira vista é evidente que o "proveito e prejuízo" da produção de alumínio para as condições de vida da população regional não se manifesta na política empresarial da Alumar. Um ponto importante talvez seja a pressão das condições do mercado mundial de melhorar a capacidade de concorrência através da baixa dos custos de funcionamento, de matéria-prima barata e de tarifas de energia baixas.

Com respeito a isto as condições de concorrência se agravaram tanto desde o aumento dos preços de energia nos anos 70, que o ramo teve uma reestruturação mundial.

Nos EUA a produção baixou em 800 mil toneladas entre 1985 e 1987 e na

Europa entre 600 mil a 700 mil toneladas (Neue Zürcher Zeitung de 2.7.1987). Na Alemanha Ocidental a produção de 1978 até 1987 ficou constante, enquanto as importações aumentaram em 150%. Em comparação, o Brasil aumentou sua produção no mesmo espaço de tempo em 130%. "Diante do rápido crescimento da produção frente à procura nacional, poder-se-ia julgar que o Brasil tem uma 'vocação natural' para a produção de mercadorias de energia intensiva", escreve o antigo chefe da repartição para a economia de energia (PROCEL), Fernando Milanez (1990) e registra que em seu país um décimo da produção de energia é exportada em forma de produtos de energia intensiva. O vice-presidente da empresa brasileira de alumínio (CBA) analisa que em 42 países se produz alumínio, porém em 38 deles se tem uma estagnação ou diminuição da produção por causa dos problemas ambientais e dos altos custos de produção.

O esforço de alcançar condições de produção ótimas levou à situação em que a distribuição de novos investimentos mostra uma clara modificação em comparação aos locais tradicionais da produção de alumínio. A Venezuela é favorecida porque, além de ter ricas reservas de bauxita, pode garantir o fornecimento de energia através da exploração do potencial hidrelétrico. A Austrália, por outro lado, possui reservas de bauxita, entretanto não tem um abastecimento de energia tão favorável. O Canadá possui potenciais energéticos que também vão ser explorados sem considerar os povos indígenas e suas bases de vida, todavia não tem jazidas tão ricas de matéria-prima. Os solos trópicos que contém alumínio com ricas jazidas de bauxita e potenciais hidrelétricos ainda não aproveitados, como por exemplo: Camarões, Suriname, Guiana, Venezuela e o Brasil são os futuros ímãs para os investimentos nacionais e internacionais na construção de hidrelétricas, na extração de bauxita, na obtenção de óxido de alumínio e na produção de alumínio. Neste setor estão entrando não só empresas transnacionais, como também empresas privadas e estatais dos próprios países.

Nas tentativas de aumentar a rentabilidade, a média do tamanho das fábricas se duplicou de 1970 a 1989. Neste espaço de tempo diminuiu a importância das empresas transnacionais.

> "Enquanto a ALCAN e Pechiney decidiram ficar produtores do metal primário alumínio para terceiros, a maioria dos outros optou por uma desverticalização. A ALCOA e Kaiser se retiraram do mercado do metal primário, enquanto Reynold e Alusuisse começaram a adquirir de terceiros uma parte do que eles necessitam".

Com a baixa do custo de produção e a crescente capacidade de concorrência, aumentou a competitividade do metal com outros materiais. Deste modo os armazéns se esvaziaram, as capacidades de produção foram aproveitadas e puderam até ser expandidas.

No aumento da produção surgiu um novo aspecto: o seu mantimento através da construção de uma hidrelétrica. A empresa de alumínio brasileira CBA possui oito hidrelétricas próprias com as quais ela produz 60% de sua energia necessitada. Mas outras empresas também tendem a este planejamento de investimentos (veja acima). O setor energético brasileiro cortou o seu plano de hidrelétricas entre 1987 e 1990 de 79 para cinco hidrelétricas na região amazônica. Alguns planos foram adiados, outros foram riscados da lista de planejamento. Isto aconteceu também em virtude da crítica internacional à segunda parcela do crédito ao setor energético do Banco Mundial ao Brasil, que em 1989 não foi concedido. A este desenvolvimento se acopla que a empresa energética estatal brasileira, a Eletrobrás, decidiu uma nova estrutura das tarifas, que parte dos custos de produção marginais e inclui investimentos de distribuição e ampliação, devido ao subvencionamento das empresas estrangeiras e da falta de recursos para planos próprios de ampliação. Os preços devem subir mais, o que põe em perigo a capacidade de concorrência da indústria brasileira. Diante da crescente articulação dos interesses estatais no ramo e diante da oposição internacional contra o financiamento de grandes hidrelétricas na região de florestas tropicais pelo Banco Mundial, a ALCOA planeja junto com outras 4 empresas privadas a construção da hidrelétrica de Serra Quebrada (1.200 MW) no rio Tocantins por 1,4 bilhões de dólares para assegurar o próprio abastecimento de energia (Water Power Dam Construction 11/89, também 2/90 e Aluminium 12/89: 1198).

Outras empresas de outros ramos planejam paralelamente um próprio abastecimento de energia. Diante da comparação de preços dos custos de energia, não parece ser provável que a ALCOA vá expandir a sua produção de alumínio no Brasil nos próximos anos (Sá 1990).

Por isso, não é surpreendente que a Venezuela esteja tomando cada vez mais o papel de um local alternativo de produção. Já existe também um plano público para uma grande hidrelétrica venezuelana na região Amazônica (Water Dam Construction 12/89). No início de 1988, a Venezuela negociou com bancos japoneses sobre o financiamento de equipamentos para hidrelétricas.

3 — O planejamento envolve toda a Amazônia. Do que dependem as chances de sobrevivência de seus povos?

Novamente queremos voltar ao ponto de partida, os depoimentos das vítimas deste desenvolvimento, e a pergunta: até que ponto as suas reivindicações para um desenvolvimento socialmente e ambientalmente compatível foram convertidas?

Os interesses das empresas não têm que necessariamente ser voltados contra os interesses de vida da população local. Porém, o desenvolvimento atual não considera a proteção dos direitos dos povos indígenas, que vivem nas regiões das florestas tropicais. Os moradores das regiões afetadas nem foram ouvidos publicamente antes. As suas reivindicações, ao contrário, foram caladas.

Muito poucos pesquisadores e políticos ouviram os seus argumentos, sem falar dos investidores que vêem as pessoas e a natureza, quando muito, como um fator que perturba os seus projetos econômicos.

Tabela 1 - Fechamento definitivo de indústrias de alumínio (1981-1988)

País	Empresa	Fábrica	Ano	Capacidade em 1000 t/a
Japão	Mitsubishi Light Metals	Naoetsu	1981	160
		Sakaide	1987	193
	Mitsui Aluminium	Miike	1987	164
	Nippon Light Metal	Niigita	1981	148
	Showa Aluminium Ind.	Kitakata	1982	29
		Omachi	1982	43
	Chiba	1986	170	
	Sumitomo Aluminium	Nagoya	1979	53
		Isoura	1982	79
		Toyo	1985	99
		Toyama	1986	178
	Sumukei Aluminium	Sakata	1982	99
TOTAL	Japão			1549
USA	ALCOA	Point Confort	1982	168
		Messina	1986	40
		Rockdale*	1986	100
		Anderson Country	1985	10
	Alusine (Conalco)	Lake Charles	1981	33
		New Johnsonville	1986	50
	Kaiser	Chalmette	1983	230
	Revere	Scottsboro	1982	102
	Reynolds	Corpus Christi	1981	103
		Listerhill	1983	92
		Jones Mills	1985	110
		Patterson	1985	60
TOTAL	EUA			928
França	Pechiney	La Pras	1982	40
		La Saussas	1983	34
		Rioupéroux	1987	25
Itália	Aluminio Italia	Mori	1983	21
Alemanha	V.A.W.		1982	14
	Alcan	Ludwigshafen	1987	44
Suíça	Alusuisse	Chippis	1987	22
Grã-Bretanha	British Aluminium	Invergordon	1982	100
TOTAL	EUROPA			300
Taiwan	Taiwan Aluminium	Kaohshiung	1983	84
TOTAL	MUNDIAL			2861

*novamente aberto. Fonte: Sá 1990

Tabela 2 - Novos projetos/ampliação da capacidade (planejada ou em construção).

Nome	País	Capacidade	Investimento Milhões US$	Sócios
Bécancopur III	Canadá (Quebec)	120	500	Pechiney Reynolds, Alumax
Baie Comeau	Canadá (Quebec)	120	s.d.	Reyunolds
Laterrière	Canadá (Quebec)	200	260	Alcan
Alouette	Canadá (Quebec)	250	110	V.A.W., Austria Metall, Hoogovens Kobe, Marubeni
Quebec	Canadá (Quebec)	200	800	Alumax
Dunkirk	França	200	s.d.	Pechiney
Atlantal	Island	200	800	Alumax, Hoogovens Granges
Vanalum	Venezuela	150	s.d.	6 Parceiros Japoneses
Alcasa	Venezuela	275	s.d.	Reynolds
III Complex	Venezuela	360	s.d.	
Alisa	Venezuela	180	s.d.	Ripesa, CVG
Alumsa	Venezuela	180	s.d.	Austria Metall/ Pechiney
Aldanca	Venezuela	190	s.d.	Clarendon (36%) CVG (18%), Reynolds (10%), Venezuéla (36%)
Alusur	Venezuela	120	s.d.	ALCOA/Sural
Aluguay	Venezuela	180	s.d.	Alumax
Aluyana	Venezuela	180	s.d.	Italimpianti
Vexxal de Alimunio	Venezuela	180	s.d.	ASEA Brown Boveri
Alumar III	Brasil	125	240	ALCOA, Billiton
Albras II	Brasil	160	83	CVRD, Mitsui
ALBA II	Bahrain	50	140	
Bandar Abbas	Irã	220	1350	Governo do Irã. IDC (G. Wimpey, A.B.B., Marc Rich, Caradel)
Umalco	Emirados Árabes Unidos	240	1200	
Alujain	Arábia Saudita	210	s.d.	Pechiney, Alumix, B.Áe
Qatar	Qatar	860	s.d.	
Pingguo	China	100	800	
Tomago	Austrália	180	370	Pechiney, CSR, V.A.W. AMP
W.A. Al. Cons	Austrália	240	s.d.	

Fonte: Sá 1990

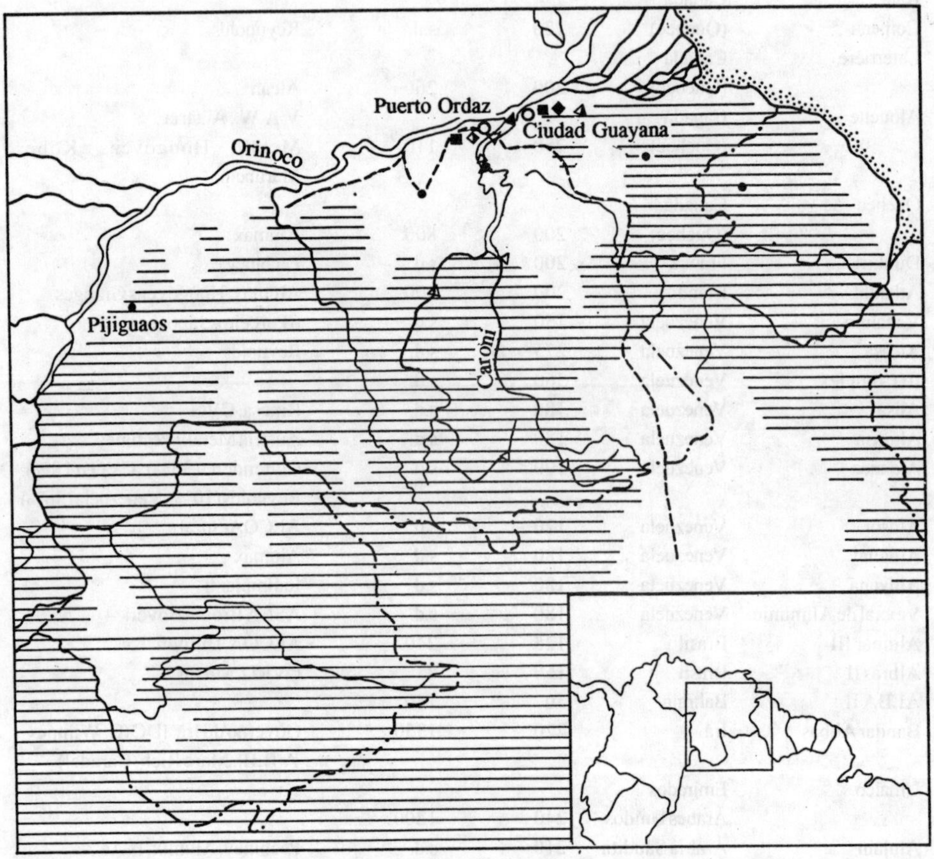

Fonte: Aluminium; Water Power Dam Construction; G. Bardossy e G. Aleva, 1990; Alexander Weltatlas, Stuttgart 1982.

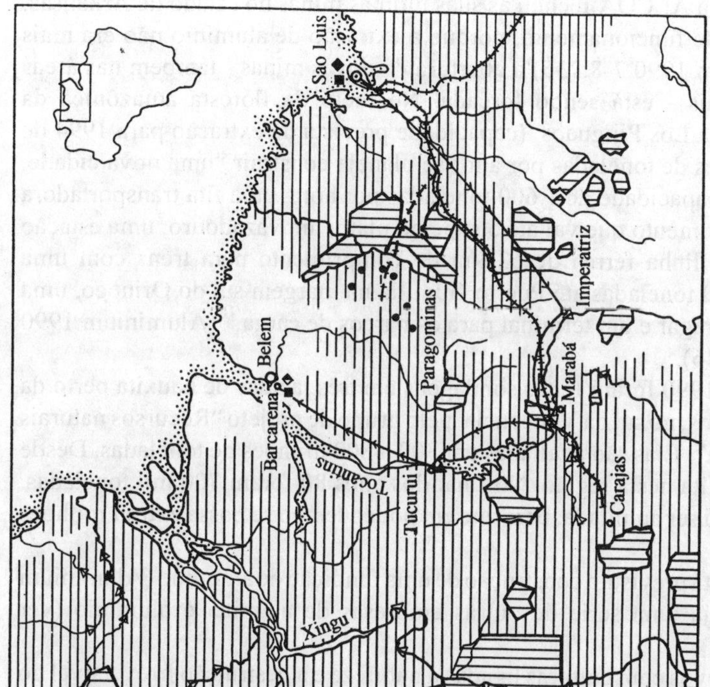

Fonte: Aluminium 7/8 1988, S. 730; G. Bardossy e G. Aleva, 1990; D. Treece, 1985; CIMI, CEDI, IBASE, Ghk 1986.

A dinâmica de empresa descrita decorre contrária aos interesses de vida dessas regiões de florestas tropicais da Venezuela e do Brasil (Müller-Plantenberg 1991). Enquanto nos EUA a ALCOA fechou as suas últimas minas no estado de Arkansas, depois de 91 anos de funcionamento, porque a extração de alumínio não era mais rentável (Aluminium 1990 7-8:735) a abertura de novas minas - também nas áreas de florestas tropicais - está sendo forçada. No meio da floresta amazônica da Venezuela, na jazida Los Pijiguaos, (capacidade prevista de extração para 1994 de quatro a seis milhões de toneladas por ano) se planeja construir "uma nova cidade, um moinho com a capacidade de 1.600 toneladas por hora, uma fita transportadora de 4,5 km de comprimento que vai até o sopé do platô, um vazadouro, uma estação para carregar, uma linha férrea de 63 km de comprimento para trens com uma capacidade de 3.600 toneladas até Puerto Gumilla na margem sul do Orinoco, uma estação para descarregar e um terminal para os barcos de carga." (Aluminium 1990 7-8:695; NfA 24.486).[4]

No início de 1990 foram feitas sondagens em três jazidas de bauxita perto da mina de Los Pijiguaos, no sul da Venezuela, pelo grupo de projeto "Recursos naturais da região da Guiana". Elas são avaliadas em 300 a 800 milhões de toneladas. Desde 1987 se extrai bauxita nesta região. No final dos anos 80 foram 700 mil toneladas. A infra-estrutura vai ser ampliada, para que em pouco tempo se possa extrair milhões de toneladas.

Além disso está prevista a construção de uma fundição de alumínio (Aluminium p. 419) e se planeja uma série de outras empresas de alumina e alumínio (ver Tabela 2).

A perda de povos com culturas ligadas à natureza e a destruição irreversível do rico ecossistema é previsível. Já hoje se pode avaliar um balanço da destruição da floresta tropical nos próximos anos. Nós estamos lidando com um gigantesco processo de destruição colonial, no qual os responsáveis podem ser indicados com nome.

III. BALANÇO DE VIDA E REGULAÇÃO DO MERCADO

1. — A obrigação de prestar contas e a política de informação dos produtores

Dos erros feitos até agora têm que se tirar lições. A imposição dos interesses

---

4 O encargo para a construção de uma fita transportadora de 4,5 km de comprimento para 1600 toneladas por hora foi dado ao consórcio venezuelano-inglês Diviagro C: A: e Cable belt Ltd. O encargo para uma draga automática para 900 toneladas por hora por 9 milhões de marcos alemães para a PHB Unternehmensbereich Anlage und Anlage und Systeme GmbH e foi assumido por Orenstein & Koppel AG (O + K) Dortmund. (Aluminium 6/1988, p. 571). Linha férrea: encargo a Klöckner-Vepica para a construção de um sistema de transporte de bauxita (Aluminium 11/1988, p. 1099). Encargo a Klöckner-Industrie-Anlagen GmbH (INA) para a construção de uma instalação por 90 milhões de marcos alemães para o transporte e a descarga de bauxita em Puerto Ordaz (Aluminium 12/1989, p. 1208).

das empresas nacionais e internacionais contra os interesses da população trouxe também perdas econômicas a longo prazo. Sem uma intervenção, que afaste a futura destruição, a eliminação da relação homem-natureza está programada. É, portanto, de interesse público global que se reivindiquem correções e controles no plano jurídico e político, que devem ser elaborados sistematicamente, trabalhados e colocados em praxe.

Os planejamentos "ecológicos" mais bonitos, não ajudam nada, se eles abstraem o homem. Assim muitas empresas de alumínio legitimam a expansão dos mercados de venda com argumentos "ecológicos".

Assim as empresas de alumínio afirmam que elas agem com responsabilidade ecológica e argumentam, por exemplo, que um aumento da quota de alumínio na construção de carros traria uma economia de energia, por causa do menor peso deste metal. (Como os recursos de petróleo são finitos, deveria ser perseguida uma opção a favor de menos uso de combustível).

Empresas de alumínio argumentam que folhas de alumínio para a embalagem na indústria alimentícia e na indústria de bebidas são muito mais ecológicas porque elas podem ser recicladas.

O depoimento do diretor geral do grupo suíço Alusuisse-Lonza, Theodor M. Tschopp, neste contexto, é notável. No final do ano passado reuniu e resumiu os argumentos ecológicos a favor do alumínio quando disse:

> "Sem dúvida: nós estamos saindo da era da economia a curto prazo e entrando na era da economia a longo prazo. Isso exige que se maneje os recursos naturais de modo econômico. Isto significa que os fluxos lineares abertos de materiais da economia têm que ser reorganizados a ciclos fechados. Pois este é o único modo pelo qual se pode conter o desperdício de energia durante a produção e o uso dos produtos, assim como resolver causalmente o crescente problema do lixo e não só tratar dele sintomaticamente. Isto deve ser exigido não só por motivos da proteção ambiental, mas do mesmo modo também, por motivos econômicos. Os peritos dizem: não há caminho que passe esta economia de ciclos. O alumínio possui para isto as melhores condições." (Aluminium p. 997).

O que ele, porém, ainda deixa aberto é a questão da quantidade. A expansão da capacidade de produção, assim como a compra de material primário contradizem a este postulado. Em que parte deve iniciar o ciclo? A economia de ciclo não está atrasada há muito tempo? Uma expansão da produção de alumínio não seria paradoxal?

Os motivos econômicos a longo prazo para a economia de ciclo não teriam que ter sido integrados já há muito tempo? Onde foi considerado o orçamento ecológico, que contém os custos sucessivos do processo de produção?

O argumento de economia através do alumínio (de combustível, diante de outros materiais de embalagem não recicláveis) não considera os custos totais do processo de produção e encara o alumínio, somente, no contexto de consumo. Deste modo se chega a conclusões tão absurdas de que seja um progresso produzir sempre mais energia (para a produção de alumínio) para sempre menor consumo de energia (pela substituição do ferro pelo alumínio na produção de automóveis).

As questões que atingem a conservação do meio ambiente, porém, não podem ser desligadas do contexto da sociedade. A comprovação de uma economia compatível com o meio ambiente pelas empresas nacionais e transnacionais ou a revisão destas afirmativas pelos sindicatos e outros grupos da sociedade têm que se basear sempre no completo processo de produção. Em todas as etapas do processo de produção o homem está integrado, e são modificadas as estruturas regionais da economia e da sociedade, e são tangidos flora e fauna, os recursos naturais, assim como as suas formas de uso tradicionais. Diante das estruturas de produção internacionais, portanto, é necessário uma boa informação não só sobre as relações de produção locais, mas, também internacionais, para se poder julgar se a produção e o consumo são compatíveis social e ambientalmente.

Mesmo em Hamburgo não era possível, há 20 anos, conseguir uma declaração sobre as conseqüências ambientais da fábrica de alumínio recém-estabelecida da Reynolds Metals Company dos EUA, embora o orgulho da região, as plantações de frutas "Vierlande" e o Elba, foram afetados (Jungblut 1983). Hoje, 20 anos depois, os cidadãos da Alemanha conseguiram que as conseqüências de cinco fábricas de alumínio na Vestefália do Reno-Norte fossem investigadas publicamente (Instituto para a Proteção de Emissão do Estado da Vestefália do Reno-Norte 1987/88). Estes são passos de um caminho que vai tematizar globalmente a compatibilidade social e ambiental da produção das empresas.

O "balanço de vida" levanta - diante das destruições previsíveis - questões sobre uma resposta política, válida mundialmente. Partindo da análise global, os investimentos, o comércio e o consumo necessitam de correções concretas e controles que garantam o balanço de vida local - também no local de produção. A destruição previsível já necessita agora de passos científicos, jurídicos e políticos, para assegurar a vida do homem e da natureza nas regiões de origem e evitar os "efeitos bumerangue" globais do abuso de recursos naturais.

2. O Teste da Compatibilidade Ambiental como Meio de Controle

Países que já manifestaram o seu apoio aos direitos humanos e aos direitos internacionais há muito tempo, e que fizeram leis ambientais, parecem muitas vezes desinteressados no destino de seus cidadãos, e inseguros em relação ao seu papel como representantes dos interesses do povo.

Muitos destes países possuem instrumentos jurídicos para a proteção do homem e do meio-ambiente, que, junto com a população afetada, podem ser cobrados junto às empresas nacionais e internacionais, bancos e governos. Uma condição prévia, porém, é que os peritos que vão ser encarregados de examinar a compatibilidade ambiental façam o exame a tempo, que eles antecipem o alcance regional das possíveis conseqüências, que eles sejam independentes do portador do projeto e que eles informem publicamente. Um exame da compatibilidade ambiental de todos os grandes projetos industriais por grupos independentes e com a participação pública, poderia mostrar possíveis riscos a curto e a longo prazos do homem e do meio-ambiente e fazê-los objetos da discussão política.

Na região Amazônica os direitos humanos são desprezados. A situação da propriedade de terra não esclarecida e o estabelecimento de grandes projetos têm como conseqüência roubo, expulsão e até assassinatos. Estes crimes são punidos raras vezes. Aqui é muito mais difícil condenar os danos à natureza ou mesmo conseguir uma transparência de informações.

Existem países e regiões, nos quais a imposição dos direitos é muito mais difícil do que em outros, nos quais somente o cumprimento de regras democráticas e instruções fixadas legalmente já exigem debates públicos e uma luta política.

3. A Responsabilidade ecológica comum

Para se reagir ao progressivo risco às bases de vida, deve ser exigida, futuramente, a compatibilidade ambiental dos grandes projetos, tanto no local como também no país da empresa responsável. Isto significa, por exemplo, que todas as relações exteriores da Alemanha devem ser submetidas a análises específicas previamente preparadas em relação à compatibilidade ambiental. Somente quando regulamentos legais à base de estudos abrangentes, que também possam ser reivindicados politicamente, forem elaborados para cada produto, quando for abolida a ambiguidade das normas para a nocividade ambiental, quando em todos os lugares vigorarem os mesmos valores diretivos e estes também forem controlados, pode-se pôr termo à transferência de conseqüências indesejáveis do suposto "desenvolvimento". Neste sentido só são economicamente viáveis, aquelas atividades econômicas que garantam a vida a longo prazo e não sacrifiquem a natureza e os direitos humanos a interesses isolados de curto prazo.

Atividades econômicas que se baseiam na exploração do meio-ambiente não vão ser mais rentáveis e as alternativas vão ganhar em atratividade. Em alguns casos vai se tratar da conversão de projetos econômicos antes nocivos, em outros casos, porém, vai se tratar de baixar o consumo e modificar o estilo de vida nos países industrializados. Estes são os problemas científicos e políticos pós-coloniais que estão para resolver. De sua realização depende a chance para uma vida futura.

Nós podemos aprender da vida nos ecossistemas tropicais uma variedade infinita e múltiplas formas culturais de utilização e exploração deste sistema. O respeito à diferença de outros povos é um importante dever pós-colonial. Este respeito pode nos ajudar a vencer a simplicidade de nossas relações econômicas em vigor. Nós temos a chance de pôr termo à nivelação destrutiva das economias, defender os direitos humanos e os direitos internacionais, reanimar os procedimentos democráticos e recuperar a nossa relação com a natureza.

REFERÊNCIAS BIBLIOGRÁFICAS

ALUMINIUM anos, 1985-1991.

ENGLISH, B. A. 1984, *Alcoa na Ilha*, São Luís

GALVÃO, X. R. 1984, Alcoa, a "besta fera", nas terras de São Luís, in: *Pau Brasil*, nov/dez.

HAGEMANN, H. 1985, *Hohe Schornsteine am Amazonas*, Freiburg.

JUNGBLUT, C. 1983; *Es war einmal ein Fluss... Der Ausverkauf der Elbe*, Hamburg.

MILANEZ, F. C. S. 1990; *A Expansão da produção de alumínio e a oferta de energia hidrelétrica na Amazônia*, Eletrobras nov.

MÜLLER-PLANTENBERG, C. 1988; Bauxit - und Aluminiumindrustie, in: Müller-Plantenberg, C. (org.) *Indianergebiete und Grossprojekte*, Kassel.

SÁ, P. de 1990; *The Brazilian Aluminium Industry: Past Choices and Present Issues.*

ECOS

Ernani Chaves

Gostaria de relatar aqui, da maneira mais informal possível, uma experiência pessoal que me marcou profundamente. Durante o meu Doutorado, vivi por dois anos na Alemanha, mais especificamente em Berlim. A Alemanha, todos sabemos, é um dos países onde a questão ecológica possui uma importância política e social bastante grande e Berlim, a cidade onde morei, pelas circunstâncias históricas conhecidas, é um centro constante de debates, de discussões acirradas, onde em cada esquina pode-se encontrar um "comitê de apoio" às mais diferentes causas. E assim, o que fazia eu naquela quase noite de inverno rigoroso (para nós, paraenses, o inverno alemão será sempre rigoroso), numa sala acanhada do prédio do Instituto Latino-Americano, prédio que sempre me pareceu a expressão mais forte de todos os clichês terceiro-mundistas em meio ao tão decantado e mitificado Primeiro Mundo, com suas paredes cobertas de grafites clamando a favor da Revolução Sandinista ou esbravejando contra o Imperialismo? Pois é, de repente, naquela sala, eu ouvia uma série de palestras sobre a... Amazônia! Não me recordo por que fui até lá. Vai ver, nada tinha a fazer ou o cartaz anunciando as palestras era interessante. Sei apenas que, quando entrei, as palestras já haviam começado. Sentei-me num canto e esperei. De repente, um dos palestrantes começa a falar. E ele falava com um desembaraço, uma certeza, uma clareza inigualáveis sobre árvores e aves, sobre rios, mangues e lagoas, sobre o vento, o ar, o sol brilhante, a areia fina, os bois no pasto, os búfalos descansando na lama de olhos fechados, de peixes e insetos. Tudo tinha um nome científico, tudo pertencia a um ecossistema, tudo era cuidadosamente transformado em estatística. Na medida em que ele falava, eu suava frio, ficava nervoso, impaciente... Não, eu não podia acreditar... Aquele alemão, com um português arrastado, falava, descrevia, mostrava a minha terra, a minha Ilha. Ele falava da Ilha do Marajó, onde eu nasci e vivi até os 14 anos. Ele falava com uma propriedade, com um conhecimento de causa, com uma clarividência espantosa, enquanto eu afundava na cadeira, incapaz de dizer qualquer coisa, incapaz de questioná-lo ou contradizê-lo. Estrangeiro na Alemanha, senti-me naquele momento, duplamente estrangeiro, sem lugar nenhum, sem referência nenhuma, tentando articular e compreender racionalmente porque eu nada sabia da minha Ilha e aquele moço lá sabia tudo.

De volta prá casa, a viagem no metrô parecia uma eternidade. Minha cabeça zumbia. Os sentimentos se misturavam. Primeiro, o ressentimento, estratégia de defesa para desqualificar aquele "pesquisador" bem-falante, que "ousava" dissertar sobre a minha terra com tanta intimidade! Depois, vergonha, raiva, humilhação, por nada saber daquilo, por pouco me interessar por aquilo, que na maioria das vezes me parecia extremamente chato. É, eu me sentia como um "marido traído", aquele que foi o último a saber, aquele que "perdeu" sua terra natal para um estrangeiro...

Durante algum tempo, fiquei pensando naquela noite. Fiquei pensando o quanto foi necessário estar tão longe do Brasil, tão longe da minha querida Ilha, numa cultura totalmente outra, para que eu pudesse me dar conta de que eu nada sabia sobre o que estava mais próximo de mim, o que me fora mais íntimo. Quando retornei ao Brasil e fiz minha primeira viagem a Soure, na medida em que o navio se aproximava da costa da Ilha, eu me lembrei de tudo isso. Mas aí, eu já decidira aprender alguma coisa sobre ecossistemas e todos os "ecos". E foi essa vontade de aprender alguma coisa que me fez sair de casa e vir participar dessa Reunião.

COMUNIDADES TRADICIONAIS: SOBREVIVÊNCIA E PRESERVAÇÃO AMBIENTAL

Lourdes Gonçalves Furtado

Vivessem hoje os antropólogos Charles Wagley (1955) e Eduardo Galvão (1955) e retornassem à velha e ribeirinha Itá, (Gurupá, no Baixo Amazonas), por certo que encontrariam um novo cenário, não só com as modificações acarretadas pelo tempo e pertinentes a toda comunidade humana que passa por um processo de mudança, mas com traços de transformação maior que têm caracterizado todas, ou quase todas, as comunidades caboclas da região. O mesmo aconteceria com os escritores Dalcídio Jurandir em sua nativa Cachoeira no Marajó, e Inglês de Sousa em Óbidos, no Médio Amazonas.

Os dois primeiros não encontrariam mais as ruas antigas onde moravam hierarquicamente as "gente de primeira" e "gente de segunda", não encontrariam mais a abundância partilhada pelos distintos segmentos sociais, nem uma economia tão dependente da exploração de produtos naturais, principalmente da coleta da borracha, da castanha, da piaçaba, do timbó, do corte de madeiras, da pesca e da salga de peixe (Galvão, 1955).Com certeza, santos, visagens e encantados teriam sumido com as queimadas e extrativismos.

Quanto aos dois últimos, um teria visto menos chuva nos campos de Cachoeira e mais fazendas de gado a dominar cursos d'água, dificultando pescarias de caboclos na ilha do Marajó; o outro teria se deparado com o desaparecimento da aristocracia do cacau que vivia à moda francesa e por outro lado, visto menos peixes nos grandes lagos do Médio Rio Amazonas e mais conflitos entre diversos segmentos sociais da região pela busca, manutenção e preservação dos espaços produtivos.

Assim, de modo retrospectivo, poderíamos percorrer caminhos traçados por outros pesquisadores e escritores que vivenciaram um tempo e um espaço sobre os quais o ritmo das mudanças era menos acelerado e o impacto parecia ser menos traumático que nas duas últimas décadas. Infelizmente esse é o resultado de um modelo de desenvolvimento implantado na região e edificado sob critérios exógenos, econométricos, pouco éticos e ecológicos.

Como Sternberg (1987), penso que, se tivéssemos um modelo de desenvolvimento modernizador, eivado de princípios coerentes à diversidade sócio-cultural e ambiental da Amazônia, não estaríamos presenciando sinais de destruição nesses dois campos da vida humana e biológica (desorganização social, desvalorização e dissolução da economia de base familiar com seu secular sistema de manejo sustentável, migrações compulsórias campo-cidade, inchaço das cidades, miséria, anomia social, prostituição, marginalização de menores e ainda colmatagem de cursos d'água de utilização social, alterações químicas da água, poluição de rios por dejetos urbanos, industriais e de garimpos, etc.).Entretanto, a realidade é outra.

Esta realidade precisa ser mudada a partir de um modelo desenvolvimentista sim, mas de cunho antropocêntrico que tenha como critérios básicos, fatores que considerem não apenas a "substância" dos ecossistemas e a "função" deles, mas que leve em conta *o homem* em sua diversidade sóciocultural e adaptativa; que os valores da sociedade cabocla sejam considerados, a fim de que os benefícios da modernização sejam socializados por todos e não apenas por alguns setores. Essa socialização se daria por troca de idéias, apresentação de propostas das lideranças dos vários segmentos (pescadores, agricultores, coletores, extratores, etc.) que conhecem, vivenciam *o viver* na Amazônia. Mas isto não tem sido feito sistematicamente. Se ao contrário, teríamos enormes chances de elaborar modelos e programas de desenvolvimento para a região, pois considerando-se a ciência empírica do caboclo, saberíamos o que demandam às comunidades tradicionais face aos processos de mudança, o que é bom e o que não é para a coletividade, quais as alternativas de subsistência e de preservação ambiental, quais os modelos que poderiam satisfazer as necessidades coletivas e atender harmonicamente à sustentabilidade do esforço de intervenção no meio ambiente, seja no aquático ou no terrestre, conheceríamos o que precisa ou não ser modificado *e como* modificar, assim como o que deve ou não ser modernizado. Poderíamos junto com as lideranças comunitárias encontrar nas formas de ajuda mútua ou de solidariedade e na economia familiar, por exemplo, instrumentos ou mecanismos frutíferos para resolver situações locais e regionais, pois tais mecanismos, fundados no princípio da reciprocidade qual o pensado por Marcel Mauss, garantiriam sucessos sem dúvida.

Se tivéssemos (ou tivermos) uma política de desenvolvimento com essas bases antropocêntricas, teríamos (e teremos) um novo estado de coisas diante do processo modernizador, descobriremos, enfim, os caminhos para equacionar questões relacionadas à sobrevivência dessas comunidades tradicionais e à preservação dos recursos naturais dos quais dependem.

Sobre estas questões particularmente relacionadas à pesca, é que trago aqui estas considerações, tomando como base minhas pesquisas de campo desenvolvidas nas duas últimas décadas em comunidades pesqueiras do litoral e das águas interiores da Amazônia, em particular no Estado do Pará[1].

[1] Nesse contexto venho realizando estudos sobre organização social e processo de transformação nessas comunidades e em particular na prática da pesca artesanal. Nos últimos anos venho direcionando minha atenção para questões sobre as estratégias de subsistência e de preservação ambiental adotadas em comunidades de pescadores marítimos, ribeirinhos e estuarinos, tendo como marco de análise a da década de 80, considerando como fatores intervenientes os " grandes projetos" oficiais e privados, instalados no início e durante a década de 70 sob a égide da política de incentivos fiscais do Governo brasileiro para a Amazônia. Dados têm sido coletados nas comunidades costeiras de Marudá e Camará, no Município de Marapanim (Zona do Salgado); nas ribeirinhas de Curuaí e Santarém, no município homônimo e nas ilhas estuarinas de Abaetetuba e Carateua. Esse trabalho tem sido feito com o auxílio de Bolsistas do CNPq (Edna Alencar DCR, Rossilan Martins e Edma Moreira AP).

Nestes últimos dez anos, notícias de terceiros e nossas observações diretas, nos dão conta de que nessas comunidades, formas de luta pela garantia da obtenção de recursos destinados à vida material e conseqüentemente social, vêm-se desenvolvendo, formas estas que vão desde às críticas ao Estado pela falta de políticas reais e adequadas para preservação das fontes de alimentos (extraídos das "substâncias" dos ecossistemas aquáticos e terrestres) e pela sua incúria na assistência social aos pequenos produtores, até às ações mais veladas e explícitas de conflitos nos quais se defrontam categorias sociais as mais diversas (pescadores ribeirinhos locais, pescadores ribeirinhos de outras regiões, geleiros, fazendeiros, comerciantes de peixe, pescadores industriais) que partilham desses recursos.

Ao longo desse eixo de luta pela subsistência e preservação do meio ambiente, surgem "leis" consensuais pelas quais membros das comunidades se comprometem a observá-las e fazer respeitá-las de modo a garantir seu *desideratum*. Estas "leis" são comumente chamadas de "Acordos" e são elaboradas pelos membros das comunidades de pescadores nas assembléias gerais de suas associações comunitárias, e procuram fazer chegar aos órgãos de poder como o IBAMA, a fim de que se tornem instrumento de ordenamento pesqueiro para a Bacia Amazônica. Temos exemplares deles. Realizam-se também mobilizações comunitárias para realização de caravanas, passeatas onde suas questões são colocadas de modo a sensibilizar as autoridades sobre a "invisibilidade" de suas questões, que estão a reclamar por equacionamentos. Há ainda propostas que se fazem presentes em reuniões de pescadores, em reuniões científicas e técnicas onde eles vêm se posicionar quanto às questões de "paradas" para a pesca, "defesos", "paralisação" ou mesmo "reservas pesqueiras".

Dentre as várias formas de luta desveladas nessas comunidades no que concerne a essas estratégias, quero limitar-me aqui apenas a esta última, dando uma notícia sobre a proposta de criação de "reservas pesqueiras", factível em comunidades de pescadores, desde o início dos anos 80, sobretudo naquelas que se sentem mais afetadas e/ou ameaçadas pelos impactos do modelo desenvolvimentista vigente (um artigo sobre este assunto será publicado num livro que está no prelo). Penso que é um momento oportuno, quando as questões da biodiversidade, meio ambiente e modernização ocupam lugar no debate nacional e internacional.

Refiro-me em particular, a uma proposta de criação de "reservas de lagos" feita pelos pescadores do Médio Amazonas (região que inclui os municípios de Faro, Oriximiná, Juruti, Óbidos, Santarém, Alenquer e Monte Alegre), extraída do 1º Encontro de Pescadores Artesanais do Médio Amazonas, organizado e coordenado pelo Museu Paraense Emílio Goeldi em novembro de l984, em Óbidos.

Essa proposta insere-se na categoria de "defeso" de recursos do meio ambiente, tão corrente em comunidades de pescadores sejam elas marítimas ou ribeirinhas. A partir da percepção dos impactos ou das ameaças que pairam sobre elas, pessoas e grupos têm-se mobilizado nesse sentido, visando a proteger temporária ou mesmo permanentemente áreas configuradas pela prática da pesca.

A idéia desta comunicação prende-se ao fato de que a questão da implantação de reservas - extrativistas, ecológicas, biológicas ou seja de outro tipo dos que são oficialmente definidos - envolve valores, concepções, interesses e objetivos sobre patrimônios naturais (rios, lagos, igarapés, banhados, costas de praias, e seus recursos em peixes, crustáceos, moluscos, quelôneos, etc.) que são socialmente utilizados pela população cabocla local, portanto incorporados à vida prática das comunidades de pescadores e/ou de pescadores-agricultores.

Num ligeiro parênteses é importante sublinhar que estes patrimônios por seu turno, são carregados de significados que extrapolam a sua natureza material e quase sempre são invisíveis ao senso comum. Nesse sentido têm valores dentro da lógica própria da sociedade cabocla, os quais alicerçam sua vida material e social. Um lago por exemplo, com sua lâmina d'água e os recursos ictiológicos nele contidos é um desses patrimônios cujo significado vai além de sua própria configuração física e utilitarista. Além de ser fonte de alimentos e provisão de água para consumo e higienização do corpo e da casa, é espaço produtivo de trabalho socialmente construída, de relações sociais intra e intergrupais, isto é, intra e intercomunidades. É espaço intermediador entre o "mundo de dentro" e o "mundo de fora" local onde se atualizam formas de relação com o meio ambiente, um espaço onde o imaginário tem lugar não com características de superstição mas de valores que interferem na relação do homem com seu habitat, contribuindo para sua conservação. É bom que se diga que os mitos têm essa função integradora. Quero dar um exemplo disto. Para os habitantes das margens dos lagos do Médio Amazonas existe a crença na "cobra grande", uma imensa cobra que habita o fundo do lago, "existem várias delas"... "Ela tem dia, hora e lugar onde aparece e corre sobre as águas, antecipada por estrondos e espantos de aves e animais, e toda a natureza dá sinal dela; vem sempre em noite de lua, ela persegue quem encontra, a gente há de não mexer com ela, se amoitar longe das beiradas dos rios e dos lago pra se protegê dela", dizia-me um pescador. Pela narrativa do mito e pela reação dos pescadores informantes, percebe-se que há uma retração no afluxo de pescadores aos mananciais, contendo dessa forma o esforço de pesca nos locais piscosos. Para evitar constrangimentos e poupar a "própria vida" como dizem os pescadores, eles deixam de pescar no tempo coincidende com "a passagem da cobra grande". Infere-se daí que longe de ser esse mito algo inóquo como aparentemente poderia ser pensado, é um fato que faz parte do cotidiano das populações ribeirinhas, mais do que das costeiras. Há nexos entre as estrutura mental e prática das comunidades que conhecem e vivenciam o mito, tornando-o uma razão prática de atitudes do cotidiano da vida desses ribeirinhos que têm na pesca sua base de sustentação.

A proposta de "reservas pesqueiras" dos pescadores ribeirinhos do Médio Amazonas Paraense se origina num conjunto de fatores que têm concorrido para fortalecer correntes e tomadas de decisão, no sentido de sua implantação oficial ou não.

As pressões sobre os mananciais piscosos, principalmente nos lagos de várzea dessa região pela pesca comercial derivam das demandas de consumo de pescado das comunidades locais, de outras comunidades regionais congêneres, de pequenos, médios e grandes centros urbanos, de estabelecimentos industriais de beneficiamento de pescado sediados ao longo da calha amazônica, de empresas industriais de pesca sediadas em Belém, Manaus, Macapá, e outros estados amazônicos que, atualmente, voltam-se para investimentos no mercado nacional além do estrangeiro. A cada ano aumenta o afluxo de pescadores de fora invadindo os lagos", dizem, por exemplo, os moradores das comunidades lacustres do lago Jauari, Maumuru (em Óbidos), Salé (em Juruti), Lago Grande da Franca (em Santarém). O discurso se repete entre pescadores de outros municípios dessa região, informando que há um visível aumento de pescadores que entram nos lagos para fazer a pesca comercial, vindos em geleiras com grandes redes malhadeiras, ignorando as épocas adequadas para a pesca nos lagos, "eles chego aqui com aquelas enormes de malhadeira e levu tudo o peixe do nosso mantio, isso é um istrago, porque a gente fica sem o peixe pro mantio da família", contava-me um pescador residente no Igarapé Pinto, entre o Paraná de Baixo e o Lago Jauari, em Óbidos.

Ora, esse aumento do esforço de pesca nos lagos piscosos de várzea, causa um certo impacto, diga-se de passagem não avaliado cientificamente na região. Nas considerações dos moradores da beira dos lagos que dependem de seus recursos ictiológicos, essa pressão causa impacto, na medida em que o peixe vai ficando escasso - "vasqueiro"-, o pescador sente dificuldade em conseguir um boa pescaria capaz de lhe suprir as necessidades de alimentação e de venda de um pequeno excedente com o qual adquire bens complementares; é vista como ameaçadora à sustentabilidade dos estoques e da cadeia trófica que permite a renovabilidade desses recursos, necessários à vida. Eles sentem-se ameaçados diante desse quadro que vai engendrando conjecturas, expectativas, construindo tensões internas, transformando-se muitas vezes em conflitos que se apresentam com aspectos variados desde simples admoestações ao "invasor", apreensão e queima de redes malhadeiras, apreensão de barcos e canoas de pesca até proibição de pesca nos lagos. Estas tensões e conflitos passam a ser refletidos coletivamente se as comunidades têm um certo nível de organização política. A maioria já conseguiu formar representações para discutir e tomar decisões quanto à questão.

Daí surgem as ações ou estratégias que vêm adotando no sentido de garantir sua subsistência e preservar os recursos naturais para esse fim. Assim sendo, estas ações não devem ser pensadas dicotomicamente porque SUBSISTÊNCIA e RECURSOS

NATURAIS são variáveis que se cruzam necessariamente para a reprodução social da população cabocla da região, com direito à vida, permanência em seus tradicionais locais de moradia, respeito aos seus códigos éticos, à modernização com dignidade[2].

O item 4 da Carta de Óbidos - Preservação da Natureza - sublinha a situação vigente na época e diz o seguinte: "Diante da atual situação de alteração no equilíbrio ecológico regional, a qual é materializada pela diminuição de certas espécies de peixe como o pirarucu, acari, curimatá, bichos de casco, piramutaba e outros provocada por uma soma de fatores (como aumento populacional, atuação desarmônica do órgão máximo de decisão da pesca - SUDEPE -, da ação predadora das indústrias pesqueiras na Amazônia, sobretudo na região estuarina e a falta de informação ao pescador que também concorre para a depredação dos recursos naturais)". A partir desse quadro os pescadores fazem três proposições: duas mais dirigidas à antiga SUDEPE, atualmente incorporada ao IBAMA e uma com vários itens, mais dirigida às associações de classe, aos pescadores e moradores da região.

Na primeira proposta que corresponde ao sub-item Terceiro do citado item, fica explícita a idéia de criação das "reservas de lago". Vejamos: "Propor à SUDEPE e pedir apoio para entidades como a Capitania dos Portos, Federação dos Pescadores do Pará, para a criação oficial dos LAGOS DE RESERVA como medida de remover conflitos e preservar os recursos da natureza na região do Médio Amazonas". Além disso, os pescadores advertem e propõem na Carta, nos sub-itens Primeiro e Segundo: l) Conclamar todos os pescadores artesanais e pessoas comprometidas com a defesa dos elementos da natureza a se fazerem conscientemente fiscais dessa causa, observando estes princípios: a) proibir as pescarias que prejudicam o ambiente como as malhadeiras de bloqueio de pirarucu e outras espécies, puçás de arrasto e bombas; b) não desmatar por corte ou queimada a cobertura vegetal do entorno dos lagos, rios, igarapés e outros cursos d'água; c) não desmatar as cabeceiras dos cursos d'água; d) não matar os peixes jovens, estabelecendo um tamanho mínimo de captura e de idade adulta; e) não pegar os peixes com "filhotes" ovados; f) não permitir invasão de "geleiras" nos LAGOS DE ARRIMO das comunidades (lagos utilizados por uma ou várias comunidades para subsistência).

Denota-se desse documento a sabedoria do pescador e de outros segmentos caboclos da região que permeia a vida prática das comunidades, merecendo atenção dos formadores de opinião para desenvolvimentos locais.

---

2 Como conseqüência das pressões sobre os lagos de várzea nessa região do Médio Amazonas Paraense, surge a idéia de "reserva". Concretamente discutida no 1º Encontro de Pescadores Artesanais do Médio Amazonas, organizado pelo Museu Paraense Emílio Goeldi, em conjunto com a UFPa e outras entidades de apoio, sob nossa coordenação em 1984, na cidade de Óbidos, participaram cerca de 200 pescadores, com participação efetiva nos painéis, Mesas Redondas, Sessões de Grupos, Sessões Plenárias e sobretudo na elaboração do documento final: a Carta de Óbidos. Neste Encontro se fizeram representar os municípios de Monte Alegre, Alenquer, Santarém, Óbidos, Oriximiná, Juruti e Faro.

A Carta de Óbidos deve ser encarada como a materialização do pensamento caboclo acerca de seu microcosmo, do qual depende sua subsistência e por ela justificadas suas estratégias de obtenção dos recursos e de preservação das fontes; são justificadas as proibições de pesca nos lagos ao "invasor" que lhe ameaça a garantia dos recursos mobilizados; os "Acordos" intra e intercomunitários como legislação consuetudinária para a preservação dos lagos e ao mesmo tempo para controle da entrada de barcos fora de temporada de pesca, enfim, são justificadas as respostas que os ribeirinhos vêm dando no sentido de manter o controle dos lagos contra as pressões da pesca. A propósito disto meu colega McGrath e seus colaboradores afirmam em seu artigo apresentado nesta Conferência, que "com a intensificação da pesca comercial no Baixo Amazonas, nas últimas três décadas, os estoques pesqueiros vêm sofrendo uma pressão sem precedentes. Como resposta a essa pressão, algumas comunidades ribeirinhas estão tomando posse de lagos locais, estabelecendo regras que visam a limitar a captura de pescado e assim garantir a produtividade da pesca". Acrescentam ainda: "como forma de controle local dos recursos pesqueiros, o manejo comunitário dos lagos pode ser uma estratégia promissora para o desenvolvimento sustentável dos recursos da várzea" (McGrath et al, l993:l). É preciso, entretanto, a meu ver, examinar a potencialidade dos recursos pesqueiros dos lagos a fim de constatar a potencialidade ictiológica dos mesmos para se estabelecer o nível sustentável de captura, considerando-se as formas de manejo tradicionais do caboclo pescador nessa região, as necessidades que movem outros pescadores de outras comunidades tradicionais a penetrarem nesses lagos para pescar.

No momento em que se discute a temática da biodiversidade, educação e ética da preservação, quero registrar a propósito da Carta de Óbidos, e das propostas correntes de "reservas de lagos", e de outros mananciais piscosos como formas de preservação da vida humana e biológica, (tomadas por comunidades nessa região e alhures) que tais propostas podem ser pensadas como estratégias regionais de preservação ambiental e de subsistência para as populações ribeirinhas.

Elas surgem à medida que os pescadores constatam, pela experiência, sinais de diminuição dos estoques secularmente mobilizados por gerações anteriores.

Devemos aproveitar estes indicadores, pois o saber empírico do pescador vem apontando como propriedade e legitimidade, problemas que estão ocorrendo na região e que comprometem a integridade social e ambiental, ferem códigos éticos e baixam o nível da qualidade de vida.

A partir desse saber, cabe a nós, pesquisadores, e aos planejadores do desenvolvimento e executores de políticas, programas, projetos, etc., atentarmos para as reflexões originadas na experiência dos pescadores tradicionais, a fim de que as demandas sociais e regionais sejam incorporadas nas gestões de planos, programas e ações para a região amazônica e nas agendas de prioridades, considerando obviamente as especificidades regionais e o *ethos* das comunidades tradicionais.

A modernização é útil, necessária, as comunidades a almejam sim, porém com adequação, sem perdas de seus patrimônios físico e cultural, sem perdas de seus espaços de vida - de sua territorialidade - socialmente construídos. Tais comunidades fazem parte de um conjunto que depende dos recursos pesqueiros. Ressalte-se que, na Amazônia, nessa dependência, vivem aproximadamente 300.000 pescadores artesanais que produzem pescado para o abastecimento dos pequenos, médios e grandes centros urbanos, dos quais 130.000 vivem no Pará. Para eles os mananciais aquáticos significam *vida,* como a terra o é para os índios e para os agricultores, têm significados que lhes dão particularismos em relação a outros segmentos sociais caboclos.

Se quisermos de fato promover o desenvolvimento regional, há que se ungir esforços entre essas Comunidades (a partir de suas lideranças), Ciência & Tecnologia e Governos (municipal, estadual e nacional). Com esse tripé as tomadas de decisão para o desenvolvimento regional terão, com certeza, um caráter mais real do que parece ser o modelo vigente.

Ao finalizar, quero agradecer às comunidades de pescadores da região de Óbidos que me proporcionaram e que têm proporcionado conhecimentos para discussões como esta, e à professora Wilma Marques Leitão, companheira de trabalho, por ter tido a gentileza de apresentar esta Comunicação na Conferência, tendo em vista minha ausência de Belém, por compromissos assumidos anteriormente.

REFERÊNCIAS BIBLIOGRÁFICAS

GALVÃO, E. 1955. *Santos e visagens: um estudo da vida religiosa de Itá, Amazonas*. São Paulo, Ed. Nacional, 201 p. (Biblioteca Pedagógica Brasileira, Série 5a. Brasiliana, 284)

LEITÃO, W. M. 1992. *Relatório de viagem a Cametá, Pará para participação do Encontro de Pescadores Artesanais do Tocantins*. Belém.

McGRATH, D. et al. 1993. *Reservas de lago e manejo comunitário da pesca no Baixo Amazonas: uma avaliação preliminar.* Texto apresentado nesta Conferência. Manuscrito.

WAGLEY, C. 1957. *Uma comunidade amazônica; estudo do homem nos trópicos.* São Paulo, Ed. Nacional. (Biblioteca Pedagógica brasileira, Série 5a. Brasiliana, 290).

STERNBERG, H. O. 1987. Reflexões sobre desenvolvimento e o futuro da Amazônia. In: *Homem e natureza na Amazônia/Hombre y Naturaleza en Amazonia*. Tubingen, p.46-77 (Tubinger Geographische Studien, n. 95).

PARTE II

AMAZÔNIA:
REGIÃO, RELAÇÕES COM A NAÇÃO E A SOCIEDADE GLOBAL

A REGIÃO AMAZÔNICA

Aziz Ab'Sáber

Tenho para com o Museu Goeldi uma admiração incontida. As razões de meu entusiasmo por esta Casa são múltiplas. Pelos modestos espaços das edificações dos fins do século passado, na Av. Magalhães Barata, 376, em Belém do Pará, passaram cientistas e pesquisadores, de diferentes procedências e especialidades. Naturalistas e indigenistas. Botânicos e biólogos. Antropólogos e historiadores. Bibliotecárias diferenciadas. Uma corrente contínua de publicações científicas. Cada Diretor acrescentando iniciativas. Algumas inovações, bem recebidas, outras muito criticadas. Tradição do Museu.

Afora todas essas qualificações, o importante a salientar é o fato de que o Goeldi é o museu da cidade de Belém. Dos paraenses residentes, dos paraenses de fora. É referência básica da criança e do adolescente do mundo urbano belenense. O Ver-o-Peso: museu vivo da Amazônia. Museu Goeldi: amostra do espaço total amazônico, arquivo das biodiversidades regionais, órgão central de registro da diversidade cultural amazônica. A casa-símbolo da preservação das raízes do mundo amazônico.

Agora o velho museu ganhou um novo espaço, na era dos *campi*. Mais próximo da Universidade, mais tranqüilo para o trabalho de seus jovens pesquisadores e às meditações de seus especialistas. Mas a casa-parque da Avenida Magalhães Barata continua viva no cotidiano da cidade. Árvores plantadas há quase um século; crescidas e agigantadas. Tanques de vitória-régia. Viveiro de pássaros; das florestas e dos campos. Aquários de peixes amazônicos. Serpentário. Nova arte de exposições. Evidentemente o Museu cresceu e se desdobrou. A quadra do Museu no bairro de Nazaré era uma ilha bosqueada no coração urbano de Belém do Pará. Os especuladores forçaram a implantação de altos edifícios no entorno do quarteirão histórico. Lamentável.

Agora Belém possui novos espaços culturais e novos centros de pesquisas. O Instituto Evandro Chagas. O Centro Cultural Tancredo Neves. O Núcleo de Altos Estudos Amazônicos, da Universidade Federal do Pará: o NAEA. Os campi: da Universidade e o do próprio Museu. O IDESP e suas notáveis publicações. Televisões ativas e modernas. Jornais representativos. O pequenino e incomodativo *Jornal Pessoal*, de Lúcio Flávio Pinto, o mais perseguido e incompreendido jornalista da Amazônia. E o Museu Goeldi continua altaneiro, fazendo uma ponte cultural entre o bairro de Nazaré e a várzea do Guamá. E os jovens pesquisadores do Museu pedem mais. Maior número de seções e linhas temáticas. Maior interdisciplinaridade. Maior abrangência no conhecimento das diferentes "Amazônias". Mais direcionamento para o social. Mais isso, mais aquilo. Há que atender às aspirações e expectativas dos jovens, porque nas mãos deles estará o destino da Amazônia e do Brasil. Perdoem-me a digressão. E vamos ao tema: a regionalização da Amazônia brasileira. Mesmo porque tudo tem relação com tudo, nas suas interações dinâmicas. Entremos no tema, ainda que cansados de repeti-lo.

Nos últimos cinco anos, temos dedicado especial atenção à tarefa-desafio do zoneamento ecológico e econômico da Amazônia brasileira. Em uma primeira aproximação, elaboramos um trabalho de ordem basicamente conceitual e metodológico (Ab'Sáber, 1989). Nessa ocasião, tecemos considerações precaucivas, que ainda hoje nos parecem bastante adequadas. Tomamos a liberdade de reproduzir as principais, dentre elas:

• o estabelecimento puro e simples de uma carta das classes de capacidade de uso do solo para o conjunto do espaço amazônico, poderia ser o caminho mais direto para induzir os especuladores de todos os naipes e os administradores mal-avisados a cometer as propostas agrárias mais desastradas. Seria uma espécie de "mapa da mina"para incentivar solicitação de subsídios governamentais para os mais incríveis tipos de projetos, destinados a grandes fracassos. Enfim, com base em conhecimentos técnico-científicos disponíveis e múltiplas experiências já realizadas, bem ou mal sucedidas, pode-se encontrar roteiros alternativos melhor aplicáveis às condições físicas, ecológicas e sociais da Amazônia.

• no caso específico da Amazônia brasileira, os fundamentos de uma regionalização ecológica e econômica do universo espacial regional, equivalem a um estudo básico para determinar a vocação e as potencialidades de todos os sub-espaços inclusos no mosaico total da região. Procedimento esse que, em face da natureza regional, exige critérios basicamente ecodesenvolmentistas. Fato que, por sua vez, obriga a uma busca desesperada de modelos de auto-sustentabilidade, adaptáveis às especificidades de cada sub-área da imensa região amazônica.

• a busca de entendimentos das vocações de cada componente ou célula espacial, exige um conhecimento mínimo dos seguintes fatos: as respostas ecológicas dos solos regionais para diferentes usos agrários, o cotejo dos modelos de uso não predatório dos solos, que vem desde a agricultura indígena até à insólida atuação das agropecuárias, as modalidades de uso econômico ou especulativo dos espaços rurais, urbanos e rururbano, existentes em cada sub-região, o balanço da rentabilidade social dos sistemas de exploração vigentes; os círculos de economicidade vigentes para diferentes quadrantes interiores da região, face ao transporte da produção e receptividade dos mercados (internos e externos), os tipos de módulos rurais passíveis de serem instalados nos espaços liberáveis para diferentes usos econômicos, as necessidades infra-estruturais de apoio às atividades agrárias, silvestres e industriais polarizadas, em cada célula regional e, por fim, o correto balanço das carências das infra-estruturas préexistentes a nível regional, inter-regional e setorial (saúde pública, educação, nichos de emprego, saneamento básico e transportes).

• em todos os estudos básicos a serem realizados para o entendimento do perfil estrutural e conjuntural de cada célula espacial da Amazônia, incluir uma correta visão escalar, evitando demarcações em mapas de escala muito pequena, ilusórios e deformativos (Ab'Sáber, 1989). Somente o uso responsável das imagens de satélites, das cartas topográficas disponíveis na escala de 1:100.000, e dos informes interdisciplinares obtidos em cada sub-área do espaço ecológico e social, pode respaldar propostas de políticas públicas para a Amazônia.

• todos os órgãos de pesquisa, envolvidos na tarefa de diagnósticos regionais deveriam reciclar suas metodologias compartimentadas, caminhando para uma percepção mais integrada e dinâmica das realidades regionais e setoriais, a favor do entendimento de cada sub-espaço da Amazônia. Sem o que, a nosso ver, correrão o risco de uma desmoralização progressiva e irreversível. Um esforço conjunto de aprofundamento de diagnósticos pressupõe interdisciplinaridade, contemporaneidade das investigações sub-regionais; correta previsão de impactos físicos ecológicos e sociais em projetos em andamento, e boa dosagem nas proposições novas, de baixo, médio ou relativamente longos prazos. Há que aprender ouvir mais do que falar, debater para completar e democratizar e meditar para evitar erros na previsão dos impactos das eventuais propostas.

Para viabilizar as idéias e estratégias para uma convivência espacial entre povos e comunidades dotadas de culturas muito diversas, sugere-se um esforço de setorização e inventário de conjunturas, dirigido para a Amazônia, vista como um todo. Preconizamos a feitura de um diagnóstico que envolva o conhecimento das condições ecológicas e sócio-econômicas de cada uma das grandes células espaciais identificáveis na região. O nome que se dê aos diversos componentes regionais não interessa muito, tanto faz designá-los por regiões ou zonas, quadrantes regionais ou células espaciais. Trata-se, sobretudo, de uma identificação dos componentes maiores do grande mosaico de terras amazônicas, em termos de um primeiro reconhecimento de situações para ulterior detalhamento, tendo em vista desde o início do processo, objetivos de políticas públicas, regionais e setoriais. Quando se fala em zoneamento ecológico - dirigido para uma região equatorial com as peculiaridades da Amazônia - o que está em mira é o suporte ecológico disponível para os homens e as comunidades regionais, antevisto, acima de tudo, na perspectiva da descoberta de processos de valor agregado para o desenvolvimento regional.

Consideramos prioritário um ponto de partida cartográfico para o zoneamento ecológico-econômico pretendido, a fim de sujeitá-lo a sucessivos desdobramentos e detalhamentos posteriores. Para conseguir tais objetivos, a primeira operação de percepção espacial pode se iniciar com a identificação de sub-espaços macro-regionais da ordem de 12.000 a 200.000 quilômetros quadrados, no interior dos quatro milhões da área total da Amazônia.

Para atingir, com plenitude, os objetivos do zoneamento por nós preconizados, dividimos o espaço total da Amazônia brasileira em pouco mais de 20 áreas, em primeira aproximação. Para tanto nos fixamos em áreas de tamanho médio, situadas em torno de uma ou duas centenas de milhares de quilômetros quadrados, ou seja, espaços de segunda ordem de grandeza, da classificação de Cailleux e Tricart. É evidente que tal seleção dimensional é por demais grande, quando visualizada em termos de outros países ou até mesmo de regiões do próprio Brasil desenvolvido, mas para a Amazônia é o primeiro passo para ulteriores detalhamentos. Identificados os quadrantes ou células espaciais de reconhecimento mais direto e visualizável, tudo fica mais factível em operações e pesquisas posteriores. Não se trata de (pré) suposições, mas de experiências próprias já testadas.

Ao norte da calha do Solimões/Amazonas podem ser reconhecidas oito ou dez células regionais predominantemente compostas de espaços florestados, incluindo manchas ou ilhotas de cerrados, distribuídas por uma transversal de terrenos e bacias hidrográficas, que se estende de Oeste para Leste, desde o Uaupés até o Amapá. Nessa área dominada por bacias de afluentes da margem esquerda do grande rio, pode-se reconhecer: 1. Uaupés/Alto Rio Negro, 2. Médio Rio Negro, 3. Roraima (5 sub-áreas geoecológicas), 4. Uatumã/Balbina, 5. Baixo Rio Negro/Manaus/Encontro das Águas, 6. Trombetas (e bacias vizinhas), 7. Paru/Jari (e bacias vizinhas), e, 8. Amapá (3 sub-áreas geoecológicas).

Ao centro, de Oeste para Leste, uma alongada calha fluvial do Solimões/ Amazonas, comportando setores identificáveis por critérios tradicionais da população: Alto Solimões, Solimões, Médio Amazonas/Tupinambaranas, Baixo Amazonas, Golfão Marajoara/Belém e Macapá. Incluímos na classificação de Alto Solimões, as regiões fronteiriças do Peru e Colômbia e as bacias hidrográficas dos mais ocidentais afluentes do Solimões/Amazonas. No Golfão Marajoara podemos distinguir diversas sub-áreas geo e hidroecológicas, a saber, Boca Norte do Amazonas, Delta Frontal do Amazonas em desmantelamento, Delta Interno/Páleo Canal de Breves/Bocas, Baía das Bocas/Baixo Tocantins/Rio Pará, Região de Belém, Região Bragantina, e Fachada Atlântica da Amazônia, incluindo os litorais do Amapá, Marajó Oriental e Pará ("Salgado").

Ao sul do Amazonas, à retaguarda dos tabuleiros regionais, podem ser reconhecidas extensas áreas de terras firmes florestadas (baixos platós, zonas mini-montanhosas, serrinhas interfluviais) sujeitas a intensos processos predatórios por atividades especulativas (agropecuárias, frentes de extração madeireira, colonizações empíricas). Nessa gigantesca faixa de terras, que se estende da Amazônia Ocidental aos confins do Brasil Central e Amazônia/ Oriental, pode-se reconhecer as seguintes sub-áreas: Juruá, Purus, Madeiras (Baixo e Médio Inferior), Tapajós (Baixo e Médio), Xingu/Iriri, Tocantins, Alto Capim/Bragantina do Pará, Acre Ocidental, Acre Oriental, Rondônia/ Médio Madeira, Madeira Sul-Oriental, Guaporé, Alto Tapajós, Alto Xingu, Carajás/ Sul do Pará/Araguaia.

Não se pode deixar de levar em conta a existência de diferenças fantásticas entre os diferentes tipos de garimpagem, assim como, e sobretudo, entre os processos de mineração rústicos e a grande mineração mecanizada do tipo Carajás, Trombetas e Serra do Navio. Todos os detritos de mineração exigem a presença mais efetiva do

Estado, na proteção de saúde pública, atendimento hospitalar e (re)educação das comunidades rústicas. Precauções para garantir a sanidade ambiental, antevista no detalhe e no todo subregional. Com uma atenção muito especial para a convivência harmônica e não conflitante entre grupos humanos dedicados a atividades díspares, e comunidades assentadas em valores e vivências de culturas ou subculturas totalmente opostas e diferentes.

No caso particular da Amazônia, além do macrozoneamento regional, é obrigação do Estado realizar um espaço para o zoneamento das áreas e faixas de conflitos, com o objetivo imediato de elaboração de estratégias de distensão e pacificação dos grupos e comunidades beligerantes. Garimpeiros e índios. Índios e castanheiros. Posseiros e fazendeiros. Fazendeiros e seringueiros. Fazendeiros e índios. Grandes projetos e agricultores. Grandes projetos e minorias étnicas. Ocupantes efetivos da terra *versus* ocupantes cartoriais absenteístas. Este é o quadro mais complexo a se "zonear"para bem administrar na base do bom senso humanitário e de estratégias criativas de gerenciamento. Será difícil atingir bons níveis de administração das áreas e faixas de conflito, enquanto os governantes não conhecerem experiências e estratégias de intermediação, tais como, desaceleração dos processos aculturativos, implantação de tampões ecológicos, ou ecológicos culturais entre áreas e reservas indígenas.

A condição básica para o sucesso de um zoneamento reside na sua aplicabilidade no esforço de identificação rápida e objetiva dos problemas emergentes de cada sub-região de um todo espacial. Está em jogo integrar de modo mais sistêmico, aquele conjunto de observações e expectativas pontuais e genéricas, de que todo mundo fala na região, mas que nunca chega aos ouvidos de governantes, enclausurados na Corte. Estado geral da saúde pública. Capacidade de atendimento hospitalar. Dimensões e qualidades do processo educacional dirigido para crianças, adolescentes e adultos, homens e mulheres. Preocupações com o saneamento básico. Tratamento dado à água de beber e à água para uso doméstico. Problemática do transporte dos produtos alimentares das áreas rurais ou silvestre-rurais para os mercados, feiras e quitandas das cidades e vilarejos. Facilidades ou dificuldades para o transporte de produtos regionais rentáveis (borracha, castanha, farinhas, peixes) para mercados consumidores, situados à média ou grande distância. Garantias para a sanidade das águas a nível local e regional: águas dos igarapés, dos rios e riozinhos, dos grandes rios. Nas áreas dotadas de riquezas minerais diversas (ferro, manganês, ouro, cassiterita e bauxita), exigir mapeamentos paralelos dos fatos de maior "rigidez locacional", para considerações específicas: superposição dos espaços ou distritos de mineração ao quadro geral das células espaciais de base regional ecológica e elaboração de estratégias de gerenciamento mais adaptadas aos diferentes tipos de atividades mineradoras.

Na conjuntura do início da década que marca o fim do século e do milênio, a Amazônia brasileira alcançou a expressiva taxa de 50% de população urbana sobre a somatória das populações rurais e silvestre- rurais. Dos dezessete milhões de habitantes, existem pouco mais de oito milhões e meio de amazônidas vivendo, trabalhando e dependendo de atividades urbanas. Duas importantes metrópoles, situadas em pontos estratégicos no conjunto do mundo fluvial e florestal amazônico, transformaram-se em centros de funções múltiplas, comandando os fluxos econômicos e culturais de toda a região: Belém e Manaus. Metrópoles regionais outrora complementares - até 1960 - hoje individualizadas e independentes, sujeitas a um crescimento acelerado, envolvendo padrões de atividades urbano-industriais, e atropeladas pela inchação demográfica do mundo subdesenvolvido.

Afora as metrópoles principais e as capitais administrativas dos Estados (Porto Velho, Rio Branco, Macapá e Boa Vista) - cidades de porte médio em forte crescimento demográfico, administrativo e econômico - destacam-se alguns centros urbanos de grande importância, como pontos nodais, multifuncionais (Santarém, Abaetetuba, Monte Dourado, Cruzeiro do Sul, Boca do Acre, Marabá, Parintins, Itaituba).

Para fins de logística, nas pesquisas e levantamentos, a serem detalhados no interior das células espaciais - ora estabelecidas - os centros urbanos de apoio administrativo e comercial regional, mais ativos, são os seguintes: 1. São Gabriel da Cachoeira, na região do Uapés-Alto Rio Negro; 2. Santa Isabel do Rio Negro e Barcelos, no médio Rio Negro; 3. Boa Vista e Caracaraí, em Roraima (Médio Rio Branco); 4. Presidente Figueiredo e a pequenina vila de Balbina, na região do Uatumã; 5. Manaus, no Baixo Rio Negro, barra com o Rio Solimões; 6. Oriximiná e Porto Trombetas, na região Trombetas/Nhamundá; 7. Monte Dourado, na área do Jari/Paru; 8. Macapá e Serra do Navio, no Amapá; 9. Tabatinga e Benjamin Constant - Tefé e Coari, no Solimões; 10. Itacoatiara/ Maués/Parintins (e) Santarém e Monte Alegre, no Médio e Baixo Amazonas; 11. Breves, na retroterra de Marajó (delta interno de Breves) e Soure, a leste da grande ilha, dominando a Baia de Marajó; 12. Abaetetuba, no Baixo Tocantins; 13. Belém, a Metrópole da Amazônia, no controle imediato do Rio Pará, Nova Barcarena, Região Bragantina e Litoral do "Salgado"; 14. Eirupenê e a rejuvenescida Carauari, no Médio Juruá, controlando as solidões da Amazônia Ocidental, fronteira florestada do Brasil com o Peru; 15. Boca do Acre e Lábrea, na região do Purus; 16. Humaitá, Manicoré e Borba, apoiando a região do Médio Rio Madeira; 17. Porto Velho, polarizando o controle da Rondônia (Médio Madeira Superior); 18. Ji-Paraná, Vilhena e Aripuanã, controlando parte da área do Madeira sul-oriental; 19. Santarém e Itaituba, dividindo-se no controle do Baixo e Médio Tapajós; 20. Altamira e São Félix do Xingu, destacando-se na área do Xingu/Iriri; 21. Abaetetuba e Tucuruí, Marabá e Carajás, comandando o processo urbano, cultural e econômico do Baixo e Médio Tocantins (Região Tocantina); 22. Região metropolitana de Belém, no contato múltiplo entre a Bragantina, Nova Barcarena/Abaetetuba, e Marajó/ Estreito de Breves; 23. Rio Branco e Xapuri, no comando regional do Acre Ocidental, bacia do Alto Juruá; 25. Alta Floresta, procurando consolidar-se na área dos altos formadores do Tapajós; 26. São Félix do Xingu, ainda é o centro de apoio comercial e administrativo do Alto e Médio Xingu; 27. Marabá e Carajás, e Redenção e Conceição do Araguaia detêm o controle administrativo e cultural de todo o Sul do

Pará, em setores de florestas em recuo do Médio Tocantins e Baixo e Médio Araguaia; 28. Salinópolis e Bragança, Soure a Chaves, Oyapoque e Amapá constituem as principais cidades e vilarejos que balizam com funções próprias, a zona costeira do Nordeste do Pará, Marajó Oriental e o Litoral Amapaense.

Esta listagem, aparentemente exaustiva, de centros urbanos de apoio na vastidão dos espaços amazônicos - tem uma importância essencial para qualquer plano de revitalização regional, já que é a partir dessas cidades, que se pode conduzir pesquisas e levantamentos regionais. A grande maioria desses centros é composta de cidades pequenas, localizadas em sítios beiradeiros, dominando setores de longos itinerários fluviais. Outra parte está relacionada com o rodoviário que invadiu a região amazônica, na categoria de grandes eixos viários, ditos de integração. Enquanto as cidades e vilarejos que pontilham os vales, localizam-se a partir de barrancas de onde se domina o rio e suas planícies, as cidades nascidas no ciclo mais recente, de extensas rodovias (Belém-Brasília, Transamazônica, Cuiabá-Porto Velho, Porto Velho-Manaus-Santarém, Porto Velho-Acre), podem ter como sítios qualquer parte dos antigos "centros" florestados. Algumas têm uma posição marcadamente interfluvial, incluindo apenas igarapés destinados, muitas vezes, à poluição e desperinização, fato que exige cuidados especiais por parte de administradores esclarecidos. Algumas rodovias ou estradas de funcionamento precário, cruzam sucessivos vales, ofertando locais importantes para sítios urbanos, nas travessias dos rios e riozinhos. Uma conexão entre a fluvialidade do período dos seringais e o rodoviarismo em esboço de consolidação. Este é o caso simbólico das cidadezinhas que balizam a BR que liga Rio Branco a Cruzeiro do Sul no Acre; a Transacreana implantada ao longo da linha de fronteira entre os Estados da Amazônia e Acre. De certa forma, a Transamazônica e alguns setores implantados da Perimetral Norte representam um novo esquema de "corredores" indutores de povoamento urbano e pioneirismo agropecuário, empírico e predatório, no corpo geral dos grandes contínuos florestados da Amazônia. Gerenciar o empirismo devastador, completar sob outros modelos de administração dos espaços silvestre-rurais, e servir aos que trabalham no coração das florestas em atividades as mais diversas e certamente conflitantes é uma das propostas mais importantes a serem feitas em coroamento ao esforço do zoneamento ecológico e econômico.

Uma visão concreta da Amazônia, como espaço descontínuo de homens e comunidades, projetados interferentemente sobre as heranças da natureza, é imprescindível para quem queira entender as especificidades da área de máxima biodiversidade preservada *in situ*, na face do planeta terra, sobretudo para quem queira se atrever a fazer proposições de melhoria. Enfim, a responsabilidade de um montão de gente, sob a condição de que não se trata de fazer um "censo estatístico", mas sim toda uma "campanha de ciência", sincrônica e competente, para consolidar idéias e propostas para garantir harmonias permanentes entre o mundo da natureza e o mundo dos homens.

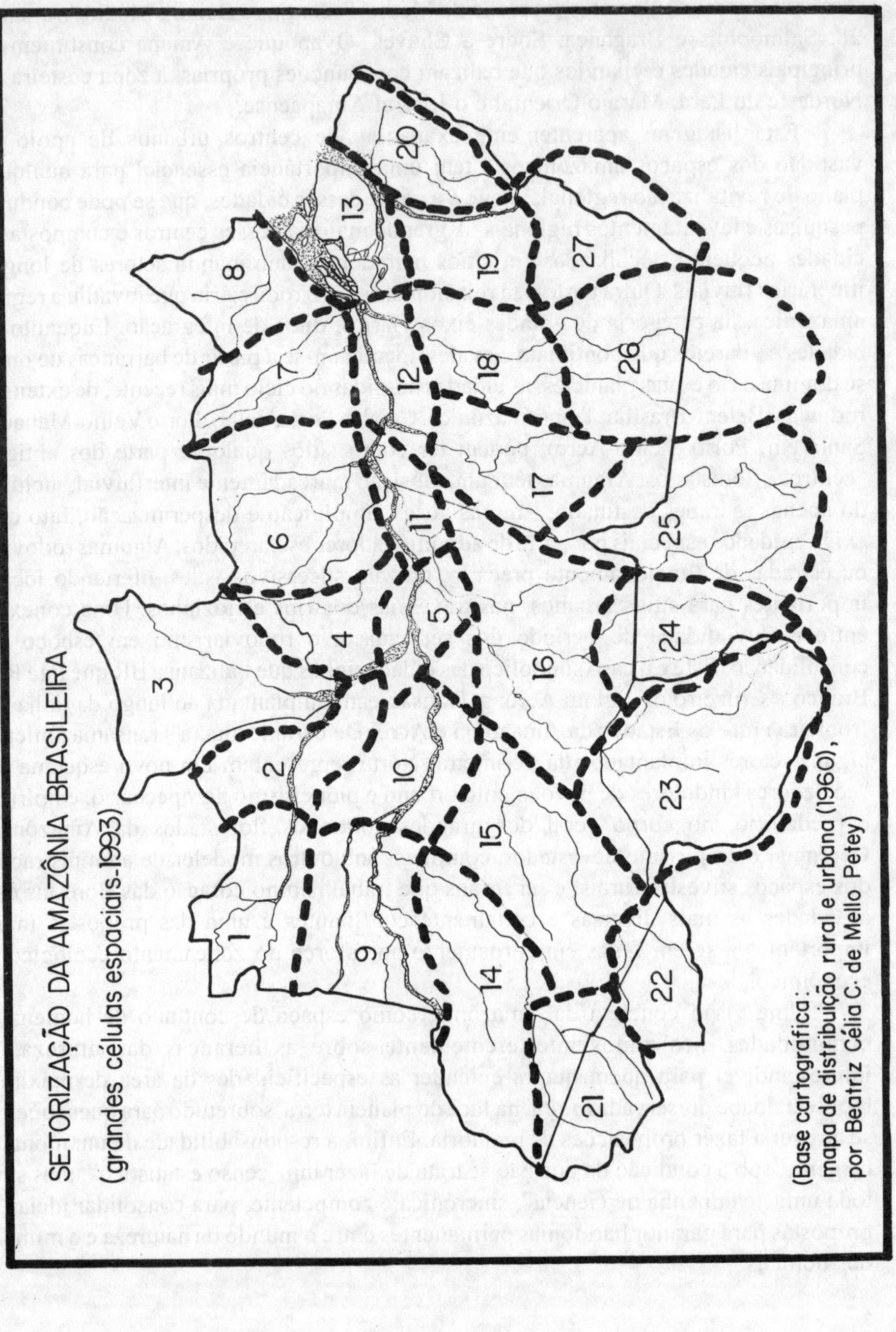
SETORIZAÇÃO DA AMAZÔNIA BRASILEIRA
(grandes células espaciais-1993)
1
2
3
4
5
6
7
8
9
10
11
12
13
14
15
16
17
18
19
20
21
22
23
24
25
26
27
(Base cartográfica:
mapa de distribuição rural e urbana (1960),
por Beatriz Célia C. de Mello Petey)

A RECONQUISTA DA AMAZÔNIA

Francisco de Oliveira

A complicada equação da Amazônia contemporânea, o uso de uma única chave-mestra para decifrar os múltiplos processos da recente expansão destrutiva em curso pode revelar-se falso, ou quando menos insuficiente. A adjetivação da expansão já impõe seu preço semântico: qual a expansão que não é destrutiva de algum modo de vida anterior?

Marx advertiu, ironizando, que a História se repete como farsa, em vez da tragédia original. O barbudo de Tiers sabia que a farsa é propriamente uma tragédia burlesca: os elementos da tragédia estão no núcleo da cópia histórica, mas esta se apresenta sob a forma de farsa, deboche, pastiche, seus personagens são rasteiros, anões de estatura.

A recente expansão econômica da Amazônia brasileira, acelerada nos fins da década de sessenta e começo da de setenta, sobretudo através dos megaprojetos de impacto do regime autoritário - Carajás, Tucuruí, Transamazônica, Zona Franca de Manaus, Balbina -, sugere o uso da advertência de Marx para seu entendimento. A Conquista original, de que se cumprem 500 anos de sua consumação, foi um empreendimento hercúleo que a ferro e fogo, abriu as portas da modernização. Não se trata aqui, de justificar cinicamente a violência da Conquista, mas de avaliá-la segundo o porte de suas conseqüências.

Como a Conquista original, a Reconquista parte do mesmo pressuposto de descobrimento: descobrir significa revelar o desconhecido, o sem nome, sem forma e sem sujeitos. O Conquistador por essa lógica, se arvora todos os direitos: o que descobre é seu, ele lhe dá os nomes, o conforma e é o sujeito da descoberta, pois revela o que não existia. A revelação é um ato demiúrgico, e o Conquistador quase um deus. A Conquista Ibérica é emblemática dessa demiurgia: suas intenções cristianizadoras, assim como o misticismo de Colombo, não eram mistificações, nem comédia charlatã[1].

A sugestão da Reconquista conduz à geopolítica, uma forma própria do mercantilismo, ao mesmo tempo estruturador dos Estados-Nacionais e das grandes navegações. Essa pista teórica levou ao exame da doutrina geopolítica militar

---

[1] Mahn-Lot, M. 1992. *Retrato histórico de Cristóvão Colombo*. Rio de Janeiro, Zahar.

brasileira - ancorada nas práticas ancestrais da colonização portuguesa no capítulo da expansão e da consolidação territorial além-Tordesilhas. Do entroncamento desta com a doutrina da segurança nacional[2] (que incluia um tipo de desenvolvimentismo, jamais estranho ao elaborado pela Escola Superior de Guerra), o Estado autoritário formulou uma doutrina de "intervenção" interna, que tomou formas específicas no caso da Amazônia. É bom lembrar desde logo, que há também "intervencionismo" na política regional para o Nordeste. Mas é de outro tipo, precisamente devido à diferença de pressupostos que a lógica da Reconquista tem com respeito à lógica da destruição dos "inimigos internos", que é o caso do Nordeste.

A síntese da "intervenção" pode ser resumida em tamponar fronteiras, vulneráveis tanto pela sua rarefação demográfica quanto por estarem habitadas por indígenas, "menores de idade", definidos assim pela própria Constituição e pela longa prática da relação entre "civilizados" e as nações indígenas, prática e teoria às quais não faltava a legitimidade "científica" de uma antropologia tradicional que considerava os índios como faltos de história, portanto sem passado, sem presente e sem futuro (o que relembra a Conquista original)[3].

A política de tamponar fronteiras somente poderia ser viável por uma ação combinada de diplomacia política e militar - a velha equação do Barão do Rio Branco. Sua forma mais acabada só é reconhecível com o Pacto Amazônico de que o Projeto Calha Norte é um desdobramento. A abertura de estradas era condição necessária para o controle das fronteiras. A recusa à demarcação das terras indígenas é constitutiva da política de fronteiras, porque a "síndrome ianomami" denuncia precisamente o medo à supranacionalidade desta e de outras nações indígenas. O reconhecimento da supranacionalidade indígena teria como conseqüência pôr em xeque o Estado-Nação brasileiro e os mais da Grande Amazônia.

A Transamazônica era parte dessa geopolítica[4], porquanto o Nordeste já era uma área sem riscos para o Brasil e o Ocidente, a não ser os gerados pelos "inimigos internos" derrotados provisoriamente pelo golpe militar de 1964. Mas os "inimigos internos" eram criados pelas graves questões sociais irresolutas no Nordeste - a questão agrária classicamente - que a ligação com a Amazônia iria, precisamente "esvaziar": a doutrina da "panela de pressão", tão arraigada no pensamento desenvolvimentista brasileiro, com forte componente malthusiano, que estava até no

---

2 Coste, E. P. D. 1992. *Estratégias e conflitos: as desventuras da democracia na Amazônia*. São Paulo, Cebrap, jun. 1_ parte do relatório final da pesquisa "Os processos de integração da Amazônia e a consolidação democrática", realizada pelo Cebrap e patrocinada pela Fundação Ford.

3 Ver a excelente "Introdução a uma história indígena", de Manuela Carneiro da Cunha, In: CUNHA, M. C. (org.). 1992. *História dos índios do Brasil*. São Paulo, Companhia das Letras/FAPESP/Secretaria Municipal de Cultura de São Paulo.

4 Os clássicos da geopolítica no Brasil são Mário Travassos, Golbery do Couto e Silva e Meira Mattos. Golbery procede à junção geopolítica com a doutrina de segurança nacional. Ver Eugênio Pacelli Diniz Costa, *op. cit.*

plano original da SUDENE, com a política de migração para o Maranhão, até então pré-Amazônia. Outras estradas, como a Perimetral Norte, cumpririam propriamente, a função de tamponamento, o "modess" que evitaria a sangria da soberania territorial nacional.

A direita nacionalista militar que restou no Exército, após os expurgos de 1964, formulou, na competição com as correntes "entreguistas" (representada fortemente pela dupla Campos-Bulhões) pela hegemonia no interior do primeiro governo da ditadura, a proposta de "integrar para não entregar", que passou a ser um componente da doutrina mais ampla da "intervenção". Na verdade a integração já era a fórmula juscelinista da Belém-Brasília, contra a qual as vozes mais autorizadas do pensamento burguês brasileiro se levantaram: Roberto Campos, Eugênio Gudin... a Federação das Indústrias do Estado de São Paulo (é bom lembrar que a Confederação Nacional da Indústria à época, estava em mãos juscelinistas com Euvaldo Lodi).

A anterior digressão se faz para lembrar que os projetos integracionistas não eram, portanto, projetos da expansão econômica de São Paulo, o que no caso da Amazônia forneceria uma chave falsa, economicista, para o processo da ulterior expansão capitalista na região[5]. Essa incapacidade de hegemonia de São Paulo, notável também na forma em que se resolveu a "questão regional" clássica no Brasil - a questão do Nordeste[6] comparece, aqui também, na questão da Amazônia. E a Belém-Brasília abriu o passo ao aparecimento de forças centrífugas no processo da expansão econômica, bafejadas, por certo, pela acumulação primitiva do "assalto ao Tesouro", mas não ligadas ao capital paulista. É o movimento constitutivo da *nouvelle bourgeoisie* brasiliense, os Paulo Octávios da vida, com sua ridícula - *et pour cause* - ostentação *kitsch*, os jardins da Casa da Dinda.

Esse "integrar para não entregar" apareceu primeiro no Projeto Rondon. Que tratava de substituir o trabalho dos "missionários" pelo trabalho dos técnicos: ofereceu-se a milhares de universitários a oportunidade de prestarem serviços nas comunidades pobres do interior do Brasil, para tratar de dente furado, dor de barriga, verminoses, calo seco, barriga d'água, piolhos, neuroses, sociologia industrial e agrária, e quantas esquisitices coubessem no quadro das mazelas do país, ou saíssem das entranhas da universidade.

Não é difícil pensar que o conhecimento real e com as mazelas do país, tenha alimentado o surto de generosidade das guerrilhas urbanas e rurais. Talvez tenha sido a mesma impressão que a experiência da Coluna Prestes causou aos dos anos vinte: a de que desconheciam totalmente o país real, que influenciou posturas autoritárias à esquerda - Prestes e o Partido Comunista do Brasil - e à direita - Juarez Távora e

---

5 Francisco de Oliveira, Estado e fundo público na Amazônia (Sugestões para discussão). Documento de trabalho da pesquisa "Os processos de integração da Amazônia e a consolidação democrática".

6 Ver Oliveira, F. 1993. A questão regional: a hegemonia inacabada. *Estudos Avançados*, São Paulo, IEA/USP, 7(18):43-63.

Cordeiro de Farias. Desconheço quem tenha se aventurado a pensar a repercussão dessa face do Projeto Rondon sobre uma parte da moçada que se formava naquela época. Talvez tenha valido mais que muitos seminários, de padres, freiras, leigos e laicos.

O que é importante reter, é a formação talvez não de um consenso, que é um processo sóciocultural de maior fôlego, mas de uma impressão de que os problemas da Amazônia eram tão grandes, imensos, que as sociedades, comunidades, tribos, nações indígenas e etnias locais e regionais não teriam forças, competência técnica, recursos financeiros, poderes abrangentes para superá-los. Esta é a raiz propriamente autoritária da intervenção. Neste sentido, a guerrilha do Araguaia talvez tenha sido uma variante de esquerda da "intervenção" autoritária. É claro também que houve um outro legado desse contato com o país real, mais democrático, qual seja, o reconhecimento da capacidade inventiva das populações locais, que está na raiz do "basismo", que alimentou sobretudo a nova ação da Igreja da Teologia da Libertação.

Esse "integrar" concretizou-se também na criação do pólo da Zona Franca de Manaus. Para o qual havia, inclusive, um precedente e uma tradição na ancestral colonização portuguesa: justamente o povoamento do Rio Grande, zona quente de litígio com a Coroa Espanhola, foi um povoamento dirigido e seletivo. Os mitológicos casais açorianos constituíram a bucha de canhão de uma estratégia para preencher com gente a fronteira em permanente disputa, para que houvesse lá defensores interessados nas propriedades, fazendo as vezes de um remoto Estado imperial português e de seu sucessor, o Império brasileiro.

No caso da Amazônia, o projeto da corrente nacionalista de direita do Exército - leia-se general Afonso Augusto de Albuquerque Lima, primeiro ministro do Interior do governo do Marechal Castello Branco - era o de povoar, mas as contingências do tempo e do capital não seguiam mais as fórmulas pombalinas. Assim, na impossibilidade de povoar com gente - seria necessária a migração de toda a população brasileira para chegar-se a taxas razoáveis de densidade no vasto território amazônico - optou-se pelo povoamento com interesses: a Zona Franca de Manaus configura-se como uma modalidade de povoamento através de interesses constituídos. Com a Zona Franca, os demais projetos patrocinados pela SUDAM, utilizando os incentivos fiscais à moda da SUDENE, completariam o elenco de novos interesses econômicos capazes de funcionar como sucedâneos do povoamento populacional. A própria Transamazônica era uma estratégia mista de povoamento populacional e de interesses.

Armava-se pois, o Estado brasileiro cuja única lógica era a da "intervenção-reconquista". É preciso conceder autonomia a essa lógica, sem o que, se corre o risco do economicismo da lógica da acumulação de capital, a qual revela-se como a conseqüência da "rationale" da intervenção-reconquista, mas não tem a primazia na formulação estratégica. De outro lado, um puro projeto geopolítico, bastante antigo em termos da própria tradição brasileira - Cisplatina, Sete Povos das Missões, Acre, Mato Grosso - modernizada nos termos de uma teoria militarizada - segurança externa e interna - não teria condições de sustentação a longo prazo[7]. Isolada do "integrar para não entregar", sem medir-se pelos resultados pelos quais a acumulação de capital viabiliza o povoamento por interesses, a geopolítica terminaria por estiolar-se em discussões de academia militar.

A ação do Estado aí é caracteristicamente autoritária. Mas ela não decorre imediatamente do próprio caráter autoritário do regime militar. Uma relação imediata de tal tipo vai ser encontrada na ação no Nordeste, pós-golpe de 1964. Ali o problema era o de anular inimigos internos que haviam não apenas potencialmente, desbancado antigas hegemonias oligarco-burguesas[8]. A ação do Estado na Amazônia é apenas mediatamente autoritária, pelo caráter da "intervenção-reconquista". É claro que a natureza do regime militar tem uma enorme importância na definição da convergência da geopolítica com a doutrina da segurança nacional. Mas regimes formalmente democráticos não são insensíveis a esse canto de sereia, como mais tarde a iniciativa do governo Sarney, com o projeto Calha Norte, viria a provar. O problema concreto é se o Estado brasileiro quer renunciar à exploração das riquezas da Amazônia, que lhe fornece os meios de uma nova inserção na expansão capitalista contemporânea. Em caso positivo se tem os meios para tanto, terá que controlar a bestial exploração humana e a colossal depredação ambiental a que sua estratégia abriu as portas.

Uma invasão, uma descoberta, ocupa terras vazias, ou ocupadas por não-gente, incapaz de cuidar de si própria. Oferece perigo pela sua vulnerabilidade, pela sua incapacidade cultural - segundo os critérios dos brancos - de cuidar de vastas riquezas; não são propriamente inimigos. A prática, neste caso, é a da acumulação primitiva[9]. O monopólio da violência pelo Estado acoberta toda espécie de violência privada; esta é a forma concreta da proteção de fronteiras e do bloqueio à vulnerabilidade. Apropriação de terras, garimpagem, exploração da madeira, são os lados "produtivos" da perversidade fáustica do genocídio indígena, da devastação florestal, da contaminação dos recursos hídricos, da destruição dos modos de vida dos ribeirinhos, dos indígenas, dos castanheiros, dos seringueiros. Não há que se fazer ilusões: como em todo processo clássico de invasão ou de acumulação primitiva, os contendores de ambos os lados, os que agridem e os que são agredidos, são as vítimas. Deles sobrarão os povoadores da Amazônia, como sobraram, nas levas anteriores das sagas da borracha, cearenses que hoje são acreanos.

No outro lado do mesmo processo, poderosos projetos de alto impacto[10]. Carajás

---

7 Ver Eugênio Pacelli Diniz Costa, *op. cit.*

8 Ver Francisco de Oliveira, *op. cit.*, e *Elegia para uma re(li)gião: Sudene, Nordeste - planejamento e conflito de classes*. Rio de Janeiro, Paz e Terra, 1977.

9 Marx, K. 1980. A chamada acumulação primitiva. In: *O Capital: crítica da economia política.* Rio de Janeiro, Civilização Brasileira.

10 A avaliação dos riscos ambientais, hoje parte dos processos pelos quais instituições internacionais de crédito e fomento, como o BIRD e o BID, decidem sobre tais projetos, é ridícula do ponto de vista mais abrangente de *produção do ambiente*.

e a poderosa Vale do Rio Doce, as associações com capitais nacionais e estrangeiros na exploração de riquezas incomensuráveis, da bauxita para a alumina e desta para o alumínio, numa proporção tal que se diz bem que a Amazônia hoje é exportadora de energia hidrelétrica. O mapa assinala na Zona Franca poderosos interesses da eletroeletrônica de motos, relógios, brinquedos e já hoje de veículos para carga leve. Esses poderosos interesses são "mixados" pelo fundo público, e tampouco estariam aí não fosse a lógica da "intervenção-reconquista": enfrentaram-se até com os interesses constituídos dos ramos respectivos em outras regiões, particularmente em São Paulo como o demonstram as disputas entre o Estado de São Paulo e o do Amazonas recentemente. Por trás, lubrificando o conflito federativo, a potência de interesses acobertados uns pela acumulação primitiva e outros já obrigados a realizarem o lucro dentro da lógica da mercadoria, e sobretudo confrontados com a nova potência de atores sociais como os sindicatos de trabalhadores que lhes balizam as práticas predatórias sobre a mão-de-obra e os "civilizam".

O conjunto e a magnitude das forças lançadas à nova conquista da Amazônia são de uma imensa desproporcionalidade. De um lado atores e sujeitos locais: grupos e nações indígenas, posseiros, grupos ribeirinhos, seringueiros, castanheiros, pequenos agricultores, e mesmo as porções de uma burguesia que nunca passou do estatuto mercantil. De outro novos atores do porte da Vale do Rio Doce, Eletrobrás, Nippon Steel, Votorantim, Shell, Alcoa, Alcan, Paranapanema, e mais Hondas, Suzukis, Kawasakis, Agrales, Mondaines, Orient, Seiko, Estrela, Tec Toy, uma lista densa de patronímicos do grande capital estatal, multinacional e nacional[11]. Frente a esses novos "senhores da guerra", as lendas dos barões da borracha, o Teatro Amazonas, a saga dos nordestinos nas duas grandes vagas de exploração da hévea, Plácido de Castro e os cearenses que anexaram o Acre, o fracasso da Fordlândia, Fitzcarraldo de Herzog, o fantástico da literatura de Márcio de Souza, o boi-tatá e a cobra-norato, são ficções infantis.

O investimento da Vale em Carajás deve ter se igualado ao Produto Bruto da Amazônia nos anos de implantação do complexo, o que diz tudo. Velocidades temporais alarmantemente diferentes entram em concorrência, a temporalidade da Vale se mede, no máximo por dois qüinqüênios, enquanto a da economia primitiva da Amazônia era a de tempos seculares que não são os da natureza, mas os da cultura indígena. Mesmo a economia do aviamento, a forma mercantil do extrativismo, adaptou-se àquele lento caminhar, num ajustamento que os intérpretes clássicos da Amazônia atribuíram à impotência do homem branco frente ao "inferno verde"[12]. As

---

[11] SILVA, C. A. B. 1992. *As transformações econômicas e a intervenção estatal na Amazônia*. São Paulo, Cebrap, jun. 2º parte do relatório final da pesquisa "Os processos de integração da Amazônia e a consolidação democrática", realizada pelo Cebrap e patrocinada pela Fundação Ford.

[12] A melhor obra sobre a economia amazônica pré-anos setenta deste século continua sendo de Roberto Santos, *História econômica da Amazônia*. São Paulo, T. A. Queiroz, 1976. Gastão Cruls *Hiléia amazônica*. 2. ed., São Paulo, Nacional, 1944, 267 p. é o clássico do "Inferno Verde".

conseqüências do conflito das temporalidades, que decorrem na verdade de concepções axiológicas radicalmente distintas, não poderiam ser equívocas: destruição das temporalidades anteriores, o que quer dizer degradação ambiental em sentido amplo e genocídio.

Essa diferença radical de temporalidades e de axiologias já havia mostrado seus efeitos na Conquista original. Em dois casos flagrantes, como o da conquista do planalto andino e o da meseta mexicana, a Conquista resultou na destruição das civilizações autóctones, cujos avanços "tecnológicos" tinham resultados que foram imediatamente incorporados pelos conquistadores e transferidos ao resto do mundo: as avançadas culturas do milho e da batatinha, com variedades que não podem ser atribuídas apenas à seleção natural[13].

Mas a destruição dos modos de vida dessas civilizações impediu-as de continuarem elaborando suas invenções culturais a tal ponto que verdadeiramente regrediram. A relação entre economia e cultura para dizer de um modo moderno, foi dramaticamente iluminada nessa ruptura. E a regressão foi estigmatizada como atraso, incapacidade, a-historicidade (populações sem tempo)[14], pelo fato de que os avanços culturais dos conquistadores por sua vez, não foram assimilados pelos vencidos, devido precisamente àquela ruptura. As diferenças axiológicas tornaram possível aos conquistadores transformarem as invenções culturais dos conquistados em "objetos" - a lógica da modernização e da exploração da força de trabalho, a ética do trabalho, enfim - enquanto impediam que os conquistados, por sua vez transformassem as elaborações culturais dos conquistadores em "objetos". A diferença radical estava entre o mundo da mercadoria emergente, e o mundo da não-mercadoria.

Portanto, nas dobras da invenção do novo, o fundo público que hoje estrutura a própria reprodução societária - não apenas do capital -, aparece o velho, a velha violência. Se o que é mediato no autoritarismo da nova conquista é seu caráter de intervenção, que pode fazer o Estado de Direito Democrático? Se o monopólio legal da violência se transformou no acobertamento de todas as violências privadas, qual será o território da consolidação democrática? Como tratar com as poderosas empresas estatais, mesmo que venham a ser privatizadas, como estão sendo? Essa simples conversão não é nada prometedora, ao contrário, pode prolongar, por décadas, o estado de guerra civil não declarada entre populações diferentes, classes sociais, categorias e grupos na Amazônia deflagrada, o "inferno verde" agora um "verde que virou inferno" para seus habitantes.

Apenas a constituição de novos ou metamorfoseados atores e sujeitos sociais poderá opô-los como adversários aos novos interesses, e, através da trama das "incertezas previsíveis"[15], balizarem um terreno, cujas relações possam ser a premissa

[13] PRESCOTT, W. H. *La conquista del Peru*. México, Editorial Diana, revisada e editada por Victor W. Von Hagen; trad. de Mário Bracamontes.

[14] Manuela Carneiro da Cunha, *op. cit.*

[15] PRZEWORSKI, A. 1984. Ama a incerteza e serás democrático. *Novos Estudos*, São Paulo, (9), jul.

de instituições formais, que finalmente dão cara à democracia representativa, ou ao Estado de Direito Democrático. Esses novos atores já surgem ou ressurgem: Conselho de Seringueiros, Povos da Floresta, União das Nações Indígenas, sindicatos rurais, com seus aliados nacionais e internacionais, os Stings e os "verdes", seus heróis, os originais e os futuros Chicos Mendes.

Do outro lado, os novos e poderosos interesses também metamorfoseiam seus aliados, velhos "botos Tucuxis" (apelido criativo, mas não irreal, dado por Márcio de Souza a Gilberto Mestrinho, atual governador do Amazonas), novos Cabrais, depenados Passarinhos, novos Ali Ba(r)bá-lhos: tanto uma velha oligarquia quanto novos funcionários do autoritarismo se arranjam com os novos poderes, mas são, evidentemente, secundários e subordinados. Verbalizam na vulgaridade dos Mestrinhos da vida o que a elegância e o refinamento dos Lacombes (antigo presidente e principal acionista da Paranapanema, grande mineradora de cassiterita e de ouro, morto recentemente em desastre) escamoteia: a depredação ambiental, a sanha de aniquilamento dos povos indígenas, a teoria e a prática da industrialização poluidora (tese aliás, defendida nos idos dos setenta por ninguém menos que o hoje "democrata" João Paulo dos Reis Velloso, então ministro do Planejamento do ditador Médici, por ocasião da 1ª Conferência Mundial sobre Meio Ambiente, em Estocolmo).

No estado atual há mais incerteza que previsibilidade (da fórmula przeworskiana). Isto é, as desproporções se mantêm, no disparatado confronto de forças que não obriga os mais fortes a pautarem-se minimamente pelo poder de retaliação dos mais fracos. Numa situação como esta, os fatos encaminham-se fatalmente para a violência privada, onde predomina a ilusão da capacidade de retaliação: o sistema de "uma pessoa, um voto" dá lugar a "uma pessoa, uma faca ou um revólver, ou uma espingarda". Na retaliação pessoal opera-se a ilusão de um confronto de sujeitos; na realidade, a retaliação individual mascara a onipotência dos processos destrutivos coletivos, que permanece quase intocada. E a favor dos mais poderosos.

As ilusões têm limites. O Estado de Direito Democrático opera numa faixa estreita de pretensões[16], entre as quais não se coloca revogar o sistema capitalista. E não se coloca, tampouco, controlar as empresas estatais, nem as grandes empresas internacionais e nacionais a elas associadas, nem outras que estão operando em setores importantes da Amazônia. E este é o verdadeiro "x" da questão. Pois não é plausível que o regime democrático no Brasil renuncie à exploração dos recursos naturais, que se revelaram algo na escala do mito do Eldorado! Garimpeiros e madeireiros são a ponta de lança, os "exércitos de Brancaleone" da acumulação primitiva que abrem o espaço para as grandes empresas. No caso dos conflitos agrários, a disseminação das posses já levou a uma situação que somente pode ser

16 O'DONNELL, G. 1987. *Reflexões sobre os estados burocrático-autoritários*. São Paulo, Vértice.

regulada por uma operação de reforma agrária, nos bons e velhos termos de escala e magnitude inimagináveis, remando contra a maré neoliberal.

E os conflitos cruzados já não permitem a simples distinção entre a galinha e o ovo: quem começou tudo, quem estava antes e em que lugar. Os índios, muitos deles estão interessados no garimpo, posto que a reconquista já os reduziu à miserável condição de mendigos de si próprios, prisioneiros de uma lógica implacável que transformou seus recursos de modo de vida em mercadorias. É a mesma coisa da Conquista original: a lógica do lucro, que já assanha várias tribos de algumas nações indígenas na exploração de madeiras e de ouro, destruirá seus modos de vida implacável e irreversivelmente, com o que a produção social da biodiversidade estará irremediavelmente comprometida. Mas essa biodiversidade já terá sido transformada em "objeto" pelos novos conquistadores[17].

Retirada a imediatez do Estado autoritário, caucionador da invasão-reconquista, permanece a "rationale" autoritária da "intervenção". Muita coisa pode ser feita, sem dúvida, para não mergulharmos de vez na taça de absinto, desta vez às margens do Amazonas, bem menos que às margens do Sena. A dificuldade, relembremos, é que essa não é de natureza apenas formal, ela é imediatamente derivada da violência das relações sociais desnudadas, que apenas num ou noutro tem a forma da mercadoria, caso da Zona Franca de Manaus. Na maior parte dos casos, ela tem a forma de apropriação livre, na aparência, é claro, cujos limites parecem ser a natureza e seu ocupante eventual. Mas essa aparência significa o monopólio de todas as virtualidades econômicas da mercadoria, que é o segredo da acumulação primitiva que se dá num capitalismo que não é primitivo: é como se fosse um lucro extraordinário, um exclusivo das poderosas empresas que operam na área. Marx já dava conta de processos desse tipo, precisamente destacando que o trabalho não é o único produtor de riqueza, a primazia sendo da natureza[18].

Esse para dizer de uma vez e sinteticamente, é a ilegalidade de todas as formas de apropriação de riqueza, que aparece descaradamente sob as formas de evasão fiscal e contrabando, tanto pelo garimpo quanto pela mineração capitalista de cassiterita, ouro, bauxita, ferro, sob a forma de depredação em todos os casos. A corrupção em todos os níveis do Estado é contraditoriamente, a institucionalização dessas práticas. Esse monopólio das virtualidades da mercadoria é apropriar, sem competição, o que se perderia como custos de competição, que Marx chamava de: é apropriar os impostos que seriam pagos, é a corrupção, o contrabando, o tráfico de drogas.

Criam-se redes interativas de circulação mercantil, que é a única esfera onde a acumulação primitiva se deixa revelar, e que servem para todas as transações: o

---

17 Ver o excelente "A encruzilhada da política ambiental brasileira", de Laymert Garcia dos Santos, preparado para a Conferência "Amazônia e a crise da modernização", 1993 (mimeo), que nos foi gentilmente cedido pelo autor.

18 Karl Marx, *op. cit.*

mesmo canal que serve para desovar cocaína, desova ouro, cassiterita, madeiras, lava dólares do tráfico, subfatura nas exportações e superfatura nas importações da Zona Franca de Manaus. A promiscuidade mercantil parece apenas uma irmandade da ilegalidade, de fato é sua natureza de apropriação violenta que as equaliza. Numa ponta, um alto executivo da Paranapanema, na meia-direita um deputado federal ligado ao narcotráfico (que combina com o exercício de pastor de almas), na meia-esquerda o contrabandista do garimpo e o madeireiro, e na ponta esquerda o cartel de Medellin.

É desse cipoal de violência privada, que forja representações de interesses (pois elege deputados e senadores) no Congresso e nas grandes empresas estatais, Passarinhos, Barbalhos e Mestrinhos, elegantes e refinados Lacombes, Associações de Empresários da Amazônia (que têm sede em São Paulo), ações na Bolsa entre as mais valorizadas, que se arma o Leviatã. Insistindo, o monopólio legal do Estado é ao mesmo tempo, cobertura e impotência, não é ausência de Estado, como uma hipótese generosa poderia propor. Carajás, tem fronteiras dentro dos Estados federais que atravessa, onde a Vale do Rio Doce é soberana, é polícia, juiz e ladrão, como no samba de Chico Buarque.

Há poucos espaços onde a distinção entre acumulação primitiva e acumulação capitalista seja menos que problemática. Aqui a sutileza distintiva faz-se importante porque ajuda a traçar uma fronteira, ainda que precária, entre o que é imediatamente autoritário e o mediatamente autoritário. O imediatamente já foi em parte retirado, com a reforma do regime, ainda precária, é certo. Gramscianamente essa reforma deve-se ao combate direto que o regime autoritário sofreu dos novos sujeitos sociais que lhe retiraram eficácia. A questão está no que chamamos meditamente autoritário, o qual, também gramscianamente exigiria a elaboração de uma hegemonia contraposta, cujo processo é necessariamente longo. Essa hegemonia contraposta a um sistema de pura dominação depredatória está em elaboração: aparece sobretudo na forma do movimento ecológico, de caráter amplo, o que inclui necessariamente a preservação das nações indígenas, para falar o mínimo. Mas falta-lhe o concurso de outros atores e sujeitos modernos da sociedade brasileira. O novo sindicalismo ainda não colocou essa questão na sua agenda, assim como as novas classes médias apenas "consomem" a onda verde em camisetas e bonés de bela e oca fraseologia; os partidos políticos têm uma postura oportunista sobre a questão, inclusive o PT: lembro as reuniões do Governo Paralelo, onde as falas de um Aziz Ab'Saber eram ouvidas com a mesma circunspecção e a mesma falta de interesse com que assistimos a missas de defunto.

A questão da Amazônia pega o Estado brasileiro no contrapé de uma crise sem precedentes, reduzindo-lhe a capacidade de que o exercício formal do monopólio da violência transforme-se na capacidade de criação de canais que publicizem as relações sociais. Além disso, a crise do Estado moderno aparece na Amazônia dramaticamente: onde começa e onde acaba o território legal do moderno Estado-Nacional? A supranacionalidade dos conflitos e das nações indígenas interroga gravemente o conceito e a prática do Estado-Nação. A que o Estado brasileiro replica apenas com a militarização da região, esse mesmo conceito e sua realidade perguntam-se: região de qual Estado-Nacional?[19]

O problema maior aparece, entretanto, com relação à própria sociedade brasileira: a Amazônia mostra os limites da racionalidade capitalista forjada precisamente nos tempos da Conquista primeva. E ao contrário dos que vêem a chamada "cobiça internacional" ingenuamente, a Amazônia pode conter uma das chaves da pós-modernidade, ou do cumprimento integral da própria modernidade, ao revelar os limites da lógica do lucro, opondo-lhe a lógica da cultura, a Amazônia oferece ao Brasil - e aos outros países amazônicos - uma das chaves para ingressar, pelo alto, no topo de um sistema produtor de valor de uso voltado para as necessidades humanas, a partir de sua imensa biodiversidade. Mas como lembram os especialistas da cultura, isto não se fará destruindo o que Laymert Garcia dos Santos chama apropriadamente, os detentores de tecnologias de produção de biodiversidade[20]. Resta que os outros atores modernos da sociedade brasileira aceitem o desafio, pois nada se fará automaticamente, assim como a própria natureza já é ela própria uma produção humana.

Nota: Além de todas as contribuições citadas, o autor agradece a oportunidade da participação na Conferência "Amazônia e a Crise da Modernização", de que a versão final deste ensaio beneficiou-se das proveitosas discussões. Um agradecimento especial a Maria Angela D'Incao, cuja amizade e insistência levaram-me a participar da Conferência, realizada sobretudo graças à sua enorme audácia e capacidade de organização. Um agradecimento final à Fundação Ford, cujo apoio propiciou a realização deste ensaio, introdução aos resultados da pesquisa "Os processos de integração da Amazônia e a consolidação democrática", por ela patrocinada e realizada pelo Cebrap, sob a coordenação do autor.

---

19 A instigante palestra de Berta Becker abriu um apaixonado debate na Conferência e pôs, dolorosa e dramaticamente, o dedo nessa ferida aberta e em ampliação.

20 Laymert Garcia dos Santos, *op. cit.*

REFLEXÕES SOBRE A NAÇÃO E A AMAZÔNIA

Oliveiros S. Ferreira

É conhecida a frase de Renan: "A Nação é um plebiscito cotidiano". O que significa que diariamente os cidadãos são chamados a fazer escolhas que soldam as diferentes visões que cada um tem do mundo, produto de sua interação na sociedade e de sua integração nela. Essa soldadura tem sua especificidade: não é como a que resulta da solda elétrica aplicada num metal, dura e resistente, para não dizer inquebrável. É soldadura de diferente espécie porque dia a dia muda sua aparência conforme a variação dos votos que conferimos aos problemas que somos chamados a resolver. Apenas a aparência muda; o conteúdo é sempre o mesmo. Por isso pode-se falar em Nação sem considerar os anos que passam, atentando apenas para a idéia que fica. Esse conteúdo é dado pelos valores que, mudando na praxis de cada um, permanecem, no entanto, intocados em sua generalidade e abrangência. Os conservadores e românticos, que cristalizaram a idéia de Nação, compreenderam bem o que está por detrás desse plebiscito cotidiano: as instituições mudam a forma, conservando-se fiéis à razão das gerações antigas. Entenda-se que razões está aí no lugar dos valores que se construíram juntos.

O Brasil até há pouco se considerava uma nação, embora o plebiscito cotidiano não se realizasse há muitos anos. Talvez desde o momento em que Tomé de Souza aportou na Bahia disposto a governar as novas terras, isolando uma capitania da outra em nome de um rei e de uma lei distantes dos valores de uma sociedade (melhor dizer da Corte), que os poucos milhares que habitavam o país - se a milhares chegasse seu número em 1549 - conheciam por ter de lá vindo, mas com a qual desejavam manter cada vez menos laços de solidariedade, libertos que estavam, na nova associação que tinham construído, de quantas peias os valores tradicionais da Igreja e da Coroa poderiam impor a sua conduta de degredados, sodomitas e contraventores do fisco. O resultado da associação das capitanias hereditárias, mesmo no governo geral uno ou duplo, não foi uma nação - como rezavam as crônicas da Independência nas cortes de Lisboa às vésperas do 7 de setembro; havia pernambucanos, baianos ou fluminenses, mas não brasileiros.

A Nação brasileira constituiu-se, enquanto idéia, no lento processo de afirmação do Estado nacional e na oposição ao inimigo externo. Enquanto foi possível fazer do Prata o centro nervoso da existência do país, o Estado pode assentar os tijolos de uma casa chamada Nação - isso, apesar de todas as revoluções e lutas do 1º Reinado e do período regencial estarem a mostrar a força dos privatismos. Mais que isso, a exibir com a crueza dos que morriam por uma causa, que os valores que norteavam suas vidas não eram os da Corte instalada no Rio de Janeiro, nem os de outras tantas capitanias transformadas em províncias do Império. Com a República, depois que o Prata deixou de ser um dos pontos de referência do país, os privatismos se afirmaram e com eles a República e a Federação. Com a República, começa a morrer a idéia da Nação, porque com ela começa a perecer o Estado, que era o outro ponto de referência desse plebiscito cotidiano que nunca chegou a se realizar.

Propositadamente falei em "idéia da Nação" - é que sua prática foi sempre diversa. Foi assim porque tinha necessariamente de sê-lo, na medida em que a praxis de cada capitania, de cada província, de cada estado federado era diferente, quando não excludente da do vizinho.

Na prática, poderia apontar-se a unidade de idioma e de religião, além do mito (que não passou de criação intelectual) da raça cósmica, resultado da fusão das três raças tristes, como fatores decisivos na constituição da nação. Não são língua e religião fatores universalmente determinantes: o império espanhol nas Américas fragmentou-se apesar de as classes dominantes e então dirigentes falarem todas espanhol e cultuarem o mesmo Deus seguindo idêntico ritual. Como já disse em outra ocasião, a América espanhola fragmentou-se nas menores divisões administrativas dos vice-reinados. É essa preeminência do Estado que explica por que, no vice-reinado do Prata, o Paraguai luta para libertar-se do jugo de Buenos Aires; por que, no Peru, a Bolívia se empenha em separar-se do governo de Lima, e por que o governo do Chile insiste em transformar-se em país independente. No caso brasileiro, não foram esses fatores, diríamos ideológicos em sentido amplo, que permitiram ao Estado permanecer uno e buscar construir a idéia de Nação: foi o fato de haver na direção do aparelho estatal um grupo de pessoas que tinha uma visão muito precisa do que fosse o Estado construído sobre a herança portuguesa e do que devesse ser o Estado no Império. Foi essa visão muito clara, a dos Estadistas do Império, que garantiu a unidade territorial consagrada pela força das armas da Coroa. A ação desse grupo permitiu que, havendo um Estado, se supusesse que havia uma Nação a servir-lhe de substrato. É que nós, os bens pensantes, deixamo-nos enganar, pela definição dos velhos e maltratados da teoria geral do Estado: "O Estado é a Nação juridicamente organizada". Daí concluirmos que, havendo um Estado juridicamente perfeito, havia necessariamente uma Nação a servir-lhe de suporte. Creio que nos enganamos durante todo esse tempo, e que se faz mister repensar o problema, se pretendemos conservar o Estado íntegro e construir uma Nação, ou ao menos uma confederação de associações cada qual com seu projeto de destino e cultura.

Seria um longo caminho a percorrer, sinalizar os momentos em que o Estado deu mostras de fraquejar e com ele a idéia do Brasil como Nação. A Nação, sendo o plebiscito cotidiano, é um debater constante em torno de projetos existenciais construídos no que-fazer cotidiano de cada grupo e cada indivíduo, uns opondo-se aos outros, mas todos se necessitando, pois é na posição do TU que o EU se reconhece. Se assim é, meu projeto e o projeto do meu grupo estão condicionados, se não determinados em sua gestação pelo espaço físico e social que a ação de cada um de nós pode abarcar. Não falo do espaço social exclusivo das relações econômicas feitas a distância - ele pode, quando muito, criar uma solidariedade material, mas não necessariamente espiritual entre os agentes econômicos; pode soldar interesses mas não projetos de cultura, nem colocar diante de cada qual os problemas sobre os quais deve pronunciar-se no plebiscito de cada dia. Ora, as dificuldades de comunicação entre os diferentes nódulos de povoamento do Brasil, se não criaram aquilo que para a América Espanhola se chamou de "la soledad poblada", impediram que entre uma capitania e outra, uma província e outra, um estado federado e outro se trocassem experiências criadoras de um destino pensado comum. Sem falar nos "filhos de algo", nos homens de bem que podiam ir à Corte e lá integrar-se na elite política e administrativa. Cabe reconhecer que a dificuldade de comunicações não impediu as migrações; elas, porém, não tiveram volta, de tal maneira que os que foram para as regiões mais desenvolvidas, para o ecúmeno, na segunda geração já haviam absorvido os valores dele. Mais importante que isso: já tinham passado a ser hostilizados por sua origem regional e sua condição social, e com eles todos aqueles que vinham de outras terras.

A escravidão ou o mercado nacional de escravos sustentado pela Coroa, isto é, pelo Estado imperial unitário, foi de grande valia para que se firmasse a falsa idéia de que havia uma Nação brasileira, na medida em que as classes proprietárias tinham idênticos interesses. Eram interesses materiais, no entanto, que só eram capazes de gerar uma atitude comum contra os que desejavam a abolição; não tinham formado, esses interesses, porém um gênero de vida e uma visão do mundo com seus valores e crenças que ensinavam a morrer por elas, por "nossa cultura", como o sul dos Estados Unidos. Por acaso, a visão do mundo da lavoura fluminense era a mesma da lavoura pernambucana? Que identidade cultural, que projeto de futuro tinham os homens da Amazônia e os do Sul? Tanto eram frágeis os laços sociais que ligavam os senhores de escravo do Sul e do Norte que a escravidão se desfez por lei, sem que nenhum grupo social ousasse protestar contra o fato de os proprietários de escravo terem sido prejudicados por uma abolição sem indenização. Limitaram-se, cada um de *per si*, sem acordo expresso entre Norte e Sul, a retirar apoio à Monarquia - e a apoiar a República que, mantendo a aparência de trabalho livre, consagrou o domínio secular das oligarquias em toda parte pela simples razão de que deu aos Estados federados um poder imenso de controle sobre o chefe de Estado.

A República, com a Federação, teve o mérito de manter viva a idéia de que o Brasil era uma Nação - afinal falando a mesma língua, professando a mesma religião, tendo no Sul e no Norte a mesma organização da família e se regendo depois de 1916, pelo mesmo Código Civil por que não seria o Brasil uma Nação? Confundiu-se, talvez sem intenção, o Estado com Nação, e não se percebeu a tempo que a República presidencialista e a Federação haviam dado sua contribuição para que o Estado, construído a duras penas no Império, começasse a ter suas bases erodidas. Atente-se para o seguinte: o controle da maioria do Congresso era condição indispensável, apesar do Presidencialismo, para que os setores politicamente dominantes - as oligarquias regionais - pudessem reivindicar o controle da máquina administrativa, sem a qual não poderiam preencher a função de patronagem que caracterizava sua presença na sociedade em que atuavam. Ao contrário do que se dava no Império, no entanto, o Congresso não se compunha em função do jogo de interesses entre Moderador e Sociedade Civil. É que inexistindo o poder de dissolução, o Congresso respondia unicamente aos interesses desta última e nela de seus estratos dominantes. Por sua vez, a legitimidade do chefe de Estado assentava no apoio das Forças Armadas e no jogo dos grandes caudilhos e dos governantes dos Estados eleitoralmente mais densos - como que ele passou a ser expressão de determinados interesses bem marcados, aos quais não podia contrariar.

Esse é o retrato do drama da República Velha, a Primeira, que vai até 1930. Retrato que se completa, e se torna inteligível, quando se recorda do cancioneiro popular: *Tomei um Ita no Norte/ e vim no Rio morar/ Adeus, meu pai, minha mãe,/ adeus, Belém do Pará.*

Esse Estado que se enfraquece depois de 1889, ainda é forte o suficiente para fazer a reforma constitucional de 1926 e recuperar um pouco dos poderes que a União tinha perdido em 91 - mas é fraco o bastante para não conseguir resistir à pressão de 30, que não é apenas o triunfo dos Estados periféricos (Rio Grande do Sul e Nordeste) sobre os centrais (São Paulo, Minas e Rio), mas também a consagração do Estado unitário do Império e da tentativa de recriar, de cima para baixo, a Nação que os pensadores autoritários dos anos 20 e 30 percebiam ter entrado em crise. Os pensadores autoritários daquele período tinham consciência de que a Nação era frágil, tão frágil como a sociedade que analisavam. Sem invocar Oliveira Vianna, pai deles todos (pelo menos para nós, hoje em dia), não deve ter sido à toa que Alberto Torres, em sua obra capital, cuidou de problemas de organização nacional.

Não será necessário me alongar nessas considerações, que têm em vista apenas mostrar que, se se discute hoje Nação e região, é porque o Estado brasileiro, a União, entrou em crise e aquela organização que mantinha mais ou menos unidos os interesses das diferentes regiões, dando-nos a sensação de que vivíamos numa mesma nação, já não tem mais poder para dizer ser expressão dela. O separatismo gaúcho, que tomamos pouco a sério, é fato político e social da maior relevância, porque revela que para muitos setores da sociedade sulista a idéia de Brasil é menos comovente do que a idéia da República dos Pampas ou que outro nome tenha. Se os gaúchos foram dos poucos que lutaram para pertencer ao Brasil imperial, foram também os que mais distantes - do Rio de Janeiro para o sul - ficaram das benesses do poder. O período Vargas, de 37 a 45, não foi um período de favorecimento extraordinário do Sul; foi mais um período em que se procurou consolidar uma idéia de Estado que superasse as divergências regionais. Esse mesmo separatismo, isto é, o sentir-se diferente e sentir-se explorado, existe latente nas elites dominantes do Nordeste, que desejam separar-se do peso que lhes parece ser o "imperialismo paulista". Em São Paulo, igualmente se alimenta, sotto vocce, a idéia de que sozinho ele poderia ser um país. Não se fala em Nação...Que dizer nesse quadro da região amazônica?

Gostaria que o debate servisse para esclarecer as conexões da região amazônica como a pretendida Nação brasileira. Durante anos, descurou-se desta região, ou dela apenas se teve a idéia da mitologia popular, ou do gigantismo da natureza a inspirar novelistas e músicos. O Estado pouco cuidou dela - afinal, era "zona amortecedora", como se dizia na Geopolítica, e como tal deveria permanecer sempre para garantir a segurança do Nordeste e do Oeste. Por ser tal, pouco se cuidou de marcar fronteiras - e ainda hoje é necessária a coloboração de dois governos para saber se os ianomâmis foram mortos num Estado ou noutro. A Amazônia é, talvez, para muitos uma área "legal" em que se fazem investimentos ou se ganha dinheiro. Era, seria melhor dizer. Porque se por um lado os movimentos ecológicos criaram a impressão de que se morresse a floresta, o mundo todo morreria asfixiado pelos gases expelidos do Norte, por outro, houve os que supuseram, e com alguma razão, que o abandono em que se encontra a região, do ponto de vista econômico, social e político poderia fazer que interesses estrangeiros dela se quisessem assenhorear.

Na verdade, a região amazônica se incorpora à Nação porque o Estado teme perdê-la. Ela não é densa o suficiente para pensar em separar-se como o Sul e alguns imaginam poder ser feito no Nordeste; mas é extensa o bastante, e impenetrável o suficiente para que se tenha medo de que haja perdido sua função amortecedora para se transformar em santuário como foi o Laos na guerra do Vietnã. É para esse aspecto que chamaria sua atenção: creio que mais que temer que uma tropa da ONU desembarque em qualquer ponto e erga a bandeira azul substituindo a verde-amarela, o que preocupa o Estado brasileiro é que a região sirva de refúgio para movimentos que se dão do outro lado da fronteira que não se sabe por onde passa. Desse ponto de vista, a Amazônia é o ponto avançado do Estado brasileiro - e é por isso que no resto do País, afora os ecologistas preocupados com a devastação (e os que têm interesse nas riquezas minerais) apenas o Estado se preocupa de fato com o que acontece nesta região. Não porque pertença à Nação brasileira, figura a cada dia mais esfumaçada, mas porque é parte do território do Estado que deve ser mantido íntegro.

ESTADO, NAÇÃO E REGIÃO NO FINAL DO SÉCULO XX

Bertha K. Becker

O tema "Nação & Região" é complexo e desafiante; ontem foi um tema controvertido e hoje é ainda mais. Temos que pensar sobre que conceito de "Nação & Região" estamos hoje falando.

Vivemos um momento de transformação profunda no planeta, no Brasil e na Amazônia, que transcende a crise da modernização. Estamos vivendo a emergência de uma nova lógica civilizatória, baseada em novos valores, novos modelos de organização social, novos padrões de acumulação e, simultaneamente, a aglutinação de tensões e rupturas, e o mais importante é que o sentido da mudança não está definido e é imprevisível. Estamos vivendo um momento de fim das certezas e das verdades que orientaram o nosso pensamento, a nossa ação, durante as últimas décadas ou séculos; o esgotamento de paradigmas e, a meu ver, uma forte crise das Ciências Sociais, que não estão tendo condições de compreender, explicar, e de oferecer alternativas para o momento. As alternativas estão vindo de práticas sociais, mais do que de construção da Ciência Social. E, como os conceitos são histórico e socialmente enraizados, só devem ser explicados em termos de dadas realidades. Significa que apenas é possível trazer aqui reflexões e questões para debate sobre Região & Nação e a particularidade, a especificidade que esse processo apresenta no Brasil hoje.

Trata-se pois, de duas hipóteses. Primeira, que há uma transformação dos conceitos de Nação & de Região, mas uma transformação ainda não definida e imprevisível; segunda, que esse processo está acontecendo no Brasil e na Amazônia, área extremamente importante no sentido dessa definição.

Esta exposição divide-se em três partes: I. A Historicização do conceito de Nação & Região; II. Os componentes da transformação contemporânea e como eles vêm afetando esses conceitos; e, III. Como esse processo vem afetando a Amazônia, cuja transformação está ocorrendo aos nossos olhos.

I

Nação & Região não são entidades imutáveis. O conceito de Nação pertence a um período particular, historicamente recente, principalmente os séculos XIX e XX, e se constitui como entidade social apenas quando relacionada à formação do Estado Territorial Moderno. O Estado, historicamente, teve várias formas; mesmo o Estado

Territorial existe desde o século XII, mas somente a partir do século XVII, com a formalização das leis internacionais, é que emergiu o conceito de soberania, de Estado Soberano, o sistema de Estados e, finalmente, o Estado-Nação. Isso significa que o Estado Territorial Moderno, na verdade, existiu antes da Nação; ao contrário do que normalmente se supõe, foi ele na verdade que praticamente construiu a Nação, a consciência nacional, e a Nação passou a ser alvo e sustentáculo da soberania. Soberania que possui duas faces, uma face externa das relações entre Estados e uma face interna que dá legitimidade ao Estado. Esse movimento recente da construção do Estado Territorial Moderno teve uma importância enorme no século XIX, nos países desenvolvidos como vetor de desenvolvimento pela ampliação das economias nacionais e, no século XX, nos países subdesenvolvidos como um vetor importante da emancipação e da unidade nacionais.

O conceito de Região é bem mais antigo, mas foi redefinido com a formação do Estado Territorial Moderno. Corresponde à territorialização do Estado-Nação: a nação se concretiza em combinações diferenciadas de frações de classes e de grupos no território nacional, constituindo sociedades locais variadas. E a Região passa a ser esta dimensão territorializada do Estado-Nação.

Nação e Região são, pois, ambas entidades sociais circunscritas a um território nacional, sujeitas à soberania de um Estado. Não são, contudo, meras expressões e produtos da ação e da manipulação do discurso oficial do Estado; são construídas "de cima para baixo", mas só podem ser compreendidas numa análise "de baixo", dos interesses, aspirações e necessidades das pessoas territorialmente localizadas, onde existe a formação de um sentimento de pertencimento, de pertencer. A Nação poderia ser descrita como um grupo grande, de uma certa dimensão, cujos membros se dizem ou se sentem pertencer a esse grupo; da mesma maneira, a Região que envolve um grupo muito menor, na medida em que ela é a dimensão territorializada do Estado-Nação. Ora, ambas são, portanto, recortes sociais com propriedades específicas e individualizantes em relação aos demais, ao nível da organização econômica e social, da identidade cultural, e baseados num dado território. Nação & Região são, pois, resultado de uma divisão assegurada pelos detentores do poder e pela prática social; por decisões tecnocráticas e pelo processo coletivo. Ora, Estado-Nação foi uma resposta a condições históricas específicas e correspondeu a uma necessidade de expansão do sistema capitalista que exige para sua sobrevivência, um processo simultâneo de homogeneização e de diferenciação. A formação de economias nacionais assegurou diferenças de mercado, de moedas, fundamentais no sentido da sustentação do sistema capitalista; mas o Estado-Nação resolveu também questões sobre o caráter e a localização da vida política, essenciais igualmente à sua sobrevivência. E como resolveu isso? Através de duas resoluções fundamentais:

1 — A resolução da relação universal/particular na escala do Estado. O Estado é o particular que contém a universalidade na medida em que assegura os valores universais de justiça, liberdade, cidadania não garantidos além dos seus limites. O

Estado é a base segura da organização da vida política, onde através de um contrato social se conciliam as diferenças e as reivindicações individuais com a reivindicação do Estado. Igualmente a diversidade cultural é identificada com a diversidade do Estado, circunscrita ao território do Estado. Afirma-se a prioridade do cidadão do Estado sobre qualquer reivindicação universalizante ou globalizante.

2 — A resolução da relação espaço/tempo, também contida dentro dos limites do espaço do Estado, porque a resolução universal/particular foi fixada no espaço e no espaço do Estado. Um espaço absoluto que contém os processos de mudança em que o tempo é entendido como progresso linear dentro do Estado. Em outras palavras, a comunidade política, que foi historicamente construída, foi fixada no espaço, o Estado foi formalizado como o contenedor espacial em que uma comunidade política pode ocorrer. Restou uma questão não resolvida, porque todas essas concepções estão cheias de contradições: se o Estado territorial é um poder, internamente, dentro do Estado, onde reside a soberania efetivamente, é no "centro" do poder, ou é no povo? Essa questão nunca foi bem resolvida dentro da literatura científica, embora a tentativa de sua solução fosse através da relação Estado & Sociedade Civil, relação até hoje bastante obscura. É que toda essa concepção, nascida com o Estado Territorial Moderno, reconhece o Estado como escala única da vida política, uma só fonte de poder, uma só comunidade política, uma só possibilidade de organização da comunidade política, uma só entidade representativa do político.

II

É importante apontar esses elementos, porque eles estão sendo completamente questionados pelas práticas em curso no mundo contemporâneo. Todas essas resoluções estão sendo desafiadas e novas respostas têm que ser encontradas para explicar a organização da vida política. Que transformações são estas que estão afetando o planeta, inclusive o Estado-Nação e o conceito de Nação e Região? Os elementos constitutivos dessa transformação são dois: a revolução tecnológica relacionada à mudança na forma de produção e organização do trabalho, que está levando à formação de amplas correntes migratórias numa escala planetária, e à crise ambiental que está impondo novas relações com a natureza e seus recursos e redefinindo o peso dos fatores sociais. Esses dois elementos constitutivos da transformação estão afetando o cerne do Estado Territorial Moderno, que é o território, afetando a integridade territorial do Estado Moderno, tanto por práticas ligadas à lógica da dominação, quanto por práticas ligadas à lógica civilizatória.

Do ponto de vista da lógica da dominação, a revolução tecnológica na microeletrônica, na comunicação, está criando novas estruturas de relações espaço/tempo e, portanto, pondo abaixo aquela resolução de conter a comunidade política no espaço do Estado, e conter o tempo, a mudança como progresso linear, dentro do Estado. A velocidade, no mundo contemporâneo, tornou-se elemento chave capaz de alterar as formas de produção, as relações sociais e as relações de poder; velocidade viabilizada através das redes técnicas, que permitem a difusão instantânea da informação, através de quase todo o planeta, provocando o encolhimento do espaço. Processa-se uma globalização principalmente através dos grandes bancos, das grandes empresas, que controlam a informação através das redes. Mas, ao mesmo tempo, a tecnologia é extremamente seletiva e não atinge todo o território igualmente. Significa que, a globalização engendra dialeticamente a diferença. É uma tendência simultânea de fragmentação do território. Em outras palavras, ao mesmo tempo que se dá a globalização pela seletividade, há também uma tendência à fragmentação. Seletividade por sua vez que vai depender de condições locais, do capital humano, dos recursos, da potencialidade política dos diferentes territórios, e seletividade que significa também, um movimento muito intenso de concorrência social e territorial.

O processo de globalização/fragmentação pode representar uma tendência de flexibilização e democratização no sistema capitalista, mas pode também representar uma tendência a maiores desigualdades, maiores exclusões dentro do sistema. É imprevisível, como dito acima.

Do ponto de vista da lógica civilizatória, é importante discernir, de imediato, dois tipos diferentes de movimentos: os movimentos nacionalistas separatistas, que de uma certa maneira almejam recriar o Estado, e os movimentos não centrados no Estado, que são efetivamente os revolucionários no sentido de anti-sistêmicos. Trata-se de projetos culturais, projetos alternativos, explorações culturais inovadoras que desafiam a dominância da civilização ocidental, da cultura ocidental e que constituem, segundo alguns autores, a grande variável desconhecida do final do milênio. A diversidade cultural se descola da unidade do Estado, as diferentes culturas reclamam seu direito à diferença e o direito a seu território dentro do território do Estado. Além disso, estabelecem-se redes de solidariedade globais. Também ao nível dessa lógica verifica-se, portanto, um movimento de globalização e de fragmentação dos territórios nacionais. Além desse movimento cultural, atores sociais organizados resgatam a potencialidade política em seus espaços - tempos respectivos em movimentos de resistência que rompem a unidade do Estado como única expressão da representação política. Os movimentos da lógica civilizatória pressupõem reconhecimento da afirmação da pluralidade, da diferença como princípio constitutivo da vida moderna, e, portanto, uma mudança do "locus" do poder.

Os elementos de transformação estão afetando o conceito vigente de Estado-Nação, e as resoluções nele baseadas não estão dando mais conta da situação. Alguns autores de respeito, por exemplo Erick Hobbes, é muito categórico no sentido de que há um retrocesso das economias nacionais, que estão sendo substituídas por associações e federações muito maiores, mercados supranacionais, federação de estados, significando que o nacionalismo não seria mais um programa político global, ou seja, as nações estão presentes no mundo contemporâneo, mas em papéis menores e subordinados, e serão os fatores decisivos no século XXI. Outros autores, como Imanuel Wallerstein, apresentam várias alternativas para o destino do mundo no século XXI; uma das alternativas é um período de caos profundo em que uma nova ordem estará sendo estabelecida.

Se esses elementos mostram uma mudança notável, uma tendência à dissolução dessa forma Estado-Nação, outros elementos, pelo contrário, atestam a sua permanência, e daí a imprevisibilidade. Acresce que os movimentos sociais não centrados no Estado são uma incógnita; eles também estão enraizados em seus próprios espaços-tempo, e não se sabe bem qual a capacidade que terão de transpor o espaço-tempo respectivo e alcançar uma escala nacional e global. E ao mesmo tempo estão presos à afirmação de formas da vida política anterior, constitutiva do Estado-Nação e à necessidade de desafiar estas formas numa visão a partir de países periféricos ou semiperiféricos, a verdade é que os Estados, com toda a globalização em curso, perderam algumas funções, sem dúvida, mas ainda têm algumas funções fundamentais, tais como: lutam para garantir o direito de propriedade, hoje particularmente em relação à propriedade tecnológica protegida e fechada dentro dos Estados nacionais; ainda realizam a gestão do mercado de trabalho, fundamental, como patente na guerra que os países desenvolvidos europeus, norte-americanos movem contra os migrantes que vêm disputar o mercado de trabalho nacional; e é o sistema de Estados que ainda garante as relações centro-periferia, ou seja, a produção da desigualdade no mundo, onde se insere a questão ambiental vista sob o ângulo da periferia.

A questão ambiental não é simples, é complexa; deve-se distinguir, segundo Luciano Martins, a consciência ecológica, a utopia ecológica e a ideologia ecológica. Consciência ecológica, sim, porque existe efetivamente uma crise ambiental profunda, na medida em que a exploração de recursos foi feita no século XIX, principalmente no século XX, de uma forma sem precedentes, gerando realmente um problema ambiental. Estamos tocando no limite da biosfera e com o risco da sobrevivência da espécie humana. Existe, portanto, uma consciência ambiental legítima, mas existe uma utopia ecológica, no sentido de que é quase um projeto substituto para o fim das ideologias que sustentavam a aspiração de melhoria da vida no planeta, a crise do socialismo real e a crise do capitalismo real. E há ainda a ideologia ecológica ou a politização da natureza, porque a natureza está sendo vista como capital de realização futura e muitas das idéias de preservação têm também o sentido de reserva de valor, de realização futura para a energia, a ciência e a tecnologia. E nesse sentido a questão ambiental se tornou um novo parâmetro da geopolítica mundial, é um elemento de pressão sobre os países periféricos e semiperiféricos que detêm o grande capital-natureza.

III

A Amazônia é uma área crítica no contexto geopolítico mundial e também uma área crítica na estrutura transicional do Estado brasileiro. Tem um peso enorme, tanto do ponto de vista da soberania externa, por causa da pressão ecológica, quanto no sentido de como vão evoluir os movimentos sociais dentro do Brasil.

É, pois, uma área extremamente importante nesse duplo sentido, inclusive na trajetória do Estado-Nação brasileiro, se é que esta forma se constitui plenamente no Brasil. Porque do ponto de vista externo, a Amazônia se tornou símbolo do desafio ecológico, envolvendo ao mesmo tempo a consciência, a utopia e a ideologia ecológicas. Isto a valoriza como capital-natureza, por ser o maior banco genético do planeta, o lugar de maior biodiversidade no mundo e, portanto, fonte primordial para ciência e tecnologia, ou seja, para biotecnologia. Trata-se, assim, de uma valorização do ponto de vista geopolítico externo. Ao mesmo tempo nossos atores e movimentos sociais afetam e fragmentam a região, no âmbito da geopolítica interna.

Nos países periféricos, o processo de formação do Estado-Nação foi lento, desigual, incompleto e muitas vezes nem aconteceu a formação da Nação, como é patente, por exemplo, na África. A criação dos Estados, na verdade se superpôs às tribos. O Brasil não é África, e houve a formação de uma unidade política territorial que fundamenta o Estado-Nação e a soberania. Mas o Estado, a posse do território, a organização do território pelo Estado e o Estado em si, foram construídos muito à frente da Nação e, uma das questões que se coloca aqui, é se realmente constituímos uma Nação no Brasil. É uma questão polêmica. Mas se há uma nação, que tipo de nação somos? A dúvida decorre do fato de que não houve a formação plena dos cidadãos do Estado, uma verdade que ninguém pode contestar, e que seria uma das características da formação da Nação. Então, o que está acontecendo no Brasil? Nem houve a formação plena da Nação, no sentido da cidadania e, ao mesmo tempo, o processo já está sendo entrecruzado com as novas tendências que estão ocorrendo no mundo: corporativismo, geopolítica de governos estaduais, movimentos sociais que estão afetando a unidade política territorial e, inclusive crise do Estado, crise financeiro-fiscal, de legitimidade, de governabilidade que estão deslocando a soberania do núcleo do aparelho do Estado, embora não se saiba direito para quem e para onde.

É o incerto e imprevisível que também se verifica no caso da Amazônia. A questão que permanece é quem expressa a região hoje na Amazônia? São as populações indígenas? São os nascidos há X anos aqui na Amazônia? São os migrantes, pequenos produtores? Então, talvez se devesse perguntar: trata-se do direito da região ou do direito do pluralismo? E a diferença entre os projetos para a Amazônia, e o eixo em torno do qual se definem os projetos parecem ser a questão da modernização e do valor atribuído à natureza. Há um projeto internacional preservacionista para a Amazônia, seja da consciência ecológica, seja da ideologia ecológica. Esse projeto preservacionista vem através de propostas de conversão da dívida por natureza e de desenvolvimento sustentável que propõe um certo tipo de controle do uso do território. Existe também um projeto desenvolvimentista de elites regionais, um novo empresariado, uma elite modernizada que não quer a abertura total da economia para não perder os seus privilégios, mantendo os direitos de propriedade, e que, portanto, representa fortalecimento do Estado-Nação. Nesse mesmo sentido existem também projetos de pequenos produtores cuja meta é a conquista do direito da propriedade e da cidadania, reivindicações ainda em relação à fronteira, ao acesso à terra e há reivindicações ainda em relação ao Estado-Nação. Combinados com alianças extraterritoriais internacionais existem também os seringueiros e as populações indígenas para quem a natureza tem um significado completamente diferente, o de valor de uso para sua sobrevivência, para sua reprodução. Há, pois, um conflito de valores em relação à natureza e aos projetos de modernização, uma questão importante a colocar aqui.

Esse processo se manifesta na Amazônia, na formação de novos recortes na região: comunidades organizadas com laços extraterritoriais e novas formas de gestão de território. E resta uma questão também. Dentro desse contexto, terá o governo local condições de ser um catalisador para legitimar negociações dessas comunidades, no sentido integrado.

Finalizando, todas essas transformações, comunidades que se organizam com laços internacionais, estão ocorrendo aqui. O movimento é extremamente positivo no sentido de transformação daquele Estado autoritário em que vivemos. Mas pode ser que contenha um risco de fragmentação. Volta então a questão do futuro do Estado-Nação - se ele permanece ou achamos que deve ficar pelo menos até 2.030 ou 2.050, então esses movimentos são extremamente positivos, representam talvez o processo de construção plena da nação, de cidadania. Nesse caso o que resta como questão fundamental é como articular, hoje, esses diferentes movimentos? Trata-se de uma questão de logística, a ser explicada numa próxima conferência.

A AMAZÔNIA ENTRE ESTRUTURAS DESFAVORÁVEIS

Lúcio Flávio Pinto

Percebi de uma forma mais intensa o problema regional em Paris. Estava numa sessão do Tribunal Permanente dos Povos. A delegação brasileira, toda ela jogando na ponta esquerda, ficou chocada na hora da minha intervenção, quando disse que era um amazônida. Um de meus amigos, teórico de esquerda, me chamou para o lado e disse: - "Você está jogando mal". Como se eu tivesse entrado na posição errada num campo de futebol. - "Só existe brasileiro, esse negócio de amazônida não existe. Que expressão é essa?".

Então me apercebi de que isso chocava um habitante de São Paulo, um intelectual de São Paulo, e achei que passava a ser interessante usar esse conceito. Porque a interrogação da professora Berta sobre "Se nós formamos uma nação", eu a transformo em um ponto de exclamação. O que me espanta é que nós formemos uma nação e que o tecido, o fio que une isso seja uma abstração, que é a língua, o nosso traço mais unificador. Nós estamos numa região que tem identidade, ao menos alguma identidade física, que tem uma ânsia de entender essa identidade e que tem uma frustração por não utilizar os elementos de identificação como a chave do processo real. Eu diria que aqui na Amazônia, o conceito de fronteira, muito usado nos estudos teóricos, é um conceito inadequado, e que nós deveríamos buscar inspiração africana, e que a professora Berta, de uma certa forma, afasta no processo da formação da nação.

Nós estamos numa região *de ocupação* muito mais do que numa região *de fronteira*. Essa característica histórica da Amazônia é terrível para a própria região. Porque ela condena seus habitantes a não ter uma visão do seu próprio processo histórico. Eles sempre estão diante desse processo como o nativo diante do *bwana*, na África. Nós sempre estamos esperando que ele nos diga o que nós somos, o que nós devemos fazer. Isso tem minado a capacidade de condução do processo histórico na Amazônia.

É evidente que para que nós possamos colocar dessa forma o problema é preciso que o conceito de região seja um conceito válido, um conceito heurístico que explique a realidade. E eu abstraindo os problemas teóricos, já bem adubados pela professora Berta, vou considerar como pressuposto que o conceito de região existe e que a Amazônia, infelizmente, sofre sobre os seus costados o chicote da política metropolitana. Primeiro da política metropolitana portuguesa, a mais intensa, a de mais larga aplicação na história. E é uma política sobre a qual nós não podemos fazer abstrações e metafísica. Foi uma política que fez com que a Amazônia permanecesse ligada ao sistema político metropolitano mais tempo do que qualquer outra região do país. A libertação desse processo se deu através de um momento extremamente sangrento no século XIX, que foi a Cabanagem.

Depois nós tivemos uma tentativa de uma política nacional para a Amazônia. Na verdade nós não tivemos uma política nacional; nós tivemos um momento em que a política nacional foi requerida pela região, a região clamou por essa política e não veio nenhuma resposta do poder central de acordo com a necessidade da região. Ou melhor, veio, mas contra os anseios da região, e nós tivemos esse exemplo na época da borracha. Houve um momento em que a curta percepção lúcida das elites locais se engatou numa política nacional, depois da época do apogeu da borracha no período de 1920 a 1940. A própria elite regional, abandonada pelo Estado nacional, teve que criar uma estrutura de subsistência baseada nos seus próprios méritos. Nesse momento, a borracha, que já era insignificante como contribuição amazônica à economia internacional, permitiu o surgimento de um certo parque industrial sem subsídio e sem a expectativa nacional. Entre 20 e 40 esse parque se formou aqui principalmente em Belém, com uma indústria de calçados, de guarda-chuvas, protetores de borracha, sem capacidade de competição fora dos limites regionais porque os limites regionais limitavam a escala. O Estado nacional veio, colocou a pata e liquidou com aquela elite a que a doutora Berta se referiu como um elemento importante nesses vários projetos alternativos e que, no meu ponto de vista, inexiste hoje.

O Estado nacional também achou, depois de ter liquidado com a possibilidade de uma indústria remanescente de borracha competitiva na região, o único elo de ligação entre o apogeu até 20 e o ocaso a partir de então, de iniciar a primeira experiência de planejamento regional. Como todos sabem ela derivou do dispositivo da Constituição de 1946 que criou uma superintendência de valorização econômica da região. A expressão, o jargão, é significativo: era valorização econômica da Amazônia. A SPVEA tinha essa missão, de fazer com que a região adquirisse um valor intrínseco. Acreditava-se que para que isso fosse possível a região teria que seguir um processo de aproximação lento e gradual em relação ao país, com certo grau de respeito mútuo, de tal forma que a Amazônia se incorporasse ao território nacional, preservada sua especificidade de região.

A missão estava traçada no papel, mas a sua execução na prática não apenas foi lenta, como foi desastrosa. O dispositivo que garantia 3% da receita tributária da União para a Amazônia, que é o mesmo princípio do FNO de hoje, levou sete anos para ter a sua estrutura jurídica montada. Para isso ser aplicado e permanecer até 1966, portanto 20 anos, sem que jamais tivesse sido cumprido, sem que a lei tivesse sido regulamentada.

Essa possibilidade de a Amazônia adquirir uma identidade de tal forma que na aproximação com o país, a região não fosse esmagada por esse conceito operativo de nação, essa experiência foi frustrante, e em 1966 todo o aparato institucional foi modificado, foi reformulado para permitir uma nova etapa no processo de desenvolvimento da região.

A Amazônia ficou com a sua caracterização bem delineada de região de ocupação. O Estado nacional, decididamente, no meu ponto de vista, é incapaz de compreender a dimensão regional. Ele tem seus planos estratégicos traçados em função de alianças básicas e considera que as áreas adjacentes a essa aliança básica têm a missão de contribuir, no processo concêntrico, para o aperfeiçoamento desse modelo. A visão de nação em relação à região e, no caso a maior região, que tem 65% do território nacional, na visão burocrática, ou que tem pelo menos 50%, na visão mais geográfica, o Estado nacional viu claramente os delineamentos que fariam a Amazônia se incorporar de vez ao processo produtivo.

A grande característica dessa fase, vamos dizer contemporânea, da Amazônia, é que ela deixou definitivamente de ser uma área de reserva, deixou de ser um elemento de utopias e passou a ser um elemento de negócios, um elemento dos processos produtivos. Quanto a isso não há nenhuma dúvida que o projeto foi bem sucedido. Quando se começou a montagem do sistema rodoviário para consolidar a integração física da Amazônia ao território brasileiro, sob o jargão ideológico, propagandístico de que assim se estaria evitando a internacionalização da Amazônia, a contribuição da região para o que interessa ao Estado nacional, que é a balança comercial, era de US$ 200 milhões. Hoje a Amazônia deve fechar suas contas externas faturando ao redor de US$ 3 bilhões. É um crescimento como nenhuma outra região pôde experimentar, resultante da intensificação de suas relações de troca com o mercado internacional.

Esse é o produto mais importante desse modelo recente de integração econômica da Amazônia, e a Amazônia tem alguns componentes de mercado importantes. Ninguém pode traçar, por exemplo, na área de commodities, políticas em relação ao estanho, sem considerar o que está acontecendo ou em Rondônia ou no Amazonas; ou na área de produção desorganizada de estanho, ou na área de produção organizada. Porque 1/4 de estanho que circula no mundo é amazônico. Essa é uma busca de objetivo que aparentemente é do Estado nacional, mas na verdade era um objetivo estratégico muito mais amplo.

O Estado brasileiro foi muito mais incompetente, muito mais selvagem, muito menos sensível à dimensão regional do que vamos dizer, aqueles que realmente montaram a matriz do *design* . Temos um exemplo claro de como todo um aparato político, todo esse laboratório de fabricação de ideologias do Estado brasileiro é incompetente, comparado a outros centros semelhantes. É o caso do projeto do lago amazônico, que foi um dos elementos-chaves para definir os rumos do processo de ocupação da Amazônia na década de 60. Todos vocês sabem o que o Instituto Hudson, de Nova York, tinha feito aquele projeto para construir um grande lago interior na Amazônia, fazendo uma represa de baixa queda, no ponto mais estreito do rio Amazonas, que é em Óbidos, onde o rio tem 90 metros de profundidade por dois quilômetros de largura.

Na época se uniram, como é constante ao longo da história das relações entre o Estado brasileiro e a Amazônia, a esquerda e um certo militarimo nasserista.

Ambos, a esquerda doutrinária, a esquerda confessional, e esse militarismo nasserista, disseram que aquele projeto era um cavalo de Tróia, que iria fazer a ocupação internacional da Amazônia. Certas pessoas que freqüentam os gabinetes de projeção lógica achavam que aquele lago seria o abrigo da sétima frota americana. Eu me lembro que conversei com um general da reserva que dirigia uma organização sediada no Rio de Janeiro em defesa da Amazônia. Ele acreditava que no lago interior e sétima frota poderia ancorar, ficando protegida pela barragem, tendo ao fundo os Andes. Então ela teria o campo ideal de resguardo e de proteção.

Evidente que essa é uma visão cartográfica do problema amazônico. De qualquer maneira, febril ou não, essas reações ao projeto do grande lago amazônico serviram de motivador, fator de coesão emocional para que o governo deslanchasse um projeto muito mais absurdo do que o dos grandes lagos, que foi o das rodovias, as rodovias impulsionadas pelo Moisés do projeto RONDON. Elas vinham para integrar a Amazônia, para que aquele projeto estrangeiro não desintegrasse a região.

Deixando a ideologia de lado, alimentando o computador com elementos concretos que se tinha à época, pode-se chegar hoje à conclusão de que o projeto do Herman Khan poderia ter repercussões negativas desastrosas por também ter sido concebido em gabinete. Um técnico chegou a calcular a alteração do movimento de rotação da terra pelo surgimento de uma concentração de água fantástica. Vocês sabem que o Amazonas chega a ter uma descarga de 230.000m³ de água por segundo. Mas do ponto vista da continuidade histórica, o projeto do lago rompia menos a história da Amazônia e deixava menos órfã a população da região do que as estradas, porque o que queria na verdade o Dr. Herman Khan era ter acesso ao Pré-Cambriano através do rio. Ele queria acesso ao elemento da natureza que na época poderia ser transformado em produto, os minérios.

Olhando hoje a Amazônia, qual o seu produto básico? Com toda a discussão sobre desenvolvimento sustentado, banco de diversidade biológica, hoje concretamente, pode ser uma visão anacrônica, mas a Amazônia é área de mineração, metalurgia e siderurgia. O resto é insignificante. Pode ser de extrema significação para o futuro, mas é absolutamente insignificante hoje. Toda a conta de recursos de natureza do mundo vegetal hoje na Amazônia fecha 400, 500 milhões de dólares. A conta de minérios fecha em 2 bilhões, 2,5 bilhões de dólares. Então eles queriam acesso de uma forma muito mais inteligente, que é pela água. Os militares contrapropuseram uma forma muito mais selvagem, que era a estrada.

O saldo disso é um saldo extremamente negativo. De um lado os utópicos, os ideólogos, os contenciosos da ecologia mostram que na Amazônia, em 1975, a área alterada pelo homem era de 0,8%. Hoje a área alterada varia de 10% a 12% e não se tem na história da humanidade nenhum processo de agressão mais frontal, mais massivo, mais terrível do que a ocupação da Amazônia. Em 1987, 80 mil Km² de floresta virgem foram queimados em troca de 400 milhões de dólares. Esse balanço, negativo sob diferentes formas, que o mundo faz em relação ao que se patrocinou de destruição na Amazônia, significa que talvez nós tenhamos perdido definitivamente esse patrimônio por falta até da capacidade de identificar o que foi destruído.

Mas também, em parte, esse patrimônio é recuperável por aqueles que têm tecnologia suficiente para isso. Como a professora Berta salientou muito bem, esse é um ponto em que a solidariedade internacional não penetra. Aí prevalece o interesse nacional ou os interesses de unidades de produção. Nós, na Amazônia, por força de um processo sobre o qual nós não temos nenhum tipo de controle, sabemos que podemos repetir "n"encontros como este que o grande patrimônio da Amazônia é sua diversidade biológica. E daí, a partir disso, que capacidade operativa nós temos para avançar? O trágico nesse processo é que às vezes, ele se manifesta aos nossos olhos mas ele não é perceptível pelos olhos, ele só é perceptível pela mente, não uma mente qualquer, não aquelas de raciocínio empírico, mas a mente organizada para perceber.

Dois exemplozinhos didáticos abaixo que mostram a falência da capacidade regional de organização e esse descompasso entre o conceito da região.

Nós temos em Tucuruí uma fábrica de silício metálico, da Construtora Camargo Correa, que foi a responsável pela construção da obra. Essa obra, a hidrelétrica de Tucuruí, como vocês sabem, foi construída em nove anos e durante os nove anos ela custou 5,4 bilhões de dólares. Pelos cálculos iniciais de nossos engenheiros que são peritos em barragens, ela deveria ter custado 2,1 bilhões dólares. Custou apenas uma vez e meia a mais, mas é um erro de cálculo que nós podemos admitir no Brasil. Bom, desses 5,4 bilhões de dólares, 500 milhões de dólares líquidos, tirando todos os lucros deles foram para o bolso do Dr. Sebastião Camargo, dono da Camargo Correa. E se vocês forem ler a coleção de "Forbes" e "Fortune" durante o período de construção de Tucuruí, vocês vão ver que a partir da conclusão da hidrelétrica de Tucuruí o Dr. Sebastião Camargo tornou-se um dos três únicos brasileiros com fortuna pessoal acima de 1 bilhão de dólares. Então essa foi nossa grande contribuição ao ranking internacional dos muito ricos: o Dr. Sebastião Camargo ficou muito rico nesse período. A Camargo Correa, para aumentar a sua contribuição à economia nacional, construiu uma fábrica de silício metálico. Vocês sabem para que serve o silício, o uso mais nobre do silício é o computador. No entanto, esse silício que resulta no chips e o chips vocês sabem, pode ter maior ou menor capacidade de armazenamento de informações conforme a tecnologia que transforma essa lasca de metal em microprocessador eletrônico, e quem tem a maior capacidade nessa matéria são os japoneses. Os mísseis intercontinentais americanos ou da antiga União Soviética são guiados por chips japoneses ambos, porque o Japão sabe onde mete a mão. Esta é a nossa relação com a lasca de metal que nós conhecemos e não sabemos fazer tecnologicamente nada além disso. Nós não podemos fazer quase nada mais além disso. Nossa incapacidade tecnológica, aliás não é no caso, nem incapacidade tecnológica, a nossa incapacidade de transformação da tecnologia do produto não permite. E essa associação com o Japão, para usar a expressão que eu não poderia deixar de usar num encontro como este, é um *paradigma* do futuro da Amazônia.

Em 1973 (que me permita o pessoal da mesa ser um pouco jornalista nesses casos), em 1973 o Dr. Shigeaki Ueki, um dos filhos adotivos do general Geisel (essa família adotiva do general Geisel deu um prejuízo incrível a esse país: Aquino, Esmeraldo, Ueki); bom, o Dr. Ueki estava lá como ministro das Minas e Energia, negociando o contrato de Tucuruí para fechar Tucuruí. Em 1973 o Japão era auto-suficiente em alumínio.

O Japão produzia todo o alumínio que consumia e o Japão era um dos maiores consumidores de alumínio. Passados vinte anos, o Japão não produz uma tonelada de metal dentro de seu país, mas continua sendo um dos países que mais consome alumínio no mundo, bem mais hoje que os Estados Unidos naquela época. E a maior fábrica japonesa de alumínio não está nos satélites asiáticos que o Japão consolidou no período , está em Barcarena a 40 Km de Belém. Então todo o processo civilizatório, toda a capacidade de engenharia que o Japão usou para permitir o maior deslocamento de processo produtivo de que nós temos exemplo no séculos XX, é a contrafação à nossa absoluta incapacidade de perceber a mudança na divisão internacional de trabalho e assumir o papel que a Amazônia deveria ter assumido nesse período. Porque o que mudou a economia mundial, a vida do homem do planeta nesse período, foi a crise da energia. E o que é o capital fundamental da Amazônia, trocado em miúdos? É energia. No entanto, esse é um conceito abstrato, a energia é um bem transformado pelo homem, e o bem transformado pelo homem com a mais alta concentração de energia na Amazônia perdeu valor no período, perdeu valor comparativamente a outros bens menos concentradores de energia, porém mais valorizados pela engenharia do homem agregada aos elementos que a natureza oferece.

Então nós temos que constatar que a Amazônia hoje faz parte inevitavelmente do circuito internacional da mercadoria. Em alguns desses circuitos a presença dela é massiva: estanho, bauxita, caulim, minério de ferro. Nesses circuitos a Amazônia pesa: qualquer alteração na Amazônia altera as condições. Infelizmente sempre altera contra a valorização do produto da região. Então ela já faz parte do mercado independentemente do que nós pensemos sobre isso. Mas ela entrou nesse circuito pela porta dos fundos e na contra-mão da história. O produto dela se desvalorizou porque se transformou, às vezes, de insumo básico em matéria-prima. O que é o lingote de alumínio hoje, senão uma matéria-prima que esconde energia? É evidente que a tecnologia humana não permite transferir a energia de Tucuruí por 23.000 Km sobre o mar para o Japão. Se pudesse, o Japão hoje o faria, não o fez porque é muito mais inteligente, factível, transportar essa energia em forma de lingotes de metal. O que eu queria deixar bem claro aqui é uma idéia, sobre a qual eu posso demonstrar se provocado: eu não acredito numa política nacional voltada para a região, eu não acredito na nação, acho que a nação num país de ocupação é, como também é o nosso, um biombo para ocultar a face real do país.

Eu acredito no conceito da região. Qual o conceito mais próximo da unidade operativa que nós temos ao alcance de nossas mãos (e o que não estiver ao alcance de nossos olhos, de nossas mãos, ou da capacidade de antevisão de nossa inteligência, não existe para nós)? Eu não acredito que seja possível extrair isso da sede do poder nacional. Não acredito. Gostaria que o poder regional se valorizasse, mas é evidente que eu não posso ignorar a elite que nós temos, a região que nós temos. Se depender daqueles que conduzem, que manobram os fios do poder e do governo local, ao qual a Dra. Berta se referiu, nós não vamos ter nada mais do que volta ao passado e consolidação das relações desfavoráveis. Aí sim, o marxismo teria razão de falar da manutenção daquelas contradições, daquela exploração que é uma dimensão nacional tornando irrelevante a região.

Se nós não temos isso, se nós não temos essa consciência, se nós não temos a capacidade de correr junto com a história, o que nos resta? Esse é um dilema para o qual nós não temos respostas de significado coletivo e a fonte de angústia que as pessoas querem transformar, mas aqueles que realmente decidem, sabem disso. E sempre fiquei me perguntando por que, na convocação da Constituinte, o princípio federativo foi um pressuposto, foi uma cláusula prévia aos constituintes, ninguém poderia tocar na Federação. Essa é uma atitude autoritária e ao mesmo tempo burra. A conseqüência disso, a falta de coragem e de discernimento para discutir o problema da Federação resulta em macaqueações, coisas cômicas como o movimento do "seu" Marx, o Marx gaúcho lá da área, é uma versão competente, é versão alemã, mas também considerar o seu Irton Marx como representante da visão alternativa ou crítica sobre a Federação é não querer discutir o problema da Federação, que nós também sabemos ser apenas a roupagem jurídica que esconde questões muito mais complexas. Se nós estamos discutindo aqui na Amazônia e na região, se nós estamos aqui, sejam os levantinos, sejam os nativos, seja lá qual for o adjetivo que eu coloco em cima das pessoas, nós temos que sair desses encontros não com a sensação de que nós simplesmente preenchemos uma agenda, mas sim que nós criamos elementos, as armas para começar a transformar a atual situação. E o terrível para a Amazônia é que ela é um elemento de engate, uma pecinha de engrenagens tão grandes, tão vastas que vão exigir que ela seja contemporânea disso, sob pena de continuarmos com uma visão remissiva e passadista sob esse drama.

REPRESENTAÇÃO REGIONAL, CABANAGEM E LESEIRA: “SÓ É ELITE QUEM AGE CONTRA OS INTERESSES DA REGIÃO”[1]

Márcio Souza

Dando seqüência ao processo de raciocínio que vem sendo apresentado nesta mesa e antes de entrar propriamente no que eu queria ressaltar nessa questão de Região & Nação, permitam-me uma primeira observação: o Lúcio Flávio esqueceu um detalhe delicioso do projeto do Instituto Hudson, que era o fato de se tirar Manaus do mapa. Vocês já imaginaram que coisa maravilhosa, Manaus iria ficar seis metros abaixo d'água. Inicialmente não tinha percebido isso, mas desde que eu não estivesse lá naquele momento...

Mas o que eu queria ressaltar é o aspecto particular que tem montado as cenas políticas que foram se desenvolvendo ao longo do processo histórico da região amazônica, que é a questão da relação da nossa região com o poder central, ou na verdade os processos inventados pelo poder central para se relacionarem com a região amazônica. Portanto, me parece que a questão da região e nação na Amazônia é a história da região com o Estado brasileiro e as superposições desse Estado às manifestações locais, e a consolidação local das representações desse Estado Central - e os próprios estados regionais nas suas instâncias, tanto estaduais como municipais e como se foi formando isso, nesse processo de relação do poder do Brasil, do Rio de Janeiro ou Brasília, com os demais Estados da Amazônia. Com a região amazônica nós vemos o que foi ressaltado aqui pelo Lúcio Flávio, a questão da ocupação da região e a lógica colonial que é implantada um tanto quanto como tradição nesse relacionamento durante os anos da colonização portuguesa, a importância, inclusive para o modelo colonial português, da sua presença, penetração e aprendizado na região amazônica.

O trato da Amazônia pela colonização portuguesa gerou uma série de processos de transformação administrativa e política dentro do próprio colonialismo português, de forma que eles inclusive aprenderam na Amazônia para aplicar esses métodos em outras regiões do mundo. Mas isto marcou o surgimento de algo que vem nos infelicitando até hoje, determinante inclusive, para traçar um perfil dessa estrutura chamada Brasil, dessa nação chamada Brasil em que metade ou uma parte substancial

[1] Retirado da fita

do território é visto a partir de uma ótica colonial, como foi ressaltado aqui. O mais grave é que nesse processo colonial e nas variantes do Estado na nossa região se processou de uma forma que talvez em nenhum outro Estado tenha se posto em prática o princípio da conciliação dos interesses das elites, que é um dos princípios básicos da visão colonial portuguesa e até da própria formação da concepção portuguesa do mundo. Essa conciliação está fortemente enraizada nas diversas formas de atuação de Portugal no mundo, enquanto potência colonial.

Refiro-me a esse conceito de conciliação que vem desde o João das Regras, esse Maquiavel português, que cria essa instância de arreglo entre as classes dominantes e os diversos interesses políticos e econômicos do colonialismo português, para mostrar como a Amazônia acabou formando, nas suas instâncias estaduais e municipais, um arremedo do que o colonialismo português pretendeu e implantou aqui nesta região, e de como isto foi degradando, sem o epicentro propriamente dito, ao colonialismo português.

Se nós examinamos, inclusive como se dá a transição do poder local regional, com a independência do Brasil para o poder local como se entende hoje, nós vamos ver que mesmo o processo extremamente sangrento e de despopulação da região amazônica, que foi o processo da Cabanagem, nem mesmo esse brutal derramamento de sangue, este investimento terrível que a Amazônia deu para a formação da nacionalidade brasileira, nem mesmo isto fez com que tivéssemos uma classe dominante da região, uma oligarquia local que tivesse consciência ou fosse auto-consciente do seu papel regional, porque mesmo ou talvez por isso realmente tenha sido tão sangrenta a repressão contra os movimentos populares da Cabanagem, justamente porque: primeiro, a própria gestação do processo da Cabanagem se faz por esse princípio de conciliação. Em 1976 escrevi uma cena de uma peça minha chamada "As Folias do Látex" que contava de uma maneira alegórica, como tinha se dado a independência do Brasil na Amazônia. Apareceu um personagem de bigode com sotaque portugês, que recebia notícias através de um empregado de que um almirante inglês tinha fundeado em frente a Belém, dizia que tinha na região de Salinas uma armada, uma esquadra e que dava um ultimato para ele se render ao reino do Brasil, ao Império do Brasil, que tinha acabado de se tornar independente. Imediatamente esse personagem tirava o bigode e passava a falar com sotaque brasileiro e dizia que era brasileiro desde criancinha e assumia o poder. E ssa alegoria expressa muito bem como foi essa transição do poder aqui na nossa região e como essa transição se fez através do princípio mais perfeito da conciliação portuguesa. Portanto, os próprios portugueses, a própria estrutura colonial passa a ser nacional. Isso vai gerar um índice de insatisfação brutal ao ponto das insurreições gerarem uma das mais vastas revoluções sociais de todas as Américas, que foi a Revolução da Cabanagem. E mais, como durante a Cabanagem, é decisiva a estruturação dessas elites, dessas oligarquias que vão se degenerando com o tempo.

O Estado do Amazonas, por exemplo, surge depois de quase trinta anos sem qualquer definição política para essa região que hoje é o Estado do Amazonas, e a sua evolução à categoria de província do Império se dá como prêmio a um grupo de representantes da oligarquia local pelo esmero com que massacraram o próprio povo do Estado do Amazonas. Povo este que tinha aderido de uma maneira radical, porque o processo da Cabanagem se dá como processo de elevação, no seu processo de radicalização e na medida em que vai aprofundando um processo revolucionário nas camadas populares. Portanto nós temos esse momento da Cabanagem, que é um momento crucial, no qual hoje, na Amazônia, teríamos que mergulhar profundamente, investigando o que significou, em todas as suas implicações, a questão da Cabanagem. Este é um nó que nós temos que desatar para entender inclusive, para buscar os caminhos para nossa sobrevivência, porque foi aí nesse momento que nós criamos, nós vimos serem criadas as oligarquias locais. Vimos também que nesse momento se tentou e se conseguiu até hoje lograr o silêncio e a alienação das populações amazônicas nos destinos políticos da própria região, não só pelo processo brutal de repressão em que algumas estimativas chegaram a considerar que a região perdeu aproximadamente 30% da sua população que teria sido trucidada, mas ao mesmo tempo se conseguiu romper com essa vida política popular que a região amazônica apresentava. Aliás um quadro raríssimo nesse processo de formação do Império, apenas comparável ao movimento político do extremo sul do Brasil. É um movimento crucial; sempre me preocupei em entender o que aconteceu na região nesse momento, especialmente quando hoje nós constatamos todos esses desencontros levantados aqui tanto pela professora Berta, mas muito especificamente pelo Lúcio Flávio, a incapacidade que a região tem de fazer a junção entre as reais aspirações da grande massa da população, nas suas diversas inserções como agentes sociais e econômicos na região, e a sua representação política nos cenários políticos nacionais, nos cenários políticos estaduais e municipais. Aqui como há um divórcio e um hiato, um lado nunca corresponde a esses anseios que eu já levantei. De outro lado não satisfazem e às vezes constrangem aqueles mais politizados, que têm uma visão mais clara. Isso me deixa extremamente chateado em ver por que justamente tem que ser o Estado do Amazonas que tem que eleger o bufão? O Senado Federal sempre tem um senador amazonense imbecil, idiota, que fala besteira, que escreve besteira, que escreve poesia e faz discursos estapafúrdios. E por que tem que ser o quadro político eleito pela Amazônia o de QI mais baixo do Congresso Nacional? Por que, para se fazer qualquer tipo de denúncia, para se utilizar o cenário político no Congresso Nacional, é mais seguro você procurar um deputado de São Paulo, gaúcho ou até mesmo nordestino? Por que, muitas vezes, você não pode confiar nos políticos eleitos na Amazônia?

Esse divórcio é extremamente complicado para o processo político, daí o nosso desconforto. Ele está explicado por esse processo histórico do tradicional relacionamento Estado & Região e de como essas oligarquias locais foram simplesmente representantes de alguns poderes outorgados por essa estrutura central, e representantes de segmentos muito delimitados de interesses econômicos e de interesses muito localizados.

Eu diria que é estranho porque hoje se faz uma tentativa de renascimento na questão extrativista da região, quando nós temos hoje ainda uma política, um segmento político, uma estrutura política do Estado na região - e especialmente a mentalidade dos políticos da região é uma mentalidade extrativista. Presenciei fatos cômicos, e ao mesmo tempo trágicos no meu Estado. Por exemplo: um político, ex-senador que foi vice-governador do Amazonas, João Bosco Ramos de Lima, discutindo com os tecnocratas da ditadura militar sobre a questão da Zona Franca de Manaus, entendia a Zona Franca como uma área de comércio onde os turistas iam comprar. O que ele discutia era a questão do teto, da cota que os turistas tinham que receber quando visitassem Manaus, quando os tecnocratas não estavam nem interessados, porque essa questão do turismo, das lojinhas vendendo quinquilharias em Manaus, não tinha a menor importância. Mas ele nunca ia entender - e ele morreu sem entender - o que significava a questão da Zona Franca, o que significava essa visão de desmontagem da unidade regional em que a Zona Franca polarizava a Amazônia por um lado, enquanto que o Estado do Pará era inteiramente retalhado pelos grandes projetos econômicos fora dos centros urbanos e perdia praticamente 60% do domínio político sobre o seu território, sem que nenhum governador do Pará, durante todo o período da ditadura (e justamente nem poderia fazê-lo) denunciasse essa questão.

Então é um processo que hoje, embora nos dê problemas e dissabores, tem que ser enfrentado. Acho que o fato de que na nossa região nós não conseguimos formar uma unidade política e um poder político, deve-se justamente a esse processo histórico, que foi aos poucos impondo à região apenas como um cenário político em que fluem os interesses mútuos, limitando também o nível educacional. Nós temos uma classe dominante muito atrasada. Acho que o MOBRAL deveria primeiro ter alfabetizado a classe dominante da Amazônia. Fez errado. Talvez tivéssemos alguns senadores amazonenses escrevendo melhor os sonetos lá no Senado Federal.

Mas o mais grave é que esse processo gerou um problema para a região que a professora Berta levantou, a questão da representação da região. Isto é: quem representa a região? Quem tem autoridade? Quem fala pela região? E se nós pensarmos, como foi levantado aqui na mesa que a questão da nação, do país, da unidade, está amarrada apenas talvez por uma abstração, como falou o Lúcio Flávio, que é a questão da língua. Acho que há fatores além da língua. A língua dá um lastro extraordinário para a unidade da nação, mas se de um lado a Amazônia nos ensina, talvez sobre uma classe dominante política extremamente frágil, que é capaz de chorar se recebe a devida atenção de um ministro de Estado. Vocês já perceberam como um político paraense fica embevecido se é distinguido por um ministro de Estado? A maior especialidade da nossa elite política é freqüentar ante-salas de gabinetes. Eles são peritos nisso: eles ficam horas nas ante-salas, de tal forma que não há uma confiança do poder central nessa estrutura política regional. Acho que eles fazem a tarefa que eles são destinados a fazer. Mas quando os grandes discursos políticos dessas elites nacionais entendem a Amazônia de uma outra maneira, elas não procuram as elites locais. Não fizeram uma conferência de governadores da Amazônia para discutir a questão da Amazônia: simplesmente criaram o Ministério da Amazônia e avisaram aos governadores da Amazônia. Alguns espernearam, talvez porque não foram chamados para indicar cargos, um chefe de gabinete, ou aquele político que estava encostado, para discutir a questão do meio ambiente "que o cara entende muito de meio ambiente, porque mandou gramar todo o quintal da mansão dele".

Eu diria que um dos laços, que foi talvez a forma cultural de sobrevivência da população amazônida (e que eu digo sempre numa forma de brincadeira com o Amazonas), é que a população encontrou um forma de sobrevivência, uma forma de enfrentar inclusive a voracidade desses projetos e a voracidade da elite local, e que eu sintetizei no conceito de leseira. Então primeiro identifiquei a leseira mais próxima de mim que é a que eu sofro inclusive, que é a leseira baré, que é a leseira do amazonense, de Manaus. Os baré foram a única tribo indígena que foi extinta por excesso de confiança nos portugueses. O que é a leseira? A leseira existe aqui no Pará, que é a leseira marajoara. Se vocês se olharem no espelho muito pela manhã no fundo dos olhos de vocês, vão identificar essa leseira marajoara. Mas que é uma leseira nacional também. Tem a leseira piratininga, a farroupilha dos gaúchos, que é uma forma de resistência, de ironia, às vezes pacífica, às vezes turbulenta, do povo em busca de sobrevivência. Um conceito de leseira está vinculado inicialmente, numa primeira aproximação, à idéia de que além do senso comum no Brasil, e na Amazônia especialmente, existe bem distribuída a credulidade. Quer dizer, a leseira seria credulidade absoluta, daí porque o pessoal vota mesmo nesses políticos, mas na verdade o ato de votar não tem o mesmo peso para esse tipo de resistência. Uma das provas de que a leseira é efetivamente uma resistência, eu constatei, quando Delfim Neto, ministro da Economia, se recusou a ir a Manaus durante todo o seu período de ministério, porque ele não aguentava dialogar com os representantes da elite local pelo excesso de leseira. O secretário de Economia do Amazonas apresentava os seus planos em versos alexandrinos. Era um velho coronel amazonense que tinha pendores literários e entendia um pouco de economia porque tinha conseguido investir, nos anos setenta, na Bolsa de Valores. Ele então tinha sido considerado um gênio da economia.

Brincadeira à parte, eu queria reafirmar que nós temos que retomar aquele momento em que nós perdemos o compasso, justamente no momento da repressão à Cabanagem, no momento em que as elites aqui foram contempladas por serem contra a população. Nós temos que varrer esse conceito de que só é elite quem age contra os interesses da região e contra os interesses da população que é um conceito que vem da Cabanagem. A vitória da Cabanagem é a vitória desse conceito. Acho que enquanto não conseguirmos localizar esse ponto e desatar esse nó, nós vamos continuar aqui lesamente remetendo energia concentrada para o Japão e para quem quiser. Era esse pequeno aspecto que eu queria ressaltar.

O BRASIL E O DESENVOLVIMENTO SUSTENTÁVEL

Paulo Nogueira Batista

O PROGRESSO ECOLOGICAMENTE INSUSTENTÁVEL

A questão ambiental é, sem dúvida, o grande tema nacional e internacional deste final de século. Diz respeito aos limites da exploração da natureza pelo homem, suscitando a interrogação ao mesmo tempo surpreendente e subversiva sobre a incompatibilidade do progresso econômico com o equilíbrio ecológico do planeta. Trata-se ainda de tema que pode afetar as relações internacionais de forma mais desestabilizadora que as divergências ideológicas do passado recente e as diferenças étnicas do presente, em razão tanto dos efeitos além fronteiras da poluição, quanto da intensificação da disputa por recursos naturais cada vez mais escassos em que se baseia a nossa civilização.

A preocupação ecológica emerge nos países industrializados, a partir dos anos 70, com o movimento verde como uma preocupação específica com a degradação do meio ambiente local sob o efeito direto dos processos de produção industrial. Uma rejeição, portanto, da tese vitoriana da primeira "Revolução Industrial", de que "a fumaça era aceitável por gerar empregos".

A preocupação ecológica se estenderia rapidamente, ao impacto da atividade global do ser humano - como produtor e consumidor - sobre ativos ambientais que a ciência econômica sempre considerou de livre disposição fora do comércio, como o ar e o clima. O temor quanto aos efeitos das emissões de CFCs sobre a camada de ozônio foi a primeira grande manifestação dessa nova tendência, a que se seguiu a discussão sobre os efeitos das emissões de CO2 sobre o clima global. O debate sobre a relação entre atividade econômica e meio ambiente se identificaria em função também de uma maior consciência a partir do alerta do Clube de Roma, a respeito da existência de limites ao crescimento econômico e, portanto, da necessidade de uma exploração mais racional dos recursos naturais, inclusive dos renováveis.

As sucessivas e espetaculares conquistas da ciência e da tecnologia haviam gerado a percepção de que o homem dominara definitivamente a natureza e a conseqüente convicção de que a escassez - o problema econômico clássico - estava definitivamente superada no mundo industrializado, sendo superável até no mundo ainda não desenvolvido. No Primeiro Mundo a preocupação dominante passaria a ser a da administração da crescente disponibilidade de tempo para atividades não-produtivas, ou seja, a organização do lazer.

A emergência do problema ambiental, entretanto, não apenas recolocaria a questão tradicional da escassez, mas o faria de maneira altamente perturbadora: o temor maltusiano da era pré-industrial a respeito da incapacidade humana de produzir suficiente alimento para uma população que se multiplicava, é substituído pelo temor neo-maltusiano de não sermos capazes, modernamente, de produzir pelo menos para todos os habitantes do planeta, nas quantidades requeridas pelo padrão de consumo do Primeiro Mundo, a não ser ao custo de danos insuportáveis ao meio ambiente e do esgotamento do estoque de recursos naturais do planeta.

O DESAFIO DE TORNAR SUSTENTÁVEL O DESENVOLVIMENTO

O conflito ou concorrência entre desenvolvimento e meio ambiente não nos leva necessariamente a um impasse. A consciência da existência dessa tensão pode inclusive ser construtiva, se nos ajudar a reavaliar algumas concepções básicas da ciência econômica tradicional, tanto em nível micro quanto em nível macro. Torna-se inviável, por exemplo, deixar de explicitar e internalizar como custos de produção a degradação da água e do ar - antes não reconhecidos e socializados entre usuários e não usuários. Impõe-se, também, a conveniência de passar a dimensionar a interação global da atividade econômica com o meio ambiente, de modo que nos cálculos de Produto Nacional passe a se levar em conta não só a degradação do meio ambiente, mas também a utilização de recursos naturais não renováveis como um consumo de capital fixo.

Nesse novo contexto ainda por explorar, é necessário que não nos deixemos levar pela visão otimista tradicional de que tais conflitos serão resolvidos mais cedo ou mais tarde, pela ilimitada capacidade da ciência e da tecnologia de proporcionar soluções; tampouco devemos nos deixar dominar pelo catastrofismo e esposar na preocupação de preservar os padrões de consumo de Primeiro Mundo, a tese de que a única maneira de resguardar o interesse das gerações futuras se encontra na contenção do desenvolvimento econômico e do crescimento demográfico dos países subdesenvolvidos, onde vegetam 3/4 da população do globo.

Na realidade, embora algumas graves ameaças ao equilíbrio ecológico já estejam bem identificadas cientificamente, ainda não estão perfeitamente claras as respectivas conseqüências. Sabemos que as emissões de CO2 esquentam a atmosfera, mas não sabemos ainda medir nem a verdadeira contribuição da queima de florestas para esse fenômeno, nem em que medida o mesmo repercutirá sobre o clima ou, mais especificamente, sobre o nível dos oceanos, provocando ou não grandes inundações, com o eventual desaparecimento de alguns países costeiros ou ilhéus com terras muito baixas.

Nessas circunstâncias é muito importante evitar colocações prematuras que possam levar a atribuir uma prioridade absoluta a preocupações ambientais globais, à custa, por exemplo, do atendimento das aspirações de desenvolvimento da maior parte do planeta. A existência de limites à capacidade de transporte da nave espacial que denominamos Terra é de certo concebível. Mas é difícil aceitar, por exemplo, a condição implícita na tese de que as "florestas vivas" nas zonas tropicais do planeta devem ser conservadas intactas em essência, para servir de elemento adicional de absorção e estocagem de CO2, resultante da queima excessiva nas regiões temperadas, dos combustíveis fósseis extraídos de "florestas mortas", há milênios soterradas.

A INSUSTENTABILIDADE ECOLÓGICA E POLÍTICA DO SUBDESENVOLVIMENTO

O problema ambiental propõe enormes desafios a todas as Nações, tanto para as que fazem um uso desproporcional de recursos globais finitos, quanto para aquelas menos privilegiadas. Para estas últimas, no entanto, a estagnação ou o retrocesso econômico não apenas provocará um terrível impacto ambiental local, mas sobretudo, uma imensa degradação em termos humanos e sociais. A miséria poderá, no final das contas, poluir tanto ou mais, o meio ambiente local do que a riqueza. E provavelmente o fará a um custo humano direto ainda maior. Se o desenvolvimento econômico da maioria da humanidade comprovar-se insustentável, severas tensões internacionais tornar-se-ão inevitáveis, resultando, como mínimo, em maciços e insuportáveis movimentos migratórios do mundo pobre para o mundo rico.

Não será possível, portanto, ignorar as conseqüências desestabilizadoras do subdesenvolvimento do Terceiro Mundo para o próprio mundo desenvolvido, pondo em xeque até grandes conquistas político-institucionais que são orgulho da civilização ocidental. Por solidariedade ou por cálculo, o mundo desenvolvido não poderá deixar de se interessar pela viabilização do desenvolvimento do mundo não-desenvolvido, embora este haja de se fazer em bases tecnológicas distintas. No debate sobre a eqüidade entre as gerações atuais e futuras, não se poderá esquecer a eqüidade entre as gerações presentes no primeiro e no terceiro mundo. Se for inviável produzir para todos sem se danificar irreparavelmente o meio ambiente, qual a melhor maneira de estabilizar o consumo mundial em níveis ecologicamente aceitáveis: pelo controle, em primeiro lugar, da expansão demográfica dos países pobres e contenção de suas aspirações de desenvolvimento ou sobretudo, pela redução dos padrões de consumo nos países ricos? Em que proporção esses dois enfoques podem e devem ser combinados?

O CUSTO AMBIENTAL DA REVOLUÇÃO INDUSTRIAL

Os combustíveis fósseis - petróleo, carvão, gás - proporcionam quase 90% da energia total consumida no mundo. Base da moderna civilização industrial, constituem um problema central na questão do meio ambiente. Seu consumo intensivo, ao mesmo tempo que representa através das emissões de CO2 a maior ameaça ao clima, em nível local e global, significa também uma forte ameaça à disponibilidade futura desses recursos, pelo menos a custos economicamente aceitáveis. Ao ritmo atual de utilização, em que o consumo per capita dos países desenvolvidos é 10 vezes maior que a dos subdesenvolvidos, as reservas mundiais de petróleo, por exemplo, seriam bastante para as próximas 4 décadas. No entanto, para uma população mundial previsível de 10 bilhões no ano 2.030, tais reservas serão certamente insuficientes, caso o consumo per capita dos países subdesenvolvidos vier a ser eqüivalente ao dos países desenvolvidos hoje e o destes últimos se mantiver nos níveis atuais. O quadro não será muito diferente em relação ao gás natural, o limpo dos combustíveis fósseis.

O retorno ao carvão como principal combustível fóssil, a despeito de viável do ponto de vista das reservas, demonstra-se inviável sob o ângulo puramente ecológico por se tratar do mais poluente dos combustíveis fósseis. A utilização intensiva do carvão por países da expressão demográfica da China e da Índia, somada ao uso importante que já fazem do produto os Estados Unidos e a Europa Oriental, é causa de fortes preocupações quanto ao seu impacto ambiental global, independentemente das conseqüências locais que por certo terá. Há, sem dúvida, por todas essas razões, necessidade de uma nova postura mundial em matéria de conservação de energia em geral e de combustíveis fósseis em particular.

Quando se leva em conta, em termos de kcal/ton/km, que para transporte de carga o trem é pelo menos 5 vezes mais eficiente do que o caminhão, e que o navio é 40 vezes mais eficaz do que o avião, e ainda que ½ do espaço urbano nos Estados Unidos já é consumido pelo automóvel, torna-se evidente a baixa racionalidade das bases energéticas do modelo econômico praticado no mundo desenvolvido e que serve de padrão aos que buscam desenvolver-se. Tal modelo, caracterizado pelo desperdício de matérias-primas e, em particular, de energia, é obviamente insustentável em escala mundial.

Se a isso acrescentamos o congestionamento das ruas e das rodovias, e até das aerovias, é difícil fugir à necessidade de uma considerável transformação das bases energéticas da sociedade moderna, com vista ao aumento de eficiência na produção de combustíveis fósseis, à melhora da eficiência termodinâmica dos equipamentos ou máquinas que dele se utilizam e de qualquer modo, a redução da intensidade de seu uso, com o benefício indiscutível da economia em investimentos em estradas, ruas e estacionamentos de veículos. Tudo isso mostra a conveniência de tornar transparente e de internalizar, inclusive por uma questão de justiça social, não só o preço da degradação ambiental mas também o da construção e manutenção da infra-estrutura de transportes, que deve ser debitado diretamente a seus usuários.

O CUSTO AMBIENTAL DA REVOLUÇÃO VERDE

Infelizmente, porém, não são só as atividades industriais que poluem. O conflito entre a necessidade de produzir mais elementos e de preservar o equilíbrio ecológico, é, em si mesmo, um dos mais sérios desafios com que nos deparamos. O crescimento da produção de alimentos até meados deste século provém, em essência, da expansão da fronteira agrícola. Desde então e até o meio da década de oitenta, 4/5 do aumento da produção de alimentos resultou de incrementos de produtividade. Enquanto a área cultivada se expandia em 24%, a produção dobrava. A produtividade da colheita de grãos por hectare mais do que dobrou. Novas tecnologias - variedades novas, fertilizantes, pesticidas - juntamente com programas governamentais de forte subsídio, transformariam muitos países importadores em auto-suficientes e até em exportadores de alimentos.

A "revolução verde" se realizaria, no entanto, ao custo de notável incremento do consumo de energia comercial, através de insumos de toda ordem: máquinas, combustíveis, fertilizantes, pesticidas, herbicidas, irrigação, eletricidas e transporte. A agricultura moderna, para multiplicar por 5 a produtividade da produção de milho, exige consumo de energia, direto e indireto, 100 vezes maior do que o requerido pelos métodos agrícolas tradicionais ainda praticados nos países subdesenvolvidos. Tais níveis de dispêndio são intentáveis. Além de contribuir para redução da disponibilidade de recursos finitos, aumentam consideravelmente as ameaças ao equilíbrio ecológico global. E mais, a agricultura moderna, ao depender de fertilizantes e de pesticidas, produz sérios efeitos colaterais tanto para a saúde dos agricultores quanto para a dos consumidores de alimentos.

Os fertilizantes e os pesticidas poluem, por outro lado, as fontes subterrâneas de água, provocam erosão e acidificação dos solos, produzindo, em suma, desertificação. Pareceria assim termos atingido, com as tecnologias atuais, um "plateau", no tocante à produtividade agrícola, enfrentando, ao mesmo tempo, restrições crescentes no que diz respeito à disponibilidade de terras e de água. A pressão demográfica está se transformando por acréscimo, em muitas regiões do mundo subdesenvolvido, em fator adicional direto de degradação ambiental.

PERSPECTIVAS TECNOLÓGICAS

Não se pode, evidentemente, excluir a possibilidade de novos avanços tecnológicos que prolongariam a disponibilidade de recursos não-renováveis relativamente escassos; ou que fariam a produção e consumo dc tais recursos menos hostis ao meio ambiente. Isto é possível, mas não é totalmente garantido. De qualquer modo, antes que novas e melhores tecnologias estejam comercialmente a nosso alcance, teremos de passar por período de transição e fazer algumas escolhas difíceis.

Independentemente de preocupações ecológicas, os processos produtivos na área industrial estão evoluindo de um modo menos desfavorável ao meio ambiente, ao reproduzir a participação de matérias primas e de energia nos produtos finais. Para fabricar, por exemplo, 50 quilos de cabo de fibra de vidro capaz de transmitir o mesmo número de mensagens telefônicas que 1 tonelada de cabo de cobre, emprega-se 20 vezes menos energia. Muita coisa se pode fazer também na área agrícola mediante uma melhor utilização do recurso água. Entretanto, para podermos inverter a correlação tradicional entre crescimento econômico e utilização de energia, a maior contribuição terá provavelmente que provir de profundas alterações nos hábitos de vida e nos padrões de consumo dos países desenvolvidos, responsáveis que são com 1/6 da população do globo pelo consumo 2/3 da energia utilizada no mundo.

O DESAFIO AMBIENTAL COMO FATOR DE INTERDEPENDÊNCIA E DE COOPERAÇÃO MUNDIAL

Ao contrário do que proclamam alguns observadores interessados, talvez, em manter o mundo subdesenvolvido resignado a um status de definitiva dependência, não é verdade que o Primeiro Mundo possa, em virtude do progresso tecnológico, desgarrar-se do Terceiro de cujas matérias primas seria cada vez menos dependente. Os problemas ambientais revelam que o mundo é realmente um só, e que entre as nações mais adiantadas e as mais atrasadas se faz necessário mais, e não menos, cooperação. Registra-se, pelo contrário, um aumento da interdependência, ao invés da propalada tendência à marginalização definitiva dos países mais pobres.

O desenvolvimento ecologicamente sustentável deve ser, por isso mesmo, uma meta comum de todas as nações. Mas não é meta que possa ser alcançada pela simples operação das forças do mercado, seja no plano nacional, seja no internacional. Pelo contrário, exigirá planejamento e forte ação regulatória em ambos os níveis, interno e externo. Não são coisas, porém, que se possam deixar apenas à responsabilidade ou ao arbítrio do Estado. O planejamento e regulação que o desenvolvimento ecologicamente sustentável requer, deve-se fazer com plena participação da sociedade de forma a mais democrática e descentralizada possível. Em nível internacional, pede cooperação não só entre governos, mas também de organizações não-governamentais.

A cooperação internacional no contexto Norte-Sul requer somas importantes, muito mais significativas do que as até agora prometidas e sobretudo comprometidas. Mais do que isso, essa cooperação não pode ficar restrita a empréstimos ou doações orientados, através de condicionalidades de todo o genêro, a promover antes de mais nada, o ajustamento dos países subdesenvolvidos às preocupações ecológicas dos países fornecedores dessa assistência e não como indispensável à real necessidade de tornar sustentável o desenvolvimento dos países mais pobres. Uma estratégia de genuína cooperação não pode escapar, outrossim de se assentar no reconhecimento pelos países industrializados das respectivas obrigações de reorientação tanto de seus processos produtivos quanto seus próprios estilos de vida.

Para fazer frente ao desafio ecológico, o enfoque chave deveria ser, por conseguinte, o da partilha proporcional de responsabilidades entre nações ricas e pobres e não como se delineia nos foros internacionais, o da transferência dos encargos mais pesados para os economicamente mais fracos e que menos poluem ou menos ameaçam o equilíbrio ecológico do planeta. O que está em jogo, em última análise, é a capacidade política dos governos dos países desenvolvidos de obter de seus governados a aceitação de sua responsabilidade como os principais fatores de poluição global no passado e no presente.

A transferência de tecnologias novas e menos poluentes poderá constituir uma das chaves para garantir o desenvolvimento ecologicamente sustentável no Terceiro Mundo. É indispensável promover ativamente a exportação dessas novas tecnologias do mundo industrializado para o mundo subdesenvolvido. Nesse terreno, mais do que em qualquer outro, é que se torna imperativo forjar uma aliança entre ricos e pobres em favor do desenvolvimento sustentável desse pequeno planeta em que habitamos.

Os padrões internacionais de propriedade industrial devem ser revistos para assegurar que a concessão do privilégio da patente deve corresponder necessariamente à obrigação para o patenteado de transferir tecnologia, seja pelo investimento direto para explorar a patente no país que a concede, seja pelo licenciamento de produtores locais, obrigação esta que deverá ser tanto maior quando se tratar de tecnologia desenvolvida a partir de matéria-prima adquirida no país onde a patente for obtida.

Os países subdesenvolvidos devem ser cautelosos, porém, em não pleitear como se de privilégio se tratasse, maiores prazos para proceder à conversão de suas indústrias aos novos padrões de preservação do meio ambiente. Deveriam, em todo caso, fazer uso muito excepcional dessa possibilidade. Não deveriam, de qualquer modo, em função de uma maior capacidade de absorção de poluição decorrente do próprio atraso econômico, aceitar e muito menos atrair investimentos estrangeiros baseados em tecnologias condenadas na origem como poluentes. O recurso a uma espécie de "licença provisória para poluir", tal como implicitamente reconhecido no protocolo de Montreal sobre Proteção da Camada de Ozônio, pode comprometer talvez irreversivelmente a posição competitiva dos países subdesenvolvidos nos mercados mundiais, instituindo uma nova e perversa modalidade de divisão internacional do trabalho. Os países em desenvolvimento devem, isso sim, lutar por soluções definitivas de incorporação de tecnologias menos poluentes em seus métodos produtivos, em particular em novos projetos.

Os países em desenvolvimento, além de ficarem muito atentos a que a defesa do meio ambiente não se transforme no mundo desenvolvido num pretexto para a prática do protecionismo, devem ter plena consciência, entretanto, de que o uso mais racional de energia e de matérias-primas, inclusive pela reciclagem, vai resultar forçosamente em diminuição da demanda por produtos primários, tornando-os ainda mais precários como instrumentos de promoção do desenvolvimento pela via da exportação.

A RETOMADA DO DESENVOLVIMENTO DE FORMA ECOLOGICAMENTE RESPONSÁVEL: O DESAFIO BRASILEIRO

O Brasil apesar de sede da Conferência Mundial do Meio Ambiente e do Desenvolvimento, pouco fez para que ali se produzissem conclusões realmente significativas. Na Convenção sobre Clima ficamos apenas com um acordo quadro, sem metas quantitativas de redução das emissões de "gases de estufa". Na Convenção sobre biodiversidade, sem se conseguir a adesão dos EUA, adotou-se fórmula de conciliação que assegura acesso aos recursos da biodiversidade sem a garantia da contrapartida de efetiva cooperação tecnológica. Os compromissos de cooperação financeira do Norte com o Sul revelaram-se, por seu lado, notoriamente insatisfatórios seja do ponto de vista quantitativo, seja sob o aspecto qualitativo, evidenciando mais uma busca de oportunidades de intervenção do que de legítima cooperação. Preocupado em assegurar que a Rio-92 concluísse seus trabalhos de forma consensual, ainda que em nível pouco expressivo, não soube o Governo brasileiro sequer aproveitar a ocasião para mobilizar a opinião pública brasileira em torno da questão do desenvolvimento sustentável.

Uma profunda reflexão sobre o imperativo de compatibilizar desenvolvimento com preservação ambiental é, contudo, inadiável para nós. Nesse sentido, a recessão que se abateu sobre o Brasil oferece, pelo menos, a vantagem de uma pausa de tempo para repensar o nosso modelo de desenvolvimento, em vez de simplesmente retomá-lo sobre as bases tradicionais de indiferença quanto ao impacto ambiental do progresso. Até que ponto podemos continuar a conceber a rodovia como o principal instrumento de transporte? Ao voltar a crescer, deveríamos procurar fazê-lo de forma a mais responsável possível do ponto de vista ecológico, na linha do que é na realidade um dos interesses mais permanentes do próprio país: a preservação do imenso patrimônio de recursos naturais e a melhoria da qualidade de vida do povo.

Uma política de desenvolvimento econômico socialmente justo e economicamente sustentável deveria, pois, basear-se em:

(a) profunda reorientação dos investimentos públicos na infraestrutura de transportes e de energia do país, privilegiando as formas de energia menos poluentes e mais eficazes em bases termodinâmicas e os meios de transporte de massa e, entre estes, os mais eficientes em termos de dispêndio de energia e de ocupação de ruas e estradas;

(b) política tributária e de tarifas de energia que incentivem o consumo mais racional de energia tanto na área industrial quanto na agrícola, e bem assim o uso mais eficaz da infraestrutura de transportes;

(c) prioridades na política de estímulo à pesquisa tecnológica, aos trabalhos no campo do desenvolvimento de materiais e de processos produtivos poupadores de energia e de matérias-primas;

(d) recuperação da qualidade do ar e das águas comprometidas por modelo de desenvolvimento ecologicamente inadequado.

A despeito de que 40% da energia consumida no Brasil seja de origem hidraúlica e apenas 46% seja de origem fóssil - números muito diversos do padrão mundial - impõe-se também uma revisão das bases energéticas de modelo de desenvolvimento que vínhamos praticando. Não só para poupar combustíveis fósseis, que importamos e que poluem, mas também, entre outras razões, pelo fato de que nosso potencial de recursos hídricos é finito, ainda que renovável. Metade dos aproveitamentos de fato disponíveis já estão aproveitados, e a metade restante demandará a inundação de áreas muito mais consideráveis do que no ano passado, com importantes implicações tanto em termos ambientais, quanto em termos de usos econômicos alternativos.

A modificação dos *balanços energéticos* da economia brasileira é tarefa obviamente complexa. Tanto do ponto de vista político quanto social na medida em que demandará reorientação de investimentos públicos e privados. Mas não exigirá necessariamene no cômputo global, investimentos adicionais se levarmos em conta as economias previsíveis em infraestrutura urbana e de transportes. O sobrecusto, se houver, será algo perfeitamente aceitável à luz das imensas vantagens de tornar sustentável o nosso processo de desenvolvimento e lhe dar o caráter qualitativo de que o progresso legítimo não pode prescindir. A era da energia barata está ultrapassada: é do interesse nacional que passemos a pagar por ela o seu verdadeiro custo.

Essa é, na realidade, a maneira mais eficaz de aumentar, de forma vantajosa, nossa inserção na economia mundial e no processo de garantir um lugar de destaque ao Brasil neste final de século, e uma posição de liderança no próximo. Uma política que, além de preservar recursos naturais e o equilíbrio ecológico, dentro de nossas fronteiras, tornar-nos-ia ao mesmo tempo, mais competitivos nos mercados internacionais. E que nos daria, por acréscimo, condição de poder passar a cobrar, como é de nosso fundamental interesse, o exercício, pelas demais nações ricas ou pobres, de suas respectivas responsabilidades econômicas.

O desenvolvimento sustentado constitui um desafio especial para a região amazônica na medida em que o Brasil nela se defronta com um teste decisivo da sua capacidade de exercer sua soberania sobre aquela imensa região que constitui a metade do nosso território. Não há como aceitar a tese descabida de uma limitação de nossa soberania, sob a alegação de que os recursos florestais e da biodiversidade na região constituiriam um "patrimônio da humanidade", e de teses não comprovadas sobre as conseqüências do esquentamento do clima mundial.

A melhor defesa da nossa autonomia de decisão em relação à Amazônia residirá não na defesa em abstrato de nosso pleno direito de administrar parcela considerável do território nacional, mas sim no exercício efetivo de nossas responsabilidades, sem discriminação entre brasileiros, qualquer que seja sua origem racial. Essa é a tarefa a que nos devemos dedicar de preferência, ainda que isso possa representar sacrifício com recursos próprios, de modo a assegurar o caráter verdadeiramente nacional do planejamento e da execução de um projeto de desenvolvimento ecologicamente sustentável para a Amazônia.

A ENCRUZILHADA DA POLÍTICA AMBIENTAL BRASILEIRA

Laymert Garcia dos Santos

Como é de conhecimento geral desde meados da década de 80, o desmatamento propulsou a floresta amazônica para o centro do debate ecológico mundial. A Amazônia brasileira atraiu a atenção porque o desmatamento parecia interligar, num cenário catastrófico, três grandes tendências contemporâneas que podem conduzir a um desastre ambiental global: o efeito estufa, a destruição da camada de ozônio e a perda da biodiversidade. Na verdade foi o desmatamento tropical que forjou o próprio conceito de biodiversidade e engendrou uma nova questão.

Não é o momento de considerarmos a controvérsia que se armou em torno da contribuição do desmatamento brasileiro, nas mudanças climáticas e na destruição da camada de ozônio. Mas é necessário lembrar que a emergência da questão da biodiversidade projetou uma luz nova sobre a selva: de repente todo o mundo descobria que as florestas tropicais concentram os habitats mais ricos em espécies do planeta, ao mesmo tempo em que descobria que elas correm o maior risco de extinção.

Reunindo dados e informações das mais varidas fontes, Norman Myers[1] dá uma idéia do alcance do problema: "As florestas tropicais podem ser consideradas a mais grandiosa celebração da natureza a enfeitar a face da Terra nos quatro bilhões de anos de existência da vida. Embora cobrindo apenas 6% da superfície terrestre do planeta, estima-se que elas contêm pelo menos 70% e possivelmente até 90% das espécies da Terra. (...) À medida que as florestas desaparecem com elas desaparecem as espécies. Em apenas 4% de extensão da floresta tropical e 0,2% da superfície terrestre do planeta no mínimo 15% das espécies vegetais da Terra estão ameaçadas de extinção em torno do ano 2.000, ou logo depois, juntamente com centenas de milhares (possivelmente milhões) de espécies animais. (...)

A extinção maciça que está tomando conta das biotas do planeta ocorre quase inteiramente nas florestas tropicais."

Ora, dentre os países que abrigam florestas tropicais, o Brasil ocupa, com larga dianteira, o primeiro lugar, liderando o grupo dos treze "países de megadiversidade".

---

1 MYERS, N. The anatomy of environmental action: The case of tropical deforestation. In: HURRELL, A. & KINGSBURY, B. *The international politics of the environment*, p. 437.

Philip Fearnside[2] fornece os números que expressam tal posição. A chamada Amazônia Legal brasileira tem uma superfície de aproximadamente 5 milhões de Km², ou seja, 60% do território nacional. A Amazônia é uma região de dimensões continentais - a metade do tamanho da Europa. Existem, atualmente, no mundo, 8,5 milhões de Km² de florestas tropicais úmidas, distribuídas na América do Sul, África e Ásia; a Amazônia brasileira contém cerca de 40% dessas florestas.

As florestas úmidas da Amazônia são caracterizadas por sua grande biodiversidade, rica em espécies biológicas e em ecossistemas, bem como em diversidade genética dentro de cada espécie. Enquanto na floresta amazônica se conhecem mais de 2.500 espécies de árvores, nas florestas temperadas de toda a França apenas cerca de 50 espécies podem ser encontradas. Tal riqueza de biodiversidade é internacionalmente reconhecida, o que não impede que esteja imensamente ameaçada. Está-se vendo, portanto, que para o melhor e o pior a biodiversidade é antes de tudo uma questão brasileira.

Em busca de argumentos para deter o desmatamento, as pessoas preocupadas com a crítica situação da biodiversidade tropical sentiram-se levadas a *justificar* os esforços de preservação e a enumerar *as vantagens* que obteríamos, caso não fôssemos indiferentes ao desaparecimento das formas de vida. Como se a vida dessas espécies só pudesse realmente valer, se provasse ser valiosa para a vida do homem moderno.

Nesse sentido James Nations observa[3]: "Virá o dia em que considerações éticas sobre a diversidade biológica tornar-se-ão nosso principal motivo para conservar as espécies. Mas até lá se quisermos continuar mantendo a diversidade biológica do planeta, temos que falar a língua corrente. E a língua corrente é a utilidade, a economia e o bem-estar dos seres humanos individuais. Nos anos 80, a pergunta parece ser: 'O que a diversidade biológica fez por mim recentemente?' A boa nova é que a resposta a esta pergunta é: 'Muito, e mais do que você avalia'. Nossas vidas estão cheias de exemplos da lógica de que devemos preservar as plantas e animais dos quais dependemos como espécie."

Os especialistas começaram, portanto, a explicar que, além dos valores científico, estético e ético da biodiversidade, sua perda afetava imediatamente o bem-estar material das pessoas em toda parte. Norman Myers[4], por exemplo, lembra-nos que um em cada quatro produtos vendidos nas farmácias, seja medicinal ou farmacêutico, é fabricado a partir de materiais extraídos de plantas das florestas tropicais. Tais produtos incluem antibióticos, antivirais, analgésicos, tranqüilizantes, diuréticos, laxativos e muitos outros itens. As vendas comerciais desses diversos produtos no

---

2 FEARNSIDE, Ph. "Pressões antrópicas sobre a Amazônia: situação atual e perspectivas de conservação". In: *Subsídios técnicos para a elaboração do relatório do Brasil para a CNUMAD*, p. 80.
3 NATIONS, J.D. "Deep ecology meets the developing world". In: WILSON, E.O. (ed.) *Biodiversity*, p. 281.
4 *Op.cit.*, p. 438.

mundo inteiro atingem atualmente cerca de 20 bilhões de dólares por ano. Por isso mesmo, a ênfase no valor medicinal da biodiversidade tornou-se uma constante nas advertências dos experts - mas há ainda outros "benefícios" que poderiam ser considerados: aqueles ligados à agricultura e à indústria.

Os exemplos, mostrando o quanto a biodiversidade tropical fez por todos nós, proliferam através das páginas da literatura especializada. Entretanto, sua contribuição poderia ser bem maior, se pensarmos, como World Resources Institute[5], que *menos de um por cento* das plantas tropicais tiveram seus usos potenciais investigados! Há então, em matéria de biodiversidade das florestas tropicais, uma dupla ignorância: a ignorância do que ela é, porque a desconhecemos, porque ela ainda não foi amplamente estudada pela ciência ocidental e porque o saber tradicional desaparece sob os golpes da sociedade moderna, antes mesmo que o seu valor seja reconhecido; e a ignorância do que a biodiversidade poderia vir-a-ser, ignorância irresponsável e inconseqüente de quem dilapida uma riqueza do futuro, sem ao menos antecipar seus benefícios no presente.

Os esforços de justificar a preservação em termos utilitários e enfatizar as vantagens materiais para o bem-estar das pessoas, criaram um problema difícil para os biólogos, botânicos e zoólogos. Pediam-lhes que estabelecessem o valor da biodiversidade enquanto "capital natural". Alguns descartaram de imediato tal demanda; muitos ambientalistas e economistas decidiram, no entanto, jogar o jogo e tentar avaliar a riqueza da biodiversidade tropical em termos econômicos. Num livro chamado *Saving the planet*[6], o Worldwatch Institute explicitou o que parece ser o ponto fundamental da economia ambiental: "Nossas economias estão comprometidas com uma forma disfarçada de financiamento de um déficit, processos como o desmatamento e o superbombeamento da água do solo inflam o desempenho atual às custas da produtividade a longo prazo. Estamos violando os princípios da sustentabilidade ambiental num setor após o outro. Confiando num sistema incompleto de contabilidade, sistema que não avalia a destruição do capital natural associado aos ganhos do desempenho econômico, devoramos nossos bens produtivos, satisfazendo nossas necessidades de hoje às custas de nossos filhos. Como afirma o economista Herman Daly, 'há algo fundamentalmente errado em tratar a terra como se fosse um negócio em liquidação'."

A premissa do Worldwatch Institute parece corresponder ao que realmente acontece. Entretanto, aceitá-la já suscita imediatamente uma série de perguntas ingênuas, óbvias. Antes de mais nada, por que não avaliamos o que estamos perdendo? Se é verdade que a destruição ocorre porque nosso sistema de contabilidade não leva

---

[5] World Resources Institute, *Tropical forest: A call for action*, citado por ARNT, R. In: ARNT, R. & SCHWARTZMAN, S. *Um artifício orgânico - Transição na Amazônia e ambientalismo*, p. 53.

[6] BROWN, L., FLAVIN, C. & POSTEL, S. *Saving the planet*, pp. 28-29.

em conta o "capital natural", por que a economia o desconsidera? Além disso poderíamos perguntar: por que a natureza não é concebida como capital? Se fosse, os ambientalistas não se perguntariam ansiosos: Como um valor *pode ser conferido* às florestas tropicais? Como demonstrar que "elas valem mais em pé do que deitadas?"

Falar em "capital natural" pressupõe, portanto, uma operação que converte algo que tem valor qualitativo - e como tal é único e incomensurável - em algo cujo valor é quantitativo. Nesse sentido o caso da floresta amazônica poderia fornecer aos economistas uma excelente oportunidade para se verificar se a riqueza ambiental pode tornar-se capital, e como a biodiversidade brasileira pode ser integrada ao mercado.

Quando se considera o velho e predatório estilo de desenvolvimento que prevaleceu nessa região, é espantoso constatar que as florestas estão sendo destruídas porque só têm valor qualitativo, ambiental, valor vital e como tais, *não têm valor nenhum,* isto é, não têm valor econômico. Se assim não fosse, como poderíamos explicar que até o final dos anos 80 o Estado brasileiro concedeu 2,5 bilhões de dólares de subsídios para os fazendeiros que queriam queimar as florestas para "beneficiar" a terra, transformando o solo em "fazenda aberta"?[7] É preciso reconhecer que o próprio ato de queimar tornou-se uma operação de realização do valor! "A floresta amazônica, escreve Philip Fearnside, está sendo destruída basicamente porque para os agentes econômicos individuais o valor econômico imediato da floresta é menor do que o valor de usos alternativos do solo, inclusive especulativos."[8]

Juristas franceses[9] nos lembram que o Direito Romano tinha dois conceitos para designar as coisas sem dono e sem valor: estas eram denominadas *res nullius* e *res communis*. Amiúde, *res communis* refere-se a um volume, continente ou um todo, como o ar ou o mar, enquanto *res nullius* refere-se a um conteúdo, a cada elemento natural ou fragmento, como a planta e o animal selvagens. Tradicionalmente *res nullius* está vinculada à abundância: ela não pertence a ninguém e cada um pode livremente utilizá-la; mas quando há escassez ou medo da escassez *res communis* emerge para impedir a apropriação e estabelecer uma espécie de reservatório para coisas mantidas em comum. Quando ocorre apropriação *res nullius* e *res communis* desaparecem dando lugar à propriedade. Podemos então entender por que as florestas da Amazônia são tão impiedosamente destruídas, o velho e predatório estilo de desenvolvimento integra a região amazônica à economia brasileira, negando a existência de coisas sem dono e impondo a lei da propriedade privada.

Em lugar nenhum os esforços dos economistas e dos juristas para calcular o incalculável, e para avaliar o que não tem valor, alcança tamanha dramaticidade

---

7 MYERS, N. *op. cit.*, p. 443.

8 FEARNSIDE, Ph., *op. cit.*, p. 82.

9 REMOND-GOUILLOUD, M. "Le prix de la nature" e "Ressources naturelles et choses sans maître"; HERMITTE, M.A. "Le concept de diversité biologique et la création d'un statut de la nature", in EDELMAN, B. & HERMITTE, M.A. *L'homme, la nature et le droit.*

quanto nas florestas tropicais brasileiras. De fato o destino da biodiversidade tropical parece atado aos conceitos jurídicos de *res nullius* e *res communis*, e ao conceito econômico de *recursos*, que considera plantas e animais de acordo com seus usos potenciais, mas apenas como matérias-primas. Nesse sentido, apesar do desejo de muitos ambientalistas que pretendem combinar riqueza ambiental e lógica de mercado, dificilmente poderia a diversidade tropical ascender ao status de "capital natural".

A riqueza da biodiversidade brasileira vem sendo dilapidada para promover a integração da região amazônica na economia de mercado, através de um estilo de desenvolvimento predatório. Seria possível argumentar, e o argumento tem sido bastante levantado, que tal tipo de desenvolvimento está superado e que os novos padrões do alto capitalismo poderiam lidar com a biodiversidade tropical de modo muito mais adequado. Os otimistas anunciam uma nova perspectiva: a engenharia ecológica e a biotecnologia poderiam criar uma tecnologia ambientalmente avançada que abriria imensas oportunidades para as empresas e estabeleceria uma conexão positiva entre os valores ambientais e econômicos.

Os especialistas já dispõem de dados suficientes para acreditar que a biotecnologia e a revolução dos novos materiais constituem a próxima onda das altas tecnologias, e que tal tendência conduzirá a uma mudança de paradigma tecnológico. O problema, porém, é que a biotecnologia parece expressar um novo tipo de predação, uma forma bastante perversa de destruição e uma maneira sofisticada de submeter a biodiversidade à lei do mercado.

Contrariamente a todas as expectativas a biotecnologia não morre de amores pela biodiversidade. Vale a pena evocar aqui um instigante ensaio, analisando precisamente a hipótese de que a biotecnologia se nutre da repulsa pela natureza, e não de sua aspiração a um reencontro harmonioso com ela. Nesse sentido a biotecnologia seria uma das maiores manifestações do "gnosticismo tecnológico".

Hermínio Martins que trabalha tal hipótese, escreve: "(...) o gnosticismo é usualmente entendido como compreendendo abjuração do orgânico, repugnância pelo corpo, aversão pelo natural (...) e um pathos metafísico no qual a "viscosidade" das coisas é sentida como radicalmente inimiga do espírito. A tecnologia implica na manipulação do mundo material e portanto, parece intrinsecamente contra-gnóstica. Entretanto através da expressão superficialmente paradoxal "gnosticismo tecnológico" é significado o casamento das realizações, aspirações e projetos tecnológicos com os sonhos caracteristicamente gnósticos de transcendência radical da condição humana (...)."[10]

Martins não deixa de registrar[11] o irônico paradoxo da situação contemporânea: a fabricação de formas de vida artificiais é empreendida num contexto planetário em

[10] MARTINS, H. "Hegel-Texas: Issues in the philosophy and sociology of technology". In: MARTINS, H. (ed.) *Knowledge and passion - Essays in honour of John Rex*, p. 229.
[11] *Idem.*, pp. 230.

que a biodiversidade está longe de ter sido exaustivamente classificada, e em que as espécies desaparecem em ritmo acelerado. Entretanto, a própria existência da biotecnologia parece não só minimizar a importância da extinção como até favorecê-la, ao romper as barreiras naturais entre as espécies e acelerar os processos de mudança genética e somática, intervindo diretamente nos genomas e substituindo, assim, os lentos ritmos temporais da evolução biológica pela temporalidade da bioengenharia.

A análise de Martins é interessante para nós porque revela uma possível incompatibilidade entre natureza e tecnologia, que se "resolve" em favor desta última cada vez que o critério econômico promove rápidos e produtivos processos artificiais para substituir os vagarosos e limitados processos naturais. Vale então a pena perguntar: Que tipo de articulação a biotecnologia vem estabelecendo entre valor ambiental e valor econômico?

A pergunta merece atenção em virtude de sua importância para a biodiversidade tropical e, mais particularmente, da floresta amazônica. Como vimos anteriormente, tem-se tentado valorizar a diversidade das formas de vida como "capital natural"; e, como todo mundo sabe, os especialistas enfrentam as maiores dificuldades para fazê-lo. Mas, embora talvez seja mesmo impossível avaliar a riqueza da biodiversidade brasileira no seu todo, e até mesmo a riqueza de cada uma de suas muitas espécies, é possível pulverizá-la em fragmentos microscópicos, apropriar-se de algumas dessas unidades mínimas e conferir-lhes um valor econômico que pode render milhões no mercado mundial. Ocorre que a biotecnologia é precisamente a possibilidade de converter algo que tinha de direito um valor ambiental em algo que pode ter de fato um valor econômico. Em suma, talvez a biotecnologia não opere uma conexão entre tais valores, mas sim uma conversão de um no outro. A biotecnologia vem sendo um modo especial de destacar a biodiversidade dela mesma e transformá-la em "capital artificial"!... A biotecnologia é o dispositivo através do qual a própria vida é extraída das diversas formas de vida como *res nullius* e incorporada como matéria-prima num processo industrial que está criando o mais promissor dos mercados: o biomercado.

Atenta à grande movimentação que se arma em escala internacional com a abertura de um novo campo de ação para o capitalismo global e consciente de que na relação biotecnologia-biodiversidade está em jogo uma questão crucial, Vandana Shiva nos permite entender o que está ocorrendo: "Como a biologia passa a ocupar o centro da cena da civilização industrial graças à emergência das novas tecnologias, a conservação da biodiversidade também se move para a cena central no movimento ecológico."[12] De saída, portanto, Shiva identifica na relação biotecnologia-biodiversidade o eixo do confronto entre meio-ambiente e economia. Ela sabe que a riqueza da biodiversidade é vista como fonte de matéria-prima estratégica para a

---

12 SHIVA, V. "Biodiversity, biotechnology and profits". In: SHIVA, V. et all. *Biodiversity - Social and ecological perspectives*, p. 43.

produção industrial de alimentos, medicamentos, fibras, energia, etc. que só a biotecnologia pode desenvolver. Mas isso não basta para estabelecer um vínculo positivo entre a tecnologia e as diversas formas de vida; antes de tudo, pela simples razão de que a biotecnologia já vem produzindo uniformidade e homogeneidade. Como esperar, então, que uma força produtora de uniformidade conserve a diversidade?

Vandana Shiva parte de uma constatação: o paradigma da produção dominante cria um imperativo de uniformidade e monoculturas. O objetivo maior da produção moderna é obter a máxima produtividade; ocorre que em todos os setores em que a produção moderna envolve plantas e animais, a busca da produtividade conduz à uniformidade e às monoculturas. Por essa razão, diversas culturas foram substituídas pela soja no Sul do Brasil ou pelo arroz na Ásia, enquanto as florestas naturais davam lugar aos eucaliptos. Além disso, a estratégia requer, em cada espécie, a promoção da única variante que é mais imediatamente rentável. Conseqüentemente a agropecuária moderna tende a ver a diversidade natural apenas como um reservatório de matéria-prima, de onde são extraídas determinadas espécies como *inputs* para a produção; proliferando em toda parte, tais espécies tendem a se tornar dominantes e assim, a eliminar outras espécies. A conclusão óbvia de todo o processo é que a própria agricultura moderna se baseia na destruição da variedade de espécies e da variedade genética dentro de cada espécie. Nesse contexto, a biotecnologia é, essencialmente, uma tecnologia promotora de uniformidade de plantas e animais.

Como Pat Mooney[13], Andrew Gray[14] e José Lutzenberger[15], Vandana Shiva sabe que a Biorevolução está seguindo o mesmo caminho aberto pela Revolução Verde dos anos 50 e 60, e pela Revolução da Semente da década de 70. Ela sabe que tal caminho é construído pelas mesmas corporações farmacêuticas, agroquímicas e de petróleo que inicialmente monopolizaram o mercado global de fertilizantes, em seguida transformaram a produção de sementes num imenso negócio, e agora têm na mira a própria vida. Por essa razão, querendo explicar como a biotecnologia trata a biodiversidade, Vandana Shiva recorreu à analogia da semente, elaborada por Jack Kloppenburg.[16]

Para o camponês ou o habitante da floresta, a semente é tanto um "produto" quanto um "meio de produção", isto é, grão, que será comido e grão que servirá como semente no próximo plantio. Como meio de produção, esta desenha, portanto, um círculo: o lavrador a reinveste no processo produtivo e nesse sentido a semente é o seu "capital"; só há um obstáculo a este investimento, e ele é de natureza biológica, é preciso condições apropriadas para que o capital se reproduza e multiplique. Tentando

[13] MOONEY, P. *Seeds of the earth - A private or public resource?*

[14] GRAY, A. *Between the spice of life and the melting pot: Biodiversity conservation and its impact of Indigenous peoples.*

[15] Manuscrito ainda não publicado.

[16] KLOPPENBURG, J. *The seed first*, citado por SHIVA, V. *op. cit.*, pp. 51 e ss.

superar o obstáculo biológico, o moderno produtor de semente e, principalmente, o biotecnólogo, quebram o círculo em duas linhas verticais: uma ascendente, canaliza o fluxo de germoplasma do campo e da floresta para os laboratórios das corporações e dos institutos de pesquisa; outra descendente, canaliza o fluxo de produtos uniformemente "beneficiados" e transformados em mercadorias, que parte das corporações para o campo e à floresta. No processo a semente natural deixa de ser produto e meio de produção para tornar-se matéria-prima.

A metamorfose tem, evidentemente, várias implicações. Em primeiro lugar, a semente auto-regeneradora se torna semente estéril que não se reproduz, quando por definição é um recurso gerador - através da intervenção tecnológica, a biodiversidade é transformada de recurso renovável em não-renovável; além disso, a semente agora não produz por si mesma: necessita de outros insumos (adubos químicos, etc) que também serão industriais, isto é, uma nova interferência externa no ciclo ecológico de reprodução da semente. Em segundo lugar, a biotecnologia toma o todo pela parte e a parte pelo todo, pois trata a semente auto-regeneradora como mero germoplasma "primário", e promove a semente estéril e carente a "produto acabado". Finalmente ao transformar um processo ecológico de reprodução em processo tecnológico de produção, a biotecnologia retira a semente das mãos do camponês e do habitante da floresta, colocando-a nas mãos das corporações.

Na verdade, passam a existir duas categorias de sementes, duas raças. As sementes nativas - resultado de uma longuíssima seleção efetuada pela natureza e pelo homem - e usadas pelos agricultores do Terceiro Mundo inteiro tornam-se agora incompletas, desvalorizadas, improdutivas, primárias, mera matéria-prima e por isso mesmo são denominadas *primitive cultivars*; ao passo que as variedades criadas pela biotecnologia nos centros de pesquisa do Primeiro Mundo ou nos laboratórios das corporações de sementes transnacionais são denominadas *avançadas* ou *elite*.

Os termos usados pelos biotecnólogos expressam com clareza o que se passa na metamorfose da semente. Com efeito, a disjunção do círculo ecológico em dois fluxos tecnológicos lineares - fluxo ascendente de germoplasma e fluxo descendente de produtos acabados - efetua duas operações, a primeira vai se apoderar da semente como uma *res nullius*, neutralizar o seu valor ambiental e transformá-la numa matéria-prima; a segunda vai beneficiar a semente, conferir-lhe um valor econômico. Como dirá o biólogo, "*o germoplasma 'primário' só adquire valor depois de considerável investimento de tempo e dinheiro*".[17] Vandana Shiva tira a conclusão necessária de todo o processo: "O 'valor acrescentado' num campo é construído sobre o 'valor roubado' no outro campo. Assim o desenvolvimento da tecnologia se traduz em erosão da biodiversidade e criação de pobreza."[18]

---

[17] citado por SHIVA, V. *op. cit.*, p. 57.
[18] SHIVA, V. *op. cit.*, p.52.

Ao leitor arguto não terá escapado que a desvalorização das formas de vida e a sua redução à mera matéria-prima corresponde à introdução de patentes de gens e à reivindicação de propriedade intelectual para os bioprodutos inventados. Também não lhe terá escapado a conclusão mais geral de todo o processo: agora com a biotecnologia é possível uma apropriação direta da vida. Isto é, a vida pode ser monopolizada. Se pensarmos que a contribuição total do germoplasma silvestre para a economia americana foi, segundo P. Mooney[19], de 66 bilhões de dólares - isto é mais do que as dívidas do México e das Filipinas somadas - podemos entender não só a ambição das corporações, mas também, e principalmente, porque as florestas tropicais são vistas como "bancos de gens", porque já se fala em "caçadores de gens" e "ladrões de gens", porque os juristas discutem a "erosão genética global" em conexão com a "erosão jurídica", porque um observador comentou há algum tempo: "Em tudo isso sente-se que há algo errado. Empresas japonesas estão coletando ervas na Ásia. Empresas americanas estão atrás de plantas na América Latina. Empresas européias estão abrindo centros de pesquisa no Brasil e na Índia. Dá para ganhar dinheiro. Mas nada desse dinheiro será ganho pelas pessoas que descobriram primeiro o valor dos medicamentos tradicionais."[20]

Já se disse que o lema do capitalismo verde é salvar o planeta e ganhar dinheiro ao mesmo tempo. Talvez não seja possível salvá-lo se ficar demonstrado que as duas intenções são incompatíveis, como parece sugerir a análise da metamorfose da semente. De todo modo, embora a questão da salvação do planeta continue em aberto, parece já bastante adiantada a solução para se ganhar dinheiro com as diversas formas de vida. A biotecnologia vai explorar a biodiversidade através do sistema de patentes e do direito de propriedade intelectual.

A possibilidade de se patentear diferentes formas de vida surgiu e ganhou importância crescente na mesma década em que surgiram e aumentaram as apreensões com o futuro da biodiversidade da floresta tropical, muito embora tenha sido preparada por uma série de passos imperceptíveis nos decênios anteriores. Em 1980 se dá, porém, uma ruptura, quando a Corte Suprema dos Estados Unidos decidiu que Ananda Chakrabarty podia patentear a bactéria que criara através de engenharia genética e que era capaz de digerir petróleo. Até então os seres vivos não podiam ser patenteados porque eram produtos da natureza, mas o micro-organismo de Chakrabarty era manufaturado e pôde, assim, ser registrado. A repercussão foi enorme nos laboratórios de pesquisa das corporações. Em 1985 era patenteada a primeira planta, e em 1987 o primeiro animal.[21] (Em dezembro de 1992 a empresa belga Plant Genetic

---

19 Citado por SHIVA, V., *op.cit.*, p. 57.

20 FOWLER, C. *The law of life: Another development and the new biotechnology*, citado por GRAY, A. "The impact of biodiversity conservation on indigenous peoples". In: SHIVA, V. et all. *op. cit.*, p. 67.

21 BERLAN, J.P. 1988 "Cette vie qui devient marchandise", *Le Monde Diplomatique*, (417):20-21 déc; ver também CHANNELL, D. *The vital machine - A study of technology and organic life*; e EDELMAN, B. "Entre personne humaine et matériau humain: le sujet de droit", in EDELMAN, B. & HERMITTE, M.A., *op. cit.*, p. 100-141.

Systems registrou uma linhagem de vegetais comestíveis resistentes a um herbicida específico, que aumenta a produtividade. A Hoescht possui os direitos sobre a planta e o herbicida.)

A decisão de registrar um rato geneticamente alterado lembra que "o direito de patente não se aplica aos humanos". Pouco depois o caso Moore veio complicar a questão. Moore era um caso único de leucemia. Hospitalizado em 1976, logo os médicos realizaram que ele poderia render em termos de pesquisa (cerca de 3 bilhões, em dólares de 1990). Reunindo-se em equipe, dividiram, então, entre si, seu sangue, esperma, medula, pele e tecidos e durante sete anos retiraram fragmentos genéticos de seu corpo. Contratos com o Genetics Institutes e o laboratório farmacêutico Sandoz asseguraram a continuidade dos investimentos e as margens de lucro de cada um. Quando morreu, Moore deixou uma linhagem celular que continua proliferando num laboratório e nove produtos farmacêuticos. Mas antes disso, descobriu que estava sendo usado e moveu um processo... reivindicando o direito a suas células! O juiz deu-lhe ganho de causa. Marie-Angèle Hermitte especialista na questão de patentes, comenta o caso do seguinte modo:

Durante muito tempo o lixo hospitalar não teve valor algum. (...) Mas a situação mudou: orgãos, veias, placentas, tecidos podem ser diversamente reciclados pela indústria, e principalmente hormônios, anticorpos, fragmentos genéticos, linfócinos podem ser isolados, eventualmente multiplicados, fazendo do corpo e de seus restos uma verdadeira matéria-prima."[22]

Como sói acontecer, a matéria-prima não tem valor. Durante o processo, os médicos argumentaram que o material coletado do corpo de Moore podia ser comparado ao lixo hospitalar e que seu estatuto jurídico era de "coisa abandonada", pois seu vínculo com a pessoa já se rompera no momento em que fora destacado. Permitir que o paciente a negociasse, continuavam eles, equivalia a conferir um valor a algo que, enquanto tal, não valia nada. Na opinião dos médicos, o valor só era adquirido através do conhecimento do especialista que detecta seu interesse, e através do trabalho de laboratório que o torna um produto patenteável e comercializável.

A semelhança com o caso da semente evocado há pouco é flagrante. O argumento dos médicos é o mesmo do biotecnólogo. Ora, é precisamente tal similitude que M.A. Hermitte vai destacar: "Tal raciocínio diz ela, é familiar! É palavra por palavra o que se disse para negar qualquer valor ao petróleo, é palavra por palavra o que se diz para negar qualquer valor ao patrimônio genético das plantas silvestres! O petróleo escondido nas rochas tem valor nulo, ele só adquire valor potencial graças ao conhecimento dos geólogos, e valor efetivo através da operação de exploração-produção. A planta silvestre perdida na natureza, tem valor nulo; ela adquire valor

---

22 HERMITTE, M.A. 1988 "L'affaire Moore, ou la diabolique notion de droit de propriété". *Le Monde Diplomatique*, (417):20 déc.

potencial graças à intuição do botânico que prospecta, e valor efetivo através do trabalho do selecionador que transfere os gens interessantes para plantas cultivadas. De modo brutal, de repente já não são mais os países subdesenvolvidos que reivindicam "a soberania permanente sobre os recursos naturais", mas sim os doentes que reivindicam o controle dos produtos de seus corpos."[23]

Reconhecendo o direito de propriedade do doente sobre suas células e gens, o juiz americano reconheceu, simultaneamente, que tudo pode ser fonte de lucro. Mas então, diz M.A. Hermitte, "em nome desse direito do homem será possível administrar seu corpo como uma jazida de petróleo, com autorização de prospecção, concessão do direito de exploração e levando o delírio até o fim, franquia internacional dos direitos de distribuição![24] A conseqüência óbvia é que se abre inelutavelmente um mercado para os produtos do corpo, um mercado de órgãos.

Com o problema das patentes se encerra o processo que se tentou esboçar desde o início, quando o pesquisador se propôs a demonstrar que "a questão da biodiversidade tornou-se recentemente uma realidade da maior importância dos pontos de vista ambiental, econômico, tecno-científico... e vital". Vimos que a emergência da questão da biodiversidade na década de 80 estava vinculada ao desmatamento tropical, e particularmente ao desmatamento da Amazônia brasileira; em seguida a busca das vantagens que justificavam o esforço de preservá-la, mas também a dificuldade de determinar o seu valor enquanto "capital natural"; no passo posterior procurou-se mostrar como a biotecnologia converteu valores ambientais em valores econômicos através da metamorfose da semente e do patenteamento de seres vivos, que transformam a biodiversidade em matéria-prima. A esta altura já é então possível afirmar, com certeza, que a riqueza da biodiversidade brasileira se constitui como um problema de monta para o país. Resta agora ver como o Brasil tem lidado com essa complexa questão.

A questão da biodiversidade significa, para o Brasil, uma prova de fogo. Tudo indica que a evolução da crise ambiental planetária e o desenvolvimento da biotecnologia colocaram o país numa encruzilhada. A biodiversidade da floresta amazônica se constitui como um problema... ou uma oportunidade. O antropólogo Eduardo Viveiros de Castro define com rara precisão o que está em jogo: "Devastamos mais da metade de nosso país pensando que era preciso deixar a natureza para entrar na história, mas eis que esta última com sua costumeira predileção pela ironia, exige-nos agora como passaporte justamente a natureza."[25]

Trata-se de um desafio porque através da questão da biodiversidade vai ser testada a vontade política dos países industrializados de superar efetivamente o

---

[23] *Ibid.*, p. 20.
[24] *Ibid.*, p. 20.
[25] CASTRO, E.V. "Prefácio", in ARNT, R. & SCHWARTZMAN, S. *op. cit.*, p. 13.

impasse ambiental e rever o sentido do seu desenvolvimento insustentável, que consome 80% da energia produzida no mundo, mas por outro lado, também através desta questão será testada a capacidade do Brasil de fazer reconhecer o valor de seus recursos naturais não só para o próprio país, mas para todos os países. Tudo parece depender da transformação ou não de tal riqueza em matéria-prima do futuro.

A possibilidade da questão tornar-se um problema é, evidentemente, muito grande - e o próprio passado brasileiro parece indicar o predomínio dessa tendência. Não fosse a situação-limite em que o mundo se encontra em termos ambientais, e não fosse o peso da floresta amazônica tão decisivo, a certeza da derrota brasileira já teria se imposto.

A grande maioria dos brasileiros ignora por completo que, com o enorme agravamento da crise ambiental planetária na década de 80, o Brasil passou a ter um papel nas relações internacionais. O povo brasileiro nem acredita que o país possa ter uma voz no âmbito internacional. O desconhecimento da projeção que este adquiriu, é imenso e percorre todas as camadas sociais, mas é mais dramaticamente flagrante nas elites.

Até há pouco a crise ambiental era considerada um fenômeno dos países industrializados e no Brasil algo marginal, sem maiores conseqüências, que podia ser desconsiderado por empresários, partidos políticos e formadores de opinião. Em suma: uma questão menor. Se assim não fosse, como entender a surpresa brasileira com a repercussão internacional do assassinato de Chico Mendes? Ou a incompreensão com o interesse pela agonia dos yanomami? Como entender o tratamento caricatural e simplista que a mídia brasileira sempre reservou a José Lutzenberger? ou o espanto dos parlamentares ao descobrirem a relevância da Rio-92, daquilo que pensaram ser um circo ecológico? Como entender que um dos mais destacados líderes empresariais se oponha à demarcação de terras indígenas, qualificando os índios de "maiores latifundiários do país"? E como entender que o jornal *O Estado de São Paulo* adote tal crítica como sua posição oficial[26]? ou que o jornal *Folha de São Paulo* demita Ricardo Arnt, um dos raríssimos jornalistas especializados em meio ambiente, imediatamente depois deste receber um prêmio internacional e seis meses antes da Conferência das Nações Unidas sobre o Meio Ambiente e o Desenvolvimento? Não seria exagero dizer que as elites começaram a despertar para a seriedade da questão ambiental no Brasil, quando o Banco Mundial, pressionado pelas organizações não-governamentais dos países do Norte e diante do inegável desastre de projetos de desenvolvimento que vinha financiando, passou a bloquear alguns empréstimos. Foi preciso que a devastação da floresta amazônica e o lamentável tratamento da questão indígena fossem contestados em instituições financeiras internacionais para que internamente as elites principiassem a perceber a existência de um problema.

26 "Caiapós latifundiários" 1990, *O Estado de São Paulo*, 14 jan.,p. 3.

A atitude das elites brasileiras não poderia ser diferente, já que o motivo da devastação se encontra precisamente na relação que os brasileiros sempre mantiveram com os recursos naturais do país. Desde o final da década de 80, é comum nos automóveis das metrópoles um adesivo - nele vê-se desenhada a bandeira brasileira mas só a metade do retângulo está colorida; embaixo lê-se a inscrição "Estão tirando o verde da nossa terra." A frase é enigmática (afinal, quem são eles?), embora reveladora; eles são os outros; nós, patriotas, é claro que somos pela preservação. Já se disse que, emotivamente talvez, todos os brasileiros sejam mesmo ciosos das riquezas naturais do Brasil. José Augusto Pádua, entretanto, mostrou que existe um abismo entre a celebração retórica e a realidade da devastação impiedosa[27], lembrando ainda que o próprio nome do país encarna a exploração predatória do pau-brasil nas matas da costa.

O eixo da devastação se encontra na relação predatória com os recursos naturais. Ninguém tratou mais lucidamente o tema do que Sérgio Buarque de Holanda - toda a sua obra é permeada por ele. Antonio Cândido comentou certa vez que o historiador sabia mostrar "a relação do homem com o espaço físico, pela mediação das técnicas variadas, - o que era uma rara especialidade do Sérgio".[28] E é efetivamente através dessa chave de leitura que seus livros parecem revelar sua força máxima. Muito antes da consciência ambiental se manifestar, Sérgio Buarque já apontava o caráter predatório do processo de civilização no Brasil.

Sérgio Buarque conhecia as técnicas empregadas pelos brasileiros no trato da terra. Seu primeiro livro, *Raízes do Brasil*, tenta entender por que "*somos uns desterrados em nossa terra*" e nos comportamos como conquistadores de passagem, em busca de riqueza fácil. Ao longo das páginas vão surgindo, então, os traços da herança cultural do ocupante português, o desleixo, o desamor à terra, a concepção *espaçosa* do mundo. O modo como se pratica a agricultura desde o descobrimento é bastante característico. Sérgio Buarque acredita que os portugueses tomaram aos índios o modo de cultivar a terra, ateando, primeiro, fogo aos matos[29]. Mas ele próprio sublinha, nesse e em outros livros, certas diferenças que precisam ser consideradas. Antes de tudo é preciso lembrar que já na primeira metade do século XVI a prática das queimadas tinha acabado de dissipar em Portugal uma densa cobertura florestal ainda intacta no tempo de D. João I[30]. Não admira, portanto, que o recurso a essa prática parecesse aos colonos de uma tão patente necessidade, "que não lhes ocorre, sequer,

---

27 PÁDUA, J.A. "Natureza e projeto nacional: As origens da ecologia política no Brasil. In: *Ecologia e política no Brasil*, p. 20.

28 Carta a D. Maria Amélia Buarque de Holanda, a respeito do livro *O Extremo Oeste*, Biblioteca Sérgio B. de Holanda, Unicamp, 12 de Abril de 1985.

29 *Idem*, p. 16.

30 HOLANDA, S.B. *Monções*, p.163.

a lembrança de outros métodos de desbravamento"[31]. Além disso a abundância de solo cultivável convida ao esbanjamento: "Nem é mister recorrer à influência indígena para explicar o abandono aparentemente total de práticas tais como a rotação dos cultivos ou o alqueire por homens que as devem conhecer da pátria de origem"[32]. Na verdade, ocorre uma involução que agrava ainda mais o desmatamento, ao associar o método indígena com instrumentos europeus (enxada, faca, foice, machado, etc)[33] O mais importante, porém, que distancia os portugueses dos índios, é a introdução da predatória monocultura de exportação: "Em realidade, escreve Sérgio Buarque, só com alguma reserva se pode aplicar a palavra "agricultura" aos processos de exploração da terra que se introduziram amplamente no país com os engenhos de cana. (...) A verdade é que a grande lavoura, conforme se praticou e ainda se pratica no Brasil, participa por sua natureza perdulária, quase tanto da mineração quanto da agricultura. Sem braço escravo e terra farta, terra para gastar e arruinar, não para proteger ciosamente, ela seria irrealizável."[34]

O parentesco entre agricultura e garimpo, fundado no ímpeto de arrancar o fruto da terra, define o modo cru e desencantado que caracterizou as relações dos colonizadores com o país. Em *Visão do Paraíso*, Sérgio Buarque mostra como os portugueses se distinguiram por seu "pedestre realismo", e porque nasceram fora do Brasil todos os grandes mitos da conquista da América - o do Jardim do Éden, o das Amazonas, o do Eldorado. Aqui não há visões fantásticas, como na América espanhola, e até mesmo os motivos sobrenaturais amortecem, desempenhando papel menos considerável na ocupação do território. Aqui, descobrir significou apenas possuir - garimpar para poder partir. Nesse sentido, desde o descobrimento, os recursos da terra passaram a existir em função do exterior e para o exterior.

É interessante notar como o tema da predação acaba levando a historiografia de Sérgio Buarque a convergir para a historiografia de Caio Prado Jr., que, no entanto seguira um caminho tão diverso. Durante muitos anos, uma série de mal-entendidos e preconceitos impediu a percepção dessa confluência. No entanto, ela está registrada nas últimas páginas de *Visão do Paraíso*. Como se Caio Prado Jr. dissesse o que é a essência de nossa formação em termos de economia política e Sérgio Buarque dissesse o que é essa essência em termos de relação homem-ambiente. Com efeito, o primeiro escreve: "Se vamos à essência de nossa formação, veremos que na realidade nos constituímos para fornecer açúcar, tabaco, alguns outros gêneros mais tarde ouro e diamantes, depois algodão, e em seguida café, para o comércio europeu. Nada mais que isto. É com tal objetivo, objetivo exterior voltado para fora do país e sem atenção

---

[31] HOLANDA, S.B. Raízes..., *op. cit.*, p.37.
[32] HOLANDA, S.B. Monções, *op. cit.*, p. 169.
[33] Para a destrutiva associação técnica européia + métodos indígenas na caça, pesca e lavoura, ver HOLANDA, S.B. *Índios e mamelucos na expansão paulista*, p. 228.
[34] HOLANDA, S.B. Raízes, *op.cit.*, p. 18.

a considerações que não fossem aquele comércio que se organizarão a sociedade e a economia brasileiras."[35] Ao que Sérgio Buarque arremata: "Teremos também os nossos eldorados. Os das minas, certamente, mas ainda o do açúcar, o do tabaco, de tantos outros gêneros agrícolas, que se tiram da terra fértil, enquanto fértil, como o ouro se extrai até esgotar-se do cascalho, sem retribuição de benefícios. A procissão dos milagres há de continuar assim através de todo o período colonial, e não a interromperá a Independência sequer, ou a República."[36]

O processo de ocupação do Brasil fez prevalecer a devastação e quase cinco séculos de relação predatória com os recursos naturais consolidaram um padrão acentuado e intensificado pela modernização capitalista e as técnicas industriais do século XX. Mas como o país tem dimensões continentais, a floresta amazônica permaneceu praticamente intocada até a década de 1960, apesar do ciclo da borracha, entre 1840 e 1910, que acarretou a drástica redução dos povos indígenas e levou entre 600 e 700 mil nordestinos para a região como mão-de-obra quase escrava.

O fato é que nos anos 60-70 deu-se a integração da Amazônia brasileira ao processo de desenvolvimento nacional sob o comando dos militares. Não cabe aqui detalhar como ocorreu a abertura dessa última fronteira.[37] O importante é lembrar que os grandes projetos agropecuários, rodoviários, hidrelétricos, de mineração e de colonização têm forte impacto ambiental porque se baseiam na destruição das florestas, ou então, facilitam-na. Tal como foi concebido, o desenvolvimento da Amazônia pressupunha o desmatamento.

Muitas forças foram envolvidas na predação e constituíram uma teia de múltiplos interesses: as instituições financeiras internacionais, a tecnocracia militar e civil, as elites regionais e nacionais, corporações transnacionais, madeireiros, colonos sem terra, garimpeiros. Comenta Ricardo Arnt: "Frente às dinâmicas deflagradas, é fraca a resistência. Na amplidão amazônica, sobreposta à população rarefeita e à sociedade desarticulada, os lucros e prejuízos do desenvolvimento são desigualmente distribuídos. Os que se beneficiam com o desmatamento não arcam com seu custo social, ambiental nem financeiro, uma vez que ele é executado com recursos públicos. Não raro, nem vivem na região. Boa parte dos lucros da expansão econômica é canalizado para fora da Amazônia. Elites locais, empresas do Sul e estrangeiras exportam matérias-primas e insumos e concentram lucros. Os prejuízos sobram à população por mais de uma geração."[38]

---

[35] PRADO JR, C. *Formação do Brasil contemporâneo, citado por HOLANDA, S.B. Visão do Paraíso*, p. 333.
[36] HOLANDA, S.B. *Visão do Paraíso*, p. 334.
[37] Muitos textos foram escritos sobre o assunto. Na bibliografia final o leitor encontrará as referências completas dos trabalhos de ARNT, R. & SCHWARTZMAN, S.; de HEBETTE, J.; de PÁDUA, J.A.; de GOLDENBERG, J. & DURHAM, E.; de LEROY, J.P.; de PINTO, L.F.; de KECK, M.; de CLEARY, D.
[38] ARNT, R. *op. cit.*, p. 90.

Em meados da década de 80, porém, o desmatamento da floresta amazônica tornou-se não só uma questão central do debate ecológico no mundo todo, mas também um problema político internacional. Andrew Hurrell[39], que captou o momento da mudança, pensa que o problema político não emerge diretamente do impacto global do desmatamento, mas sim da incongruência entre as fronteiras legais e políticas do sistema de Estados internacional e as fronteiras das redes causais ecológicas. Hurrell observa que o desmatamento ocorre nas florestas localizadas dentro do Brasil e que sua preservação ou destruição depende da jurisdição soberana do Estado brasileiro. "Mas isso suscita uma questão importante: se e até que ponto as florestas tropicais úmidas são de fato parte do 'patrimônio global' e representam um bem coletivo." Após cuidadosa análise, Hurrell conclui então que as florestas da Amazônia têm um caráter muito peculiar, estas são ao mesmo tempo *res communis*, um "patrimônio global" que propicia um bem coletivo beneficiando a todos, e "propriedade" de um Estado individual.

Seria uma bênção se a floresta amazônica fosse reconhecida como *res communis*, ou "patrimônio global" - caso isso significasse que elas haviam se tornado um *patrimônio* considerado não em termos de valor, mas como uma riqueza a ser transmitida. Nesse caso, a biodiversidade poderia ser salva, e com ela a sociodiversidade que ainda a faz existir. O homem moderno tende a esquecer que as florestas tropicais não são naturais, posto que a região tem sido ocupada há centenas e centenas de anos pelos povos indígenas; elas são a conseqüência tanto da tecnologia indígena quanto das regulações naturais. Como escreve o antropólogo Eduardo Viveiros de Castro, "isto que chamamos 'natureza' é parte e resultado de uma longa história cultural."[40]

O conceito de *res communis* ou "patrimônio global" como *patrimônio* é muito próximo do modo como as sociedades indígenas concebem seu ambiente. Infelizmente, quando os países industrializados reivindicam que a floresta amazônica ou sua biodiversidade sejam declaradas "patrimônio global", estamos muito longe do que realmente precisamos. O problema é que, sendo ao mesmo tempo um "patrimônio global" e uma "propriedade" do Estado brasileiro, a floresta amazônica é a própria expressão da assim chamada "guerra dos gens"[41].

Através da biotecnologia, plantas, animais e micro-organismos tornaram-se uma riqueza econômica potencial - assim o que realmente conta é o controle dos recursos da floresta tropical. É extremamente interessante notar que tal acontecimento, de enorme importância para o país, passa praticamente despercebido pelos cientistas políticos brasileiros, sempre alheios à questão ambiental. Com efeito, basta procurar no volume organizado por José Álvaro Moisés, *O futuro do Brasil - A América Latina*

39 HURRELL, A. "Brazil and the international politics of deforestation". In: HURRELL, A. & KINGSBURY, B. *op. cit.*, p. 398-429.
40 CASTRO, E.V. *op. cit.*, p. 20.
41 HERMITTE, M.A. "Le concept...", *op. cit.*, pp. 270.

e o fim da guerra fria, de que modo a questão da floresta amazônica deverá interferir nas relações internacionais do Brasil durante os anos 90 e veremos que o tema é marginal ou inexistente em quase todos os ensaios. As exceções vêm de fora: do inglês John Chipman, considerando que a persistência do desmatamento pode afetar as relações econômicas com a Comunidade Européia e os Estados Unidos,[42] e de Marcílio Marques Moreira, alertando para a importância do "patrimônio ecológico".

O então embaixador do Brasil em Washington estava atento à necessidade de o país acordar para a situação atual e principalmente para suas oportunidades: "(...) num momento em que os avanços tecnológicos nos subtraem vantagens comparativas, como foram no passado o trabalho barato e a abundância de matérias-primas, temos um enorme patrimônio insubstituível e praticamente inexplorado, ou seja, o patrimônio ecológico. Urge preservá-lo, para poder desenvolvê-lo e urge desenvolvê-lo para poder preservá-lo. É patrimônio cujas cotas estão em ascensão - e são cobiçadas! - na bolsa mundial de valores." M.M. Moreira evoca então alguns números relativos à riqueza das florestas da Amazônia e conclui: "Essa biodiversidade tem enorme significado, no momento em que o mundo entra na era da biogenética e da biotecnologia."[43]

É significativo que venha de um diplomata a formulação mais lúcida sobre a perspectiva maior desenhada pela questão da floresta amazônica para o Brasil. Os cientistas políticos brasileiros parecem cegos porque sempre ignoraram o problema ambiental, e porque a questão da biodiversidade ainda não se tornou objeto de um litígio evidente. Entretanto, o contencioso vem crescendo há mais de vinte anos.[44] Em 1971, numa reunião internacional preparatória para a conferência de Estocolmo, o Brasil foi o primeiro país a vincular meio ambiente e desenvolvimento, argumentando que os recursos naturais dos países subdesenvolvidos eram afetados por um processo de esgotamento em virtude da intensificação da exploração decorrente da necessidade de compensar a queda de preço das matérias-primas no mercado mundial. Ainda em 1971, um ano antes do relatório *The Limits to Growth* predizer publicamente as conseqüências catastróficas da exaustão dos recursos, os países industrializados propuseram na XXVI Assembléia Geral das Nações Unidas que os recursos naturais fossem colocados sob o controle de um Fundo Mundial, de modo que pudessem ser partilhados pela humanidade. Era o início do confronto entre a abordagem "patrimônio global" e a abordagem "soberania permanente sobre os recursos naturais".

Vinte anos depois, a posição diplomática brasileira com relação aos recursos naturais não havia mudado. Abrindo os estudos técnicos que integraram o dossiê de

---

42 CHIPMAN, J. "A América Latina e os novos desafios da ordem international: a política de alinhamento banal". In: MOISÉS, J.A. *O futuro do Brasil*, p. 83-84 e 90.

43 MOREIRA, M.M. "O Brasil no contexto internacional do final do século XX". In: MOISÉS, J.A. *op. cit.*, p. 119. Grifo do autor.

44 MACHADO, V. "O meio ambiente e as negociações internacionais". In: Subsídios..., *op. cit.*, p. 150-168.

subsídios para a elaboração do relatório nacional do Brasil para a CNUMAD, Roberto Pereira Guimarães escreve: "Em resumo, corresponde ao mundo desenvolvido a responsabilidade primeira de encontrar soluções para os problemas mais prementes do planeta, pois até o momento a contribuição de nossa desordem para a desordem global é ainda desprezível. Não se pode escapar da realidade, entretanto. Será impossível alcançar um estilo de desenvolvimento ambientalmente sustentável, se os países latino-americanos não se dispuserem também a transformar seu padrão atual de crescimento e de incorporação do patrimônio natural. Por outro lado, a região detém a parte mais significativa dos recursos naturais e biogenéticos necessários à viabilização do desenvolvimento. É de se esperar, à luz do exposto, que os mesmos postulados defendidos em 72 voltem a influenciar as discussões em 92."[45]

O intuito da diplomacia brasileira de defender, desde antes de 1972, os recursos naturais do país, foi reforçado com a emergência da questão da biodiversidade. Atenta ao que se passava no Norte, ela começou a considerar que a floresta amazônica, mais do que um problema, deve ser entendida como a oportunidade do país, sua chance de um futuro - e por isso mesmo não deve mais ser depredada. Ainda que não se saiba ao certo como explorá-la, a biodiversidade tornou-se um trunfo importante. O Itamaraty sabe que a face positiva da questão ambiental brasileira também é responsável pela dimensão global que esta acabou tomando, e sabe ainda que, através dessa questão, o país pode ter condições de se fazer ouvir. Aliás parece que foi precisamente por ter consciência da nova situação que o Brasil se propôs a sediar a conferência.

No entanto a "guerra dos gens" manifestou-se já nas reuniões preparatórias a Rio-92. Os países desenvolvidos sustentavam a tese do livre acesso, ainda que remunerado aos bancos de germoplasma, argumentando que plantas e animais são *res nullius*, e que a biodiversidade é *res communis*; o Brasil defendia, obviamente, a tese de que o acesso deveria ser regulamentado por acordo, a critério do país que a possui, e que se baseia no princípio do direito soberano do Estado sobre os recursos naturais localizados em seu território. Para os diplomatas brasileiros, se os recursos genéticos fossem "patrimônio global", também deveriam sê-lo os frutos decorrentes da própria existência e transformação do patrimônio genético. Resumindo: o acesso aos recursos da biodiversidade deveria corresponder à transferência de biotecnologia e de outros tipos de tecnologia que colaboram na preservação. O vínculo entre biotecnologia e biodiversidade tornou-se então explícito - os países industrializados reivindicavam livre acesso aos recursos genéticos, em contrapartida, o Brasil reivindicava o acesso à biotecnologia.

---

45 GUIMARÃES, R.P. "O desafio do desenvolvimento econômico sustentável: preservação ambiental, crescimento econômico e justiça social". In: Subsídios..., *op. cit.*, p. 5.

Nesse contexto só poderia mesmo ganhar acuidade a questão das patentes e da propriedade intelectual. É conhecida de todos a vitória diplomática do Brasil na Rio-92 com o isolamento dos Estados Unidos, que se recusaram a assinar a convenção, invocando precisamente o caráter inegociável das patentes. No entanto a vitória brasileira bem pode ter sido a de Pirro.

David Cooper que trabalha para a organização não-governamental GRAIN - Genetic Resources Action International - observa: "A convenção só pode conseguir bons resultados ao tratar do problema da perda da biodiversidade se garantir acesso aos recursos genéticos, assegurar remuneração para os países em desenvolvimento, incluindo apoio concreto aos agricultores e outras organizações populares diretamente envolvidas na conservação da biodiversidade, se contiver um acordo sobre o acesso às novas tecnologias."[46]

Um ano depois da conferência do Rio, os pontos levantados por David Cooper permanecem um "wishful tinking". Mais ainda, nem a abordagem "patrimônio global" do Norte, nem a abordagem "propriedade" do Estado brasileiro se interessam pelo apoio concreto aos agricultores e organizações populares. Na verdade os povos da floresta podem acabar tendo de enfrentar uma escolha impossível entre o velho, violento e predatório estilo de desenvolvimento que a elite brasileira sempre lhes reservou, ou o desenvolvimento predatório pós-moderno, *high-tech*, que as corporações transnacionais, o Banco Mundial e as agências internacionais estão planejando para integrar a biodiversidade no mercado global.

Provavelmente os últimos ganharão a "guerra dos gens", se conseguirem combinar a Convenção da Biodiversidade com o sistema de patentes que poderia impor a abordagem "patrimônio comum" que *eles* preconizam. Em todo caso, esta parece ser a estratégia. No dia seguinte ao encerramento da conferência, o mesmo Presidente da República que assinou a Convenção da Biodiversidade, tão laboriosamente defendida pelos diplomatas, enviou ao Congresso um projeto de lei de propriedade industrial e principalmente patentes (Projeto 824/91 - Lei das Patentes). A iniciativa procurava abrir as portas da biodiversidade aos países do Norte e às corporações transnacionais sem nenhuma compensação. Analisando o texto, o Prof. Carlos A. Joly aponta que já o artigo 1o. da Convenção - que recomenda a conservação da biodiversidade, o uso sustentado de seus componentes e uma divisão justa e equitativa dos benefícios advindos da utilização de recursos genéticos - entra em contradição com vários artigos do projeto de lei e seus substitutivos, pois estes visam à criação do direito de propriedade exclusiva sobre seres vivos criados artificialmente e ignoram por

46 COOPER, D. "Genes for sustainable development - Overcoming the obstacles to a global agreement on conservation and sustainable use of biodiversity". In: SHIVA, V. et al., *op. cit.*, p. 105-106.

completo a questão dos micro-organismos - para ficarmos só nos pontos que afetam a biodiversidade.[47]

A crise do *impeachment* impediu que o projeto fosse votado e que a biodiversidade se transformasse em matéria-prima para os laboratórios de biotecnologia dos países industriais. A questão da biodiversidade e das patentes passou às mãos do governo Itamar Franco. No discurso de posse, o novo Presidente reservou algumas palavras à biodiversidade: "Além da pesquisa fundamental, tenho particular esperança no setor biológico que nos pode dar, à vista da riqueza de nossa biodiversidade e dos trabalhos já realizados, forte presença mundial."[48]

Enquanto o novo governo se instaurava, porém, a biotecnologia prosseguia o seu trabalho de conversão de formas de vida em matéria-prima. Em meados da década de 80, um novo mercado havia sido aberto no Brasil, quando pessoas desesperadas começaram a vender um rim ou um olho através dos classificados dos jornais. Desde então, os negócios parecem ter se expandido bastante... Na noite de 26 de Janeiro de 1993, o Prof. Leon Schwartzenberg, especialista em câncer e Aids, pediu aos seus pares do Parlamento Europeu que os países da comunidade fortalecessem as normas sobre transplantes para impedir que os miseráveis do Terceiro Mundo ficassem tentados a vender partes de seus corpos. O deputado francês declarou que o tráfico organizado de orgãos existe do mesmo modo que o tráfico ilegal de drogas e freqüentemente é controlado pelas mesmas pessoas. Segundo ele, aparentemente, o comércio de bebês da América Central para a do Norte destina-se à adoção, na realidade as crianças são mortas para extração de orgãos como olhos. O professor completou: "Existe um grande comércio de orgãos entre o Brasil e a Alemanha."[49]

No passado, os negros e muitos índios foram escravizados e como tais, tornaram-se mercadorias. Hoje, como plantas silvestres, animais selvagens e germoplasma, o povo brasileiro está se tornando *res nullius* e matéria-prima para a biotecnologia e o biomercado externo.

---

47 JOLY, C.A. "O projeto de lei 824/91 e a universidade". In: *A lei de propriedade industrial em debate*, p. 14-15.

48 Este vai ser um governo honrado, Íntegra do discurso. 1992. *Jornal do Brasil*, 31 dez., p. 4.

49 Call for ban on grim trade in body parts 1993. *The Daily Telegraph*, 27 Jan., p. 11.

O QUE SIGNIFICA A AMAZÔNIA PARA A SOCIEDADE GLOBAL?[1]

Thomas Hurtienne

Para situar a problemática da região Amazônica no contexto global, vou começar com uma pergunta chave: o que significa a Amazônia para a sociedade global?

Como todos sabem, a Amazônia foi sempre considerada como uma das últimas fronteiras de exploração de recursos na expansão da economia mundial, da valorização do espaço, da acumulação ou, como ultimamente se observa no discurso e também na prática internacional, como uma das últimas reservas biológicas, um imenso depósito. Falou-se no passado também sobre a Amazônia como o estabilizador do clima global, como pólo de fixação de gás carbônico, como sistema gigantesco de opção de energia solar com todas as possibilidades que isso provavelmente vai ter para o futuro.

Nessas concepções estão contidas, na verdade, duas visões opostas. E eu gostaria de usar estas duas dimensões, "economia" e "ecologia", em minha análise. Pode-se perguntar mais uma vez: em que sentido a Amazônia foi e é um espaço *econômico* para a acumulação do capital nacional e internacional, seja primitiva ou seja agora numa forma um pouco mais civilizada.

É bem claro que a visão da Amazônia como uma das últimas fronteiras da expansão da economia mundial tem como premissa a possibilidade de um processo real da acumulação do capital. Isto significa a possibilidade real de uma co-evolução entre ecossistemas e sistemas sociais, quer dizer, a transformação dos ecossistemas e o desenvolvimento sustentável de sistemas sociais. Na natureza, está causando já, uma certa degradação ecológica, mas de uma maneira que não destrói os fundamentos básicos do funcionamento dos ecossistemas, isto é, exatamente a grande pergunta: se e em que grau, e até que ponto, existe a possibilidade de uma utilização de alguns espaços na Amazônia para o desenvolvimento sustentável, enquanto que outras partes ainda cobertas de floresta primária, poderiam ser preservadas? Por que a outra visão, a região como espaço ecológico, interpreta a Amazônia como região com uma riqueza natural que pode trazer benefícios para o homem, não só para o Brasil, mas para o mundo todo quando não se interfere no funcionamento dos seus ecossistemas naturais.

---

[1] Retirado da fita

Vou entrar mais tarde nessa questão. Antes vou falar rapidamente sobre qual o sentido em que se pode falar de uma sociedade global, porque em todas as conferências, ultimamente, menciona-se sempre muitas vezes "globalização" e "transnacionalização". Como aqui hoje o tópico da nossa mesa é Amazônia na Sociedade Global, em que sentido existe então, uma sociedade global?

Acho que se tem, pelo menos, que fazer uma reflexão sobre o fato de que existe na discussão sobre a globalização e regionalização, uma contradição bem clara, porque por um lado, falando sobre um avanço na globalização, implicitamente se está falando sempre sobre uma certa forma de viver, produzir e pensar em sistemas de valores que se podem resumir num certo modelo civilizatório que foi chamado, equivale a dizer, a maneira de produzir, de viver, de organizar a infra-estrutura, as cidades, os espaços etc. que foi organizado, num primeiro momento, nos Estados Unidos e depois se trasladou para a Europa, Japão e chegou, é claro, para a América Latina e para o resto do mundo, mas de uma forma bem disfarçada, como se sabe. Então "globalização" ou "sociedade global", no meu entender, significaria que essa tendência ou esse modelo hegemônico de um certo padrão de desenvolvimento se vai trasladar de uma forma completa para o resto do mundo e também para a Amazônia.

Todo mundo sabe que isto não está acontecendo, ao contrário, o que está acontecendo é uma tendência de propagar um estilo de vida, um certo estilo de consumo, isto é bem claro, tem uma dimensão global. Mas isto não é tudo, porque uma globalização efetiva significaria, também, no modelo fordista, uma eqüidade social maior, vamos dizer, uma participação da maioria nesses processos de consumo. E esse é o problema e todos sabem que não é a situação de hoje no Brasil sobretudo na Amazônia.

Então, falar sobre globalização e sociedade global, somente tem sentido a partir dessa forma de pensar que existe uma tendência, um modelo civilizatório, uma forma de modernidade que hoje em dia, depois do colapso do socialismo real, é o único, aparentemente, o único modelo que tem a hegemonia na sociedade global. Mas isto não significa que esse modelo seja capaz de realmente transformar o espaço, o tempo, os homens, as mulheres, as relações entre o homem e a natureza, as formas sociais, seguindo o modelo *fordista* das nações industrializadas. Todo mundo sabe que o modelo fordista está baseado no uso de energia e de outros recursos naturais não renováveis ou numa forma concentrada que até com processos sofisticados de reciclagem não são facilmente recuperáveis. Então, trata-se de um processo de apropriação de fontes energéticas não renováveis, e de outros recursos naturais de todo o mundo por parte de somente alguns países avançados, e também por parte das elites mas também de uma parte da classe média nos países do Sul. Desse modo, não é possível generalizar esse modelo de consumo com a sua base energética para todo o mundo.

Não há necessidade de falar nisso, porque isso é bem conhecido, mas se esquece esse fato chave muitas vezes, quando se está falando em globalização e sociedade global.

Assim, o modelo fordista também está numa crise estrutural e hoje em dia, na economia mundial, pode-se observar um processo de mudanças radicais no que se refere a formas tecnológicas, formas organizativas e contextos institucionais que têm também, implicitamente, um reflexo numa poupança de energia não renovável, de novas formas de tentar solucionar esse problema, essa contradição entre economia e ecologia. Porém, o chamado pós-fordismo, os modelos, os novos ingredientes para algo novo que está surgindo, onde não se sabe se já está formando-se como modelo. Esse chamado pós-fordismo, essas novas tendências de mudanças radicais, não implicam ainda um modelo sustentável até hoje. Esse é o grande problema. As novas tecnologias podem ajudar a poupar alguma parte de energia, pode-se imaginar muitas coisas, mas não uma generalização nem desse novo modelo de produção e consumo para todo o resto do mundo.

A minha intenção é somente introduzir alguns argumentos que possam fazer compreensível essa contradição real, mas também ao nível dos argumentos entre a possibilidade de generalizar o modo de viver, de produção, de pensar dos países avançados, e das elites, e da classe média brasileira para a grande maioria da população, e por outro lado, um processo de globalização cada vez mais vinculado aos meios de comunicação, de um processo de propagação desse modelo, como um modelo de modernidade, ou vamos dizer da pós-modernidade. Hoje em dia, como já temos ouvido, também os governos, os representantes de várias instituições e órgãos oficiais, falam sobre desenvolvimento sustentável, o que aparentemente poderia solucionar o problema da crise da modernização, ou poderia ajudar ao surgimento de uma *possibilidade* que aparentemente está ligada com uma diversidade maior de opções individuais. Na verdade, até hoje, o modelo dominante da globalização está baseado na utilização excessiva de recursos não renováveis e dificilmente recicláveis.

Mas o que que significa isso para a Amazônia? Pode-se dizer que a Amazônia foi sempre pensada, por um lado, como um espaço enorme, aparentemente vazio, que a economia global ou as grandes empresas multinacionais e também as empresas brasileiras podem utilizar como último recurso para os seus processos de acumulação.

Fazendo uma breve história da conquista da Amazônia, pode-se resumir que a Amazônia é, e sempre foi, pensada nessa visão, como última fronteira da expansão do capitalismo mundial, baseado no velho projeto de modernização, no mito de abundância vegetal que aparentemente seria capaz de transformar a Amazônia no celeiro do mundo, como já Humboldt pensava, no mito do grande reservatório de recursos naturais que se pode valorizar facilmente. Isso pressupõe, como se sabe, a possibilidade de transformar ecossistemas naturais em sistemas de uso da terra ou paisagens culturais que são caracterizados por uma complexidade menor e uma diminuição também da biodiversidade, mas sem uma perturbação profunda do funcionamento do ecossistema. Então se pressupõe que uma sustentabilidade econômico-ecológica é possível. Isto é exatamente o grande problema que a indiferença e não consideração pelos europeus ou outros, da especificidade dos diversos ecossistemas amazônicos com suas formas de vida e suas características mais gerais que não são adaptáveis ou não são propícias para um processo de co-evolução como o que aconteceu na Europa ou em outras partes da América Latina. As experiências dos europeus que sempre tentaram valorizar o espaço amazônico têm sido bem claras: até as primeiras plantações não funcionaram e depois de algum tempo quando o Ciclo da Borracha foi somente um ciclo e Fordlândia, apesar de investimentos bem grandes, não funcionou, e as famosas fazendas de gado, pesadas pelo Banco Mundial e outros *financiadores* e pelo governo brasileiro como uma grande fonte de divisas, fracassaram. Fracassaram no sentido econômico e só causaram danos ecológicos, só resultaram num extrativismo predatório, que é diferente do extrativismo dos povos indígenas ou dos caboclos que geralmente praticam um extrativismo sustentável.

Então, nesse sentido, a Amazônia é realmente para o mundo todo o símbolo, a síntese mais clara da crise do projeto da modernização. A Amazônia está como um espelho que revela a impossibilidade de combinar uma transformação dos ecossistemas e o desenvolvimento de formas sustentáveis economicamente. E resta aparentemente, só a outra visão, a Amazônia como reserva biológica, isto é até certo ponto, o interesse do governo alemão, dos americanos, das agências internacionais de um modo geral, que depois de muitas tentativas de tomar a Amazônia como a última fronteira, hoje em dia, não a vêem mais como última fronteira, mas como uma das últimas reservas biológicas que se tem que cuidar porque é um patrimônio da sociedade global, por causas, que todo mundo conhece, como fator estabilizador do clima global, como reserva genética imensa, e também como uma reserva para a absorção da energia solar, que ainda não se sabe o que pode significar para uma revolução energética no futuro.

Então, o "interesse" da sociedade global de preservar a Amazônia, ou a Floresta Amazônica, ou os restos que existem ainda, é compreensível, mas também é uma visão unilateral, porque o processo de ocupação econômica da Amazônia está ocorrendo e, além disso, a Amazônia não é uma unidade, como já foi dito várias vezes.

A Amazônia também é uma região com uma diversidade de várias formas de floresta, com vários graus de fertilidade do solo, então é mais viável repensar a Amazônia não somente como última fronteira, ou como uma das últimas reservas biológicas, mas também repensar como se pode combinar pelo menos um certo grau de desenvolvimento sustentável em algumas partes da Amazônia, sobretudo valorizando as formas de tratar o solo ou de plantar e por outro lado, como preservar grandes partes da Floresta Amazônica que são muito mais um patrimônio ecológico para o Brasil e para o mundo e não tanto um espaço facilmente explorável economicamente, pelo menos com as teologias até agora disponíveis.

Então, eu quero introduzir, na discussão, esse aspecto porque significa uma necessidade de mudança das políticas do governo brasileiro, mas significa também que os interesses dos governos alemães, norte-americanos e outros, além das posições das ONG's, têm também que ser refletidos um pouco mais, com respeito à legitimidade das formas de utilização "racional" do espaço, no sentido de serem adaptadas aos ecossistemas locais. O Norte tem que respeitar isso, encontrar formas de desenvolver economicamente pelo menos algumas partes da Amazônia numa forma sustentável, e essa conferência mostra que isso é um desafio imenso, e não sem perspectiva para uma solução.

PROBLEMAS NA INTERPRETAÇÃO DA HISTÓRIA MODERNA DA AMAZÔNIA

David Cleary

O problema a que vou me referir nesta palestra é sobre como nós devemos interpretar a modernização na Amazônia, isto é, como é que nós podemos conceitualizar a história recente da Amazônia na época moderna. Primeiramente devo dizer que vamos tomar o início da história moderna da Amazônia como sendo o ano de 1960, ano em que a rodovia Belém-Brasília chegou a Belém e, conseqüentemente, o isolamento em que a Amazônia se encontrava do resto do país, que tinha definido, até então, a história da Amazônia, começou a se dissolver.

Acompanhei com muito interesse as palestras que já foram feitas deste palco e os debates que elas provocaram na platéia. Julgando o conteúdo desses debates, acredito que poucas pessoas aqui vão concordar com minha palestra e com a interpretação que pretendo oferecer ao debate. Como não acredito que a função de um congresso como este seja a de produzir consenso, ao contrário, é a falta de consenso que pode nos levar a melhorar nossa maneira de pensar e interpretar a realidade que nos enfrenta. Esse processo acontece na base justamente de falta de consenso, de pessoas discordando umas das outras e argumentando com base em interpretações diferentes. Portanto, já que tenho o privilégio de dispor hoje de uma platéia grande, na região que me cativou em todos os sentidos, eu quero propositadamente provocar e através disso, provocar uma nova reflexão sobre as linhas de interpretação da realidade contemporânea da Amazônia.

Vamos começar com uma idéia hipotética, impossível de ser realizada. Vamos imaginar que temos um planejador da época da ditadura militar, dedicando-se à elaboração de uma política regional para a Amazônia no ano, vamos dizer, de 1968: nós o colocaríamos em uma máquina do tempo e magicamente ele seria um elo - com certeza- seria transportado para os dias de hoje. Como é que seria a reação dele frente à realidade da Amazônia no ano de 1993? Tenho certeza que reagiria à realidade de hoje com consternação. A imagem que ele tinha na cabeça, em 1968, sobre como seria a Amazônia daqui a 25, 30 anos, teria sido mais ou menos a seguinte: primeiro, uma rede rodoviária vincularia todas as sub-regiões da Amazônia, quebrando o isolamento das economias e sub-economias regionais. Não haveria falta de infra-estrutura, hidroelétricas forneceriam eletricidade barata e um certo número de pólos industriais de mineração e outras indústrias estariam irradiando modernidade e desenvolvimento no interior. Nas cidades, um Estado forte e capaz estaria dirigindo o processo do desenvolvimento regional. No campo, fazendas enormes seriam a manifestação mais óbvia de um agrocapitalismo, envolvendo o setor privado, trabalhando ao lado do estado, ou seja, foi essa visão profundamente tecnocrata que previu a dominação do capitalismo dentro da Amazônia e a integração da economia da Amazônia com a economia nacional.

Essa idéia de que o destino inevitável da Amazônia é o capitalismo, foi também compartilhada pelo mundo acadêmico. Os modelos teóricos que foram elaborados nas universidades interpretam a história moderna da Amazônia como um movimento inevitável em direção ao capitalismo. Não há tempo aqui de sumariar esses modelos, mas alguns já foram citados por outros palestrantes, e muitas pessoas aqui já conhecem os trabalhos de autores como Otávio Velho, José de Souza Martins e Joe Foweraker, cujas obras exemplificam essa linha de argumentação, explicando a Amazônia contemporânea em termos de um progresso de uma economia isolada e não-capitalista para uma economia pré-capitalista, no processo de ser integrada à economia nacional e terminando no capitalismo, uma vez que o processo de integração fosse completado. Essa linha de argumentação foi também veiculada nos partidos políticos da esquerda na Amazônia e no Brasil inteiro, tentando também interpretar a história moderna da região. Em todo caso, apesar das divergências específicas nas explicações diferentes, há nessas interpretações um consenso completo ao redor da idéia de que a Amazônia caminha para o capitalismo. Talvez seja o único ponto em que há um consenso entre as lideranças militares da ditadura, a esquerda e o mundo acadêmico.

Ora, o que eu quero sugerir é exatamente o contrário. Acho que a Amazônia da década de 1990 é entendida melhor, se vista não como uma região na qual o capitalismo está ficando cada vez mais hegemônico, mas ao contrário, cada vez menos. Entendo que a Amazônia não está avançando para o capitalismo, mas recuando dele. E digo ainda: não é somente que o capitalismo está recuando na região, mas está se batendo numa retirada desordenada, como se fosse um exército fugindo de um campo de batalha onde tudo já foi irremediavelmente perdido.

Isso pode parecer uma coisa estranha para ser dita, até chocante, mas acredito que possa ser correta, e preciso esclarecer o argumento.

Primeiro temos que definir nossos termos. Muitos palestrantes e muitas pessoas, comentando da platéia, já usaram a frase "capitalismo selvagem", ou "capitalismo primitivo'' para descrever o desenvolvimento contemporâneo da Amazônia. Falaram também da "penetração" do capitalismo, ou do "crescimento" do capitalismo. Mas eu tenho que insistir num ponto de definição: o capitalismo não é o capitalismo sem as relações sociais típicas do capitalismo, ou seja, trabalhadores assalariados de um lado, capitalistas do outro, e a apropriação do valor adicional da produção (*appropriation of surplus value*), determinando a organização social da produção. Sem dúvida, há muita acumulação de capital na Amazônia de hoje, mas isso não deve ser confundido, como muitas vezes já foi, com capitalismo. Se o capitalismo fosse definido pela mera acumulação de capital, então as empresas do ciclo da borracha descritas pelo Professor

Roberto Santos eram empresas capitalistas, e sabemos todos que isso é um absurdo. Não nego que uma característica da história da Amazônia moderna seja a monetarização (a capitalização, se quiser) de economias isoladas que funcionaram na base do aviamento, do escambo, ou de outras formas de organização econômica. Mas a penetração do capital no interior não significa necessariamente, a penetração do capitalismo. Vou explicar melhor:

Uma coisa interessante a fazer é tentar mapear as transformações na economia amazônica desde 1960. Descobrimos uns fatos importantes: primeiro, em certos lugares, realmente ocorreu aquela seqüência do não-capitalismo para o pré-capitalismo, e depois o capitalismo. Vou dar três exemplos: os sociólogos e antropólogos já documentaram o desaparecimento da indústria artesanal de açúcar ao redor de Belém. Desde o fim do século XVIII há uma documentação farta, descrevendo essa indústria, produzindo cachaça da terra para o comércio do interior e servindo o mercado urbano de Belém. Houve uma variedade de maneiras de organizar a produção, mas nenhuma delas era capitalista e o trabalho assalariado nunca fez parte desse sistema econômico. Mas a partir da chegada da rodovia Belém-Brasília, com a possibilidade de acesso ao mercado urbano para os grandes fabricantes industriais de cachaça no resto do país, estes alambiques regionais foram incapazes de concorrer, nem em termos de escala de produção, nem em termos de custos da produção. Uma coisa parecida aconteceu com a pesca artesanal no leste do Pará. A possibilidade de exportar frutos do mar para outras regiões do país, e até para o exterior, fez com que o setor fosse dominado rapidamente por empresas maiores, claramente capitalistas em termos de relações sociais de trabalho e industrial, na escala de produção. E finalmente, o crescimento de Belém transformou a criação de gado na ilha de Marajó. Ao invés de levar a uma variedade de relações entre grandes e pequenos proprietários, incluindo, mas não restringindo, o trabalho assalariado, agora as maiores fazendas expandiram, expulsando os pequenos proprietários para áreas mais marginais, e trabalharam na base do salário. Em todos estes três casos, então, nós encontramos o triunfo previsto do capitalismo.

Mas a maioria já terá notado que estes três exemplos vêm não da fronteira agrícola ou do interior, onde o capitalismo deve ter penetrado e conquistado as relações de acordo com as teorias do desenvolvimento moderno da região, mas sim da área mais antiga da Amazônia, em termos de povoamento não indígena. E de fato, foi nas grandes cidades, e nas áreas próximas às cidades, onde o capitalismo se realizou na Amazônia com maior facilidade. E isso é lógico, a partir da construção da rede rodoviária, são os mercados urbanos com seus trabalhadores relativamente bem-treinados, sua massa maior de consumidores, que atraem mais as grandes empresas capitalistas. Portanto, o mapa do capitalismo amazônico é curioso, porque não é espalhado pela Amazônia inteira, mas concentrado em alguns focos estratégicos: as grandes cidades, uns poucos pólos industriais - os Carajás deste mundo - e é só. Trata-se de fato de um capitalismo de enclaves. Um capitalismo que lembra aquele famoso discurso de Getúlio Vargas, em Manaus, em 1940, quando ele descreveu a população da Amazônia como sendo ilhas demográficas no meio de um mar vazio. E o capitalismo amazônico até hoje é assim: enclaves num vazio. Muitas pessoas podem dizer que sim, mas que no futuro o capitalismo vai colonizar a região, vai se espalhar como se fosse um câncer destes pólos. Mas está demorando, não está? Onde está o corredor capitalista que seria o resultado da ferrovia Carajás-Itaqui? Onde estão os incentivos fiscais que iriam atrair as grandes empresas para a região? Onde estão as multinacionais onde Jari seria somente um começo? Onde está a Jari, por sinal? E as empresas de mineração que iam acabar com os garimpos? Hoje mais de trinta anos depois de 1960, temos que aceitar o fato que os enclaves de capitalismo que temos na Amazônia, longe de ser o futuro da região, constituem-se em um capitalismo tupiniquim, destinados a permanecer somente como enclaves. São relíquias do passado, não uma previsão do futuro.

Então vamos tentar responder à pergunta: se não é o capitalismo, o que é que então nós temos na Amazônia? Bem, estamos já no terceiro dia deste congresso, na última sessão, bem perto do fim, mas ainda não ouvi, nesses três dias, a expressão "economia informal", o que é um fato extraordinário. Extraordinário porque para mim a economia informal é a chave da compreensão da história moderna da Amazônia. Não foi o capitalismo que acabou triunfando na Amazônia, mas sim a economia informal.

Precisamos definir melhor nossos termos mais uma vez. Há várias definições de economia informal na literatura, e pessoas diferentes empregam a frase em sentidos divergentes. Mas a definição mais simples, e também a mais comum, é que a economia informal é aquela parte da economia que não paga imposto e não é regulada pelo Estado. Obviamente, do ponto de vista estritamente jurídico e, especialmente, quando definido pelo Estado que se sente prejudicado pela perda de impostos, isso significa atividades econômicas ilegais. Mas não significa somente atividades criminais, embora o narcotráfico, por exemplo, faça parte da economia informal. Incluiria uma variedade enorme de atividades nessa categoria, do garimpeiro ao engraxate, trabalhando de uma maneira socialmente aceita, mas sem pagar imposto e sem ser sujeito à regulação do Estado. Inclui empresários ricos, políticos corruptos, mas também os pobres, vendendo fósforos e pedindo esmolas nas esquinas das grandes cidades. Ou seja, contém a mesma variedade social, as mesmas desigualdades sociais e econômicas que a economia formal.

Posso ilustrar este ponto melhor com um exemplo bem concreto. Na palestra interessante que ele acabou de dar, o professor Roberto Santos nos mostrou num quadro, detalhando as relações comerciais entre o Brasil e o Paraguai, na economia formal: X toneladas de tal, importadas ou exportadas num valor de y, etc, etc. Mas todos nós sabemos que isso relata somente uma parte da relação econômica entre estes dois países. Sabemos que, na realidade, se comprarmos um cigarro na rua em frente deste hotel, há uma possibilidade boa de que seja contrabandeado do Paraguai. Sabemos que o bem de consumo brasileiro mais procurado do Paraguai é o carro roubado. E tem mais um detalhe interessante, uns anos atrás, morei na Escócia e fiz uma pesquisa - por sinal, uma das pesquisas mais divertidas que já fiz na minha vida -

sobre a indústria de uísque. E os executivos nas destilarias descobrindo que eu tinha morado na América do Sul, ficaram curiosos, porque houve uma coisa que eles não sabiam explicar. No quadro dos maiores importadores de uísque do mundo, os Estados Unidos, lógico, ficaram em primeiro lugar, depois veio o Japão, e em terceiro lugar, o Paraguai. Bem, eu tive que explicar que os paraguaios podem até gostar muito de uísque, mas que não são alcoólatras, e que de fato "Paraguai", neste contexto, significa "o uísque contrabandeado da América do Sul inteira".

No meu entender, então, não foi o capitalismo que acabou ganhando a batalha na Amazônia, mas a economia informal, e o capitalismo-enclave que nós temos, se constitui, de fato, em ilhas de capitalismo, não em um vazio, mas no grande mar da economia informal. Não importa como é que se quer avaliar a importância da economia informal - número de trabalhadores, valor de produção, número de empresas - mas qualquer que seja o indicador usado, pode-se dizer que, na Amazônia, a economia informal não é somente maior que a economia formal, mas até dominante. Vou rapidamente ilustrar este ponto: o valor do ouro que se extrai todos os anos nos garimpos da Amazônia - entre 80 e 100 toneladas, de acordo com as estimativas do DNPM - é maior que o valor das exportações de bauxita e ferro de Carajás. O preço mundial do estanho na Bolsa de Metais em Londres flutua de acordo com as notícias dos níveis de produção do garimpo de cassiterita de Bom Futuro, em Rondônia, que é também responsável pela maior parte da produção de estanho da Bolívia, onde uma maioria das minas de estanho já foram fechadas e para onde uma boa proporção da cassiterita de Bom Futuro é contrabandeada. Sabemos também, que uma grande proporção de empréstimos na Amazônia ocorre na economia informal, que tem se espalhado até para os mercados financeiros. Muitos pequenos proprietários não podem lidar com o sistema bancário porque não satisfazem as exigências burocráticas dos bancos, ou porque são analfabetos e têm dificuldade em preencher os formulários, ou porque querem aplicar o dinheiro em atividades econômicas alheias ao banco. Muitas pessoas conseguem empréstimos mesmo assim, mas de pessoas físicas e não de instituições financeiras, na base de acordos verbais e de um relacionamento social entre os dois lados. Todos que já fizeram pesquisa séria na economia real da Amazônia desconfiam do retrato da economia regional que aparece nas bases de estatísticas oficiais, que muitas vezes não têm o mínimo valor para a Amazônia. Todos sabem que a economia funciona no mercado informal.

Então, minha visão da história moderna da Amazônia é, de um modo geral, a seguinte: houve, realmente, um período, nas décadas de 60 e 70, quando parecia que o capitalismo ia ser dominante na região e que a integração física da economia da Amazônia com o resto do país ia acabar com as peculiaridades regionais em termos econômicos e sociais. Um Estado forte e vigoroso estava seguindo uma política regional. Ainda que se possa não concordar com a visão dos planejadores dessa época, é inegável que eles tinham uma visão e um sentido de direção. Mas a partir da década de 80, várias crises abalaram o Estado e a situação mudou completamente. Em primeiro lugar, veio a crise fiscal, não dando mais para arcar com as despesas de manutenção da rede rodoviária, a qual entra em declínio (quem dirige por exemplo, a Transamazônica ou a Perimetral Norte, hoje?). Nem mesmo os incentivos fiscais foram capazes de sustentar a situação. Mais e mais o governo federal perdeu a capacidade de regular as atividades econômicas na região - observe-se como as empresas de mineração do setor formal foram perdendo espaço para os garimpos durante a década de 80, por exemplo. O poder de decisão, quando existiu, ficou mais e mais devolvido aos níveis estaduais e municipais. Nessas condições, com exceção dos parques industriais das grandes cidades e de uns poucos pólos industriais no interior, a economia informal cresceu, até o ponto de que hoje nós podemos dizer que a economia capitalista é, de fato, subordinada a ela, no caso da Amazônia. Se se quer entender a dinâmica do futuro da região, tem - se que entender a economia informal, e como ela funciona, mais que o funcionamento do capitalismo.

A metáfora que eu uso para ilustrar esse processo vem do futebol. Podemos dizer que o Estado brasileiro construiu o estádio: foram as rodovias e as políticas regionais dos governos militares que realmente determinaram o futuro da região, no sentido de que nada disso teria acontecido se não fossem as transformações que se seguiram a esses passos iniciais. Mas as conseqüências desse passo inicial não seguido de continuidade, foram tão grandes e tão irreversíveis, que hoje em dia o Estado brasileiro mal tem condições de colocar um time no campo; inventou o jogo, mas não pode mais jogar. Há um sentido, é verdade, em que se pode dizer que foi o próprio capitalismo que determinou a hegemonia da economia informal já que, em termos históricos, foi um programa de planejamento regional com o objetivo de estimular o capitalismo que forneceu as pré-condições para o crescimento da economia informal. Mas isso não significa que hoje em dia, vinte anos depois, podemos ainda dizer que há um sentido em que a economia informal depende do capitalismo regional, ou é estruturada de acordo com as necessidades do capitalismo regional. A economia informal, aqui, é grande demais, contém uma variação grande demais para ser explicada, simplesmente, como "lumpenproletarização", como seria a explicação marxista ortodoxa. Não poderemos entender a dinâmica regional, se não concedermos a ela uma certa autonomia.

Não tenho tempo, agora, de explorar todas as implicações sociais e econômicas dessas colocações. Quis simplesmente esboçar, em termos bem gerais, uma interpretação alternativa da história moderna dessa região. Pode ser interessante um paralelo entre essas minhas colocações e o que Márcio Souza expôs ontem, que o que sempre marcou o aparecimento da Amazônia na literatura, nas artes e no cinema foi um toque de surrealismo. E hoje de manhã, na fala de Laymert Garcia dos Santos, ouvimos como as formas mais avançadas do capitalismo moderno - a biotecnologia, por exemplo - estão olhando para a Amazônia e começando a entrar na região. Então, eu diria que a economia amazônica é uma economia surrealista pois no mesmo espaço físico, a biotecnologia e a economia informal, duas coisas totalmente diferentes em termos de natureza econômica e organização social, podem coexistir. Olhando para um canto da economia regional se vê a biotecnologia, olhando para o outro, se vê o garimpeiro, ou o engraxate. A Amazônia de hoje está cheia dessas conjunturas chocantes.

Sei que esse movimento em direção à economia informal tem acontecido em muitos outros países também - os flanelinhas e desabrigados dormindo debaixo de viadutos apareceram em Londres nos últimos cinco anos - mas não vejo paralelo com o tamanho e a importância da economia informal na Amazônia em qualquer outro país do mundo. E nesse sentido talvez haja uma outra crítica à teoria da modernidade. Implícita ou explicitamente em muitas teorias da modernização, da globalização, está a idéia de que tudo corre em direção à homogeneidade, na medida em que todas as regiões e todos os países fazem parte de um "sistema global", uma "cultura global" ou um "mercado global" ao qual ou já se chegou ou se está para chegar. Tenho dúvidas. A Amazônia, na minha experiência limitada - porque uma década é pouco tempo, quando se discute história - ficou mais heterogênea, mais diferente, em termos econômicos, pelo menos.

AMAZÔNIA NA SOCIEDADE GLOBAL

Paul Singer

INTRODUÇÃO

Tive a honra e o prazer de coordenar o debate sobre o tema referido no título desta contribuição, durante o qual expuseram abordagens instigantes os professores Roberto Santos, Laymert Garcia dos Santos, Thomas Hurtienne e David Cleary. O Prof. Laymert leu texto intitulado "A encruzilhada da política ambiental brasileira" e o Prof. Cleary resumiu oralmente o artigo "After the frontier: problems with political economy in the modern Brazilian Amazon" (*Journal of Latin American Studies* 25, Cambridge University Press, 1993, p.331-349).

Pretendo a seguir apresentar comentários críticos destes dois textos e, se possível, interligá-los no contexto do debate atual sobre a Amazônia dentro e fora do Brasil.

A ECONOMIA POLÍTICA DA FRONTEIRA AMAZÔNICA

O trabalho de Cleary é uma crítica ao que ele chama de economia política da fronteira, aplicada à Amazônia que seria o que resta de fronteira no Brasil. Esta teoria entende a fronteira como "absorção de regiões periféricas por um capitalismo em expansão". Para Cleary, isso foi real na Amazônia durante o regime militar, mas não depois: "ela, a economia política, foi elaborada enquanto um governo militar autoritário estava rompendo o isolamento geográfico e econômico da Amazônia, usando todos os instrumentos políticos à sua disposição para promover o que era proclamado com alarde como sendo desenvolvimento capitalista modernizante. (...) hoje está claro que o que na época parecia um avanço irrefreável do capitalismo não passava de um espasmo artificial apenas tornado possível por um subsídio estatal enorme e afinal insustentável."

Pessoalmente simpatizo com a crítica de que "na caracterização usual das economias regionais pela economia política como uma espécie de caixa chinesa, articulada a uma economia nacional mais ampla, que por sua vez está articulada a um sistema econômico global, a especificidade do local e do regional muitas vezes se perde." Este olhar de longe e do alto recolhe seletivamente o que interessa na região, perdendo de vista a unidade da mesma e sua dinâmica interna. Quando se trata de uma "fronteira" como a Amazônia, a influência externa original em sua ocupação e povoamento é inegável, mas passado algum tempo, a sociedade local encontra sua própria articulação e deriva dela uma dinâmica que compete com a "externa".

Cleary mostra, por exemplo, que a imigração para a Amazônia está cessando, mas ao mesmo tempo se desenvolve um processo migratório riquíssimo da população regional. A mobilidade espacial dos moradores está ligada à multiliplicidade de meios de vida de que lançam mão, possivelmente pelo caráter intermitente e precário de cada uma destas atividades. Mas a ligação da região de fronteira com um ou mais "centros" supostamente capitalistas não deixa de ser significativo, podendo reforçar a sua dinâmica interna ou se opor a ela. No caso amazônico, o ciclo da borracha foi o impulsionador do desbravamento da floresta, do povoamento do território (inclusive da anexação do Acre), da urbanização dos principais centros e da construção das redes de transporte. Neste caso a teoria dos encaixes - da Amazônia brasileira na economia nacional e mais diretamente na indústria automobilística internacional, cujos produtos rodavam sobre borracha amazônica - captava um aspecto essencial da fronteira. Mas em 1912, a articulação entre a Amazônia e o mercado internacional entrou em crise: a borracha cultivada do Extremo Oriente arrasou o preço internacional do produto e quase expulsou a borracha extrativa. Nas décadas que se seguiram, a Amazônia perdeu grande parte de sua capacidade de importar, sua economia teve que se tornar mais autárquica, o extrativismo "capitalista" (?) sendo substituído por produção para autoconsumo ou por pequena produção de mercadorias.

Recordo estes fatos, porque eles também poderiam dar lugar a interpretações, como as feitas por Cleary, de que o avanço do capitalismo na região não passara de um espasmo artificial, tornado possível apenas pelo monopólio de uma matéria prima importante e que não poderia ser sustentado indefinidamente. O colapso do extrativismo deu lugar a uma retração da população economicamente ativa, muito semelhante à descrita por Cleary após o colapso da agropecuária subvencionada nos anos 80. Roberto Santos, em sua notável *História Econômica da Amazônia* (S.Paulo, T.A.Queiroz, 1980) relata que após 1912, verificou-se "o refluxo da população imigrante", com a volta em massa de nordestinos aos seus estados de origem.(p. 263); além disso, "em substituição à atividade gomífera, a pequena lavoura começa a espalhar-se um pouco por toda parte" (p. 268); a queda da heveacultura provocou também intensa migração interna: "a zona servida pela estrada de ferro de Bragança acolhia os contingentes expulsos do extrativismo..."; e o afluxo de gente também alcançou as cidades, onde a construção "informal" absorveu muitos: "Por meios muito indiretos infere-se que a construção fora do mercado, constituída por edificações extremamente pobres, ter-se-á expandido bastante, particularmente na cidade de Belém" (p. 274); e finalmente "Pode presumir-se ainda que as atividades não monetizadas, como parte da pesca, da caça e da coleta de frutos comestíveis (...) desafogaram em muito o rigor da crise." (p. 278).

É inegável a semelhança entre o ocorrido após o colapso do ciclo da borracha e o quadro, apresentado por Cleary, da Amazônia após o fim da agropecuária subvencionada. O abandono ou a divisão das grandes fazendas, a migração às cidades onde se expande o setor informal, a combinação de atividades formais e informais, rurais e urbanas, reflete uma crise da economia capitalista formal, como vem ocorrendo periodicamente não apenas na Amazônia, como também em outras partes do Brasil. Mas isso ainda não justifica a conclusão de Cleary de que "outra generalização segura acerca da economia amazônida moderna é que a economia informal é consideravelmente mais importante que a formal e vai continuar sendo"; (p.342) que "A economia amazônida mostrou ser muito mais autárquica e muito menos capitalista do que a teoria da fronteira previu."(p. 345); e finalmente que "a economia amazônida, por razões que têm a ver com a sua história específica, o tamanho da região e sua distância dos centros de poder econômico e político no sul do Brasil, é em larga medida autárquica"..

Estas conclusões são questionáveis por razões factuais, históricas e conceituais. Comecemos pelas primeiras. Com a cessação da entrada de recursos externos - no caso investimentos e subsídios federais e investimentos privados - tornou-se inevitável que diminuísse o fluxo de mercadorias importadas, ensejando alguma substituição de importações e, portanto, aumento da autarquia. Mas isso está longe de indicar alguma vocação autárquica da Amazônia. Cleary mesmo mostra como a reorganização da economia provocou a expansão do garimpo: "A mineração é a mais importante atividade informal, em termos tanto de número de pessoas envolvidas quanto do valor de produção. Em 1989 a produção de ouro do garimpo de cerca de 100 t, valia mais que o dobro do minério de ferro exportado da Serra dos Carajás." (p. 342). Ora, a extração de ouro é uma atividade de exportação, do mesmo modo que o narcotráfico, outra atividade informal que, segundo Cleary, "apareceu em anos recentes na Amazônia brasileira ocidental, e as muitas pistas de pouso remotas na região juntamente com portos comerciando sobretudo com a Europa e o Japão, sugerem que ela se envolverá mais profundamente no tráfico internacional de drogas à medida que o tempo passar." Se algumas das atividades novas são voltadas ao mercado externo, não dá para sustentar que a economia amazônica, por razões históricas e geográficas, é autárquica. É mais provável que ela o seja por falta circunstancial de vantagens comparativas que lhe permita competir no mercado nacional e mundial. Quando estas vantagens aparecem, como no caso do garimpo e da cocaína, o intercâmbio com o exterior se desenvolve com presteza. É que na Amazônia, como em todas as regiões pouco desenvolvidas, há forte demanda por produtos de fora o que constitui incentivo a atividades que geram rendimentos com os quais é possível pagar importações.

As conclusões de Cleary também não se coadunam com a experiência histórica. O caso da Amazônia não é excepcional. A maioria das regiões menos desenvolvidas tende a ser monoexportadora, o que significa instabilidade acrescida num mercado mundial instável. Quando uma destas regiões perde vantagens comparativas e sua produção é expulsa do mercado mundial, sua economia é condenada à autosuficiência por algum tempo. Algo assim aconteceu também ao Nordeste, quando perdeu para o Caribe a hegemonia do mercado açucareiro mundial. A autarquia resultante é transitória, sendo terminada quando alguma das muitas tentativas de desenvolver produtos de exportação é coroada de êxito. É claro que não é fatal que isso venha a acontecer.

Convém mencionar, neste contexto, o caso do Porto Livre de Manaus. Em razão dos privilégios derivados deste status, a capital amazônica desenvolveu importante parque industrial, cuja produção se dirigia principalmente a mercados externos à região. A gradativa abertura do mercado interno brasileiro à competição externa está anulando os referidos privilégios de Manaus, cuja indústria mergulhou, em conseqüência, em profunda crise. A diminuição da produção e do emprego industrial, em Manaus, contribui para reforçar os aspectos autárquicos e informais destacados por Cleary. Mas há nisso um retrocesso econômico inegável e já deve estar havendo esforços para anulá-lo mediante a procura de novas vantagens comparativas de produtos amazônidas.

Finalmente é preciso assinalar que Cleary usa o conceito de "informal", como se ele fosse sinônimo de "não-capitalista", o que não é correto. "Informal" é destes conceitos que abrangem tudo por ser negativo. Informal é apenas o antônimo de formal, ou seja, tudo o que não é formal é... informal. Por isso mesmo ele diz pouco. Uma empresa ou atividade informal pode ser capitalista, produção simples de mercadorias, produção para o autoconsumo ou qualquer outra coisa. Não são poucas as empresas que não registram seus empregados e sonegam impostos. São ao mesmo tempo capitalistas e informais. E note-se que estou de pleno acordo com Cleary quando diz que "a penetração do capital e capitalização não devem ser confundidos com capitalismo. Nem a monetização deve (ser confundida com capitalismo)". Ele tem toda a razão ao considerar que capitalismo só existe quando as relações de produção são capitalistas, ou seja, quando a produção é realizada por trabalhadores assalariados. Mas nada indica que estas relações tenham que ser legalizadas formalmente.

É muito provável que parte das atividades informais que Cleary, sinaliza sejam capitalistas - desde a construção civil até o comércio ambulante. E o narcotráfico tem cara de ser também. No Brasil de hoje o caráter formal ou informal de atividades tem menos importância do que Cleary lhe atribui. A mesma objeção deve ser feita a uma outra conceituação de Cleary: "A importância do usufruto como meio de estabelecer propriedade na Amazônia (...) sugere que *noções não-capitalistas de propriedade* não só estão profundamente enraizadas na região, mas podem sobreviver e mesmo se reforçar numa economia monetizada de mercado". A lei do usucapião é preceito constitucional no Brasil e nada indica que seja não-capitalista. O fato da sua aplicação na Amazônia ter oposto trabalhadores autônomos extrativistas e garimpeiros a empresas capitalistas não torna o conceito jurídico, que exige a efetiva utilização como justificativa da propriedade de recursos naturais escassos, uma noção não-capitalista.

Tenho a impressão de que qualquer noção de propriedade de meios de produção que a privatize e garanta ao possuidor o seu livre uso, é compatível com o capitalismo. No caso da propriedade de recursos naturais escassos assim como de patentes e outros objetos que podem ensejar monopólios, a lógica capitalista exigiria alguma limitação ao seu uso, tendo em vista o interesse do conjunto dos capitalistas. Uma limitação óbvia seria coibir o não-uso, já que este prejudica todos os outros participantes do mercado, principalmente os usuários dos produtos que requerem a utilização dos referidos objetos. A justificativa do usucapião não é tanto o interesse dos que querem trabalhar a terra e não têm acesso a ela como o dos consumidores dos frutos da terra, lesados pelo seu não-uso. Sendo assim, é uma instituição compatível com o capitalismo.

As diversas críticas ao trabalho de Cleary em nada pretendem diminuir-lhe o valor. Trata-se de um estudo original e brilhante da Amazônia em crise e muitas das críticas que Cleary faz à economia política são, a meu ver, válidas. Minha principal divergência com ele é a respeito das mudanças ocorridas nos anos 80, a partir da falência da política de desenvolvimento inaugurada em 1964. Tenho a impressão de que ele considera que a Amazônia reencontrou o seu caminho definitivo de desenvolvimento "informal e autárquico". Penso que a atual crise é transitória tanto para a Amazônia como para o Brasil, devendo dar lugar a um novo surto de desenvolvimento, que poderá ser capitalista ou não, mas dificilmente será informal e autárquico.

A ENCRUZILHADA AMBIENTAL

O texto de Laymert Garcia dos Santos tendo a Amazônia por objeto, combina com muita felicidade os temas de preservação da biodiversidade, do papel da biotecnologia e da "guerra dos gens" que se trava entre os países adiantados e os que somente detêm a "megadiversidade". Trata-se de uma discussão lúcida, mas ao mesmo tempo intrincada, a respeito da importância da natureza intocada pelo homem. Como a aceitação desta importância fundamenta o resto da discussão, pretendo concentrar minhas observações nela.

Laymert começa a argumentação com a ameaça que o desmatamento na Amazônia representaria para a "vida fora dos trópicos" através das mudanças climáticas que acarretaria. Daí a repercussão internacional do problema. Laymert aceita esta tese sem mais discussão, quando na realidade, tanto o efeito estufa quanto a destruição da camada de ozônio são *hipóteses científicas:* é possível que elas se confirmem ou não, em algum momento de um futuro longínquo. É verdade que elas deslancharam fortes emoções, sobretudo em países que têm quase nenhuma biodiversidade a preservar, dando aos movimentos preservacionistas uma nova bandeira, a da salvação das florestas pluviais e dos aborígenes que as habitam. Mas, apesar da evidente sinceridade dos que se mobilizam pela nobre causa, é ingênuo aceitar como incontroverso que o mundo está à beira de um desastre ambiental e que a preservação da floresta amazônica é essencial para impedi-lo. Trata-se de hipótese a ser seriamente discutida, coisa que Laymert não faz.

A seguir, a defesa da biodiversidade passa a se basear em considerações éticas, que não ficam claras, mas parecem relacionadas à oposição ao "desaparecimento das formas de vida". Pouco depois, o autor menciona "valores científico, estético e ético da biodiversidade" como contrapostos ao valor econômico da mesma. Eu sei que valores não se discutem, enraizados como estão na subjetividade de cada um. Mas seria desejável que ao menos fossem justificados por quem os sustenta. Ora dá até para concordar que espécies ameaçadas de extinção tem valor ético, inclusive as que não sejam valiosas para o consumo humano. O problema é que nossa espécie humana está cheia de indivíduos que carecem do essencial - até mesmo de comida - para sobreviver. Enquanto esta parte da humanidade também corre perigo de ser extinta, deveria ser compreensível que ela seja mais prioritária como objeto de preservação do que outras espécies.

Mas não precisamos lembrar os carentes em geral - uma parte deles vive na própria Amazônia - e Laymert discute o destino da região sem se lembrar deles, que é o que fazem quase todos os ambientalistas quando tratam da questão. Thomas W. Fatheuer ("Wer zerstoert, wer rettet Amazonien?" *Lateinamerika Nachrichten* 233, november 1993) chama isso de "vácuo social": "A ecologização total da Amazônia esvazia a região de suas características sociais. É facil de compreender porque, no modelo de equilíbrio ecológico, todas as intervenções humanas são classificadas como prejudiciais. Exagerando: o homem aparece, a não ser que seja índio, como destruidor, como predador. Ele nem poderia deixar de sê-lo. A crítica ao desenvolvimento da Amazônia se volta assim não contra um modelo histórico, econômico e socialmente determinado de apropriação, mas contra todo e qualquer aproveitamento humano." (p.50). Mas a realidade social é muito teimosa para ser abstraída tão facilmente: o que ameaça a floresta pluvial não são apenas as multinacionais da biotecnologia e as fazendas de gado, que, aliás, como vimos, vêm sendo abandonadas depois que o subvencionamento estatal do desmatamento acabou. Ela está ameaçada também por uma população de pequenos agricultores, garimpeiros, etc. que não conhece outra forma de aproveitar a floresta senão tombando-a e poluindo os rios com mercúrio. A questão é: o que se propõe a eles?

Voltando a Laymert, ele mostra, a contragosto, que a biodiversidade na floresta tropical fornece matérias-primas para algo como um quarto dos produtos farmacêuticos, que são vendidos por US $ 20 bilhões anuais. Este dado se torna mais impressionante se a ele se acrescenta que "menos de 1% das plantas tropicais tiveram seus usos potenciais investigados!" Se estes dados forem verdadeiros, não há dúvida de que o valor potencial da biodiversidade é enorme e agora se trata de valor *econômico.* Ora, no capitalismo, valor potencial tem mercado. A possibilidade de que determinados valores venham a se realizar em algum momento futuro dá lugar aos chamados "mercados futuros", em que é possível transacionar safras que ainda não foram plantadas. Deveria ser possível vender direitos futuros de exploração da riqueza florestal amazônica a especuladores nacionais e internacionais e com os fundos assim obtidos investir em atividades não predadoras para a população amazônida.

Mas Laymert desconfia de todo aproveitamento econômico da floresta e aponta que " a biotecnologia já vem produzindo uniformidade e homogeneidade. Como esperar então que uma força produtora de uniformidade conserve a diversidade?" É possível que ele tenha razão, pois se alguma empresa tiver interesse em explorar apenas umas poucas matérias-primas, não hesitará em derrubar a floresta, para abrir espaço para as espécies que lhe interessam. Por isso, a venda do valor potencial da biodiversidade não pode dar lugar ao estabelecimento de monopólios privados, que "realizariam" seu valor pela eliminação da biodiversidade. A venda de direitos futuros de exploração da mata amazônica teria que ser cercada de salvaguardas para que o patrimônio comum representado pela floresta seja preservado. E o guardião da floresta teria que ser o governo brasileiro, que teria também a tarefa de oferecer à população amazônida atividades economicamente atraentes e não-predatórias.

O que está sendo aventado aqui é uma operação econômica, que visaria a preservar a biodiversidade não em nome de valores éticos, estéticos etc., mas em função do valor potencial econômico desta biodiversidade, atraindo à área um fluxo ponderável de capital, com o fito de estudar os 99% de espécies ainda não estudadas e descobrir sua eventual utilidade para a satisfação de necessidades humanas. Caberia ainda encontrar formas de exploração das espécies úteis *sem destruir a biodiversidade*, já que os próprios investidores estariam vitalmente interessados em recuperar parte de seus investimentos, explorando imediatamente as descobertas feitas sem afetar futuras descobertas mediante a eliminação de formas de vida. O ideal é que as atividades a serem desenvolvidas, tanto de investigação quanto de exploração, oferecessem à população da área alternativas válidas de sobrevivência ecologicamente corretas - sem reduzir seu padrão de vida ao das tribos indígenas!

Em suma, aplica-se à Amazônia a regra geral: a preservação do patrimônio natural requer, sobretudo em regiões economicamente pouco desenvolvidas, a combinação de atividades econômicas "sustentáveis" com normas ambientalistas cuja observância tem de ser garantida mediante a imposição de sanções desencorajadoras a eventuais transgressores. Esta combinação é indispensável porque normas coibidoras de condutas predadoras só podem ser impostas sobre um extenso território se este for objeto de povoamento e utilização ecologicamente "corretos". Atualmente a maior parte da Amazônia está quase vazia e neste vazio os atentados contra a biodiversidade e a sociodiversidade não têm como ser evitados.

Laymert, em seu trabalho, aponta na mesma direção, ao ligar a preservação da biodiversidade à questão das patentes e da propriedade intelectual. Tanto o Brasil e demais países da bacia amazônica como os países do 1° Mundo têm interesse na exploração econômica da biodiversidade, embora estejam em lados opostos no que se refere à divisão dos ganhos. Resta saber se a suposição do autor de que "o Banco Mundial e as agências internacionais estão planejando para integrar a biodiversidade no mercado global" algum "desenvolvimento predatório pós-moderno *high tech*" é mesmo verdadeira. Desconfio que Laymert esteja subestimando a capacidade de o grande capital internacional reconhecer o seu interesse de longo prazo; se de fato 1% das espécies da Amazônia responde por um quarto dos produtos farmacêuticos, então seria um contrasenso destruir as outras 99% antes de conhecer seu potencial.

O FUTURO DA AMAZÔNIA

O artigo de Cleary mostra que desde o colapso do modelo de valorização da Amazônia por meio da pecuária extensiva e dos grandes projetos minerais, a Amazônia ficou entregue a um conjunto de atividades "marginais", entre as quais se destacam o garimpo e o narcotráfico. Estas atividades se reproduzem predando menos a floresta pluvial do que o modelo que fracassou, mas oferecem à população condições apenas precárias de sobrevivência. É quase certo que a Amazônia passa por uma transição entre ciclos, estando o próximo em gestação.

Este fato torna a preocupação com a preservação/exploração da biodiversidade amazônica tão importante quão oportuna. O que parece desejável é que o novo ciclo seja "ecologicamente sustentável" e ofereça à população reais oportunidades de progresso. O artigo de Laymert mostra implicitamente que este desiderato requer a conciliação de interesses dos detentores da biodiversidade, ou seja, do Brasil e de sua população amazônida, e dos detentores da técnica e do capital. Há que conciliar também os interesses imediatos na exploração da mata que tendem a ser predatórios, e os interesses no desvendamento do potencial contido na floresta amazônica.

Estas conciliações devem promover a mobilização de recursos para abrir uma nova fase histórica na região. Para alcançá-las cabe ao governo brasileiro tomar a iniciativa, mesmo porque se a iniciativa vier do exterior, ela pode surgir como ameaça à soberania brasileira sobre aquela parte do território nacional. Seria importante que as forças sociais mais progressistas da Amazônia pudessem contar com o apoio da comunidade científica brasileira para elaborar um projeto a ser encampado pelo nosso governo e negociado com parceiros de outros países.

PARTE III

CULTURA, HISTÓRIA, GÊNERO E PRÁTICAS NA AMAZÔNIA

HISTÓRIA E IDENTIDADE CULTURAL NA AMAZÔNIA

Geraldo Mártires Coelho

Questão expressiva na reflexão teórica e epistemológica acerca da História e do campo da sua representação concreta é, precisamente, a que remete às relações entre História e Cultura. Questão que não é nova, diga-se de passagem, em termos do tecido intelectual da Europa moderna, por exemplo, mas que, em se tratando do Brasil, ainda assume ares de merecida atualidade. No que tange à Amazônia em particular, contudo, a relação História e Cultura não atingiu ainda o nível da discussão teórica mais elaborada. Vive-se ainda um estágio inicial de reflexões, de constatações, daí o caráter preliminar e provocador de que se reveste este texto, ainda que não se desconheçam as aproximações entre História e Antropologia no estudo dos caminhos seguidos pela sociedade regional.

Para efeito de definir os objetivos desta comunicação, é preciso deixar claro que não se pretende entrar na discussão acadêmica sobre a História Cultural e seus problemas teóricos e metodológicos, discussão esta dotada de instigante fundo filosófico. O que inspira este texto, como seu título sugere, é, principalmente, a necessidade de pensar até que ponto a historiografia regional, pelas diretrizes seguidas, pelos conteúdos trabalhados, e, conseqüentemente, pelos discursos dos seus construtores, representou ou não um catalisador de identidade cultural. Em outras palavras, e partindo de certas construções já estatuídas do que se entende, no geral, por cultura amazônica, esta comunicação busca argüir sobre a presença ou a ausência, nas elaborações historiográficas regionais, de visões dirigidas, independentemente do caminho seguido para tal, para o universo complexo da cultura regional.

Para dar conta dessa proposição, será necessário tangenciar algumas questões teóricas próprias da relação entre História e Cultura, assim como inventariar as linhas mestras do processo formativo da historiografia contemporânea no Brasil. No primeiro caso, busca-se reunir elementos de uma reflexão já atual e em andamento, mas que deve ser vista na perspectiva futura de expressão de certos campos de pensamento social na Amazônia; no segundo, trata-se de visitar o interior de um modelo historiográfico que se afirmou hegemônico no Brasil, legitimado pelas relações de poder, e cuja reprodução, por mais de um século, pelos círculos do saber tradicional, respondeu pela escrita academicista e altamente ideologizada da fala do *gênio* da História no Brasil contemporâneo. A articulação entre os dois planos da abordagem como acima mostrados, deverá emprestar forma ao *corpus* deste documento.

Inicialmente, é preciso posicionar-se diante da seguinte indagação: o quê de cultural há na historiografia amazônica? Voltando a uma passagem anterior, os argumentos que oportunamente serão apresentados a título de resposta à indagação acima, passam realmente ao largo de uma questão maior. Em outras palavras, não será aqui retomada a ampla e complexa reflexão sobre as relações entre História e Cultura, profundamente enraizada na tradição intelectual do Ocidente desde o Iluminismo. A problemática produzida pela discussão acerca de uma história cultural ou de uma história social da cultura, com seus desdobramentos teóricos e metodológicos, inclusive os resultantes de como a questão passa pela chamada Nova História e pela história marxista, essa problemática, repita-se, requer espaço próprio[1].

Interessa, no caso, mais diretamente aos objetivos da presente reflexão, como a seguir será precisado, o conhecimento da linguagem conceitual elaborada em torno de *cultura*, por parte do historiador, tratando-se, é claro, de um campo do trabalho intelectual dotado de suas próprias especificidades. Para efeito de estudos com diretriz interdisciplinar ou transdisciplinar, ainda que não chegando à constituição formal de uma ciência compósita, as aproximações entre seus respectivos objetos exigem o domínio recíproco das linguagens conceituais aplicadas à elaboração do saber. Para o historiador, a conceituação de Cultura; para o antropólogo, a de História, vista aqui, é óbvio, como uma operação simplificada.

Assim sendo, para o historiador cujo exercício do intelectual passa formalmente (objeto de estudo) pela questão cultural, é preciso buscar na Antropologia o aporte para uma conceituação de cultura, sabidamente ampla e complexa, e que mesmo entre os antropólogos está longe de ser unívoca. Em outras palavras, para o ofício do historiador, cujo objeto de trabalho não é a cultura, no sentido do labor do antropólogo, a Antropologia oferece elementos para trabalhar a cultura a partir de dois entendimentos essenciais: o das práticas e o das representações culturais. Trata-se de um grande arco que alcança as realizações culturais de um povo, com suas instituições, usos e costumes, assim como a cultura como decorrente de um determinado tipo de ação "das práticas culturais sobre o respectivo grupo humano considerado (na prática), quer em seus aspectos coletivos, quer, eventualmente, pelo menos, em seus componentes culturais. Trata-se assim de "cultura" como representação coletiva e também expressão de algum tipo de finalidade inerente à própria cultura"[2]. Com base nesses aportes conceituais é que será observado, mais à frente, o recorte da historiografia tradicional amazônica, assim como os novos caminhos abertos, hoje, pelas Ciências Sociais na região.

---

[1] Para uma leitura acadêmica e pedagogicamente ordenada acerca das relações entre História e Cultura, veja-se: FALCON, Francisco José Calazans, *História e Cultura*. Rio de Janeiro, IV Encontro Regional ANPUH, 1990 (conferência). Tratando-se da problemática da história cultural, inclusive no que concerne à história das mentalidades, veja-se: CHARTIER, Roger. *A história cultural*; entre práticas e representações. Lisboa, DIFEL/Bertrand, 1990. Para uma abordagem sobre algumas questões conceituais de cultura, tendo como pano de fundo o Brasil, leia-se: ROSÁRIO, Ubiratan. *Cultura brasileira*. Belém, Edições CEJUP, 1993.

[2] COELHO, G. M. 1991. *Rito e memória*. Belém, Universidade Federal do Pará.

O segundo procedimento estabelecido pela metodologia deste trabalho, é a abordagem, nas suas grandes linhas, do modelo historiográfico dominante no Brasil da primeira metade do século XIX à segunda do atual. Afinal, os caminhos seguidos pela historiografia amazônica, como também os trilhados pelo trabalho historiográfico no Brasil como um todo, estão, intimamente, relacionados a uma dada arquitetura do saber histórico que se ergueu no Brasil novecentista. Nesse sentido, a fundação do Instituto Histórico e Geográfico Brasileiro, no Rio de Janeiro de 1838, e o início da circulação da sua *Revista*, no ano seguinte, são os balizadores do nascimento da historiografia no Brasil contemporâneo. A criação do Instituto, simplificando a questão, integra o projeto intelectual e político da elite promotora da independência relativamente à revelação do Brasil, mas também ao exercício do seu controle, à defesa da sua unidade política e territorial enquanto pragmática da conservação. Afinal, o Instituto Histórico e Geográfico Brasileiro organizou-se sob o impacto das revoluções provinciais que pareciam colocar o Império em xeque, e, com ele, as elites instaladas no poder e o grupo dirigente da Regência[3].

Revelar o Brasil, chegar até às suas regiões-limite, identificar os seus recursos naturais, estudar o índio como possível força-de-trabalho a *civilizar* e *integrar* à sociedade brasileira, conhecer necessariamente os *grandes homens* do país, eram desafios a que o Instituto se lançou tão logo foi fundado. Centralizar essas formas de saber no Rio de Janeiro, para a feitura da História nacional, era a contrapartida intelectual do processo de centralização política que presidia à ação do Império na construção da ordem monárquica[4].

Associação de notáveis, com o fim de escrever cientificamente a história do Brasil, das salas do Instituto, fincadas no interior de um universo dominado pela escravidão e pelas elites escravocratas, surgiria a formulação erudita(no sentido da erudição de matiz setecentista) do discurso histórico brasileiro oitocentista. Ainda que experimentando mudanças formais, quer nas temáticas trabalhadas, quer nas influências historiográficas recebidas, o Instituto Histórico e Geográfico Brasileiro não deixou de representar, mesmo vencido o Oitocentos, a instância legitimada e legitimadora das preocupações mentais da *intelligentsia* nascida ao abrigo do Império e dependente do mecenato de Pedro II para a sua consagração. Nesse sentido, pouco se alteraria, em termos de suas determinações ideológicas, a relação orgânica entre o trabalho intelectual do Instituto e a condição de mando no Brasil. O revestimento pragmático e filosófico com que se apresentaram as primeiras preocupações historiográficas da casa, no tempo da construção das suas matrizes eruditas, deixando de lado o refinamento da inspiração iluminista de tais atitudes, revelava operações concretas.

---

3 GUIMARÃES, M. L. S. A revista do IHGB e os temas da sua historiografia (1839-1857). *Origens*; do Instituto Histórico e Geográfico Brasileiro, Rio de Janeiro, IHGB, p. 21 - 41.

4 GUIMARÃES, M. L. S., op.cit.

Em outras palavras, articulava-se por meio dos conhecidos encadeamentos da ideologia, quer uma história autorizada, porque recolhida do documento oficial, quer uma história elitizada, porque espelhada nas lições dos grandes homens.

O Instituto Histórico, cujo modelo inspirador foi o Instituto de França, uma agremiação "sans partie, école ou système", hasteou, no seu tempo fundador, a bandeira nacionalista e romântica do historicismo, mas sem baixar o estandarte filosófico e pedagógico das suas raízes iluministas. Por conta do nacionalismo, assumiu a defesa de os brasileiros escreverem a sua história, e não os estrangeiros, como Southey; na esteira do romantismo guindou o índio à condição de imagem do passado, de símbolo da identidade cultural da nação, à falta, é claro, de um mundo de cavaleiros e de gestas[5]. Contudo, apenas vencida a primeira metade do século XIX, mais precisamente em 1856, ano da publicação de A Confederação dos Tamoios, de Gonçalves de Magalhães, Varnhagen, dirigindo-se a Pedro II, desconstruía o índio como imagem representativa da nacionalidade brasileira e da cultura nacional[6]. Quanto à população escrava do país, como vista pela elite intelectual brasileira na primeira metade do século XIX, constituía apenas força-de-trabalho, sem possibilidades de ser integrada à sociedade nacional, conforme sustentava o pensamento da época.

Sob o imperativo desses condicionantes, repita-se, nasceu e afirmou-se a historiografia brasileira contemporânea. Até a década de 1930, a escrita da história do Brasil foi essencialmente elitizada e conservadora, um exercício intelectual centrado em torno da construção da ordem e dos seus heróis, sem aproximação com o país real de índios e negros. E como o Instituto Histórico, atuando praticamente em todo o país, representava uma instância de legitimação do saber, de oficialização do conhecimento que elaborava, a historiografia nascida em seu interior, por conta de conhecidos processos ideológicos, afirmou-se como uma verdadeira história oficial do Brasil. Assim, o que representava mais um ponto de vista particular, o das oligarquias brasileiras, sobre o país e sua história, passou a ser tomado como explicação objetivada da história do Brasil. Visão conservadora a revelar a grande carga de estereótipos da inteligência nacional oitocentista em relação à sociedade e à cultura brasileiras, a historiografia elaborada pelos intelectuais do Instituto Histórico revelou-se, em grande parte, como um saber de cunho bacharelesco e atrasado teórica e metodologicamente.

Somente na década de 1930, e como indicadores do processo de modernização social e intelectual do país (ainda em que escala reduzida) que se seguiu à crise oligárquica dos anos de 1920-movimento dos Tenentes, semana da Arte Moderna e

5 LE GOFF, J. 1990. *A história nova. A nova história*. Coimbra, Almadina, p. 253-284.

6 MOTA, C. G. 1977. *Ideologia da cultura brasileira (1933 - 1974)*. São Paulo, Ática, 1977. Para um perfil da importância da fundação das Faculdades de Filosofia para a historiografia brasileira, veja-se: CAMPOS, P. M. 1977Esboço da historiografia brasileira. GLENISSON, Jean (Org.) *Introdução aos Estudos Históricos*. 2. ed. São Paulo, DIFEL.

fundação do PCB, inscrevem-se nesse quadro - o discurso historiográfico do Instituto começa a ser atingido na sua hegemonia. Um novo olhar dirigido para a história do Brasil, para a sua sociedade e cultura nascia dos primeiros trabalhos de Gilberto Freyre, Caio Prado Júnior e Sérgio Buarque de Hollanda. Com efeito, e nos primeiros anos de 1930, e, abrindo a década seguinte, fizeram dos seus autores artífices de uma mentalidade-problema que criava novos procedimentos para a releitura do Brasil. Também na década de 1930, a fundação, em São Paulo e no Rio de Janeiro, das primeiras Faculdades de Filosofia do país, revelava-se como um dado altamente expressivo para o futuro do pensamento social brasileiro e para a compreensão, em outras bases, da história e da cultura do país[7].

Sem ser preciso recorrer a um exaustivo inventário da produção intelectual brasileira mais recente, mas apenas tratando da historiografia em si mesma, observa-se que somente na década de 1950 um novo discurso histórico ganha identidade no país, iniciando-se, de fato, a escrita de uma história teórica e metodologicamente elaborada no interior da Universidade. Era o tempo da, Universidade de São Paulo(USP), indicativa de um trabalho intelectual que começava a enfrentar, esgrimindo as armas de uma nova mentalidade, a feição antiga da história no Brasil, com seus mitos e sua factualidade, com seu positivismo e seu historicismo. Estava aberto o caminho que levaria, nas décadas seguintes, e mesmo enfrentando as adversidades do longo ciclo dos governos militares, à maturidade das Ciências Sociais no Brasil, pensadas sobre uma desejável perspectiva interdisciplinar.

Ora, mas o Brasil de três a quatro décadas passadas não era, como, em certo sentido continua a não ser, um país e uma sociedade integrados. Antes, convivia com certas especificidades, como um tipo de situação marginal em que regiões como o norte, e grande parte do nordeste, ficavam relativamente ao sudeste. Esse processo, que resultava do tipo de organização do capitalismo dependente brasileiro, e que as teses dualistas então em voga atribuíam aos descompassos entre o Brasil moderno e o arcaico e rural-os Dois Brasis, de Jacques Lambert-produzia situações concretas. Uma delas, e bem óbvia, era a lenta difusão cultural, característica da inexistência de corretores eficientes por onde pudesse circular a informação, o que, por sua vez, indicava a falta de um mercado organizado para o consumo da produção cultural. Dessa forma, o resultado do esforço intelectual que, entre as décadas de 1930 e de 1950, começava a repensar o Brasil, não atingia o país como um todo, antes circunscrevendo-se ao restrito ambiente acadêmico de São Paulo e do Rio de Janeiro. É preciso lembrar que, vinte anos depois da criação, no início da década de 1930, das primeiras Faculdades de Filosofia do país, o ensino superior de História do Brasil tinha os seus quadros docentes formados principalmente por intelectuais saídos dos Institutos Históricos e das Academias de Letras espalhados pelo Brasil[8].

---

7 MOTA, C. G., op.cit.

8 WEHLING, A. Historicismo e concepção de história nas origens do IHGB. *Origens*, p. 43 - 58, op.cit.

São principalmente esses condicionantes os que explicam, de forma clara e objetiva, os rumos seguidos pela pesquisa e pelo ensino da História na Amazônia tão logo iniciada a segunda metade deste século, mas cujas dinâmicas estão plantadas ao longo do Oitocentos. Com efeito, a historiografia que se produziu na Amazônia até mais recentemente, seguiu bem de perto o modelo oitocentista criado pelo Instituto Histórico e Geográfico Brasileiro. Pesquisadores e historiadores regionais, ou autodidatas ou formados em áreas do saber que não a da História, seguiram os passos dos país fundadores da historiografia brasileira contemporânea. Atrelados a uma leitura essencialmente política e factual do processo histórico regional, ligeiramente matizada por uma inspiração positivista mal trabalhada, construíram uma narrativa deslocada da sua realidade maior. Uma crônica oficializada do poder e da conquista, de governadores e de generais, de portentados e de bispos, extremamente regionalizada e localizada. Uma crônica, portanto, reveladora do olhar hierarquizado que organizou a sociedade de forma extremamente demarcada. Natural, pois, que nesse tipo de historiografia, índios e negros, por exemplo, figurem quase sempre de forma acessória, quer ingenuamente trabalhados, quer fortemente discriminados, o que acaba sendo faces de uma mesma moeda, a de uma sociedade e sua cultura virtualmente ausentes.

A exemplo, ainda que em escala mais marcada, do que ocorreu no Brasil a quando da fundação dos primeiros institutos superiores que abrigavam o ensino da História, a criação, em 1955, da Faculdade de Filosofia, Ciências e Letras do Pará não alteraria de imediato o predomínio, aqui, das concepções históricas academicistas. Os quadros iniciais da Faculdade seriam naturalmente preenchidos com nomes saídos do mundo em torno de cujo eixo girava o exercício intelectual erudito, mas não necessariamente universitário, que frequentava o espaço das academias. Sem entrar no mérito da erudição em si mesma, mas, sim, da sua adequação aos imperativos da formação universitária, ficava clara a grande defasagem teórica e metodológica que assinalou o começo da formação dos profissionais de História na Amazônia. Sobreviviam, pois, os velhos esquemas explicativos aplicados ao estudo da formação sócio-cultural brasileira, assegurando o triunfo das formas antigas do saber histórico, modeladas, como visto, nos paradigmas instituídos pelo Instituto Histórico. Conseqüente, assim, que a complexidade cultural brasileria - e a amazônica, obviamente - fosse diluída por conta de categorias de análise altamente relativizadas, como povo e raça, ou em função de estruturas conceituais não trabalhadas satisfatoriamente, como civilização e cultura.

Processada a formação profissional de História sob tais condições, emergia do ensino superior apenas o licenciado, o professor, o transmissor de um saber eminentemente livresco, e quase sempre bibliograficamente defasado. Este, repita-se, que foi um processo praticamente comum ao Brasil, permitiu continuar em movimento o engenho de onde nascia a escrita da história brasileria, os já conhecidos Institutos Históricos ramificados por todo o país. Como foi visto em outra oportunidade, não se desconhece que o Brasil intelectualizado dos anos de 1950 já assistira, há duas décadas, o aparecimento de obras que estabeleceram divisores profundos entre uma forma arcaica e outra nova de pensar o Brasil, entre o olhar autorizado e legitimado e a visão polêmica e problemática da sociedade brasileria. Ocorre, como já foi registrado em passagem anterior, que essas novas visões, essa outra e científica perspectiva de tratar o Brasil, sua história e sua cultura, não compareciam às salas de aula a ponto de representar uma metodologia orientadora de uma nova reflexão sobre a sociedade brasileira. Em outras palavras, esse novo pensamento não comparecia às salas de aula com a freqüência desejável para oxigenar a mentalidade acadêmica nacional, em seus setores tradicionais, de modo a romper com as cristalizações intelectuais que sobreviviam a um impacto produzido pelo trabalho científico que começava a brotar da universidade brasileira.

Salvo algumas exceções pontuais, esse panorama foi o dominante no ensino superior do Pará, no âmbito da antiga Faculdade de Filosofia, e, vencida a década de 1960, também no mundo da Universidade Federal do Pará. Nesse sentido, é possível assegurar que o trato com a História na Amazônia de três décadas passadas não representava, com efeito, um trabalho intelectual cujo objeto fosse contemplado com problemáticas próprias da identidade cultural amazônica. Afinal, se a escrita da História seguia o figurino factual e elitizado ditado pelo Instituto Histórico, o seu ensino, um domínio dos bacharéis de Direito com assento nas instâncias do saber tradicional, reproduzia e realimentava as velhas formas de *pensar* o Brasil.

No início da década de 1970, o ensino de disciplinas antropológicas, no Curso de História da Universidade Federal do Pará, já entrava em fase de expansão. Fruto do trabalho pioneiro do saudoso mestre Napoleão Figueiredo, o ensino da Antropologia, segundo um procedimento que manifestava preocupação interdisciplinar, promovia, tratando-se da Amazônia, uma aproximação entre História e Cultura. Melhor dizendo, os estudos antropológicos forneciam à profissionalização em História a possibilidade de trabalhar com conceitos - cultura, civilização, evolução, etnia, por exemplo - pensados numa perspectiva também histórica. Por meio dessa operação, os estudantes, antes convivendo com uma abordagem formalizada e *événementielle* da história regional, passaram a visitar o passado com instrumentos teóricos adequados à compreensão do sentido processual da cultura, vale dizer, da História.

Ainda que visível no final da década de 1960, foi, contudo, no correr dos anos de 1970, que a Universidade Federal do Pará começou a editar uma série expressiva de trabalhos sobre a Amazônia. Produzida por seus professores ou por pesquisadores de fora, o certo é que seus títulos anunciavam conteúdos inovadores e renovadores em relação à história e à cultura amazônicas. Manuel Nunes Dias, Vicente Salles, Armando Mendes, Dauril Alden e Napoleão Figueiredo, dentre outros, trabalhando, historicamente, a Economia e a Antropologia, lançavam, por assim dizer, um sopro novo sobre a maneira e capacidade de pensar e de problematizar o processo formativo da sociedade regional. Ao mesmo tempo, e reproduzindo, aqui, um movimento mais ou menos comum aos demais Estados brasileiros, da década de 1970 para frente refluiu o papel e a ação dos representantes do saber tradicional no ensino de História. A formação do profissional de História pela Universidade, ainda que marcada pelas precariedades dos primeiros anos de sua instalção, renovaria progressivamente os quadros docentes com licenciados saídos da academia e não mais com bacharéis em Direito ou com autodidatas, estes oriundos das esferas do saber tradicional. *Presentemente*, com os primeiros programas de pós-graduação no Estado e com atuação de pós-graduados formados em outros centros, o ensino e a pesquisa da história regional na Universidade Federal do Pará começa a recolher os resultados de uma nova *ratio* a presidir ao trabalho historiográfico.

A título de um balanço provisório das questões aqui levantadas, parece ser possível discutir, agora, acerca das relações história/identidade cultural na Amazônia. Partindo-se, precisamente, da premissa de que o historiador, ao trabalhar com a sociedade, não pode perder de vista as práticas e as representações culturais dos grupos humanos, e que tanto umas como as outras revelam o sentido de objetivação e de universalização da cultura, chega-se ao seguinte ponto: os historiadores amazônicos que escreveram a historiografia clássica regional produziram um tipo de narrativa que se mostrou alheia aos elementos constitutivos da identidade regional. Representou, assim, essa narrativa, *um corpus* de elaborações intelectuais que não foram perpassadas pelo valor das realizações coletivas que conferem o sentido de autenticidade à ação social dos grupos humanos. Assim, e não apenas por exclusão, já que os argumentos apresentados apontam em outra direção, só mais recentemente é que a produção historiográfica amazônica busca também sustentar-se sobre os fundamentos da identidade cultural.

Não há dúvida de que os novos problemas e as novas questões que têm sido postos ao pensamento social da Amazônia, da década de 1970 aos nossos dias, exigindo, como estão, leituras específicas das Ciências Sociais, vêm conduzidos por atitudes intelectuais que têm privilegiado o recorte cultural amazônico. Antropologia, História, Sociologia, Etnologia e Lingüística, para ficar apenas nestes discursos, repousam as suas abordagens sobre a complexa representação da identidade cultural amazônica, quer no que se materializa na construção do concreto, quer no que se revela enquanto invenção do simbólico. Da organização da sociedade aos caminhos da exploração da natureza, passando pelas formas coletivas de expressão e chegando às grandes visões de um mundo, aí está a cultura, aí está o objeto que requer um procedimento interdisciplinar à sua compreensão intelectual, mas, sobretudo, ao seu usufruto enquanto criação e herança de todos nós.

REFERÊNCIAS BIBLIOGRÁFICAS

ALDEN, Dauril. *O significado da produção do cacau na região amazônica*. Belém, Universidade Federal do Pará (NAEA/FIPAM), 1974

DIAS, Manuel Nunes. *A Companhia Geral do Grão-Pará e Maranhão*. Belém, Universidade Federal do Pará, 1970

FIGUEIREDO, Napoleão. *Amazônia*; tempo e gente. Belém, Prefeitura Municipal de Belém, 1977

MENDES, Armando. *Viabilidade econômica da Amazônia*. Belém, Universidade Federal do Pará, 1971

SALLES, Vicente. *O negro no Pará*; sob o regime da escravidão. Rio de Janeiro, Fundação Getúlio Vargas/ Belém, Universidade Federal do Pará, 1971.

O MUSEU PARAENSE EMÍLIO GOELDI NO CONTEXTO CULTURAL DA AMAZÔNIA

Angela Maria de Moraes Bertho

Criado em meados do século XIX com o objetivo de tornar possível o conhecimento dos quatro reinos da Natureza Amazônica: geológico, biológico, zoológico e humano, o Museu Paraense é idealizado a partir de uma reação de intelectuais locais e residentes, contra o monopólio do saber sobre a região que o Estado Imperial detinha.

Ocultamento e sigilo de informações fez-se regra durante séculos. A coroa portuguesa chegou a financiar uma expedição científica no século XVIII - *A Viagem Filosófica* - de Alexandre Rodrigues Ferreira mas, a despeito das expectativas do mundo científico de então, não permitiu que uma só linha fosse publicada a respeito. O segredo sobre as riquezas regionais favorecia as questões relativas à intrincada demarcação de limites entre Portugal e Espanha.

FORMAÇÃO

À reação desses intelectuais, muitos dos quais haviam cursado universidades européias, não seguiu-se apoio político e financeiro efetivo e constante da classe política provincial. Optaram então pela criação, em 1866, de uma sociedade particular, a - Sociedade Filomática - (do gr. philomates, Adj.: que ama as ciências).

Os Estatutos dessa Associação passaram a reger o "Museu Paraense de História Natural e Etnographia" fundado cinco anos após, em 1871, pelos mesmos membros. Nestes Estatutos o Museu teria atributos de academia, pela falta de escolas superiores em Belém; era prevista a criação de uma biblioteca, seções para o estudo da fauna, flora, geologia, história e o estudo do homem do vale amazônico. Exerceria funções pedagógicas, com uma seção de extensão do ensino para alunos das escolas de Belém, onde seriam ministradas preleções de História Natural.

Mas, diferente da Associação Filomática, cuja administração foi particular, mantida com subvenções populares, e aceitando do governo apoio financeiro, o Museu Paraense passou para a órbita da administração e dotação financeira estadual. Seu mais contumaz líder e diretor durante vários anos foi Ferreira Penna -mineiro, ex-seminarista, jornalista, autodidata, professor, republicano, secretário durante sete anos consecutivos de diversos governadores da Província do Pará - que deixou uma obra diversificada sobre a Amazônia.

Sua obra se divide em dois ciclos.O primeiro foi realizado para diversos governos do Pará e Amazonas; são estudos de cunho geográfico, histórico e demográfico, todos editados pela Imprensa Oficial do Pará. Os primeiros trabalhos em temáticas locais publicados na região. O segundo ciclo, com estudos realizados na província, foram de temas etnográficos, lingüísticos e arqueológicos, como naturalista viajante do Museu Nacional (RJ), e publicados pelos "Arquivos do Museu Nacional". Penna desentendeu-se com um governador da província à epoca em que era Diretor da Biblioteca Pública e encarregado pelo governo anterior de organizar a biblioteca do Museu. Demitiu-se do funcionalismo público e passou a dedicar-se à pesquisa e ao ensino em escolas de Belém.

Incansável viajante e pesquisador persistente, as descobertas e estudos que realizou sobre sambaquis e cerâmicas em sítios arqueológicos, principalmente os da Ilha de Marajó abriram um capítulo cientifico na Amazônia. Essas pesquisas e os achados delas resultantes são fontes até hoje indispensáveis para os estudos e missões arqueológicas que se seguiram, procurando desvendar a diversificação cultural e o conhecimento pré-histórico da região.

O Museu nessa fase de Formação era o ponto de referência de muitos pesquisadores que passaram pela Amazônia. Penna, que era jornalista, sempre manteve a população informada a respeito de visitas de cientistas, estudos em andamento, e dos resultados de algumas explorações nos jornais de Belém.

Fredrick Hartt encontrou em Ferreira Penna seu grande colaborador científico. Hartt era um ex-aluno de Louis Agassiz, médico e naturalista suíço naturalizado norte-americano, fundador do Museum of Comparative Zoology da Universidade de Harvard ,chefe de uma expedição científica - A Expedição Thayer - que em l895 passou pela Amazônia. Os objetivos básicos foram estudos da geologia e da distribuição dos peixes de água doce no Brasil.

Já professor de História Natural e Geologia em instituições norte-americanas, Hartt volta à Amazônia em l870, com o objetivo de aprofundar as pesquisas geológicas anteriormente feitas pela equipe de Agassiz . Trouxe vários alunos, um botânico, e Penna foi convidado para fazer parte da comitiva. Refutou conclusões anteriormente estabalecidas, concluiu que na Amazônia não havia tido época glacial, como a expedição anterior havia suposto. Em troca do apoio recebido pelo governo da província, este solicitou de Hartt um relatório oficial dos resultados, o primeiro relatório geológico especializado da Província do Pará.

Em l87l Hartt volta novamente, já agora com objetivos de estudar a arqueologia e a mitologia amazônicas. O Trabalho foi publicado sob o título de "Contribuições para a Etnologia do Vale do Amazonas", Ferreira Penna escreveu o quarto capítulo desse trabalho, "Os Índios de Marajó". A publicação saiu nos Arquivos do Museu Nacional. Posteriormente, em l874, Hartt foi convidado pelo governo brasileiro para chefiar A Comissão Geológica do Império. Penna participou dessa expedição pela Amazônia e outros territórios.

Uma das diretrizes dos fundadores e colaboradores do Museu era sedimentar esta instituição para também impedir que os achados arqueológicos saíssem da Amazônia para museus estrangeiros, como também, o comércio indiscriminado e as escavações amadorísticas dos sítios. Queriam que o Museu fosse o depositário local e legal dessas riquezas, e que empreendesse pesquisas científicas sistemáticas para o conhecimento e a preservação de coleções.

Mas os desentendimentos de Penna, em l87l com o governador da província à época, abalaram os alicerces do projeto do Museu, embora não seus próprios projetos de estudar a Amazônia. O Museu declinou ao ponto de se tornar mera repartição pública, sem apoio da classe política e sem o entusiasmo de seu maior mentor. Penna voltou à sua direção em l882, mas ficou somente dois anos: em l884 é licenciado por problemas de saúde. Em l888 O Museu é quase extinto pela Assembléia Provincial por falta de utilidade pública, mas resistiu como pôde até o primeiro governo republicano no Pará, quando foi restaurado e projetado para ser um centro científico por excelência.

CONSOLIDAÇÃO

O primeiro governo republicano no Pará coincidiu com o começo do *boom* da borracha , esses dois fatos propiciaram um crescimento econômico acelerado gerando obras públicas de vulto.

O governador Lauro Sodré, discípulo direto de Benjamim Constant na Escola Militar do Rio de Janeiro, estava entre os que conspiravam no Império pela República. Fundador do Clube Republicano do Pará, professor de Sociologia daquela escola, era um ardoroso positivista. Com o ideário próprio desta filosofia política transformou o Museu Paraense numa instituição progressista e atuante no cenário científico nacional e internacional.

Convidou e contratou Emílio Goeldi, ex-zoólogo do Museu Nacional, para dirigir a instituição. Transferiu suas dependências, adquirindo para o Museu uma grande propriedade - a Rocinha - onde se encontra até hoje. Criou o Horto Zoobotânico e propiciou à direção do Museu todas as condições orçamentárias para que este se tornasse um ponto de referência como instituição científica da Amazônia.

Os "Regulamentos do Museu Paraense", assinados por Lauro Sodré estabeleciam quatro seções que deveriam funcionar no Museu: l. Zoologia (Anatomia e Embriologia); 2. Botânica; 3. Geologia (Paleontologia e Mineralogia) , e 4. Etnologia, Arqueologia e Antropologia.

O pessoal científico constaria do diretor e chefe das três primeiras seções. Para a 4a. seção, dizia o regulamento que deveria ser dirigida pelo diretor ou mandada dirigir por um dos chefes das outras seções, até que a mesma apresentasse o desenvolvimento necessário para contratação de pessoal próprio. O diretor assumiu a chefia da 4a. seção, o que se tornou uma regra e um equívoco ao longo de quase cinqüenta anos no Museu.

Este é justamente o ponto mais crítico e sofrível nesta fase de Consolidação do Museu Paraense. Ele que fora o único entre os museus brasileiros de seu gênero (Museu Nacional e Museu Paulista), a fazer a distinção, já em 1866, entre Ciências Naturais e Etnografia (que tinha a ver com as posteriormente denominadas Ciências Humanas), praticamente estagnou esta área do conhecimento nessa importante fase, e anulou o seu avanço anterior.

Goeldi insistiu à exaustão (em relatórios anuais) com o governador, mostrando a necessidade de se contratar um especialista para a área Etnográfica. Afinado, mesmo sendo zoólogo, com os desdobramentos científicos da Antropologia, Goeldi projetava para a área, pesquisas aprofundadas de cunho monográfico dos povos indígenas. Sodré foi impassível.

Afinal, perante o dogma positivista, o que importava o conhecimento do homem do vale amazônico?

As tantas e distintas culturas como modos de convivência, saber e permanência no habitat da natureza tropical?

Perante o dogma, muito pouco. Entre a "barbárie" , representada por esses povos, e a "civilização",a meta a ser atingida, a última importava, através da ciência.

No entanto, seria simplismo considerar a filosofia política de Sodré responsável por esta redução. Rondon, discípulo direto como ele de Benjamim Constant, comungava os mesmos ideais, mas a atitude de Rondon com relação aos povos indígenas implicava o contato, pacificação se fosse necessário, pesquisa e preservação dessas culturas. Criou o SPI para garantir aos indígenas o direito supremo de continuarem: Xavante, Bororo, Kaiapó... A diferança entre Lauro Sodré e Cândido Rondon, é que Sodré foi um grande político e Rondon um humanista, como o havia sido também Ferreira Penna.

Em finais do século passado, a modernização chegou à instituição científica por excelência da Amazônia, mas não olhou de frente para os primitivos habitantes da região; resta meditar a significação desta omissão científica para o próprio Museu, a natureza amazônica e a sociedade que aqui se desenvolveu.

As áreas de Botânica e Zoologia conheceram um enorme desenvolvimento, com instalações adequadas, realização intensiva de pesquisa e publicação dos trabalhos no Boletim do Museu. Projetos de envergadura foram realizados, como o "Catálogo das Aves Amazônicas", iniciado por Emílio Goeldi , continuado e concluído por Emília Snethlage. A flora e a fauna amazônicas tiveram pesquisas sistemáticas, com coleta e classificação criando-se acervos e coleções. Os biólogos à época foram Adolpho Ducke e Jaques Huber, este último tornou-se um especialista em *Hevea brasiliensis*, de importância estratégica para a economia paraense.

A publicação regular do Boletim, iniciada em 1896, com pesquisa pura, realizada pelos cientistas do Museu, era distribuída gratuitamente para instituições científicas nacionais e internacionais. Com o sistema de permuta implantado, enriquecia o intercâmbio institucional e ampliava o acervo da Biblioteca. Além do *Boletim do Museu Paraense*, outras publicações especiais foram lançadas, também oriundas de pesquisas na região. A série "Arboretum Amazonicum", iniciada em 1900, e *Memórias do Museu Goeldi*, iniciada em 1905.

No Parque Zoobotânico, de visitação pública, foi instalado o Serviço Meteorológico, para pesquisar e coletar dados sobre o clima da região de Belém.

Em 1895 o Museu realizou uma importante expedição científica ao litoral da Guiana Brasileira nos rios Maracá e Anauerá-Puçu, que envolveu diversas áreas: botânica, zoologia, geologia e arqueologia. Os resultados das pesquisas arqueológicas, com descoberta de várias cavernas funerárias no rio Cunany, contendo uma série de objetos de cerâmica, entre urnas funerárias, alguidares, potes, machados de pedra, etc. foram publicados no primeiro número das *Memórias do Museu Goeldi*.

O Museu também se notabilizou em questões geopolíticas, a disputa entre Brasil e França pela posse da região do Contestado na Guiana Brasileira, atual Amapá. Em 1895, Emílio Goeldi teve como missão colher informações para Lauro Sodré na região contestada pelos dois países, sobre habitantes brasileiros e franceses, suas condições sociais e o clima reinante.

Em 1896, Goeldi esteve a serviço do ministro plenipotenciário do Brasil em Paris, Barão do Rio Branco, encarregado de resolver essa questão.
Goeldi esteve na Suiça e na França colhendo informações. O resultado da disputa foi favorável ao Brasil em 1900. Como reconhecimento dos serviços prestados ao Pará, o então presidente da província Paes de Carvalho mudou a denominação do Museu, de Museu Paraense para Museu Emílio Goeldi.

CRISE E DECADÊNCIA

A passagem do século XIX ao XX, não trouxe somente a mudança de denominação ao Museu. Goeldi voltou à Suiça, seu país de origem em 1907, e deixou em seu lugar Jaques Huber que, depois de sua morte em 1914 foi substituído por Emília Snethlage. Mas a mudança maior e mais preocupante foi o principiar de sua crise e posterior decadência devido ao colapso da economia extrativista da borracha que, em sucessivas ondas se instalou definitivamente na região a partir de 1912.

Decorrente da queda violenta dos preços da borracha no mercado internacional, pela concorrência da alta produtividade da hévea racionalmente cultivada do Sudeste Asiático, o Pará mergulhou numa decadência econômica e institucional sem precedentes.

Uma grave crise social se instalou nos primeiros anos do colapso. Com o *boom* da borracha (1890 a 1910), alta porcentagem da mão-de-obra que antes estava alocada na agricultura, criação de animais e outros produtos extrativistas havia-se deslocado em massa e se embrenhado pelas matas interiores dos seringais.

Ferreira Penna, já em 1864, portanto antes do *boom*, num relatório para o governo da província, " O Tocantins e o Anapu", alertava para os efeitos perversos do extrativismo da borracha.

Segundo ele, efeitos deletérios com relação à agricultura, que passava a ser abandonada; à organização social de vilas e cidades e às populações que se empobreciam e dizimavam. Pois com o sistema do aviamento se endividavam irreversivelmente, seja com relação ao aviador, seja com relação ao regatão. Morriam às centenas pelas febres das regiões lacustres interiores, sem assistência. As vilas e pequenas cidades tornavam-se mortas com a partida em massa de seus habitantes para os seringais durante o verão. Colocava que essa atividade econômica gerava contradições flagrantes. Uma lógica perversa entre *Senhor* X *Escravo*: exportadores e seringueiros. *Civilização* X *Decadência*: capital e interior.

Em 1915, esse Relatório era a mais atual e profética leitura que alguém poderia ter feito sobre a Amazônia por muitos anos.

Jaques Huber, diretor e biólogo do Museu, em 1907, alertava defendendo as plantações racionalizadas de hévea na Amazônia. Pesquisou essa possibilidade e publicou trabalhos.

Quando o colapso estava iminente, vários planos de defesa foram ensejados, seja a nível estadual, seja a nível federal, mas mal organizados, mal informados e com poucos recursos financeiros.

Huber foi convocado para fazer uma viagem de reconhecimento ao Ceilão, Malásia e Indochina. Visitou centros de pesquisa e plantações. Ficou perplexo com as florescentes espécies cultivadas e com as estimativas de investimentos que encontrou.

A decadência institucional se alastrou nas finanças públicas, produzindo o aumento das dívidas interna e externa, e salários com atraso de anos a fio.

No Museu, o último Boletim foi editado em 1914 (só retornaria 19 anos depois, em 1933), em 1921 a única cientista que restou no quadro dos funcionários, Emília Snethlage, transferiu-se para o Museu Nacional para dar continuidade ao seu trabalho. Em 1923 o serviço meteorológico foi desativado e transferido para a administração do Ministério de Agricultura, Indústria e Comércio. A década de 20 a 30 foi perdida, sem pessoal científico, ficou sob a tutela científica do Museu Nacional.

Somente o Parque Zoobotânico permaneceu em funcionamento com visitação pública. O Museu permaneceria inativo cientificamente até 30, quando o governo federal de Getúlio Vargas, através do Interventor para o Pará - Magalhães Barata - restaurou-o.

REORGANIZAÇÃO

A economia paraense a partir de 20 voltava com certo vigor às tradicionais atividades econômicas da região. Agricultura: arroz, milho, algodão, cacau, mandioca, fumo, açucar. Extrativismos diversos: madeira, castanha, óleos e azeites de origem vegetal. Criação de animais: bovino, suíno. A mão-de-obra deslocou-se para esses setores e reacomodou-se internamente.

Foi nomeado um novo diretor para o Museu, Carlos Estevão de Oliveira. Não era propriamente um cientista, mas muito ativo e eclético. Pernambucano, cursara Medicina até o terceiro ano, formara-se em Direito. Poeta, político e professor. No Pará, foi procurador de Justiça em Alenquer, delegado de polícia em Belém, consultor jurídico da Diretoria de Obras Públicas, Terras e Viação, um dos diretores da Confederação das Colônias de Pescadores do Pará.

Era um aficionado em Etnologia, e um colecionador de peças etnográficas e arqueológicas.

Sua administração foi longa, de 1930 a 1945, e o Museu não se notabilizou como centro de pesquisa pura, como foi na administração de Goeldi, mas de pesquisa aplicada. Todas as áreas sem exceção tiveram especialistas. Na Botânica, Adolpho Ducke. Na Zoologia, Godofredo Hagman e Eladio Lima. Na Etnologia Kurt Nimuendajú.

Na área botânica foi criado o Parque Zoobotânico, o Palmarium, com cerca de quarenta espécies nativas de palmeiras, para realização de pesquisas.

Na área de Zoologia, o Museu foi integrado ao Programa Nacional de Piscicultura, sob a orientação do zoólogo Rodolfo von Ihering. Neste programa vários piscicultores brasileiros e norte-americanos trabalharam e um limnólogo alemão, Harald Sioli foi contratado. Pela primerira vez, muitas espécies de peixes amazônicos, comestíveis e ornamentais, foram criados em cativeiro, sendo vendidos em forma de alevinos para zôos e criadores no Brasil e no exterior.

Outro projeto foi a criação de animais silvestres amazônicos, experiência única à época. O Zôo do Goeldi foi considerado o melhor e mais bem equipado do país, e realizava a conservação e criação de animais em ambientes ecológicos especialmente projetados. Os animais também eram vendidos.

Tão realizados e produtivos foram esses projetos, que o diretor do Museu tentou adquirir um sítio, perto de Belém, mais adequado ecologicamente para a ampliação desses projetos, mas não recebeu apoio para o empreendimento.

Essas atividades com fins econômicos tornaram parte das despesas do Museu auto-sustentáveis. Foi uma época em que o Museu era muito popular na cidade e no estado, com intensa visitação pública. Um decreto baixado pelo Interventor estabelecia que as cidades do Pará enviassem regularmente animais silvestres que obtivessem em seus entornos, contribuindo para ampliar a variedade de espécies e difundindo a imagem do Museu pelo estado.

Durante essa fase, um único Boletim foi editado em l933, sobre a Geologia do Pará, feito por pesquisadores ainda sob a direção de Goeldi, e que não haviam sido publicados à época.

A etnografia e a arqueologia tomaram impulso, o Museu adquiriu muitas coleções etnológicas que Kurt Nimuendajú, para financiar suas etnografias, vendia a museus nacionais e internacionais.

O próprio diretor realizou alguns estudos sobre remanescentes indígenas no Nordeste, que por várias ocasiões visitou. Carlos Estevão foi também por muitos anos o representante no norte do Conselho de Fiscalização das Expedições Artísticas e

Científicas no Brasil. Seu trabalho era impedir que coleções únicas saíssem do Brasil, sem deixar aqui uma coleção semelhante.

Kurt Nimuendajú, além das coleções que realizou, assessorou pelo Museu a visita científica da arqueóloga norte-americana Helen Palmatary para estudar a cerâmica de Santarém, que Nimuendajú descobriu para o mundo, localizando sessenta e cinco sítios na região do Tapajós. Nimuendajú chegou a dar um curso de etnografia e lingüística no Museu, em 1944. Um curso bastante amplo sobre indígenas sul e norte-americanos. Realizou ainda um mapa para facilitar os estudos particulares de seu amigo Carlos Estevão que ao final ampliado e atualizado através dos anos, tornou-se o seu famoso MAPA ETNOHISTÓRICO dos indígenas extintos ou existentes no Brasil à época. Diferentes versões do Mapa foram feitas para o MPEG, a Inspetoria do SPI do Pará, a Smithsonian Institution em Washington, e o Museu Nacional do Rio de Janeiro. Todos esses mapas foram feitos artesanalmente por Nimuendajú no Goeldi, quando, este, estava proibido pelos médicos de voltar a excursionar em busca das tribos indígenas.

Kurt Unkel "Nimuendajú", " aquele que faz seu próprio caminho", numa das versões do significado de seu nome de batismo "guarani", resgatou com sua obra em 40 anos de pesquisa e convivência com os indígenas brasileiros, a tarefa não cumprida na fase de Consolidação do Museu Paraense. Colaborando em diferentes fases com cada um dos museus nacionais e com vários museus e instituições internacionais compôs uma obra de várias facetas: sertanista, etnólogo, lingüista e arqueólogo, fundando segundo Roberto Cardoso de Oliveira a moderna Etnologia Brasileira. Obra até hoje não devidamente estudada em seu conjunto e publicada em três idiomas: alemão, inglês e português. As suas "Obras Completas", ele mesmo planejou com Heloísa Alberto Torres, que foi diretora do Museu Nacional , espera há anos (e não se sabe por quantos mais) um projeto efetivo de realização. Ainda não somos modernos.

INCONCLUSÃO

Depois da morte de Nimuendajú em 1945 e de Carlos Estevão em 1946, o Museu voltou a experimentar mais uma fase de decadência, somente o campo da Piscicultura sobreviveu por mais tempo. O único fato científico de nota foi o Goeldi sediar provisoriamente em suas dependências o Instituto de Antropologia e Etnologia do Pará, fundado em 1947 por, entre outros, dois diretores do Museu posteriores a Carlos Estevão de Oliveira. Este instituto não só chegou a financiar algumas excursões científicas, como também manteve uma publicação regular de seus resultados durante dez anos, de 1949 a 1959.

Somente em 1954, o Museu se reestruturou novamente. Subordinado ao Instituto Nacional de Pesquisa da Amazônia (INPA) na condição de Departamento, e o INPA por sua vez subordionado ao Conselho Nacional de Pesquisas (CNPq), começando um novo capítulo de sua história científica. Em 1984 volta a adquirir sua autonomia científica, ligado diretamente ao CNPq, e esse último capítulo ainda está sendo vivido.

REFERÊNCIAS BIBLIOGRÁFICAS

ABREU, C. de 1938, O Brasil no século XIX, em *Ensaios e Estudos*, 3.Série. Livraria Briguiet, RJ

BALDUS, H. 1954, *Bibliografia Crítica de Etnologia Brasileira*, Comissão do IV Centenário da Cidade de S. Paulo

BERTHO, A.M.M. 1994, Museu Paraense Emilio Goeldi: a Antropologia na perspectiva de um saber sobre e na Amazônia, I Parte, *Boletim do MPEG, série Antropologia,* Belem Pará, (no prelo)

BOLETIM do Museu Paraense : 1896 (Tomo I), 1898 (Tomo II), 1989 (Tomo III), Museu Paraense, Belém Pará

CUNHA, O. R. da 1989, *Talento e atitude. Estudos Biográficos do MPEG.* Ed. CNPQ/MPEG Belem

CUNHA, O.R. da 1991, *O naturalista Alexandre Rodrigues Ferreira.* PR/SCT/CNPq/MPEG Belém PA

ENCICLOPEDIA Einaudi 1984, *Memória e história.* Vol. I, Imprensa Nacional- Casa da Moeda Lisboa

FERREIRA PENNA, D.S. 1973, *Obras completas de Domingos Soares Ferreira Penna*, Vol. I e II, Conselho Estadual de Cultura, Belém PA.

HOEBEL, E. A. 1973, *Antropologia: El Estudio del Hombre,* Univ. de Minnesota, Ed. Omega, Barcelona

OLIVEIRA, A. E. de 1988, Modificações sociais e culturais decorrentes do processo de ocupação humana (século XVII ao XX) in *Boletim do MPEG - Antropologia,* vol IV n. 1, Belém PA

OLIVEIRA, R.C. de 1988, *Sobre o pensamento antropológico.* Editora Tempo Brasileiro/MCT/CNPq RJ

PUBLICAÇÃO do Instituto de Antropologia e Etnologia do Pará, 1949 a 1959, 10 números, Belém, Pará

REVISTA do Instituto Histórico e Geográfico Brasileiro, 1840 (Tomo 2); 1856 (Tomo 19); 1859 (Tomo 22); 1860 (Tomo 23), RJ

ROQUE, C. 1986, *Grande Enciclopédia da Amazônia*, Amazônia Ed. Ltda

SANTOS, R. 1980, *História Econômica da Amazônia 1800-1920* Ed. Queirós, SP,

SCHWARCZ, L.K.M. 1989, O Nascimento dos museus brasileiros in Sergio Miceli (org.) 1989, *História das ciências sociais no Brasil*, vol 1 Ed. Vértice, Idesp/Finep SP

SODRÉ, L. 1896, *Crenças e opiniões*, Typografia do Diário Oficial, Belém, PA

O LUGAR DA ERRÂNCIA

Maria Lúcia Medeiros[1]

Demorei-me a decidir o que trazer para este encontro onde se discute a produção de escritores latino-americanos, separados por geografias nem sempre exatas, lugares sujeitos a erosões e despenhadeiros, a erupções e desabamentos, sujeitos a permanecerem lugares semoventes, transitórios, a destacarem-se de continentes e acoplarem-se ao acaso dos ventos e dos mares que formam a esfera terrestre.

Falo de uma condição sem a qual me é impossível criar e cuja essência é o reconhecimento de um estado de errância que devasta também o texto e arrasta atrás de si personagens e narradores de uma odisséia silenciosa, revelados por uma linguagem encoberta, velada, que obedece a um fluxo inconsciente e interminável.

Esse código secreto, que é o texto literário, é a estranha correspondência dos que não se conhecem mas se reconhecem porque se buscam nas suas necessidades.

Confesso que, enquanto leitora, busquei o compartilhamento da minha dor na literatura. Busquei a explosão da alegria ou aquilo que clandestinamente eu escondia ou protegia do outro. Busquei na literatura.

Venho de uma região onde a água está em toda parte. Presença constante, os rios cortam as cidades, conduzem e trazem de volta. Representam, para a maioria da população, expressão de vida, lugar de trabalho, possibilidade de mudança.

Esse mundo mágico que desliza à flor das águas, abrigou, à época de sua ocupação ou da formação das cidades, conquistadores, sonhadores, doutores e aventureiros que à sombra da magnitude de sua opulência, idealizaram uma ponte no infinito, a ligação entre dois mundos opostos, díspares, inconciliáveis.

Transformada em lugar de convergência, essa região abriu-se para as múltiplas idéias e várias tentativas de convivência e desfrute. A referência histórica nos dá a dimensão, no tempo, do que deve ter significado a transplantação, a chegada, a viagem, a esperança.

Assim, sob o signo da errância, inaugura-se nesse tempo e nesse espaço, uma literatura dita de viagem, escrita por viajantes que, à força de cumprir missão política e científica, produziram os relatos cuja base era o registro da História. Cabe aqui - para o que me proponho desenvolver - o que diz Leyla Perrone- Moisés, na introdução da obra *Vinte Luas* sobre a viagem de Paulmier de Gonneville ao Brasil, em 1503:

---

[1] Comunicação apresentado no Colóquio Nouvelles d'ailleurs, maio, 1993 - Sorbonne - Paris.

> "O relato histórico, tanto quanto o ficcional, é sem limite de extensão. As ramificações, os pormenores e as especulações são infinitos; os limites do discurso histórico são os documentos, mas na interpretação e na interligação dos documentos, *é a imaginação que constrói a verdade possível* (grifo meu) sobretudo quando os documentos são poucos e lacunares. " (p. 10)[2]

Quero crer que à força dessa *imaginação* deva-se refletir um pouco sobre o significado da palavra *viajante*.

Ser um viajante significa partir, distanciar-se da terra e, no caso especial daqueles que para aqui vieram, significava ainda, fazer-se ao desconhecido, sulcar as ondas, lançar-se aos imprevistos dos mares, partir.

Assim, é essa condição de navegador que se distancia da terra e se lança aos imprevistos dos mares, é esse movimento de saída de si mesmo que vai possibilitar ao imaginário o impulso para preencher as lacunas do fato real. Faz-se então a travessia pelo elemento transitório que é a água e estabelecido está o cenário para a literatura.

Naquele tempo proliferavam os relatos e, diante de uma realidade imprevisível, a imaginação alçava vôo por sobre esse universo úmido. Em 1848, um jovem naturalista inglês, Alfred Russel Wallace que empreendeu viagem pelo Amazonas, escreveu:

> "Minhas anteriores incursões limitaram-se a passeios pela Inglaterra e a uma curta viagem pelo continente europeu, de modo que tudo por aqui tinha para mim o encanto de uma completa novidade. No todo, entretanto, eu estava desapontado. O tempo não era tão quente, as pessoas não eram tão diferentes, a vegetação não era tão extraordinária, nada coincidia com a fantástica imagem que eu formara em minha imaginação e que ardentemente acalentara durante o tédio de uma travessia marítima." (p.18)[3]

Frustra-se o idealizado pelo viajante e abre-se espaço para um encontro com uma nova realidade que o arrebata. Escreve:

> "Mais dois dias e entramos no Amazonas propriamente dito. Foi com misto de admiração e temeroso respeito que contemplamos a massa líquida desse célebre rio. Nossa imaginação transportou-nos às suas nascentes, lá nos distantes Andes dos incas peruanos de antanho, das argênteas montanhas de Potosi, dos caçadores de ouro espanhóis e dos índios selvagens que hoje habitam a região de suas incontáveis fontes. Era incrível que estivéssemos agora contemplando o trecho derradeiro de um curso d'água de três milhares de milhas, o resultado final das neves andinas derretidas e coletadas por 1200 milhas de rios e torrentes, agora congregadas naquela vastidão de águas ocres que se espalhavam à nossa frente! Venezuela, Colômbia Ecuador, Peru, Bolívia e Brasil: seis poderosas nações que se estendem por um território maior que a Europa, cada qual contribuindo com sua parcela para formar aquela imensidão líquida em meio à qual agora tranquilamente penetrávamos!"[4]

---

2 Perrone-Moisés, Leyla: *Vinte luas: viagem de Paulmier de Gonneville ao Brasil: 1503/5*, São Paulo, Companhia das Letras, 1992.

3 Wallace, Alfred Russel: *Viagens pelos rios Amazonas e Negro*; trad. Eugênio Amado; Belo Horizonte, Ed. Itatiaia; São Paulo: Ed. Edusp 1979.

4 Ibid., p. 92.

Wallace talvez seja o meu cientista predileto.

Sensível, arrebatado, ele expõe quase sempre a alma inquieta em belos textos que deixam entrever o sentimento daquele que busca, que parte à procura, que compartilha a ânsia do deslocar-se, que é a condição do viajante.

Dividir-se, afastar-se e ter o oceano no meio, querer os dois lugares, tentar a impossível conciliação:

> "Não há por aqui aléias, alamedas ou jardins. Posso *imaginar* (grifo meu) contudo, o que se poderia conseguir nesse particular às custas das belíssimas variedades de plantas que se escondem na umbrosa monotonia da floresta."[5]

No entanto, ao deparar-se com a impossibilidade de conciliar esses dois mundos, explode infantilmente:

> "Inglaterra
> Pertence a ti meu coração
> Terra natal que tanto adoro!"[6]

Mas depois recua, mergulhado no reconhecimento da condição do ser exilado:

> "Todavia a perspectiva da maravilhosa vida que aqui me aguardaria livre das preocupações financeiras e dos aborrecimentos da civilização, faz-me hesitar entre regressar a teus campos ou dar-te adeus para sempre, passando a desfrutar aqui nesse Rio Negro de uma vida repleta de tranquilidade, fartura e paz..."[7]

Entre dois mundos, entre dois lugares, Wallace prossegue no registro da viagem que empreendeu, movido na maior parte das vezes pela imaginação que se acendia à vista da terra percorrida, o coração irremediavelmente capturado pela beleza do desconhecido:

> "Depois que ficou escuro, acendeu-se no meio da casa uma grande fogueira. As chamas erguendo-se de tempos em tempos, iluminavam os dançarinos pintados e ataviados de plumas, e os grupos assistentes que se espalhavam pela casa, nas mais estranhas e insólitas posturas. Quanto desejei que houvesse entre nós um bom pintor e retratasse fielmente aquela cena tão exótica, pitoresca e bela!"[8]

Mais tarde, escritores e poetas foram seduzidos pela mesma febre e saíram em busca dos caminhos múltiplos, oferecendo-se à viagem. Blaise Cendrars foi um deles. Seu *Feuilles de Route*[9] é um relato de sensações diante da travessia. Elizabeth Bishop, poeta americana e pertencente a essa legião de "expatriados" se permitiu a peregrinação, o exílio, o mergulho em águas estrangeiras, movimento que possibilita a descoberta do outro, exercício de ausência e reflexão. O poema Santarém escrito pouco antes de

---

[5] Ibid., p 188.
[6] Ibid.
[7] Ibid.
[8] Ibid., p. 210.
[9] Blaise Cendrans. *Feuilles de Route*, tradução Sérgio Wax. Ed. UFPA, 1991.

sua morte, fala do encontro das águas em viagem empreendida ao norte do Brasil:

> "Gostei do lugar, gostei da idéia do lugar.
> Dois rios. Não eram dois os rios que corriam do Éden? Não, eles eram quatro.
> E se dividiam em direções opostas.
> Aqui há dois apenas - em confluência -
> Mesmo se estivesse alguém tentado a dar interpretações literárias
> do tipo vida/morte, certo/errado, homem/mulher
> - tais noções tenderiam a resolver-se, dissolvidas, logo ali
> naquela surpreendente dialética de água."[10]

Muitos foram os estrangeiros que por aqui passaram. Inúmeros foram os cientistas, desenhistas, artistas, fotógrafos que, seduzidos pela travessia, marcaram de forma definitiva e indelével os primeiros estudos sobre a flora e a fauna desse exagerado repositório de diferenças. Movidos pela curiosidade, escreveram relatos, contaram histórias e, no recolhimento do lendário e do mítico, experimentaram o delírio das febres e das águas.

Não tenho intenção aqui de fazer deste lugar, um *único* lugar com uma *única* tradução. Não quero negar particularidades próprias deste lugar, assim como me é impossível negar particularidades próprias das regiões desérticas, por exemplo, reafirmando num exemplo oposto.

Na verdade, o que quero aqui expressar é que talvez a Amazônia impulsione esse olhar universal do escritor. Vejo nesta região um emaranhado de símbolos, a começar pela simbologia própria da "floresta" de todos nós, latino-americanos ou europeus, resultado do sonho de sair de si mesmo à procura do "outro" que somos nós ainda, numa expressão dialética do próprio ser.

É essa região de floresta combinada a essa massa líquida que me induz a pensá-la guardadora do mistério do Homem e assim vê-la como a possibilidade de ser a representação simbiótica do lugar que não é lugar, porque se move, transita, migra, corre, percorre, faz-se e desfaz-se - fazendo-se enfim o lugar da errância, do exílio.

Em *A água e os sonhos* diz Gaston Bachelard[11]:

> "A água é também um tipo de destino, não mais apenas o vão destino das imagens fugazes, o vão destino de um sonho que não se acaba, mas um destino essencial que metamorfoseia incessantemente a substância do ser."

Falei ainda há pouco dos viajantes que experimentaram o delírio das febres e das águas. Enquanto escritora e diante do papel em branco, sofro a ausência e convenço-me da condição do ser em *estado de errância* que sai em busca dos fragmentos da memória, delírio das febres e das águas.

E assim, enquanto repositório do lendário e do mitológico é a memória - com movimento de ir e vir - que se faz matéria da escrita a estabelecer estranhas alianças, a abrir possibilidades para o compartilhamento dessa condição de errância com todos aqueles que são "viajantes" de si mesmos.

---

10 Bishop, Elizabeth: *Poemas*; seleção, tradução e introdução de Horácio Costa; São Paulo, Companhia das Letras, 1990.

11 Bachelard, Gaston, *A Água e os Sonhos*, tradução: Antônio de Pádua Danesi. Ed. Martins Fontes, 1989.

HISTÓRIA COMUM, TEMPOS DIFERENTES

Anaíza Vergolino - Henry

CONSIDERAÇÕES PRELIMINARES

Quando nós, intelectuais da Amazônia, tentamos dar conta da nossa questão cultural, alguns argumentos aparecem como recorrentes nas interpretações que construímos sobre nós mesmos. É sempre a lógica linear da história econômica da região a explicação absoluta, a qual se submetem os rumos da cultura. Estou pensando numa interpretação da questão cultural amazônica da seguinte ordem : 1) a exploração, ocupação e colonização da região se faz a partir de ciclos econômicos; 2) o ciclo das drogas do sertão e o ciclo da borracha são aqueles que plasmam a história econômico-social da região e, por extensão, sua história cultural desde os primórdios da colonização até o início deste século. A região é vista, desde então, como um caso-exemplo de colonialismo cultural vale dizer, de uma situação em que culturas economicamente mais fortes e de alto nível de desenvolvimento, impõem suas formas de expressão e os seus valores às regiões dominadas que acabam por adotar, como se fossem suas, formas de expressão cultural do colonizador. Nessa leitura Belém e Manaus da "belle époque" seriam os casos limites da falta de consciência de uma auto-identidade cultural.

Hoje, essa tese do esmagamento cultural "de fora para dentro" se atualizou a partir do novo estilo de ocupação econômica da região, vale dizer, da exploração capitalista dos grandes projetos agropecuários ou industriais que, avançando suas fronteiras, são tidos como os agentes que degradam o estilo de vida das populações interioranas, regiões de rápidas mudanças provocadas pela entrada do capital industrial-financeiro, a exemplo de Marabá no sul do Pará, são vistas em situação de perda de identidade cultural ou de morte do seu folclore e de suas tradições. Diante do perigo da desagregação dos últimos redutos da cultura amazônica "pura" trava-se uma luta de resistência em que cada governo municipal parece repensar sua política cultural organizando museus, feiras culturais, casas de cultura, através da ação de suas Secretarias de Cultura. Nunca se falou tanto em "defesa", "proteção", "conscientização", "preservação" e "resgate" da cultura, e nunca se execrou tanto a TV brasileira, expressão máxima da cultura urbana de massa, vista como agente por excelência, de um imperialismo cultural a esmagar esses redutos culturais "puros" porque rurais[1]

---

1 A esse respeito ver a matéria "Marabá : a cultura da resistência Cultural, Publicação Trimestral da Fundação Cultural do Pará "Tancredo Neves". 1988. Belém, 1(3):12, mar/abr/mai.

Temos portanto construído uma interpretação dualista acerca de nosso processo de mudança cultural cujo modelo se traduz em dois eixos excludentes do tipo: cultura dominada = autêntica = popular = rural = *tradição* x cultural dominante = espúria = elite = urbana = *modernidade*. Ora, se do ponto de vista dessa interpretação que se fundamenta na história econômica da região, tudo que acontece na Amazônia tem uma dimensão histórica de tal modo que o *eixo temporal* é sempre colocado em primeiro lugar na interpretação de qualquer domínio de nosso sistema, no plano de cultura nem tudo parece ser visto como pertencendo diretamente a esse universo cronológico. Como acentuou o antropólogo Roberto Da Matta: "O ponto é então, observar que, mesmo numa sociedade historicamente determinada, podem encontrar-se valores, relações, grupos sociais e ideologias que pretendem estar ao lado e acima do tempo (DaMata 1979:22).

Assim, partindo dessa postura metodológica que relativisa a ideologia histórico-econômica como dominante e encompassadora de todas as esferas de um dado sistema social, tento demonstrar que esse poder de determinação não é tão simples quando consideramos o plano da cultura. Tomo como exemplo a realidade dos cultos afro-brasileiros do Estado do Pará para dizer que esses cultos, produto de um sincretismo afro-índio-ibérico, representam uma visão de mundo articulada na forma de mitos, narrativas, genealogias, "formas que para nós, estão como que removidas do mundo, precisamente, porque tais relatos pretendem ser abrangentes, ficando fora do tempo e encompassando todo o tempo conhecido (DaMatta 1979:22).

UMA CONVERGÊNCIA DE TRADIÇÕES

Os espíritos que se manifestam nos chamados cultos do Pará ou "Mina Paraense" são denominados de encantados e têm caracteristicas muito locais[2]. Em termos de origens, uns são espíritos de animais oriundos do xamanismo indígena amazônico, mas também existem aqueles que assumem as características de uma mistura de qualidades humanas de personalidades históricas ou personalidades saídas do folclore ibérico com aspectos dos orixás africanos iorubanos e dos voduns jêjes daomeonos.

O encantado *Jurema* sem dúvida alguma tem relação com uma árvore sagrada da família das leguminosas. As raízes e a casca da jurema-branca (Pithecolobium diversifolium Bent.) quando socadas com água produzem uma bebida narcótica que

---

[2] O "Mina-Nagô" ou "Mina Paraense" representa a tradição afro do Pará. É a tradição sincrética por ser uma mistura da tradição maranhense já influenciada pela tradição baiana. No Pará esse culto teria se misturado com pajelança, nos anos 30 recebe a influência da Umbanda; por volta dos anos 50/60 a influência do candomblé baiano. Ao longo de sua evolução a influência do Catolicismo.

os grupos tupi usam em suas cerimônias religiosas. As flores e a casca da jurema-preta (Mimosa nigra Hub.) são usadas para banhos e fumigações. A bebida da jurema pode ser ingerida nos terreiros afro e *Seu Juremeiro*, quando representado como entidade desses cultos, apresenta-se como "caboclo" e uma espécie de médico-feiticeiro.

Os rios têm uma multidão de encantados a exemplo de *Dona Rosalina*, a cobra grande do Rio Amazonas e seus tributários. No culto se manifesta como mulher calma que fuma cachimbo e ingere unicamente chá. *Os Botos* são encantados nativos do Pará que compõem famílias com vários membros como o *Boto Tucuxi* o mais popular de todos e que é morador do Rio Guamá; ou o *Boto Branco* que habita a Ilha do Mosqueiro. *Japetequara* é um encantado cuja imagem é a de um velho indígena que mora nas florestas da Ilha de Marajó. Ao mesmo tempo é encantado num réptil crocodiliano qual seja o jacaré. É sério e à sua família pertencem dezenas de pequenos seres como os *Curupiras*, que habitam nas sapopemas, isto é, nas grandes raízes que cercam a base do tronco de muitas árvores da floresta pluvial da Amazônia. Esses seres têm origem na tradição Tupi, são traiçoeiros e fazem as pessoas se perderem na mata mas se recebem presentes tais como mel, cachaça, tabaco, seu comportamento pode mudar.

Ao lado desses personagens que, claramente, remontam à tradição indígena existem os encantados tidos como personalidades comuns, a exemplo de *João da Mata* um homem livre, espécie de menestrel viajante que cantava e dançava para seu sustento. Adquiriu esse nome porque teria nascido no dia 8 de fevereiro, dia de São João da Mata, santo da tradição católica. Com a transformação de ser humano em encantado sua personalidade pouco teria se alterado, de tal modo que até hoje ainda é um encantado que gosta de beber e dançar (Leacock & Leacock 1972:146).

Personagens de mitos portugueses também entram nessa cosmologia e nenhum parece ser mais popular no imaginário dos terreiros do que o *Rei Sebastião* figura central do Sebastianismo, mito nacionalista português que surge em torno da figura do rei Dom Sebastião, morto a 4 de agosto de 1578, com a idade de 24 anos, na batalha de Alcácer-Quibir quando lutava contra os mouros no Marrocos e que Portugal esperou, desde então, o seu regresso como figura imortal para conduzir seu povo à glória mais alta. Conforme Câmara Cascudo (1980), sabe-se que a idéia sebastianista deve ter emigrado para o Brasil com os homens da Extremadura, Alentejo, do norte de Portugal. No Pará esse mito toma forma extremamente peculiar por duas razões: primeiro, o mito não fica confinado ao quadro das manifestações coletivas milenaristas de influência cristã-ocidental, como o movimento dos sebastianistas de Pedra Bonita, movimento ocorrido na primeira metade do século XIX em Pernambuco (Cascudo 1980:701). Entre nós o mito passa a fazer parte de um sistema de crenças de matriz afro. Em segundo lugar, esse sistema como que responde ao mito na medida em que, o rei, sua família, seus guerreiros, estão encantados na Praia do Lençol no Estado do

Maranhão[3]. Diz-se que o rei caminha pela praia em noites escuras esperando que alguém o livre do seu encante; e diz-se ainda que no dia em que isto acontecer, todos os encantados subirão à superficie enquanto a cidade de São Luis irá para as "encantarias" do funfo.

Nos terreiros, Rei Sebastião é festejado no dia 20 de janeiro, dia em que a Igreja Católica comemora o santo mártir São Sebastião, que é também a data de festejo do orixá *oxossi* a versão iorubana do vodum *xapanã* da tradição jêje daomeana maranhense. Essas duas versões representam uma entidade associada a varíola e demais doenças da pele, mas o Rei Sebastião nada tem a ver com tais atributos. Ele é, preferencialmente, um guerreiro como indica o cântico ritual:

"Rei Sebastião, guerreiro militar,
Rei Sebastião, guerreiro militar,
Ô Xapanã,
Ele é pai de terreiro
Ele é guerreiro
Nesta guerra imperial"

No imaginário dos terreiros, Rei Sebastião é pai de *Jarina*, uma das mais populares entidades da "Mina Paraense". Esse nome remete a uma origem animística, uma vez que Jarina, do tupi Ya'rina, trata-se de uma palmeira baixa (phytelephas macrocarpa) de flores odoríferas e de cujas sementes se confeccionam botões razão pela qual a palmeira jarina é conhecida em nossa região como palmeira marfim.

Uma lenda associada a *Jarina* diz que ela teria sido encantada numa pedra da Praia do Lençol por Rei Sebastião seu pai, até quando *Mariana*, uma outra "encantada" chefiando uma esquadra da Marinha Brasileira teria chegado à praia, libertando-a de sua prisão.

A entidade *Dona Mariana* ou simplesmente *Mariana* talvez seja a "encantada" mais popular nos terreiros de Belém, aceitação que certamente vem de um conjunto muito complexo de atributos que possui e que lhe conferem grande poder. Ela é tida com uma líder - "patrona dos marinheiros" -; como mulher sexualmente liberada numa versão local das "pombas-gira" da umbanda sulina; ou vista ainda como uma espécie de médica-feiticeira quando "trabalha na linha de cura" identificada a arara-

---

[3] Em Portugal o mito deixou uma pergunta no ar: morreu o rei em Alcácer-Quibir? É uma dúvida até hoje insolvida no imaginário popular tendo daí surgido a lenda de que o Rei Dom Sebastião e seu exército haviam se encantado em algum lugar (Pires, 1971 p.58). Entre nós esse local é muito bem definido como se percebe durante os rituais através das "doutrinas" (cântico hierático) com que se louva a entidade :

"Rei, rei
Rei Sebastião } bis
Se desencantar lençol
Vem abaixo o Maranhão"

vermelha (Ara macao), nossa bonita ave amazônica de plumagem vermelho-vivo, cauda azul e asas azuis mais escuras. Na mais clara tradição xamanística amazônica, ela manipula as penas da cauda do animal como parte dos ritos de cura. Mas se *Dona Mariana* vem da floresta isto não significa dizer que ela seja uma índia, ao contrário, ela é tida como "branca" porque é "turca" e porque pertence à "família do rei da Turquia"[4].

Remetendo-se à literatura folclórica brasileira, Leacock e Leacock (1972:132) nos dizem que a origem dos "Turcos", pode ser encontrada nas "mouriscas", festivais religiosos oriundos de Portugal e nos quais se comemoravam as cruzadas medievais dos cristãos contra os mouros na Península Ibérica. Esses mouros é que no Brasil foram chamados de "turcos". Observavam que, ao inverso das "mouriscas", nos cultos de Belém os "turcos" (mouros) foram redefinidos como vencedores e não como derrotados e que, a partir daí foram transformados nos heróis do drama.

Se no passado os escravos ou as camadas subalternas que participaram desse drama desempenhavam, publicamente, o papel de vencedores, enquanto que, secretamente, identificavam-se com os adversários de seus senhores europeus, renegando assim o Cristianismo, isto não significa dizer que no presente esses cultos sejam o espaço de uma resistência anti-cristã católica. Hoje, os seguidores desses cultos não rejeitam o Catolicismo mas ao contrário, mantém com ele uma relação complementar.

Como tentei demonstrar em ensaio anteior (Vergolino-Henry 1987), em que examinei a profundidade da vinculação entre esses dois sistemas através de análise do calendário sincrético afro-católico, as relações entre Africanismo e Catolicismo extrapolam o plano das relações entre Santos e Orixás i.e. o Ciclo Santoral. Elas também ocorrem por ocasião da quaresma, vale dizer, no Ciclo Temporal ou o plano que diz respeito às festas de Cristo o Messias, o qual é o plano mais importante porque nele se situa a data da Páscoa, o ápice do calendário litúrgico da Cristandade[5].

Retomo algumas passagens do argumento anterior para revelar outras representações de tempo contidas nessa convergência de tradições.

---

[4] Na tradição da "Mina Paraense" os membros da "família" do "Rei da Turquia" ou "Seu Turquia" são todos guerreiros e que muitas vezes vencem os "encantados" de outras "famílias". Uma vez derrotados, alguns desses "encantados" teriam se agregado à "família dos turcos" como uma espécie de filhos adotivos. Diferentemente do sistema de crenças da Umbanda, em que as entidades se agrupam em conjuntos de feição hierárquica militar como as "linhas" e as "falanges", na tradição paraense os espíritos compõem também, "famílias" compostas de um espírito, homem ou mulher, seu cônjuge, e sua prole.

[5] O calendário católico é constituído por dois ciclos, a saber: CICLO SANTORAL onde se incluem as festas de veneração dos Santos, o conhecido "Santo do dia"; e o CICLO TEMPORAL dividido em períodos de duração desigual e que se sucedem na seguinte ordem: Tempo do Advento (que abre o ano litúrgico): Tempo do Natal, Tempo da Quaresma, Tempo Pascal. Intercalado entre o Tempo do Natal e o Tempo da Quaresma e novamente entre Pentecostes (que acontece 50 dias após a Páscoa) e o Advento, vamos encontrar um período mais longo chamado de Tempo Comum.

UMA CONVERGÊNCIA DE TEMPOS

Uma vez que a Quaresma é reconhecida pelos terreiros, fica aberta a possibilidade de alteração em qualquer um dos planos que compõem um calendário afro-brasileiro padrão[6]. Não se pode, por exemplo, realizar festas públicas com tambores no decorrer do tríduo pessoal. As festas que recaírem nesse período estarão sujeitas à transferência ou ao simples cancelamento.

Obviamente, esse ajustamento de tempos gera dificuldades para os terreiros, a começar pelo entendimento do cárater móvel da Páscoa, cuja gênese histórica e cósmica quase nunca é alcançada. Como sabemos, a data da celebração da Páscoa cristã foi a causa da chamada "Controvérsia Pascal", polêmica que ocupou a Igreja do século II ao século IV e que somente se resolveu no Concílio de Nicéia (325 a.D). É que as Igrejas da Ásia Menor e da Síria pretendiam preservar a tradição judaica do calendário lunar - 14° dia do mês Nisã, ou o 1° dia da 1° lua cheia do 1° mês lunar após o equinócio da primavera o que terminava por negar o significado do domingo já então considerado pela cristandade como o "Dia do Senhor". Após o Concílio fica definida a data da celebração: o 1° domingo depois da 1° lua cheia da primavera. Essa controvérsia, no fundo, envolve um complexo cálculo astronômico de ajustamento de um calendário lunar da tradição judaica e outro solar da tradição cristã[7].

Sem entender a história daquilo que professa, na prática, resta ao pai-de-santo a tarefa de combinar esses vários tempos tentando ajustar o tempo do calendário civil, com o tempo do calendário litúrgico católico, o tempo do calendário do seu terreiro, o tempo dos orixás e demais encantados e ainda o tempo cósmico, uma vez que os quadrantes da lua têm um papel fundamental em certos rituais que só podem ser realizados na "força da lua" crescente ou cheia, evitando-se as luas minguante e nova como acontece por ocasião dos ritos de passagem, que acompanham a mudança de estado dos indivíduos (Tunner 1974: 116).

TEMPO CIVIL, TEMPO DO RITUAL, TEMPO DO RELÓGIO

Na realidade, cada casa de culto vivencia o tempo a partir de uma superposição de três movimentos periódicos: 1) das variações sazonais de um calendário civil de

6 No calendário das casas de culto, observa-se a existência de datas nacionais como 27 de setembro dia de Cosme e Damião em todo o território brasileiro; datas locais, aquelas reconhecidas apenas na tradição de São Luis e Belém como a festa de D. José Floriano (19 de março); e as datas particulares às casas de culto propriamente ditas.

7 Se prestarmos atenção, a data da Páscoa, sendo móvel, mantém o princípio lunar da tradição judaica ao mesmo tempo que oscila de 22 de março a 25 de abril, datas balisadas pelo calendário solar cristão.

origem solar em uma região que possui apenas duas estações - mais e menos chuvosa; 2) da alternância de períodos imóveis dos dias e horas do calendário civil que é conflitante com as alternativas dos dias e das horas ditadas pela religião; 3) das oscilações das pressões visíveis da ideologia e da política traduzidas num calendário político coletivo porque de todos os cidadãos do Estado e a instância que fixa o início do ano civil e de outros anos, notadamente, o orçamentário, o letivo, a periodicidade do pagamento de taxas, impostos etc. E que também fixa as datas das festas nacionais e religiosas reconhecidas pelo Estado. O tempo desse calendário mesmo comportando elementos cíclicos - pois certos eventos retornam todos os anos, periodicamente - se inscreve numa história linear e orientada (Pomian 1984 p. 223).

Acomodar cotidianamente todos esses tempos é um cálculo muito delicado e meticuloso especialmente porque os rituais públicos devem obedecer a um tempo medido e quantitativo que é o tempo do relógio. As festas não devem ultrapassar os limites das duas horas da madrugada. Não respeitar esta norma significa correr o risco de ser acusado de perturbação à ordem pública. Mas, se os católicos tiveram a habilidade de reproduzir a Última Ceia ("Fazei isto em memória de mim") nos sessenta minutos da liturgia da missa, os terreiros, apesar dos esforços, têm muita dificuldade em disciplinar o tempo dos "encantados" que não reconhecendo o tempo do relógio, deixam-se ficar e por vezes amanhecem bebendo, cantando, dançando e até mesmo "desarrumando" no espaço dos terreiros.

Os encantados são rebeldes porque são "natureza" isto é, aquilo que nunca morre porque nunca viveu como nós, humanos; eles desconhecem a periodicidade, a finitude, sequer envelhecem; seu tempo é estacionário tal qual o tempo da eternidade[8]. Assim, o tempo do encantado prega a abolição do tempo cronólogico, tempo profano, inútil se comparado ao tempo da eternidade. Quanto ao simbolismo do tempo messiânico do Rei Sebastião e sua corte parece que temos aqui um tempo cronológico que é substituído pelo "tempo profético", sendo que "no mundo amazônico não encontramos o messianismo no sentido clássico dessa manifestação: rebelde e violento que alimentasse a crença num líder carismático místico" (Rosário, 1993:115). Tudo nos leva a crer que estamos diante de uma noção de futuro muito particular em que o tempo é linear, mas sua orientação não é para a frente, horizontal, e sim vertical, orientado para o fundo. Que é horizontal, porém orientado para o "fundo" do passado. "O fim do mundo amazônico é oposto a esse fim de mundo impossível. É antes uma oposição ao mundo aquém, distante, mundo que pode ser um limite geográfico ou um limite político do mundo donde vem a colonização, a dominação, a cidade, as instituições, a perda da liberdade. Aí, fim de mundo não é fim do tempo, mas fim do espaço que é paraiso" (Rosário 1993:120).

---

8 Os terreiros costumam festejar o aniversário dos "encantados", isto é, data em que determinada entidade se manifestou pela primeira vez naquela pessoa. Realizam uma festa, a entidade ganha presentes e um bolo de aniversário, mas quando se pergunta, por exemplo, à Dona Mariana quantos anos ela está fazendo a mesma sempre responde em tom de brincadeira "quatorze e meio"! Ela nunca fez quinze anos sequer!

AMAZÔNIA: O "ENTRELAÇAMENTO DE TEMPOS"

Estes dados referentes a um meio social tradicional ou "resistente", leva-nos a refletir sobre a Amazônia como um caso de "entrelaçamento de tempo" de que falou Vovelde (1987) na sua reflexão crítica acerca dos tempos de longa duração "Parece portanto, que estamos na trilha da multiplicação de tempos, aguardando esse "entrelaçamento" de tempos históricos de que fala Althusser. Tempos da história econômica, tempos da história social, tempos de história das estruturas mentais: desigualemente rápidos... É pouco, porém, dizei que os tempos se multiplicaram: eles também se imbricam, outro aspecto desse entrelaçamento de que falávamos (..) em um mesmo domínio se estratificam durações diferentes, como dissemos, tal como telhas; o tempo imóvel, acrônico (...) acolhida das antigas sociedades não desaparecem, pelo contrário, e o vemos ressurgir inesperadamente de uma experiência cotidiana." (Vovelle 1987:280).

Na Amazônia, tempo do mito e tempo da história se invadem, reciprocamente, no contexto da religiosidade popular; o mito nesse caso tem a característica de ser um "avesso" correspondente no tempo da história cronológica inscrita nos animais da factualidade da civilização humana (Figueiredo 1991:3).

Assim, ao final dessa leitura dos tempos das massas populares, ficamos com a impressão de que a Amazônia respira em ritmos diferentes. E, em nossa opinião, é somente com a apreensão desses ritmos distintos que poderemos entender a riqueza da coexistência da tradição e da modernidade em nossa região.

REFERÊNCIAS BIBLIOGRÁFICAS

CASCUDO, L. C. 1980. *Dicionário do Folclore Brasileiro* São Paulo, Edições Melhoramentos.

DA MATTA, R. 1979. *Carnavais, Malandros e Heróis*: para uma Sonologia do Dilema Brasileiro. Rio de Janeiro, Zahar Editores.

FIGUEIREDO, A. M. 1991."Os Reis de Mina: A Irmandade de Nossa Senhora do Rosário dos Homens Pretos no Pará do Século XVII ao XIX. Belém, Mimeografado.

LEACOCK, S. & LEACOCK, R. 1972. *Spirits of the Deep*: A study of an Afro-Brazilian Cult. New York, the American Museum of Natural History. Doubleday Natural HIstory Press.

PIRES, A. M. 1969. *D. Sebastião e o Encoberto*: Estudo e antologia. Lisboa. Fundação Colorista Gulbenkian.

POMIAN, K. 1984. *L'ordre du Tempos* Paris. Éditions Gallimard.

ROSÁRIO, U. 1993. *Cultura Brasileira* 2ª ed. Belém. Edições Cejup.

TURNER, V. W., 1974. *O Processo Ritual*: Estrutura e Anti - Estrutura. Petropólis, Vozes.

VERGOLINO-HENRY, A. 1987. "A Semana Santa nos Terreiros: um Estudo do Sincretismo Religioso em Belém do Pará" In Religião e Sociedade, 1413,. Rio de Janeiro ISER/CER.

VOVELLE, M. 1987. *Ideologias e Mentalidades* São Paulo. Editora Brasiliense.

DO "MAU OLHADO" À "COISA FEITA" OU O CAMINHO PARA A MEDIAÇÃO DO FILHO DE SANTO

Véronique Boyer-Araújo[1]

Da mesma forma do que no resto do Brasil urbano, em Belém, uma cidade situada no norte do país, contando mais de um milhão de habitantes, os cultos dc possessão chamados Umbanda e Mina[2] atraem muitos fiéis, na maioria mulheres das camadas pobres da população. Sobretudo implantados nos bairros populares, os lugares reservados às cerimônias do culto, que são chamados "terreiros", constituem cada um uma unidade cultual independente dirigida por um chefe religioso, o "pai" ou a "mãe de santo". Os médiuns se reúnem regularmente, até três vezes por semana, para se submeter à possessão por espíritos, designados pelo termo "caboclo", que se manifestariam para ajudar e aconselhar os seres humanos sofredores. Os caboclos são concebidos como antigos seres humanos, sendo por isto sensibilizados à infelicidade dos homens, que adquiririam poderes superiores e ininteligíveis pelos homens através de uma transformação que lhes tornariam imortais.

Se os cultos se especializaram na cura de problemas ligados à possessão, ou cujos sintomas parecem assimiláveis a fenômenos de transe[3], no entanto, eles também se encarregam de aliviar infortunas tendo outras fontes, ou se manifestando de outro modo. E eu gostaria de examinar aqui, especialmente, as duas categorias do sistema de classificação da doença ou infortuna, que os médiuns dos cultos costumam chamar de "perturbações", excluindo a probabilidade de uma possessão do consultante por um espírito, qualquer que seja.

---

[1] Este artigo só pôde ser redigido graças a uma subvenção da Fondation de France.

[2] A distinção entre essas duas apelações é bastante delicada -ela se resume, duma certa forma, à utilização do tambor ou das palmas durante as cerimônias- ainda mais que a maioria dos centros usa os dois acompanhamentos musicais.

[3] Assim, os cultos distinguem entre os distúrbios devido à intromissão de um espírito de morte que deve ser afastado, ao assombramento por um espírito da natureza que pode ser socializado dentro do terreiro e se tornar um caboclo cuja possessão é bem-vinda.

De fato, se os diagnósticos de "Mau-Olhado" ou de "Coisa-Feita" consideram os sintomas indicando um problema de "nervos"[4], em nenhum momento a "anormalidade" dos comportamentos está atribuída a uma suposta intervenção direta, no sentido da expressão de uma vontade própria, dos seres do mundo invisível no mundo dos homens. A desordem viria sempre de um desregulamento das relações sociais.

Um olhar, acompanhado de um sentimento ou de um comentário invejoso para com uma pessoa não vigilante, causaria prejuízos tanto físico quanto moral: é o "Mau-Olhado". A fragilidade ou a força "moral" e "física" presumidas de certos grupos determinaria o grau de receptividade deles: os homens dotados de uma grande resistência física seriam menos expostos que as mulheres dominadas pelos "nervos" (Duarte, 1986b: 12). As crianças, cujo crescimento não está ainda acabado, são as mais vulneráveis ao mau-olhado, que no caso delas é chamado "quebranto" : uma apatia e um emagrecimento acentuado, uma febre e uns pontos vermelhos, e para os mais atingidos uma forte diarréia, são os sintomas reveladores do mal e os indicadores da sua gravidade.

Mas aquele que daria o mau-olhado não o faria sempre conscientemente. Pegando às vezes de surpresa da mesma maneira o infeliz e o responsável, ele não procede, necessariamente, de um ato de malvadeza pura. A causa do mau-olhado seria uma perda momentânea e involuntária do governo da pessoa sobre uma parte dela mesma : o seu olhar. Definido nesses termos, o mau-olhado, mesmo podendo ter conseqüências desastrosas, aproximar-se-ia mais de um movimento espontâneo e desajeitado do que de uma ação premeditada. Cada um sendo obrigado a desconfiar tanto dos pensamentos dos outros quanto dos seus próprios, o comportamento apropriado para evitar qualquer incidente é a reserva. O testemunho de uma médium mulher (ou "média" como o pessoal dos cultos chama), que num primeiro momento exprime essa idéia da não-intencionalidade, afirma no entanto, num segundo tempo, que alguns usariam deliberadamente desta aptidão negativa, perigosa e comum a todos os seres humanos:

> "A pessoa que dá o quebranto não sabe que está dando. Só quando a pessoa é mau mesmo, que já olha com raiva prá você. Só saindo pela rua, você olha as pessoas com a cara fechada; parece que estão com raiva do mundo inteiro."

Todavia, é muito raro que os próximos do doente sejam designados como sendo na origem do mal, pois acusar um parente ou um vizinho poderia, eventualmente, desencadear um conflito que, no caso de persistência, ameaçará o capital relacional.

---

4 Luiz Fernando Duarte, no seu livro *Da vida nervosa nas classes trabalhadoras urbanas*, indica que o termo está muito utilizado pelos membros das classes populares por exprimir as diversas expressões do mal-estar, englobando, o que ele chama de nervosismo. Mesmo que o estudo do autor se refira à cidade do Rio de Janeiro, esse termo também é usado em Belém.

O aspecto involuntário do mau-olhado, que aqui constitui o signo indireto de uma tensão, tende então a dominar no discurso. Em compensação, as pessoas que se situam no limite do círculo de sociabilidade habitual, e portanto não estão tão implicadas na ajuda mutual no quotidiano, serão as principais vítimas de uma acusação desse gênero. A freqüentação insuficiente desses últimos não permitiria apreciar corretamente os pensamentos e as intenções deles : não há dúvida de que nessas condições o ódio e o ciúme se escondem mais facilmente atrás da admiração e da simpatia. Os limites entre estes dois grupos são evidentemente tênues visto que o atual "estranho" pode tornar-se um conhecido susceptível de aumentar as redes de relações sociais. Por isso, na maioria das vezes, o nome do suposto culpado não é pronunciado.

O quadro se apresenta de outro modo para a "Coisa-Feita", um feitiço cujas conseqüências se manifestariam concretamente por uma perda de emprego, um conflito conjugal ou uma saúde vacilante. O único ponto comum entre a coisa-feita e o mau-olhado é a possibilidade de considerar os sintomas apresentados como "problemas de nervos" : a interpretação segundo a qual a desordem é o resultado de um feitiço que um indivíduo mandou fazer para o paciente coexiste com uma leitura em termos de "apatia impedido de fazer as coisas" ou de "nervos que atacam".

Com efeito, se o ciúme, a inveja e o ódio estão ainda na origem do mal, três elementos asseguram que o processo seria aqui, sempre, voluntário e consciente. Em primeiro lugar, o diagnóstico de coisa-feita supõe um pedido formal do agressor a uma terceira pessoa, especialista dos cultos de possessão. Em seguida, o feitiço teria necessitado da organização de um ritual específico, chamado "trabalho", realizado dentro do terreiro, sob a direção do espírito de uma Mãe de Santo. Finalmente, as manipulações mágicas que o possuído complacente teria feito exigiriam algum objeto pessoal da vítima trazido pelo comanditário.

Só uma profunda e definitiva exasperação dos sentimentos ou um cinismo frio e calculador levariam a tais extremidades. Independentemente dos motivos íntimos, a escolha da coisa-feita para causar prejuízo a alguém implica, certamente, interesses antagônicos, mas também, perante a estrutura ritual que a sustenta, um conhecimento prévio dos costumes e das fraquezas da vítima. Ao contrário do caso do mau-olhado, o agressor pertence portanto necessariamente à roda de conhecidos do paciente e é nessa esfera que a Mãe de Santo consultada tentará localizá-lo.

Mesmo se baseando sobre a interpretação de sintomas muitas vezes análogos, os diagnósticos de mau-olhado e de coisa-feita estabeleceram quadros bem distintos para a ação terapêutica. Em particular, eles induzem a um grau diferente da gravidade da desordem, uma inversão ou a introdução de variações em certas relações de causalidade e de transmissão do mal. Assim, raramente considerado mortal -fora o caso das crianças- o mau-olhado proviria de um contato efetivo, sem que o lugar, nem o tipo de contato sejam precisos, entre o culpado e a sua vítima que não se conhecem obrigatoriamente muito bem. Em compensação, a identificação de uma coisa-feita, a qual pode ser fatal se não for tratada, pressupõe uma freqüentação, e mesmo uma intimidade, prévia dos interessados, uma relação "indireta" no efeito (o feitiço está realizado fora da presença da vítima) e instrumental nos meios utilizados (o "trabalho" usa um suporte material), bem como uma indispensável mediação (o médium) num determinado lugar (o terreiro).

Apresento o quadro abaixo para resumir as diferenças antes de ver como elas estão integradas na indicação do tratamento e como contribuem para delimitar esferas de conhecimentos e sociabilidade.

Quadro comparativo entre o Mau-olhado e a Coisa-feita:

	MAU-OLHADO	*COISA-FEITA*
Gravidade	fraca	importante
Ação	sobretudo involuntária	sempre voluntária
Efeito	direto (olhar)	indireto (trabalho)
Suporte	olhos do agressor	objetos pertencentes à vítima
Agressor	conhecido ou não	sempre conhecido

O mau-olhado trata-se por rezas, tendo supostas virtudes curativas. A pessoa competente -aquela que conhece as orações- resmungando-as de maneira ininteligível, faz várias vezes o sinal da cruz sobre o doente, com alguns raminhos de ervas que ela segura, e isto três vezes por dia até haver uma melhora do seu estado.

Se os cultos reconhecem o mau-olhado como fonte de doença, eles não têm o monopólio da cura. Uma mulher médium afirmava sobre este assunto:

> "Para rezar o quebranto, não é preciso ser nem mãe de santo, nem pai de santo. Qualquer pessoa pode rezar desde que ela saiba a oração."

Assim, quando as Mães de Santo tratam pacientes sofrendo de quebranto, elas se contentam em utilizar este saber "tradicional" dos "sábios", dos "curandeiros" e dos "velhos"[5]. Aliás, a cura se desenrola muitas vezes dentro da própria casa delas, e não no terreiro aonde os médiuns se reúnem e agem enquanto especialistas dos cultos, portanto enquanto possuídos.

Esta relativa indiferença das Mães de Santo de ligarem-se a novos clientes pelo tratamento de doentes sofrendo do mau-olhado é, me parece, estreitamente ligada ao fato de que nem o desencadeamento das perturbações, nem a cura exigem a participação dos espíritos "incorporados" nos médiuns. Ora, a prestação realizada durante a possessão é que constitui, nesses cultos, a suprema demonstração de competência e de saber, o que de costume é inacessível aos seres humanos e incompreensível por eles.

---

5 É verdade que durante a possessão certos médiuns integram à representação dos espíritos deles uma manipulação similar. Mas isto parece mais a considerar no sentido de um processo criativo buscando diferentes fontes para a composição das personagens que na idéia de uma eficácia maior desses gestos quando efetuados por méduins.

Precisa-se aqui explicitar as concepções da relação entre os médiuns e os caboclos que os incorporam durante as cerimônias. A reconstrução dos itinerários religiosos pelos Filhos de Santo, dos primeiros signos da "chamada" pelos espíritos até a integração a um grupo cultual, ou Família de Santo, deixa aparecer uma modificação radical da representação do caboclo. No início, ele se vê atribuído o papel de descritor do equilíbrio da pessoa que ele escolheu como "cavalo", causa de inúmeros conflitos dentro da casa, com os vizinhos e no contexto do trabalho. Quando "vencido e submetido à vontade dos caboclos" como diz o pessoal dos cultos, o médium descobrirá que seu mestre não é somente um ser autoritário e despótico, mas que ele é também um sólido defensor de seus interesses frente aos dos outros.

Essa fase só chegará quando o médium conseguir dar ao público dos rituais uma representação personalizada, e convincente do personagem daquele espírito que vai se tornar *seu* caboclo. Quer dizer que a relação entre o médium e o caboclo é concebida como uma ligação íntima e única. O sucesso depende da afirmação duma completa diferença entre ele, no estado consciente, e o caboclo através, por exemplo, da adoção duma linguagem ou de comportamentos desaconselháveis aos seres humanos (palavrões, agressividade, provocação...). Dum outro lado, o médium deve convencer à assistência que a sua prestação é inconfundível com a dos outros, isto é, singularizando no máximo pelas atitudes a representação dada do caboclo em relação às outras interpretações. Basicamente, é no momento que o médium se reconhece na dependência total do caboclo que ele está em posição de impor a sua própria vontade no nome do duplo dele. Dizendo que "ele recebe tal caboclo e que este manda na vida dele", ele deixa entender que ele detém também uma parte do poder do espírito.

No caso da coisa-feita, o sistema religioso reconhece, formalmente, e, totalmente, a participação dos espíritos. Com efeito, não teria doença, nem resultado feliz sem uma intervenção dos espíritos através de um médium incorporado do início até o fim do processo. Assim, os caboclos, que num primeiro tempo teriam dado instrução ao agressor para efetuar o malefício, manifestar-se-iam depois novamente (mas num outro suporte material que é o médium) para desvendar ao doente a origem da desordem e determinar as modalidades para desmanchar o trabalho[6], ou seja, para libertar a pessoa do feitiço. Ainda mais, é o espírito-agente-intermediário-do-mal em pessoa (identificado por um dos médiuns incorporados, portanto, simbolicamente, por um outro caboclo) que, sabendo para quem e como ele operou o feitiço, será invocado para desmanchá-lo.

Diagnosticar uma coisa-feita significa administrar ao público a prova geral da eficácia da ação dos espíritos e do poder dos médiuns que os incorporam. Além disso, como são os mesmos espíritos que fazem e desfazem os feitiços, a Mãe de Santo ou o médium afirmam de maneira indireta que se eles escolherem de obrar par o "bem" (a

---

[6] O termo designa tanto uma ação mágica feita em favor de alguém como contra ele.

cura), eles também podem colocar os meios do "mal" (causar o distúrbio) ao serviço do "bem": é a "volta em dobro" do mal ao comanditário muitas vezes aconselhado pelos chefes de culto. Este diagnóstico implica cerimônias de desencantamento onerosas pelos consultantes, que devem confiar, totalmente, no talento dos Filhos de Santo, pois em tais casos, o material necessário[7] e o saber da Mãe de Santo estão avaliados ao preço forte. O desencantamento da coisa-feita é, deste ponto de vista, a fonte principal de renda dos terreiros.

As categorias de mau-olhado e de coisa-feita determinam os limites do universo cotidiano, o que pertence ao próximo (o parente, o vizinho do bairro) e o que revele do estranho (o outro que mora em outro lugar ou no centro da cidade). Elas também referem a extensão das redes de relações sociais pois as vítimas da acusação do mau-olhado estão, na maioria dos casos, no ponto extremo onde essas redes se dissolvem na sociedade global, perdendo significação para a sobrevivência concreta: este certo distanciamento do estranho faz com que ele não represente um perigo muito grande. Ao contrário, a acusação de coisa-feita, sempre contra um conhecido, indica a dificuldade de manter e conceber as necessárias relações com os parentes e vizinhos como equilibradas e recíprocas, e que o jogo da concorrência para se pôr no centro dessas redes - pois, a maior riqueza nesse meio social é a densidade das relações - é extremamente perigoso.

Evidentemente, a oposição entre o mau-olhado e a agressão mágica só tem valor enquanto modelo e a adição das causas nunca está excluída: todos os problemas submetidos aos médiuns estão susceptíveis de uma re-leitura em termos de coisa-feita. No caso de uma persistência do distúrbio depois da cura do mau-olhado, o médium, desta vez inspirado e representando o caboclo, afirmará a presença de uma outra fonte de infortuna, devida a uma segunda agressão, que somente os cultos são capazes de resolver. Com a coisa-feita, ele assumirá portanto uma posição central no ritual, confortando a sua posição de mediador entre o mundo invisível e os homens, e em última instância o seu papel de regulador das relações sociais.

REFERÊNCIAS BIBLIOGRÁFICAS

DUARTE, L. F. D. 1986a. *Da vida nervosa nas classes trabalhadoras urbanas*. Rio de Janeiro, Zahar.

DUARTE, L. F. D. 1986b. What it means to be nervous (competing concepts of the Person in Brazilian urban culture). 13º Congresso Internacional de *Latin American Studies Association*, Comunicação. Boston, LASA.

[7] A panóplia exigida comporta entre outros objetos : velas, farinha de mandioca, cachaça, pólvora, galinhas, novos recipientes...

EDUCAÇÃO E (IN)SUBMISSÃO FEMININA NO PARÁ[1]

Maria Luzia Miranda Alvares

APRESENTAÇÃO

Através dos artigos escritos por intelectuais paraenses na imprensa da década de 1910-1920, foi possível verificar mecanismos de reforço a uma educação feminina de sujeição. Entretanto, observa-se que, ao mesmo tempo, nesse período, que as mulheres estavam rompendo, de certa forma, os bloqueios impostos ao seu livre trânsito na esfera pública - quer na prática política, quer no magistério, quer nos empregos na administração pública, quer escrevendo para os jornais e revistas. Estas práticas, ou rompimentos, revelam tipos femininos que apontam para a construção de uma outra imagem de mulher, contrapondo-se ao modelo instituído, construído pelo imaginário social.

Diante disso, pretende-se estabelecer um contraponto entre a imposição desse modelo instituído e a sua correspondência ou não com o sujeito a quem é dirigido.

Toma-se para isso, trechos de alguns discursos de intelectuais paraenses de um lado, e de outro as notícias, os artigos e depoimentos das mulheres nas quais o modelo deveria se aplicar.

O MODELO E OS FRAGMENTOS DE UM RETRATO DE MULHER

O Pará do alvorecer do século é definitivamente masculino, dominado por homens convencidos de sua superioridade de gênero. Certamente ouvir mulheres falarem, parece ser um caminho muito recém aberto. Explora-se, assim, neste texto, quais as "regras" vigentes para submeter-se (ou viver) o amor como parte oculta, inexplorada e quais as relações e conflitos nos comportamentos não estimulados mas praticados no campo do matrimônio e/ou no espaço doméstico. Explora-se também a forma surpreendente de manifestar credos religiosos e comportamentos insubmissos de mulheres espíritas. Procura-se, ainda, identificar práticas que de certa forma infringiram normas, embora nem sempre houvesse uma consciência crítica ao modelo submisso.

---

[1] Texto extraído da dissertação de mestrado "Saias, Laços e Ligas: Construindo Imagens e Lutas" - Um estudo sobre as formas de participação política e partidária das mulheres paraenses - 1910 a 1937.

Essas construções constituem quadrantes de um retrato pouco visível para o observador, sendo que alguns dos elementos que o compõe fazem parte dos não-ditos, do não-falável, tendo sido apontados nos artigos e nos noticiários dos jornais, escritos por homens e mulheres, alguns comprometidos com a ordem instituída para pensar o modelo, e/ou através das "pistas" levantadas nos depoimentos concedidos pelos informantes idosos.

Onde encontrar o controle da imprensa?

Os fatos do cotidiano de uma cidade, ao serem registrados na imprensa, tomam a forma de expressão das pessoas, dos profissionais que redigem as notícias e/ou escrevem os artigos. Além de sua própria cultura, o jornalista do cotidiano sofre ainda a influência/pressão do proprietário do jornal, que é quem vai determinar a aceitação ou a recusa às interpretações dadas ao fato pelo redator. Isto não pode ser esquecido, principalmente, quando os dados jornalísticos, levantados aqui, acusam um período de indiscutível poder da imprensa, único meio, além do mercado editorial importado, de acesso às notícias pelas classes sociais que detinham o poder e/ou que podiam comprar o jornal. Portanto, a carga ideológica - política, religiosa, filosófica - de classe permeia a construção do noticiário jornalístico. A filosofia política de cada periódico expressa a ideologia político-partidária dos empresários do jornal, enquanto o fundamento religioso assumido, em que pese a considerável carga imposta pela hierarquia clerical da Igreja Católica ditando normas por muito tempo, apresenta-se mais tolerante com os demais credos religiosos, como o Espiritismo, por exemplo, que mantém uma invejável posição entre os jornalistas daquela época. Nota-se uma certa liberdade na exposição das idéias religiosas contrárias ao catolicismo e ao posicionamento frontal dos homens públicos, em torno dessas questões. A prevalência das mulheres espíritas que escrevem para esses periódicos - como Elmira Lima, Orminda Bastos, Ana Leopoldina Borges Pereira, Eulina Thomé de Souza[2] é um dado significativo dessa liberdade, pois estas mulheres, embora apresentando uma base clara de que estão engajadas numa certa posição feminista de conscientização da mulher de sua época, reafirmam publicamente, através de artigos, a convicção na fé doutrinária que abraçaram.

A imprensa, portanto, como expressão do cotidiano, não deve deixar de ser vista em todas as suas nuances ideológicas, porque representa as idéias dominantes da classe social dominante.

Nosso interesse situa-se, portanto, mais nos estilhaços de um retrato ideologizado da mulher branca da elite dominante, reunidos através de informações jornalísticas ou da versão de informantes em períodos mais recentes. Não se trata de uma pesquisa específica sobre o assunto, mas de recortes da cena paraense desde o final do século

---

2 As únicas militantes identificadas até o momento em que foram analisados os dados levantados da pesquisa.

XIX até a década de 1920, a partir da versão extraída da imprensa, em textos de articulistas de ambos os sexos, em notícias publicadas, romances e depoimentos. A tentativa de reconstruir essa imagem de mulher a partir desses fragmentos da história escrita e oral do cotidiano paraense, pretende garantir a reconstituição do nível que atingiu a presença de um forte controle ideológico sobre as práticas femininas que deviam estar (seguramente estavam) infringindo normas morais e conceituais sobre o "específico feminino".

A VERSÃO MASCULINA DO MODELO FEMININO

Para se analisar os mecanismos interpostos a uma educação feminina de sujeição, selecionou-se alguns artigos publicados na imprensa paraense e um romance da época que expõe os ocultamentos de uma "educação" feminina e que ditam as normas do "bem viver" das mulheres. Os termos utilizados pelos articulistas e pelo escritor para explicar esse "bem viver", denunciam o comprometimento com um modelo instituído que contribui para que sejam vistas de modo uniforme, as práticas femininas, embora se perceba que estas nem sempre seguem as determinantes do modelo.

O primeiro artigo escolhido para analisar as evidências de uma educação para a submissão é de autoria de Vilhena Alves[3]. Foi publicado, primeiramente, em 1887, no periódico "A Borboleta", que circulava em Vigia(Pa). O mesmo texto foi transcrito no "República" jornal da capital do Estado, na secção "Literária" com o título "A Mulher" em 1893. Neste artigo há referência, inicialmente, à missão da mulher - como mãe de família -, depois do gênero feminino ter deixado de ser "escrava do homem"; faz apologia à inocência feminina - quando a mulher ainda permanece virgem no lar paterno; cultua a divinização da mãe de família, estando a mulher, agora no seu próprio lar, como "esposa idolatrada". Uma outra referência é a figura da *mulher-doutora* que sofre sanções. Não que seja negada a instrução à mulher, mas o articulista refere-se a uma educação feminina adequada ao "viver social" desta mulher. Como está colocado por Vilhena Alves, esta referência vai apontar para o reconhecimento de duas formas do *saber* ao alcance das mulheres: o estudo das ciências e das belas artes e o estudo estabelecido em um grau de instrução que tire a mulher da ignorância e seja adequado "às necessidades de seu viver social". Pode-se pensar que Vilhena Alves esteja criticando o saber da mulher-doutora, entretanto, o que está subjacente nesta referência é a disposição estabelecida para a representação do "viver social" da mulher, centrado no modelo de comportamento e práticas femininas que ele tem em mente: aquele que vai precisar "dos princípios rudimentares da economia doméstica", pois, é através destes princípios, que a mulher vai operar o milagre de multiplicar o alimento que lhe falta utilizando "os poucos recursos existentes".

---

3 ALVES, Vilhena. A Mulher, A República. Belém, 18 de março, 1893.

Quanto à referência a uma "instrução de luxo", se não é a "moça pobre" que vai realizar este tipo de instrução, porque certamente "não saberá o que fazer com ela", quem terá acesso, então, aos estudos científicos e às belas artes? E de língua estrangeira? Quem terá tempo de "ler os romances" ou "luxar nos bailes"? ou "tocar piano"? É a mulher da classe alta, da elite. Compreende-se, desta modo, que o "viver social" dos dois tipos de mulher apontados por Vilhena Alves é o definidor dos princípios de educação e de instrução que cada uma deverá receber para ingressar em sua "verdadeira missão de mulher, a de mãe de família".

Por outro lado, ser *mulher-doutora* representa uma carreira a ser exercida, no espaço público, que se contrapõe a outra "carreira" feminina do espaço privado, a da maternagem. Negar o saber da "doutora", portanto faz parte das estratégias de interdição à presença feminina na esfera pública.

À vista desses "conselhos" e de um modelo a seguir pelas mulheres paraenses, numa linha virtualmente patriarcal, sem que haja um equivalente para o outro gênero, deve-se supor que essa forma de controle pode ser explicada não só por constituir-se num mecanismo de reforço ao modelo esperado, que deve ser valorizado, mas, também, pela possibilidade de existirem resistências a esse modelo construído. É possível que o contraponto do retrato seja a existência de filhas que se rebelam contra o mando paterno, ou esposas que fogem da prática opressiva da domesticidade, infringindo normas da formalidade moral, ou mães "desenquadradas" do "carinho" e do "desvelo" devidos ao "marido e aos filhos". O reforço ao retrato deve ser analisado nos dois aspectos - o modelo e o seu reverso -, o que vem demonstrar a presença de diferentes tipos e componentes de práticas femininas.

É curioso que este artigo de Vilhena Alves tenha sido, primeiramente, publicado num jornalzinho do município de Vigia, interior do Estado do Pará, onde se presume que as mulheres dispunham-se em práticas mais adequadas ao modelo tradicional dos costumes e valores. Sendo publicado, somente, quase dez anos depois, num jornal dos mais importantes da capital, em 1893, na secção literária, num espaço, possivelmente, de interesse do grupo feminino da elite. Evidencia-se o interesse pessoal do autor na publicação do artigo, contudo, não se pode negar que o conteúdo do texto contém reforço aos papéis femininos que garantem a dominação de gênero, exigindo o cumprimento silencioso desses papéis.

O elemento que se pode chamar de *progressista* do retrato construído por Vilhena Alves, é dado pela referência à educação que ele vê como necessária à formação da mulher doméstica. Há especificidades no nível de instrução a ser ministrado às representantes das diferentes classes sociais. O saber, diz ele, contribui para a realização da "missão materna", sem que este saber se alargue para o saber científico, apanágio da "mulher doutora".

Outros tipos femininos podem ser percebidos através da análise dos artigos publicados na imprensa, no período pesquisado. O da "mulher namoradeira", por exemplo, cujos atributos vão desde a facilidade que o tipo tem de esquecer as coisas e as pessoas, até as referências ao ser "frágil, volúvel e leviano". Ao construir o retrato da "mulher namoradeira", o articulista ressalta atitudes masculinas contrárias a esse retrato, e constrói um tipo de homem. O termo "namoradeira" apresenta-se numa relação de contrariedade ao de "namorador", que não emerge. Enquanto para o retrato feminino o atributo representa "desonra", volubilidade, e leviandade, para o retrato masculino isto quer dizer atingir a honra masculina, o poder, a força, a prepotência do homem.

O mecanismo de controle que se pode vislumbrar na construção do retrato, é o da denúncia de que o nome da "mulher namoradeira" anda na boca dos homens, sendo motivo dos "comentários desrespeitosos, nas rodas que se divertem às suas custas.

Será que esses mecanismos serviam mesmo como controladores sociais, ou seja, funcionavam realmente sobre as mulheres daquela época? É possível que os códigos se mantivessem ameaçadores aos comportamentos marginais, mas difícil é pensar que teriam servido para estimular um rompimento amoroso. Em todo caso, convém lembrar que a norma do namoro, naquele período, era bastante rígida, pois o casamento que adviria daí, entre os pares pertencentes à classe alta, representava, além da função procriadora, o fortalecimento do poder dessa classe, através das alianças matrimoniais. Um exemplo disso pode ser tomado a partir do livro de Miranda (1982) onde o autor identifica algumas famílias paraenses que fortaleceram o vínculo matrimonial e material entre os Chermont e sua parentela, montando a árvore genealógica de sua família desde os primeiros casamentos até a década de 1980[4].

OS CONTORNOS DE UM RETRATO DE MULHER

Nas décadas de 1910 e 1920, os textos femininos publicados na imprensa, surgem com entonações enfáticas e o tema recorrente da "missão materna" é percebido como "dever" da mulher reprodutora, ora como "missão divina"/obrigação/sujeição biológica. A preocupação com a educação da mulher tem, na observância a essa "missão/submissão", o reforço principal, visto que, além de mãe, ela deverá exercer outras funções no lar, como esposa/companheira do homem e como educadora dos filhos, para quem deve constituir-se em "modelo", principalmente para as filhas - "esposas e mãe de amanhã".

Não é de estranhar que as mulheres paraenses construíssem, no seu imaginário, um tipo feminino que privilegiava a função materna como inerente à sua natureza. O sistema de valores patriarcais existente conservava uma regulamentação disciplinar e uma organização instrumental que submetia a relação homem/mulher, definindo seus papéis e fortalecendo as normas sobre estes. Faziam parte deste sistema, contribuindo nas diferentes formas de reforço e de aplicação das sanções às transgressões, à família, à igreja, à medicina, à escola, à imprensa[5].

---

4 MIRANDA, Victorino C.C. 1982. *A Família Chermont*. Rio de Janeiro, Eu e Você.

5 FOUCAULT, M. 1980. Vigiar e Punir

Há, contudo, outros tipos femininos sendo construídos, nesse período, que apontam para a presença da mulher, no espaço público, nas ruas, nas praças, na política, nos empregos fora de casa e fora do magistério. As biografias, o noticiário da imprensa, os depoimentos confirmam isso. Os artigos escritos pelas mulheres levam a tematizações por vezes ambíguas, no que se refere à nova militância de certas mulheres em processos de emancipação de seus traços culturais tradicionais, ambigüidade, aliás, também percebida por Bicalho (1989: 80) entre as mulheres cariocas[6].

Embora se demonstre um quadro favorável à presença feminina no exercício de variadas atividades, nos espaços social, doméstico e marginal, é marcante, entretanto, o retrato da "mulher ociosa", nos textos femininos. Este tipo será responsabilizado pela desvalorização do gênero e pela "dissolução moral dos costumes". Esta imagem será relacionada, algumas vezes, a uma condição de classe - pertencer à elite - e associada a um outro tipo feminino - a "mulher boneca". A identificação destes modelos e a censura às suas práticas podem estar procurando alertar as leitoras sobre um tipo em circulação que não deve ser imitado. A ameaça que representa este retrato é esclarecida por Foucault (1980: 114) em suas argumentações quanto ao relacionamento existente entre a "ociosidade" e a sexualidade como elemento do sistema de poder, quando diz que sobre a mulher "ociosa", com tempo disponível para o "prazer inútil", foram direcionadas as técnicas rígidas que a obrigariam a preencher esse tempo. Na versão de Foucault essas técnicas foram aplicadas, primeiramente, "nas classes economicamente privilegiadas e politicamente dirigentes".

Um outro artifício notado, nos textos femininos, é a da valorização da mulher, enquanto imagem de heroísmo e responsável por atos valorosos. Resgatam-se os feitos de Joana D'Arc, de Anita Garibaldi, e de outras tantas figuras que engrandeceram a história da humanidade. Não é esquecida também a ótica bíblica onde pontificaram duas mulheres-símbolos, Maria e Eva.

Dos exemplos bíblicos resgatados num artigo de Ana Leopoldina, destaca-se a figura de Eva, valorizando-se atitudes femininas pouco lembradas ou mal interpretadas.. A mulher passa a ser vista então como responsável pelo progresso da humanidade, e não restrita ao processo de reprodução dos homens. Enquanto em outras versões Eva desponta como culpada pelo "pecado original", responsável pelo trabalho como castigo divino, Ana Leopoldina dá uma outra interpretação a esta representação, definindo "pecado original" como trabalho humano, e não como "castigo", demonstrando que, não fosse este - "gérmen do progresso sobre a terra" -, e a atitude de Eva - a humanidade não teria evoluído. Através desta ótica, o trabalho, deixa de ser símbolo de castigo, pecado, queda do homem, labor desvalorizado, e assume

---

6 BICALHO, Maria Fernanda B. 1989. O Belo Sexo: imprensa e identidade feminina no Rio de Janeiro em fins do século XIX e início do século XX. In: COSTA, A. O.; BRUSCHINI, C. (org.) *Rebeldia e submissão: Estudos sobre a condição feminina*. São Paulo: Vértice/Fundação Carlos Chagas.

importância na evolução cultural das civilizações. A mulher perde a milenar estigmatização como "pecadora", despudorada, culpada do pecado original e da destinação penosa da humanidade, através da necessidade do trabalho e aparece numa postura valorizada, onde a sua atitude, em relação ao homem bíblico, passa a ser tomada como "missão divina", necessária ao progresso humano. Também como "missão divina", é valorizada a maternidade de Maria, vista como missão libertadora do homem e não como prisão aos laços biológicos.

O enfoque de Ana Leopoldina sobre uma imagem bíblica antes estereotipada e formadora de modelos, resgata um pesado fardo que as mulheres vêm carregando milenarmente. Aliás, a revalorização dos tipos bíblicos que a articulista procurou fazer, vincula-se à sua condição de militante espiritista[7].

A articulista Ada Silva[8] "alinhava" uma denúncia contra a reação masculina a entrada da mulher no espaço público. A desconstrução da atitude de um interlocutor imaginário coloca a argumentação de Ada em duas linhas de interpretações: identifica a preocupação do "sexo barbado" quanto à nova concorrência que está sofrendo no mercado profissional, e registra a efetiva procura de emprego pelas mulheres[9]. Por outro lado, o argumento procura valorizar o trabalho doméstico, enfatizando a superioridade do papel que representam no lar, o de serem chamadas "deusas".

As mulheres começaram a descobrir que poderiam atuar em outras atividades, independentes dos papéis que lhes eram atribuídos, na área doméstica. Isso contribuiu para criar-lhes uma maior percepção sobre os limites impostos à ampliação de seus conhecimentos e à sua presença em outros espaços. Nos textos aqui analisados, e em outros escritos femininos do período estudado, ressalta-se significativamente a perspicácia delas sobre a sua exclusão dessas áreas, onde parecem dizer: nós somos mães, esposas, filhas, mas também damos conta do trabalho masculino. Vão procurar trabalho e deixem a nossa vida em paz. E mais ou menos isso o que Ada Silva quer dizer, quando constrói os atributos do retrato masculino, semelhantes a alguns atribuídos às mulheres: há homens ociosos, como há mulheres inteligentes.

A jornalista e escritora Eneida de Moraes, em um artigo no "Estado do Pará"[10], procura valorizar as muitas qualidades da mulher, entre as quais a inteligência desta que não tem reconhecimento social. Entretanto, diz a escritora, que esta qualidade torna a mulher "burro de carga", pois a perspicácia e intuição como elementos dessa inteligência, fazem-na capaz de atuar em todos os ramos da atividade humana, demonstrando conhecimentos múltiplos. É um "objeto de luxo" que a "burrice" do homem deixa passar ao largo, sem lhe dar o devido valor. Como "burro inteligente", a mulher não só assume as tarefas domésticas como é também requisitada para outras

---

7 PARIS, A. L. B. 1927. A Mulher afastada de sua missão. *Folha do Norte*, Belém, 1_ de Jan. p. 6.

8 SILVA, Ada. V. 1924. Alinhavos. *Folha do Norte*, Belém, 21 jun. 1924, p. 1.

9 Ver dados do IBGE - Recenseamento de 1920.

10 ENEIDA, Conversando. 1928. O Estado do Pará, Belém, 8 jan. p. 1.

ocupações fora do lar, pois "tem muito mais disposição para o trabalho, muito mais inteligência", embora não reconheça também o seu valor. Ao submeter a mulher, o homem demonstra vacilar no reconhecimento de sua "força".

À primeira vista, pode-se pensar que Eneida reconstrói dois tipos de mulher, a inteligente e a ociosa, entretanto observa-se que a reconstrução é de um só. O "burro" é o homem que não reconhece o "objeto de luxo", uma raridade que ele tem ao seu lado.

Os retratos femininos, reconstruídos a partir da versão das mulheres, salientam pontos de valorização à missão materna. Estas reconhecem-se responsáveis, não só pela educação dos filhos e orientação do lar, mas também acreditam-se fator de regeneração da sociedade, onde os "miasmas" e as "pestilências" envenenam os sentimentos, consideram o "dever materno" como uma responsabilidade recebida de Deus. Eva, Thermutis, Maria tiveram motivos para agir da forma que agiram. Através de suas ações, a mulher conseguiu transformar a evolução da humanidade. O "pecado original" de Eva, como sinônimo de "gérmen do trabalho", foi responsável por todos os avanços civilizatórios. Com essa reinterpretação da imagem "diabólica" da primeira mulher criada pela Bíblia, há um deslocamento da força causal do progresso social e humano antes atribuído ao homem. Agora é a mulher, escolhida por Deus, que detém o pólo das transformações. Esta imagem valorizada da maternidade tem um objetivo particular: demonstrar que a ampliação do espaço onde transitam, para fora do lar, não representa somente uma contingência desta responsabilidade divina, mas, também, a afirmação de sua capacidade intelectual em assumir outras atividades no espaço exterior. A argumentação subjacente a esta afirmação está representada pela competência demonstrada na esfera privada do lar, onde as responsabilidades são bem maiores. Está criada a identidade feminina desse período, com base no fortalecimento à necessária educação da mulher com vistas à aceitação social de sua inserção no mercado profissional e do trabalho.

TENSÃO ENTRE AS PRÁTICAS E O MODELO DE SUBMISSÃO

O registro jornalísticos não é o único a reconstruir o retrato da mulher que viveu a cena paraense, entre 1910 e 1920. Há o registro oral, realizado por informantes que viveram o período; há biografias que procuraram "emoldurar" as imagens femininas de um passado marcado pela ideologia de classe, de política e de sexo. Esses testemunhos apontam para a forma tradicional de educação recebida pelas mulheres. Entretanto, nos relatos de vida observam-se evidências de práticas de insubmissão, referências a comportamentos infratores de normas estabelecidas, possibilitando perceber a não correspondência a um único retrato de mulher.

O imaginário feminino reconstituído, através da história oral das mulheres, apresenta alguns pontos de convergência com a imagem criada pelos indivíduos do sexo masculino. As informantes, de um modo geral, são unânimes em afirmar que o estado "natural" feminino era o casamento e a sua consumação, através da procriação. A preparação da mulher para a vida doméstica dava-se, no seu relacionamento familiar. Na versão de Flaviana Guimarães, 86, evidencia-se, inevitavelmente, uma atitude de insubmissão à "prisão familiar" adotada pelos pais contra as mulheres da elite. Estas namoravam sem consentimento ou escondido dos pais.

Contudo, ressalta-se uma atitude de submissão familiar e doméstica das mulheres amedrontadas com o "desprezo social" voltado contra si por suas companheiras, caso estas a percebessem num trabalho remunerado fora do lar. "Estar na sociedade" era submeter-se às regras para não ser "mal vista", "mal falada". O que seria isso? Possivelmente, um mecanismo ideologizado, permeando os comportamentos femininos da elite. Iniciadas, culturalmente, através de uma "instrução de luxo", onde o estudo das línguas estrangeiras e a arte musical (piano, canto, instrumentos de pau e corda) pontificavam como fundamentais na educação da mulher "da alta", esta poderia, entretanto, ficar em casa ajudando a mãe, apresentando-se "bem quietas" na "sociedade" (no espaço público, na rua, à vista dos outros), pois a "submissão" que atingia eram exigências e interditos de um outro papel que ela poderia exercer, no casamento, daí o porquê do dito exclamativo "você já é uma mulher casada", representava uma forma de censura a qualquer atitude menos "matrimonial".

A "aversão ao trabalho", sob este ângulo, poderia estar na base do conceito de "ociosidade" vislumbrado entre as mulheres da "alta". Os preceitos sociais eram, fortemente, assegurados através de mecanismos, nem sempre perceptíveis, daí por que alguns retratos contemplam, na aparência, as "mulheres ociosas".

Mas, não é somente entre as famílias da elite que circula o desprezo pelo trabalho remunerado fora do lar. Esta prática é sentida entre os membros da classe média. Neuza Castro, 78, descendente de uma família de profissionais liberais, de músicos, de compositores, também apresenta a mesma versão sobre as normas femininas de sua época.

Havia consenso entre as classes de que o comportamento feminino deveria pautar-se de uma determinada maneira, pois se orientava para uma finalidade, o casamento.

O código a que estavam filiadas as mulheres, pelo menos as das classes economicamente mais abastadas, exigia maior privatividade das atitudes femininas, onde o medo dos prováveis "desvios" exercia forte pressão contra um comportamento considerado "ilícito". As mulheres paraenses não poderiam estar somente "imaginando" uma orientação, uma norma, impondo-se um comportamento. A "ordem matrimonial" exigia delas um perfeito estatuto de "donas de casa" com quase que total exclusão do espaço público, onde somente transitavam "acompanhadas" dos irmãos, ou do marido, ou de uma outra mulher, quase sempre mais velha. As "prendas domésticas" eram, portanto, a referência maior para o domínio do espaço privado.

O comportamento norteador da moralidade feminina para o casamento estabelecia a virgindade como padrão de pureza e sobre este atributo mantinham-se os interditos normativos, quer religiosos, quer legais, para impedir as "práticas perigosas" que desviassem a mulher do seu "caminho natural". Por esse motivo, eram vistos com reservas os empregos fora de casa, o trabalho remunerado, os passeios desacompanhados.

Nota-se, entre as famílias abastadas, o medo de ficarem expostas ao comentário público se uma norma do estatuto feminino fosse transgredida/violada. A transgressão é vista como uma "marca", como uma "tristeza". Avalie-se, no interior do grupo familiar, quantas outras formas de discursos ideologizadores submetiam as mocinhas a um padrão comportamental exigindo delas uma aceitação formal à exclusão de suas aspirações profissionais, pois esta aceitação aparece, quase sempre, como exigência de um novo estado civil.

A obediência às normas lhes é cobrada, imediatamente, as observâncias do "instinto natural", à função doméstica, assim como a maternidade, tomadas, também como premiação à circunscrição obrigatória à esfera privada pela nova condição civil.

O fortalecimento de um discurso normativo sobre as mulheres direcionando-as para o casamento é imperativo de dois modelos, o laico e o religioso, que utilizam mecanismos asseguradores, quer da preservação da riqueza, quer da disciplina da sexualidade[11].

A recorrência encontrada nos depoimentos das mulheres paraenses, quanto ao tema, "mulher feita para casar", quer expressar um discurso "aprendido", mas nem sempre observado, pois, não só algumas das entrevistadas não tinham casado, embora reproduzissem oralmente o "preceito" instituído. Como se percebe através dos números do Censo de 1920 cerca de 361.030 mulheres constavam entre as solteiras, contra 89.079 casadas, de uma população de 983.507 habitantes no Estado do Pará. Por outro lado, outros indícios de transigência ao modelo "matrimonial doméstico" evidenciam algumas "brechas", no retrato reconstituído pelos informantes, quando se ouve exclamações do tipo: *"Geralmente a gente comprava as acompanhantes!" (Flaviana Guimarães)*

O que isso queria representar, na expressão de uma mulher pertencente à classe dominante de uma sociedade tradicionalmente católica, onde os padrões morais e comportamentais seguiam uma linha formalmente patriarcal? Em que consistia "comprar as acompanhantes"? Na versão de Flaviana Guimarães, essa prática queria dizer "falar com o namorado no cinema", "sair de casa para a igreja e emendar o caminho para outros lugares".

Casar, criar filhos, não trabalhar fora de casa, obedecer às regras sociais para ser aceita na sociedade, não ler os livros condenados pelos pais, namorar os jovens de sua classe de origem, obedecer ao marido, sair acompanhada, praticar a beneficência, são alguns dos atributos colados à imagem da mulher paraense da elite, criado pelo imaginário masculino e feminino dos sujeitos que viveram as primeiras décadas deste século. Entretanto, estes mesmos informantes e o noticiário jornalístico falam das atitudes divergentes de outras jovens daquele período, que não casaram ou se casaram

---

11 DUBY, G. 1989. Idade Média, Idade dos Homens: Do amor e outros ensaios. São Paulo, Companhia das Letras.

fora da classe de origem, não tiveram filhos, formando, assim, o inverso do quadro configurado. Isto quer dizer que o espaço social da alta e média sociedade paraense não se restringiu a um único retrato de mulher. Foi povoado de imagens de "ociosas" e "transgressoras", mesmo que para estas a versão do registro oral do modelo apresente uma memória de rejeição e aponte para um espaço, onde estas "transgressoras" ficavam circunscritas: elas embarcavam para o Rio de Janeiro sem bilhete de retorno[12].

OS ESTILHAÇOS DOS BLOQUEIOS

Das versões levantadas através da imprensa expressas nos artigos, nas biografias, e nos depoimentos masculinos e femininos, desponta explícita ou implicitamente, o registro dos espaços de circulação das classes sociais a que pertenciam as mulheres transeuntes urbanas das primeiras décadas do século XX.

O espaço doméstico, embora se evidencie como privativo das mulheres na classe alta, mantinha-se sob as ordens paternas, "de fato e de direito". Os pais orientavam a escolha do parceiro da filha ou filho, fortalecendo as alianças matrimoniais intraclasse e, por vezes, intrafamiliares[13]. As funções estabelecidas para a mulher dessa classe mantinham-na na base de sua condição de procriadora, excluindo-as do interesse pelo trabalho profissional fora do lar ao confrontá-la com uma espécie de desvalorização do trabalho remunerado. As práticas sociais da beneficência configuravam-se como formas de transposição dos limites do espaço privado, onde a convivência intra-classe permanecia na privatividade.

Em que pese o reforço a uma educação feminina de sujeição, como procura externar uma das informantes, observa-se que as mulheres de sua classe, nesse período, estavam rompendo os bloqueios impostos ao seu livre trânsito, na esfera pública da política partidária, e fortalecendo as lideranças masculinas com sua prática política. Incorporando-se às mulheres da elite, estavam também as de classe média alta que se encontravam transitando, no magistério, nos empregos da administração pública, nos jornais, nas revistas, nos movimentos lítero-musicais. Há, inclusive, o registro da circulação do 3° número de um "jornal para moças", "O Crepúsculo", dirigido pela jovem Ignez Rodrigues Cavalcante. As mulheres espíritas começam a desenvolver iniciativas de conscientização de suas companheiras, quer através de conferências - como a de Eulina Thomé de Souza, no Teatro da Paz, tematizando a "Alma Feminina" - quer através de folhetos que escrevem, como o intitulado "Educação da Mulher", de Ana Leopoldina Borges Pereira, que procurava abordar a missão da mulher e de seu código, segundo o Espiritismo[14].

---

12 Versão apontada por Adriano Guimarães, 83 anos, médico.

13 Cf. Miranda, V.C.C. de op. cit. que apresenta, a árvore genealógica da família, onde podem ser constatadas esses tipos de alianças matrimoniais.

14 O Estado do Pará. 1927. Belém, 18 dez. p. 1.

As mulheres se organizam para fundar a Associação Feminina de Letras[15] e o Clube das Solteironas[16]. Elas também procuram criar um quadro feminino a ser incorporado à Liga Nacionalista do Pará.

Supondo-se que o espaço público urbano já se encontra com suas portas semi-abertas ao sexo feminino, nesse período, ainda é forte, entretanto, a presença doméstica da mulher paraense no lar. Há a introjeção de uma "natureza feminina doméstica", no gênero, conforme as idéias emancipacionistas ao "dever" materno, normatizando-se e fortalecendo-se a dupla jornada de trabalho. Quer dizer, existe duplificação da presença feminina de membros de uma determinada classe social que passam a circular no espaço público, mas não deixam de estar presentes no espaço privado.

Por outro lado, deve-se supor, também, que as mulheres da elite e da classe média alta, em que pese a sua ausência de campo profissional remunerado, conforme os depoimentos das informantes denunciam, elas se encontram, também, com uma jornada dupla, ao participarem das atividades político-partidárias[17].

Nota-se, através destes recortes, que as mulheres estão "invadindo" o cenário urbano público freqüentando a academia, assumindo profissões fora do quadro usual do magistério, participando da organização de associações literárias e profissionais nas greves, nas redações dos jornais e revistas, nas fábricas, estão, enfim, construindo uma outra imagem feminina. É de supor que não seja uma escalada tão fácil. Em cada degrau arriscado, na nova trajetória, ao fugir da organização doméstica - espaço privado -, as cobranças são por vezes trágicas, chegando ao nível de ferir a honradez da mulher. Algumas vezes colocando em dúvida a paternidade dos filhos[18]. As interdições que elas sofrem, representando exigências para que sejam asseguradas suas presenças no espaço doméstico, refletem-se através da força com que suas memórias do privado predominam nos modos de resgate dos seus passados, "ligados à sua condição, ao seu lugar na família e na sociedade"[19]. Não é de estranhar, portanto, que algumas entrevistadas se refiram à sujeição feminina, ao autoritarismo marital, como um dado "naturalizado" de um espaço específico, o lar, ou então façam referência às normas que as circunscreviam ao espaço privado como um costume observado, enquanto elas próprias, contraditoriamente, confessam, posteriormente, sua "revolta" por essa sujeição: *Mas dentro da gente havia muita revolta, eu era uma revoltada (...). Mas depois de muito, fui trabalhar". (Flaviana Guimarães)*

---

15 O Estado do Pará. 1925. Belém, 14 maio p. 1.

16 O Estado do Pará. 1922. Belém, 30 jul. p. 3.

17 A partir de agosto de 1912, surgem as Ligas Femininas partidárias formadas por mulheres da classe alta e média, ligadas aos líderes políticos Lauro Sodré e Antônio Lemos. Sobre o assunto cf. "Saias, Laços e Ligas: Construindo imagens e lutas". Belém, PLADES/NAEA/UFPa, 1990, mimeo.

18 Ver artigo de J. Castro.

19 PERROT, M. 1988. Os Excluídos da História: operário, mulheres e prisioneiros. Rio de Janeiro: Paz e Terra.

Sendo o espaço do lar, um espaço íntimo, a memória sobre a presença feminina, nessa esfera, deixa de emergir, excluindo-a quase "naturalmente" dos registros oficiais. São lembranças secretas que, nem sempre, correspondem ao que elas consideram "um valor" a vir à tona. A história desta pesquisa registra isso. A referência ao tema estudado - mulher & política - criou, inicialmente, um bloqueio entre as entrevistadas que se diziam "simples mulheres do lar". Quando, a partir de algumas informações, construi um texto que referenciava as conversas mantidas com elas, a respeito do cotidiano paraense, houve um maior interesse em resgatar o "simples", que representava o seu espaço privado. Elas se admiravam de que, de "tanta besteira", de "tanta coisa sem importância", havia sido construído um texto "tão bonito" sobre elas. Não "saber falar", "não lembrar", "não ter participado do espaço público" eram algumas das questões que elas levantaram para excluir-se da memória do cotidiano, exigência da pesquisa. Só quando ficou patente a valorização que tinha esse cotidiano doméstico, na memória dos costumes das mulheres paraenses, foi possível quebrar o bloqueio entre o sujeito da pesquisa e o pesquisador.

A presença das paraenses no espaço público é evidente, é real e, o que é mais interessante, assumindo uma esfera do público, tida como exclusiva do homem, a da participação político-partidária.

Criada em agosto de 1912, e recrudescente em 1915, sem que houvesse, no interregno, nenhuma desvinculação com a esfera pública, a Liga Feminina Lauro Sodré e suas congêneres, Legião Feminina Lauro Sodré e, já em 1917, o Centro Beneficente Theodora Sodré, realizam, no espaço político-partidário paraense, o fortalecimento do Partido Republicano Federal e a ascese política de Lauro Sodré, que a partir de 1917, domina o Pará com seus correligionários até outubro de 1930, quando então se instala a revolução. Como a historiografia regional e nacional só procura privilegiar a ação política masculina, escamoteou-se até agora, a presença das mulheres paraenses no cenário da luta política. A Liga Feminina e o Centro Beneficente ocuparam um espaço fortemente ideologizante nos 9 anos que permaneceram em atividades, quer na beneficência, quer nas festas lítero-cívicas, quer nos comícios e nos "meetings" nas praças públicas, marcando efemérides, "feminizando" um espaço que parecia masculinizado.

O que representa mais esta "invasão"? Ruptura da idéia da onisciência masculina política? Conscientização sobre o papel da mulher na estrutura partidária, daquele período? Ou fragilidade dessa estrutura?

Substituindo-se o pólo das hipóteses da ação masculina pela feminina, pode-se supor que a presença da mulher paraense em outras esferas públicas, já referidas, marcara esses espaços com as suas formas de expressão, definindo a "grandeza" das causas que elas abraçavam e a "vitória moral" desses empreendimentos.

Admitindo-se, através dos fatos relatados, que a mulher paraense - quer seja a pertencente à elite, quer seja a da classe média, quer seja a da classe pobre -,que apesar de ter acesso livre nos espaços públicos, deve se reconhecer, entretanto, que, numa esfera do público, seu trânsito sofreu certos limites - a da política partidária.

Entretanto, a obediência a esses limites poderá representar uma atitude de opção das mulheres, cujos momentos poderão variar: 1) pelo reconhecimento da mulher, dos limites de seus direitos de cidadania[20]; 2) pela introjeção da "natureza feminina" como sujeita a um único espaço, o privado; 3) pelo reconhecimento do momento necessário e indispensável de sua presença nesse espaço político[21]. Isto quer representar a existência de variáveis que poderão determinar as atitudes do gênero quanto à participação política, mesmo diante de um quadro masculino limitador, construído de artifícios extraídos da cultura tradicional e conservadora. Estão neste caso as formas de interferência feminina, realizadas pelas duas agremiações, nesse quadro masculino: o caráter "político" da Liga Feminina, no quadro partidário não se restringia à beneficiência, mas à participação nos comícios, "meetings", festas "patrióticas", procurando criar possibilidades de um nível de ascensão do patrono Sodré, na esfera política, objetivando a "libertação" do "povo" e a "regeneração da sociedade paraense", quer dizer, procurava garantir um "ideal de liberdade" que ela acreditava inexistente com outros governantes, na esfera pública[22]. O caráter "social" do Centro Beneficente, restringia-se à beneficência, transferindo da esfera privada práticas que levassem a suprir as necessidades primordiais (alimentícias e econômicas) do "povo", na esfera pública[23].

Deduz-se, então que, embora a "educação masculina" se interpusesse qual bloqueios e interferências aos espaços de circulação das mulheres de determinada classe social (às operárias nada se questionava), esta educação não foi sumariamente obedecida, pois, facilitou algumas insubmissões.

---

20 Ver os termos do artigo de Argentino Leal.

21 É sintoma desse reconhecimento, a atitude das mulheres da Liga Feminina Lauro Sodré, recuando a campanha política em prol da candidatura de Lauro Sodré, em setembro de 1912.

22 Arendt, A. A Condição Humana. Rio de Janeiro: Founse, 1987, p. 37-49.

23 Ibidem.

QUANDO CHEGA ESSA "VISITA"?

Maria Angélica Motta-Maués

INTRODUÇÃO

Este trabalho discute a questão das relações de gênero, a partir de uma perspectiva de análise de sistemas simbólicos e de classificação e do estudo do ritual, temas esses sempre tão férteis e caros à Antropologia.

O material empírico aqui apresentado é fruto de pesquisa de campo efetuada em Itapuá, comunidade pesqueira, localizada no município de Vigia (Micro-Região Homogênea do Salgado/Pará)[1].

Mais especificamente, o trabalho analisa a posição social da mulher em Itapuá, tomando-a como um caso particular de uma problemática de amplitude praticamente universal - a questão da assimetria de poder entre os gêneros. Além disso, o modelo de que pretendo tratar aqui, faz parte segundo penso, de um universo cultural (social) que ultrapassa em muito os estreitos limites da pequena "ilha" para a qual o estou propondo, correspondendo, na verdade, a algo que se poderia chamar de um padrão amazônico (um modelo), antes suspeitado que explicitamente considerado em nossos estudos.

Desde o início de minha estada no campo e durante os vários meses que vivi em Itapuá me chamou atenção a intensa ritualização - traduzida em uma série enorme de desempenhos - de que são objeto os processos fisiológicos femininos.

Como sabemos os processos mencionados são sempre passíveis de serem elaborados simbolicamente, sendo, além disso, percebidos como uma das diferenças básicas entre homens e mulheres.

Neste sentido tomo aqui a menstruação - e seu oposto correspondente, a menopausa - como dado privilegiado para lançar um olhar sobre o modelo das definições de gênero em Itapuá. Realmente, conforme procurarei demonstrar no decorrer deste artigo, a imposição de um status inferior à mulher itapuaense releva, é justificada e se mantém graças a uma recorrência justamente as suas peculiaridades biológicas e à simbolização de que são objeto.

1 Vivi em Itapuá durante quatro meses seguidos, com mais um residindo na cidade de Vigia (mas passando os dias na localidade) entre 1975/1976, fazendo trabalho de campo para minha tese de Mestrado (UnB, 1977). Até 1981 desenvolvi projeto de pesquisa no município de Vigia, e até hoje mantenho contato mais ou menos regular com esses locais.

Numa leitura possível, podemos dizer que a mulher, pelo fato de participar de processos eminentemente naturais que, num contexto ritual, são também estados de liminaridade (cf. Van Gennep 1960: 10-11), está continuamente transitando entre domínios, o da natureza e o da cultura (ou sociedade). Esta sua situação de descontinuidade, a que se opõe a posição estável do homem, implica em uma série de ameaças e proibições, que lhe são impostas pela sociedade, as quais acabam por resultar numa espécie de freio à sua participação efetiva nas diversas esferas que a compõem. Além disso, a mulher é também considerada, simbolicamente, como fonte de desordem, dotada de uma espécie de poder perigoso e como estando, continuamente, sujeita à poluição, que a afeta pessoalmente e com a qual ela pode contaminar os outros seres (inclusive o homem). O que, para nós, remete a uma imagem de mulher bem ao gosto da tradição judaico-cristã, tão ciosa nas suas considerações sobre pureza e poluição, com uma grande carga sobre as mulheres e suas especificidades biológicas, como brilhantemente analisa Mary Douglas (1966).

Por tudo isso, são colocados limites para a atuação social das mulheres em todos os domínios. Em Itapuá, isto é mais evidente no que se refere a três deles, a pesca, o poder e o xamanismo que, por serem cruciais para a ordem estabelecida não podem ser expostos à descontinuidade (feminina) sendo então praticamente vedados à mulher. Aliás, pode-se dizer mesmo que não existe, em Itapuá, um domínio que seja exclusivamente feminino, ocorrendo o contrário com o homem.

Em todas as esferas de atuação, doméstica, econômica, religiosa, política e ritual, a posição mais importante, de direção, cabe sempre ao homem. A mulher surge como elemento de apoio, necessário, mas que parece não contar muito, no cômputo geral de participação dos dois gêneros.

Em Itapuá, só o homem atua na pesca, controlando totalmente essa atividade, enquanto a mulher tem uma participação mais destacada, embora não exclusiva, na agricultura (trabalho nas roças). Essa ausência de participação feminina na pesca não se verifica apenas no que diz respeito à atividade em si, isto é, à captura do peixe, mas a todas as tarefas que estão de alguma forma ligadas àquela. Antes de mais nada, ela não pesca individualmente e nem participa de uma expedição de pesca, por mais curta que seja. A mulher também não pode lidar com os "aparelhos" do pescador. Se, por exemplo, a rede volta do mar precisando de reparos, por mais que tenha tempo disponível, ela não ajuda nesse trabalho.

A mulher, então, só pega o peixe na cozinha de sua casa, isto é, um domínio tido como seu, quando ele deixa, por assim dizer de ser um produto de atividade da pesca (do homem, portanto) e passa a ser simplesmente um alimento que ela deve preparar para a refeição de sua família.

A outra atividade econômica importante, em Itapuá, embora não tanto quanto a pesca, é a agricultura. Esta assume um caráter de subsidiária em relação àquela, surgindo, na percepção das pessoas, como um elemento de apoio no tocante à necessidade de provisão de alimentos, uma vez que a farinha de mandioca, principal produto agrícola local, compõe, juntamente com o peixe, a dieta básica dos itapuaenses.

Essa atividade é desenvolvida predominantemente pelas mulheres e, embora algumas etapas desse trabalho sejam executadas pelos homens ela é definida e concebida por todos como feminina. O trabalho da mulher nesse setor parece ser olhado como uma continuação de suas atividades domésticas e, como tal, não revestido de muita importância, embora para as mulheres esta seja realmente a atividade que elas preferem.

Essa preferência, é uma das coisas mais enfatizadas pelas mulheres, principalmente quando o comparam com as tarefas domésticas que têm de executar. O trecho do discurso de uma mulher que vou transcrever aqui pode ser tomado como uma espécie de depoimento-padrão feminino, pois, sem nenhuma exceção, todos os elementos que aparecem nele estão presentes também no de todas as outras que foram ouvidas (aliás em número bastante elevado).

"Eu digo mesmo, eu quero capiná uma roça cerrada, e eu não quero a lida duma casa, eu pra mim é; porque o serviço da casa a senhora sabe, é vai pracá, prali, pracolá, uma loucura, serviço de doido, não aparece, não é? De manhã você sai, faz o café, você varre a casa, você lava prato, você lava roupa, e se for peixe sargado você vai botá peixe de molho, de cá pouco você vai mudá água do peixe, e olha só! Se é pra fazê mingau (dos filhos) é pra fazê, quando não, já tem o café (da merenda), e olhe a perna! (cansada). Quando tem um filho piquichito um já qué mingau, outro já qué comê, outro já qué isso, aquilo; e o prato, você lavou, de cá pouco você vai sujá, de cá pouco já vai lavá, é serviço de doido.

E a roça não, você chegou na roça, tomou seu café, botou seu ferro (de capinar) nas costas, chegou lá, olhe, é pra capiná? É, então, né, pã, pã, pã, quando cansá as cadeira levanta, arreia aquele ferro; chegou a hora do café (merenda) você toma, se você fuma, acende seu cigarro, fuma, baxou de novo, capina, conversando daqui, dacolá, vai, o serviço vai indo, né, você está trabalhando mas não é um serviço pra está prali, pracolá, né, deu as hora, 11 hora, você vem embora, armoça, descansa, quando é 2 hora vai, chega 5 hora pronto, e eu não quero a lida duma casa não".

Na fala das mulheres as tarefas domésticas são definidas como um serviço que "não aparece", em oposição ao da roça que "vai indo", ou "rende", com elas dizem sempre. Este realce que é conferido ao trabalho agrícola está ligado ao peso maior que ele possui no próprio contexto social, como uma das atividades econômicas básicas, e reconhecida socialmente (que "aparece"), o que não acontece com o trabalho doméstico. A participação da mulher no trabalho das roças permite a ela ampliar seu campo de ação para além dos limites acanhados de sua casa, possibilitando-lhe a oportunidade de mostrar a sua outra face, a de colaboradora do homem (pescador) na tarefa básica da produção de alimentos. Além disso, ela opõe o sentido de ordem que tem o serviço da roça à "loucura" representada pelo acúmulo de tarefas a serem executadas ao mesmo tempo em casa. A mulher parece não ver sentido na repetição contínua e cansativa do trabalho doméstico e por isso o tacha de "serviço de doido", como se na roça não ocorresse repetição semelhante.

Em compensação, salientando o aspecto exaustivo das tarefas caseiras, ela apresenta as da roça como se quase se confundissem com momentos de lazer, em que todos os elementos negativos das primeiras estão ausentes. Realmente, pode-se dizer que o trabalho nas roças para a mulher, em Itapuá, é encarado como algo gratificante, não só pelo resultado "palpável" que ele apresenta, mas também pelas oportunidades de sociabilidade que esse tipo de atividade lhe oferece. É na roça que ela mais encontra as outras mulheres (vizinhas, amigas, parentas), é ali que elas têm ocasião melhor para conversar, saber das novidades, é lá o lugar onde primeiro circulam os boatos do lugar, os mexericos, enfim, a roça, mais talvez do que local de trabalho das mulheres, funciona como seu ponto principal de reunião e convivência mútua. Apesar de que, na realidade, elas acumulam sempre as duas atividades (doméstica e agrícola), no seu discurso elas as separam, nitidamente, e falam como se pudessem escolher apenas a segunda para executar.

Entretanto o homem possui certas incumbências no trabalho agrícola, que só ele pode realizar. Deve-se assinalar que as tarefas que ele executa são as consideradas de maior importância e mesmo imprescindíveis para a existência de uma roça. O homem derruba o mato, faz a queimada, corta os talos de maniva e faz as "covas" em que estes vão ser plantados; sem isso não se pode "botar roça", como dizem em Itapuá.

Para a mulher ficam as tarefas necessárias depois que a roça já está "feita" (a capina, a colheita, a "botada da mandioca" e a "fazeção da farinha"). A capina (limpeza da roça) exige um trabalho contínuo e persistente, (como a "lida duma casa"), mas que, no final de contas, junto com as outras tarefas que se seguem até a preparação da farinha, é como uma continuação do que o homem já fez. Isso significa que, mesmo numa área que é considerada como própria da mulher, a participação do homem assume um caráter mais relevante, associado à idéia de força e comando, enquanto a mulher fica sempre em segundo plano, em que pese o sentido de complementaridade de que se possa ver aí.

Na verdade, as atribuições ou os papéis principais que o sistema social impõe a mulher, em Itapuá, são os de esposa e mãe, que se colocam como as únicas alternativas viáveis para ela, dentro de um esquema "normal" de desempenho associado ao seu sexo. No que concerne a outras atribuições, há sempre a possibilidade de uma intromissão masculina. É possível afirmar mesmo que não existe, em Itapuá, um domínio exclusivamente feminino, o que não se dá no caso do homem, já que o mar e todas as atividades a ele relacionadas constituem um domínio exclusivo seu, sendo mesmo o seu "mundo" próprio, ao qual não podem pertencer as mulheres. E isto releva da imagem de mulher socialmente construída, para a qual contribui de forma acentuada, o modo de pensar e lidar com os estados próprios do ciclo biológico feminino e, a partir daí, com ela mesma, enquanto um ser marcado no corpo e na alma pelas exclusões inscritas na sua cultura.

DA MENARCA À MENOPAUSA OU "SER MULHER" EM ITAPUÁ

A menarca e a menopausa marcam o início e o final da capacidade reprodutiva da mulher e, como tal, significam claramente momentos de *passagem*, ou transição, no sentido utilizado por Van Gennep (1960), o que implica mudanças decisivas nos seus desempenhos sociais. Isto não quer dizer que os outros eventos ligados ao ciclo biológico feminino (gravidez, puerpério e também a menstruação) não representam passagens; apenas que estas não são, para a mulher, da mesma ordem ou grau de importância social que as que ocorrem na menarca e na menopausa.

Estes outros eventos, até pelo seu caráter repetitivo - já que as mulheres em Itapuá costumam ter um número elevado de gestações - representam principalmente momentos de transição ou estados intermediários, mas não significam, como a menarca e o climatério, mudanças decisivas de status. Devido as suas características, esses processos (com exceção da gravidez) são objeto de grande número de proibições e prescrições, equivalentes ao grau de perigo que lhes é atribuído e às ameaças que acarretam, exigindo, em razão disso, desempenhos rituais próprios para conjurar o perigo e para que sejam ultrapassados com êxito.

A Menstruação

O processo da menstruação é designado, em Itapuá, pelos significativos nomes de "visita", "tempos", "incômodo", e "bode", embora não seja desconhecido o termo "menstruação". Da mulher menstruada diz-se que está "visitada", "nos tempos", "incomodada", "de bode", ou "doente", embora não usem a palavra "doença" para a menorréia. O uso desses eufemismos já nos indica claramente que estamos em presença de um elemento tabu, ou também, no caso, uma coisa que envergonha, valendo-se as pessoas dessas categorias verbais especiais para poderem se referir a ele; (Leach 1976) aliás o mesmo acontece em outros casos que se enquadram no mesmo contexto (gravidez, parto, ato sexual, etc.).

Menarca. Quando ocorre a menarca o costume é, geralmente, de a menina procurar esconder o fato à mãe. Isto está relacionado à "vergonha" que ela deve demonstrar, uma vez que, até que isso se dê, o assunto não é tratado entre mãe e filha. Embora as mães certamente saibam que as meninas já tem prévio conhecimento do fato, faz parte das expectativas de comportamento, no caso em questão, que tanto uma como outra se portem como se tal não ocorresse.

O fato de a menina esconder da mãe também está relacionado ao problema das restrições alimentares e outras que começam a lhe ser impostas a partir daí, e que ela, desse modo, procura adiar um pouco.

Assim que toma conhecimento que sua filha ficou menstruada pela primeira vez, a mãe procura dar-lhe uma explicação a seu modo ("isso é o tempo, quando chega o tempo aparece esta visita, como tu estás agora") e também instruí-la sobre como deve se portar daí por diante. Isto inclui a maneira de "se trajar" e as prescrições e proibições que a chegada da "visita" acarreta. A mulher costume comunicar o fato ao marido, dizendo-lhe que a filha já é uma "moça"[2].

A expressão "já é uma moça", usada em Itapuá para designar a menina depois da menarca, indica muito bem o significado de um rito de passagem que tem a sua ocorrência na vida da mulher itapuaense. Ela não representa apenas uma mudança biológica, no sentido de um início da capacidade reprodutiva da mulher, mas tem, principalmente, um caráter social, pois o fato de a menina se tornar "moça" implica assumir, a partir daí, a posição que lhe é reservada como uma categoria oposta à masculina. Antes disso ela, como menina, não ocupava uma posição social definida, podendo, assim, circular livremente em certos domínios que passam, agora, a lhe ser interditados - uma vez que são tidos em sua sociedade como masculinos e, como tal, vedados à mulher.

A chegada da menarca implica, pois, imposição de obrigações que têm a ver com as atribuições da mulher, que são restritas à esfera doméstica, já que mesmo o trabalho nas roças não é pensado como ultrapassando esse limite: "Quando fica moça já num pode brincá com os meninos, já fica aquele (...) separado, fazendo o essenciar de cozinha, lavando um prato, botando um peixe de molho, lavando, cortando, já vendo se tá bom de sentá no fogo (...) pra dá comida pro seus irmãos, quando a gente vai pro serviço elas fico tomando conta da casa". Isto não quer dizer que antes de sua primeira visita a menina não fosse solicitada e desincumbir-se de tais tarefas; quero apenas enfatizar que a partir daí só lhe é permitido atuar em áreas consideradas como próprias da mulher: a casa e a roça.

O afastamento compulsório da mulher, a partir da menarca, dos domínios tidos como masculinos (o mar, o porto, os rios) ou ambíguos, isto é, nem próprios do homem ou da mulher (caso do mangal), está ligado também ao fato de que, daí por diante, ela passa a estar sujeita a uma série de perigos ou ameaças, de ordem natural e não natural, que interditam, em última análise, a ultrapassagem pela mulher de domínios que a sociedade reconhece como pertencentes ao homem.

Percepções e crenças sobre a menstruação. Em Itapuá a menstruação é percebida como um estado intermediário entre a saúde e a doença, tendendo entretanto mais para a segunda, pois, qualquer desobediência, por parte da mulher, às regras que vigoram para esse estado, pode causar sérios prejuízos a sua saúde, conforme acreditam os itapuaenses.

Sendo a menstruação um estado que tende para um desequilíbrio (a mulher não está propriamente doente, mas também não está sadia), é necessário contrabalançar

---

2 A mesma expressão "visita"/"visitada" para designar a menstruação e a mulher menstruada é registrada por Ondina Fachel Leal (1993), para o Rio Grande do Sul referente à região rural do Sul do Estado e classes populares da região metropolitana de Porto Alegre. Além do uso do mesmo termo, os dados do Leal apontam para uma extraordinária correspondência em relação às representações e práticas registradas em nossos respectivos estudos.

essa situação, evitando qualquer coisa que contribua para ameaçar o equilíbrio precário em que o organismo da mulher se encontra. O próprio uso do termo "doente", empregado para designar a mulher menstruada, embora não chamem a menstruação de doença, serve para indicar a ambigüidade desse estado.

Existe então uma relação entre o desejo de manter esse equilíbrio (precário e ameaçado) e o modo como deve se portar nesse período. Na verdade, todas as interdições às quais ficam sujeitas as mulheres denotam a procura de um ponto ideal, um meio-termo em todas as situações, já que todo excesso deve ser evitado: "Muito frio e muito calor faz mar, tem que sê um ponto regular (...). É a chuva, o barro num pode pisá, é muito frio, o calor do forno (de farinha) (...). Você por exemplo tá fazendo um serviço suada, tá fazendo um serviço, sua roupa ensopou ali, tira aquela roupa (...). Ou lavage de roupa, ensopá, enxugá (a roupa no corpo) não presta"

As medidas proibitivas que atingem a mulher estão ligadas, de um lado, as crenças, que vigoram em Itapuá relativas aos "*humores*" do corpo humano e à "*síndrome quente-frio*" - que, como sabemos, fazem parte de um complexo de crenças médicas de *folk* já constatado em outros locais da América Latina e que tem sua origem na medicina hipocrática[3].

Além disso, existem as proibições alimentares que, na menstruação, estão relacionadas a um contexto mais vasto, que se refere à *reima* dos alimentos, um sistema muito complexo ligado à ideologia alimentar dos itapuaenses, cuja análise já apresentei em outro trabalho (cf. Motta-Maués e Maués, 1980: 104-132). Nesse sistema, os alimentos são classificados como "reimosos" ou "mansos" (não reimosos) e relacionados a determinadas categorias de pessoas que se encontram em certos estados liminares (purga, xamanismo, menstruação, puerpério, etc.). No caso da menstruação, a maioria das proibições alimentares ligadas a esse estado diz respeito a alimentos que são considerados reimosos *para* mulheres menstruadas.

Para as mulheres de Itapuá, a ocorrência da menstruação é regulada pela lua, como aliás todos os processos do ciclo reprodutivo feminino. Isto significa que a sua época, coincide, para cada mulher, como uma determinada fase da lua, por aí controlando elas a chegada de cada "visita": "Nós somos menstruada é pela lua. Como dizem assim, ah! Vem chegá esta lua aqui, é quando eu adoeço, é do lado que aparece a lua, pelos quarto, a cheia (...)".

Devo acrescentar que, em Itapuá, a influência da lua é também considerada muito importante para a atividade principal dos homens da comunidade (a pesca), já que através de suas fases é que calculam as marés grandes ou "águas grandes", o que

---

3 O tema relativo à síndrome quente-frio já foi analisado por vários antropológos. Fora do Brasil temos os estudos de Foster (1953), Currier (1966) e Logan (1973), entre outros. No Brasil, devem ser mencionados aqui os estudos de Ibãñez-Novión (1974), Peirano (1975) e Brandão (1976), que analisaram a sua ocorrência, respectivamente em Sobradinho (DF), Icaraí (CE) e S. José de Mossâmedes (GO). Com relação a Itapuá o tema é tratado mais amplamente em Motta-Maués e Maués (1980).

pode determinar períodos melhores ou piores no que tange ao aprovisionamento de peixe. É, assim, bastante significativo, a meu ver, que os itapuaenses associem também os estados fisiológicos da mulher, em última análise, a sua fertilidade - como a das marés - como as fases da lua.

Por outro lado, a lua é percebida pelos itapuaenses como feminina e, também, como uma categoria ambígua, pois, assim como é encarada como responsável por épocas de fartura na pesca, também provoca escassez (de peixes capturados). Além disso, em outro contexto, a lua surge como uma espécie de entidade sobrenatural, que pode "malinar" (fazer mal) com as crianças recém-nascidas, provocando-lhes uma doença chamada, em Itapuá, de "mau-olhado de lua".

Assim, num nível simbólico, a lua pode ser aproximada da mulher que, pela sua participação nos processos de reprodução humana e agrícola, atua como elemento propício e favorável, mas que pode ter também uma atuação inversa, quando atualiza poderes perigosos (ao ficar "venenosa" ou transmitir "panema" aos homens), que operam no sentido de causar dano sob diversos aspectos.

Além das proibições mencionadas antes existe uma outra, neste contexto, que se refere à mistura de alimentos. A mulher menstruada não pode ingerir, numa mesma refeição, carne com peixe e/ou mariscos, a não ser que entre um alimento e outro ela tome uma certa quantidade de água (1 copo), "pra fazê a separação". De qualquer forma, é preferível evitar totalmente a mistura.

A transgressão a essa proibição não provoca uma conseqüência imediata, mas representa uma ameaça futura, que pode se concretizar por ocasião de uma gravidez, através de uma doença que é rotulada de "mola" pelos itapuaenses.

As proibições não alimentares relativas à menstruação dizem respeito ao comportamento que a mulher deve assumir nessa situação, e se relacionam, principalmente, a fatos ligados à síndrome quente-frio.

Quando está nos "tempos", a mulher não toma banho enquanto durar o fluxo sangüíneo. No final, ela deve tomar banho "cabeça e tudo", o que significa um banho de corpo inteiro. Se ela não molhar também a cabeça, não faz a "arriação", e então o sangue, que por acaso ainda estiver retido, subirá para esse local de seu corpo, causando-lhe sérios transtornos ("suspensão").

Ela também não pode apanhar chuva, pisar o chão molhado (descalça) ou ficar em contato com o calor expressivo (como o de forno de farinha, por exemplo), pois, tanto o frio (da água) como o calor (do fogo), em excesso, são considerados prejudiciais, podendo causar-lhe, também, uma suspensão.

Além dessas proibições, a mulher, durante a menstruação, também deve se abster das relações sexuais. Essa é uma das proibições mais rigidamente observadas, pois o próprio homem evita a mulher nesse período. As explicações dadas para as proibições são que "é porcaria", ou que "faz mal para a mulher", porque ela está "aberta" é isso contribui para abri-la mais: "Eu acho que seja até uma porquidade, né, tem mulhé que diz que faz, eu nunca vi, mas ouço dizê, não tem respeito com nada, mas besteira é delas, né, porque o home faz a obrigação e a mulhé há de se defendê", dizia uma itapuaense.

Há claramente uma indicação de que consideram que a mulher fica poluída (sujeira real/sujeira ritual), nesse período, ao acharem que é "porcaria" ou "porquidade" o ato sexual naquela ocasião. Por outro lado, a referência ao fato de que as relações sexuais servem para "abrir" ainda mais a mulher e, por isso, são prejudiciais, relaciona-se com as concepções dos itapuaenses a respeito da gravidez, durante a qual se recomenda a copulação, para facilitar o nascimento da criança. Além disso, após o parto as relações sexuais são também proibidas, durante um certo período (até se completarem os 40 dias da "longa menstruação").

Para concluir este tópico, desejo lembrar que as ameaças de ordem natural a que se expõe a mulher durante a menstruação constituem um importante fator, a nível ideológico, para justificar o comportamento ritualizado que se impõe nesse estado, contribuindo para restringir a sua atuação na sociedade. O mesmo se pode dizer com relação às ameaças e proibições de ordem não natural, de que tratarei a seguir.

Proibições de ordem não natural. Para os itapuaenses a mulher, em certas fases de sua vida, torna-se mais vulnerável às investidas de agentes não naturais e, por isso, ela deve evitar situações que as propiciem. As entidades que podem causar mal à mulher quando "visitada", são os "bichos" ou "encantados do fundo". Eles costumam habitar ou freqüentar certos locais como o mangal, o porto, os rios e igarapés, que por isso devem ser evitados pela mulher naquela situação. Desse modo, ela não deve "passar água", isto é, atravessar um rio ou igarapé, nem chegar próximo ao porto e, principalmente, deve se afastar do mangal, considerado o lugar mais perigoso.

Entre os chamados "bichos do fundo" ou "encantados" estão as *oiaras* e o *boto*, que são considerados mais danosos para a mulher menstruada, sendo que o boto pode prejudicá-la mesmo em qualquer ocasião[4]. Na menstruação, porém, essas entidades são como que *atraídas* inconscientemente pela mulher, que deve então estar prevenida contra elas.

As oiaras podem provocar na mulher uma doença de caráter mágico e ela passa a sofrer de "corrente do fundo" - um tipo de ataque periódico, que é uma manifestação dessas entidades durante o qual a pessoa cai numa espécie de transe que se apresenta, por vezes, de forma espetacular, o que inverte a posição comedida que se espera da mulher. Nesses casos, é necessária a intervenção de um pajé ou curador, para afastar a entidade, pois diferentemente do homem, que se trata para ser pajé, no caso da mulher o ataque não é interpretado como a manifestação positiva do dom xamanístico, mas como uma espécie de mal a ser exorcisado.

Dos bichos do fundo, o boto apresenta uma característica peculiar, pois, enquanto todos os outros podem eventualmente atacar qualquer pessoa,

---

4 Não se trata de um boto comum e sim de um "boto encantado". Maiores detalhes a respeito dos encantados do fundo em Itapuá se encontram em Maués (1990).

independentemente de sexo ou idade, ele só o faz em relação à mulher e, além disso, enquanto ela esteja gozando da plenitude de sua capacidade reprodutiva, ou seja, desde a menarca até a ocorrência da menopausa. O boto é perigoso porque pode, segundo acreditam os itapuaenses, assumir a forma humana, conseguindo desse modo aproximar-se mais facilmente de suas vítimas.

Apresentando-se como um jovem bonito, sempre vestido de branco, o boto passa a namorar a mulher, até conseguir manter relações sexuais com ela. Quando isso acontece, e se ela não for salva a tempo (o boto deve ser morto a bala), o animal (encantado) suga-lhe todo o sangue, através do ato sexual, e a mulher acaba morrendo anêmica. Um dos sinais que provocam a suposição de que ela está mantendo relações sexuais com o boto é a palidez que apresenta e se acentua cada vez mais. O boto agiria então como uma espécie de "vampiro" embora com características diferente da figura clássica da lenda.

É por ocasião de cada período menstrual que a mulher se torna mais vulnerável às investidas de um boto - atração do sangue. Por isso se ela tem necessidade de fazer uma viagem, estando menstruada, deve levar consigo um "dente" de alho seguro na mão, ou junto ao seio; isto tem o poder de afastá-lo.

A simples aproximação do boto pode provocar dores de cabeça e febre alta, exigindo a benzição de um especialista, benzedor ou pajé, que para isso, também usa o alho, recurso, aliás, também utilizado nas lendas sobre vampiros[5].

No que se refere ao perigo representado pelo mangal devo dizer que este, além de ser um local onde costumam estar os encantados, pode ser considerado como uma zona ambígua (e portanto perigosa). Primeiro, porque não é nem terra e nem água, ocupando uma posição intermediária entre os dois domínios; além disso, os animais que são próprios desse local (caranguejo, turu, caramujo, etc.) fogem à classificação tanto dos seres marinhos como dos terrestres; são, desse modo não conformes à sua classe, portanto ambíguos e perigosos (cf. Douglas 1966; 1976: 72). Por outro lado, a exploração do mangal para obtenção de alimentos, que é feita tanto pelo homem como pela mulher, indistintamente, poderia ser vista, no caso desta, como um momento em que ela se aproxima de um domínio que, embora não tão claramente como a água (dos rios e do mar), é mais identificado com o homem, pelo tipo de atividade envolvida e as características do local onde ela se dá.

Se o mangal, a despeito de sua ambigüidade, ainda é permissível à mulher, como local de trabalho (mas não à mulher menstruada), o perigo que a água representa é muito mais sério, num plano simbólico, pois ela diz respeito a um domínio exclusivamente masculino (a pesca), no qual as mulheres não podem, absolutamente,

---

5 O tema do boto que se transforma em gente e seduz as mulheres, muito disseminado por toda a Amazônia, é tratado com alguns detalhes na literatura antropológica por Galvão (1955) e Wagley (1957). Com relação à Itapuá, o assunto é abordado por Maués (1990).

se intrometer. Isto pode explicar, ao nível de um modelo inconsciente, o perigo representado pelo porto, os rios e igarapés.

Vemos dessa forma como, pelo menos parcialmente, as proibições de ordem não natural, ligadas à menstruação, contribuem para manter a mulher no "seu lugar", isto é, no lugar próprio que o sistema lhe atribui: afastada da água e da pesca, domínios exclusivos do homem.

A Menopausa: quando a mulher "vira" homem

De muito menor expressividade no que diz respeito a desempenhos rituais do que a menarca ou a menstruação de modo geral, apesar de representar uma mudança bastante acentuada na mulher (do ponto de vista biológico), a menopausa possui, em Itapuá, uma importância social muito grande.

A ocorrência desse processo não é marcada por nenhum desempenho especial. Nenhuma prescrição ou proibição assinala para a mulher essa fase de sua vida; pelo contrário, a menopausa é ansiosamente aguardada e recebida com muita alegria, pois significa justamente o fim das restrições que lhe foram impostas desde que chegou a sua primeira "visita". Como me dizia uma mulher: "Ah! Mas eu fiquei foi alegre, porque às vezes queria ir pegá um caranguejo, ficava presa, não podia ir no mangal; e eu tinha uma raiva, tá lavando roupa todos os mês, a gente qué fazê uma viage, uma coisa aperriada. Deus o livre".

Em Itapuá a menopausa partilha, com a menstruação, o mesmo significado de *passagem*, podendo ser considerada uma inversão daquela. No entanto, o término do período fértil da mulher, ao marcar justamente a abolição de todas as restrições que a ocorrência do seu início (a menarca) representou para ela, realiza, de alguma forma, o retorno a uma situação anterior, na qual as mesmas restrições ainda não existiam. Pode-se dizer mesmo que o caráter indefinido da sexualidade da menina, de um lado, e a perda da fertilidade da mulher de meia-idade, de outro, promovem, num plano simbólico, mas que se reflete também ao nível do comportamento, a aproximação dessas duas categorias de mulheres, na medida em que a ambas é permitida uma intromissão em domínios considerados como masculinos.

Na verdade, todas as ameaças ou perigos, as prescrições e proibições que os processos naturais acarretam, são impostos à mulher apenas no período de sua vida que decorre entre a menarca e o climatério, portanto enquanto ela é definida, sem restrição alguma como *mulher*. Antes da ocorrência da menarca, a mulher como menina ainda, é por assim dizer "assexuada", no sentido de não ser identificada integralmente a um ou outro sexo.

A própria classificação utilizada pelos itapuaenses mostra que não se estabelecem diferenças entre as crianças de ambos os sexos, ao incluírem todas numa categoria, que é designada pelo termo "canalha". A separação só se realiza quando a menina se torna "moça" e tem de abandonar o grupo heterogêneo de que fazia parte, o que fica bem claro neste trecho de uma entrevista: "É, gente diz, tá te fazendo de canalha, brincando, tamanha menina, moça já, te metendo cum as crianças, vai fazê outra coisa, pegá uma roupa pra lavá".

Por outro lado, quando a mulher deixa de ser "visitada" (menstruada) diz-se que ela "já é homem" ou "virou homem". A identificação que a menopausa promove, num plano simbólico, entre a mulher e o homem, é bem traduzida pelas próprias mulheres ao comentarem a sua chegada em alguma delas: "É, nós brinquemo assim. Às vezes alí a comadre Lúcia, eu digo assim, tu já é home, não? Ela diz: tu também já é". Desse modo, embora isso seja sempre dito em tom de brincadeira, entre as mulheres, indica, também, através da categoria verbal utilizada, uma redefinição da mulher no sentido de sua atuação social.

Podemos dizer, portanto, que a ausência de uma distinção muito rígida, sob certos aspectos, entre meninos e meninas, o que lhes permite participar das mesmas brincadeiras, freqüentar os mesmos lugares em qualquer ocasião, etc., volta a funcionar para a mulher que atinge a menopausa, embora, evidentemente, em outras esferas de atuação. Ela volta a ocupar uma posição mais ou menos indefinida (como quando ainda não era "moça") e pode, então ter chance de assumir certos papéis, normalmente reservados ao homem.

Entretanto, é bom que fique claro que, para a mulher atuar em setores masculinos, é sempre necessário, como pude constatar em situações concretas na comunidade, que ela não se encontre na posição "normal" que seu sexo ocupa dentro dos padrões vigentes em Itapuá. Isto significa que a mulher precisa estar ocupando, numa esfera mais restrita (do contexto doméstico), a posição que, em situações normais, é reservada ao homem, para que ela possa assumir essa mesma posição em outros níveis de atuação mais decisivos (como na esfera econômica ou do ritual). Se ela não tiver mais marido (viúva) ou se, mesmo que o tenha, ele esteja impedido por algum motivo de assumir integralmente suas funções como "chefe de família", só então é permitido à mulher, embora ainda com restrições, atuar em esferas que não competem ao seu sexo, desde que não configurem domínios cruciais e portanto vedados as mulheres: a atividade da pesca, o poder e o xamanismo.

Vemos então que apenas a ocorrência da menopausa não basta para propiciar uma abertura para a atuação mais ampla da mulher. Por outro lado, porém, a identificação simbólica que ela promove entre a mulher e o homem conta como fator decisivo para que aquela abertura se realize. Antes de sua chegada, as próprias interdições a que ficam sujeitas as mulheres constituem um impedimento (real) para um desempenho além dos limites que as concepções sobre os processos naturais impõem a que são partilhadas por elas mesmas. Dessa forma, em Itapuá, a menopausa significa, para as mulheres, uma espécie de liberação das interdições que lhe foram impostas desde a chegada de sua primeira "visita"

Mulheres perigosas? Um lugar para as mulheres

A classificação simbólica da mulher - como fonte de desordem e perigo - e o conseqüente impedimento a sua atuação social mais ampla, pode ser vista, da ótica de uma análise de sistemas simbólicos, como estando mediada por certas idéias ou noções que sempre aparecem vinculadas à percepção que os grupos humanos têm acerca dos processos naturais, socialmente incontroláveis portanto, que são peculiares a ela.

Ao sair continuamente de um domínio e entrar noutro, como acontece cada vez que atualiza um processo natural, a mulher se expõe ao perigo e faz com que o mesmo aconteça aos outros. Por outro lado, o estar seguidamente atingindo ou ultrapassando, de certa forma, os limites da sociedade, ou permanecendo por períodos freqüentes em suas "margens", lhe confere, por sua vez, uma espécie de poder que só aqueles que penetram nessas regiões ou domínios além da sociedade podem alcançar.

Como diz Mary Douglas, tratando dos poderes e perigos relacionados a essas pessoas: "Ter estado nas margens é ter estado em contato com o perigo, é ter ido à fonte do poder". Ela relaciona isso às crenças sobre pessoas em situação marginal ou liminar, que são sempre percebidas como fonte de poder perigoso. O controle desse perigo e desse poder é feito através de um ritual que implica, entre outras coisas, evitar a desordem que pode ser gerada a partir daquela pessoa que "simboliza tanto perigo como poder" (cf. Douglas 1966).

Como já disse, os significados simbólicos atribuídos às etapas do ciclo reprodutivo feminino, em Itapuá, implicam uma categorização da mulher como fonte de desordem - ao confundir domínios - ao mesmo tempo que lhe creditam uma potencialidade perigosa, como ativadora de forças destruidoras - veneno e panema - que devem ser controladas, para que o reino da ordem (masculina) não seja ameaçado.

Entretanto, dadas as "providências" que o sistema toma - que cada mulher (e homem) toma - traduzidas nas interdições e nos cuidados que diligentemente todos atualizam, a ordem reinante na verdade não chega a ser perturbada. Por mais que a ameacem com as "inversões" que promovem - atraindo encantandos do fundo, ativando forças destruidoras (veneno) e incapacitadoras (panema), misturando domínios (cultura/natureza), poluindo repetidamente seus corpos (e quiçá os dos homens),e ainda, - suprema inversão - "virando homem", as mulheres não revertem efetivamente em seu proveito, ou da equalização entre os gêneros, a assimetria de poder que as diminui. Na medida em que suas investidas são todas "previstas" nas estruturas de significação (como refere Geertz) de sua sociedade - além de se moverem todas no campo específico do poder mágico (dos fracos, os que são afastados do outro poder) - a reversão que poderiam realizar acaba por desfazer-se no emaranhado dos rituais destinados, em última análise, a exorcizá-las e a mantê-las (as mulheres) no "seu" lugar.

REFERÊNCIAS BIBLIOGRÁFICAS

BRANDÃO, C. 1976. Mossâmedes: Crenças e Costumes de Comida. In: *Sociedades Rurais do Mato Grosso Goiano.* Goiás, Universidade Federal de Goiás.

CURRIER, R. 1966. The Hot-Cold Syndrome and Symbolic Balance in Mexican and Spanish-American Folk Medicine. *Ethnology* 5 (3): 251-263.

DOUGLAS, M. 1966. *Purity and Danger: An Analysis of Concepts of Pollution and Taboo.* Routledge and Kegan Paul, London.

FOSTER, G. M. 1953. Relationships between Spanish and Spanish-American Folk Medicine. *Journal of American Folklore* 66: 201-217.

GALVÃO, E. 1955. Santos e Visagens, Brasiliana 184. Editora Nacional, São Paulo.

IBÃÑEZ-NOVIÓN, M. A. 1974. *El Cuerpo Humano, la Enfermedad y su Representación.* Rio de Janeiro, UFRJ. Tese de Mestrado.

LEACH, E. 1964. Antropological Aspects of Language: Animal Categories and Verbal abuse. *In* Vogt and Lessa (eds.): *Reader in Comparative Religion.* Harper and Row.

LEAL, O. F. 1993. Sangue, Fertilidade e Práticas Contraceptuais. Encontro Nacional de Antropologia Médica. Salvador. Xerox

LOGAN, M. N. 1973. Humoral Medicine in Guatemala and Peasant Acceptance of Modern Medicine. *Human Organization* 32 (4): 385-395.

MAUÉS, R. H. 1990. *A Ilha Encantada: Medicina e Xamanismo numa Comunidade de Pescadores.* Belém, Editora da Universidade, UFPa. (Coleção Igarapé).

MOTTA-MAUÉS, M. A. & MAUÉS, R. H. 1980. *O Folclore da Alimentação: Tabus Alimentares da Amazônia.* Belém, Ed. Falângola.

MOTTA-MAUÉS, M. A. 1993. *"Trabalhadeiras" e "Camarados": Relações de gênero, ritualização e simbolismo numa comunidade amazônica.* Belém. Editora da Universidade, UFPa. (Coleção Igarapé)

PEIRANO, M. G. S. 1975. *Proibições Alimentares numa Comunidade de Pescadores.* Universidade de Brasília. Tese de Mestrado.

VAN GENNEP, A. 1960. *The Rites of Passage.* Chicago, University of Chicago Press.

WAGLEY, C. 1957. *Uma Comunidade Amazônica.* São Paulo, Editora Nacional (Brasiliana, 190).

“MULHER NA PADARIA DÁ PROBLEMAS DE AMORES”

Edilza Fontes

Podemos observar que o trabalho nas padarias requer conhecimentos e práticas do espaço doméstico: “varrer”, “arrumar”, “pendurar no cabide”, “passar o óleo”, “pegar a farinha”, “misturar o trigo”, “o sal”, “a água”, “acender o forno”, “enrolar a massa”, “cortar a massa”, etc. São saberes que as mulheres desenvolveram e que foram apropriados pelos homens ao se constituírem em um espaço público, como a padaria.

A primeira questão que nos chamou atenção, foi como a profissão do padeiro se construiu como masculina. Tentar analisar na memória dos padeiros e forneiros aposentados a justificativa desta divisão sexual do trabalho e as próprias estratégias que se instituíram no processo de trabalho para estabelecer o masculino como predominante na profissão, foi um dos objetivos da nossa pesquisa.

No trabalho, nas padarias artesanais, percebemos que havia uma identificação de dois espaços sociais, ao mesmo tempo distintos e inter-relacionados: o espaço da produção e o espaço doméstico. O espaço da produção se constrói de um trabalho masculino que a produção de alimentos estabelecia e que utilizou saberes do espaço doméstico.

A padaria era como uma grande cozinha, que estabelecia, em alguns momentos, relações familiares; era também o local onde uma relação de trabalho dependia de laços afetivos no interior da produção. A relação entre o aprendiz de masseiro ou forneiro com seu mestre passava pelo laço familiar ou de obediência paternal que existia entre eles. O fato de a padaria artesanal ser o local de moradia dos vários ajudantes era outro lado que possibilitava viver a padaria como casa, como lar. A necessidade de vigiar a massa exigia um espaço para deitar e recuperar as energias, nestes momentos em que o perigo da mulher era lembrado, o dono da padaria sempre excluía a figura feminina do salão da produção do pão, por este ser fabricado à noite.

A própria ausência do padeiro e do forneiro de casa, por longo tempo, estabelecia uma divisão sexual de papéis e de trabalho na família. O padeiro ou forneiro cuidavam da garantia de subsistência, enquanto as mulheres cuidavam da casa e dos filhos. O espaço de trabalho remunerado e público dos padeiros e forneiros se contrapunha ao trabalho não remunerado e privado das suas mulheres.

O trabalho nas padarias artesanais separava e articulava produção e reprodução e construía uma profissão sexualizada. Uma profissão no masculino. Há, ainda hoje, uma divisão sexual do trabalho e das tarefas na panificação.

DIAS (1984) ao estudar o cotidiano das mulheres em São Paulo, no fim do século XIX, já constatava a existência de padeiras e quitandeiras.

> "Brancas pobres, moradoras da terra ou vindas do reino, as padeiras tinham escravas, que vendiam diariamente nas ruas seus tabuleiros de pães de vintém (...). Além das despesas de construção dos fornos especiais e da compra de tachos de cobre deviam as padeiras arcar com as dificuldades conjunturais de abastecimento, de farinha de trigo e de sal"[1].

Nos depoimentos recolhidos, a lembrança dos fornos domésticos, revela a presença da mulher fazendo o pão e ajudando na produção de roscas e bolachas. Estes fornos domésticos eram usados no início do século, em Belém. A venda, a domicílio, destes pães já era uma prática bastante utilizada pelas mulheres de baixa renda. Mas, ocorreu todo um processo de fiscalização por parte do poder público, proibindo o uso e a construção destes fornos nos quintais das casas. A fiscalização da saúde municipal, saía às ruas da periferia de Belém, multando e proibindo de funcionar qualquer atividade de panificação em fornos domiciliares com objetivo de venda. Os próprios donos das padarias denunciavam caso soubessem da existência de algum forno domiciliar que produzia pão para vender.

O que nos parece é que a construção da profissão de padeiro e forneiros como masculinas, utilizaram a imagem social de feminino e masculino. Ou seja, os donos das padarias artesanais utilizaram a concepção da época sobre o que era uma mulher e o que ela sabia e poderia fazer, e o que era um homem e o que ele poderia fazer. A partir destas noções de feminino e masculino, que foram construídas historicamente, a profissão de padeiros e forneiros foi se masculinizando.

> "Tudo parece indicar que não existem fatores naturais inerentes ou lógicos que instituam a divisão sexual do trabalho, mas que existe uma construção social de práticas e relações de trabalho cuja carência reside na articulação, muitas vezes simbólica, de vários fatores"[2].

Um dos fatores utilizados para construção das profissões estudadas, como masculinas é a noção social de que mulher não pode trabalhar em ocupações que exigiriam um grande esforço físico, ou seja, a mulher nas padarias artesanais não poderia desenvolver as tarefas exigidas pelo processo de trabalho por requerer um esforço físico muito grande, à época da massa a muque.

> "Nunca que dava certo, primeiro que tem coisa ali que a mulher não pode fazer. (...) O quê? Pegar uma tábua pesada, numa assadeira cheia de massa, tirar, arrancar, botar ali, acolá, tudo o cabra fica suado. Uns tiravam logo a roupa fora, iam trabalhar quase nu (...) Então a mulher nunca pode fazer um serviço de jeito nenhum"[3].

---

[1] Dias, Maria Odila. Quotidiano e Poder. S.P. Brasiliense. 1984.
[2] LOBO, Elizabeth Souza. A Classe Operária tem dois sexos, São Paulo, Brasiliense, 1991
[3] Florentino, Luiz. Padeiro, 78 anos. Entrevista em maio/90..

A questão da força física exigida vem à tona nos depoimentos dos padeiros aposentados. Sem dúvida alguma, a imagem construída sobre a mulher, onde se colocava a questão da fragilidade da sua força de trabalho foi um fator cultural da sociedade belenense, articulada com a precariedade dos instrumentos de trabalho nas padarias artesanais, contribuiu para excluir a mulher do espaço de produção na panificação.

Estas representações simbólicas eram historicamente construídas, ou seja, há muitas formas de se definir os gêneros (LOBO, 1991:187). A sexualidade ou a força de trabalho eram pensadas, historicamente, e estabelecia relações sociais diferenciadas em cada sociedade, pensar a mulher como portadora de uma força física menor era parte de uma imagem de mulher construída na sociedade de Belém.

Tentando analisar, muito superficialmente, qual o imaginário sobre a mulher que a sociedade de Belém tinha, foi realizada uma pesquisa no jornal Folha do Norte, nos anos de 1934 e 1944. O objetivo era procurar perceber a noção de feminino e masculino existente em Belém, e que fora utilizada, por exemplo, na construção das profissões de padeiro e forneiro. Tentar perceber os critérios que aparecem nos discursos dos padeiros aposentados, sobre o trabalho de mulher e o de homem. Cotejar dois tipos de pontes, as jornalísticas e os depoimentos, buscando ver as noções sobre trabalho feminino e o tema central deste capítulo.

Em 1934, já se observava a presença feminina em repartições públicas, redações de jornais, escritórios comerciais, laboratórios, farmácias, consultórios médicos, hotéis, casas de moda, casas de família, bares. Nossa pesquisa dividiu as atividades femininas relacionadas com o trabalho em três aspectos: tarefas domésticas; serviços e profissões autônomos.

As tarefas domésticas predominavam sobre as demais e se concentravam em empregos para: cozinheiras, copeiras, serventes, lavadeiras, engomadeiras, costureiras, arrumadeiras, amas, governantas e empregos para serviços gerais. Estas atividades eram sempre exercidas dentro da casa dos patrões, desenvolvidas por mulheres pobres em casa de famílias abastadas, cuja residência localizava-se em bairros tradicionais da cidade, como Nazaré, Comércio, São Braz, Batista Campos como veremos nos exemplos a seguir:

> "*Cozinheira e Servente.* Precisa-se na Av. Nazaré 224. Pagam-se bons ordenados." (Folha do Norte 12/04/47).

> "*Emprego para uma senhora.* Casal sem filhos, necessita, urgentemente, de uma senhora de Bons costumes, portadora de recomendações idôneas para tomar conta da casa e servir de companhia. Ordenado a combinar. Rua Gaspar Viana 122, das 8 as 11 h." (Folha do Norte 12/04/47).

> "*Cozinheira.* Precisa-se de uma habilitada e asseada, para casa de casal estrangeiro. Paga-se bem. Rua Paes de Carvalho 753". (Folha do Norte 11/01/34).

As exigências feitas à obtenção do emprego eram as mais diversas possíveis, desde ser sem filhos, responsável, senhora, moça, sadia, asseada, carinhosa e até que dormisse no emprego.

As ofertas de emprego que fugiam às tarefas domésticas, na verdade eram uma extensão destas no espaço público, era o que chamavam de serviços que utilizaram uma imagem do feminino para alocar tarefas e oferecer trabalho. Estas tarefas eram, geralmente, de auxiliares de escritório, chapeleiras, balconistas, operárias, caixas, profissões encontradas nos anúncios de empregos.

> "*Emprego para Moças.* Precisa-se de moça para trabalhar como caixa registradora. É indispensável que saiba perfeitamente as quatro operações, tenha bôa saúde e seja forte. Inúteis recomendações, que não serão aceitas, nem atendidas, seja lá de quem for. Prefere-se de família modesta. Quem não estiver em condições pedimos a fineza de não se apresentar" (Folha do Norte 18/01/34).

Do levantamento feito, obtivemos sessenta e seis(66) referências às atividades domésticas, dezessete(17) referentes à área de serviços e dezenove(19) referentes às atividades autônomas.

A sociedade de Belém tinha uma imagem de feminino, e de trabalho para mulheres que excluía a mulher de várias profissões e lhes reservava, prioritariamente, o espaço doméstico para desenvolver suas atividades. Nas profissões ocupadas por mulheres, o tipo de serviço era vinculado ao espaço doméstico e reafirmava esta imagem de feminino.

A questão que se coloca é porque esta extensão do espaço doméstico não se deu na panificação. Nossa tese é que a inversão desta lógica do trabalho feminino em Belém, atendeu aos objetivos dos donos das padarias, que para acumular tiveram que sexualizar as profissões de padeiros e forneiros.

Outra questão que surge, quando perguntamos aos nossos depoentes sobre o porquê da exclusão da mulher da padaria, é a de relacionar trabalho feminino com trabalho diurno. A associação entre trabalho noturno/trabalho do homem e trabalho feminino/trabalho diurno é freqüente.

> "Olha eu acho um serviço muito ruim pra mulher trabalhar à noite (...) Porque tinha que trabalhar de noite, né! Trabalhar de noite, tinha aquele intervalo né, iam dormir por ali sabe que mulher perto de homem..."[4]

A exigência do processo de trabalho colocava a permanência na padaria durante a noite. O trabalho noturno foi um dos obstáculos construídos para justificar a sexualização do trabalho na padaria.

O ter que "dormir" na padaria, ou seja, ficar à noite esperando a massa dar o ponto para fazer o pão, era mais um argumento para exclusão da mulher. No salão da padaria, estabelecia-se intimidades, convivia-se junto por muito tempo e *"mulheres na padaria dá problemas de amores"*[5]. A figura feminina em um espaço de trabalho noturno poderia, segundo o discurso dos nossos entrevistados, desorganizar a

---

4 Florentino, Luis. Padeiro, 78 anos. Entrevista em 25/08/90.

5 Ditado dos padeiros aposentados.

disciplina do trabalho pela sua própria presença, por despertar possibilidades de práticas sexuais no espaço do trabalho.

Nos depoimentos dos nossos entrevistados, o trabalho de mulheres só poderia ser feito de dia. Percebemos que o trabalho noturno é pensado como trabalho masculino e que toda vez que se tentava colocar no espaço da padaria homens e mulheres, *"os problemas de amores"* surgiriam. Foi-nos relatado por mais de um entrevistado a história de uma padaria onde toda família trabalhava. Nesta padaria, trabalhava o pai com suas duas filhas, que eram muito bonitas. Nesta padaria o pai era o padeiro e as filhas o ajudavam na banca, e havia um forneiro. Esta padaria teria fechado porque o forneiro "mexeu" com uma das filhas do português, engravidando-a.

Nestes relatos é reafirmada a noção que o trabalho na padaria não poderia ser feito pelas mulheres por "não dar certo mulher nova, junto com homem" por muito tempo. Nos depoimentos a associação entre trabalho noturno/trabalho masculino e entre força física/homem jovem é feita para excluir a mulher do salão da padaria e reafirmar este espaço de trabalho vinculado a uma noção de masculino.

A própria permanência prolongada no espço da produção, é outro argumento contrário à presença da mulher no salão da padaria. Mulheres nas padarias teriam que ser retiradas do espaço doméstico, onde eram imprescindíveis. O espaço público é recusado às mulheres e a elas é reservado o espaço privado, o espaço de casa, onde elas podem mostrar seus dotes na cozinha e fazer até o seus pães. Além de todos estes argumentos, a exigência de vender o pão a domicílio, era outro obstáculo para a mulher exercer a profissão de padaria. As mulheres não saberiam, segundo nossos depoentes, percorrer as ruas e vender os pães, assim como não conseguiriam carregar os pães pelas ruas.

A extensão de tarefas do espaço doméstico são referências para a construção de profissões sexualizadas, mas no caso da profissão de padeiros e forneiros as tarefas do espaço doméstico não reproduziriam profissões femininas. Os "saberes femininos", foram "apropriados", e as profissões de padeiro e forneiro construíram-se como masculinas no espaço público.

Há teses que afirmam que existe uma identificação da imagem feminina com determinadas atividades na sociedade. Assim, tecer panos, costurar, pregar botões, e lidar com alimentos são atividades que fazem parte do universo da mulher produtora, enquanto atividades e habilidades, perfeitamente, compatíveis com a natureza feminina (Moura, 1989). No caso das profissões nas padarias artesanais houve uma inversão desta lógica, já que "amassar", "assar", "misturar o trigo, água e sal" são atividades presentes no espaço doméstico e não constituiram ocupações femininas na panificação. Um outro universo de mulher interferiu para inverter esta lógica. O universo da mulher como um ser frágil, não tendo força fisica e portadora de uma sexualidade que desorganizaria a produção noturna só com sua presença.

> "A divisão sexual do trabalho assume formas conjunturais e históricas, constrói-se como prática social, ora conservando tradição que ordena tarefas masculinas e tarefas femininas (...). Ora criando modalidades da divisão sexual das tarefas. A subordinação de genero, a assimetria nas relações de trabalho masculinas e femininas se manifestam não apenas na divisão de tarefas, mas nos critérios que definem a qualificação das tarefas, nos salários, na disciplina de trabalho"

Nos depoimentos, observamos inúmeras construções sobre trabalho, padarias e mulheres.

Tabela 2. Construções Encontradas nos Depoimentos acerca do Trabalho nas Padarias e das Mulheres:

Exigências do Trabalho nas padarias artesanais	Só homem poderia fazer, porque:
1 - Trabalho noturno/ Dormir na Padaria	1 - A mulher não deve sair de casa à noite. Só deve dormir em casa, na companhia do seu marido.
2 - Trabalho puxado	2 - A mulher não tem força. Só pode fazer trabalhos leves.
3 - Trabalho com pouca roupa	3 - A mulher não poderia trabalhar mostrando o corpo. A mulher deve reservar seu corpo.
4 - "Fazer a freguesia"	4 - Mulher não sabe fazer freguesia. Não sabia andar nas ruas, além de ser perigoso.
5 - Trabalho sem intervalo	5 - A mulher tem filho. A padaria não espera.
6 - Trabalho todo dia/Longa jornada de trabalho	6 - A mulher tem que cuidar da casa. Não pode trabalhar todo dia.
7 - Trabalho cansado/pesado	7 - A mulher não agüentaria a longa jornada de trabalho. O trabalho exige força.

Fonte: Depoimentos de Padeiros e Forneiros das Padarias Artesanais. Todos aposentados desde 1980.

É bastante clara a associação entre sexualidade e trabalho, a mulher não poderia ficar no salão, porque o trabalho era executado durante a noite. Durante o intervalo para esperar a massa "dar o ponto", em geral, utilizado pelos trabalhadores para dormir no " chateaux" ou pelos cantos do salão da padaria, a presença da mulher nestes locais pertubaria o sono dos homesns e aumentaria o perigo de desorganizar a produção.

> "Trabalho de noite, tinha aquele intervalo, iam dormir por ali; sabe que mulher perto de homem não dá certo, ia acontecer alguma coisa"[6]

O perigo que representava a presença da mulher no salão da padaria estava vinculado à questão da sexualidade, da possibilidade de estabelecer relações afetivas que retirasse os ajudantes do controle do dono da padaria.

O tempo na padaria não poderia ser gasto com outra atividade. A moradia na padaria estava a serviço do trabalho, assim não era um espaço privado do trabalhador

6 LOBO, Elizabeth Souza. A Classe Operária tem dois sexos, S.P. Brasiliense, 1991

onde ele pudesse exercer a sua individualidade. Dormir na padaria era dormir para o trabalho e estar de prontidão para exercê-lo. O “chateaux” não era a casa dos trabalhadores, era, inclusive, proibida a entrada de mulher no chateaux. Um dos critérios para escolha dos ajudantes era que eles fossem solteiros. Os donos das padarias não queriam assumir responsabilidades em relação a família destes trabalhadores.

Nestes depoimentos podemos observar o cuidado com a mulher, em percebê-la como um ser estranho ao mundo da panificação. O cuidado não era expresso pelas condições de sua permanência no chateaux, mais pela presença feminina que suscitava as preocupações com a sexualidade.

A presença da mulher na padaria é aceita sem restrições, nos depoimentos, quando está relacionada com tarefas, que no entedimento dos nossos entrevistados, poderiam ser feitas por mulheres. A mulher do “português”, as filhas dos donos das padarias sempre tem seu lugar como caixa ou trabalhando no balcão da padaria, onde a sua presença não colocava em risco a produção. Nas fábricas, como Palmeira, União e Anjo da Guarda, havia mulheres trabalhando nas seções de confeitaria, embalagem e caramelo, nestas seções o trabalho não era noturno, não se exigia a permanência na padaria e era considerado um trabalho leve.

> “Agora trabalhava muita mulher de dia, era na Palmeira, na União, na Anjo da Guarda (...). Fazendo negócio de confeitaria, embalagem dos embrulhos”[7]

Dos processos de reclamações trabalhistas pesquisados, no período de 1940 a 1954, encontramos 168 processos envolvendo reclamações entre padarias artesanais e as fábricas: Palmeira, Vitória, União e Anjo da Guarda. Dos trabalhadores que reivindicaram seus direitos: 119 são homens (3 são menores) e 49 são mulheres. As profissões estavam distribuídas da seguinte maneira:

Tabela - 3.

Profissão de Homens		Profissão de Mulheres	
Padeiro	- 88	Embaladora	- 10
Braçal	- 11	Auxiliar de Caramelista	- 09
Forneiro	- 07	Operária	- 08
Balconista	- 02	Telefonista	- 01
Operário	- 02	Em (21) vinte e um processos não foram citadas as profissões das mulheres.	
Macarroneiro	- 01		
Copeiro	- 01		
Cozinheiro	- 01		
Encarregado	- 01		
Ajudante de Confeiteiro	- 01		
Laminador	- 01		
Faxineiro	- 01		
Caixeiro	- 01		
Motorista	- 01		

Fonte: Processos de Reclamações Trabalhistas Envolvendo Trabalhadores da Panificação em Belém (1954).

---

[7] Idem.

Quanto ao estado civil estes trabalhadores estavam assim divididos:

Tabela - 04

Homens		Mulheres	
Solteiros	- 77	Solteiras	- 18
Casados	- 28	Casadas	- 1
Viúvos	- 02		

Em (12) processos não citam o estado civil dos homens e trinta (30) processos não foram citados o estado civil das mulheres.

A presença da mulher era aceita, se o trabalho fosse diurno, e em tarefas que não indicassem esforço físico, ou ainda que não exigissem responsabilidade sobre o processo produtivo. O trabalho de mulher é aceito como "com mãos leves", para embalar os chocolates e caramelos.

> "As mulheres que trabalhavam na Palmeira, na Anjo da Guarda, na Vitória, elas trabalhavam não fazendo pão, nem macarrão e nem biscoitos. Elas trabalhavam na seção de embalagem. Trabalhavam embalando chocolate e caramelo".[8]

Nesta lista de ocupações que citamos a relação entre *trabalho não qualificado/ trabalho de mulher* e *trabalho qualificado/trabalho de homem*, exemplifica-se pelas profissões, as mulheres ocupavam empregos que não eram profissões, não tinham importância no processo de trabalho, ou seja, o saber foi apropriado e estruturou profissões masculinas. A tarefa de embalar as mercadorias, é tarefa que não exigia criação, arte, e era tarefa feminina. Assim os homens teriam acesso a um ofício, a uma profissão. As mulheres tinham um emprego, um serviço não qualificado. Estas profissões de embaladora exigiam tarefas miúdas, e não implicavam trabalho pesado e noturno. Seriam trabalhos "leves", "delicados" que exigiam dedos finos (Milkman, 1983).

> "O carameleiro é mesmo que confeiteiro, quer dizer, o carameleiro só fazia mesmo o serviço dele, que era fazer a calda do mel, pra dali fazer o caramelo, tinha aquela pedra grande que estendia aquela massa de acordo com a qualidade do caramelo, estendia aquela massa e depois tinha o ventilador para enxugar aquela massa tudo aquilo ali, ele cortava o tamanho do caramelo que ele queria e aplicava o incenso, pra dar o gosto, o caramelo de laranja, ou de limão ou que fosse baunilha tudo isso aplicava na massa de um ou de outro (...) Tinha, tinha que ter auxiliar às vezes era uma moça que ajudava (...) Era mulher porque achavam que facilitava mais pro trabalho dele, quer dizer era mais bem mandada, eles achavam que uma mulher, uma moça assim pra trabalhar, naquela seção era melhor, um rapaz vinha trabalhar ali coisa e tal, não queria fazer direito, o que ele mandava e coisa, acontecia essas besteiras"[9].

[8] Monteiro, Seriaco. Padeiro, 74 anos. Entrevista em 22/09/90.

[9] Florentino, Luis. Padeiro, 78 anos. Entrevista em 11/09/90.

O trabalho no salão da padaria como um trabalho pesado se contrapunha a uma imagem de mulher delicada. O trabalho que designa uma qualificação, e portanto, um lugar denominado no processo produtivo era o do masseiro, forneiro, o que implica um reconhecimento profissional, enquanto o trabalho de embaladoras seria um trabalho que não confere uma profissão, por "ser um serviço", era então "tarefa de mulher". Esta divisão obedecia à tradição e excluía as mulheres de profissões com importância no processo produtivo.

Parece-nos claro, que houve uma expropriação de saberes femininos, que caracterizavam representações e símbolos com que homens e mulheres enfrentaram suas vidas.

A reprodução do capital dos donos das padarias exigia para sua aplicação que fosse estabelecida uma relação social de produção que integrasse a divisão sexual do trabalho. Ou seja, estes capitalistas decidiram qual o melhor trabalhador e a melhor maneira de produzir o pão dentro de condições dadas para produzi-lo e a partir da necessidade de acumulação, forjando-se as profissões de padeiro e forneiro no masculino.

> "É importante afirmar a hipótese de que os critérios científicos que determinam a divisão sexual do trabalho trazem embutidos o discurso de adequação de "masculino" e "feminino", ou seja, conteúdos que a partir do sexo biológico constroem representações de gênero (Stalcke, 1983). E, aqui, a abordagem histórica permite revisar a relação entre o discurso sobre a divisão sexual do trabalho e as formas dessa divisão nas diferentes conjunturas"[10].

A argumentação de que era o homem que sempre trabalhou no trato com alimentos não foi usada pelos nossos entrevistados, como geralmente é para explicar o trabalho de mulher na indústria têxtil e de vestuário. Uma das argumentações dessa exclusão passa pelo trabalho cansativo da padaria. Ou seja, na questão específica das padarias não se questiona o conhecimento das mulheres em lidar com alimentos, mas sua exclusão se constrói a partir dos interesses do capital que para se reproduzir, necessitava criar determinadas condições de ampliação, entre elas impedir a mulher de exercer uma profissão cujo saber ela detém. Foi a necessidade de reunir determinado número de trabalhadores, por um longo tempo, em um mesmo espaço de produção, em um processo de trabalho que exigia esforço físico considerável, que consolidou a profissão de padeiro e forneiro no masculino. Dadas estas condições de trabalho, condições que atendiam o capital, foi imprescindível excluir as mulheres das padarias, para que não colocassem em risco a acumulação do capital e desorganizassem a produção.

Outra argumentação para a exclusão das mulheres da profissão de padeiro, era a que mulher não poderia trabalhar à noite, por isto, as mulheres que trabalhavam na Palmeira o faziam de dia, em seções e em tarefas que não exigiam trabalho noturno.

---

[10] LOBO, Elizabeth Souza. A Classe Operária tem dois sexos, S.P. Brasiliense, 1991.

Na verdade, foi estabelecida uma cultura do trabalho, que utilizou no espaço da produção as referências culturais da sociedade para definir o lugar do masculino e do feminino. Se, realmente, a preocupação era com o trabalho da mulher, a implementação de dois turnos nas padarias artesanais poderia ter introduzido a mulher na profissão. Só que o capital não abria mão da longa jornada de trabalho imposta aos trabalhadores e utilizando-se da cultura da época, que não via com bons olhos a mulher fora do lar, ainda mais à noite, excluiu-a de uma profissão cujo conhecimento do processo de trabalho, da arte de fazer o pão ela detinha.

A relação mulher/disciplina é muito discutida como critério para que as mulheres ocupem determinadas profissões. A necessidade do dono das padarias artesanais, em querer uma mão-de-obra disciplinada e adestrada para o trabalho também era uma preocupação. Na construção da profissão do padeiro como uma profissão masculina esta relação foi incluída. A mulher é rememorada como agente indiscriminador, como desorganizadora do processo de trabalho. A imagem da mulher, nos depoimentos, dentro da padaria não era associada à disciplina, mas a sexualidade. Embora haja referência à exígua força física feminina, para o trabalho, a questão central da exclusão da mulher da padaria seria o perigo de relações afetivas e conjugais que pudessem ser estabelecidas no espaço de trabalho.

Mulher na padaria nos discursos de padeiros aposentados é relatada como a imagem de sedução, da mulher tentadora e preste a chamar atenção sobre si e com isto "distrair" os homens de seu dever, ou seja, do seu trabalho.

Não podemos esquecer que a padaria não era só o local de trabalho, era também o local de moradia. Os donos das padarias não estavam interessados em contratar a família do padeiro, nem propiciar condições para que esta viesse a se estabelecer no interior da padaria, ao contrário, ele sabia que o casamento era uma risco sempre presente para a perda de um ajudante que se contentava em ganhar pouco, trabalhar muito e calado.

Para concluir, não existem critérios para todas as profissões e que estes são estabelecidos pelo capital de acordo com a conjuntura, ou seja, a divisão sexual do trabalho nas padarias artesanais, foi resultado de estratégias dos donos das padarias, que utilizaram as representações sociais existente na sociedade de Belém para acumularem capital, e contou com os interesses dos próprios trabalhadores da panificação em se especializarem.

UMA PRESENÇA DISCRETA: A MULHER NA PESCA[1]

Maria Cristina Maneschy

INTRODUÇÃO

Os pescadores artesanais constituem um grupo social pouco "visível" nesta região, embora representem, só no Estado do Pará, cerca de cem mil pessoas, que respondem por 80% da produção pesqueira estadual. Muito menos evidente, contudo, é a contribuição da mulher no domínio da pesca. Este artigo objetiva contribuir nesse sentido, apresentando dados sobre a evolução da participação feminina na produção social de uma comunidade de pescadores do litoral do Estado do Pará. As transformações ocorridas no contexto regional, notadamente nas três últimas décadas, ao repercutirem sobre o processo de trabalho na pesca, redefiniram também atividades que tradicionalmente eram assumidas pelas mulheres. Tarefas que antes exigiam sua presença, como por exemplo, a transformação do pescado, foram suprimidas quando se passou a usar o gelo como meio de conservação. No caso de comunidades que vivem exclusivamente da pesca, cabe notar que tal evolução técnica não se traduziu, para o conjunto dos moradores, em maior tempo livre, que pudesse ser convertido em lazer, ou em atividades culturais. As mulheres participam menos das lides pesqueiras. Elas continuam, porém, a desempenhar papel fundamental na produção social da comunidade, ocupando-se em manter a casa em terra, em educar as crianças e em garantir todos os dias as condições para que os pescadores possam repor as energias antes de retornar ao mar. O caso da comunidade aqui enfocada, além de ser representativo das dificuldades por que passam as comunidades de pescadores artesanais da região, mostra como a expansão turística na área não modifica suas condições de vida. As novas atividades que surgem são temporárias, dependentes do fluxos de veranistas e não lhes propiciam nenhuma alternativa consistente à deterioração de seu modo de vida tradicional.

---

[1] Versão modificada de artigo originalmente publicado em ***Anthropologie Maritime.*** 1992. Paris, CETMA/ MNHN (4):21-29.

INDICADORES DA PARTICIPAÇÃO FEMININA NA PESCA

Em seu livro *A pesca na Amazônia*, publicado pela primeira vez em 1895, Veríssimo (1970:62) assim descreveu os tripulantes das expedições pesqueiras na orla marítima do Estado do Pará:

> "Por temperamento nômade, levam a estas expedições, que duram uma semana e mais, toda a família, mulheres, crianças, o cachorro, algum xerimbabo de estimação, e a vigilenga (embarcação), assim carregada, leva além dos apetrechos da pesca e os paneiros de sal, com que hão de salgar o pescado, os baús de marupá (espécie de árvore) pintados de verde da roupa (...). Conquanto as mulheres e os rapazinhos tomem parte também na navegação e na pesca, nunca vão menos de dous homens, e canoas há que levam quatro e seis."

O autor se referia, então, a uma das "grandes pescarias amazônicas", praticadas no litoral paraense e estuário do rio Amazonas, aquela destinada à captura de gurijubas (*Arius parkeri*). Trata-se de espécie valorizada no mercado regional, pelo fato de que a bexiga natatória desse peixe, denominada "grude", é empregada na fabricação de cola, sendo portanto um antigo produto de exportação do Estado do Pará. Para realizar esse tipo de pescaria, as tripulações permaneciam no mar cerca de uma semana, aproveitando as marés de quarto. Utilizava-se então o espinhel, corda com 100 a 150 braças de extensão (cerca de 200m), da qual pendem a intervalos regulares, linhas armadas de anzóis.

Com base no texto de Veríssimo (1970:64), verifica-se que mulheres participavam das tripulações. Elas atuavam não só na navegação e na pesca, como também cuidavam dos filhos pequenos e "arrumavam a casa flutuante". O autor não fornece, contudo, elementos que permitam generalizar essa situação para o conjunto do litoral amazônico. Convém notar que o processo de conservação do pescado era pela salga, o que envolve uma série de operações posteriores à captura e que requerem, portanto, o concurso de várias pessoas.

Segundo autores como Furtado (1980), que recolheram dados sobre a história da atividade pesqueira nesta região, verifica-se que até a primeira metade deste século a pesca não constituía atividade exclusiva da maioria da população litorânea. Sua subsistência era obtida pela pequena agricultura, com o cultivo de produtos como mandioca e milho, bem como pela caça, pela coleta de frutos e crustáceos e pela extração de madeira. Apenas durante as safras das espécies de interesse comercial é que a pesca absorvia totalmente os moradores.

Em linhas gerais esse quadro veio a se modificar a partir de fins da década de 1950, quando a expansão da rede rodoviária regional e nacional veio facilitar as comunicações entre os povoados costeiros e os centros consumidores, notadamente a capital do Estado. Foram superados, desse modo, alguns entraves à expansão do comércio de produtos do mar. Em um contexto marcado pelo declínio da agricultura familiar no nordeste paraense e pela vinculação crescente dos habitantes ao mercado, a dinamização do setor pesqueiro contribuiu no sentido de atrair população para comunidades litorâneas, para viver exclusivamente da exploração dos recursos marinhos.

Em conseqüência de tais mudanças, a proporção de pescadores na população economicamente ativa do setor primário dos municípios litorâneos, passou a ser superior a 70%. (SUDEPE-PA/AP, 1988). Em sua maioria trata-se de pescadores em "tempo integral", ao contrário dos que vivem em zonas interiores, que são ainda freqüentemente agricultores e pescadores sazonais. (Furtado 1990)

A pesca, praticada hoje em dia no litoral e estuário amazônico, é uma atividade essencialmente masculina. Segundo o padrão de divisão do trabalho nas comunidades pesqueiras, são em geral os homens que vão ao mar, enquanto as mulheres se ocupam das atividades terrestres, sobretudo as realizadas no âmbito doméstico. Todavia, elas podem participar indiretamente na produção haliêutica, pois elas beneficiam o pescado naqueles locais onde ainda se praticam a salga e a secagem. Elas chegam mesmo a participar diretamente em certas pescas próximas à terra. É o caso, por exemplo, da captura de siris (crustáceos da família dos Portunídeos, conforme (Paiva 1981), no município de São Caetano de Odivelas, na qual a participação feminina é notável. Deve-se destacar ainda que, como os homens passam muito tempo no mar, pode ocorrer que as mulheres se encarreguem de ir à cidade quando é necessário comprar materiais de pesca para seus maridos (panagens de rede, peças de reposição de motores etc.).

De acordo com os estudos de Furtado (1980) em Marudá, de Mello (1985) e Loureiro (1985) em Vigia, de Loureiro (1987) em Soure e de Maneschy (1988) em Bragança, encontra-se nessas localidades da costa paraense um certo número de opções de trabalho para as mulheres e filhas de pescadores. Pode-se citar como exemplo o pequeno comércio e os serviços individuais, incluindo o emprego doméstico remunerado, bem como o beneficiamento de caranguejos e mexilhões destinados à capital e a cidades do nordeste do país. A presença de escolas permite, em teoria, que os filhos e filhas de pescadores vislumbrem outras atividades profissionais no futuro.

Já em comunidades mais isoladas, onde a pesca é praticamente o único meio de vida, encontra-se o mesmo tipo de divisão sexual do trabalho, mas as possibilidades de trabalho fora da pesca são muito mais reduzidas. É esse o caso de Tamaruteua, segundo Furtado & Nascimento (1982), de Baunilha, conforme Silveira (1979), bem como de Ajuruteua, em Bragança. Esses povoados encontram-se em ilhas próximas ao litoral. Seus terrenos arenosos tornam a agricultura difícil ou impossível. O povoado de Itapuá, em Vigia, onde Maués & Maués realizaram pesquisas em 1979, vive de pesca e de agricultura. Seguindo a regra vigente nas demais comunidades pesqueiras, são também os homens que pescam, enquanto as mulheres se voltam às fainas agrícolas.

Este artigo trata da divisão sexual do trabalho na vila de Ajuruteua, sublinhando a complementaridade das atividades do conjunto dos habitantes, homens e mulheres, na gestão e na subsistência do grupo. Na medida do possível, tece comparações com a situação observada por outros autores em outras comunidades pesqueiras. Busca-se aqui, igualmente, mostrar que a evolução tecnológica, econômica e social em curso na região repercutiu e vem repercutindo sobre a vida da comunidade, provocando mudanças na organização interna do trabalho. Os dados aqui apresentados foram obtidos através de pesquisa de campo no município de Bragança, realizada em 1986.

A DIVISÃO DO TRABALHO NA COMUNIDADE DE AJURUTEUA

Ajuruteua é uma vila de pescadores, situada no município de Bragança, a cerca de 40 quilômetros da sede municipal. Em 1986 contava com cerca de 900 habitantes, repartidos em aproximadamente 200 casas, de acordo com dados constantes dos arquivos da SUCAM (Superintendência de Campanhas de Saúde Pública). Está localizada em uma ilha cortada por diversos furos, à margem esquerda da baía do rio Caeté. Estende-se sobre uma ponta de terra entre essa baía, as águas do furo Grande e manguezais. Devido a essa configuração, o povoado sofre os efeitos da erosão marinha, em particular nos meses de março, durante as marés de sizígia. O fenômeno tem se acentuado nos últimos anos, obrigando os moradores a reconstruir freqüentemente suas habitações. Isso tem motivado também a partida de famílias do local.

O trajeto entre a cidade de Bragança e a comunidade dura cerca de três horas de barco. Em 1984 foi aberta a estrada Bragança-Ajuruteua, construída para estimular o turismo. Desde então, o povoado é visitado por veranistas vindos sobretudo de Belém, particularmente nos meses de julho e durante os feriados prolongados.

A origem desse povoado remonta a 1913, segundo antigos moradores, quando se instalaram duas famílias de agricultores, provenientes do Ceará. Eles se fixaram nessa ilha após uma tentativa fracassada na lavoura no interior do município de Bragança. Desde então eles passaram a viver da pesca de camarões e peixes, bem como da apanha de caranguejos nos manguezais, estes últimos destinados sobretudo ao consumo local.

Os produtos da pesca são levados diariamente à cidade de Bragança, por um conjunto de marreteiros que possuem barracas com caixas de isopor na praia. Em 1986 havia 15 compradores de pescado no local.

Desse comércio flui o essencial do dinheiro que circula na comunidade. Ajuruteua partilha com outras comunidades pesqueiras paraenses, uma posição extremamente desvantajosa no mercado. Afastados dos centros consumidores, os pescadores vinculam-se a determinados comerciantes que financiam a aquisição e o reparo dos materiais de pesca e lhes concedem adiantamentos para que possam fazer face às necessidades de seus familiares, em troca da exclusividade na compra do pescado. A prática mesma desse tipo de crédito é um indicador de que os rendimentos dos pescadores são insuficientes para sua manutenção. Ademais, eles "passam" o peixe diariamente aos marreteiros, que os levam também diariamente à cidade, mas o acerto de contas só é feito ao final da semana, em função das condições de revenda. Os pescadores são, portanto, sujeitos às flutuações do mercado, correndo o risco de serem pagos pelo menor preço da semana. Uma consequência lógica dessa situação, é o baixo poder aquisitivo da população, bem como o fato de que as atividades voltadas diretamente para o consumo são tão importantes à subsistência dos moradores, quanto o trabalho remunerado.

A pesca, como dito anteriormente, ocupa a maioria dos homens. Eles começam ainda muito jovens, seja pescando na beira da praia com linha ou pequenas redes, seja ajudando seus pais a "despescar" armadilhas e participando das tarefas anexas. Por volta de doze, treze anos de idade, eles se tornam membros de tripulações, passando a exercer essa profissão enquanto a saúde lhes permitir, o que quer dizer, freqüentemente até por volta dos 60 anos de idade.

Atualmente predomina a pesca com redes malhadeiras, principalmente no mar. Nos rios utiliza-se ainda com mais freqüência o espinhel. O "curral" também é utilizado, embora menos freqüentemente que no passado. Trata-se de uma armadilha fixa, formada por cercados feitos com talas de bambu e redes, instalada em praias ou sobre bancos de areia ao largo, de modo a capturar os peixes que se aproximam da terra durante a enchente.

As embarcações pesquiras predominantes são a vela, medindo de 3 a 5 metros, para tripulações de 2 a 3 indivíduos. Há também um pequeno número de barcos a motor, empregados na pesca no mar e também no transporte de passageiros e de carga.

Os homens que não pescam atuam na comercialização do pescado e no carregamento dos cestos e caixas de peixe, das cabanas até os barcos com destino a Bragança. Em 1986 havia no povoado três carpinteiros, que construíam casas e reparavam canoas.

Embora em menor proporção hoje que no passado, pode ocorrer que as mulheres participem da pesca, auxiliando seus familiares na confecção e no reparo de velas e instrumentos, bem como na salga de peixes e camarões. Embora os reparos de rotina sejam normalmente efetuados pelos pescadores, outros membros da comunidade podem fazê-lo. Em caso de necessidade, ou em resposta a uma encomenda do local ou de fora, certas mulheres tecem redes de pesca. Pescadores aposentados também o fazem. Esse trabalho é pago por "braça" tecida. Mais raras são aquelas que ajudam seus maridos a "despescar" um "curral". Afora o caso de um casal que se apresentou como "sócio" em uma dessas armadilhas, o homem e a mulher dividindo portanto todo o trabalho, a participação feminina diretamente na pesca parece se limitar mesmo às operações de terra.

Na realidade, as mulheres se dedicam principalmente às tarefas domésticas: cuidar dos filhos e da casa, preparar o peixe trazido diariamente por seus maridos ou filhos, fazer o café que eles levam a bordo. Elas também mantêm algumas criações domésticas e cultivam pequenas hortas em canteiros suspensos, próximos à casa. Deve-se considerar que a taxa de natalidade é elevada, em média de cinco filhos por família. Dentre as tarefas cotidianas das mulheres, está também a coleta de água para o uso da casa. Como em outros povoados da região que se encontram em situação geográfica semelhante - por exemplo Tamaruteua no município de Marapanim (Furtado & Nascimento 1982) - a água potável é um bem relativamente raro em Ajuruteua. Por isso, todas as manhãs as mulheres e as crianças maiores vão apanhá-la em um dos oito poços existentes no povoado.

Elas também fabricam o carvão utilizado na cozinha, tanto em casa como nas embarcações. Algumas o fazem para vender. O corte e o transporte da madeira do manguezal até o povoado é geralmente feito por seus companheiros. Certas moradoras afirmam se ocuparem também dessa tarefa, caso seja necessário. Mas todas as operações relativas ao fabrico do carvão são asseguradas por elas.

O povoado não dispõe de nenhum serviço coletivo (lavanderia, restaurante ou creche), que possa liberar as mulheres de parte de suas obrigações. A própria escola pública do local só oferece as três primeiras séries, em cursos de três horas por dia, ministrados por professores vindos de fora. Para a maior parte das crianças, a escolarização resume-se a esse breve período. Enfim, em Ajuruteua não há praticamente oportunidades de trabalho remunerado, bem como de lazer ou atividades culturais, salvo executar pequenos serviços de costureira, de manicure, ou manter uma taberna em casa.

A presença periódica de veranistas é vista pela população como um meio de ampliar a renda familiar. As oportunidades que surgem são pequenos comércios (tabernas, barracas na praia para venda de frutas ou peixe frito). Destaca-se, também, o fato de que os moradores hospedam os veranistas. No verão, quase todas as casas têm seus hóspedes. A população aproveita a ocasião para estabelecer relações com as pessoas da cidade. Tais contatos representam por vezes um meio de enviar as filhas para a cidade, geralmente na condição de empregadas domésticas, na expectativa de que elas possam assim continuar os estudos.

Nota-se, pois, que o fluxo turístico para a ilha não traz mudanças significativas no modo de produção da comunidade. As "novas" atividades que ele suscita são temporárias e não propiciam nenhuma autonomia aos moradores.

INOVAÇÕES E EVOLUÇÃO SOCIAL

Embora a divisão sexual relativamente rígida do trabalho se mantenha até hoje, a organização das atividades em Ajuruteua não escapou à influência das transformações técnicas, econômicas e sociais que têm ocorrido no contexto regional. Dentre as inovações, deve-se sublinhar o uso do fio de náilon nos petrechos de pesca, a partir de fins da década de 1960. Anteriormente, quando se usavam fios de algodão, era necessário tingi-los e cotidianamente colocá-los para secar ao sol, a fim de evitar sua deterioração. Os próprios moradores fabricavam essa tinta, a base de casca de "tinteira" (*Laguncularia racemosa*), árvore típica dos manguezais da região. Posteriormente, a partir de 1971, começou-se a utilizar o gelo para conservar o pescado, desde que a Empresa Bragantina de Pesca instalou uma fábrica de gelo na cidade de Bragança, para abastecer suas próprias tripulações, sendo o excedente colocado à venda para o público. Pouco tempo depois, em 1976, teve início a construção da rodovia ligando Bragança à ilha.

A introdução do gelo levou ao uso de caixas de isopor nas quais o peixe fica estocado assim que os barcos chegam das pescarias. Esse fator, combinado à melhoria da rede rodoviária e dos meios de transportes, permitiu ampliar o escoamento da produção pesqueira bragantina. Nesse mesmo processo, um número maior de intermediários passou a freqüentar o povoado para adquirir a produção local.

Os moradores são unânimes em reconhecer que, no passado, quando tinham de "tratar" o peixe, o trabalho era intenso. O tratamento do peixe era feito em terra, contando com a cooperação de toda a família, principalmente as mulheres, mas também as pessoas idosas e as crianças participavam. Era necesário primeiro eviscerar e lanhar os peixes, em seguida lavá-los e passar-lhes sal e, finalmente, dispô-los sobre esteiras feitas de folhas de palmeira (os "tendais"), para que eles fiquem secando ao sol. Caso a pesca terminasse tarde da noite, a preparação do peixe se fazia madrugada adentro. Uma vez secos, os peixes eram arrumados em lotes para serem transportados até Bragança. Portanto, o trabalho na pesca implicava uma série de operações que se estendiam muito além da captura, mobilizando todos os membros da família.

Remontando-se mais no tempo, até por volta de 1940, os habitantes fabricavam eles mesmos o sal, em uma salina situada a quatro quilômetros do povoado. Em dezembro, antes do início das chuvas de "inverno", procedia-se à coleta do sal. Cada família moía em casa as pedras de sal.

Hoje em dia praticamente não se salga mais o pescado, a não ser para o consumo de casa ou, então, durante o verão, quando os pescadores locais buscam outras praias ou cabeceiras de rios, para fugir à escassez das pescarias nas águas próximas. Nessas viagens, muitos se fazem acompanhar de seus familiares. Quando atuam em um local onde não há compradores todos os dias, eles são obrigados a salgar o pescado.

Em seu estudo sobre a localidade de Marudá, município de Marapanim, Furtado (1980) estabelece comparações entre diferentes localidades pesqueiras das redondezas. Naquelas mais isoladas, como Tamaruteua, é ainda necessário salgar e secar o pescado destinado à venda. Por isso, perduram essas tarefas anexas. Para a autora, tal situação é evocativa do passado da atividade pesqueira na região. Em contrapartida, são característicos do tempo presente os lugares já alcançados por estradas, em que se conserva o pescado no gelo. Furtado (1980) precisa que em uma mesma comunidade, Marudá por exemplo, coexistem elementos modernos e tradicionais, estes representados pelo uso corrente dos tradicionais "currais de pesca".

Segundo a classificação apresentada por essa autora, Ajuruteua pode ser considerada como representativa da fase atual. Observa-se aí, com efeito, uma intensificação do comércio de produtos do mar, o emprego do gelo e o uso generalizado de redes malhadeiras. Quanto aos traços do passado, eles se manifestam na manutenção de certas técnicas antigas de captura - os "currais" - bem como no recurso sazonal à salga e a secagem dos peixes.

Ao repercutirem sobre os processos de trabalho na pesca, as inovações levam a uma redefinição das funções da mulher que, há até pouco tempo, participava mais diretamente da pesca, na confecção e manutenção dos instrumentos e velas de canoas e na transformação do pescado. O fio de náilon, o gelo e as facilidades de transporte liberaram-na de parte dessas atividades.

Apesar das profundas diferenças nos níveis de consumo e no grau de urbanização, em se tratando das funções da mulher na pesca, é possível aproximar a evolução por que passou a comunidade de Ajuruteua, daquela característica das comunidades de pescadores das ilhas Madalena, no Canadá, estudadas por Geistdoerfer (1987): lá também a mulher participa menos hoje em dia da produção pesqueira do que no passado quando, com a ajuda das crianças e dos velhos, ela se ocupava da preparação do peixe e do reparo das redes e covos de pesca.

As mulheres de Ajuruteua, ontem e hoje, ocupam-se dos trabalhos em terra. As lides domésticas vieram juntar-se aos serviços ligados à presença dos veranistas. Seu relativo afastamento do âmbito pesqueiro, seu distanciamento do mar, não impede, contudo, pela própria divisão sexual das tarefas, que elas continuem a desempenhar um papel igualmente essencial na produção social da comunidade.

REFERÊNCIAS BIBLIOGRÁFICAS

FURTADO, L. G. 1980. *Pescadores do litoral do Pará,* Universidade de São Paulo, 364 p. Tese de Mestrado.

FURTADO, L. G. & NASCIMENTO, I. H. 1982. Pescadores-de-linha do litoral paraense; uma contribuição aos estudos de campesinato na Amazônia. *Bol. Mus. Para. Emílio Goeldi, nova sér. Antropol.* Belém, (82): 1-49.

GEISTDOERFER, A. 1987. *Pêcheurs acadiens, pêcheurs madelinots.* Paris, CNRS & Québec, Presses Universitaires de Laval, 496 p.

LOUREIRO, V. R. 1985. *Natureza e conflito social na pesca da Amazônia* Belém: CNPq/Museu Paraense Emilio Goeldi, 227 p.

MALDONADO, S.C. 1986. *Pescadores do mar.* São Paulo: Atica, 77 p. (Série Princípios)

MANESCHY, M. C. 1988. *Uma comunidade pesqueira ameaçada.* Belém, Universidade Federal do Pará, 228 p. Tese de Mestrado.

MAUES, R. H. & MAUES, M. A. M. 1979. Encontro do Grupo Agricultura na Amazônia, Belém, Trabalho apresentado. Porto Velho, PIPSA, 16p.

MELLO, A. B. F. 1985.; *A tecnologia a serviço da dominação.* Belém, UFPA, 296 p.

PAIVA, M. P. 1981. *Recursos pesqueiros marinhos e estuarinos no norte do Brasil.* Brasília, SUDEPE, 250 p. (Coleção Estudos sobre Desenvolvimento Pesqueiro, 1)

PENNER, M. E. 1980. *A didática da atividade pesqueira no noderte amazônico.* Recife, Universidade Federal de Pernambuco, 137 p. Tese de Mestrado.

SILVEIRA, I. M. da. 1979. "Formas de aviamento num povoado pesqueiro da Amazônia",, Belém (74): 1-24, set.

SUPERINTENDÊNCIA DO DESENVOLVIMENTO DA PESCA - SUDEPE. 1983 Coordenadoria Regional do Pará e Amapá. Gerência de Extensão Pesqueira. . Belém, 27 p.

VERISSIMO, J. 1970. *A pesca na Amazônia,* Belém: UFPA, 130p. (Coleção Amazônia, Série José Veríssimo)

CIDADE E CIDADANIA

José Carlos Castro

Fronteira de 10.000 km com 7(sete) nações. Aproximadamente 60% do território nacional. Dezessete (17) milhões de habitantes. Vinte por cento (20%) da água doce do planeta, a mais portentosa floresta que o homem conhece. Setenta e dois por cento (72%) da população vivendo na cidade e apenas vinte e oito por cento (28%) no interior, riquezas energéticas, minerais, flora e fauna. Mas a Amazônia representa pouco mais de um por cento(1%) da renda nacional. É uma região pobre, e, paradoxalmente, rica em potencialidades econômicas. Viver na Amazônia é viver o paradoxo da grandeza regional, da exuberância da natureza e da insípida vontade de esperar. O charme da vida na Amazônia possui íntimo nexo com a espera paciente do destino. Talvez humano, talvez natural. O homem esperou no campo durante séculos. Cansado, mudou-se. E, espera na cidade.

A região é silenciosa como característica natural. Essa característica é assimilada pelo Poder Público, quando está em jogo o seu interesse. Sem reforma agrária, mas com grandes latifúndios, alguns maiores do que inúmeros países europeus e da América Central. Poucas terras indígenas demarcadas. Povos de floresta espezinhados pelo sofrimento: pescadores, roceiros, garimpeiros, vazanteiros, seringueiros vivem em processo de espera. Nenhuma solução para os seus graves problemas, que dependem da boa vontade do Poder Público, e, principalmente, das reformas sociais. Enquanto elas não chegam, a família da floresta perambula por vários Estados e municípios, até chegar à cidade, já esfacelada e sem o aproveitamento de sua profissão. As cidades amazônicas, em sua maioria, não possuem a estrutura urbana adequada. São também problemáticas. Enfrentam o desafio crônico das invasões suburbanas, onde se acomodam os imigrantes do interior ou de outros Estados. As cidades, se melhoram em aspectos paisagísticos, deterioram no que concerne à condição da vida, com menores abandonados e forte camada pobre, desempregada e passando fome. A insegurança e a violência são o drama do cotidiano. No meio rural, apesar de aparente tranqüilidade, apresenta distorções graves pela ausência de reforma agrária e de má distribuição da propriedade, que propiciam o confronto entre proprietários e trabalhadores rurais, com centenas de mortes nos últimos anos.

OS DIREITOS HUMANOS E A LINGUAGEM

Na Amazônia, onde o tecido social se dilui entre a população regional e o fluxo migratório acentuado, constata-se a violação crescente dos Direitos Humanos e o amesquinhamento da cidadania. A impunidade do Judiciário, os interesses difusos do Executivo e o corporativismo do Parlamento estabelecem o ambiente propício para que o amazônida ainda não tenha encontrado a sua cidadania, com a complacência do grande e amável vizinho que é o Brasil.

Os homens, animais racionais, que se consideram superiores pela produção de sua cultura e criação de um mundo humano através da linguagem, foram compelidos, nesta transição do milênio, a criar um universo paralelo aos poderes oficiais, para a defesa dos direitos humanos. Defender os direitos fundamentais do homem parece uma questão apresentada como fruto da irracionalidade. Se os ditos animais, dóceis ou ferozes, pudessem, dariam gostosas gargalhadas. Entidades informais organizadas para defender os direitos fundamentais do homem! Mais parece uma aberração jurídica! Mas é verdade! É a irracionalidade-racional dos animais desafiando a racionalidade-irracional dos homens.

A sociedade humana está dividida entre poucos que possuem muito, alguns que têm alguma coisa, e muitos que possuem muito pouco ou nada. Bilhões de pessoas vivem no planeta, em condições desumanas. Milhões, no Brasil, sem assistência, as mais elementares. Do analfabetismo à ausência de escola, de alimento, de saúde e de capacidade mínima para o exercício da cidadania. Da ausência de lazer, de meio ambiente sadio e de respeito também aos animais. Nessa escalada da violência, ninguém escapa, nem crianças que vivem nas ruas ou velhos aposentados. Há dificuldade para o povo tomar decisões, uma vez que não há democracia na miséria.

Em estado de dor ou de sofrimento, essa população imensa e desassistida, clama por justiça. Ninguém pede a aplicação de nenhum código. Todos têm um código em sua consciência, pátria natal da verdade e da justiça, como predicava Hegel. Esses homens que mais aparentam trapos humanos não querem a aplicação da lei codificada ou do direito sistematizado. Todos clamam por justiça. Poucos, porém, a encontram.

Essa justiça que está na consciência de todos, fertiliza o subsolo onde medram e florescem os direitos humanos. Não é possível que o nosso planeta Terra alcance esse elevado grau de injustiça; que o nosso país não saiba dar uma resposta altiva às intermináveis desigualdades sociais, e que, aqui na Amazônia, pródiga na amplitude de seu território e na abundância de riquezas naturais e minerais, o homem seja vítima da violência de outros homens a serviço do Estado ou dos detentores de riquezas. Os mundos urbanos e rural, separados por lutas reivindicatórias aparentemente distintas, sofrem, porém, o mesmo impacto da violência que gera a impunidade. Parece incrível, mas os movimentos de direitos humanos são os que mais lutam para que os malfeitores sejam condenados. Mas essa luta tem sido muito difícil. Os poderes Executivo e Legislativo, salvo raras exceções, articulam-se em defesa de interesses particulares. A polícia e o poder Judiciário, que se completam nesse mister, estruturam-se, ao longo da história, ao lado dos interesses da classe dominante. Há uma tendência em perseguir e condenar os pobres, essa grande massa desassistida de nosso país. Na nossa região, pouco ou quase nada mudou, pois os ricos ou mandantes dos crimes de encomenda continuam soltos. Ou quando, episodicamente, presos desfrutam de hotéis de trânsito ou os julgamentos são anulados, como ocorre no "affaire" Chico Mendes, no Acre. No Estado do Pará, com mais de quinhentas (500) mortes no meio rural, ao longo das duas últimas décadas, não existe um único mandante no presídio. A dizimação dos índios apresenta as mesmas características.

Essa impunidade, que clama por justiça divina, mudou o comportamento das cidades e do meio rural. Há uma outra expressão no sentimento psíquico da população. Talvez uma nova linguagem que revela o estado de descrença e de medo que assola as cidades com seus bolsões de violência, dentro de uma âmbito de crise social, moral e econômica que perdura por longos anos. As casas são gradeadas, fórmula de desaconselhar assaltos. Os apartamentos também possuem grades, que mais se harmonizam com gaiolas de detenção. As saídas noturnas não são mais solitárias. Verdadeiras "tribos" percorrem as calçadas ou os ambientes sociais, compostas por parentes, amigos ou conhecidos. A juventude diverte-se em grupo, o qual, por vezes, se harmoniza melhor com o sentimento dos jovens, mais do que o próprio lar. Roupas sóbrias. Sem enfeites, sem jóias ou objeto de valor, para evitar a violência dos assaltos, e muitas vezes, somente as descartáveis.

A sociedade compõe-se de pequenas "tribos" para atacar, assaltar, defender-se ou divertir-se. Há também momentos de dúvidas com os novos conhecidos. Até o namoro passou a constituir-se numa estratégia de defesa. Em geral, na casa do namorado.

No campo, a violência atinge proporções mais cruéis pelo fato de as vítimas ainda estarem imbuídas da ingenuidade cabocla da região. Os crimes são apurados com dificuldades, de várias dimensões. O despreparo ou o desaparelhamento da polícia e as dificuldades materiais do Judiciário favorecem a impunidade. Os pistoleiros de aluguel impõem a sua lei ditada pelos latifundiários ou grandes garimpeiros.

Por vezes, famílias inteiras, em pânico e terror, mudam-se de um local para outro, após a morte de parentes ou amigos. A ameaça ao bem supremo que é a vida, provoca emoções profundas e diferentes, no sentimento dessas pobres famílias que chegam à cidade, compelidas pela violência rural e destruídas psicologicamente.

Muito pior é a linguagem do silêncio que funciona como pacto de sobrevivência. Não é apenas o silêncio, mas a imposição da mentira como postulado do mais forte, que faz perecer a verdade, nas relações de força para manter a impunidade. Essa linguagem do silêncio, tão bem aproveitada por Vitório de Sicca em seus filmes ("Os Jardins dos Fizi-Continni"), constrói uma nova consciência, geradora de personalidades traumatizadas e medrosas que passam a povoar o espaço urbano e rural, tais quais homens desumanizados.

Essa linguagem simbólica passa a ser a expressão da tristeza de uma sociedade sem cidadania e sem respeito aos direitos humanos. Direitos pelos quais todos nós somos responsáveis.

A CIDADANIA

A cidadania é o reflexo exterior da liberdade. Não há cidadania entre miseráveis e famintos. É bem verdade que todos os que nascem no Brasil são brasileiros. Os amazônidas são da Amazônia. Isso não significa que são cidadãos que detenham a consciência de sua liberdade como postulado democrático. A função da escrita exerceu preponderante papel na formação da igualdade jurídica na "polis" grega. Na região amazônica, devido à descrença, a justiça não representa confiança de uma sociedade virtuosa, tendo em vista que as legislações escritas não democratizaram o Direito. As contradições internas regionais provocam as desigualdades cotidianas em permanente paradoxo. O maior reservatório de água doce do planeta com as cidades sem água potável. A maior floresta e as casa em madeira de lei custam mais caros do que as construídas em alvenaria. As riquezas hidroelétricas são aproveitadas por multinacionais e outras regiões do país, enquanto a Amazônia está com precária iluminação. A fantástica riqueza alimentar produz, contudo, um razoável contingente de miseráveis e famintos, principalmente crianças. Apesar da pouca densidade populacional, as contradições são evidentes com a posse e propriedade, com o escoamento de produtos, escolas, hospitais e até mesmo com o desemprego e falta de moradia. As queimadas, o desaparecimento da fauna e da flora são mais rápidos do que a ideologia ecológica, algumas ainda indefinidas e confusas. Talvez a imensidão da planície provoque uma certa ociosidade e indiferença...

Quando o Estado organiza, em sua carta magna, os princípios fundamentais dos direitos individuais e coletivos, apenas começa a sua função normativa. Entretanto, é no exercício permanente da prática democrática que se evidenciam os resultados do exercício da cidadania. O Estado como produto da criação humana deveria estar a serviço da sociedade e de seus anseios. Como isso não ocorre, a cidadania passa a ser muito mais a faculdade de exigir deveres, sem o exercício pleno dos direitos. Não há cidadania sem direitos e deveres. No engajamento da sua ação política, o homem projeta-se como um ser em busca de realizações que se efetivam nas relações sociais, em que a cidadania realça com dimensão do humano e não das leis naturais.

Essa preocupação, foi expressamente fixada no "Virginia Bill of Rights", de 12 de junho de 1776, na efervescência da emancipação política dos Estado Unidos: "Todos os homens são por natureza, igualmente livres e independentes e têm direitos inerentes, dos quais ao entrar num estado de sociedade, não podem por nenhum contrato, privar ou despojar sua posteridade, a saber: o gozo da vida e da liberdade, os meios de adquirir e possuir propriedade, e a busca da felicidade e segurança". Na esfera do domínio público, onde se passa o emaranhado relacionamento social, desenvolve-se também o sentido da liberdade que tem como fundamento os postulados democrático. Nesse aspecto as declarações universais que postulam o reconhecimento do direito de cidadania, possuem amplitude extraterritorial, acima de qualquer forma de governo instituído.

A Amazônia é também uma região sem voz, ou melhor, quase sem voz. Os fatos aqui acontecem numa esfera de solidão. Só começam a possuir dimensões quando o Sul do país se manifesta. Ainda melhor quando a mídia internacional denuncia ou divulga os acontecimentos. Daí porque, como criança que balbucia algumas palavras, a Amazônia parece contentar-se com pouca coisa e menor carinho. Essa convivência secular entre a Amazônia marginalizada e o estado brasileiro, denota o pouco empenho em assumir os seus encargos, mesmo não desconhecendo que a região dá muito mais do que recebe. O núcleo político de integração nacional não passa necessariamente pelo espírito de uma nação preocupada com a problemática regional. Mesmo porque os políticos, quase sem liderança, atuam mais como profissionais dos cargos e menos como mandatários da população regional, justifica muito bem a observação que Hannah Arendt faz sobre o ponto de vista de Ernest Renan, quando afirma "Que o real consentimento, o desejo de viver em comum, a vontade de preservar dignamente a herança indivisível que foi legada eram os principais elementos que mantêm juntos os membros de um povo de modo a que eles constituam uma nação".

A cidadania na região amazônica, centro de desigualdades socio-econômicas, só pode ser alcançada quando houver a consciência política do papel que desempenha o direito a ter direito, como bem assinala Celso Lafer. "Num mundo único a cidadania, como base para o direito a ter direitos e como condição para um indivíduo beneficiar-se do princípio da legalidade, evitando-se dessa maneira o surgimento de um novo estado totalitário de natureza, não pode ser examinada apenas no âmbito interno de uma comunidade política".

A cidadania na Amazônia ainda é uma realidade a ser conquistada.

A SELEÇÃO E A EXCLUSÃO NO MEIO URBANO: REFORMAS DO FIM DO SÉCULO XIX EM BELÉM DO PARÁ

Jussara da Silveira Derenji

Estabelecendo-se como meta a análise da relação entre medidas de planejamento urbano e cidadania nas cidades da Amazônia Brasileira, existirá uma multiplicidade de aspectos a considerar. Selecionamos um caso: o de Belém do Pará e uma fase de planejamento, o das reformas urbanas executadas entre 1897-1911. Com essa delimitação, procurar-se-a demonstrar que medidas segregadoras e excludentes de parcelas da população da capital do Pará, têm agido sobre a ocupação de seu espaço e podem ser consideradas como, ao menos parcialmente, responsáveis por problemas atuais de apropriação de espaços pelos seus cidadãos.

Para o exame das reformas citadas serão considerados os seguintes aspectos: origem das reformulações em Belém e sua relação com reformas européias e nacionais, composição das medidas propostas e seus efeitos atuais

ORIGEM

As reformas urbanas que ocorreram na Europa, no século XIX, tiveram intensidade e extensão compatíveis com a profundidade das mudanças causadas pela nova era industrial, desenvolvimento das ciências e comunicações. As reformas eram pautadas pelo pensamento liberal, dominante na maior parte do continente europeu. Como filosofia política, o liberalismo era conduzido pela idéia de liberdade; como filosofia social, valorizava os interesses individuais sobre os coletivos o que iria influenciar a legislação urbana, que se esboçava nesta fase a partir da França e conduziria à ampla aceitação de medidas, que visavam à especulação imobiliária e à valorização do capital.

Não se pode prescindir na análise das reformas urbanas do século XIX e princípio do XX, da percepção que elas expressam, uma diferenciação interna, imposta pela lógica capitalista que reorganizaria, dentro de um perímetro urbano alargado, a população por níveis de renda, sendo esta reacomodação, exercida através de demolições e da valorização seletiva de áreas.

Dentro desta ótica Paris foi sem dúvida, o modelo formal e conceitualmente mais difundido. Os planos europeus de controle de crescimento urbano sofreram porém, adaptações devidas a tempos, locais e circunstâncias históricas diferentes. São muitos diversos o caso de Paris, onde foram conduzidas pelo seu prefeito o barão Hausmann com demolições extensivas e reorganização em moldes neoclássico/barrocos, dos casos de Viena e Roma, para tomar outros exemplos muito conhecidos. Viena no tempo dos Habsburgs, adotou uma via circular o conhecido "ring", valorizando os monumentos e marcos arquitetônicos preexistentes, acrescidos de uma arquitetura neoclássica e monumental num primeiro momento mas que abrigaria, no início do século atual, movimentos radicalmente inovadores e teria mestres do porte de Otto Wagner.

Roma, chegada à unificação política tardiamente em termos europeus, em 1870, adotaria apenas alguns princípios comuns aos outros planos de organização do período: a criação de avenidas axiais, por exemplo, sem acatar a padronização de fachadas, e muito menos, aceitar movimentos vanguardistas. Mantendo-se num estrito uso de estilos considerados "nacionais", entre os quais o predominante seria uma interpretação do Renascimento italiano o estilo conhecido como Umbertino, Roma teria nesse sentido, a mais tímida das reformas urbanas das grandes capitais européias optando por uma ocupação extensiva sem demolições ou cirurgias urbanas de porte.

De uma forma genérica, porém, estabele-se um nexo entre essas reformas urbanas européias e a modernidade. Os conceitos de racionalidade, eficiência e progresso apóiam as necessidades técnicas dos planos de extensão ou remodelação. Oposições são construídas entre beleza/feiúra, saneamento/ falta de higiene, atraso/ progresso. Na esteira dos avanços da medicina ocorridos no século XIX, a terminologia usada para justificar as reformas urbanas usa termos como cirurgia urbana, tumores malignos, prédios ou setores são considerados aleijões. A decisão de elaborar um novo plano para as cidades, nasce em correspondência com uma fase particular de expansão econômica, durante a qual é diagnosticada uma crise urbana considerada uma "doença" a ser "curada", um descontrole a ser equilibrado, como salienta Maria Pace Chiavari em seu estudo sobre as reformas do Rio de Janeiro(1985). Ainda que se impusesse, através das reformas, uma nova concepção de cidade vinculada a uma sociedade que se formava em moldes industriais e capitalistas, a modernidade pretendida se revestia assim de cientificidade e justificava-se a destruição de tecidos urbanos considerados como degradados ou "doentes". As demolições extensivas valorizavam certos setores, acentuando aspectos monumentais e evocativos o que representava, em contrapartida, uma valorização do conjunto remanescente em termos imobiliários.

No caso brasileiro, a cidade do fim do século tem o que Murilo Marx(1991), chama de duas novidades decisivas e transformadoras : a sua completa secularização e o seu grotesco liberalismo. Sem dúvida é só na República que se completa a laicização de estado e é o liberalismo que Marx denomina de grotesco, que incentiva a enorme extensão territorial que as cidades adquirem. É preciso acrescentar às reflexões de Marx, o papel desempenhado pela abolição da escravatura nesse contexto. A situação legal de liberdade e igualdade que se instala após a abolição, motivará diferenciação urbanística e arquitetônica até então desnecessária dentro da área urbana. A revisão do papel e da estrutura da cidade é mundial e típica do século passado mas, assinala Marx (1991), é especialmente perturbadora para nós pela alteração do trato tradicional da questão e pelo espaço de tempo relativamente curto em que ocorreu.

As reformas brasileiras são analisadas, de forma genérica, citando-se o exemplo do Rio de Janeiro, onde, aliás, só iriam ocorrer no século XX, no governo de Pereira Passos (1903). Na segunda metade do século passado, pólos regionais se formaram e assumiram vida própria, com maior intensidade depois da autonomia permitida pela Constituição de 1891. Recife já se modificara (1895). Piauí, Sergipe, Alagoas tinham trocado de capital. Ainda que possam ser identificadas origens programáticas nessas reformas, é perceptível a influência européia nos traçados e dimensões das ruas, arborização e estilos arquitetônicos utilizados. O caso de Minas Gerais é talvez o mais radicalmente inovador, onde o paraense Aarão Reis projeta a capital Belo Horizonte (1894).

Todas essas cidades, possuindo ou não um plano global para a construção, foram criadas com a intenção de dar feições "modernas" e compatíveis às funções administrativas de cidade capital de estado. Isso não impede que muitos autores instituam em dar às reformas do Rio de Janeiro um caráter de modelo, ao qual teriam se submetido as demais cidades brasileiras.

O CASO NORTISTA: BELÉM DO PARÁ

As mudanças modernizadoras começaram em Belém na metade do século XIX, em 1858, no governo do Presidente de província Jerônimo Coelho. Foi proposto um padrão regular e pré-estabelecido para as áreas de expansão. O Plano constava de abertura de vias e quarteirões de maiores dimensões que os exíguos já existentes na área central, pavimentação e arborização de ruas e praças. Em 1896, planta mandada fazer pela vereança de Belém mostra a execução parcial deste projeto.

Foi, porém, no governo de Antônio Lemos, de 1897 em diante, que o plano de expansão, já parcialmente definido, começa a ser divulgado, tornando-se esse Intendente da capital, o responsável pela execução e atualização das medidas urbanísticas de 1897 a 1911. Através do discurso político de Lemos, expresso nos Relatórios de Governo Municipal, pode-se analisar a relação que o poder público estabeleceria entre beleza/saneamento/progresso na capital paraense, no período em que a borracha sustentava a economia regional. As justificativas usadas por Lemos faziam parte de uma atualização da estratégia de poder ocorrida no período republicano e ligada ao fato, já referido, da eliminação das diferenças de classe do período monárquico e da conseqüente necessidade de criar novas formas de organizar o espaço urbano.

As reformas de Belém optam por abandono do centro histórico e por uma remodelação da área adjacente ao porto, que em Belém não coincide com a parte mais antiga da cidade. Adota-se, também, uma ocupação extensiva para as expansões urbanas que não utilizam as áreas mais baixas deixadas como enormes vazios que se estendem por toda a cidade.

Lemos procuraria, através da Imprensa, obter uma aceitação popular das medidas que visavam, segundo as palavras do Intendente, a erradicar o que era feio, sujo, anti-higiênico, do meio urbano. No que se, refere especialmente, ao papel da arquitetura nesse processo, todos os elementos tradicionais: técnicas construtivas coloniais, mestres de obra formados no exemplo português, as plantas usuais até então, passam a ser identificados paulatinamente, com o atraso, más condições higiênicas, mau gosto.

Não há dúvida que os maiores alvos dessas críticas foram os cortiços e as "barracas", utilizando-se no combate o binômio beleza/saúde. A demolição dos cortiços da área central tem seu auge em 1903 alegando Lemos as condições de insalubridade, falta de condições higiênicas relacionado-as com imoralidade e perigo à saúde pública. Também os prédios "antiquíssimos, acaçapados, sem arquitetura, de irrisórias linhas", prejudicavam a beleza das novas avenidas, dizia o Intendente.

As novas tipologias que surgem no período mostram a radicalização entre as formas tradicionais de viver e construir e a busca dos padrões construtivos e técnicos capazes de estabelecer uma imagem da desejada modernidade. Aparecem então os grandes magazines, as lojas especializadas, hotéis, restaurantes e teatros. Surge, em contrapartida, uma tipologia também nova: a casa operária ou proletária. Muitas vilas operárias são autorizadas no período, inicialmente são próximas a áreas urbanas tradicionais como o bairro de Reduto ou Canudos, e num movimento claro de distanciamento começam a situar-se na periferia como foi o caso de Marituba.

A questão da habitação popular começa a ser tratada em Belém, em torno de 1905 quando se conjugam o aumento populacional ocorrido na fase áurea da comercialização da borracha e os desníveis sócioeconômicos gerados pelo papel centralizador que essa comercialização ocupava na economia regional. As concessões para construção de vilas populares estão intimamente ligadas ao combate aos cortiços e barracas e são medidas que visavam, em última instância, a organizar a produção da moradia no meio urbano reordenando o uso do solo.

A reordenação foi possível através de uma série de medidas institucionais e usou as inovações tecnológicas que chegavam à região como conseqüência direta do intercâmbio comercial da borracha. Um enfoque técnico começa a ser utilizado para propor correções e exclusões no meio urbano, justificando-as com argumentos como estabilidade das construções, pobreza de ornatos, incorreção nas proporções. O mau gosto, a feia aparência corrigir-se-iam com noções corretas de estética, com leis artísticas e científicas. Para os problemas higiênicos os remédios seriam aeração, ventilação, iluminação. Todos os elementos se combinavam para produzir decretos, leis, códigos para construção, utilizados pelo poder público para justificar e viabilizar o controle social.

OS CÓDIGOS DE POSTURAS

As medidas institucionais em Belém, concentraram-se no código de posturas de 1901 denominado de Código de Polícia Municipal, orientado por dois princípios formais: os de higiene e o das normas estéticas, freqüentemente interrelacionados na prática. O conjunto de medidas interferiu na estrutura da cidade afetando as construções interna e externamente. As mudanças urbanas e na tipologia arquitetônica, ocorridas no período, foram estimuladas por uma legislação progressivamente cerceadora e excludente na medida em que impunha normas para a edificação que uma parcela da população não poderia atender. A substituição das plantas e fachadas - anti-higiênicas ou anti-estéticas - reflete, mais que preocupações higiênicas ou estéticas, as radicais modificações sócioeconômicas ocorridas na capital do Pará, em especial a ascensão de segmentos da sociedade ligados à economia da borracha e ao empobrecimento de camadas da população alijadas da mesma.

O caráter autoritário e segregacionista dessa regulamentação abrangia medidas técnicas da construção: disposição do prédio no lote, imposição de dimensões mínimas para os compartimentos, obrigatoriedade de iluminação direta, regularização de alturas, estabelecimento de tipos de materiais, que se combinariam com um ajuste fiscal e com visitas domiciliares de fiscalização interna dos imóveis. Na prática a associação destas regras eliminaria do meio urbano os temidos cortiços e barracas, ao proibir materiais como palha e barro, investiria contra a casa térrea, predominante nas construções coloniais, e obrigaria a reformar todas as fachadas ao impor as platibandas.

As reformas urbanas e arquitetônicas da capital do Pará mostram que a redefinição do espaço urbano, o movimento em busca da modernização vistas pelo binômio embelezamento/saneamento foram usados como forma de redistribuir a população no meio urbano como ocorria a nível mundial e nacional, deixando-se clara uma certa precocidade do norte em relação ao restante do país nessas medidas.

CONCLUSÕES

Duas questões se impõem ao exame dessas reformas do século passado e início do atual: o mito da destruição criativa e o da eficácia da setorização.

A imagem da destruição criativa é importante para a compreensão da modernidade e como situa Harvey (1989), deriva dos dilemas políticos enfrentados pela implementação dos projetos modernistas. Começa-se por Hausmann em Paris ou Robert Moses em Nova York a incluir e valorizar a demolição sucessiva de setores da cidade considerando-a como progresso. Valoriza-se a partir daí o "burguês progressista" do início do século que revive na atualidade tentando impor uma imagem de progresso apoiada necessariamente na demolição e renovação imobiliária. Procuram, os empreendedores neoliberais que substituem os antigos burgueses progressistas, a setorização seletiva onde se inclui uma verticalização das áreas centrais continuando a expulsar camadas remanescentes de população que persiste nestes locais.

A expulsão de camadas mais desfavorecidas da sociedade se dá também, através de uma setorização progressiva. O padrão imposto à casa popular, inclusive a dos programas governamentais, é basicamente de casas térreas e distancia as camadas atingidas, conduzindo-as a parcelas periféricas com tratamento diferenciado: ausência ou deficiência de infra-estrutura é uma das mais freqüentes diferenças entre periferia e o centro.

Mais próximas no tempo estão as soluções modernistas da metade do século atual, derivaram estas do exemplo europeu pós-guerra quando eram necessárias renovações e reformulações rápidas, e economicamente viáveis para cidades semi destruídas pelo conflito. Nos Estados Unidos o exemplo citado produziu uma suburbanização rápida e pouco controlada.

Desde a década de 60, autores como Krier ou Jacobs investem contra a pobreza simbólica da arquitetura e da paisagem urbana criada com essas metodologias e salientam as desvantagens das super-concentrações (horizontais e verticais) de um mesmo uso nas áreas urbanas. O erro ou falha essencial estaria na falta de entendimento do papel dos processos sociais de interação.

"A interação social depende da diversidade da complexidade e da capacidade de lidar criativamente com o inesperado"., diz Jacobs(1967). Recorrendo novamente a Harvey(1989), acreditamos como este autor que "o ambiente construído constitui um elemento de um complexo de experiência urbana que há muito é um cadinho vital para se forjarem novas sensibilidades culturais. A aparência de uma cidade e o modo como seus espaços se organizam forma uma base material a partir da qual é possível pensar, avaliar e realizar uma gama de sensações e práticas sociais". A experiência de viver no ambiente urbano não dá, em nosso meio e na atualidade, as mesmas oportunidades ao centro e à periferia. Considerando-se que o centro contém partes importantes da história e da cultura da população, o acesso às informações e sua assimilação se dá de maneira deficiente e incompleta no que se refere a camadas significativas da população. Os habitantes da periferia, conseqüentemente, não incorporam esses valores coletivos e fazem deles uma leitura própria onde é freqüente a agressão ou, pelo menos, a indiferença pela manutenção de suas características.

O processo de alienação de camadas ou setores sociais começou, como se viu, no século passado e seus efeitos são continuadas agressões ao meio urbano.

CIDADANIA E (RE)PRODUÇÃO DO ESPAÇO URBANO DE BELÉM

Saint-Clair Trindade Jr.

Entender os processos intra-urbanos pressupõe a compreensão da dinâmica social em sua dimensão territorial . A organização interna da cidade, bem como o conseqüente processo de metropolização, típico das grandes cidades, são fatores que nos colocam diante de algumas questões diretamente relacionadas à construção/ negação do direito à cidade e à cidadania . Na análise dessa questão, inclui-se a espacialidade de diversos sujeitos, agentes produtores do urbano[1], responsáveis pelo padrão de organização do espaço da cidade. As reflexões aqui propostas, apresentam-se como uma tentativa de colocar em foco uma particularidade dessa problemática, a espacialidade dos grupos sociais excluídos face ao direito à cidade, a partir da realidade em que se constitui a dinâmica da Região Metropolitana de Belém[2]

O ESPAÇO URBANO COMO CAMPO DE LUTAS.

O espaço urbano, um tipo particular de espaço, caracteriza-se por ser simultaneamente condição, meio e produto das relações sociais.

Corrêa (1989), no desígnio de compreendê-lo destaca alguns momentos que marcam a sua apreensão . Assim, num primeiro momento, o espaço urbano se caracteriza por ser um conjunto de usos diferenciados da terra, justapostos entre si. Num segundo momento, verifica-se que ele se apresenta articulado, não obstante a sua fragmentação . Essa constatação, fragmentação articulada do espaço urbano, é a expressão das relações sociais; elemento esse que induz o terceiro momento de sua apreensão: o de ser reflexo da sociedade . É reflexo tanto das ações que se realizam no presente como no passado e que exprimem as atuais formas espaciais[3]. Num quarto

---

1 Correa (1989), distingue os seguintes agentes produtores do urbano: os proprietários dos meios de produção, os proprietários fundiários, os promotores imobiliário, o Estado e os grupos sociais excluídos.

2 A Região Metropolitana de Belém (RMB) ou Grande Belém, segundo a Lei Complementar 14 de 08/07/73, que a instituiu, envolve dois municípios paraenses: Belém, que possui quatro distritos (Belém, Val-de-Cães, Icoaraci, e Mosqueiro) com 736 km^2, e Ananindeua, com 485 km^2.

3 Segundo a abordagem de Santos (1985), a forma é o aspecto visível de uma determinada coisa. Corresponde a um objeto ou um arranjo ordenado de objetos. No espaço urbano, uma casa, uma favela, uma fábrica, um distrito industrial são exemplos de formas espaciais.

momento, o espaço da cidade configura-se como um condicionante da sociedade através das suas formas espaciais, que desempenham um papel de significativa importância na reprodução das condições de produção e das relações sociais. A dimensão simbólica - através de momentos, lugares, ruas especiais, etc. - constitui o quinto momento de apreensão do espaço urbano . Além disso, o espaço da cidade é também cenário e objeto de lutas sociais, como expressão do intento do direito à cidade. É, portanto, um campo de lutas, sendo este o sexto momento de sua apreensão. Esta última dimensão - a de ser a cidade um campo de lutas - nos desperta uma particular atenção, tendo em vista as reflexões aqui propostas . Entendemos que esta dimensão extrapola a compreensão da cidade enquanto simples aglomeração de pessoas e capitais. A cidade enquanto espaço de lutas coloca em relevo a questão da luta pela cidadania, pelas transformações socios-espaciais. É o direito à participação numa sociedade de excluídos Carlos (1992).

O objeto central dessas lutas são as necessidades . Não se trata, entretanto, somente das necessidades do consumo; são necessidades sociais que tem fundamento antropológico, conforme nos mostra (Lefebvre 1991:104).

> "Compreendem a necessidade de segurança e a de abertura, a necessidade de certeza e a necessidade de aventura, a da organização do trabalho e a do jogo, as necessidades de previsibilidade e do imprevisto, de unidade e de diferença, de isolamento e de encontro, de trocas e de investimentos, de independência (e mesmo de solidão) e de comunicação, de imediaticidade e de perspectiva a longo prazo . O ser humano tem também a necessidade de acumular energias e a necessidade de gastá-las, e mesmo de desperdiçá-las no jogo. Tem necessidade de ver, ouvir, de tocar, de degustar, e a necessidade de reunir essas percepções num 'mundo'."

Além dessas necessidades antropológicas, o autor acima mencionado fala também de desejos e de necessidades específicas; referindo-se, neste último caso, à "necessidade de uma atividade criadora, de obra (e não apenas de produtos e de bens materiais consumáveis), necessidade de informação, de simbolismo, de imaginário, de atividades lúdicas" (Lefebvre 1991:105)

A metropolização em Belém tem definido um processo de (re)produção do espaço que coloca em foco a questão do indivíduo enquanto habitante da cidade e enquanto cidadão; isto porque no sentido contemporâneo de cidade, os espaços equipados e não equipados consagram-se como espaços mais ou menos urbanos, com maior ou menor usufruto do direito à cidade e do direito à cidadania (Ribeiro 1986).

A construção da periferia na RBM e, portanto, o processo de periferização[4], insere-se no contexto de expansão do tecido urbano, da dinâmica interna do espaço metropolitano e das articulações imprimidas pelos agentes responsáveis pela construção

---

[4] O sentido desse termo está relacionado ao processo de segregação sócio-espacial das frações sociais de baixa renda no espaço urbano. É uma dinâmica que expressa a espacialidade e a condição social desses sujeitos, independentemente da localização (próximo/distante) em relação ao núcleo central da cidade.

da cidade . Nesse sentido, a periferia de hoje não é a mesma de ontem e sua dinâmica atual é constituída por agentes, processos e espacialidades que manifestam necessidades e interesses diversos e, na maioria das vezes, adversos. A redefinição das áreas centrais e o crescimento populacional da periferia distante são frutos da espacialidade desses agentes, que fazem da metrópole um espaço de lutas.

AS BAIXADAS: ESPAÇOS "SEM CIDADÃOS"

A espacialidade das classes sociais de baixa renda em Belém tem revelado as contradições urbanas que passam pela exclusão do indivíduo e a negação de sua cidadania.

Um dos primeiros momentos da periferização em Belém, ocorreu nas áreas de baixadas[5], que hoje se encontram centralizadas no contexto espacial metropolitano . Naquele momento (décadas de 60 e 70 principalmente), a ocupação das baixadas pela população de baixa renda, em sua maioria imigrantes do espaço rural, representava não só uma solução de emergência para o problema da moradia, como também uma estratégia de sobrevivência na grande cidade. Ocorre, então, um processo de favelização das áreas de baixadas. Estas passam a ser reconhecidas, a partir de certas características que se remetem às condições socio-econômicas de seus moradores e às suas condições de insuficiência e precariedade dos serviços e equipamentos urbanos e comunitários, bem como aos problemas de infra-estrutura urbana, senão vejamos:

"As baixadas da cidade de Belém, poderiam ser escritas como:
1. áreas de habitação subnormal, desordenamente distribuídas e que obstruem, não raro, o escoamento hídrico, em face do deficiente sistema de macro-drenagem existente;
2. com um sistema viário deficiente, o que impossibilita o desenvolvimento do tráfego normal da cidade e prejudica os serviços de transportes coletivos destinados ao atendimento dessas populações;
3. a circulação interna de pedestres, nas áreas de baixadas, se faz de forma precária, em geral através de estivas de madeira quase sempre em péssimo estado de conservação;
4. o transporte coletivo que atende às baixadas se limita a circular, dada a falta de condições para tráfego interno, em sua periferia, obrigando os moradores de tais áreas a realizar, por vezes, grandes deslocamentos diários, a pé, até os pontos de ônibus;
5. a impossibilidade de implantação de sistema de água potável, de esgotos sanitários e de coleta de lixo;
6. a impossibilidade de distribuição de energia elétrica através de redes de alta tensão, e por fim;
7. há carência de equipamentos urbanos de educação e saúde, o que obriga o deslocamento da população que deles necessita, para áreas de cotas mais altas . Constata-se pelo exposto, um quadro geral de grande carência e de precariedade das condições de vida da população residente nas áreas de baixadas". (Belém 1988:11)

---

5 Essa denominação decorre das condições topográficas de certas frações da área urbana, correspondentes ao nível da planície de inundação, constantemente alagadas ou sujeitas a inundações durante determinadas épocas do ano.

Esta maneira de reconhecer essas frações do espaço metropolitano de Belém é enfatizada principalmente na visão do planejamento urbano e do aparelho de Estado. É, na verdade, uma visão generalizante e de certa maneira reducionista, que induz a ações, por parte do poder público, de caráter bastante limitado.

Decerto que as baixadas de Belém se enquadram - enquanto espaços segregados, socialmente excluídos, com deficiência de equipamentos urbanos e comunitários - naquele tipo de espaço que Santos (1987) considera como espaços "sem cidadãos"; posto que para os habitantes desses espaços, é negado o direito à cidadania . Os meios de consumo coletivo estão ausentes ou são insuficientes, como se as pessoas lá não estivessem:

> "Olhando o mapa do país, é fácil constatar extensas áreas vazias de hospitais, postos de saúde, escolas secundárias e primárias, informação geral e especializada, enfim, áreas desprovidas de serviços essenciais à vida social e à vida individual . O mesmo, aliás, se verifica quando observamos as plantas das cidades em cujas periferias, apesar de uma certa densidade demográfica, tais serviços estão igualmente ausentes . É como se as pessoas nem lá estivessem. (SANTOS, 1987, p. 43).

Dadas as condições que as baixadas apresentam, as ações públicas a elas direcionadas não levam em conta a realização do indivíduo em sua cidadania plena, senão como simples elemento consumidor e dotado de sua potencialidade enquanto eleitor.

No discurso político, não raro, as baixadas são tidas como objeto de ação prioritária. Isso se justifica não só pelo problema em que se constituem no interior do espaço urbano belenense, como também pelas altas densidades demográficas desses espaços; fato este que sugere, igualmente, um significativo contingente de votantes.

De fato, conforme argumenta Santos (1987), o cidadão é multidimensional. Nem o consumidor e nem o eleitor são necessariamente cidadãos, posto que o consumidor alimenta-se de parcialidades, contenta-se com respostas setoriais. Isto está muito claro quando as intervenções urbanísticas em áreas de baixadas são direcionadas ao consumidor e não propriamente ao cidadão. Esse tipo de ação, na maioria das vezes, volta-se para a solução de materialidades imediatas. As melhorias eventuais não garantem o exercício mínimo de cidadania às classes pobres, pois suas condições de pobreza são reproduzidas em outras frações do urbano. Os casos de remoção da população favelada em Belém exemplificam essa questão. Foi o que aconteceu com a população favelada remanejada da Doca de Souza Franco para o conjunto Nova Marambaia, Gleba I (Trindade Jr. 1993) e com a população da área do igarapé S. Joaquim, remanejada para o conjunto Providência (Abelém 1988).

O alvo do discurso político no caso da população das baixadas é o eleitor e não o cidadão. O eleitor pode existir sem que o indivíduo realize inteiramente suas potencialidades como participante ativo e dinâmico de uma comunidade. Um eleitor não-cidadão tem seu papel esgotado no momento do voto, pois sua dimensão é singular (Santos 1987). É o chamado clientelismo de base de que trata Campos Filho (1989), através do qual a comunidade ou o cidadão é transformado em um cliente de um certo político, a fim de que possa ser atendido em algumas de suas necessidades. Em Belém, esse tipo de clientelismo tem contribuído para a proliferação das ocupações espontâneas.

No plano do discurso político as ações se dirigem ao cidadão, mas os objetivos não atingem mais que o indivíduo- eleitor, não-cidadão.

PERIFERIZAÇÃO, TERRITÓRIO E CIDADANIA

Chama atenção, na atual organização do espaço metropolitano de Belém, o padrão espacial, resultado de um célere processo de periferização urbana, que se contrapõe, de maneira flagrante, à apropriação do espaço de áreas centrais, que se verticalizam, por uma população de classe média e alta. Definem-se novos vetores de expansão urbana, que decorrem do estrangulamento das áreas centrais e das áreas em transição, bastante densificadas e congestionadas.

Nos últimos anos, o crescimento acelerado das cidades de Belém e Ananindeua fez surgir pelo menos 50 novos bairros na Grande Belém. Mais que uma simples expressão espacial do processo de metropolização, esse fenômeno reflete as contradições do tipo de urbanização decorrente da dinâmica econômica imposta à região amazônica.

Dados de 1991 da Companhia de Habitação do Pará (COHAB -PA) registram na RMB cerca de 110 ocupações espontâneas, situadas principalmente nas áreas periféricas distantes. Os vetores principais dessa dinâmica do espaço metropolitano são as rodovias BR-316 (via de contato entre os municípios de Belém e Ananindeua) e Augusto Montenegro (via de contato entre o Distrito de Icoaraci e Belém) .

Esse padrão de expansão territorial do tecido urbano reflete contradições que esbarram no direito à cidade; isto porque o lugar revela o valor do indivíduo e o território também é uma condição de cidadania. Esse processo visualiza-se basicamente de duas maneiras: quando o indivíduo muda para um bairro onde as condições de vida são ainda menos boas ou quando, no seu próprio bairro, vê as suas condições piorarem.

Sobre o assunto nos coloca Santos (1987:81)

> "Cada homem vale pelo lugar onde está: o seu valor como produtor, consumidor, cidadão, depende de sua localização no território . Seu valor vai mudando, incessantemente, para melhor ou para pior, em função das diferenças de acessibilidade (tempo, freqüência, preço) independentes de sua própria condição. Pessoas com as mesmas virtualidades, a mesma formação, até mesmo, o mesmo salário têm valor diferente segundo o lugar em que vivem: as oportunidades não são as mesmas. Por isso, a possibilidade de ser mais ou menos cidadão depende, em larga proporção, do ponto do território onde se está. Enquanto um lugar vem a ser condição de sua pobreza, um outro lugar poderia, no mesmo momento histórico, facilitar o acesso àqueles bens e serviços que lhes são teoricamente devidos, mas que, de fato, lhe faltam". (1987, p. 81).

Em Belém o binômio metropolização/descentralização[6] tem aumentado as distâncias relativas entre o centro e a periferia . Esta se distancia cada vez mais e não

---

[6] Medida de caráter espontâneo ou planejado, que visa diminuir a excessiva centralização urbana, responsável pelo congestionamento e pela excessiva concentração de atividades na área central.

mais se circunscreve às áreas de baixadas . Acompanhando a periferização, constata-se um processo contínuo de desterritorialização, que coloca cada vez mais em desvantagem de acessibilidade as classes populares face ao espaço socialmente produzido.

Se as baixadas se constituem, na sua essência, em espaço "sem cidadãos", as novas ocupações espontâneas surgidas em vetores recentes da expansão metropolitana, são, em seu conteúdo, vazios de cidadania, pois além das questões infra-estruturais, que se assemelham bastante às baixadas centralmente localizadas, possuem o agravante da distância em relação ao centro metropolitano e aos serviços e equipamentos que este oferece, principalmente por ser o alvo principal de alocação dos recursos e dos investimentos públicos:

> "A correlação de forças políticas, claramente favorável às classes alta e média, faz com que os escassos recursos do Município se canalizem para investimentos em áreas servidas de infra-estrutura, como é o caso daquelas em processo de verticalização, pouco sobrando para a ampliação dos serviços públicos na periferia da cidade. Isto ocorre porque nas áreas verticalizadas, o adensamento populacional faz com que a infra- estrutura instalada rapidamente esgote sua capacidade de atendimento, exigindo sua substituição por outra de maior capacidade. A elevação dos preços da terra faz com que os custos de renovação e ampliação da infra-estrutura central se multipliquem. O poder estatal local assume encargos cada vez maiores com o adensamento e verticalização do centro" (SOUZA 1992: 123.

A espacialidade da renda *per capita* revela que esta decresce do núcleo terciário principal para a periferia, expressando intenso e acelerado empobrecimento das nucleações urbanas de Icoaraci e Ananindeua (Belém 1991).

O processo de periferização do espaço metropolitano de Belém tem estabelecido, igualmente, a possibilidade de ser menos cidadão, já que a espacialidade dos agentes produtores do urbano também define a sua condição enquanto indivíduo. No caso analisado, as ambiências do quadro urbano construído reafirmam cada vez mais, a negação do direito à cidade aos grupos sociais de baixa renda.

CONSIDERAÇÕES FINAIS

Não poderíamos finalizar estas reflexões sem dimensionar a questão colocada – a do direito à cidade – para outras necessidades do indivíduo que extrapolam a dimensão já abordada, procurando, ao mesmo tempo, indicar outras questões que podem se tornar objeto de reflexão a partir da realidade metropolitana de Belém.

Já que estamos trabalhando com o direito à cidade em seu sentido pleno, há que se considerar o universo de representações do indivíduo face à maneira como a metrópole é produzida. Sujeito ao jogo do mercado e com um poder de decisão praticamente nulo, o indivíduo não se faz expressar em seus anseios, interesses, gostos, vontades, etc. Belém, como as demais metrópoles brasileiras, coloca-nos vários exemplos. Como espaços de reprodução, os conjuntos habitacionais populares da periferia distante, retratam essa situação e acabam por ser tornar aquilo que se chama de "deslugar":

"O deslugar (placelessness), recurso conceitual usado por Edward Relph diz respeito às paisagens estandartizadas, repetidas, `xerocopiadas', com uniformidade de seqüência como os conjuntos habitacionais, os viadutos ou as lanchonetes fast-food da rede Mc.Donalds". (Mello 1993: 12).

Sem dúvida, esse tipo de paisagem típica das periferias distantes, como no caso dos conjuntos habitacionais, são limitadas no tocante às representações do indivíduo que mais uma vez se vê castrado nas suas realizações plenas, manifestando as necessidades do lugar, já que este se constitui a partir das experiências do cotidiano e que possui representações do próprio indivíduo .

Além disso, constata-se na subtração do espaço público uma outra forma de mutilação do indivíduo em relação ao direito à cidade, posto que em muitos casos os usos desse tipo de espaço são determinados pelas circunstâncias (Carlos 1992). Espaços que são permitidos à comemorações esportivas, comícios políticos, etc., em outros momentos, são proibidos a manifestações políticas em seu sentido amplo, como atos públicos, passeatas, protestos, etc.

Nesse sentido, a cidade que se agiganta em termos de extensão territorial e número populacional se torna relativamente mais esvaziada quanto ao número de cidadãos . Esta parece ser uma das principais contradições da metropolização.

REFERÊNCIAS BIBLIOGRÁFICAS

ABELÉM, A. G. 1988. *Urbanização e remoção: por que e para quem?* Belém: UFPa,

BELÉM, Prefeitura Municipal. 1988. *Mensagem à Câmara Municipal de Belém.*

BELÉM, Prefeitura Municipal. Coordenadoria Geral e de Planejamento-COGEP. 1991. *Plano Diretor de Belém - Diagnóstico.* Versão preliminar.

CAMPOS FILHO, C. M . *Cidades brasileiras: seu controle ou o caos.* São Paulo: Nobel, 1989 (Col. Cidade Aberta).

CARLOS, A. F. A. 1992. *A Cidade. São Paulo: Contexto* (Coleção Repensando a Geografia).

CORRÊA, R. L . 1989. *O espaço Urbano.* São Paulo, Ática. (Série Princípios).

LEFEBVRE, H. 1991. *O direito à cidade.* São Paulo, Moraes.

MELLO, J. B. F. 1993. A cidade dos homens. Algumas interpretações humanísticas sobre o urbano. *Simpósio Nacional de Geografia Urbana, 3, Anais.* Rio de Janeiro, AGB: 17-22.

RIBEIRO, A. C. T. 1986. Cidade, reivindicações e equipamentos coletivos. In: PIQUET, R. et al. *O desenvolvimento urbano em questão* - textos didáticos. Rio de Janeiro, PUBLIPUR/PUR, p. 66-91.

SANTOS, M. 1987. *O espaço do cidadão.* São Paulo, Nobel. (Col. Espaços).

SANTOS, M. 1985. *Espaço e método.* São Paulo, Nobel. (Col. Espaços).

SOUZA, D. G. P. 1992. *Intervenção estatal no município: o caso de Belém na década de 80.* Belém, UFPA/ NAEA/ PLADES, Tese de Mestrado.

TRINDADE Jr., S. C. C. 1993. *Produção do espaço e diversidade do uso do solo em área de baixada saneada. - Belém(PA).* Belém, UFPA/NAEA/PLADES Tese de Mestrado.

O CLIENTELISMO NAS COLÔNIAS AGRÍCOLAS DO SUDESTE DO PARÁ[1]

Jacky Picard

Os últimos castanhais do sudeste do Pará estão em vias de ocupação pela agricultura familiar. Ao longo da segunda metade dos anos 80, o esgotamento dos principais garimpos da região, assim como um certo afrouxamento da atividade econômica nas cidades, conduziram alguns trabalhadores que haviam abandonado o setor agrícola a voltar para este. A fama de Marabá como região dinâmica continua a atrair -embora num ritmo menor que antes- migrantes que usam agora a estrada de ferro Itaqui-Carajás. Nem todos são agricultores, mas mesmo estes instalam-se, inicialmente, na periferia das cidades da região, Marabá e Parauapebas em primeiro lugar, empregando-se, ocasionalmente, na agricultura, nos garimpos, na exploração madeireira, na construção civil ou no pequeno comércio varejista.

Em 1988, o Ministério da Reforma Agrária e do Desenvolvimento (MIRAD) adquiriu 61 castanhais (235 011 ha no total), no Polígono dos Castanhais do Tocantins, a fim de assentar agricultores sem terra. Se se considera que 42 desses castanhais já eram ocupados por posseiros, são cerca de 1500 famílias que se precipitaram para instalar-se nos 70 ou 75 000 hectares dos 19 castanhais restantes, "castanhais nativos, preservados, sem ocupação camponesa ou com reduzida ocupação" (BENTES, 1992, p 31). A maioria destas famílias não é de migrantes recém-chegados, mas sim de moradores que viviam na periferia das pequenas cidades da região há vários anos.

Tendo conseguido um pedaço de terra para si, os que trabalhavam até então como empregados, crêem-se definitivamente liberados da sujeição frente aos seus antigos patrões. De fato, o isolamento geográfico das terras ocupadas e a ausência de capital da maioria dos posseiros constituem condições favoráveis ao surgimento, no meio deles, de uma categoria de pequenos comerciantes. A forma pela qual estes comerciantes conseguem apropriar-se de uma parte do valor mercantil dos bens produzidos pelos agricultores, mostra como as relações sociais paternalistas tradicionais se reproduzem nas frentes pioneiras amazônicas, as quais chegaram a ser consideradas como o lugar de construção de uma sociedade nova e mais igualitária.

[1] Agradeço a Márcio Meira pela correção da versão portuguesa deste texto.

ILHAS DE POVOAMENTO

Ao longo da estrada PA 150, entre Marabá e Eldorado do Carajás, a colonização das terras virgens por pequenos agricultores seguiu modalidades diferentes das que dominaram os assentamentos ao longo da rodovia Transamazônica, assim como podem ainda ser observados na região de Altamira ou de Marabá.

As áreas mais próximas da Transamazônica foram ocupadas nos anos 70 por pequenos colonos e se transformaram muitas vezes, ao longo dos anos, em pequenas ou médias fazendas de gado (TOPALL, 1990) pelas vantagens que oferece esta proximidade da estrada. Ao longo dos travessões que se adentram na floresta de cada lado da Transamazônica, as dificuldades de acesso aumentam de maneira progressiva e continua à medida que se afasta da estrada.

Ao longo da PA 150, entre Marabá e Eldorado, a colonização pelos pequenos agricultores, mais recente, fez-se através de invasões muitas vezes conflituosas ou de ocupações pacíficas de terras desapropriadas pelo MIRAD, como em 1988. No entanto, as áreas mais próximas da estrada, até 5 ou 10 quilômetros, ou seja, as terras mais acessíveis, são ocupadas pelas fazendas de grandes proprietários. Com duas exceções -a colônia Piquiá a uns 40 km ao sul de Marabá e a colônia Boca do Cardoso perto de Eldorado- os agricultores ocuparam terras relativamente distantes da estrada à qual tem acesso apenas por uma pista de terra que atravessa as fazendas.

Deste modo, a maioria das colônias agrícolas acessíveis pela PA 150, apresentam condições de isolamento espacial parecidas às dos ramais relativamente afastados dos travessões da Transamazônica. Na região de Altamira, os colonos mais afastados devem percorrer 5, 10, 20 km, às vezes muito mais, para chegar à estrada, mas a pista está cercada de pequenas e médias propriedades, algumas mais prósperas, outras quase abandonadas. Entre os do fundo do travessão e os da beira da estrada, as diferenças de êxito são importantes mas graduais, geralmente associadas à época da chegada dos vários colonos, os últimos instalando-se onde encontram terra livre, no fundo dos travessões, a menos que eles disponham de um pequeno capital que lhes permita comprar um lote perto da estrada. Apesar de alguns dissabores, a utopia igualitária que havia presidido a colonização pública da Amazônia no início dos anos 70 (HAMELIN, 1991) deixou alguns traços.

Atualmente, constatam-se diferenças de êxito sócio-econômico -previsíveis e pouco surpreendentes- entre os colonos, aquele que percorre os travessões em volta de Altamira, raramente encontra a oposição radical, particularmente visível na região de Marabá, entre os assentamentos dos pequenos produtores cujos lotes variam entre 20 e 200 hectares e as grandes fazendas de milhares de hectares (geralmente entre 3 e 9000 ha ao longo da PA 150 entre Marabá e Eldorado).

Entre Marabá e Eldorado, as áreas ocupadas pelos pequenos colonos se apresentam na forma de "ilhas de povoamento" de tamanho variável, isoladas no meio das fazendas e ligadas à estrada por uma pista de vários quilômetros. Esta ruptura espacial acentua a impressão de estar fora do mundo, "esquecidos", como dizem os colonos. A presença das cercas das fazendas, dos pastos imensos e dos rebanhos bovinos, símbolos da riqueza e do poder, reforça a representação da sociedade rural como justaposição de dois conjuntos separados por um fosso intransponível, mas oferece também, aos pequenos agricultores, um modelo de êxito social único, encarnado pelo fazendeiro.

Entre os fazendeiros melhor localizados perto da estrada e dispondo de veículos, entretanto, existem diferenças: há os que possuem uma fazenda e os que possuem várias, e também há entre os que usufruem da renda proporcionada pela pecuária extensiva e os que investem numa gestão mais intensiva dos rebanhos e dos pastos, ou até diversificam suas atividades (criação de cavalos, exploração de madeira ou de garimpos nas suas terras, comércio, etc.).

Da mesma maneira, o grupo dos posseiros que sobrevive com dificuldade "longe do mundo" é menos homogêneo do que parece à primeira vista.

OS COMERCIANTES DA ROÇA E O CONTROLE DO ESPAÇO

Dentro destas "ilhas de povoamento espontâneo", não há essa rede de caminhos que se cortam em ângulo reto, marca típica dos assentamentos dirigidos, mas sim um entrelaçado de pistas que se enrolam como para levar o visitante pouco familiar com o lugar a se perder. Estas pistas são as marcas deixadas pelas colocações dos castanheiros ou, mais recentemente, pelos madeireiros.

Alguns colonos construíram sua casa na margem de uma dessas pistas ou na beira do rio que liga eventualmente a colônia a uma das cidades da região, seja Eldorado, Curionópolis ou Marabá. Outros, chegados mais tarde ou na esteira de um vizinho esperto, instalaram-se além dos lotes melhor situados e só desfrutam de um caminho estreito onde mesmo um burro tem dificuldade de passar. Para seguir o caminho, estes colonos têm que passar na frente da casa daquele que se encontra no início da picada, na margem da pista, ou até no cruzamento desta com o rio, cada vez que eles querem sair da colônia, providos de um saco de farinha ou de arroz, o qual irão vender na cidade, com todas as dificuldades que se imagina, para arranjar o sal, o açúcar, o óleo, o café ou o fumo que lhes fazem falta.

Estes pontos de passagem que dão ritmo à organização do espaço, apresentam as melhores condições para a instalação de um pequeno comércio: trata-se geralmente, durante os primeiros anos da ocupação, de um simples depósito escondido de mercadorias, situado longe de olhares alheios, no único quarto da casa. Os colonos que vêm, já com a idéia de fazer um pouco de comércio sabem muito bem disso e procuram tais locais. Comprova-o um colono da colônia Gameleira[2] que, beneficiando-se do

---

[2] Um dos 19 castanhais desocupados, desapropriados pelo MIRAD em 1988. Hoje colônia agrícola ocupada por umas 600 famílias, este antigo castanhal se encontra na margem direita do rio Sororo a uma centena de quilômetros ao sul de Marabá. Chega-se lá por uma pista que atravessa as fazendas Vira Sebo e Piranha -esta ultima hoje ocupada por posseiros- no Km 70 da estrada PA 150.

trabalho dos seus numerosos filhos, havia vendido o seu primeiro lote muito afastado, para comprar outro no cruzamento da pista e do rio Sororó. Ele abriu então um pequeno comércio que lhe provê hoje recursos substanciais e lhe permite comprar com uma certa freqüência roupas novas para todos os membros da sua família, reforçando assim a sua legitimidade de patriarca.

Os que conseguiram, por acaso, um lote situado em um desses cruzamentos, descobrem rapidamente as vantagens por eles oferecidas, quando um colono, a caminho da cidade, pára na casa deles procurando vender um saco de arroz ou uma galinha para poder pagar a passagem do ônibus que pegará ao chegar à beira da estrada, depois de 5 ou 10 km de uma caminhada extenuante ou, quando o mesmo colono, de volta à colônia, irá parar, novamente, na casa deles, para pedir o isqueiro ou o sal que esqueceu de comprar na cidade, antes de percorrer os últimos quilômetros que o separam, ainda, do seu lote.

O colono beneficiado por tal local estratégico se arranja para ter sempre um pouco de dinheiro com ele e manter um estoque de mercadorias que os colonos de passagem poderiam precisar, aceitando, muitas vezes, vender fiado, porque ele os conhece. Ele sabe que fulano de tal fez uma roça de 10 linhas (3 hectares) de arroz, a qual produzirá pelo menos 50 sacos, ou que outro dispõe de 30 castanheiras produtivas no lote dele. Ele sabe também que, em caso de dificuldades, uma colheita péssima por exemplo, poderá pedir aos seus clientes incapazes de pagar a dívida com o produto da sua roça, para virem trabalhar alguns dias no seu próprio lote.

O comerciante, aprendiz ou já experimentado, constituirá o seu estoque de mercadorias mais rapidamente se dispõe de um capital constituído em outros lugares. Aquele que não tem nenhum capital ao chegar na colônia, pode tentar constituir este estoque graças ao crédito que um comerciante da cidade pode, eventualmente, outorgar-lhe, ou ao empregar nisto os lucros da sua primeira safra.

O castanhal Poção do Óleo (3559 ha) se encontra a 70 km ao sul de Marabá, à margem esquerda do rio Vermelho que deságua -como o rio Sororó- no Itacaiunas, bem perto de Marabá. Entre a estrada PA 150 e o rio, encontra-se a fazenda Vira Sebo, ao longo da qual passa a pista que liga o castanhal à estrada. Este castanhal, então desocupado, foi desapropriado em 1988 pelo MIRAD, e umas cinqüenta famílias logo se instalaram ali, sem nenhum controle da parte do INCRA[3]. Entre os vinte chefes de família entrevistados em 1991 e 1992, só 3 moravam na região há menos de dois anos, em 1988. Quinze moravam em área urbana: 8 em Marabá, 6 em Curionópolis e um em uma pequena cidade do Piauí. Dois moravam no garimpo de Serra Pelada e 3 no campo.

Todos tinham uma experiência agrícola, mas no momento da instalação nos lotes, só 9 trabalhavam na agricultura: dois possuiam uma pequena fazenda, 3 eram meeiros dos quais um era desempregado, 3 eram "juquireiros" (peões) e um vaqueiro,

---

3 Instituto Nacional da Colonização e Reforma Agrária. Umas 80 famílias estavam assentadas nesta colônia "Rio Vermelho", em maio de 1992.

em fazendas. Sete eram empregados em outros setores de atividade: três no garimpo, dois no transporte e dois na construção civil. Enfim, 4 eram comerciantes: dois tinham um pequeno comércio na cidade, um comprava castanhas-do-pará na região com o barco dele enquanto o último vendia frutas com um carrinho de mão.

Conforme os critérios do INCRA -que não nos cabe discutir aqui- só 8 deles apresentam o perfil de "cliente da reforma agrária": os três meeiros, os quatro empregados de fazenda e um dos agricultores proprietários da sua terra, o segundo tendo sido já beneficiado com um lote de terra gratuito. Vale notar, entretanto, que estes dois antigos pequenos proprietários compraram o seu lote dos primeiros ocupantes que só ficaram alguns meses na terra. O castanhal foi re-batizado "Projeto de Assentamento Rio Vermelho" e os lotes foram demarcados pelo INCRA. Conforme as declarações do diretor do INCRA em Marabá, 12 dos colonos entrevistados não podiam pretender receber um lote de 50 hectares em um projeto de assentamento:

> "O cliente da Reforma agrária é aquele cidadão brasileiro que não tem profissão a não ser a agricultura, a agricultura de sobrevivência. Um pedreiro, mesmo desempregado, não pode ser considerado cliente da reforma agrária".

Dos quatro comerciantes, três fazem um pouco de comércio na colônia mas se dedicam também à agricultura com a ajuda de trabalhadores permanentes ou ocasionais. O quarto comerciante tentou comprar as castanhas-do-pará na colônia para vendê-las em Marabá, mas a sua tentativa fracassou. Um dos dois agricultores-proprietários faz igualmente um pouco de comércio, aproveitando-se da sua posição estratégica: o lote dele fica à beira de uma pista muito freqüentada, longe dos três outros comerciantes. Estes três escolheram o lote deles na beira do rio e um deles no cruzamento do rio e da pista principal. Dois deles têm barco que lhes permite ir até Marabá, durante os meses chuvosos (entre dezembro e abril). Desses quatro comerciantes exercendo atualmente a profissão, três possuem algumas cabeças de gado, fenômeno raro nesta colônia de ocupação recente. Esses três têm ajudado uma ou várias pessoas a conseguir um lote na colônia Rio Vermelho ao acompanhá-los no momento da desapropriação das terras: um trouxe o seu morador que escolheu um lote ao lado do seu antigo patrão, o outro trouxe umas trinta pessoas de Marabá, o terceiro, que era delegado sindical em Curionópolis, assentou uns 20 colonos que moravam nesta cidade e que passaram a ser os seus fregueses. Ele aproveita também de uma parte da freguesia "crente" da colônia, pois a esposa dele freqüenta as reuniões organizadas pelo pastor.

Estes agricultores-comerciantes desfrutam de uma ou várias das seguintes vantagens: um lote localizado perto de uma ou várias vias de comunicação, um meio de transporte, um pequeno capital, alguns fregueses potenciais desde a sua chegada.

O pequeno comerciante que vendia frutas com um carrinho de mão nas ruas de Marabá e que experimentou alguns dissabores ao tentar fazer comércio em Rio Vermelho, não desfrutava de nenhuma dessas vantagens. Ele havia conseguido um adiantamento de um comprador de castanhas em Marabá e havia usado este pequeno capital para comprar as castanhas dos vizinhos dele. Pagou vários coletores de castanha adiantado, e alguns deles sumiram, obrigando-o a entregar as castanhas do seu próprio lote para reembolsar o dinheiro que lhe havia sido emprestado. Esta prática é freqüente e foi, abundantemente, descrita, notadamente por Leonarda MUSUMECI (1988) sobre o termo genérico de "empréstimos a juros com pagamento em espécie".

Assim as categorias de "posseiros", "pequenos colonos" ou "agricultura familiar" cobrem uma realidade menos homogênea que o uso delas o deixa supor. Se, no caso estudado, a presença, desde os princípios da ocupação, de comerciantes ou de agricultores mais capitalizados, contribua para acelerar a diferenciação sócio-econômica entre estes e os simples produtores, em quase todas as colônias agrícolas, incluindo aquelas onde os sindicalistas conseguiram impedir o acesso à terra de colonos mais capitalizados, pequenos comerciantes surgem do seio mesmo dos pequenos agricultores. Quando não existe nenhum comerciante no início da ocupação, um ou vários colonos vão rapidamente procurar o crédito de um comerciante da cidade a fim de se instalar como pequeno comerciante intermediário. Os comerciantes da cidade, circulando nas colônias de ocupação mais recente, procuram igualmente tais intermediários. O fato de ser sindicalista, aliás, não é incompatível com a função de comerciante e os exemplos não são tão raros. O sindicalista-comerciante pode até desfrutar da confiança -e assim da freguesia- dos outros sindicalistas ou dos colonos que vêm no sindicato, uma instituição benéfica. Ele será, às vezes, criticado durante as reuniões sindicais quando os seus lucros serão considerados excessivos, o que representa um meio de controle sobre a sua atividade. Ele pode chegar a querer deixar a atividade sindical, ou até a se mudar, procurando uma colônia agrícola onde ele poderá desenvolver sua atividade comercial mais à vontade.

FREGUESIAS CATIVAS

Os quatro comerciantes de Rio Vermelho não emprestam dinheiro para seus fregueses na perspectiva de um reembolso em espécie. Esta prática parece mais freqüente nas colônias de ocupação mais antiga, quando os agricultores precisam de dinheiro para pagar empregados no intuito de aumentar o tamanho das suas roças. Por outro lado, dois dos comerciantes conseguiram empréstimos em dinheiro para comprar as castanhas dos seus vizinhos.

Pelo fato da ocupação ser recente e da colônia se encontrar isolada durante os meses chuvosos, os comerciantes de Rio Vermelho praticam mais o empréstimo de arroz, a compra da colheita na folha ou "no carvão" como alguns dizem, e a venda de mercadorias ''fiado'', uma forma de transação semelhante ao aviamento outrora praticado nos seringais e nos castanhais, ou ao sistema do barracão ainda usado pelos "gatos" nas fazendas de gado.

No auge do inverno, nenhum veículo pode usar a pista que corre ao longo da fazenda e liga a colônia à estrada asfaltada. Os posseiros podem percorrer a pé ou com "animais" os 6 km de pista que separam a entrada da colônia da estrada, e depois pegar um ônibus ou uma "carona" até Marabá, Eldorado ou Curionópolis. Os que moram mais adentro da colônia podem chegar a andar uns 15 km. Os colonos de Rio Vermelho podem também ir diretamente até Marabá de barco ao descer o Rio Vermelho, uma viagem que pode demorar uns dois dias.

Os dois comerciantes que possuem um barco não procederam da mesma maneira para constituir a sua freguesia. Um deles, tendo um pequeno capital, comprou logo algumas mercadorias trazidas a baixo custo até o seu lote, graças ao seu barco. Adiantou então esses produtos manufaturados (óleo, açúcar, café, sabão, etc.) mas também arroz, aos colonos mais desprovidos, começando pelos que trouxe com ele. Os fregueses ficaram de reembolsá-lo no momento da safra das castanhas ou do arroz. Mas vários deles nunca lhe pagaram e foram embora depois de ter vendido o seu lote. Ele levou adiante o seu pequeno comércio, sendo mais exigente ao escolher os seus fregueses.

O segundo esperou a primeira safra de arroz e propôs os seus serviços para levar o arroz até Marabá. Com os lucros do frete, comprou mercadorias na cidade e começou a vender fiado aos seus vizinhos.

Os dois comerciantes que não têm barco, mas sim um pequeno capital ou um crédito com um comerciante da cidade, arranjaram mercadorias no intuito de abastecer os seus vizinhos, empregados ocasionais ou permanentes, e todos aqueles que logo ouviram dizer que eles tinham mercadorias e vendiam fiado.

Os comerciantes imobilizaram capital, agitaram-se para constituir o seu estoque de mercadorias, prevendo quantidades suficientes para ninguém sentir falta de nada na colônia durante o inverno. A margem de 50 % cobrada, em média, sobre as mercadorias adiantadas por eles aos seus vizinhos, cobre os seus gastos de transporte, mas nem sempre compensam a inflação, só se eles aumentam os seus preços com regularidade, de 20 ou 30 % por mês.

Mas o objetivo dos comerciantes não é tanto de lucrar com estas mercadorias, mas sim de assegurar o seu acesso aos gêneros agrícolas produzidos pelos colonos. Com efeito, é no momento da venda destes produtos em Marabá que eles vão realizar o essencial dos seus lucros.

Em 1992, entre 20 e 30 % da produção de arroz da colônia Rio Vermelho (ou seja na faixa de 500 sacos de 60 kg) estava comprometida com os comerciantes locais através dos mecanismos de empréstimo de arroz, compra da colheita na folha ou venda de mercadorias fiado.

Empresta-se, gratuitamente, alguns quilogramas de arroz aos vizinhos, mas além disto, o arroz é emprestado com juros. Um dos comerciantes faz anualmente, uma roça de um alqueire (5 ha) a qual lhe proporciona entre 120 e 140 sacos (de 60 kg) de arroz. Em 1990-91, ele emprestou 73 sacos de arroz aos seus vizinhos. Em 1991-92, foram 38 sacos. Para 5 sacos emprestados, geralmente entre novembro e abril, ele pede 6 no momento da colheita, em maio ou junho. Ele se queixa das dificuldades para receber o arroz de volta. No entanto, durante os meses de inverno, quando as dificuldades de transporte chegam ao seu máximo, o empréstimo de arroz com juros na colônia é a forma mais interessante de se usar o estoque de arroz.

No segundo caso, aquele que compra o arroz na folha dá a quantia de dinheiro acertada (entre 3 e 4 US$ por saco de arroz em dezembro 1991, ou seja, quando o arroz já estava plantado) ao vendedor, o qual lhe entregará a quantidade de arroz especificada na época da safra (em maio ou junho 1992). O comprador tem, portanto, que ter certeza que o vendedor vai colher pelo menos a quantidade de arroz comprometida. O comprador se expõe a um duplo risco: uma colheita inferior àquela esperada e um preço do arroz no momento da colheita mais baixo que aquele que havia estimado. Quando o preço de compra do arroz na folha se revela inferior de 20 a 30% ao preço do arroz no momento da colheita dentro da colônia, o comprador considera que ele fez um bom negócio.

No terceiro caso, o comerciante abre um crédito a seus clientes que podem assim tirar mercadorias no seu comércio ao longo do ano. O comerciante anota a dívida num caderno, incluindo uma margem beneficiária e o custo do transporte, isto é, 30 a 50% do preço das mercadorias compradas na cidade. Além disso, o comerciante contará uma taxa de juros em função do tempo decorrido entre a remessa das mercadorias e o pagamento da dívida. Os fregueses pagam geralmente em espécie e na safra. O saldo é calculado neste momento e convertido em quantidade de castanhas ou de arroz conforme os preços do momento dentro da colônia. Os preços estão, pois, desconhecidos no momento da transação.

Em princípio, neste terceiro caso, o freguês pode colher o seu arroz, vendê-lo para um atravessador por um preço um pouco maior ao pago pelos comerciantes da colônia e reembolsar o seu credor em dinheiro. O comerciante teria assim realizado um benefício sobre as mercadorias adiantadas, mas este é fraco comparado aos ganhos que podia descontar da venda na cidade das castanhas ou do arroz do seu freguês. O objetivo do comerciante seria assegurar que no momento da safra, quando os preços da castanha ou do arroz estão mais baixos, ele teria 10, 15 ou 20 fregueses que lhe entregariam uma parte da sua produção para saldar as suas dívidas. Ele poderia, então, usar este estoque de produtos agrícolas para realizar os lucros esperados há meses. Ele recusará doravante adiantar mercadorias para este freguês que não respeitou as duas regras básicas, tácitas ou explícitas, que governam estas transações: pagamento em espécie e no momento da safra.

Empréstimo de arroz, compra de arroz na folha e venda de mercadorias fiado têm o mesmo objetivo: poder contar com um estoque de arroz (ou de castanha) conseguido a preço baixo, em condições nas quais a liberdade do vendedor era reduzida (ele não podia escolher nem a data nem o meio de pagamento), e poder contar com este estoque quando o preço destes gêneros começa a aumentar no mercado regional em Marabá.

Os pequenos comerciantes das colônias agrícolas têm duas possibilidades então para assegurar os seus lucros: jogar sobre as diferenças de preço dos gêneros agrícolas no espaço e no tempo.

Em maio de 1992, logo depois da colheita, eles compravam o saco de 60 kg de arroz agulhinha (em casca) numa faixa de 5 US$ (entre 4,5 e 5,3) na colônia. O arroz era então batido, secado, ensacado e pesado na balança do "comerciante da roça" - muitas vezes acusada de estar falsa - que podia vendê-lo já no mês de julho por 11 US$ em Marabá[4].

Eles podiam também comprá-lo por 5 US$ em maio, guardá-lo nas suas casas, e esperar os meses de dezembro, janeiro ou fevereiro, quando um atravessador de passagem oferecer-lhes-ia 12 ou 13 US$ por saco, visto que nesta época o arroz se vendia entre 15 e 20 US$ em Marabá[5].

Aquele que consegue comprar o arroz por 5 US$ em maio e esperar até janeiro, ou seja, quando os rios estão navegáveis, para vendê-lo em Marabá por 20 US$, alcançará um lucro considerável, sobretudo se usa o seu próprio barco para o transporte. O barco de um dos comerciantes tem capacidade para levar 100 sacos de arroz até Marabá e gasta 30 litros de diesel, ida e volta (mais ou menos 9 US$). Uma única viagem lhe traz um lucro de quase 1500 US$ para um investimento de 500 US$. Teria que descontar, naturalmente, a amortização do barco e o mantimento do motor, mas estes lucros ficam altos quando se considera o salário mínimo mensal o qual não chega aos 100 US$.

Os que não tem barco, recebem o arroz dos seus fregueses em julho, guardam-no em casa, na colônia, ou levam-no para a cidade, seja para vendê-lo logo, seja para estocá-lo ao aguardar o aumento dos preços. Vale notar que vários colonos de Rio Vermelho, nos quais três dos quatro comerciantes, ainda têm a sua casa em Marabá ou Curionópolis. Nesta época do ano, é possível fretar um caminhão: em maio e junho, as chuvas já estão menos fortes e o caminhão pode chegar até ao rio mas ainda não pode atravessá-lo. Um dos comerciantes fez isto e pagou o equivalente a 53 US$ pelo transporte de 55 sacos de arroz até Marabá, ou seja, mais ou menos 1 US$ por saco, o que representava menos de 10 % do preço do saco de arroz em Marabá, nesta temporada, portanto um custo de transporte baixíssimo. De fato, ele conseguiu un motorista que usava, escondido, o caminhão do seu patrão para melhorar sua renda. Um transportador independente, usando seu próprio veículo, cobra três ou quatro vezes mais, para uma distância equivalente (cerca de 80 km dos quais 10 km de pista).

Assim, com um pequeno capital, estes comerciantes intermediários, "comerciantes da roça", podem obter lucros confortáveis. Mas a primeira dificuldade consiste em assegurar uma freguesia cativa, ficar seguro que, logo depois da safra, eles disporão de um bom estoque de castanhas ou de arroz. Com efeito, em maio de 1992, quando os agricultores-comerciantes de Rio Vermelho pagavam o arroz a 5 US$ o saco

---

4 O uso do dólar dos Estados Unidos como unidade de conta permite fazer abstração da inflação e assim não sobrecarregar a demonstração nos cálculos que seguirão.

5 Os preços levantados por ocasião de nossa pesquisa confirmam os números obtidos pelos pesquisadores do LASAT/CAT, pela categoria das "localidades de ocupação recente e mal servidas"; conforme o estudo deles, o preço de compra do saco de arroz ao produtor nestas localidades atinge entre 40 e 60 % do preço pago pelos compradores (usineiros) em Marabá.

para os seus vizinhos, três atravessadores de Curionópolis, vinham oferecer-lhes 7 US$ por saco, e vários colonos venderam uma parte da sua colheita. Mas todos os colonos que haviam recebido mercadorias ou arroz dos seus vizinhos-comerciantes no inverno, todos os que haviam vendido a sua colheita na folha, tinham que entregar o seu arroz. Os simples produtores, trabalhando sozinhos na sua roça, dificilmente podiam abrir mais de 2 ha de roça, que lhes proporcionariam, se tudo desse certo, uns 60 sacos de arroz. Os que haviam chegado de mãos vazias na colônia e comiam fiado há cerca de 10 meses, provavelmente haviam pedido emprestado uns 15 sacos de arroz (consumo anual médio de uma família de 5 pessoas): eles iriam devolver pelo menos 18 sacos. Provavelmente haviam comprado algumas mercadorias fiado, gastando assim uns 10 sacos de arroz se eles tem ficado suficientemente econômicos. Se eles querem guardar arroz para se alimentar durante a próxima estação agrícola e dispor das sementes para a próxima roça, eles precisam guardar uns 16 ou 17 sacos de arroz. Ficam 18 ou 19 sacos de arroz que podem vender em condições relativamente livres. Se eles são econômicos o suficiente e conscientes das variações de preço em Marabá, podem esperar fazer um bom negócio ao vender o arroz nesta cidade, alguns meses depois. No entanto, para encher um caminhão e conseguir assim um frete interessante, precisam dispor de uma certa quantidade de arroz: 50 ou 100 sacos, conforme o tamanho do veículo. Vários colonos podem se associar para encher o caminhão, mas esta prática não é muito freqüente. Também, podem desfrutar do caminhão do sindicato ou de um político em campanha, para levar o arroz de graça ou por um preço reduzido. Ao chegar à cidade, se eles não têm um lugar para estocar o arroz enquanto procuram um bom preço, terão que vender rápido e não conseguirão alcançar os lucros esperados. Na colônia, os comerciantes que lhes venderam fiado o ano inteiro, pressionarão para que lhes vendam este excedente. Os atravessadores de passagem lhes oferecerão um preço um pouco mais alto. Os colonos venderão então, muitas vezes, uns 10 sacos por 6 ou 7 US$ cada e sairão para "a rua" para comprar algumas ferramentas, roupas novas, ou fazer uma farra, uma "brincadeira" como eles dizem. Certo, estes pequenos agricultores dispõem quase sempre de outras fontes de recursos: além do arroz, eles plantam milho e mandioca na roça. O primeiro serve mais para alimentação das galinhas, mas às vezes também é vendido. A segunda serve para fazer farinha para o consumo familiar ou mesmo para vender quando o preço lhes parece compensador. Dos lotes, eles podem apanhar uns hectolitros de castanha ou alguns cupuaçus. Podem também trabalhar alguns dias para um vizinho mais "forte" ou fora da colônia. Mas a renda da venda de 45 sacos de arroz na colônia (quando se deduzir o auto-consumo), mesmo por 7 US$, ou seja 315 US$, deve ser colocado em relação com o salário mínimo anual (uns 1000 US$) e com os lucros do comerciante no exemplo citado, ou seja 1500 US$.

Mas o preço do arroz na colônia estava fixado em relação aos preços de Marabá e, os que ficaram endividados com um comerciante não podiam lhe querer mal, ele que havia aceitado lhes vender fiado. Todos, comerciantes e fregueses, pareciam assim submetidos à mesma lei, impessoal, a lei do mercado, a lei do "é o preço do arroz que é baixo demais" como dizem os agricultores, designando assim a causa da reprodução da sua miséria. No entanto, os comerciantes dispõem de uma relação de força favorável, construída no isolamento da colônia, e que se traduzia pela obrigação, de fato, de pagar suas dívidas em espécie e no momento da colheita, relação de força que lhes permitia capturar uma certa quantidade de arroz e isto a preços abaixo daqueles vigentes em Marabá, ou mesmo abaixo dos oferecidos pelos atravessadores, os quais não moravam na colônia.

Ao longo dessas trocas, os comerciantes da roça acumulam, de um ano para outro, mais ligeiro que os seus fregueses, o que se materializa geralmente em quantidade de pastos, de cercas e de cabeças de gado. E seus fregueses lhes dão, em breve, o título de "fazendeiro" ou de "patrão", com inveja ou com raiva, mas às vezes, também, com orgulho, quando podem gabar-se de ir pescar juntos, participando assim de um êxito do qual, é verdade, eles não são totalmente estranhos. Então, por que eles se recusariam em vender os seus últimos sacos de arroz, aqueles que o comerciante não havia conseguido apropriar-se através dos vários mecanismos de endividamento? Para ganhar uns cruzeiros a mais, vale a pena o risco de perder um amigo tão digno?

FORMAS DE DOMINAÇÃO SOCIAL PATERNALISTAS

Os agricultores mais desprovidos procuram escapar destes mecanismos de exploração, empréstimo de arroz, venda da colheita na folha, venda de mercadorias fiado? Procuram eles, a qualquer preço, sua autonomia em relação ao vizinho mais "forte", em relação ao comerciante que já tem "uma ponta de gado" e alguns animais, aquele que encarna já a figura do fazendeiro, aquele que tem relações na cidade?

Eis a pergunta colocada por Leonarda MUSUMECI (op. cit., p 300-301) a partir de um estudo realizado no final dos anos 70, sobre a diferenciação social interna do campesinato maranhense no município de Poção de Pedras, no médio Mearim. Este autor conclui que os camponeses não procuram uma autonomia máxima com os comerciantes-patrões; obter o crédito destes constitui, pelo contrário, nas suas representações, um fator importante ou até imprescindível, de ascensão sócio-econômica:

> "Finalmente, a hipótese de os camponeses buscarem o autofinanciamento e a autonomia face aos patrões choca-se com as práticas e orientações registradas no trabalho de campo, nosso e de outros autores .... Todavia, é como parte integrante, elemento constitutivo das relações sociais em pauta, que o crédito "usurário" deve ser pensado, não como acidente fortuito ou apêndice necessariamente indesejável. ... quando se pede aos camponeses que expliquem como e porquê alguns deles conseguem "enricar", "melhorar de vida", iniciar uma trajetória econômica ascendente, eles, com muita freqüência respondem que o fundamental é obter crédito ou ajuda de um patrão forte."

Os quatro agricultores-comerciantes de Rio Vermelho conseguiram acumular, mais ligeiramente, que os outros, vendendo fiado aos seus vizinhos, seja graças ao seu próprio capital, seja por conseguir, por conta própria, um crédito junto a um comerciante da cidade. Se alguns colonos tentam, por si mesmos, obter um crédito fora da colônia e conseguem não se endividar junto aos comerciantes da roça, os que moram em lotes mais afastados, os que dificilmente vão para a cidade, enxergam os seus vizinhos comerciantes como as únicas pessoas junto as quais eles podem conseguir um crédito. Entre seus vizinhos tão isolados e tão desprovidos como eles, o comerciante que lhes visita de vez em quando, na casa do qual eles vão procurar o óleo ou o açúcar, mas também conversar, tomando assim um "banho de relações sociais", parece alguém diferente, alguém que conhece os "grandes", na cidade.

Do ponto de vista estritamente econômico, a maior parte dos colonos deveria poder passar sem o empréstimo de arroz, sem a venda da colheita na folha, já no segundo ano de ocupação. No terceiro ano, eles deveriam poder constituir suas próprias reservas e só comprar fiado no comerciante da roça de maneira excepcional. Então, por que, depois de 4 ou 5 anos de presença na colônia e até mais, alguns ainda comprometem uma parte significativa da sua colheita dentro dos mecanismos de exploração que acabamos de descrever? Certo, os problemas de saúde, os problemas climáticos, os incidentes técnicos no curso do processo de produção, as pequenas quantidades produzidas que não permitem aproveitar preços de transporte razoáveis, todos esses fatores são importantes. No entanto, não dão totalmente conta da reprodução dos mecanismos de endividamento. Não explicam, por exemplo, por que a associação entre agricultores para comercializar os seus produtos e desfrutar assim de custos de transporte mais baixos, não está mais difundida. Como se as relações horizontais, entre agricultores de nível sócio-econômico comparável, fossem desvalorizadas em relação às relações verticais, entre patrões e fregueses.

Alguns agricultores compram fiado, mesmo que a situação deles não justifique sua entrada numa relação que lhes vai trazer prejuízo. Não precisam mais pedir arroz emprestado a juros, não precisam mais vender sua colheita na folha, mas mantêm um certo nível de endividamento, não por prazer da dívida, mas sim para estabelecer uma relação com um colono mais "forte", um laço que aparece como a garantia de poder conseguir uma ajuda, uma proteção, o acesso a bens e serviços, mas também a um certo reconhecimento social e, por que não, à possibilidade de passar a ser "patrão". Como os comerciantes procuram os "bons fregueses", estes procuram um "bom patrão", um homem socialmente firme, um homem reconhecido por todos. O pequeno colono fica orgulhoso então de ter sido capaz de estabelecer uma relação desse tipo que tentará consolidar, pedindo ao seu protetor de passar a ser eventualmente o padrinho de um dos seus filhos[6].

Os fregueses e os comerciantes, protagonistas dessas relações sociais originais, não percebem suas trocas só através das categorias da exploração econômica. Todos são agricultores, alguns mais "fortes", outros mais "fracos" como eles dizem. Uns

---

6 A respeito do uso das relações de apadrinhamento na região de Altamira, ver a tese de doutorado de Roberto ARAUJO (1993).

trabalham mais que outros, ou "organizam o seu trabalho melhor", e, aliás, "tem que ter uns fortes e uns fracos" dizia um dos agricultores-comerciantes de Rio Vermelho, "senão, ninguém precisa de ninguém".

Os lucros dos comerciantes são percebidos por todos, mas muitas vezes aceitos como uma das facetas de um conjunto de relações sociais apresentadas como relações de ajuda. O adiantamento de alimentos ou de sementes é considerado como uma ajuda (MITSCHEIN, 1989, p 139). É nesses termos que a relação se estabelece. O freguês tem a impressão de um tratamento de favor. Ele tem que merecer esses favores por um comportamento digno das esperanças do seu protetor: aceitar as condições de reembolso da sua dívida que lhe são propostas, ficar pronto para trabalhar alguns dias para ele se precisar, deixando às vezes tarefas urgentes no seu próprio lote para ir apanhar arroz no lote do seu benfeitor. Em compensação, o comerciante tem que lhe trazer socorro em caso de necessidade: adiantar-lhe arroz ou mercadorias, emprestar-lhe um animal, levá-lo à cidade de graça no seu barco em caso de doença ou empregá-lo em prioridade. No caso contrário, ele apareceria como um mau patrão, perderia este freguês, e outros poderiam seguir o mesmo exemplo deste. Aliás, cada um se expressa usando este vocabulário da ajuda. O patrão emprega o seu vizinho para lhe ajudar e este aceita trabalhar para ele porque sabe que está em dificuldades neste momento, então tem que ajudá-lo. Certo de poder contar com a ajuda do seu patrão, o freguês fica a sua disposição, fora de qualquer contrato, às vezes contra o seu interesse imediato. As condições de reembolso da dívida variam com os costumes locais, mas são resultado de uma relação de dominação idêntica na qual "patrões-protetores" e "fregueses-sujeitos" constituem os dois pólos.

Os patrões paternalistas europeus do século XIX não se comportavam de maneira diferente, distribuindo uma parte dos seus lucros na forma de uma assistência social que ainda não havia sido assumida pelo Estado. O reconhecimento dessa assistência era pessoal; isto limitava a ação reivindicativa dos empregados e atrasava a constituição de associações de trabalhadores.

As relações sociais paternalistas, dominantes na Amazônia mais que em qualquer outra região brasileira (LENA & MACIEL da SILVEIRA, 1993, p 10) atrasam também a associação dos pequenos camponeses frente aos seus patrões-comerciantes ou imprimem suas marcas nela. Os sindicatos de trabalhadores rurais aparecem aos olhos dos posseiros como um meio de conseguir certos bens e serviços (no campo da saúde ou do transporte por exemplo), aliás, eles não se dirigem ao sindicato em si mesmo, mas sim a tal diretor do sindicato: o serviço dado pode eventualmente assegurar para este diretor o sustentáculo do seu "devedor" durante uma assembléia geral. O posseiro ou o sindicalista de base não reivindicou um direito inscrito nos estatutos do sindicato, um direito contratual, mas sim pediu um favor, no âmbito de uma relação pessoal. O fato de facilitar o acesso das populações desprovidas a certos serviços -de saúde especialmente- representa, aliás a origem de numerosas carreiras políticas no sul-sudeste do Pará, inclusive nos partidos políticos progressistas que não conseguem evitar a recorrência ao clientelismo político[7].

As relações sociais paternalistas têm sido estudadas por vários autores sob vocábulos diferentes. Leonarda MUSUMECI (op. cit.) usa o termo de "patronagem" para qualificar as relações paternalistas de dominação e de exploração entre os atacadistas de arroz, os intermediários e os produtores no Estado do Maranhão. A importância das relações paternalistas na construção do campo político brasileiro tem sido abundantemante ilustrada, primeiro através dos estudos sobre o "coronelismo" (NUNES LEAL, 1949) e sobre o "patronato político" (FAORO, 1958) e depois sobre o "patrimonialismo" (URICOCHEA, 1980; ROETT, 1992).

No entanto, embora as formas de dominação (favores/obrigações) que recobrem estas várias noções, e que podem ser englobadas sob o termo de "relações sociais paternalistas", têm sido estudadas, desde algum tempo, a natureza dos processos de exploração aos quais elas estão associadas, por exemplo, o endividamento dos agricultores tal como o descrevemos - ainda não foi claramente explicitado.

PROCESSOS DE EXPLORAÇÃO NÃO-MERCANTIS

Para alguns autores, os lucros dos comerciantes das frentes pioneiras provêm da aplicação de um capital comercial e usurário:

> "... os pequenos produtores rurais tendem a encarar o fornecimento adiantado de alimentos, ferramentas, sementes, remédios, etc., pelos representantes do capital comercial e usurário como uma espécie de ajuda, à qual, via de regra, respondem com lealdade tanto mediante a entrega da sua produção aos preços fixados pelo comerciante como, se assim for necessário, a nível político." (MITSCHEIN, op. cit., p 139).

Leonarda MUSUMECI (op. cit., p 294) no entanto, após ter, perfeitamente, mostrado o caráter cativo das transações como também a sua articulação com as relações de patronagem, formula o termo de "capital mercantil-usurário" a fim de dar conta do uso conjunto dessas duas formas de capital considerando, assim, que se trata ainda de práticas relacionadas à economia mercantil capitalista.

Caso os comerciantes aceitassem o reembolso da dívida dos seus fregueses em dinheiro, tratar-se-ia, talvez, efetivamente de um simples uso particular do "capital mercantil-usurário", como o sustenta Leonarda Musumeci.

Os usurários emprestam dinheiro esperando de volta uma quantia superior e os comerciantes compram mercadorias que tentam vender com lucro. O uso de um capital mercantil-usurário poderia ser definido como um empréstimo a juros concedido para comprar mercadorias que seriam vendidas com lucro, e só para isto. E pode-se considerar que o comerciante que consiga um empréstimo a juros para comprar arroz, castanha ou borracha que venderia depois com lucro, estaria usando um capital mercantil-usurário. Uma vez a operação terminada, ele reembolsaria o usurário.

---

7 Ver a respeito o estudo bem documentado de Rodrigo PEIXOTO (1993).

No entanto, o capital usado nas transações que nós descrevemos, serve, efetivamente, para comprar mercadorias, mas estas não são vendidas aos colonos com o objetivo de isolar um lucro que se materializaria na forma de dinheiro; elas são adiantadas com o objetivo de conseguir em troca o produto do seu trabalho.

Se o dinheiro obtido junto ao usurário fosse usado para comprar o produto do trabalho dos colonos (arroz, castanha, etc.) que seria então vendido com lucro, poder-se-ia falar em capital mercantil-usurário. Uma vez a operação terminada, o comerciante reembolsaria o usuário.

Mas o comerciante não compra o produto do trabalho dos colonos, ele o recebe em troca das mercadorias que lhes adiantou. Além disso, no final da transação dentro da colônia, o comerciante da roça, dificilmente, vende o produto do trabalho dos colonos a quem oferece o preço mais alto, num mercado concorrencial, mas sim entrega este ao "usurário" que lhe havia adiantado o dinheiro. Ele também está inserido em relações cativas. No caso do arroz, o comerciante da roça o entrega a um dos usineiros[8] de Marabá que consegue assim concentrar em suas mãos, importantes estoques de arroz através dos intermediários que financiou.

Quando o usineiro possui também um supermercado em Marabá, basta ele adiantar mercadorias para os seus intermediários (atravessadores, compradores dos atravessadores morando nas colônias, comerciantes da roça) -e não mais dinheiro-, anotar a quantia no seu caderno, e esperar que essas mercadorias se transformem em arroz ao longo desta verdadeira cadeia de "sugar" ou de "aspirar" o arroz.

Assim, estão articulados dois tipos de transações aparentemente idênticas (mercantis) mas de natureza fundamentalmente diferentes: de um lado transações cativas, do outro, transações submetidas às regras do mercado nacional ou internacional. De um lado, o valor dos produtos trocados é determinado basicamente por uma das duas partes: o comerciante paternalista. Do outro, os preços tendem a se ajustar em função da oferta e da demanda, seguindo as leis do mercado, pelo menos quando o Estado consegue limitar a constituição de monopólios ou oligopólios, e fazendo abstração das políticas de preços garantidos.

Onde se situa a junção, o limite, entre a esfera das transações cativas ou clientelistas e aquela das relações mercantis? Isto depende dos produtos: no caso do arroz, parece que a penetração do mercado regional por compradores e vendedores de outros estados brasileiros garante o ajuste dos preços regionais com os da bolsa de São Paulo, esses estreitamente dependentes do mercado internacional; no caso da castanha-do-pará, a compra e a exportação do produto, exclusivamente amazônico, estão dominadas por um oligopólio cujo centro se encontra em Belém e está articulado às redes clientelistas do sudeste do Pará, do baixo Amazonas ou do Acre. Neste caso, só se pode falar em relações mercantis quando os importadores estrangeiros revendem as castanhas nos mercados europeus ou norte-americanos.

---

8 Donos de máquinas para beneficiar (descascar) o arroz.

Na esfera clientelista, a forma mercantil das transações é assim puramente fictícia. Certos bens são trocados dentro de um quadro de relações desiguais, entre os comerciantes paternalistas e os seus sujeitos, dentro de um dispositivo cativo. Os fregueses cativos devem reembolsar as mercadorias recebidas fiado, no momento escolhido pelo comerciante, na safra, quando os preços estão mais baixos no mercado regional. Os comerciantes impõem, coletivamente, aos seus fregueses o reembolso em espécie, como a data do reembolso. Estas duas condições determinam a natureza não-mercantil desses processos de exploração e, numa larga medida, o grau da exploração: o preço do arroz não poderá estar superior àquele pago em Marabá nesta época, diminuído dos custos de transporte que incluem os lucros de um transportador independente. O preço do arroz sera assim alinhado sobre aquele oferecido pelos atravessadores de passagem na colônia. Mas os comerciantes morando na colônia, desfrutam, coletivamente, de uma gratificação ligada ao adiantamento de mercadorias. O preço do arroz pago pelos comerciantes da roça sera assim inferior àquele dos atravessadores.

Os comerciantes concedem favores, como o adiantamento de mercadorias, e recebem em troca o produto do trabalho dos seus fregueses. Para maximizar os seus lucros, basta aumentarem o preço de "venda" das mercadorias e diminuirem o preço de "compra" do arroz ou das castanhas, com um certo limite é claro, visto que os colonos vão à cidade de vez em quando, informando-se dos preços, ao contrário dos seringueiros que dificilmente saem do seringal. Vale notar, no entanto, que a instabilidade permanente dos preços, ou seja, a inflação, não os ajuda a ficarem atualizados. Esta, assim como a avaliação dos preços do transporte, são os pontos retóricos que usa o comerciante para justificar os seus preços, a sua artimanha.

Os comerciantes da roça são os primeiros intermediários de uma cadeia que "suga" a produção camponesa, seguindo métodos pouco diferentes, no seus princípios, daqueles usados pelos seringalistas, donos de castanhais ou patrões de fazendas, métodos nos quais o barracão constituia a peça mestre. O fato de existir vários barracões - vários comerciantes- numa colônia agrícola muda pouco neste caso. A função do depósito de mercadorias do comerciante da roça e do barracão do seringal é a mesma: apropriar-se do produto do sobretrabalho dos fregueses. A função do livro de contas nos dois casos é a mesma: manter a ilusão que se trata de uma troca mercantil. O registro da dívida em numéro no caderno do comerciante acrescenta a ilusão que se trata de uma compra seguida por uma venda, ou seja, de duas transações mercantis e independentes uma da outra. Nas colônias agrícolas, essa ilusão é mantida também pelo fato de o preço do arroz dentro da colônia estar em função dos preços do mercado, ou melhor, não aos preços do mercado, mas em relação a eles. Na colônia, na época da safra, tem que se esperar o preço do arroz em Marabá para saldar as dívidas. Se, num ano, na época do saldo, o preço do arroz esta mais elevado do que o previsto (por exemplo se a produção das outras regiões brasileiras, ou até de outros países, está aquém das necessidades do mercado), os agricultores entregarão uma quantidade de arroz menor aos seus credores, ou seja, o preço das mercadorias a eles adiantadas pelo comerciante durante os últimos meses revelar-se-á mais baixo do que o previsto.

Os processos de exploração econômica estudados aqui, assentam-se, como vimos, sobre a captura de fregueses, ou seja, sobre o controle do seu acesso ao mercado, tanto para comprar as mercadorias de que precisam, como para vender o produto do seu trabalho. Este princípio de exclusão foi colocado em evidência por Christian GEFFRAY (1993, p 120) à respeito dos seringueiros:

> "Os seringueiros não são cativos de uma armadilha marginal ou de uma opressão própria às longínquas florestas: a predação "mercantil" aparece em toda parte. Em toda parte, existem ou existiam alguns homens coligados para manter outros indefinidamente na soleira do mercado, e autorizar-se deste confinamento para apoderar-se da totalidade do valor mercantil do sobretrabalho deles." (tradução nossa)

Assim, quando os comerciantes impõem aos seus fregueses o pagamento da sua dívida em espécie e em data fixada, trata-se de uma forma de coação, é certo, aceita e até solicitada pelos fregueses no quadro das relações paternalistas, mas uma coação ou, melhor dizendo, uma forma de dominação, contrária ao funcionamento contratual e impessoal da economia de mercado.

O filósofo Jacques BIDET carateriza as relações de mercado da seguinte maneira:

> "Na forma mercantil da troca, a vontade do mais forte não se impõe como a de um indivíduo sobre outro que estaria na sua dependência. O fraco se submete à necessidade impessoal de trocar em situação desigual, mas não a vontade de outrém como tal." (BIDET, 1990, p 75, citado e traduzido por LENA e MACIEL da SILVEIRA, op. cit., p 12)

Ao contrário, nas relações de troca entre fregueses e comerciantes da roça tais como as descrevemos, os fregueses se submetem à vontade dos comerciantes, colocados nas suas representações no lugar dos únicos protetores possíveis, no lugar dos patrões paternalistas. Dentro de tal sistema de representações, fregueses e comerciantes não dispõem dos mesmos direitos e do mesmo poder. Esta desigualdade jurídico-politica entre comerciantes da roça e fregueses, desigualdade que diferencia essas relações de troca das relações sociais de mercado, acompanha-se, é claro, de uma desigualdade econômica, mas as duas categorias não devem ser confundidas como ressaltam LENA e MACIEL da SILVEIRA (op. cit., p 12):

> "Vale notar que pelo fato de a troca ser, muitas vezes, desigual e o mercado favorecer as dinâmicas de concentração de renda, o caráter contratual da troca não é anulado. A noção de igualdade econômica e a forma contratual (igualdade jurídico-politica) são duas categorias radicalmente diferentes que não devem ser confundidas."

Assim, as formas de troca estudadas aqui não têm nada de mercantil e não são relações sociais de tipo capitalista.

Philippe LENA e Isolda MACIEL da SILVEIRA (op. cit., p 10) qualificam assim o que consideram como "o problema central da Amazônia":

> "... a maior parte da Amazônia não apenas está às margens das relações sociais de tipo capitalista, mas nem esta inserida em relações de mercado."

No entanto, se estes processos de exploração não se parecem com o capitalismo, somente fazem sentido com a sua articulação com este. O comerciante realiza o valor mercantil do produto do sobretrabalho dos seus fregueses quando ele introduz os “excedentes” agrícolas no mercado regional. Se encontra dificuldade para ali vender o arroz a quem oferece o preço mais alto (porque ele mesmo é um freguês cativo de um usineiro), o usineiro ou o atacadista ao qual entrega o arroz “limpo”, dirigem-se para um verdadeiro mercado onde compradores e vendedores se encontram frente a frente numa situação de igualdade jurídico-politica.

Há alguns anos atrás, se os atacadistas de Marabá, formando um oligopólio, fossem ainda capazes, talvez de impor os seus preços aos intermediários e, em conseqüência, aos produtores, o mercado regional estaria hoje aberto aos mercados de Goiás, do Maranhão e de São Paulo. Apesar desta recente abertura, se pode ainda se perguntar a respeito das causas das variações de preço, importantes ao longo do ano neste mercado regional[9], variações que permitem aos intermediários de realizar os seus lucros ou que lhes permitem justificar os preços baixos que oferecem aos produtores na época da safra. E os produtores, tanto quanto os comerciantes, escoram-se sobre esta verdade objetiva, os primeiros esquecendo que poderiam reivindicar a possibilidade de reembolsar a sua dívida no mês de fevereiro ou março, quando os preços são mais altos. Nesta situação, os comerciantes fechariam, provavelmente, os seus comércios ou procurariam se adaptar e talvez alguns procurariam um lugar mais apropriado para um comerciante paternalista.

Mas, mesmo se o ferrolho clientelista funciona ainda ao nível dos atacadistas de Marabá, as transações, verdadeiramente, mercantis acontecem mesmo em São Paulo. Em suma, as redes clientelistas estão articuladas, em um nível ou em outro, ao mercado capitalista.

No seu livro, “Amérique Latine, Introduction à l’Extrême-Occident”, Alain ROUQUIE descreve várias formas de “coerção extra-econômica” cuja origem ele situa no cruzamento da apropriação do espaço em latifúndios e da economia escravocrata. Ele se pergunta se não se trataria de um “modo de produção específico”, diferente do capitalismo (ROUQUIE, 1987, p 102):

> “O exercicio da autoridade politica e judicial pelo patrão, a força do poder fundiário e do poder local, a importância dos laços pessoais inclusive na gestão das relações sociais, outras tantas manifestações de sistemas sociais onde a neutralidade das relações contratuais está longe de ser totalmente estabelecida. A tal ponto que se pode perguntar se não se trataria de um modo de produção específico.” (trad. nossa)

Sem falar de um novo modo de produção, visto que os processos de exploração descritos aqui estão ligados ao controle da circulação dos produtos e não diretamente à produção em si mesma, pode-se formular a hipótese de um modo de exploração

9 Seria interessante saber em qual proporção as variações do preço do arroz ao longo do ano no mercado regional, estão relacionadas às variações similares na Bolsa de São Paulo.

específico, um modo de exploração que toma aparências mercantis mas cujo princípio repousa sobre a constituição de freguesias cativas, trata-se pois de um modo de exploração não-mercantil e, não-capitalista.

UM MODO DE EXPLORAÇÃO ORIGINAL?

A exclusão ou o confinamento dessas populações na soleira do mercado constitui a condição prévia à apropriação do valor mercantil do produto do seu sobretrabalho. Estes processos de exploração são antigos e, ainda hoje, não são raros. Marcaram ou marcam ainda as relações entre os seringueiros, indios ou não, e os seringalistas, entre os castanheiros e os donos dos castanhais, entre os peões e os fazendeiros ou seus "gatos", entre os garimpeiros e os donos das bombas ou dos aviões, mas também entre os pequenos agricultores das frentes pioneiras amazônicas e os seus patrões-comerciantes. Esses processos de exploração, obedecendo ao mesmo princípio -o confinamento de populações na soleira do mercado- são tão abrangentes, tão enraizados numa história já antiga, que se pode falar de um verdadeiro modo de exploração, um modo de exploração diferente do capitalismo, porém a ele articulado.

Mostrando a articulação desses processos de exploração às formas de dominação paternalistas, Christian GEFFRAY (op. cit., p 127) propõe qualificar este modo de exploração original, de "paternalista":

> "O paternalismo é, pois, um modo de exploração distinto do capitalismo apesar de estar intimamente dependente deste. Seus donos estão todos suspensos ao universo do capital, à montante e jusante do processo de exploração: para a importação dos bens cuja retenção e redistribuição organizadas fundamentam a submissão e as obrigações sociais dos explorados, e para a exportação do produto do trabalho destes últimos, cuja venda final no grande mercado estrangeiro internacional corrobora o cumprimento da exploração." (trad. nossa)

No caso das colônias agrícolas estudadas, os comerciantes paternalistas não constituíram propriedades nas quais manteriam os agricultores afastados do mercado, como o fizeram os seringalistas. Conseguiram, eventualmente, monopolizar os meios de transporte, pelo menos durante o inverno, como o fizeram os donos das pistas de aviação dos garimpos, mas, sobretudo, beneficiaram-se de condições geográficas favoráveis (o isolamento das colônias agrícolas, isolamento favorecido pelo açambarcamento das terras por outras categorias sociais), mas também de uma dinâmica social recente (as ocupações de terra) as quais lhes permitiram, pelo menos durante os primeiros anos de ocupação, de instalar-se nessas colônias como "importadores" de bens manufaturados e como "exportadores" de produtos agrícolas, reproduzindo assim o modo de exploração inaugurado pelos exportadores de açúcar desde o século XVII.

Vimos, no entanto, que, no sudeste do Pará, dentro das colônias agrícolas de ocupação mais recente, apenas uma parte da produção dos colonos é comercializada pelos comerciantes da roça. Eles sofrem a concorrência dos atravessadores, seja por falta de capital pessoal ou por falta de crédito junto a comerciantes maiores, seja porque eles não cumprem mais as suas obrigações de patrões paternalistas: eles nem sempre oferecem a assistência que os seus fregueses esperam em troca da sua submissão. Mas quando os comerciantes têm ajudado os colonos a conseguir um pedaço de terra, quando eles são vistos como distribuidores de terra, aí sim, eles ocupam o lugar do patrão e o modo de exploração paternalista se reproduz nessas colônias, pelo menos durante algum tempo, o tempo da memória, memória que os comerciantes paternalistas distribuidores de terra tentam manter.

No entanto, as relações paternalistas tendem a desaparecer quando os comerciantes se negam a oferecer assistência aos seus fregueses, e os atravessadores, apesar de oferecer preços um pouco melhores, não oferecem nenhuma proteção em caso de emergência. No entanto, o fato das relações paternalistas estarem se debilitando nas práticas comerciais não impede que elas continuem funcionando como um modelo nas representações sociais dos atores, como ressalta Mikel Aramburu (1992, p 131) no seu estudo sobre o aviamento na ilha de Marajo.

O Estado tampouco, oferece esta proteção. Neste vazio se encontram alguns fatores explicativos de outros fenômenos, como por exemplo, a ansiedade dos pequenos produtores para possuir umas cabeças de gado, verdadeira caixa de poupança deles para enfrentar as situações excepcionais de carestia ou de doença. Sem esquecer que este gado representa a possibilidade de sonhar em se tornar patrão. Criar gado, sonhar em ser patrão, explicam também, em larga medida, a correria para conseguir um pedaço de terra.

Os habitantes da periferia das cidades do sudeste do Pará lançaram-se para ocupar as terras desapropriadas pelos poderes públicos, fugindo da sua condição de simples empregados mau pagos e geralmente sem nenhuma garantia social. Passaram a ser posseiros ou donos de um pedaço de terra, mas desse modo afastaram-se da cidade onde desfrutavam de um melhor acesso aos serviços públicos (saúde, educação). Nessas ilhas de povoamento isoladas, relações de dependência paternalistas estabelecem-se entre os mais desprovidos e os que dispõem de um pequeno capital ou de um meio de transporte. Esta vantagem lhes permite "alimentar" os que se limitaram a trabalhar a terra e que lhes entregaram depois o produto deste trabalho a fim de reembolsar a sua "dívida". O adiantamento de alimentos aparece como o fruto de uma benevolência e esta representação coloca os beneficiados numa posição de fraqueza por ocasião da fixação dos preços. Eles não são livres para vender o produto do seu trabalho ao comprador de sua escolha, mas devem entregá-lo ao seu credor e isto na época da safra, quando os preços estão mais baixos. Essas transações cativas conduzem assim a uma exploração que não se parece com o capitalismo. Elas ilustram a existência de um modo de exploração diferente, de tipo paternalista, mas articulado ao capitalismo, visto que esses processos de exploração não-mercantis são corroborados pela venda dos produtos agrícolas no mercado capitalista. Assim, as colônias agrícolas da Amazônia não podem mais ser consideradas como o lugar de construção de uma sociedade nova, diferente do resto da sociedade brasileira. Pelo contrário, as relações sociais pré-modernas que caraterizam ainda alguns setores da sociedade brasileira, especialmente nas regiões menos desenvolvidas, encontram, nas areas de colonização mais recentes, condições favoráveis para a sua reprodução. No entanto, uma camada de agentes econômicos pouco capitalizados consegue surgir nessas colônias, aproveitando-se das suas características geográficas, propícias a permanência do modo de exploração paternalista.

REFERÊNCIAS BIBLIOGRÁFICAS

ARAMBURU, M. 1992. *O poder dialógico, etnografias sobre relações de trabalho na Amazônia.* Dissertação de mestrado, Departamento de Antropologia do Instituto de Filosofia e Ciências Humanas da Universidade Estadual de Campinas, 332 p.

ARAUJO, R. 1993, *La cité domestique*. thèse de doctorat, Université de Paris X, Nanterre.

BIDET, J. 1990, Théorie de la modernité, PUF, Paris, 313 p.

FAORO, R. 1958, Os donos do poder: formação do patronato político brasileiro, 8ème éd., Sào Paulo, Globo, 1989, 750 p.

GEFFRAY, C. 1993, Les maîtres hors la loi (sur l'exploitation paternaliste au Brésil), a ser publicado no Seuil, Paris, 202 p.

HAMELIN, P. 1991, O fracasso anunciado, *in*: "Amazônia, a fronteira agrícola 20 anos depois", Philippe Léna e Adélia Engracia de Oliveira, org., Museu Paraense Emílio Goeldi, Belem, 363 p., coleção Eduardo Galvão).

LENA, P. & MACIEL da SILVEIRA, I. 1993, Uruará: o futuro das crianças numa area de colonização, Belem, UNAMAZ/UFPa, 92 p.

MITSCHEIN, T. MIRANDA, H. & PARAENSE, M. 1989, Urbanização selvagem e proletarização passiva na Amazônia: o caso de Belem, Belem, CEJUP, 236 p.

MUSUMECI, L. 1988, O mito da terra liberta, Sào Paulo, Socius/Anpocs, 419 p.

NUNES LEAL, V. 1949, Coronelismo, enxada e voto, São Paulo, Alfa-Omega, 2ème éd., 1975, 276p.

PEIXOTO, R. 1993, A construção de carreiras políticas no sul-sudeste do Pará, palestra do 27-08-93 no Museu Paraense Emílio Goeldi, Belem.

ROETT, R. 1992, Brazil, Politics in a patrimonial Society, 4th ed., Praeger, Westport, 236 p.

ROUQUIE, A. 1987, Amérique latine, introduction à l'Extrème-occident, Seuil, Paris, 438 p.

TOPALL, O. 1990, Colonisation agricole au long de la Transamazonienne, les systèmes de production 20 ans après. Une étude de cas, Marabá - Brésil. Mémoire de DAA de Productions Végétales, Ecole Nationale Supérieure d'Agronomie de Rennes-France, Centro Agro-ambiental do Tocantins, Marabá - Pará - Brésil, 165 p.

URICOECHEA, F. 1980, The Patrimonial Foundations of the Brazilian Bureaucratic State, University of California Press, Berkeley, 233 p.

MANEJO ECOLÓGICO, MANEJOS POLÍTICOS: OBSERVAÇÕES PRELIMINARES SOBRE CONFLITOS SOCIAIS NUMA ÁREA DO BAIXO AMAZONAS[1]

Roberto Araújo

O pescador acaba de iniciar sua viagem de volta com um belo pirarucu, pescado no período em que a captura desse peixe é proibida para favorecer a desova. Nas imediações do ponto em que o rio Maicuru deságua no Lago Grande de Monte Alegre, sua canoa é repentinamente cercada por uma ameaçadora expedição de uma dezena de homens.

Nessa noite, todos os homens da expedição são oriundos do povoado de Curicaca. A maioria deles, como o dono da canoa, reparte suas atividades entre a pequena agricultura (mandioca, milho, arroz, feijão etc.) e a pesca, das quais tiram sua subsistência e comercializam excedentes. Deve-se ainda supor que alguns possuam pelo menos umas poucas cabeças de gado, a exemplo de inúmeras famílias de pequenos produtores desta região em que abundam ricos pastos de várzea.

O pescador mora em Piracaba, na beira do Lago Grande. Para ir de sua casa até Curicaca, leva-se mais de uma hora num barco a motor para contornar a desembocadura do Maicuru pela margem direita e subir o rio, e apenas a metade desse tempo caso se prefira percorrer a pé a distância entre os dois povoados.

Os homens de Curicaca que cercam a canoa são portanto, de certa forma, vizinhos do dono da canoa. Vizinhos mais distantes, sem dúvida, do que os moradores das 74 casas situadas na área territorial reconhecida como pertencente ao povoado de Piracaba, mas os vínculos de aliança e de cooperação econômica são múltiplos e intensos entre os residentes desses dois povoados que compartilham, como sugeriremos adiante, origens comuns.

Um dos homens da expedição é um próspero vendeiro de Curicaca. Ele tem negócios com o proprietário de um barco a motor de Piracaba casado com sua irmã, que faz linha e frete para as cidades próximas de Monte Alegre e Santarém. O barqueiro de Piracaba administra as compras na cidade e transporta as mercadorias do vendeiro de Curicaca até o Lago Grande.

---

[1] Este texto sintetiza observações de um primeiro relatório de viagem à região do Lago Grande de Monte Alegre, realizada durante o primeiro semestre de 1994 no quadro de um projeto CNRS.

Ora, nosso pescador não é outro senão o irmão do barqueiro. O vendeiro de Curicaca nada faz no entanto quando os expedicionários decidem tomar à força o pirarucu de dentro da canoa sitiada. Desinteresse ou impotência do vendeiro? Difícil saber. Deve-se apenas lembrar que nesse tipo de expedição até mesmo o barqueiro de Piracaba poderia ter sido levado a participar da abordagem da canoa do irmão : pois ele não admite ter se juntado a uma saída noturna em que mais de trinta homens armados aterrorizaram dois canoeiros nas cercanias do Maicuru, diante dele mas sem que ele pudesse interferir? Ele acabou assim recusando convites para novas saídas, temendo se envolver em derrapagens de funestas consequências.

Ameaçado de perder uma noite de trabalho, nosso pescador ainda protesta, tenta negociar e sugere que lhe deixem no mínimo um pedaço do peixe, mas desiste ao ver seus agressores dando bordoadas na canoa para intimidá-lo. Sentindo-se "humilhado", nos seus próprios termos, o pescador viaja alguns dias depois para dar parte da agressão sofrida na Delegacia de Monte Alegre. Segundo ele, o "japonês do IBAMA" interfere porém junto ao delegado, para evitar que sanções sejam tomadas contra os agressores.

O "japonês do IBAMA" é, na verdade, o Secretário do Meio-Ambiente da Prefeitura de Monte Alegre. Sobre sua intervenção, e sobre o teor dela, só foi possível conhecer a versão do pescador lesado. Mas é lícito tecer desde logo algumas considerações preliminares sobre as lógicas sociais que presidem aos eventos aqui mencionados, esperando poder dessa forma avançar na compreensão da natureza do diálogo que, desde meados dos anos 1980, se instaura entre as populações locais por um lado, e as instituições e/ou organismos encarregados de promover o manejo e a fiscalização dos recursos pesqueiros na área do Baixo Amazonas paraense, por outro.

Mesmo sem manifestar surpresa diante da formação de bandos armados de lavradores, pescadores e comerciantes para patrulhar determinadas áreas de pesca, não poderíamos, sem saborear o paradoxo, ver o argumento da **legalidade** ser invocado por justiceiros para cobrir ações que frisam a pirataria. Ora, a área do Lago Grande situada ao Norte de uma linha imaginária entre as localidades de Flexal a Oeste, e de Retiro de Esteio a Leste (incluindo os territórios de Curicaca e Piracaba), é proibida com efeito para toda e qualquer atividade de pesca com rede malhadeira (embora não para a pesca com outros tipos de "arreios" ou equipamentos, como caniço, tarrafa etc.). Indivíduos influentes no povoado de Curicaca podem assim afirmar sem pestanejar que as frequentes expedições punitivas das quais participam agem estritamente *dentro dos limites da lei*, e em virtude da preocupação da "comunidade" (sic) com a preservação dos recursos naturais dos quais ela depende para sua subsistência.

Tornada efetiva através da Portaria nº 200/90 do IBAMA, a proibição da pesca em certas áreas setentrionais do Lago Grande respondia ao que tudo indica a uma demanda local, com o objetivo não só de preservar essas áreas da pesca predatória, mas também de prevenir excessos do que se convencionou chamar os "conflitos da pesca" concomitantes ao desenvolvimento do comércio pesqueiro no Baixo Amazonas.

Desde os anos 1970, com efeito, enfrentamentos violentos tem havido entre grupos de ribeirinhos (varzeiros) e pescadores "de fora" trabalhando para barcos dispondo de compartimentos de conservação frigorífica, as "geleiras". Conflitos distintos opõem também pescadores ribeirinhos a proprietários de terras situadas às margens, por exemplo, de igarapés e/ou de canais de acesso a lagos de várzea. Estes proprietários afirmam seus direitos sobre a pesca em águas localizadas dentro de seus terrenos, por vezes respaldados pelo Código Civil, e reagem com ameaças de morte ou com violência física à presença de pescadores não autorizados.

A situação se torna mais complexa à medida que uma das principais atividades geradoras de renda para as populações locais -a exploração da juta- entra em colapso e desarticula momentaneamente um sistema de relações sociais baseado na cessão de créditos e bens através do *aviamento*, integrado ao ciclo das atividades produtivas do varzeiro. Vários são os testemunhos onde se contrasta, em tom de lamento, a "fartura" dos tempos da juta com a "penúria" da época atual.

A pesca comercial passa a suprir as demandas de trabalho de uma população de ribeirinhos que aflui para áreas urbanas próximas (Santarém, Monte Alegre, Alenquer), dedicando-se integralmente à pesca profissional. Esses pescadores urbanos, trabalhando para "geleiras", incorrem igualmente na ira de expedições punitivas.

Uma reivindicação formulada por representantes de povoados toma corpo progressivamente nesse contexto: a da demarcação oficial de determinadas zonas piscosas onde as atividades pesqueiras seriam controladas, de forma a priorizar os "direitos adquiridos" pelas populações ribeirinhas adjacentes (cf. Carta de Óbidos: Documento Final do I Encontro de Pescadores Artesanais do Médio-Amazonas, XI-1984). Uma tal reivindicação, não podendo senão fundar-se em critérios residênciais, tem redundado em tentativas de "territorialização" -por assim dizer- de áreas pesqueiras sobre as quais os povoados circunvizinhos, organizados em "comunidades", exerceriam um controle direto.

Ora, a tese de um "controle comunitário" de certas áreas pesqueiras tem tido uma repercussão considerável entre responsáveis e assessores científicos do desenvolvimento. O controle comunitário seria exercido por populações que teriam, por hipótese, interesse em explorar de maneira não-predatória os recursos naturais, e se revelariam, *ipso facto,* muito mais eficazes na fiscalização das áreas sob sua alçada do que os órgãos federais, cuja inoperância crônica é notória.

Não é nosso proposito discutir a possibilidade de estratégias comunitárias de manejo de recursos naturais. Caberia apenas perguntar até que ponto esta ótica vem encorajando o beneplácito das autoridades para os desmandos de certas expedições punitivas, como no caso contado pelo pescador de pirarucu. O importante aqui é tentar precisar o que se entende por "comunidade", ou melhor, ao quê exatamente remete o uso do termo no interior do campo social considerado?

Torna-se pois necessário distinguir metodologicamente dois fenômenos interligados: o povoado, por um lado, como expressão de processos sócio-historicos singulares; a comunidade, por outro, como fenômeno resultante do processo mais recente de interação política entre o povoado e seus interlocutores institucionais. Por definição, o espaço da comunidade é atualmente o de reuniões e assembléias às quais são convocados, ou que convocam, funcionários do IBAMA, das Prefeituras Municipais, membros assalariados ou voluntários de O.N.Gs etc. Distinguir entre "comunidade" e "povoado" evita uma confusão frequente entre um espaço de mobilização e projeção de lideranças que se define para -e pelo- "exterior", e a dinâmica política interna aos povoados. Nos povoados, o próprio espaço comunitário emergente passa a ser disputado, mas de acordo com uma lógica específica às alianças e conflitos locais. Nessa disputa, o essencial é que o "líder comunitário", ao fomentar linhas locais de ação (por exemplo, ao tomar a frente de expedições punitivas), possa apresentá-las como uma decisão consensual graças ao diálogo com instituições exteriores que detém, supostamente, a solução para tal problema coletivamente pressentido.

Tomemos para discussão o caso de Henrique Carvalho, líder de Curicaca assassinado em 1989. Henrique tomara a frente de expedições punitivas contra o uso de redes malhadeiras na desembocadura do Maicuru, bem antes da existência da portaria do IBAMA. Diferentes versões existem, é claro, sobre a gênese do assassinato. Uma versão fundamentalmente retórica possui uma circulação bastante ampla na região, inclusive em áreas urbanas como a da cidade de Monte Alegre, e apresenta a vítima como um mártir de uma "causa ecológica". Em termos alusivos o autor de um folheto de cordel, sem citar nomes nem datas, afirma por exemplo que Henrique é "mais uma vítima em defesa da ecologia", ferida pela mesma hedionda conspiração de predadores ecológicos que teria suprimido Chico Mendes no Acre.

A tese de uma conspiração possui localmente aspectos mais prosaicos. O rio Maicuru, dizem os pescadores do lugar, atrai, durante as enchentes do Lago Grande, quantidade de peixes. Eles vêm à procura da abundante vegetação que flutua ao longo das margens fluviais. Impedidos de ir muito além rio acima por altas quedas d'água, os peixes ficam nas áreas do baixo Maicuru alimentando-se sem voltar para o lago, caso não sejam "espantados" por uma constante atividade de pesca.

Durante a vazante, em seguida, quando secam bacias e canais, os peixes antes dispersos passam a concentrar-se em áreas cuja superfície inundada diminui gradualmente. Os habitantes de Curicaca dispõem dessa maneira de mananciais piscosos às portas de casa. Compreende-se que desejem evitar o uso de redes que fecham a entrada do Maicuru e afugentam o pescado, mas não podem faze-lo sem provocar rixas com os residentes de Piracaba, proprietários de terras a jusante do rio que entendem, eles também, dispor de acesso a seu próprio quintal aquático.

Nesse contexto, Henrique teria sido morto por instigação de um criador de gado -identificado em Curicaca como sendo "de Piracaba"- de quem destruira malhadeiras e a quem chamaremos Ranulfo. Ranulfo teria oferecido "uma vaca e uma passagem pro garimpo" ao assassino, indivíduo de Curicaca, em conluio com um fazendeiro também de Curicaca mas não residente no local, desafeto de Henrique por questões fundiárias.

Nada disso nos autoriza porém a descartar a versão "ecológica" ou "preservacionista" a pretexto de que a identificação de um interesse econômico imediato dos atores sociais constituiria uma explicação "verdadeira" e suficiente para suas ações. Trata-se, sobretudo, de equacionar a maneira pela qual a versão preservacionista se torna um elemento significante dessas ações tais quais os atores as apreendem.

Deve-se salientar ainda que a morte de Henrique é um episódio de uma série de crimes e agressões perpetrados na área do Maicuru, opondo ora pessoas "de Curicaca" e pessoas "de Piracaba", ora indivíduos identificados como pertencentes a um mesmo lugar. Esses episódios são total ou parcialmente evocados nas versões locais sobre a morte de Henrique.

Assim, no começo dos anos 1980, por exemplo, uma irmã e o cunhado de Henrique foram massacrados à bala por um vizinho que lhes disputava terras. Não se trata do mesmo fazendeiro acusado de ser, por razões análogas (conflito fundiário), um dos que encomendaram meia década mais tarde a execução de Henrique junto com Ranulfo, o homem da malhadeira destruída. Um indivíduo que chamaremos Piramutaba, de Curicaca, esteve preso por sua participação direta nesse massacre. Ele é também, incidentemente, o tio do assassino de Henrique.

Sendo Piramutaba um dos assassinos de parentes de Henrique e um seu sobrinho o executor do líder suposto de uma causa ecológica, pareceria natural encontrá-los no campo oposto ao daqueles que reivindicam, diante de observadores exteriores ao povoado (pesquisadores, membros de ONGs, funcionários do IBAMA etc.), a tradição da luta de Henrique em prol da conservação dos recursos pesqueiros.

Ora, foi no entanto graças ao apoio de uma sobrinha sua, fundadora de um Grupo de Defesa do Meio-Ambiente de Curicaca, que Piramutaba conseguiu aparecer como mais uma "liderança" entre as pessoas convidadas para uma reunião de apresentação de um projeto de desenvolvimento, o Projeto Iara, às "comunidades" locais. Implantado através de um convênio entre os governos Brasileiro e Alemão (G.T.Z), o projeto se dedica essencialmente ao estudo dos recursos pesqueiros e das possibilidades de uma gestão racional envolvendo as populações ribeirinhas. A reunião se destinava a buscar, desde o começo do projeto, o apoio de interlocutores sensíveis aos argumentos preservacionistas nos diversos povoados que compõem a geografia da área. Mas Piramutaba foi finalmente afastado como representante, pouco antes do início da reunião, por oposição de uma "líder comunitária", uma senhora de Piracaba que denunciou a reputação duvidosa do delegado.

A senhora de Piracaba é membro da parentela próxima de Ranulfo. A exemplo de Piramutaba, ela descende de familias que há quatro gerações no mínimo se instalaram nesta região do Maicuru. "Nesse tempo -conta uma irmã dela- meu pai mandava nisso tudo aqui. No tempo dele nunca ninguém brigou por causa de peixe. Ele fazia casamento e tomava conta dessa turma toda". Manoel Rufino Pinto que "fazia casamentos", exercia com efeito, e entre outras atividades, a de tabelião do Cartório Santa Cruz do Maycuru, 2a. Circunscrição do 1° Distrito judiciário da Comarca de Monte Alegre. O cartório, hoje sediado em Piracaba, ficava então em Curicaca, onde residia o próprio Manoel Rufino, e onde deitou raízes também um comerciante de ascendência Siria, pai já falecido do nosso pescador de pirarucu e de seu irmão, o vendeiro de Piraçaba.

Não se pensava, é claro, na época, em "brigar por causa de peixe". Destinada meramente a complementar a dieta doméstica, a atividade de pescador não chegava a verdadeiramente figurar como profissão: desde 1915 e durante décadas, os homens do Maicuru declararam-se lavradores, criadores de gado, comerciantes e, excepcionalmente, funcionários, nunca pescadores. Eles vinham "do lugar Periquito", ou de outros "lugares deste municipio" como o lugar chamado Lago de Piracaba. O uso do termo "comunidade" para designar os povoados parece ser, como sugere SCHÖNENBERG (1994), posterior à virada da segunda metade do século, e se implanta a partir do trabalho de catequese rural promovido pela Prelazia de Santarém desde 1958.

Conforta a sugestão o fato de a primeira assembléia da CNBB (Conferência Nacional dos Bispos do Brasil) ter ocorrido em Belém, em 1953. A criação, no interior dos territórios paroquiais, de "comunidades de base, como as capelas rurais, em que os cristãos não sejam individuos anônimos, (e sim) pessoas responsáveis na comunhão com o Cristo e com seus irmãos" (CNBB, 1966), orientará todo o trabalho da Pastoral nos anos subsequentes.

A primeira capela de Curicaca foi no entanto construída, muito antes disso, em 1917, para abrigar uma imagem de Santo Antonio em posse até então de um cearense residente no povoado. O cearense doou a imagem e o terreno da capela a Curicaca, para pagar uma promessa feita ao santo. A festa anual de Santo Antonio, eleito padroeiro do lugar, organizou-se a partir daí de acordo com o sistema de cargos regularmente descrito para a primeira metade deste século na literatura antropológica sobre os povoados ribeirinhos da Amazônia. Assim, em Curicaca, um juiz e uma juíza da festa, diferentes a cada ano, leiloavam gado para custear as despesas com alimentos e bebidas fartamente distribuidos a população no dia de Santo Antonio. Criadores, comerciantes ou plantadores de juta, intermediarios locais na cadeia do *aviamento*, que empregavam mão-de-obra e supriam em mercadorias os povoados, reafirmavam dessa forma, periodicamente, a "generosidade" sobre a qual assentavam sua ascendência política. A festa lhes angariava prestígio e atestava a criação de um espaco social, nessa área do Maicuru, capaz de congregar clientes, dependentes e vizinhos de homens como Manoel Rufino, que transportava peões e mercadorias de Curicaca rio acima.

Parentes e descendentes de Manoel Rufino, assim como de outros antigos residentes de Curicaca, estabeleceram residência em Piracaba e são protagonistas importantes dos conflitos atuais. O teor, a virulência e a freqüência destes últimos indicam porém que o declínio da autoridade pessoal dos homens "que (antigamente) tomavam conta dessa turma toda" não deu lugar, no âmbito do povoado, à emergência de um conjunto de instituições sociais efetivas, dispondo de suficiente poder coercitivo para regular o livre jogo dos interesses individuais. No vácuo assim formado, os enfrentamentos locais inter e intra-povoados em torno dos recursos pesqueiros são melhor entendidos como estratégias para conquistar posições nevrálgicas da intermediação política entre o povoado e seus interlocutores institucionais, por um lado; e da intermediação econômica, entre o povoado e o mercado regional, por outro.

Caso as autoridades federais, estaduais e municipais renunciem a fazer cumprir os termos da lei, supostamente em razão de uma discussão especializada sobre o controle "comunitário e participativo" dos recursos pesqueiros, corre-se um risco maior. Transferir a fiscalização dos lagos interiores à "comunidade" pode com efeito redundar pura e simplesmente em franquear a ação de grupos que não hesitam diante do uso de meios violentos para atingir seus objetivos. O assassino de Henrique (jamais preso) foi assim executado dois anos depois de ter cometido o crime por "companheiros" da vítima a quem continuava ameaçando de morte. Esses "companheiros", após a execução, fizeram circular em Curicaca um abaixo-assinado tendendo a apresentar o novo crime como uma decisão "da comunidade" para vingar a morte de Henrique, líder ecológico.

Em outras palavras, a noção de comunidade pode assim funcionar como uma ideologia, capaz de encobrir a constituição de relações de dependência como aquelas organizadas em torno do monopólio do comércio pesqueiro, por via da atuação de novos líderes e patrões locais em ascensão. Vale a pena lembrar a esse respeito que as "geleiras" e "frigorificos" (firmas que congelam e transportam a produção pesqueira local) fornecem às vezes para os pescadores dos povoados os instrumentos de seu trabalho (redes etc.), que eles ficam, desde o início, "devendo" ao patrao (cf. LENA et al. 1993), como no sistema de aviamentos da época da juta. Mas excluir por outro lado determinadas firmas de um acesso direto às zonas de pesca, *sem solucionar paralelamente os problemas de aprovisionamento das populações da área, e subordinando potencialmente o controle das zonas em questão aos interesses de determinados grupos ou individuos*, só pode ser favorável à reprodução de formas locais de intermediação mercantil, e de dominação política, baseadas em relações de clientela e dependência.

Em toda essa área do Baixo-Amazonas, tem surgido uma categoria de proprietários de "geleiras" de pequeno porte e de equipamentos de pesca, eles proprios residentes nos povoados. Muitos são antigos plantadores de juta reconvertidos (cf. McGRATH et al. 1993). Em Vila Curuá por exemplo, pequenos patrões e pescadores -unidos na condenação das geleiras "de fora" e na demanda por "reservas" - conseguiram excluir o inimigo comum na delimitação de suas áreas respectivas de pesca em águas "comunitárias". Ora, isso não impede que alguns desses patrões logo venham a impor os termos da troca entre pescadores e o mercado, comprando e revendendo a produção de lagos aos quais praticamente só eles têm acesso. Nesse contexto, e para que o desejo real de autoctonia das populações ribeirinhas possa significar algo mais do que um interesse coletivo imaginario, é necessário que as possibilidades que o desenvolvimento do comércio pesqueiro oferecem não se limitem, como frequentemente ocorre nesses surtos econômicos localizados, a beneficiar unicamente uma categoria média de produtores que rapidamente se afunila e cristaliza. O que está em jogo é o problema da formação, e da redistribuição, de um produto social. Em nenhuma hipótese a preocupação com o manejo ecológico deve prescindir aqui da *exigência* de um estado de direito, a não ser que gestionários e administradores do desenvolvimento queiram reduzir consideravelmente o alcance de sua atuação.

REFERÊNCIAS BIBLIOGRÁFICAS

CNBB, *Plano Pastoral de conjunto: 1966-1970*, Livraria Dom Bosco Ed., Rio de Janeiro, 1966.

FURTADO, L; *Pescadores do Rio Amazonas*, Tese de Doutoramento - USP, Sao Paulo, 1988.

LENA, P.; BENTES, R.; SCHONENBERG, R.; *Dynamiques sociales, environnement et développement en Amazonie*. Rapport Intermédiaire, Belém, 1993.

MAUES, M.A.; *Trabalhadeiras e camarados: um estudo sobre o status das mulheres numa comunidade de pescadores*, UNB Brasilia, 1977.

McGRATH et al. "Fisheries and the evolution of resource management on the Lower Amazon floodplain" in *Human Ecology* vol. 21, n° 2, 1993.

SCHÖNENBERG, R.; *As formas institucionais e organizacionais de articular interesses na area da pesca no Baixo Amazonas*. Relatorio preliminar, Santarém, 1994.

PARTE IV

IDENTIDADE INDÍGENA

IDENTIDADE ÉTNICA EM DISCUSSÃO

Priscila Faulhaber

Este texto tratará da temática das fronteiras étnicas, construída a partir da observação etnográfica de processos desencadeados com a demarcação das terras indígenas em Tefé/Médio Solimões/AM, em 1987[2], enfocando questões relativas a identidades, fronteiras e movimentos étnicos, que aparecem em conexão com a participação de representantes do "movimento dos índios" de Tefé, no movimento indígena nacional e na organização da UNI, que existe em Tefé com representantes eleitos em assembléia desde 1989. Trata-se de pensar em processos de formação de comunidades imaginárias constituídas na luta pela autonomia territorial, vista como o fulcro da relação com outros atores da sociedade nacional e com a política indigenista ou missionária.

Estas preocupações aparecem a partir de uma questão de fundo, que consiste em se perguntar sobre a relação da antropologia com as ideologias nacionais (Peirano 1981:3). Consideramos que a visão de mundo do antropólogo é enraizada no mundo histórico e ideológico (Kapferer 1989:166). Os terrenos nos quais ele se posiciona se configuram enquanto uma linguagem engendrada pela nacionalidade, e seu pensamento se nutre em uma "imaginação nacionalista" que é "constitutiva da realidade vivida" (Anderson 1983).

Convém notar a dupla proveniência das concepções de Estado-Nação. Dentro da tradição francesa, a idéia de Nação surge a partir de valores democráticos que legitimam o contrato social e a existência do Estado como árbitro de um consenso entre as classes (Maybury-Lewis 1982:221). Tal como concebido na tradição alemã, o Estado é edificado a partir do poder que emana do povo. Dentro de uma perspectiva crítica desta concepção, cabe indicar que se constituiriam assim bases de legitimação da dominação autocrática (Maybury-Lewis 1982:228).

O Estado Nacional é visto, em geral, como uma estrutura ou sistema que atua no sentido de homogeneizar interesses discrepantes, que podem surgir a partir de diferenças sociais ou étnicas. Considerando a tese da sujeição das etnias indígenas a uma situação desigual caracterizada como "colonialismo interno" (Stavenhagen 1975), a idéia que a integração nacional necessariamente acarreta a assimilação vem

---

2 Consultar FAULHABER, 1992.

sendo discutida dentro da perspectiva da possibilidade do pluralismo étnico (Stavenhagen 1985).

A tendência política atual de globalização produz uma crise das ideologias nacionalistas, e isto não parece contraditório com a acentuação dos movimentos onde aparece a diversidade étnica. A idéia de globalização não implica que a fronteira esteja plenamente incorporada pela dinâmica econômica e social do "espaço global" (Lefebvre 1978:291), à medida que contradições sociais são produzidas por uma situação paradoxal: ao mesmo tempo em que o espaço é homogeneizado porque tudo nele pode ser comprado e vendido, ele é também fragmentado, porque dividido em parcelas para compra e venda. Esta diferenciação espacial é associada à produção de contradições sociais e de luta política, que nos campos políticos de fronteira aparece dentro do jogo ainda não plenamente definido de relações entre o Estado e os atores sociais (Becker 1990:167), onde se registra a tensão social.

Relações conflitivas são observáveis quando se consideram práticas e mecanismos concretos de intervenção e a constituição de formas de sociabilidade características de uma situação histórica, tais como o exercício do poder por chefes indígenas, que envolve mecanismos como formação de redes de clientela e patronagem, bem como de outros tipos de representantes como dirigentes da UNI, agentes pastorais, agentes de saúde, vereadores indígenas, etc. Estes mecanismos foram enfocados pela pesquisa de campo em suas implicações para a organização sócio-territorial em uma situação observável: a da A.I. da Barreira da Missão/Tefé/AM, em termos de representações dos atores indígenas, tal como a categorização de tal organização social como "luta de trabalho". Foi observado o aparecimento de um separatismo territorial entre os "católicos da Missão", que negavam a identidade étnica, os Ticunas da Assembléia de Deus, os Cambebas da Igreja Cristã do Brasil e os Cocamas do Movimento da Cruz. Nesta situação, os fatores étnicos mostraram-se determinantes em relação a outros fatores como a religião. Em um momento posterior à demarcação, cresceu a importância de fatores econômicos e religiosos, sem que os fatores étnicos tenham perdido a eficácia.

A preocupação etnográfica com a constituição de fronteiras e movimentos étnicos indica a importância de uma discussão do conceito de fronteira pelas ciências humanas, dentro da qual compete reter as seguintes distinções:

1. A concepção de divisão entre países, cuja definição, mesmo no contexto da geopolítica, é um objeto construído e supõe processos ligados à intervenção do Estado sobre o espaço no estabelecimento de limites convencionados. Supõe-se, neste ponto de vista, que a fronteira seja um espaço não plenamente estruturado, e passível de integração a partir de uma racionalidade sócioeconômica definida a partir das regiões centrais.

2. Esta concepção geopolítica vem sendo criticada dentro de uma reflexão da economia política, sendo apontados problemas relativos às fronteiras sociais, tais como a questão da fronteira agrícola e das frentes econômicas. Dentro deste referencial, convém notar a distinção entre *frente de expansão*, que envolve a

economia extrativa, e *frente pioneira*, que envolve os projetos de colonização, a implantação de grandes empresas agro-industriais, etc. Dentro deste referencial, foi elaborada uma crítica da intervenção integradora e do mito do pioneirismo, e construído o modelo de análise dos conflitos por terras e da questão agrária, no qual é registrado o aparecimento de fronteiras e da territorialização de distintos grupos sociais, pensados a partir dos processos jurídico-políticos cuja manifestação envolve a luta pela terra.

3. A interpretação antropológica destas concepções, através da noção de fronteira étnica, abordada pelo estudo do contato entre diferentes etnias, nas quais pode se manifestar a reivindicação de direitos territoriais, assim como o estabelecimento de limites entre os grupos sociais etnicamente e territorialmente organizados, com o propósito de analisar os movimentos étnicos e suas fronteiras em Tefé. Sendo assim, torna-se relevante observar o campo de relações entre a política indigenista, as organizações e os movimentos indígenas e a ação missionária indigenista. A concepção de fronteira étnica é um instrumento de análise no sentido de examinar os limites entre os territórios dos índios e da sociedade nacional, cuja representação passa pelo reconhecimento de distâncias sociais, culturais, e pelo sentimento de pertencer a um lugar identitário referido a lutas políticas comuns.

A permeabilidade ou vulnerabilidade à penetração em tais fronteiras é variável. Porém, presenciamos nos últimos anos o revigoramento dos limites territoriais das etnias autóctones, associado à criação e fortalecimento das organizações e movimentos que têm representado a afirmação da identidade e das fronteiras étnicas, no sentido da manutenção de limites sociais e identitários. Esta dinamização tem como outra face o acirramento das lutas sociais, às quais é infundida dramaticidade com a passagem das ameaças e intimidações ao assassinato de lideranças. Isto parece colocar em evidência a condição de vítima em que os representantes dos povos autóctones têm sido historicamente situados, o que não exclui a importância de considerar a ambigüidade de sua atuação. O discurso sobre a fronteira, no entanto, aparece como uma linguagem oficial de Estado sobretudo nos países onde as organizações indígenas são incipientes, como no Brasil, onde sua força de mobilização, ao menos aparentemente, não tem sido suficientemente vigorosa para frear o avanço da sociedade nacional e a constante reedição do massacre dos povos indígenas.

OS PROBLEMAS COLOCADOS A PARTIR DA ETNOGRAFIA

No decorrer do tempo, foi registrada a aviventação da territorialidade dos índios de Tefé, cujas terras foram demarcadas pela FUNAI em 1987, a partir da afirmação de sua identidade e da emergência da auto-organização e da luta pela autonomia na situação social. Consideramos que as ações dos índios, apenas em parte, podem ser entendidas como resposta às ações de outros atores do campo indigenista, pois a crescente organização do movimento dos índios a nível local e nacional indica a existência de uma força intrínseca que parece revigorar com um fôlego próprio a percepção pelos índios de sua territorialidade e de sua história.

A presença da sociedade colonial e nacional tem sido marcada nesta região pela mais intensa dramaticidade, que pareceu durante muito tempo aniquilar as forças de qualquer resistência autóctone, sendo assim produzida a aparente homogeneização dos grupos indígenas aí existentes, que vivem, como as populações ribeirinhas, submetidos ao mercado pela dívida mediante relações desiguais de crédito. O exercício da dominação é caracterizado pela figura da patronagem, que permeia todas as relações sociais regionais, inclusive internamente às áreas indígenas, e parece eternizar e naturalizar o exacerbamento das contradições sociais.

A homogeneização étnica aparece aí como a outra face da diferenciação que se manifesta mesmo entre grupos étnicos em uma posição equivalente na formação econômico-social, e sobretudo quando se observam as grandes distâncias sócio-espaciais na Amazônia, cuja geopolítica foi diferenciada pelos estrategistas militares em 1985, no projeto Calha Norte (Desenvolvimento e Segurança ao Norte das Calhas do Solimões e Amazonas) em faixa de fronteira, núcleos interioranos e áreas ribeirinhas (Brasil 1985).

Esta diferenciação aparece no preço das mercadorias e dos produtos agrícolas e extrativos comercializados sob o signo do aviamento, que varia ao sabor das distâncias e da mediação das relações econômicas pelos detentores dos meios de comercialização. E mais recentemente, tem-se manifestado também na inchação urbana, associada à especulação fundiária e à difusão do trabalho assalariado, e isto não tem sido acompanhado de investimentos em urbanização no sentido de atender às necessidades dos excedentes demográficos.

Neste contexto, aparece a mobilização dos índios pelo reconhecimento de seus direitos territoriais e da autonomia de suas formas de organização, que representou o revigoramento das fronteiras étnicas. A organização política dos índios tem-se mostrado, no contexto da relação entre atores, como um processo dinâmico, onde as oposições e coalizões faccionais são estabelecidas tanto em função dos vínculos de parentesco, internos a cada grupo étnico, quanto às motivações inter e intraétnicas que influem sobre a organização territorial e criam dados novos em termos das unidades étnico-políticas.

O movimento dos índios emergiu em Tefé a partir do estabelecimento de alianças horizontais que parecem romper com o compadrio interclasses. Se este era consagrado religiosamente pelo clero tradicional, aquelas vêm sendo incentivadas pelo clero progressista, que vem atuando na promoção de assembléias indígenas através do CIMI (Conselho Indigenista Missionário) junto à Prelazia de Tefé desde o fim da década de setenta.

Esta influência religiosa parece conferir ao movimento dos índios uma conotação sócio-religiosa (Barabas 1989). Entretanto, o próprio clero tem interferido no sentido de uma laicização da política indigenista, através da formação de agentes pastorais leigos e nativos, e de pressões para que a FUNAI se faça presente no sentido da garantia dos direitos indígenas.

Um escritório da FUNAI foi instalado em Tefé, a partir de 1988. Porém, o chefe de posto tem agido, sobretudo, como um mediador entre os índios e a polícia militar, que interfere em conflitos com ribeirinhos não-índios. Se antes da presença da FUNAI a polícia era vista como um antagonista aos interesses de índios e ribeirinhos pobres, aparecem atualmente depoimentos em que a polícia é vista mais como um aliado dos interesses dos índios, o que parece indicar uma política de elitização indígena, incentivada pela FUNAI. Esta tem agido no sentido de acentuar o faccionalismo interno às áreas indígenas, através da tentativa de influenciar suas lideranças.

Mas, aparentemente, os efeitos da atuação da FUNAI na área tem repercussão restrita, pois o chefe de posto não tem grande penetração entre os índios. A aproximação destes é maior com outros agentes, como os técnicos de extensão rural e os políticos locais, que buscam as populações ribeirinhas e indígenas em termos de bases de sustentação para suas plataformas ou implementação de programas de governo. Isto não implica necessariamente a redução da esfera de influência da Igreja, que tem em Tefé um aparato institucional e um corpo de agentes religiosos e leigos relativamente estáveis, a despeito das divergências de interesses com os comerciantes e políticos locais.

Coloca-se como problema o aparecimento de fronteiras étnicas e o revigoramento do potencial motor da identidade dos índios em um momento particularmente espinhoso da política brasileira, em que a ideologia nacional parece perder, à força, mobilização, dado o descrédito generalizado nos representantes do Estado e na sua real motivação para implementar as políticas públicas.

A defesa da "soberania nacional" continua a aparecer no discurso de agentes interventores, como os militares, mas o discurso sobre a soberania não implica a garantia do direito à cidadania. As práticas de agentes militares, por exemplo, mostram-se contraditórias com o ideário nacionalista que legitimaria a existência das Forças Armadas. Porém, o abuso da violência por representantes da sociedade nacional em algumas situações contribui para despertar nas vítimas uma percepção da força de sua condição compartilhada e, assim, desencadear movimentos identitários, informados pela vontade de concretizar pensamentos utópicos, embora fragmentários, episódicos (Touraine 1988:216) e sustentados desejos irrealizados.

A força de mobilização dos índios aparece relacionada com a percepção partilhada de um destino político comum, imaginado ou vivido, porém produzido por práticas históricas através das quais os índios são situados em uma condição de dominados, embora as relações de conflito entre classes antagônicas não sejam necessariamente manifestas. Contudo, nas situações de crise aparecem as evidências dos profundos conflitos políticos e da trama histórica que produz a sujeição de índios, ribeirinhos e extratores e pequenos produtores a um grupo fechado de comerciantes ligado a forças subterrâneas que atuam em esfera extra-oficial e internacional, cujas formas de garantir seu império saltam aos olhos.

Os resultados de nossa pesquisa indicam que as diferenças étnicas não são totalmente apagadas sob categorias uniformizadoras, como "índio" ou "caboclo". Ao contrário, mesmo no Médio Solimões onde a situação de contato tende a homogeneizar os distintos grupos indígenas, persistem as diferenças étnicas entre Miranhas, Cambebas, Mayorúnas, Caixanas, Cocamas, Canamaris, etc.

Os atores indígenas parecem assim sinalizar o discurso dos outros atores em uma atitude de reconhecimento do território ideológico da nacionalidade . Isto não implica uma identificação total, mas uma diferenciação e a refração de identidades específicas. Impõe-se o reconhecimento da força do imaginário dos índios e da criação por eles de estratégias e saberes oficiosos que implicam o estabelecimento de fronteiras étnicas, apresentados nas estórias contadas, transmitidas de geração a geração e que se constituem no terreno simbólico, tecido em termos das representações em torno de conflitos por terra.

REFERÊNCIAS BIBLIOGRÁFICAS

ANDERSON, B. 1983. *Imagined Communities*. London: Verso.

BARABAS, A.M.1989. *Las utopias indias*. 2 ed. Mexico, Grijalbo.

BECKER, B.1990. "Fragmentação do espaço e formação de regiões na fronteira: um poder territorial". In: Fronteira Amazônica:questões sobre a gestão do território. Brasília, Universidade de Brasília. Desenvolvimento e Segurança na Região ao Norte dos Rios Solimões e Amazonas.

CALHA NORTE. Projeto Calha Norte. 1985. Relatório do Grupo de Trabalho Interministerial criado pela Exposição de Motivos 018/85. Brasília, mimeografado.

FAULHABER, P. 1992. *O lago dos espelhos: um estudo antropológico das concepções de fronteira a partir do movimento dos índios em Tefé/AM.*

KAPFERER, Bruce. 1989. Nationalist Ideology and a Comparative Anthropology. Ethnos - Stockholm, Folkens Museum Etnografiska, 34:161-199.

MAYBURY-LEWIS, 1982. *Conclusion: Living in Leviathan: Ethnic Groups and the State" The prospects for plural societies*. Washington, American Ethnological Society, p.220-232.

LEFEBVRE,1978. *De L'Etat*. v. 4. Paris, Union Générale,

PEIRANO, M. 1981. The Anthropology of Anthropology: the Brasilian Case. Massachussets, Harvard University. Tese de Doutorado.

STAVENHAGEN, R.1975. *Social Classes in Agrarian Societies*, Nova York, Doubleday Anchor Books.

STAVENHAGEN, R. 1985. Etnodesenvolvimento: Uma dimensão ignorada no Pensamento Desenvolvimentista. *Anuário Antropológico*, 84:11-44.

TOURAINE, A. 1988. *La parole et le sang*. Paris, Odile Jacob.

MAS, AFINAL, O QUE É IDENTIDADE?[1]

Roberto Cortez

INTRODUÇÃO

Os estudos de contato interétnico constituem uma das principais linhas de pesquisa da Antropologia praticada no Brasil, particularmente a construção de uma teoria com base nas relações entre 'índios' e 'brancos', destacando-se, entre outras, as contribuições significativas de Eduardo Galvão, Darcy Ribeiro, Roberto Cardoso de Oliveira e João Pacheco de Oliveira Filho.

Importantes pesquisas de relações interétnicas entre índios e brancos, baseadas em conceitos e modelos fecundos como os de "transfiguração étnica", "fricção interétnica", "potencial de integração", "análise de situação" (situação histórica) e o de identidade, renovam os estudos antropológicos. Porém, depois de um período produtivo de estudos, contribuindo decisivamente para o avanço da reflexão científica, parecem permanecer alguns problemas. Manuela Carneiro da Cunha lembra que, no momento, após esse período, haveria poucos progressos monográficos e teóricos sobre o assunto (1985: 203). Carlos Rodrigues Brandão, por sua vez, levantando algumas questões e dúvidas, reforça a indagação da autora: "Esgotou-se a questão ou a nossa capacidade de questioná-la criativamente?" (1986:161).

Sem, nem de longe, ser um teórico, gostaria de apontar pelo menos um desses problemas, mais uma vez indagando: mas, afinal, o que é identidade? Ou, talvez fosse melhor, o que é identidade étnica?

TEORIA DO CONTATO INTERÉTNICO

Realizando a crítica sistemática dos estudos de *aculturação,* enfatizando o caráter formal da cultura como centro de análise, Cardoso de Oliveira formula as noções de *sistema interétnico e fricção interétnica*, na medida em que a ênfase do estudo passa a recair na "compreensão do índio em *situação*" (1967:87). O sistema interétnico é formado pelas relações entre "duas populações dialeticamente 'unificadas' através de interesses diametralmente opostos, ainda que interdependentes, por

[1] Trabalho inscrito na Conferência "A Amazônia e a Crise da Modernização", promovida pelo MPEG, na sessão "Identidade Indígena", mas que a Coordenação, em face de haver muita gente, houve por bem colocá-la na sessão "Cultura Amazônica", onde foi apresentado.

paradoxal que pareça" (1962:85-86). Em resumo, a fricção interétnica é concebida como o "contato entre grupos tribais e segmentos da sociedade brasileira caracterizados por seus aspectos *competitivos* e, no mais das vezes, *conflituosos*, assumindo esse contato muitas vezes proporções 'totais', isto é, envolvendo toda a conduta tribal e não-tribal que passa a ser moldada pela *situação de fricção interétnica* (1972:128). Leopoldi (1977: 913) sintetiza essa idéia através da seguinte expressão matemática:

$$\text{Lim} > \text{Si} = \text{Sc}$$

donde Si = sistema interétnico; fi --> Sc = sistema nacional de classes; fi = fricção interétnica.

Paralelamente a essa noção de fricção interétnica, tem-se também a idéia de *potencial de integração*, igualmente formulada por Oliveira (1967), ou seja, "aquelas características do sistema interétnico que, presentes na situação de contato, poderão ser tomadas como aqueles elementos responsáveis pela integração" (1978:87), cuja apreensão se faz por níveis nos quais opera o sistema interétnico: o econômico, o social e o político.

Situando-se de dentro do debate, participando de um mesmo conjunto de problemas, hipóteses e interesses, Oliveira Filho (1979: 1-3) realiza uma avaliação e formula algumas críticas sobre a teoria do contrário interétnico, indicando algumas das dificuldades principais que estariam impedindo o seu desenvolvimento. Segundo esse autor, teríamos, por exemplo:

1) O primeiro obstáculo "surge já no plano da extensão a ser dada ao objeto da pesquisa - a tendência a que tais estudos mantenham, apesar das reservas que manifestam quanto a tal tipo de análise, uma diretriz atomizante, restringindo-se a focalizar o relacionamento entre dois grupos concretos e perdendo de vista os processos mais gerais que afetam a ambos e dão sentido aos conflitos e articulações aí atualizados";
2) O segundo obstáculo "diz respeito a conexões que os pesquisadores buscam entre os grupos étnicos que são objeto de sua análise";
3) O terceiro obstáculo "relaciona-se ao conteúdo francamente evolucionista atribuído a alguns conceitos que permitiram uma descrição do contato interétnico como um fenômeno de dominação".

De acordo com a proposta de Oliveira Filho, para se atingir as alternativas apontadas por ele dever-se-ia insistir na necessidade, em primeiro lugar, do "rompimento com o funcionalismo" como um rompimento completo para se poder utilizar "uma metodologia nova, que não pode mais ser dirigida exclusivamente para o estudo do funcionalismo idealizado das sociedades, das normas consensuais e da coesão social" (1979:4). O contato como estudo de situações, proposto e empreendido a partir de Oliveira, apoiado, sobretudo, em Balandier (1971), não se teria realizado adequadamente, conforme a avaliação de Oliveira Filho, na medida em que, na prática, acabou-se por procurar padrões de consenso, os equilíbrios, a coexistência, os grupos permanentes, ao invés do conflito, da mudança, da diversidade de interesses. Assim, propõe que se deveria retomar noções como as de *situação social* (Gluckman 1968), *campo* (Swartz Turner e Tuden 1966), *arena* (Swartz 1968), que foram levados em conta como fonte de inspiração para a análise do contato interétnico, pois as pesquisas "mantiveram-se inteiramente afastadas das propostas de autores que buscam criar uma alternativa metodológica ao estruturalismo clássico" (Ibid.:5). No plano mais geral da orientação teórica, seria fundamental "abandonar os conceitos ditados por uma análise evolucionista ou pela ênfase funcionalista na integração social, passando-se a tratar a questão indígena dentro do quadro da problemática da colonização, exposta por autores como Wakefield e Merivale e depurada pela crítica de Marx (1976) no célebre capítulo sobre acumulação primitiva'" (Ibid.:5). Recentemente, João Pacheco de Oliveira Filho realizou sua proposta de interpretação do campo intersocietário constituído por índios e brancos no Alto Solimões, onde a análise é "alimentada por conceitos e discussões característicos da antropologia política", utilizando a noção abrangente de *situação histórica* que serviria tanto para "situações em que a política é uma esfera especializada em eventos e atividades, quanto para outras situações em que a política está embutida juntamente com outros domínios da vida social" (1988:58). Na análise do contato interétnico no Alto Solimões, a noção de situação histórica poderia ser definida "pela capacidade que assume temporariamente uma agência de contato de produzir, através da imposição de interesses, valores e padrões organizativos, um certo esquema de distribuição do poder e autoridades entre os diferentes atores sociais aí existentes, baseado em um conjunto de interdependências e no estabelecimento de determinados canais para a resolução de conflitos". (Ibid.: 59). Na perspectiva analítica de Barth, invertendo a postura tradicional, "o *contato interétnico* é, ao contrário, *um fato constitutivo*, que preside à própria organização interna e ao estabelecimento da identidade de um grupo étnico" (Ibid:58), de tal modo que, numa situação de contato envolvendo diferentes culturas, a adesão de um indivíduo ao seu próprio código cultural "não é um fato automático, compulsivo, mas passa pela percepção da diferença, da constatação de existência de outros padrões e crenças, que podem ser igualmente atualizados em contextos limitados e atendendo a interesses ou vantagens setoriais" (Ibid.:59).

RELAÇÕES INTERÉTNICAS E IDENTIDADE ÉTNICA

A ênfase, a partir dos anos 60, na escolha dos sistemas interétnicos marcados por *relações de fricção* como objeto de estudo antropológico, particularmente no que diz respeito à oposição 'índios' & 'brancos', preocupada em salientar os componentes estruturais do contato, o conflito e a interação continuada, revelando que a condição de índio não seria passageira - ao contrário da teoria da aculturação - torna-se uma preocupação dominante na Antropologia praticada no Brasil, ainda que não se tenha realizado completa e adequadamente, trazendo como conseqüência importante o fato dessas relações passarem a ser colocadas como "nível prioritário de estudo da identidade étnica" (Oliveira 1974:16). Porém, como o próprio autor da proposta ressalva, a eleição dessa prioridade "não significa uma exclusão de sistemas interétnicos de outra natureza, para nós igualmente passíveis de uma investigação iluminada por essa mesma problemática" (Ibid.). Significa apenas que "a peculiaridade da situação que engendra a identidade étnica é a *situação de contato interétnico*, sobretudo - mas não exclusivamente - quando esta tem lugar como *fricção* interétnica" (Cardoso de Oliveira), esta devendo ser entendida, numa formulação que também se tornou famosa (1967), como o "equivalente lógico (mas não ontológico) do que os sociólogos chamam de luta de classes" (Ibid.:1978:85).

Com base na elaboração das noções de *fricção interétnica* (1962) e do modelo de *potencial de integração* (1967), vários trabalhos foram realizados, a partir dos anos 60, usando uma das noções ou ambas. Durante essa época, a preocupação central foi o estudo sistemático dos fenômenos étnicos ao nível das relações sociais, a partir das quais o contato entre índios e brancos foi explicado. O foco privilegiado da análise foi o sistema interétnico. Contudo, como o próprio Oliveira reconhece, "muitas das questões de extrema relevância não vinham sendo respondidas, posto que - vemos hoje - não vínhamos pondo atenção mais sistemática nas representações e ideologias engendradas por aquelas relações e condicionadas pelo sistema interétnico. Pareceu-nos que estávamos incorrendo num pequeno desvio teórico quando, ao privilegiarmos as realções sociais (o que ainda nos parece perfeitamente correto), deixávamos, entretanto, de nos preocupar com o nível ideológico, onde grupos étnicos e relações eram representados" (1976:XIV).

Por causa disso, nos anos 70, a partir de 1971, o conceito de identidade étnica é retomado - utilizado pela primeira vez por Oliveira, em 1960, no Processo de Assimilação dos Terena - dentro da mesma perspectiva teórico-metodológica. Passa-se a pensar num outro programa de investigação, como um desdobramento do anterior, agora em torno da identidade étnica e de sua natureza ideológica, cujo ponto de partida é o ensaio "Identidade Étnica, Identificação e Manipulação", originalmente publicado na Revista América Indígena (31(4)1971), aos quais seguem-se outros ensaios, três dos quais fazem parte do livro Identidade, Etnia e Estrutura Social (1976). A questão da identidade étnica é retomada a partir de uma preliminar: o que é a identidade étnica?

No segundo ensaio, procurando estabelecer um conceito antropológico de identidade, é discutida a relação entre identidade e ideologia; ideologia, crença e representação coletiva; a identidade étnica como ideologia; e termina-se por reafirmar que "nenhum estudo de identidade étnica pode ser cabalmente realizado sem referência expressa às condições de existência geradoras da identidade focalizada, sob pena de o pesquisador incorrer no risco de trabalhar com um objeto "solto no ar"(Ibid.:50), ou seja, as representações coletivas, as ideologias ou as identidades étnicas necessitam estar sempre referidas ao sistema de relações sociais que lhes deram origem e do qual fazem parte.

No conjunto dos ensaios, outras questões importantes são propostas, como a relação entre classe social e etnia, por exemplo. Mas, no momento, nosso interesse diz respeito ao que Cardoso de Oliveira ensinou a nós todos: a essência da identidade étnica é a identidade contrastiva.

QUAL É A ESSÊNCIA DA IDENTIDADE ÉTNICA?

No primeiro ensaio, a conclusão de Oliveira é clara: "a) o caráter contrastivo da identidade étnica é seu forte teor de "oposição" com vistas à afirmação individual ou grupal" (1976:24), formulação presente em todos os demais e motivo dos comentários que se pretende fazer aqui, inclusive retomando-se a questão preliminar: mas, afinal, o que é *identidade*?

O conceito de identidade, naturalmente, supõe relações sociais tanto quanto um código de categorias, orientando o desenvolvimento dessas relações, preocupação importante da qual parte o autor em questão, de tal modo que "No âmbito das relações interétnicas este código tende a se exprimir como um sistema de "oposições" ou contrastes. Melhor, poderemos dar conta do processo de identificação étnica se elaborarmos a noção de "identidade contrastiva" " (Ibid.:05), esclarecendo que fala de identidade contrastiva "(contrastive identity) como noção, num sentido aproximado ao usado por Barth (1969: 132) que não a trabalhou como conceito, nem a explorou teoricamente" (Ibid.:27). A identidade contrastiva, continua o autor, "parece se constituir na essência da identidade étnica, isto é, à base da qual esta se define. Implica a afirmação do *nós* diante dos *outros*" (Ibid.:05). É uma identidade "que surge por oposição. Ela não se afirma isoladamente. No caso da identidade étnica ela se afirma "negando" a outra identidade, "etnocentricamente" por ela visualizada" (Ibid.:05-06).

Se a essência da identidade *étnica* é a identidade *contrastiva*, então o que é a *identidade*? Qual seria a essência da *identidade*? Ou melhor, o que caracteriza a *identidade*? O que seria específico dela? Ao se indagar pela essência, entende-se, tal como o próprio Oliveira, como algo específico, próprio, singular, capaz de caracterizar a identidade étnica como algo essencial. Numa palavra: indaga-se por sua característica principal. Não se está, portanto, procurando pelas essências ideais, por algo inato, pois, se assim fosse, estaríamos atrás da essência procurada pela chamada Filosofia da Essência.

Naturalmente que na construção social da identidade *étnica*, a comparação estabelece um *contraste* com outras realidades distintas, visualizadas pelos atores sociais em relacionamento, possibilitando a distinção do *nós* diante dos *outros*. Parece que os indivíduos ou grupos sociais também realizam uma comparação por *contraste* - e não apenas por *similitude* - uma "comparação contrastiva" para usar, se for permitido, a expressão caracterizadora do próprio procedimento comparativo praticado por antropólogos. Mas, o mesmo parece ocorrer com a noção mais abrangente de identidade *social* em geral, da qual a *étnica*, como se sabe, é uma modalidade, ou seja, o *contraste* parece ser típico de qualquer identidade em processamento. *O contraste* parece estar presente em qualquer situação social, seja para apontar a *diferença*, seja para indicar *desigualdade*, pois os *diferentes* contrastam entre si assim como os *desiguais*, tanto quanto também contrastam entre si os *diferentes* com os *desiguais* e vice-versa. Presente, inclusive, na situação social que engendra a identidade, seja a étnica, a de classe, a masculina e assim por diante, parecendo ser um atributo essencial de qualquer identidade. Culturalmente, o contraste assume o caráter de *diferença* ou de *desigualdade*. A percepção cultural do *contraste* tende, freqüentemente, como parece ser uma noção dominante no exemplo brasileiro - talvez passível de generalização para a "cultura ocidental" - a identificar *diferença* onde há *desigualdade* e vice-versa, numa espécie de jogo que não elimina a *desigualdade*, preservando-a, nem respeita *diferença*, eliminando-a. Preserva o que deveria eliminar e elimina o que deveria preservar. Mas, isso nos levaria a um outro problema que quero apenas apontar, ou seja, a *identidade* do *diferente* e a do *desigual*, na medida em que, culturalmente, como noção dominante no mundo ocidental, tem-se que o *diferente* e o *desigual* são o mesmo.

No momento, interessa ressaltar que, na minha maneira de olhar, se não há *contraste* entre o que está sendo comparado, então não há *identidade*, pois o conteúdo da identidade é o *diferente*, o qual é revelado na relação contrastiva. Só há identidade entre diferentes, sejam desiguais, sejam diferentes não desiguais entre si.

Não há identidade entre idênticos, como se sabe, porque não diferem, não havendo o que contrastar.

Parece permanecer, portanto, a questão: o que é *identidade*? Certamente, o conteúdo da identidade é a *diferença*: se há diversidade, então há identidade. Ocorre que a "*desigualdade* é diferente da *diferença*" (Cortez 1991:1).

REFERÊNCIAS BIBLIOGRÁFICAS

BRANDÃO, C. R. 1986. *Identidade e Etnia*. São Paulo, Brasiliense.

CARNEIRO DA CUNHA, Maria Manuela. 1985. *Negros, Estrangeiros: Os Escravos Libertos e sua Volta à África*. São Paulo, Brasiliense.

CORTEZ, R. 1993. *A Desigualdade é Diferente da Diferença*. Reunião Regional de Antropólogos do Norte/ Nordeste, 3. Belém. Trabalho apresentado. Belém, 30 maio a 2 jun.

LEOPOLDI, J. S. 1977. El Contacto Interétnico: Una Perspectiva Integradora. In: *América Indígena*, México, 37.

OLIVEIRA FILHO, J. P.. 1988. *"O Nosso Governo": Os Ticuna e o Regime Tutelar*. São Paulo, Marco Zero

OLIVEIRA, R. C. 1964. *O Índio e o Mundo dos Brancos*. São Paulo, Difusão Européia do livro.

OLIVEIRA, R. C. 1968. *Urbanização e Tribalismo: a Integração dos índios Terena numa Sociedade de Classes*. Rio de Janeiro, Zahar.

OLIVEIRA, R. C. 1976. *Identidade, Etnia e Estrutura Social*. São Paulo, Biblioteca Pioneira de Ciências Sociais.

NOVAS IDENTIDADES INDÍGENAS: ANÁLISE DE ALGUNS CASOS NA AMAZÔNIA E NO NORDESTE

João Pacheco de Oliveira

Estes são índios "verdadeiros" ou estamos diante de uma mera simulação? Essa é uma questão respondida por antropólogos, advogados e indigenistas, utilizando-se de um sentido especializado para o termo índio, derivado da instância jurídico-política. Mas essa é uma questão básica, inaugural, seguidamente repetida por outros interlocutores a cada vez que são defrontados com as marcas da presença indígena em uma "nova" área. A reação é ainda mais forte quando não se trata de áreas de expansão recente (como é o caso da maior parte da região amazônica), mas sim de áreas por onde a fronteira econômica já passou há um ou dois séculos atrás (como é o caso da região nordeste, aqui focalizada especialmente). Para todas essas pessoas, ou seja, os não-especialistas, essa é uma pergunta vista como preliminar e necessária, que em grande parte dos casos independe de uma postura simpática (ou não) face aos índios, bem como da maior (ou menor) escolaridade ou grau de acesso à mídia.

A contínua reiteração da pergunta a cada novo contexto de comunicação parece indicar que não há cumulatividade possível. Não se trata de uma mera falta de informação, de um não-conhecimento, que possa vir a ser substituído de uma vez por todas pelos dados fornecidos pelo especialista. O que existe de fato é a reiteração de uma insatisfação do não-especialista com o uso técnico do termo índio, que não coincide com as suas representações culturais.

De um lado, um sentido mais especializado, em que o índio é todo aquele que é objeto de direitos e deveres específicos, definidos na Constituição e em legislação especial, viabilizados através de um órgão indigenista e/ou de políticas e de programas governamentais. Trata-se de uma identidade genérica e de caráter essencialmente jurídico, que é atribuída pelo Estado brasileiro, vinda do plano das leis para o das práticas sociais, em que circunscreve, inclusive, um espaço para as reivindicações (como aquelas por terra e por uma assistência diferenciada) no exercício da luta política por parte dos povos indígenas e de suas organizações.

De outro lado, há um uso muito difuso e generalizado do termo índio, materializado nas definições do dicionário, expresso na fala cotidiana, no imaginário popular, na literatura e nas artes eruditas, enraizando-se, inclusive, no pensamento científico. Nesses domínios, índio corresponde sempre a alguém com características radicalmente distintas daquelas com que o brasileiro costuma se fazer representar. A imagem arquetípica é a de um habitante da mata, que vive em grupos e anda nu, que possui uma tecnologia muito simples e tem uma religião própria (distinta do Cristianismo).

Comparando a população indígena da Amazônia com aquela do Nordeste brasileiro, conseguimos depreender a existência de unidades sociais muito diferenciadas, com características e perspectivas de desdobramento bastante contrastantes. Assim podemos iniciar a comparação, observando que, contrariamente ao senso-comum, a presença indígena no nordeste é bastante significativa. Assume, inclusive, uma grande importância demográfica, ambiental e política, sendo, sobretudo, de extrema relevância para se representar a relação entre o Estado e os povos indígenas no Brasil.

No balanço atualmente realizado, são 23 povos indígenas, distribuídos em 43 áreas, em seis estados (Bahia, Sergipe, Alagoas, Pernambuco, Paraíba e Ceará). As indicações sobre população apontam quase 40 mil, o que corresponde a 17% da população indígena no Brasil. Pernambuco, com aproximadamente 16 mil, tem um dos maiores contingentes indígenas do país, vindo logo após o Amazonas (56 mil), Mato Grosso do Sul (30 mil) e Roraima (23 mil), estando Pernambuco equiparado a Mato Grosso.

Comparado com as demandas indígenas por terra, em outras regiões do país, o volume das terras indígenas no nordeste é bastante pequeno, correspondendo a apenas 0,3% da extensão destas, em vias de reconhecimento em todo o Brasil. Na região aqui conceituada como Nordeste (parte setentrional da Bahia até o Piauí), as terras indígenas montam atualmente a 245 mil hectares, a significação disto para cada Estado variando pouco, mantendo-se na faixa dos 0,2% a 0,4% (Alagoas, Bahia, Paraíba e Sergipe). As variações maiores ficam por conta do Ceará (0,03%) e de Pernambuco(0,9%).

Seria um completo engano depreender destes dados que o aspecto fundiário fosse uma dimensão menor do problema indígena no Nordeste. A pressão sobre a terra é muito alta nesta região, como demonstram dados sobre o elevado grau de ocupação da superfície destes Estados por imóveis rurais cadastrados no INCRA (1986).

Em quatro destes Estados (Ceará, Alagoas, Sergipe e Paraíba), a taxa de ocupação por imóveis rurais fica entre 94% e 96% de sua superficie total.

Apontando a gravidade dos conflitos fundiários e a extensão do fenômeno da grilagem, no estado da Bahia, tal como no antigo estado de Goiás/Tocantins, o somatório dos imóveis rurais declarados ao INCRA[1] é superior à superfície total do Estado. Apenas no caso de Pernambuco, o grau de ocupação é mais baixo, ficando em 83%, o que certamente decorre de fatores ambientais que tornam difícil a utilização de parte de suas terras (no Piauí, por exemplo, este índice é ainda mais baixo, ficando em 74%).

---

1 INCRA - Estatísticas Cadastrais, 1986.

Confrontando tais dados com os da região amazônica, onde existem numerosas e extensas áreas indígenas, pode-se perceber melhor a especificidade - e a gravidade - do problema indígena no Nordeste. No extremo-norte as demandas indígenas sobre a terra são muito pronunciadas, atingindo aproximadamente um milhão de hectares no Amapá, 27 milhões no Amazonas, 25 milhões no Pará e 11 milhões em Roraima (o que corresponde de modo aproximativo, respectivamente a 7%, 17%, 20% e 47% da superfície dessas unidades da federação). Apesar disso, uma vez que se trata de áreas de expansão recente da fronteira econômica, o grau de ocupação por imóveis rurais do extremo-norte é proporcionalmente muito mais baixo, atingindo somente 25% no Amazonas, 21% em Roraima, 34% no Amapá e 41% no Pará.

Enquanto no Norte o antagonismo com os povos indígenas decorre da imobilização de recursos naturais (minerais, madeiras e recursos hídricos) existentes nos extremos territórios por eles ocupados, no Nordeste os conflitos são fundamentalmente fundiários, envolvendo a acirrada disputa com proprietários tradicionais, grileiros e posseiros até por pequenas extensões de terras agricultáveis. Se a relação ha/índio no Norte é maior do que a do Brasil como um todo (335 ha/índio), em alguns Estados sendo bastante alta (Amazonas, 486; Roraima, 464 e Pará, 2165), no Nordeste esta relação é de 7,2 ha/índio. Considerando a localização adversa das áreas indígenas, situadas em faixas climáticas fortemente desfavoráveis às atividades agrícolas, a sua intensidade no uso da terra pode ser claramente equiparada ao da unidade familiar camponesa.

Em termos de práticas econômicas e de antagonismos políticos, o problema indígena no Nordeste faz parte da questão camponesa: índios e camponeses tendo uma contradição fundamental com as poderosas elites tradicionais da região, que se utilizam do acesso à máquina do Estado para manter o monopólio da terra e estimular os conflitos internos ao campesinato. Somente uma ampla e democrática reforma agrária consolidará os ganhos parciais com o reconhecimento de terras indígenas, viabilizando, assim, a demarcação e o usufruto exclusivo pelos povos indígenas destas áreas.

Se algumas especificidades do problema indígena no Nordeste e na Amazônia podem ser percebidas ao nível de dados agregados (quantitativos), outras exigem uma análise antropológica mais abrangente.

A dificuldade de falar em índios no Nordeste, e mesmo em algumas regiões da Amazônia, decorre da pouca visibilidade das descontinuidades culturais que expressariam a unidade e distintividade de um povo indígena face à cultura e nação brasileira.

Os habituais sinais diacríticos que podem ser utilizados para demarcar os limites de uma cultura - como língua, homogeneidade biológica, modos de apresentação individual (vestimentas, adornos, etc.) ou coletiva (feitura das casas, aldeias, roçados), diferenças tecnológicas e rituais - não podem ser aplicadas com um mínimo de sucesso em tal contexto.

Dos 23 povos indígenas do Nordeste, apenas um (Fulni-ô) possui uma língua própria, todos os demais expressam-se unicamente em português. Há uma grande incidência de casamentos com não - índios ou com índios de outras etnias; esta prática sendo extensiva ao passado, com freqüentes casamentos com moradores de quilombos, de fazendas de gado ou engenhos. É muito difícil encontrar costumes particularizantes - formas de família, habitação, práticas econômicas e religiosas - ao contrário, a todo momento se entrecruzam com as manisfestações culturais típicas da população rural.

Enquanto nas áreas novas de fronteiras em expansão, a distância cultural entre índios e não - índios é bem marcada e alimenta a instauração do estigma e do conflito, nas regiões de colonização mais antigas, as trocas culturais se sucederam por gerações em um sistema quase fechado (onde as migrações são fluxos de saída) e chegaram a um estado de acomodação nas crenças, costumes e tecnologias. Flagrantemente distanciado do brasileiro das cidades, o índio não pode facilmente ser distinguido, em termos de traços culturais, daquela população rural descendente de índios, negros escravos ou fugitivos, e brancos de condição social inferior. Mesmo um esforço de natureza culturalista em buscar conjuntos culturalmente homogêneos acabará por trabalhar com a noção de sub-cultura, operando a sua constituição com base na diversidade ecológica (sertão x litoral) ou nas práticas econômicas dominantes (pecuária, pesca, agricultura), não com a diversidade de povos e culturas indígenas.

Em um texto de importância capital para o estudo das relações interétnicas, Fredrik Barth (1969) retoma a concepção Weberiana de que as comunidades étnicas são grupos virtuais, atualizados por intervenção de fatores de natureza política. Para Barth um grupo étnico não se define por seu estofo cultural (que se modifica no tempo e varia de acordo com ajustamentos ecológicos), mas através de critérios pelos quais estabelece as suas fronteiras (critérios de pertencimento e exclusão) e pela tentativa de normatização da interação entre membros do grupo e as pessoas de fora. Nessa concepção a homogeneidade cultural é uma resultante de um processo de criação coletiva e de um processo de constituição de um sujeito coletivo (Bourdieu 1984) do que o fator determinante no estabelecimento de um grupo étnico.

Ao considerar o problema indígena no Nordeste, um fato que sobressai fortemente, é o surgimento de novas identidades indígenas. Embora existam diversas denominações indígenas mencionadas por cronistas e viajantes dos séculos XVII e XVIII (como os Potiguara, Carnijó, Xurucu, Xocó, Tremembé, entre outros), a maioria dos 23 povos indígenas do Nordeste resulta de um processo de etnogênese (Goldstein 1975), verificado principalmente neste século, não podendo dispor, portanto, de testemunhos do passado em fontes históricas ou na literatura antropológica. Este é o caso, por exemplo, de cinco dos oito povos indígenas que vivem atualmente em Pernambuco, de pelo menos quatro das seis etnias indígenas de Alagoas, de seis das onze denominações indígenas que habitam a parte setentrional da Bahia.

Tal situação se verifica também em vastas faixas da Amazônia. O relato de Priscila Faulhaber Barbosa sobre os índios do médio Solimões remete na direção de uma reafirmação étnica estabelecida por sobre uma grave perda cultural (língua, rituais, etc.) que afetou os Miranha, Cambeva e Mayoruna. Também a etnografia apresentada por Márcio Meira sobre a região do baixo rio Negro deixa claro processos de retomada e de construção de novas identidades indígenas. Tais fatos não constituem, de modo algum, fenômeno excepcional na Amazônia, podendo ser descrito em diversos outros povos indígenas (como os Cocama do Alto Solimões, os Tembé dos rios Guamá e Gurupi, etc.).

A descontinuidade que instaura os povos indígenas no Nordeste e em certas partes da Amazônia, não é, portanto, conseqüência de uma diferença cultural, mas sim uma produção da instância política, calcada em fatores históricos. Freqüentemente o mito de origem destes povos remete a fatos históricos concretos, como o seu aldeamento e territorialização através das missões religiosas. O próprio surgimento do grupo étnico é associado a líderes históricos que, por seus poderes mágicos, conseguem promover a re-fundação da aldeia e o resgate do verdadeiro nome daquele povo, logo adotado como etnônimo.

São dois os fatores que favorecem a recuperação étnica: de um lado, os processos econômicos e políticos que propiciaram um aumento da pressão sobre a terra, com iniciativa dos proprietários no sentido da expulsão de "moradores" e a ruptura de aliança com grupos e famílias isoladas; de outro, o aparecimento, na região, de uma alternativa étnica para alguns setores ameaçados do campesinato, fato que decorre da implantação do SPI na região e do novo campo indigenista construído a partir do final dos anos 80, com a atuação da FUNAI, CIMI e entidades não-governamentais.

Não cabe supor que o fato de assumir uma identidade indígena decorra apenas de uma utilização pragmática da etnicidade (sentido em que Abner Cohen (1969) fala de uma etnicidade política). A instauração de uma ruptura política que inaugura uma identidade indígena específica, geralmente ocorre via religião, com a atualização que esta lhe propicia dos valores essencias ao grupo. É neste caudal que são reproduzidas, adaptadas ou importadas as diversas manifestações culturais (como o Toré, Praiá, Ouricurì, Torem, festas religiosas, etc.) que servem como bandeiras étnicas e garantem a estes povos a condição indígena. Reduzir o fenômeno étnico a sua dimensão territoral é um equívoco, pois as lutas comuns e os rituais partilhados podem ser suficientes para dar àquelas identidades uma grande importância normativa, afetiva e valorativa, criando condições de possibilidade, para que surja em torno daqueles sujeitos históricos uma "comunidade imaginada" (Anderson 1983), isto é, um sentido de unidade e destino comum como povo e nacionalidade.

Os povos indígenas do Nordeste e em certas regiões da Amazônia não podem ser pensados segundo os esquemas convencionais do indianismo brasileiro. Foi a situação de atração e pacificação, onde o Estado precisava lidar com grupos indígenas isolados, que mantinham sob seu controle ou disputavam com as frentes de expansão partes significativas do território nacional, que levou à criação do próprio órgão indigenista (SPI) e lhe legou os paradigmas de sua ação, pretendendo salvar os índios do extermínio e lhes garantir uma aculturação não traumática ("lenta e espontânea"). As soluções administrativas e a própria linguagem indigenista estão marcadas por sua aplicação a um contexto de expansão das fronteiras econômicas e pela ideologia de integração nacional.

Nada disto faz sentido nos contextos do acima indicado. Não há uma distância cultural que possa justificar a criação de um regime tutelar que pretendia isolar os índios e gerenciar o seu patrimônio. O que estes reivindicam é a garantia de acesso a terra, fonte de sua mobilização política e base para uma recomposição e/ou elaboração étnica. Atualmente este processo político não decorre exclusivamente do órgão indigenista, mas resulta de um jogo de pressões e alianças no campo indigenista, povoado também por outras bandeiras, instituições e ideologias, além da FUNAI. Insistir nos conceitos ou no fortalecimento do aparato do indigenismo oficial só contribui para criar ou reforçar laços de dependência e clientelismo, comprometendo, assim, as iniciativas de autonomia dos povos indígenas e de suas organizações.

Cabe lembrar, também, que o padrão narrativo das três fases - esplendor (antes do contato), aculturação (contato) e decadência (dias atuais) - imposto na antropologia pelas teorias da aculturação (BRUNER, 1986) e implícito no paradigma indigenista, não pode igualmente gerar respostas para os problemas aqui suscitados. É sob o signo da invenção de cultura que devem ser pensados tais grupos étnicos emergentes, com um resoluto movimento de afastar o viés etnológico de buscar, no presente, culturas autênticas (ou ainda fontes culturais específicas da etnicidade). Com a mobilização coletiva por um território comum, ancorada na dinâmica do campo indigenista, tais fatores (que não devem ser buscados com exclusividade no passado ou no presente) certamente irão expandir-se e consolidar-se em um futuro próximo como a dimensão cultural de um projeto étnico.

Ao falar em futuro, uma ressalva importante para não sepultá-lo antecipadamente, sacrificando-o no altar das concepções genéricas sobre o índio. O prazo constitucional para a demarcação de todas as terras indígenas - que faz sentido somente no âmbito do paradigma indigenista acima criticado e relativizado - se encerrou em outubro/93. Isto não pode, de maneira alguma, significar a inviabilização do reconhecimento de grupos e denominações indígenas após esta data, muito menos deslegitimar novas demandas indígenas sobre o território.

REFERÊNCIAS BIBLIOGRAFICAS

ANDERSON, B. 1983 - . Verbo London/New York.

BARTH, F. 1969 - . In: *Ethnic Groups and Boundaries*. London, George Allen & Unwin/Universitets Forlaget.

BOURDIEU, P. 1984 - . *Actes de La Recherche en Sciences Sociales*. 52/53: 49-55.

BRUNER, E. 1986 - . In: Turner, V. & Bruner, E. (eds.) *The Anthropology of Experience*. University of Illinois Press.

COHEN, A. 1969. . London, Routledge & Kegan Paul.

GOLDSTEIN, M. 1975. . Ethnicity and Ressource Competition in Plural Societies.

"PELES PINTADAS": A DECORAÇÃO CORPORAL COMO IDENTIDADE

Lúcia H. van Velthem

Na mídia televisiva é recorrente a frase: "índios pintados para guerra", quando os repórteres fazem referência a diferentes grupos indígenas que, providos de decoração corporal, estão no exercício de justas reivindicações, quase sempre relacionadas com conflitos territoriais.

Essa constatação, longe de ser gratuita, indica a íntima relação existente entre a identidade étnica e a ornamentação corporal, uma vez que o corpo constitui, de fato, um painel onde a sociedade imprime a marca de sua identidade.

Como salientou Viveiros de Castro (1987:32) o "corpo é imaginado, em vários sentidos, pela sociedade" e, nesse imaginar, a decoração imposta ao corpo é significativa, entre outros aspectos, porque é capaz de expressar, visualmente, idéias abstratas e assim comunicar mensagens que não seriam inteligíveis se fossem transmitidas unicamente através da oralidade.

A importância dada ao corpo transcende, todavia, esses limites, pois, como sugeriram Seeger, da Matta e Viveiros de Castro (1987:20) as noções ligadas à corporalidade e à construção da pessoa são básicas nas sociedades indígenas, o corpo representando "uma matriz de símbolos e um objeto de pensamento" Portanto, a decoração corporal, juntamente com outros tipos de interferência social sobre o corpo, constituem um eixo central, em torno do qual gira a mitologia, a vida cerimonial e cotidiana, a organização social indígena.

Essa comunicação pretende especificar alguns desses pontos, analisados a partir de dados colhidos entre os índios Wayana, de língua Carib e habitantes do norte do Estado do Pará, no Parque Indígena de Tumucumaque e na Area Indígena Paru de Leste, na região fronteiriça ao Suriname.

Para os Wayana, a decoração corporal é constituída por pinturas e adornos de outros materiais. Encarnam princípios ontológicos e desta forma os variados ornatos e a pintura estão estreitamente interligados e compreendidos como um todo. Entretanto, como em toda a arte visual Wayana, o todo pode ser apreendido pelas partes e assim cada elemento ou conjunto de elementos (pinturas, plumária, atavios de miçangas ou algodão etc) da decoração corporal, possui significância em si mesmo, o que permite desmembrá-los analiticamente. Este trabalho se refere, exclusivamente, ao corpo e às pinturas corporais.

Sujeito e objeto de interferências sociais, o corpo humano é, ele próprio, dotado de complexo simbolismo em sua tentativa de explicar como essa sociedade pensa a si mesma e o mundo que a rodeia, como articula significações sociais e cosmológicas, articulações essas que são fundamentais na própria "fabricação" deste corpo.

O surgimento dos humanos está relatado num mito Wayana, referido na literatura etnológica como "mito da criação" ou ainda como "história dos deuses *kuyuli*" [1]. Esse mito narra como um demiurgo, *Umalé*, sentindo-se só, resolve criar uma mulher. Inicialmente a modela em cera, depois em argila. Embora tivessem vida, essas mulheres se revelaram ineficazes no cumprimento das tarefas que lhes foram outorgadas. A mulher de cera derreteu-se ao sol, a outra quebrou-se com o peso do cesto-cargueiro. O demiurgo resolveu então tecer uma mulher com fasquias de arumã, uma marantácea. Essa mulher, que foi denominada de *Arumana* ou *Wama*, "arumã", revelou-se capaz de realizar todas as tarefas.

Através do mito, os atos criativos do demiurgo foram transmitidos aos Wayana que os exercem na perpetuação da espécie humana, fabricando, socialmente, corpos que possuem como modelo a mulher primordial, feita por *Umalé*. Devido a essa associação, os Wayana se dizem *wamaïhem*, "com arumã", não apenas por descenderem da mulher primordial, feita deste material, mas também por compartilharem com ela de características físicas e estéticas.

A principal característica está conectada ao revestimento corpóreo e assim são, simbolicamente, associadas às peles da mulher primordial e a dos atuais Wayana através das pinturas que as recobrem. A pele de *Wama*, assim como os tecidos de arumã com casca, possuem uma cor vermelho-castanha que é a mesma tonalidade da pintura de urucu envelhecido. A mulher primordial era, pois, socializada, com a pele pintada de urucu, assim como ocorre com os Wayana quando de posse de suas prerrogativas sociais.

Apoiada na narrativa mítica, uma das idéias centrais no pensamento Wayana é de que o corpo humano é o resultado de uma "fabricação". As relações sexuais entre os pais de um futuro indivíduo são apenas os momentos iniciais desse processo que se prolonga através dos anos, acarretando mudanças corporais que refletem as transformações de um indivíduo em termos de sua identidade social.

Esclareço que tomo o termo fabricação ao pé da letra, e assim me refiro ao verbo Wayana *tïhé* que significa "fazer", "produzir", enquanto uma atividade humana que age sobre a matéria[2]. As crianças são assim "feitas" da mesma forma como se produz um cesto, um beiju, uma roça, uma casa. Os Wayana, metáforas à parte, são habilíssimos artesãos tanto de si mesmos como dos bens que necessitam. Por conseguinte, os humanos e os objetos, estes num outro registro simbólico, são compreendidos como sendo passíveis de fabricação, mas que, não termina com o

[1] Cf. este mito em Schoepf 1987.
[2] Esse termo designa, de modo particular, uma das técnicas da plumária, como veremos.

nascimento. Os corpos são obras repetidas vezes modeladas ao longo da vida e até mesmo depois da morte: reclusão pubertária, rito de iniciação, nascimento de filhos, cremação pós-mortem.

O detalhamento desses processos não cabe dentro dos limites desse trabalho, voltemos, pois, às concepções de fabricação corporal em sua articulação com a decoração, pois é esta que vai distinguir o indivíduo dentro de um grupo e o próprio grupo frente aos demais, no caso, os outros elementos do cosmos Wayana.

Nas concepções simbólicas relativas ao corpo humano, vê-se que um ponto fundamental é a conexão com a mulher primordial através da pele e, sobretudo, através de uma pele pintada, uma vez que esse é um dos atributos que melhor identificam determinado ser.

A pintura por si mesma não existe, ela necessita de um suporte para materializar-se. O mais importante dos suportes é o revestimento do corpo, a pele. Esta é designada em Wayana por *pitpë*, um termo que compreende, ao mesmo tempo, uma classificação sob a qual se alojam todos os outros revestimentos dos componentes cosmológicos: animais e vegetais e também objetos e sobrenaturais. Assim, todos esses possuem "pele", exceto os minerais, pois são imutáveis, não morrem, nem se reproduzem.

Acerca da pele humana, enquanto suporte, dois aspectos devem ser considerados. Inicialmente por que ela não é inerente, como vimos, ela é confeccionada. Assim a reprodução humana é compreendida, simultaneamente, como se processando através da pele e esta como sendo um "fazer", um ato tecnológico. Este ato é, simbolicamente, associado à confecção de um ornamento plumário, pois na concepção, os repetidos atos sexuais propiciam a justaposição das partículas de sêmen, paulatinamente, conformando a criança, assim como se justapõem, uma a uma, as penas num cordel. A pele do recém-nascido é referida como *ixpot makperá* "(adorno) plumário indesejado" por ser original e não adquirido socialmente.

A pele do ser humano socialmente integrado é, no entanto, simbolicamente associada ao tecido de arumã porque essa matéria permite tanto a reprodução da pele vermelha da mulher primordial, com características humanas e assim própria da vida social, como a pele com padrões em preto e branco, as "pinturas corporais" de uma serpente sobrenatural, de caráter eminentemente anti-social, mas que são apropriadas para os Wayana em tempos rituais.

O ato tecnológico de produção de pele não se esgota na concepção e assim, no ciclo vital, por ocasião das mudanças individuais de identidade social, a sociedade interfere tecendo novas peles para o indivíduo. O paradigma que ilustra este aspecto é o ritual de iniciação, o *okomoman*, quando o jovem é submetido a vesicatórios contendo vespas as quais têm o poder de, literalmente, "tirar a pele" do neófito, a qual é reconstruída, posteriormente, através do resguardo, da abstenção alimentar e de outros cuidados.

O outro aspecto ligado à fabricação da pele humana é o que a referenda enquanto painel visual que apresenta as modificações sociais através da pintura que a sociedade impõe ao corpo humano com objetivos específicos: comunicação, identificação étnica, diferenciação sexual, etária e também como meio de se alcançar a normalização sócio-fisiológica do indivíduo.

Entre os Wayana a pintura corporal compreende a disposição de elementos cromáticos de origem vegetal,[3] em combinações variadas sobre a pele. Isto se deve ao fato de as cores representarem a mais fundamental das identificações, pois permitem ordenar domínios desconexos como o são os humanos, os animais, os objetos, as plantas, os sobrenaturais.

A principal função das cores é a de um veículo que aguça a percepção identificatória, o que é fundamental para a própria estrutura do universo Wayana. Neste sentido, cada um dos domínios cosmológicos é representado, paradigmaticamente, por uma composição cromática que é a "pintura corporal" e a identidade de um ser particular e uma categoria de seres.

Essa composição cromática se apóia na trilogia composta pelo vermelho, branco e negro os quais abrigam, para fins simbólicos, todos os matizes conhecidos, representando, assim, um código classificador de proporções cosmológicas.

A partir desse código verifica-se que uma pintura unida e vermelha, *tonophé*, recobrindo totalmente o corpo, caracteriza, na referência de Turner (1980), a "pele social" dos Wayana, identificando, assim, a própria humanidade que tem como paradigma a mulher primordial. Nesse mesmo registro, os humanos não-índios são também caracterizados e a categoria "homem branco" comporta pessoas "pintadas" de branco se forem de origem européia e de negro se tiverem origem africana.

Uma pintura pontilhada, *titikman*, pontos negros sobre fundo branco, representa o couro do jaguar, *kaikui* e, por intermédio deste ser paradigmático, identifica os demais animais e a própria natureza.

A trilogia cromática, acima referida, está ainda presente no que os Wayana compreendem como a "pintura corporal" dos animais e vegetais comestíveis. O aspecto cromático relativo a estes elementos é fundamental na medida em que rege todo o sistema alimentar Wayana, notadamente as restrições, comportando uma escala em que a coloração branca representa o alimento mais inofensivo, entre os quais o beiju, e a cor negra, como a do couro da anta e o próprio animal, o mais perigoso.

Uma decoração listrada, *tepiatxé*, faixas horizontais e verticais em cores contrastantes, vermelho/branco/negro, retrata a pele de uma serpente sobrenatural *walamúimë*, associada ao arco-iris e, através deste ser paradigmático, representa a sobrenatureza. A decoração dos sobrenaturais é listrada de acordo com a trilogia referida e revela o modo de ser dos sobrenaturais que é o de possuírem, quimericamente, os elementos significativos para servirem de modelo iconográfico aos humanos, mas em associações cromáticas desprezadas por serem excessivas.

---

[3] Sobretudo urucu (Bixa orellana) e jenipapo (Genipa americana).

O unido, o pontilhado e o listrado, enquanto unidades mínimas de significação,[4] preenchem os campos vasados da decoração corporal e de todos os artefatos, permitindo constantemente a visualização dos domínios cosmológicos. Representando e identificando a humanidade, a natureza e a sobrenatureza, enfatizam, igualmente, o poder da decoração, enquanto instrumento diferenciador dos humanos, isto é, os Wayana, face aos demais componentes cosmológicos. Ademais, representa um dos principais meios de recapitulação do todo e de síntese universal. Este aspecto, mais do que qualquer outro, enquadra-se na noção de "modelo reduzido" (Levi-Strauss, 1962:34-36) onde há renúncia das dimensões sensíveis em proveito das dimensões inteligíveis.

Num sentido amplo, a "pintura corporal" dos componentes cosmológicos permite ressaltar uma diferença que é fundamental para a humanidade, para o ser Wayana. Assim, excetuando-se estes, todos os demais elementos do universo, animais, vegetais, sobrenaturais, outros humanos, possuem uma decoração que se caracteriza por ser estática, quer dizer, suas cores e seus padrões não se modificam jamais e, portanto, esses seres estão condenados a uma permanente e única ornamentação, como o jaguar que será sempre pontilhado e também o "homem branco", perpetuamente branco/negro.

A decoração dos Wayana, entretanto, possui um caráter oposto, pois é essencialmente dinâmica, o que os converte nos únicos entes capazes de modificarem sua decoração corporal, a qual se adapta às mudanças temporais e espaciais básicas de sua vida que oscila entre o cotidiano e o ritual, os tempos de paz e os de guerra, a aldeia, a roça, o rio e a floresta.

A trilogia branco, vermelho e negro consiste num dos principais indicadores do caráter dinâmico da decoração dos humanos e, desta forma, o ser humano é percebido como um ser em contínua modificação cromática. Os indivíduos socialmente integrados são "vermelhos" *(takpirem)*, devido à pintura corporal à base de urucu. A reclusão pubertária ou as doenças fazem com que passem a ser referidos como "brancos" *(tikorokem)*, pois não se pintam, nem se expõem ao sol, ou melhor, ostentam uma anti-pintura. O afastamento da vida aldeã, por ocasião das viagens, dota as pessoas de outra anti-pintura, desta vez "negra" *(taririman)*, pela ausência de urucu e excessiva exposição ao sol.

A pintura corporal humana não é, exclusivamente, unida, como vimos. Em tempos rituais ela compreende também padrões traçados com suco de jenipapo e que são iconográficos, isto é, possuem significado e analogia com os modelos que reproduzem. Esses padrões foram colhidos, em tempos míticos, de *tuluperê* e integram o repertório das "pinturas corporais" dessa serpente sobrenatural[5]. Nos momentos rituais, a pele do Wayana está dotada de uma ultra-pintura que o transporta

---

4 Veja a este respeito Muller, 1990.

5 Cujo referencial zoológico é a sucuri (Eunectes murinus). Cf. van Velthen 1984.

para uma outra dimensão espaço-temporal em que, concomitantemente, encarna e contata o mundo da sobrenatureza.

No início, foi anunciado que se falaria da íntima relação existente entre identidade étnica e ornamentação corporal.

Inicialmente, enfocou-se a "fabricação" do corpo e, a partir deste, constatou-se que um elemento significativo é o revestimento externo, a "pele". Esse envoltório não deve ser compreendido como exclusivo dos humanos, mas como algo inerente a todos os componentes cosmológicos, fazendo parte, pois, da construção de outros "corpos".

A pele é, igualmente, o suporte para a diferenciação, propiciada pela decoração. A mais fundamental ornamentação é a pintura corporal que se apóia numa trilogia cromática. Esse cromatismo é, para os Wayana, um recurso cognitivo que permite identificar cada domínio e componente cosmológico.

Essa identificação se concretiza através das cores, pois estas representam um recurso visual que maximiza as possibilidades diferenciadoras e instrumentaliza, através da decoração, as características próprias dos diferentes domínios cosmológicos. As cores revelam o dinamismo da humanidade através de suas possibilidades de alteração cromática, assim como enfatizam o caráter estático e a incapacidade de modificação da cor original que é própria aos demais domínios.

Através da diferenciação, é possível articular, dialeticamente, os domínios cosmológicos e assim os Wayana são providos de meios de afirmação de sua humanidade e de sua etnia e, concomitantemente, de formas de oposição à natureza e à sobrenatureza e também aos demais humanos.

REFERÊNCIAS BIBLIOGRÁFICAS

LEVI-STRAUSS, C. 1962. La pensée sauvage. Paris: Lib. Plon.

MULLER, R. 1990. Os Asurini do Xingu. História e Arte. Campinas: Ed. UNICAMP.

SCHOEPF, D. 1987. Le récit de la création chez les indiens Wayana-Aparai du Brésil. Mus. d'Ethnographie:29.pp113-138.

SEEGER, A., MATTA, R., VIVEIROS DE CASTRO, E. 1987. "A construção da pessoa nas sociedades indígenas brasileiras". Sociedades indígenas e indigenismo no Brasil. Rio de Janeiro: Ed. Marco Zero.

TURNER, T. 1980 "The social skin". Not work alone. London: Temple Smith.

van Velthen. L. 1984. A pele de tuluperê. Estudo dos trançados wayana. Apabai. Dissertação de mestrado - USP.

VIVEIROS DE CASTRO, E. 1987 "A fabricação do corpo na sociedade xinguana". Sociedades indígenas e indigenismo no Brasil. Rio de Janeiro: Ed. Marco Zero.

ARTICULAÇÕES POLÍTICAS E IDENTIDADE ÉTNICA NO ALTO RIO NEGRO[1]

Márcio Meira

INTRODUÇÃO

Este trabalho é um exercício de reflexão sobre um tema que considero importante dentro do atual quadro social e político da região do alto rio Negro, no Estado do Amazonas, cuja população é majoritariamente indígena. Trata-se também de direcionar o foco da análise para trechos daquela ampla região que considero pouco estudados, ou seja, áreas localizadas fora dos núcleos centrais de habitação tradicional de certas etnias, como por exemplo, o Rio Içana para os Baniwa, ou o Rio Uaupés para os Tukano. Trata-se aqui de áreas como o "baixo Rio Negro", a cidade de São Gabriel da Cachoeira, ou a região do Rio Negro situada à montante de São Gabriel até Cucuí, na fronteira com a Venezuela, entre outras. Nessas regiões a população indígena está "misturada", ou seja, processos migratórios compulsórios ou não, de longo, médio e curto prazos, têm provocado uma "nova" aglutinação indígena. Do ponto de vista da tradição etnográfica a respeito dos povos da bacia do alto rio Negro, há poucos trabalhos que tenham enfocado essas áreas, sobretudo se comparados aos estudos feitos com os povos de fala Tukano da bacia do Rio Uaupés.

O processo que gerou essa população "misturada", obviamente, é parte constitutiva da história do contato das populações indígenas daquela região com as frentes colonizatórias brancas, que remonta ao período colonial (cf. Meira, 1994). Entretanto, este processo não pode ser considerado como uma simples mecânica de imposição cultural ocidental, de um lado, e de outro uma deculturação, aculturação e integração irreversível dos índios a essa cultura dominadora. Ao contrário, como aponta Bosi (1992:30,46), "a condição colonial é reflexa e contraditória", ou seja, "há *expressões de fronteira* que se produzem pelo contacto da vida popular com os códigos letrados para cá trazidos ao longo de todo o processo colonizador" (grifo nosso).

Como também foi assinalado por Bartolomé (1979:312), "al o longo de todo el proceso de dominación, las etnias indígenas americanas han desarollado una serie de

---

1 Esta é uma versão modificada da comunicação que apresentei na Conferência que deu origem a este livro. Agradeço a Lúcia Hussak van Veltheme João Pacheco de Oliveira pela atenção e opiniões críticas que deram a versões anteriores deste trabalho.

estrategias adaptativas y tacticas de acción tendientes a no perder su identidad de tales". Destaca este autor ainda no mesmo texto que mais recentemente muitas etnias têm se valido do "discurso político" para se fazerem ouvir pelas autoridades, principalmente com a formação de organizações locais, regionais e nacionais. Creio que tais estratégias devem ser entendidas, no caso do rio Negro, como algumas entre várias "expressões de fronteira" que ocorrem entre os povos indígenas daquela região, fundamentais na compreensão de sua dinâmica atual.

Vou tratar aqui do processo político por que passa essa população, na sua luta pelo reconhecimento e demarcação de seu território, sobretudo desde que se organizou numa associação indígena - *ACIBRN*, em 1988, e as mudancas que tal processo propiciou em termos de um fortalecimento da sua identidade étnica no contato que mantém com os vários setores da sociedade nacional envolvente. Tento mostrar que a situação vivida hoje no "baixo rio Negro" tem raízes históricas profundas nas relações branco-índio, como também internas às sociedades indígenas.

Compartilhando com Oliveira (1989) quanto aos critérios para definição de terra indígena, considero que esta não deve ser tomada apenas como território de origem baseado na etnohistória ou numa referência cultural arbitrária. A história do contato branco-índio é fundamental para tal definição, na medida em que permite a compreensão da situação atual, na qual está inserida a formação daquele sistema social pluriétnico e multilinguístico específico. A própria organização da política indígena aqui enfocada, cujo desdobramento culminou na realização de um laudo pericial antropológico e de um processo judicial, através da Procuradoria Geral da República, deve ser entendida como uma resultante dessa dinâmica. Senão vejamos.

O "BAIXO RIO NEGRO"

O território do "baixo rio Negro" é uma área única e contínua de aproximadamente 2.142.000 ha., localizada na região banhada pelos rios Negro, Curicuriari e Marié, além de inúmeros igarapés menores que deságuam no Negro. Observando-se cuidadosamente o mapa da região, nota-se que esta faixa de terra está localizada, de fato, no alto curso desse rio. Os povos indígenas, seus habitantes, constituem uma população total de cerca de 2.400 indivíduos. As línguas mais faladas na região são o tukano, o nheengatu e o português (Meira, 1991).

Na região do "baixo rio Negro", pertencente aos municípios de São Gabriel da Cachoeira e Santa Izabel do Rio Negro, vive uma população indígena majoritariamente distribuída em comunidades e sítios localizados nas márgens do rio. Tal população tem sido considerada pelos órgãos do Estado (FUNAI, Exército, Prefeitura, IBAMA, etc.) e pelos demais poderes político-econômico regionais, como "cabocla" ou mesmo "branca", embora estes os considerem como descendentes de índios. Este fator tem representado *a priori* o principal entrave ao reconhecimento daquele território como tradicionalmente indígena.

A população do "baixo rio Negro" pertence a três famílias linguísticas: Aruak, Tukano oriental e Maku. A família Aruak se divide em diversos grupos, tais como, os

Baré, Tariana, Werekena e os Baniwa. Os povos da família linguística Tukano oriental se dividem em vários grupos patrilineares exogâmicos, cada um diferenciado por uma língua específica, entre os quais os Tukano, Desana, Piratapuia, entre outros. A família Maku, de povos caçadores-coletores semi-nômades, é representada pelos Dâw. Os grupos Aruak estão representados principalmente pelos Baniwa, Tariana e Baré, os quais somam juntos cerca de 44% da população. Os Tukano orientais compreendem principalmente os Tukano e os Desana, que juntamente com outros da mesma família constituem cerca de 52% da população. Os Dâw somam apenas 72 indivíduos. Os Aruak e Tukano vivem em comunidades nas márgens dos rios e os Maku no centro da floresta (*ibid*).

AFIRMAÇÃO ÉTNICA NO "BAIXO RIO NEGRO"

Parte da população indígena do "baixo rio Negro", silenciou ou ocultou, durante décadas, sua identidade indígena. Neste âmbito se destaca o caso dos Baré, que devido a circunstâncias históricas adversas, chegou a ser considerado como um povo extinto. Desde o início da colonização a maioria do povo Baré foi empregada como mão-de-obra na extração de borracha e de outros produtos, inclusive como intermediários entre comerciantes brancos e grupos indígenas mais isolados, como por exemplo os Dâw (Maku). Outros povos, como os Baniwa e Tukano, foram "descidos" compulsoriamente para essa região, principalmente pelos comerciantes que os exploravam no trabalho extrativista, causando profundas modificações em sua vida tradicional (cf. Meira, 1993).

As populações indígenas do Noroeste da Amazônia, em geral, e do "baixo rio Negro", em particular, têm enfrentado uma longa história de contatos diferenciados com o homem branco. Nesse sentido, seria ingenuidade imaginar que tais grupos fossem hoje um espelho fiel de seus antepassados que sofreram o impacto do encontro colonial. No caso dos índios do rio Negro, a experiência histórica do contato fez com que repensassem suas culturas diante da realidade que se impunha, reelaborando suas organizações econômicas, sociais e cosmológicas, inclusive como meio de sobrevivência étnica.

Ao longo desse processo, alianças inter-tribais, guerras, fugas, organizações políticas, etc, constituem um amplo repertório diacrônico de estratégias de luta indígenas. Por um lado, essa diversidade de reações indígenas é resultante do próprio caráter diferenciado das práticas colonizatórias; por outro, como a população indígena da região não é homogênea, as particularidades da estrutura social e política de cada povo têm acentuado as diferenças de respostas que estes têm empreendido em relação ao avanço dos brancos. Este duplo aspecto tem levado lideranças, grupos específicos ou associações, a estabelecerem alianças e/ou conflitos com diferentes setores da sociedade nacional. Esta postura diferenciada é resultante também da história de vida de pessoas que têm assumido posições de liderança local e que se manifestam em contatos públicos ou privados considerados politicamente importantes para a configuração de uma identidade étnica particular.

A história do contato dos brancos com os índios tem, portanto, um enorme peso nessa múltipla configuração étnica do "baixo rio Negro", principalmente devido a fatores econômicos que provocaram migrações compulsórias de vários grupos étnicos distintos, originários das cabeceiras dos rios Uaupés e Içana, e que passaram a se estabelecer na calha do rio Negro, como também a violência que tais atividades engendraram na relação de dominação branco-índio.

Não seria incorreto afirmar que a população do dito "baixo rio Negro" tem experimentado, há várias décadas, uma situação de diáspora. Por todas essas razões a sua população indígena é atualmente bastante heterogênea, também do ponto de vista de suas relações sociais, políticas e econômicas internas, e, por conseguinte, tais relações são de caráter tenso e complexo, envolvendo disputas de território e de poder político entre etnias e comunidades distintas.

É dentro deste contexto que deve ser entendida a atual luta política pela demarcação da terra, envolvendo a criação de uma organização em moldes ocidentais - a *ACIBRN*, inclusive com registro em cartório publicado no Diário Oficial. Seu objetivo é o de lutar pela autonomia dos povos indígenas e garantia dos seus direitos constitucionais, além da demarcação das terras, defesa das comunidades e incentivo e valorização dos seus valores culturais.

Para além desses propósitos, creio que esta associação passou a ter um papel unificador e reforçador de uma identidade indígena, antes dispersa ou oculta, e que se transforma em força única de contraposição aos brancos, numa conjuntura política e jurídica hoje propiciatória. Tal aspecto pode ser mais facilmente observado nas situações de confronto verbal, como, por exemplo, nas assembléias convocadas pela associação, em que geralmente são convidadas diversas "autoridades" brancas. Ilustra-o um discurso pronunciado por uma liderança indígena da *ACIBRN* na 3ª Assembléia Geral da entidade, em fevereiro de 92, no qual afirma o seguinte:

> "Somos vários grupos, Baré, Tukano, Desano, Arapaço e tantos outros nomes, mas formamos um grupo só, porque anos atrás nós éramos mais juntos, vivíamos juntos, e hoje tudo espalhado, mas nós com essas nossas organizações que estamos organizando, essas associações que estão no rio Tiquié, Taracuá, quer dizer Uaupés, todos esses rios, Negro acima e abaixo, e outras organizações, então nós unimos um grupo só para criar mais força e assim para que o governo dê apoio para nós e dê força pra nós e dê o que nós tamos pedindo, o que o povo deseja, então é o que nós tamos querendo realizar, porque é o nosso sonho..."

Este depoimento ressalta a importância hoje conferida por uma liderança indígena, no quadro de suas referências étnicas e políticas, à formação das associações indígenas como mediadoras na relação entre indios e brancos. A associação passa a ter, portanto, um papel crucial na própria reelaboração da identidade indígena, inclusive pela incorporação pelos índios dessa necessidade vital, característica da nossa sociedade, de possuir documentos escritos e oficializados de identificação. Um exemplo dessa característica foi a apropriação do laudo pericial antropológico entregue às "comunidades" em fevereiro de 1992, como mais um "traço" comprobatório da tradição indígena. Ou seja, quando, em 1993, uma nova frente garimpeira invadiu aquela região, explorando, com cerca de 400 balsas e dragas, o fundo do rio Negro, os índios reagiram, através de suas associações, e valendo-se do laudo pericial, para comprovar sua origem indígena e conseqüentemente dos direitos imemoriais sobre o território.

A outra face da associação é que ela passa a ser um elemento a mais para demonstração de prestígio e poder de algumas lideranças indígenas, tornando-se uma arena na qual certos conflitos internos às comunidades são exteriorizados. É possível que o próprio surgimento da associação tenha sido originado também pela necessidade de expressar tais conflitos, como também uma forma de alçar certos grupos indígenas, como os Baré, a uma posição de liderança regional, em contraposição aos Tukano ou aos Baniwa, tradicionalmente fortes politicamente na região do Alto Rio Negro. Esse fato pode ser ilustrado pela trajetória política do atual presidente da Federação das Organizações Indígenas do Rio Negro - *FOIRN*, que é originário do "baixo rio Negro", Baré, e ex-presidente da *ACIBRN*.

A *ACIBRN* se fortaleceu a partir do início de 1990, quando suas lideranças passaram a contar com o apoio jurídico da Procuradoria Geral da República, para fins de lutar judicialmente pela demarcação de seu território. No dia 13 de março daquele ano, em São Gabriel da Cachoeira, foi entregue ao Ministério Público um ofício no qual solicitavam a realização de um levantamento antropológico na região do "baixo rio Negro", onde até então a FUNAI não tinha tomado qualquer providência no sentido de identificá-la como área indígena. A PGR encaminhou a solicitação dos índios e, com o aval da ABA, indicou o antropólogo para a realização do levantamento e posterior elaboração de um laudo pericial a respeito. A atuação da PGR, a realização do laudo, a ação judicial e sua utilização pelos índios devem ser entendidas também dentro deste contexto acima exposto.

UM LAUDO PERICIAL NUM CONTEXTO DE AFIRMAÇÃO ÉTNICA

O laudo pericial sobre a região do "baixo rio Negro", visava averiguar, por determinação da PGR, se a região em questão se caracterizava como área tradicionalmente ocupada pelos indios, seguindo os parâmetros antropológicos. Qualquer ação judicial dependia previamente da conclusão do laudo, na medida em que não havia qualquer parecer a respeito, produzido pelo órgão indigenista oficial, a FUNAI.[2]

Para tal avaliação, utilizei-me inicialmente de informações de ordem histórica, cultural e ecológica, sendo feito também um recenseamento populacional detalhado, no sentido de identificar com precisão as etnias existentes na região, assim como a localização e os nomes dos seus sítios, comunidades e áreas de utilização econômica ou de referencial simbólico ou mitológico. Pelo observado no campo e respaldado na

---

[2] Foi somente em 1993 (Portaria nº1247/16-12-93) que a FUNAI criou o Grupo Técnico para identificar e delimitar a *Área Indígena Médio Rio Negro*, que corresponde à proposta feita pelos índios à PGR através do laudo pericial por mim elaborado em 1991.

literatura pertinente, nas fontes históricas e arqueológicas disponíveis, assim como na mitologia e na tradição oral indígena, a ocupação imemorial daquele território pelos povos das famílias linguísticas Tukano, Aruak e Maku é incontestável.

Verifiquei, através do sistema de parentesco, dos rituais recíprocos e da rede de relações intercomunitárias, que o território do "baixo rio Negro" se constitui numa vasta cadeia de relações sociais e econômicas que o unifica num todo sóciocultural. Foi constatado ainda que os fatores ecológicos da região - distribuição heterogênea dos recursos naturais e pobreza do ecossistema-, determinam a utilização econômica de um território bastante amplo e interligado por rios, igarapés, e "varadores" que levam ao centro da floresta, sendo estes os fatores que justificam a demarcação de um território único e contínuo.

Observei, também, como enfatizei anteriormente, que o processo histórico de penetração branca naquela região provocou muitas mudanças no quadro étnico da área, pois vários grupos Baniwa, Tukano e Desana foram transferidos dos altos cursos dos rios Içana e Uaupés, há várias gerações, e hoje vivem conjuntamente no "baixo rio Negro". Os Dâw tiveram que migrar muito no interior do próprio território devido ao seu envolvimento no extrativismo, o que provocou também um decréscimo importante na sua população nos últimos 100 anos. Mesmo os Baré, cuja população sempre foi indicada naquela região pelos documentos mais antigos, teve que migrar: parte dela que vivia no alto rio Cauaburis até o início deste século, foi "empurrada" para o rio Negro, pela expansão dos Yanomami vindos do Norte. Enfim, não se trata de uma população estática no tempo e no espaço.

Entretanto, em decorrência desse processo, o senso comum regional - baseado num critério herdado ainda de tempos em que um grupo étnico era definido, ora como grupo racial, ora como detentor de uma cultura ancestral congelada -, promoveu um escalonamento étnico em toda a região do Rio Negro, inserindo as populações do "baixo Rio Negro", com exceção dos Dâw (Maku) -que paradoxalmente são considerados "mais índios" na razão direta do maior preconceito que a sociedade envolvente lhes impõe-, sob o rótulo de "caboclos" ou "aculturados".

Creio que vale a pena ressaltar aqui o papel que o próprio trabalho de campo do antropólogo, para a realização do laudo, imprimiu no processo de "redescoberta" ou "reavivamento" de uma identidade indígena que muitas comunidades passaram a recompor nessa região.

A natureza do levantamento e a importância a ele conferida pelos índios traduziu-se, tal como nas assembléias de que participei, num momento privilegiado de auto-afirmação étnica. Este aspecto transformou a vida cotidiana das várias localidades, quando da minha passagem, sendo-me conferido o status de "autoridade", ou seja, uma espécie de "embaixador" do mundo dos brancos que, de passagem, registrava tudo aquilo que deveria ser posteriormente revelado "lá em baixo", como eles se referem ao resto do Brasil. Nesse contexto, procurava-se sempre, de forma ritualizada ou não, e em tempo reduzido, expor ao antropólogo o acervo cultural disponível e comprobatório de sua singularidade étnica, como também da historicidade do território ocupado.

Vários aspectos foram reveladores nesse processo. Um deles foi o próprio caráter ritualizado conferido pelos índios ao levantamento de dados, apesar do pouco tempo de permanência em cada comunidade. A cerimônia do "dabucuri", por exemplo, que tradicionalmente é realizada no término ou início de trabalhos comunitários, assim como nos ciclos naturais que determinam diversas atividades econômicas, foi celebrada em diversas ocasiões da pesquisa de campo, sendo enfatizada nas assembléias da associação. O "dabucuri" é um ritual de troca de bens, os quais podem ser alimento ou objetos artesanais. Reúne participantes de várias comunidades e se dança o "carriço", o "japurutu", que são tipos diferentes de flautas. Pode durar um dia inteiro, ou mais, sempre associado à ingestão de bebidas fermentadas, como o cachiri.

Durante o levantamento, muitas comunidades organizaram uma espécie de resumo do "dabucuri", com o objetivo exclusivo de fazer uma demonstração cultural. É o chamado "dabucuri cultural". Tratava-se, enfim, de uma montagem, que incluiu inclusive a elaboração de ornatos plumários sem qualquer semelhanca com os "tradicionais". Nas assembléias ocorreu o mesmo, sobretudo naquela onde estava presente um membro do Ministério Público, já no momento de entrega do laudo concluído, a quem todo o ritual foi ofertado simbolicamente através de uma plumária, colocada solenemente em sua fronte por uma menina, e dentre todas as meninas da comunidade, foi escolhida uma descendente de brancos, por via paterna, fato que pode ser interpretado pelo interesse de seu pai em "indianizar-se" através da filha, ao invés de um desejo "embranquecedor" da comunidade.

Nas duas assembléias de que participei, após a apresentação do ritual, as intervenções das lideranças indígenas enfocavam basicamente a necessidade de demarcação de suas terras, acentuando os problemas mais prementes que atingem seu território tradicional: a existência de uma Gleba Militar; o temor do retorno das empresas mineradoras; a invasão de garimpeiros externos à região; e a exploração do trabalho extrativista pelos "patrões". Suas falas, entretanto, referiam-se não só aos problemas acima indicados, mas enveredavam-se frequentemente em circunlóquios míticos de origem e criação do mundo, de cunho eminentemente político no contexto da Assembléia. Em oposição ao discurso assimilacionista que vigora na região, principalmente na voz dos militares e comerciantes maiores, várias lideranças discursaram em assembléias em Língua Geral, em Tukano ou em Baniwa, com objetivos claros de auto-afirmação étnica. Estes aspectos revelam a consciência e o interesse dos índios em se contraporem aos brancos, expondo seus sinais culturais diferenciadores.

CONCLUINDO

Propusemo-nos apresentar aqui, em primeiro lugar, uma situação em que alguns grupos étnicos procuram, no bojo de uma luta pela demarcação de seu território, reconstruir as suas identidades, e a influência que fatores externos aos grupos exercem sobre esse processo de formulação de valores culturais "novos", como é o caso das organizações indígenas, identificadas enquanto "expressões de fronteira". A situação aqui enfocada, num segundo plano, diz respeito à questão do caráter dinâmico da cultura e da manipulação de traços culturais como "sinais diacríticos". Trata-se do manejo político de traços culturais significativos, para fins de marcar diferenças entre grupos étnicos distintos cultural e historicamente, na região do "baixo rio Negro", embora esta região, como já foi enfatizado no início, não esteja isolada do restante do Alto Rio Negro, onde muitas dessas características se repetem. Constitui-se também numa demonstração de um caso concreto em que esses fatores podem e devem ser considerados para fins de definição de um território indígena.

Como foi exposto, a geopolítica imposta pelos colonizadores na região do Rio Negro como um todo, relacionada à conquista de territórios e definição de fronteiras, influiu definitivamente nos níveis de intensidade do contato dos grupos étnicos entre si e com o mundo dos brancos, contato esse histórica e geograficamente diferenciado, o que levou muitas vezes, certos grupos, a se manterem mais isolados e por isso mesmo mais "protegidos", em detrimento de outros, sobretudo os habitantes das márgens dos grandes rios, que sofreram desde o início alto grau de repressão contra sua integridade física e cultural, como é o caso dos Manau, que foram exterminados e dos Baré, que ali ainda habitam. Nesse sentido, a área do "baixo rio Negro" sofreu um impacto maior no processo colonizatório desse rio, processo esse que não pode ser descartado de qualquer análise atual sobre aqueles povos.

Grande parte dessa população, apesar de manter contato desde o século XVIII com as frentes de expansão, nunca deixou, embora diferenciadamente, de resistir culturalmente, mesmo quando eventualmente ocultaram sua identidade, como ocorreu com os Baré. Comprovam-no os testemunhos de viajantes que circularam pelo Rio Negro e afluentes, há quase três séculos. Podemos considerar, isto sim, que a afirmação cultural indígena na área é reforçada não somente pela manutenção de suas línguas, costumes e tradições, mas pela própria dinâmica do processo histórico e político por que têm passado aqueles povos, em decorrencia do qual sua cultura é permanentemente reinventada. Nessa constante reavaliação, as diversas etnias mantêm uma ampla gama de requisitos de auto-afirmação, apresentados conforme as circunstâncias e com quem exercitam seu diálogo cultural.

REFERÊNCIA BIBLIOGRÁFICA

BARTOLOMÉ, M. 1979. "Conciencia Etnica y Autogestión Indígena", IN: *Indianidad y Descolonización en America Latina*, Mexico, Editorial Nueva Imagen.

BOSI, A. 1992. "Dialética da Colonização", São Paulo, Companhia das Letras.

MEIRA, M. 1991. *Laudo Antropológico Area Indigena "Baixo Rio Negro"*, Belém, manuscrito.

MEIRA, M. 1993. "O Tempo dos Patrões: extrativismo da piaçava entre os índios do rio Xié (alto rio Negro)", Dissertação de Mestrado (não publicada), UNICAMP.

MEIRA, M. (org.) 1994. "Livro das Canoas: documentos para a história indígena da Amazônia", São Paulo, NHII/USP-FAPESP.

OLIVEIRA, J. P. (org.) 1989. "Os poderes e as terras dos índios". Rio de Janeiro, Museu Nacional-UFRJ.

PARTE V

DESENVOLVIMENTO SUSTENTÁVEL: MITO OU PARADIGMA?

SERÁ QUE O "CONSUMISMO VERDE" VAI SALVAR A AMAZÔNIA E SEUS HABITANTES?

Darrell Addison Posey

Uma série de reuniões em Londres, em Maio de 1990, assinalaram uma nova onda de atividades econômicas para estabelecer um caminho "mais verde" no sentido de salvar o planeta. Inaugurada por HRH Charles, a reunião internacional, chamada *"The Rainforest Harvest"* ("A Safra da Floresta"), foi patrocinada pela Sociedade Real de Geografia (RGS), a Agência Britânica de Desenvolvimento Internacional (ODA) e *"The Body Shop"*. O acontecimento parecia uma estranha mistura de ciência, governo e empreendimentos privados; os participantes representavam uma mistura mais estranha ainda de líderes indígenas da Amazônia, etnobiólogos, defensores dos direitos humanos, ambientalistas, membros do parlamento, pensadores, advogados internacionais, homens de negócios e realeza.

As reuniões tentaram mostrar que a floresta viva e seus vivos habitantes guardam inúmeros segredos sobre produtos novos, naturais e produzidos de maneira sustentável, que estão praticamente saltando das árvores para alcançarem consumidores iluminados e preocupados no "Primeiro Mundo". Imaginem uma nova geração de saponáceos, óleos, repelentes de insetos, corantes alimentícios, amaciantes, perfumes, alimento e medicamentos que sejam produzidos de forma a preservar a diversidade ecológica e biológica das florestas em extinção no planeta, beneficiando, ao mesmo tempo, os povos que nos ensinam como conservar as plantas das quais os produtos forem retirados!

Assim, consumidores mundiais poderiam unir-se para "votar", através de seu consumo individual, pela maneira que eles desejassem o futuro do seu planeta. Uma "democracia consumidora" internacional parece ser a melhor resposta a nova ordem mundial que dependeria mais de laços econômicos internacionais do que alianças geopolíticas.

Milagroso? Talvez, mas milagres são necessários para salvar a floresta e seus povos e muitos pensam que milagres, ainda maiores, são necessários para salvar o planeta. Nos últimos anos, somente na Amazônia, uma área de floresta tropical do tamanho da Bélgica tem sido anualmente destruída. Ninguém sabe quantas culturas se tornaram extintas em conseqüência da destruição desse habitat. Nem mesmo o mais sofisticado dos estudos científicos pode medir a perda do conhecimento face a degradação cultural.

Por muitos anos, tem havido avisos da iminente destruição da Amazônia e as implicações das perdas para a humanidade. Como Goodland & Irwin (1975:65) mencionaram para a região amazônica: "Cientistas estão competindo com a extinção em sua raça para inventariar o que contém o mundo".

Sociedades indígenas são as únicas com suficiente conhecimento, sabedoria e tradição para prosperarem na floresta amazônica. Elas não só apreciam profundamente o que existe, como também entendem, melhor do que os ecologistas modernos, as inter-relações ecológicas dos vários componentes do ecossistema amazônico. Os índios captam relações específicas, as quais somente agora estão sendo descobertas como acuradas pelos biólogos.

Conhecimento tradicional de plantas medicinais, inseticidas naturais e repelentes, medicamentos reguladores de fertilidade, plantas comestíveis, comportamento animal, mudanças ecológicas, manejo de solos, florestas e savanas, tratamentos de pele e corpo são apenas um pouco das categorias de conhecimento que podem contribuir para as novas estratégias de um desenvolvimento ecológico e socialmente sustentado.

Ainda assim, povos nativos e seus sistemas de conhecimentos são ameaçados com iminente destruição. Ribeiro (1965) estima que 85 grupos indígenas brasileiros tornaram-se extintos na primeira metade deste século. Na região amazônica, uma previsão conservadora seria de que, em média, um grupo indígena desapareceu em cada ano deste século. Infelizmente, não existe nenhum cálculo mostrando a extensão mundial da extinção cultural.

Em muitos casos, sociedades indígenas tornaram-se extintas mais rapidamente do que as regiões nas quais elas, tradicionalmente, habitaram. A mudança cultural é tão rápida para muitos grupos que "os jovens não querem mais aprender os métodos pelos quais seus ancestrais preservaram regiões tão frágeis" (Clay 1988:4). Isso é uma tragédia global, pois "com o desaparecimento de cada grupo indígena o mundo perde a riqueza, acumulada há milênios, da experiência e adaptação humana" (Posey 1983:891). Clay (1988:4, 72-73), entretanto, avisa que ninguém deve ser tão apressado ao afirmar que povos nativos estão todos em fase de extinção. Demograficamente, grupos nativos com direito garantido à terra, bem como independência política e econômica, possuem a mais rápida taxa de crescimento populacional do mundo.

COMUNIDADES INDÍGENAS E A NECESSIDADE DE OPÇÕES ECONÔMICAS

Freqüentemente, líderes indígenas expressam preocupações com a falta de opções econômicas que lhes permitam evitar as maneiras ecologicamente destrutivas do "mundo industrializado". Como um conhecimento tradicional pode ser defendido e valorizado dentro de uma sociedade nativa, quando, de fato, tal conhecimento oferece pouco benefício econômico a grupos indígenas pegados na malha de consumo e sobrevivência básica?

O chefe Kayapó, *Paiakan,* tem falado freqüentemente sobre como seu povo viajou para a capital do Brasil, durante a Assembléia Constituinte, para defender os povos nativos das propostas que, se incluídas na nova Constituição, teriam cortado muitos grupos de seus protegidos status de índios. Se a presença física do lobby Kayapó não tivesse sido evidente durante a Assembléia, os índios não teriam conseguido as novas leis que lhes garante, na nova Constituição, o direito à representação legal independente e ainda estariam na dependência das decisões com respeito às suas terras que eram assinadas "a portas fechadas" por representantes do governo.

Os Kayapó estavam em posição privilegiada: eles são relativamente ricos, com o dinheiro que arrecadam com mineração e madeira. Ironicamente, com a tão proclamada riqueza ecológica e biológica da Amazônia, os únicos produtos que determinam um preço estável e razoável são o gado, os minerais e a madeira, os quais, sem exceção, resultam na destruição dos ecossistemas tropicais.

Foi com o dinheiro do ouro e da madeira que os Kayapó, em muitas ocasiões, enviaram sua delegação de mais de cem guerreiros na caríssima viagem de 1000 quilômetros para Brasília. "Se não tivéssemos tido aquele dinheiro", explica chefe Paiakan, "os índios brasileiros teriam permanecido sem esperanças em suas reservas, enquanto os políticos faziam, exatamente, o que queriam. O governo, certamente, não estava interessado em financiar nossas viagens à Capital. Atualmente, os índios também devem ter suas reservas financeiras. Nosso povo quer rádios, pilhas e gravadores. Nós precisamos da 'roupa do homem branco' quando formos à cidade - e devemos ir à cidade para nos defender contra aqueles que querem tirar as nossas terras e tornar-nos cidadãos de quarta classe, sem alimento, remédio ou dinheiro".

CONHECIMENTO INDÍGENA E SUA IMPORTÂNCIA

Indústria e comércio, há anos, descobriram que conhecimento indígena é sinônimo de dinheiro. Nas formas mais primitivas de colonialismo, produtos extrativistas (chamados "drogas do sertão" no Brasil) formaram a base da riqueza colonial. Mais recentemente, indústrias farmacêuticas têm-se tornado as principais exploradoras do conhecimento médico tradicional da maioria dos produtos e lucros.

O valor de mercado anual para medicamentos derivados de plantas medicinais descobertas por povos indígenas é de 43 bilhões de dólares. Ainda que não sejam publicados dados comparativos para inseticida natural, repelentes de insetos, e material genético vegetal adquirido dos povos nativos, o potencial anual para tais produtos, facilmente, iguala-se àquele das plantas medicinais. Pesquisa com produtos naturais está apenas começando com previsões de que seus valores de mercado excedam todos aqueles de alimento e produtos medicinais juntos.

Somente a indústria internacional de semente contabiliza mais de 15 bilhões de dólares por ano, os quais, em sua maioria, são derivados de material genético de variedades de plantas "selecionadas, cultivadas, melhoradas e desenvolvidas por inovadores agricultores do terceiro mundo por centenas e até milhares de anos" (Hurtado, Setembro 1989:95). Da mesma forma, fragrâncias naturais, corantes e produtos para o corpo e cabelo tornam-se importantes para o mercado mundial (Lewington 1989).

Raramente, os povos nativos beneficiam-se do mercado de conhecimento tradicional ou de produtos naturais que foram "descobertas" dos povos nativos. Por exemplo, menos que um centésimo por cento (0.001%) de lucros com drogas, fabricadas a partir da medicina tradicional, retorna aos povos nativos que têm orientado pesquisadores nas descobertas das mesmas. Tal qual McNeil & McNeil (1989:35) menciona: "[Este] conhecimento tradicional tem sido algumas vezes extraído dos povos da floresta... em transações que podem ser caracterizadas como injustas e ilegais. Dos pontos de vista moral e legal, nós podemos ter obrigações de compensar os povos dessas sociedades tribais pelo imenso valor de propriedade intelectual deles obtido".

O crescente interesse e surgimento de mercados em produtos "naturais" alimentares, medicinais, agrícolas e para o corpo, assinalam o aumento de atividades de pesquisa em sistemas tradicionais de conhecimento. Agora, mais do que nunca, o Direito de Propriedade Intelectual dos povos nativos deve ser protegido, bem como garantida a justa compensação pelo conhecimento.

Nós não podemos, simplesmente, depender da "boa vontade" das companhias e instituições de fazerem o "correto" pelos povos indígenas. Se algo não for feito agora, a mina de riqueza dos povos tradicionais será a última - e final - forma de exploração neocolonial dos povos nativos.

Talvez, seja necessária uma reordenação de prioridades e valores: um novo Código-Eco-Étnico-Ético. O Código não dependeria de leis ou convenções internacionais, não seria legislado em congressos ou parlamentos, nem dependeria da obrigação com direitos "autorais" ou "patentes".

Tal código dependeria de cientistas que explicassem seus estudos aos nativos, o que eles estivessem fazendo e a importância disso aos povos nativos; de pesquisadores que, voluntariamente, assinassem contratos com grupos nativos, garantindo uma porcentagem de qualquer lucro sobre remédios, filmes, novas variedades de plantas, livros, entre outros (o apêndice 1 mostra o esforço da Sociedade Internacional de Etnobiologia para desenvolver uma relação ética e responsável tal qual expressa na "Declaração de Belém"); de negócios que garantissem bom preço para materiais naturais, que ajudassem os povos locais a valorizar ainda mais esses materiais, que eles lucrassem com suas atividades, que os ajudassem a negociar seus produtos e que revertessem uma percentagem do lucro a bem da comunidade; de grupos de filme e televisão que pagassem generosos preços para filmarem os povos nativos e que repartissem um pouco do lucro obtido.

Mas, como imagino que, mesmo que esse novo Código-Eco-Étnico-Ético fosse aprovado, as exceções exigiriam as regras, sendo importante que nossos ideais se baseiem, firmemente, nas leis internacionais, que, juridicamente, protegem o Direito de Propriedade Intelectual dos povos nativos.

Educação de consumidores, aliada à vigilância das ONG's, podem ser importantes na produção de um novo código de ética. Consumidores informados mudaram padrões de produção no passado e podem fazê-lo no futuro. Com a rápida expansão dos mercados da Europa Oriental e Ásia, os consumidores terão que insistir com "capitalismo verde". As reservas de todo o planeta estão exaurindo-se pelo atual nível de consumo. Imagine-se o que acontecerá, considerando-se o novo nível de demanda! Na euforia do que tem sido rotulado como "vitória", o capitalismo ocidental será posto a teste ecológico e social.

Para a "democracia de consumo" funcionar, produtos alternativos devem ser desenvolvidos e os consumidores educados quanto aos benefícios sociais e ecológicos daqueles que podem ser produtos mais caros (Elkington 1989). Um número pequeno de projetos de sucesso, lidando com comunidades nativas para desenvolver seus produtos naturais, mercados e contatos para distribuição, durariam bastante tempo. Ou, de outra forma, um número pequeno de projetos de maior sucesso, utilizando medicina nativa ou plantas comestíveis, ou preparação de cosméticos que, realmente, se preocupassem em estudar o impacto ecológico e social das decisões de manejo e do trabalho com as comunidades, para determinar o que deveria significar "compensação justa", seriam mais eficazes do que centenas de leis nacionais e internacionais.

LIGANDO BIODIVERSIDADE, DIREITO DE PROPRIEDADE INTELECTUAL E MERCADO

As ligações entre diversidade biológica e cultural estão intrínsecas na Convenção de Biodiversidade, assinada por 126 chefes de Estado durante o "Earth Summit", em junho de 1992. Especificamente no tocante aos povos indígenas e seus direitos, as afirmações preliminares estabelecem o "desejo de repartir igualmente os benefícios oriundos das inovações a partir do conhecimento tradicional, das práticas relevantes à conservação da diversidade biológica e do uso sustentável de seus componentes". O Artigo 8º (j) fala do incentivo a uma "partilha" maior do conhecimento tradicional, bem como de uma "divisão igualitária dos benefícios advindos da utilização de tal conhecimento, inovações e práticas". E, por fim, no Artigo 18º (4), pode ser encontrada uma convocação para "incentivar e desenvolver métodos de cooperação para criação e uso de tecnologias incluindo aquelas tradicionais e indígenas".

Ainda que a linguagem desses trechos tenham sido duramente criticadas pelos povos indígenas, ela representa, entretanto, um considerável avanço na linguagem internacional. Pelo menos, a Convenção libera -e determina claramente- aos órgãos e programas de relevância das Nações Unidas para fazerem algo a respeito do conhecimento indígena e sua proteção.

O capítulo 26 da "Agenda 21" trata, especificamente, dos povos indígenas, conhecimento tradicional e desenvolvimento sustentável. Essa lista de "prioridades para ação" é mais do que adequada ao direcionamento das principais reservas mundiais para uso, aplicação e proteção dos povos indígenas, suas culturas e reservas físicas e intelectuais. A importância de tal ação está sintetizada no Princípio 22 da Declaração do Rio:

> "Os povos indígenas e suas comunidades têm um papel vital no manuseio e desenvovimento do meio ambiente pelas suas práticas tradicionais e de conhecimento. Os Estados devem reconhecer e apoiar totalmente suas identidades, cultura e interesses, além de possibilitar suas participações efetivas na conquista do desenvolvimento sustentado".

ALGUMAS DIFICULDADES NO MODELO

Ecologistas estão preocupados, e com razão, com o impacto ecológico da produção de "produtos naturais" que se tornam um grande sucesso. A tendência é sempre no sentido do uso de monoculturas de valor comercial. Muitos preocupam-se que a demanda internacional resulte no fim da biodiversidade, ao contrário de incentivar a conservação das reservas naturais como inicialmente desejado.

> "O aumento de pressão nas reservas biológicas ocorre por causa do aumento da população humana, mudança nos padrões de consumo e novas tecnologias. Ainda que a intensificação da agricultura continue sendo necessária, seu impacto nas reservas biológicas não está predeterminado. Conservação coloca importantes questões de pesquisas no desenho de novas produções de tecnologia e sistemas de uso da terra: as tecnologias biologicamente distintas e de baixa energia podem ser expandidas ou intensificadas? Os sistemas de produções podem ser diferentemente intensificados de modo a manter a diversidade biológica em outras partes do sistema? De que modo o aumento da exploração de espécies específicas afeta outras espécies e propriedades gerais do sistema?" (Soule & Kohm 1989:69).

Anderson (1990) despertou atenção para alguns dos tradicionais modelos de exploração econômica de produtividade relativamente baixa, incluindo, mais especificamente, as "reservas extrativistas". Ele mostra como a dependência unicamente em castanha-do-pará e borracha não somente está empobrecendo economicamente, como também diminuindo a diversidade biológica.

"Antes que possamos trabalhar para aumentar as reservas extrativistas", ele argumenta: "nós precisamos de uma visão crítica de suas limitações. Enquanto é necessário eliminar alguns dos mitos românticos associados à extração, eu discordaria com a discussão de que extrativistas são elementos à margem do processo de expansão da fronteira amazônica e que deveríamos, desse modo, concentrar nossos esforços na melhoria do uso da terra entre os numerosos colonos. Num sentido prático", afirma Anderson, "as forças que lutam contra a devastação da Amazônia são pequenas e estão desaparecendo e é imperativo que alianças e batalhas sejam cuidadosamente escolhidas".

Browder (1992) é outra voz persistente em mostrar o exagero na produtividade dos modelos tradicionais amazônicos de exploração. Ele explica a posição, politicamente incorreta, de que Chico Mendes e "seus seringueiros", por exemplo, eram um movimento político e não ambientalista. Muito pelo contrário, ele afirma, os seringueiros esgotarão suas reservas como qualquer outro grupo, se tiverem a chance para tal. Ele afirma que muitos financiamentos foram dados para "ajudar um pequeno segmento da pobreza rural a manter suas heranças culturais e status econômico", enquanto o que precisa são "soluções para milhões de outros pobres habitantes das florestas tropicais". Assim, muitas reservas destinaram-se a apoiar o limitado modelo de "reservas extrativistas", abandonando-se, ao mesmo tempo, "os caboclos sem terra, pequenos agricultores e até grandes fazendeiros a encontrarem usos rentáveis para a floresta tropical".

Da mesma forma, Redford (1992) avisa que muitas "sociedades tradicionais" exploram, irracionalmente, a fauna de suas reservas e promovem a redução, e até extinção local, de espécies caçadas intensivamente. Este processo de "*defaunation*" (eliminação da fauna) pode também levar à "extinção ecológica", definida como "redução da abundância das espécies", ainda que estejam presentes na comunidade, não mais interajam significativamente com outras espécies. Os povos indígenas, diz ele, não são os "nobres selvagens ecológicos" em que nós os tornamos. O grau de destruição do ecossistema, a nível global, pode indicar, em alguns casos, que a única maneira de conservar a biodiversidade é abolir todos os tipos de comportamento humano — da construção de estradas e extração de madeiras ao extrativismo e caçada indígena.

Causas de mudanças culturais podem ser igualmente preocupantes. Estabelecendo-se os mecanismos de "justa compensação" aos povos nativos, não estaremos também estabelecendo mecanismos para a destruição de suas sociedades pela subversão do materialismo e consumismo?

Stephen Cory (1993), diretor geral da "*Survival International*", um dos principais "grupos pelos direitos indígenas", é um dos oponentes mais radicais à "*Harvest*". Ele ressalva que, historicamente, povos indígenas e comunidades locais nunca se deram bem com o poderoso sistema econômico de fora. Ele chegou a sugerir que no alegado caso de estupro pelo Paiakan, o desastroso comportamento do Cacique, em última análise, deu-se por culpa da relação existente entre os Kayapó e a "*The Body Shop*" (ver Cockburn, 1992).

A "ideologia da colheita", avisa Cory (1993), "revela-se essencialmente um argumento desagregador vestido de 'luxuosa roupagem verde'; uma filosofia retrógrada que, se for permitida a ganhar força, poderia iniciar campanha para grupos tribais, 25 anos ou mais no passado, oferecendo vantagens àqueles que desejam opor-se ao movimento pelo direito à terra". Ele continua (Cory:9): "Se pegar, essa nova ética integracionista mascarada de ambientalismo, será, profundamente, corrosiva ao esforço de muitas organizações de povos indígenas que estão engajadas no ensino ao mundo exterior de que as terras indígenas não estão a venda e que eles não poriam preço nas mesmas, da mesma forma que eles não venderiam suas mães".

Em seu mais recente ataque à "*Cultural Survival*" e "*The Body Shop*", Cory (1993) descreve todos os negócios com povos indígenas como "lento veneno" e aqueles envolvidos em tais atividades como "não são negociantes da floresta, mas caçadores da floresta, arrancando o que eles podem da boa vontade do público e do mais recente estilo florestal".

O fato é que as sociedades indígenas e seus meios ambientes naturais estão sendo destruídos, AGORA, pela enorme expansão da sociedade industrializada. Bem ou mal, indústrias farmacêuticas e de produtos naturais estão alcançando sucesso em seus esforços: elas não se retirarão. É também bastante claro que, goste-se ou não, um ecossistema que não tenha nenhum valor, será nivelado para produzir o que tiver valor, ainda que em limitada escala ou para pequenos lucros.

Além do mais, afirma Jason Clay da "*Cultural Survival* (1992:31), "mesmo os povos mais remotos das florestas, com raras exceções, têm necessidades que somente o mercado pode suprir... Nós devemos deixar esses grupos sozinhos, mas outros não o farão. Nós poderíamos até pensar em construir uma cerca em volta deles, ou em volta de toda a Amazônia, mas tais opções não funcionam. E se a destruição de suas terras continuar no presente ritmo, brevemente, tudo estará acabado para eles".

"Por essa razão", continua Clay, "devemos agir rapidamente. Isto é, onde os laços entre violação de direitos humanos e pobreza, por um lado, e degradação ambiental, por outro lado, entram em ação. É que as estratégias de maior sucesso para conservar as florestas mantêm suas biodiversidades naturais e satisfazem as necessidades econômicas dos povos das florestas... A "*Cultural Survival*" não abandonou seu trabalho com direitos à terra, organizações políticas e desenvolvimento sustentável; nós adicionamos uma dimensão a isto. Simplesmente, nós procuramos mercado para produtos florestais colhidos de maneira sustentável que possam ajudar a apoiar aqueles que moram nas florestas".

A "guerra" (Cockburn, 1992) entre "*Cultural Survival*" (CS) e "*Survival International*" (SI) ganhou grande cobertura na imprensa. Mais do que qualquer outro assunto recente, "a colheita" deixou pesquisadores, biólogos, grupos de direitos humanos e indígenas e cidadãos comuns em estado de perplexidade. Não é uma questão de "bom, mau e feio" contra o "certo, santo e verdadeiros heróis". A real tragédia pode ser que a preocupação com a floresta e seus povos se torne indelicada e sem cerimônias, dividida entre os grupos patrocinadores.

Na minha opinião, a atual guerra entre CS e SI resultará numa manobra dos povos indígenas para livrarem-se de todos os intermediários, aproveitando-se para exercerem suas independências e conscientizações globais que têm emergido nos últimos 30 anos — e explodido nas últimas decadas. Assim, a longo prazo, toda essa experiência terá um resultado positivo.

UM PROBLEMA "*EMIC*": CURANDEIRISMO E O MERCADO

Os muitos componentes da natureza para os povos indígenas da Amazônia tornaram-se uma extensão, não somente geográfica, mas também de sociedade humana. Isso é, basicamente, difícil para as sociedades orientais entenderem, uma vez que a extensão do "ser" dá-se através de "tecnologia" (Martins 1993). Uso de drogas para induzir alterações de comportamento, "*New Age-ism*" e "dura realidade tecnológica" tem equilibrado o pensamento linear que dominou a era industrial.

Talvez isso tenha facilitado a entender os povos indígenas, os quais jamais tiveram suas imaginações separadas de seus "seres" por tecnologia.

Antropólogos e etnobiólogos têm frequentemente estudado os "modelos naturais" utilizados pelos povos indígenas como padrões de organização social, pensamento político e meios de subsistência. "Mitos" e "folclore" têm sido analisados por seus componentes estruturais, de inter-relação entre linguagem e comportamento cultural e componentes simbólicos, e têm sido evidenciado o fato de regularem os ciclos ecológicos e sociais. Talvez eles tenham sido pouco estudados como indicadores de mudança cultural.

Tomemos o mito Kayapó conhecido como "A Jornada para tornar-se um Curandeiro" (Posey 1982), que eu iniciei colhendo os dados do meu Xamã (Pajé)/ Guru *Beptopoop*, na Aldeia de Gorotire em 1978. Eu gostaria de ler trechos da tradução do texto que lida com a transformação do *wayanga*:

> "Ouçam! Aqueles que adoecerem de febre alta deitem-se na posição de mortos; eles deitam-se como se estivessem mortos. Aqueles realmente, superiores, o realmente forte, que é um *wayanga*, mostra aos doentes como deixar seus corpos. Eles saem de dentro de si. Eles passam através de seus interiores e transformam-se em pedras. Seus corpos deitam-se como na morte, mas além de seus corpos eles estão transformados em tatus. Como o tatu, eles assumem o bem, saúde de ferro e passam para o outro lado, lá (aponta para o leste).
>
> Aí, eles se transformam em morcegos e voam — ko, ko, ko, ko, ko... (barulho do vôo).
>
> Então, eles vão mais além na forma de pombo. Eles voam como pombo — ku, ku, ku, ku... (som do vôo do pombo). Eles juntam-se a outros *wayangas* e todos vão juntos.
>
> Onde eles irão? Qual é o caminho? Vão para o leste, lá, muito distante. Ku, ku, ku, ku...
>
> E lá, muito longe, está a teia da aranha... alguns circulam próximo à teia da aranha e ela fica lá permanentemente. Os verdadeiros e antigos curandeiros devem ensiná-los a voar através da teia. Mas, para aqueles a quem não foi mostrado como fazer e que tentam atravessar, a teia prende suas asas (o narrador coloca os braços em volta dos ombros). Eles ficam pendurados na teia e morrem. Seus corpos são carregados pelos seus parentes e imediatamente enterrados, uma vez que a teia de aranha os envolveu, enrolou suas asas e eles estão mortos.
>
> Aqueles que foram chamados a se conhecer, entretanto, circulam a teia de aranha. Eles sentam-se no assento da montanha, que pertence aos pajés, e cantam como pombos — tu, tu, tu... Eles ganham o conhecimento de seus ancestrais. Eles falam com todos os espíritos dos animais e ancestrais. Eles sabem (tudo).
>
> Então, eles voltam (para seus corpos). Eles voltam para suas casas. Eles entram e respiram. E os outros dizem: Ele chegou! Ele chegou! Ele chegou! Ele chegou!
>
> E todas as mulheres lamentam: "*ayayikakraykyerekune*".
>
> (E o pajé fala): Não me enterrem; eu ainda estou vivo.
>
> Eu sou um *wayanga*. Eu agora sou um que pode curar. Eu sou um que fuma o poderoso cachimbo. Eu sei como atravessar e ir por baixo do meu corpo. Eu sou um *wayanga*."

Como se pode imaginar, existe muito mais neste mito para analisar aqui, mas permita-me chamar a atenção para alguns dos pontos relevantes a essa discussão. Primeiro, o *wayanga* é capaz de deixar seu corpo (ka) e mudar de forma física. A energia (*karon*) pode ser, temporariamente, estocada em pedras, mas, inevitavelmente é transformada em tatus, pombos ou morcegos.

A teia de aranha representa a barreira entre os mundos visíveis e invisíveis. Tatus são animais persistentes que sabem como enterrar-se abaixo da teia; pombos são voadores poderosos e podem atravessar a barreira; enquanto morcegos são exímios voadores que podem manobrar através das cerdas.

Os sons do vôo do pombo e do morcego representam as diferentes freqüências que suas vibrações emitem. Freqüências estão relacionadas a sons e, também, a cores, mas isso é um assunto muito complicado para ser discutido aqui. Apenas para analisar as variações de freqüência do som das abelhas, seria necessário discutir 52 espécies de abelhas sem ferrão (ver Posey & Camargo 1985), das quais cada espécie tem um som distinto, característico da mesma, e, por consequência, com propriedades diferentes de cura.

Os mais poderosos curandeiros podem transformar-se não somente em um dos animais, mas em todos eles. E, uma vez que se encontrem do outro lado da teia de aranha, após terem passado pela interminável brecha escura, eles entram na freqüência espectral de luzes (ou cores) diferentes. Existe uma freqüência espectral diferente para cada animal (*mry-karon*). Alguns curandeiros somente aprendem os segredos e energias de poucos animais, enquanto outros "sabem tudo" (nas palavras do mito). Eles aprenderam sobre todas as freqüências espectrais e suas respectivas energias animais.

Após retornarem a seu corpo, os *wayanga* começam a "trabalhar" com a energia animal encontrada em sua transformação. Existem, literalmente, dúzias de diferentes especialistas, tal qual eu e Elaine Elisabetsky descrevemos em detalhes (Elisabetsky & Posey 1986).

A "base" do trabalho é manter o equilíbrio entre as energias animais e humanas. Alimentando-se da carne, entrando em contato, ou mesmo sonhando como animais, assim como uma bem elaborada lista de atividades anti-sociais, pode resultar em desequilíbrio dessas energias. O *wayanga* utiliza uma grande variedade de técnicas para reestabelecer o equilíbrio (eles podem também criar desequilíbrios — *kane* — que levam a doenças), mas as plantas são os mais comuns dos "mediadores" que manipulam esse equilíbrio (Elisabetsky & Posey 1991).

As próprias plantas têm energias (*karon*), mas não têm espíritos (*x-karon*), exceto algumas das plantas *mekrakindja* ("quer criança", que ajudam na concepção). Essas plantas têm espírito muito forte e fazem com que aqueles que as usam sonhem com a concepção de uma criança. Homens e mulheres usam essas plantas sonhadoras, ainda que os homens sejam os primeiros a "conceber", isto é, primeiros a "ver" (*kra pumunh*) a criança num sonho (Posey & Elisabetsky 1989).

Outras plantas também têm espíritos (energias definidas ou *x-karon*), especialmente a *metykdja* ("planta venenosa"), a *meudjy* ("planta da magia negra") e a mais mortal e poderosa *pitu* (sem tradução). Estas plantas causam alterações drásticas às pessoas: morte, paralisia, cegueira, loucura, aborto etc. Até aquelas menos poderosas têm qualidades que podem afetar ou ajudar o equilíbrio entre as energias animais e humanas — de fato, aparentemente, todas as plantas têm valor de cura.

De qualquer forma, os Kayapó respeitam tanto plantas como animais, uma vez que suas energias são a chave para a saúde de suas sociedades. Eles pedem permissão para matar um animal e cantos de agradecimento são oferecidos aos espíritos dos animais mortos. Da mesma forma, ritos anuais exaltam a importância das plantas e revelam um grande senso de respeito por seus papéis no equilíbrio sócioecológico (Posey 1981, 1982). O Kayapó não tem dúvida de que sua existência e saúde futura dependem das plantas, dos animais e das forças da natureza.

Antes de sair deste interessante aspecto da crença Kayapó, eu imagino que vocês queiram saber o que acontece àquelas infelizes almas que não conseguem atravessar a teia de aranha, bem como o que acontece com o espírito humano (*mekaron*) na morte. Normalmente, os espíritos dos mortos passam, facilmente, para o outro mundo (*mekaron nhon pyka*) e continuam suas existências naquilo que é, mais ou menos, a imagem refletida deste mundo. Pajés "mortos" (eles nunca morrem realmente, pois já morreram e reapareceram) vivem numa caverna especial nas montanhas, daí as referências neste mito a seus assentos nas montanhas. Os espíritos dos animais mortos também vão para o "outro mundo". Animas de estimação, algumas vezes, são mortos e enterrados com seus "donos", de modo a que o espírito humano não fique sozinho (alguns Kayapó falam que cachorros são enterrados com seus donos porque os cachorros podem ajudá-los a encontrar o caminho para o "outro mundo"). Aqueles que tentam uma transformação xamanística e não obtêm sucesso, têm um fim ainda mais trágico. Seus espíritos ficam perdidos para sempre na teia da aranha. Existe um desentendimento entre os Kayapó com relação ao que isto realmente significa, mas não há dúvida de que isto é o pior dos destinos. Existe pouca dúvida de que apenas uma pequena parte da população Kayapó tenha tentado tornar-se um *wayanga*.

Kwyra-ka, outro de meus Gurus/informantes, ficou muito preocupado quando o primeiro caixão chegou em Gorotire e seu sobrinho foi enterrado nele, e não da maneira tradicional. (Tradicionalmente, os Kayapó enterram o corpo numa posição encolhida em buraco fundo e redondo, coberto com toras e terra. Até recentemente, um segundo enterro ocorria quatro dias após o enterro principal. Isso dá tempo ao espírito para retornar ao corpo caso o "morto" esteja somente numa jornada de curandeiria). Ele estava angustiado com a possibilidade de que a alma da criança não fosse capaz de escapar do caixão para o outro mundo.

Da mesma forma, *Kwyra-ka* e *Beptopoop* expressaram suas profundas preocupações com as plantas que foram levadas durante levantamentos etnobotânicos para serem prensadas e secas em herbários. Eles estavam preocupados com o que aconteceria com a energia das plantas.

Se as plantas fossem guardadas em tais lugares fechados e estéreis, estariam os seus espíritos presos e, dessa forma, causariam um desequilíbrio e perigo aos Kayapó e aqueles que as "guardaram"? Como o caixão mantendo a pequena criança, a energia tornar-se-ia prisioneira impedindo os ciclos "naturais"?

Preocupações ainda mais profundas são expressas sobre a enorme quantidade de plantas que teriam que ser coletadas para produção de óleos, essências, corantes e similares, para a comercialização de produtos derivados de plantas. Alguém já consultou as plantas?

O sonho que é necessário à concepção de crianças seria afetado? As plantas parariam de mediar os *karons* humanos e animais, resultando em perda de antigas curas e provocando novas doenças?

E como alguém pode "possuir" ou "comprar" algo que é sagrado ou faz parte da mais preciosa *nekrex* (herança) dos antepassados de outrem? Certamente que a maioria dos conhecimentos tradicionais foi livremente repartido dentro e entre comunidades. E o que não foi, é simplesmente "invendável".

A "commodity" de conhecimento é, certamente, o mais novo assunto no Tratado de Biodiversidade, Agenda 21, Declaração do Rio, GATT e até na Comunidade Européia. Se a IBM pode proteger seus "*soft ware*", por que os Kayapó não podem proteger o conhecimento de *Beptopoop*? E, além do mais, como os Kayapó (mesmo os curandeiros mais tradicionais) irão comprar pilhas para seus rádios e munição para suas espingardas 12?

Os dilemas não são diferentes daqueles encarados pelos cientistas, economistas e políticos do mundo inteiro, ainda que formulados de maneiras muito diferentes: perda líquida de biomassa, transferência de energia do Terceiro para o Primeiro Mundo, fluxo de renda, subsidiação, igualdade de distribuição de recursos, avaliação de biodiversidade e, claro, direitos animais (e das plantas — permita-me acrescentar).

Talvez a noção de "equilíbrio energético" fornecerá uma luz à noção, igualmente nebulosa, de "mercados livres". Alguém de vocês já viu um "mercado livre"? Quero dizer, alguém de vocês já viu um verdadeiro "mercado livre" descendo sua rua?

Eu gostaria de encerrar com uma história:

Em 1983 eu estava passeando de canoa no Rio Fresco com um cientista brasileiro, que tinha vindo para estudar a ecologia ribeirinha do Gorotire Kayapó. Nosso guia era *Kwyra-ka*, um pajé especialista em "*tep kane*" (doença de peixe) e um dos poucos *wayanga* restantes do *MRY-KAAK*.

O *MRY-KAAK* é o mais poderoso e amedrontador de todos os espíritos animais. Ele produz um "trombo" (um som/vibração de baixa freqüência, um pouco parecido com um terremoto) profundo e pode matar com um choque de energia de uma distância de 500 metros (ou mais). É descrito como sendo semelhante a um enorme peixe elétrico, de até 15 metros de comprimento e 1 metro de diâmetro. Mora em águas profundas e constrói sua casa (*urukwa*) embaixo de grandes rochas ou em laterais de penhascos. Somente pode ser visto por curandeiros. Até hoje, ninguém fez brincadeiras sobre esse animal com um Kayapó. Eles, sem exceção, respeitam muito o *MRY-KAAK*.

Nossa canoa deslizava lentamente numa curva, quando vimos uma enorme árvore que tinha caído dentro do rio pelo fato de o banco de areia que a sustentava ter desmoronado. "Ali", disse *Kwyra-ka,* veja! Isso era onde o *MRY-KAAK* tinha sua *urukwa.* A caverna debaixo do penhasco caiu e a coisa toda desmoronou".

O cientista virou-se para mim e disse (em inglês, de forma a não ofender o velho curandeiro): é por isso que não acredito nessa coisa de Etnobiologia. Eu nunca posso aceitar conhecimento tradicional como sendo científico. Quando podemos saber quando ele nos fala a verdade ou quando é apenas superstição? Aquele desmoronamento é, simplesmente, resultante de uma erosão".

"Você, alguma vez, já viu uma erosão?", eu pergunto: "quero dizer, você já viu uma erosão descendo uma rua?"

"Não, claro que não!" Ele respondeu com o tom de quem tinha acabado de descobrir que etnobiólogos também não são verdadeiros cientistas. E continuou, num estilo um tanto pedante: "Alguém somente vê *resultados* de erosão, que é um conceito científico utilizado para explicar os resultados de um complicado grupo de fatores, incluindo velocidade da água, estrutura do solo e tipo de vegetação superficial".

"Mas por que você deveria impor a *Kwyra-ka* a restrição de somente usar categorias físicas e concretas?" Perguntei na defensiva. "Você não imagina que *MRY-KAAK* possa ser uma abstração que reflete um complexo de fatores relacionados aos ciclos ecológicos dos rios?"

CONCLUSÃO

A atual devastação dos povos nativos e seus sistemas ecológicos que eles têm conservado, manejado e conhecido, intimamente, por milênios, requer drásticas medidas a serem tomadas no sentido de reorientar as prioridades mundiais. Todos os canais e organizações — governamentais, não-governamentais, profissionais e comerciais — devem esforçar-se para reverter a atual situação de perda da diversidade cultural, ecológica e biológica do planeta. Ainda assim, sem a cooperação das forças de mercado numa "democracia de consumidores", existe pouca esperança de que ocorram as mudanças necessárias.

Como vimos, existe um risco enorme em comercialização e "*commodities*", uma vez que o que se vê não é o que se recebe. É difícil, se não impossível, saber quais podem ser os efeitos sociais e ecológicos do mais brilhante dos produtos "verdes".

Existem outros problemas éticos também: o que os vegetarianos irão comer ou usar para lavarem suas roupas quando souberem que as plantas também têm sentimentos e espíritos? Talvez devêssemos abandonar todo o consumo internacional e aplicar todo nosso dinheiro no sentido de protegermos os povos indígenas do mercado — e nos protegermos de sermos consumidores.

Mas, espere um momento, como eu chego a Brasília, se não tenho a passagem de ônibus, e o que comer, se plantas e animais estão fora de cogitação — e, por mais que eu goste de ser um etnobiólogo, eu também dependo daquilo que norteia toda sociedade: intercâmbio.

Finalmente, um colega falou-me da primeira pergunta feita para ele, após ter feito, o que ele imaginava ser uma brilhante apresentação a um grupo de antropólogos sociais. A pergunta foi: E daí?.

Antecipando-me, hoje, àquela mesma pergunta, eu gostaria de mencionar que a Antropologia mudou radicalmente. Nós estaremos, mais e mais, trabalhando COM nossos grupos de estudo e fazendo menos pesquisas NELES ou SOBRE eles. Os interesses comuns, políticos e ideológicos, para esta "Nova Aliança" (que, por coincidência, é o tema: Ano dos Povos Indígenas, em 1993, nas Nações Unidas) serão nas áreas de:

(1) mercados imparciais e seus efeitos na diversidade biológica e cultural;

(2) estudos culturais comparativos sobre seres humanos, plantas, animais, ou o que pode ser chamado "direitos da natureza";

(3) temas sobre meio ambiente relacionados ao controle e usos de reservas naturais, incluindo a propriedade intelectual;

(4) transferência de "tecnologias tradicionais" de baixo para cima; e

(5) crescente interesse na observação não-oriental de como as pessoas se relacionam com o mundo visível e invisível, não como sendo "exóticos", mas como uma verdadeira opção a um planeta ameaçado.

Um pensamento final: talvez o *mry-kaak* seja, realmente, apenas uma manifestação do "consumismo verde".

REFERÊNCIAS BIBLIOGRÁFICAS

AGA KAHAN, Sadruddin & Hassan bin Talal. 1987 *Indigenous People: A Global Quest for Justice.*

ANDERSON, Anthony B. 1990a *Alternatives to Deforestation: Steps Toward Sustainable Use of the Amazon Rain Forest.* Washington, D.C.: Island Press.

ANDERSON, Anthony B. 1990b Land-use Strategies for Successuful Extractive Economics. In: Counsell, Simon and Tim Rice, Eds. *The Rainforest Harvest.* London: Friends of the Earth. pp. 213-223.

BROWDER, John. 1990 Extractive Reserves and The Future of the Amazon's Rainforests: Some Cautionary Observations. In: Counsell, Simon and Tim Rice, Eds. *The Rainforest Harvest.* London: Friends of the Earth. pp. 224-235.

CLAY, Jason W. 1988 *Indigenous Peoples and Tropical Forests: Models of Land Use and Management from Latin America.* Cambridge, Massachusetts: Cultural Survival.

CLAY, Jason W. 1992 Why Rainforest Crunch? *Cultural Survival Quarterly,* Spring, pp. 31-34.

COCKBURN, Alexander. 1992 The Lynching of Paiakan. *The New Statesman & Society,* 18 September: 21-22.

CORY, Stephen. 1993. *Harvest Moonshine Taking You For a Ride: A Critique of the "Rainforest Harvest" — Its Theory and Practice.* London: Survival International.

CUNNINGHAM, Anthony. 1993 *Ethics, Ethnobiological Research and Biodiversity.* Switzerland: WWF International Publications.

DAVIS, Sheldon H. 1988 Lands Rights and Indigenous Peoples: The Role of Inter-American Comission on Human Rights. Cultural Survival Report No. 29, Cambridge, Massechusetts: Cultural Survival.

ELKINGTON, John & Tom Burke. 1898 The Green Capitalits: How Industry Can Make Money - and Protect the Environment. London: Gollancz Paperbacks.

FARRINGTON, John. 1989 Agricultural Biotechnology: Prospects for the The Third World. London: Overseas Development Institute.

GOODLAND & IRWIN. 1965 Amazon Jungle: Green Hell to Red Desert? New York: Elsivier

I.L.R.C. 1984 Derechos Indios & Derechos Humanos. Washington, D.C.: Indian Law Resource Center.

I.U.C.N. 1989 Draft Articles Prepared by IUCN for Inclusion in a Proposed Convention on the Conservation of Biological Diversity and for the Establishment of a Fund for that Purpose. Gland, Switzerland: IUCN.

IRWIN, Michae. 1990 Why I've Had It With The World Bank. The Wall Street Journal, March 30.

KEYSTONE Conference. 1988 Final Report. The Keystone International Dialogue on Plant Genetic Resources. Keystone, Colorado.

KLOPPENBURG, Jr., Jack & Daniel Lee Kleinman. 1987 Seed Wars: Common Heritage, Private Property, and Political Statregy. Socialist Review 95. (September/ October): 7-41

LEWINGTON, Anna. 1989 Plants for People. London: Natural History Museum Publications.

MCNEELY, Jeffrey A. 1989 Conserving Cultural Diversity: How the Variety of Human Experience Can Help Promote Sustainable Forms of Using Natural Resources. Gland Switzerland: IUCN.

MCNEIL, Richard J. & Michael J. McNeil. 1989 Ownership of Traditional Information: Moral and Legal Obligations to Compensate for Taking. Northeast Indian Quarterly, Fall, 1989: 30-35.

POSEY, Darrell A. 1983 Indigenous Knowledge and Development in the Amazon. IN E. Moran, ed. The Dillema of Amazonian Development. pp. 225-257. Boulder, CO: Westview Press.

POSEY, Darrell A. 1990 Intellectual Property Rights and Just Compensation for Indigenous Knowledge. Anthropology Today 6(4): 13-16.

REDFORD, Kent. 1992 Game Harvesting in Tropical Forests. IN The Rainforest Harvest. London: Friends of the Earth. pp. 150-154.

RIBEIRO, Darcy. 1965 Os Índios e a Civilização. Rio de Janeiro: Editora Civilização Brasileira.

SHIVA, Vandana. 1987 Forestry Crisis and Forestry Myths: A Critical Review of Tropical Forests. Penang, Malaysia: World Rainforest Movement.

SHIVA, Vandana. 989 Staying Alive: Women, Ecology and Development. London: Zed Books.

SOULE, Michael E. & Kathryn A. Kohm 1989 Research Priorities for Conservation Biology. Washington, D.C.: Island Press.

W.I.P.O. 1985 Model Provisions for National Laws on the Protection of Expression of Folklore Against Illicit Exploitation and Other Prejudicial Actions. Geneva, Switzerland: World Intellectual Property Organization/United Nations Educational, Scientific and Cultural Organization/United Nations.

W.I.P.O. 1989a World Intellectual Property Organization General Information. Geneva, Switzerland: WIPO/UN.

W.I.P.O. 1989b General Introductory Course on Copyright and Neighboring Rights: Protection of Expressions of Folklore. Geneva, Switzerland: WIPO/UN.

APÊNDICE

DECLARAÇÃO DE BELÉM

Os principais antropólogos, biólogos, químicos, sociólogos e representantes de diversas populações indígenas, reuniram-se em Belém, Brasil, para discutir preocupações comuns, no Primeiro Congresso Internacional de Etnobiologia e fundaram a Sociedade Internacional de Etnobiologia. As principais preocupações, destacadas pelos participantes da conferência, foram o estudo das maneiras pelas quais as populações indígenas e caboclas percebem, utilizam e manuseiam, de forma ímpar, seus recursos naturais e programas de desenvolvimento que lhes garantam a preservação da vital diversidade biológica e cultural. Esta declaração foi articulada.

Como etnobiólogos, nós ficamos alarmados:

UMA VEZ QUE...

- florestas tropicais e outros frágeis ecossistemas estão desaparecendo,
- muitas espécies, animais e vegetais, estão ameaçadas de extinção,
- culturas indígenas, no mundo inteiro, estão sendo alteradas ou destruídas;

E COMO É NOTÓRIO...

- que as condições econômicas, agrícolas e de saúde das pessoas dependem desses recursos,
- que os povos nativos tem propiciado 99% das reservas genéticas mundiais, e
- que existe uma intrincada ligação entre diversidade cultural e biológica;

Nós, membros da Sociedade Internacional de Etnobiologia, firmemente, pedimos ações que se seguem:

1) daqui em diante, que uma quantidade substancial de ajuda para o desenvolvimento seja dirigida a esforços que visem a programas de inventário etnobiológico, de conservação e manejo;

2) sejam estabelecidos mecanismos, através dos quais, especialistas indígenas sejam reconhecidos como autoridades e que sejam consultados em todos os programas que afetem os povos indígenas, suas reservas e meio ambiente;

3) todos os outros inalienáveis direitos humanos sejam reconhecidos e garantidos, incluindo identidade lingüística e cultural;

4) procedimentos sejam desenvolvidos no sentido de compensar os povos nativos por seus recursos biológicos e de conhecimento;

5) programas educacionais sejam implementados para alertar a comunidade mundial no tocante à importância do conhecimento etnobiológico para o bem-estar do ser humano;

6) todos os programas médicos incluam o reconhecimento e respeito por curandeiros tradicionais e a incorporarem práticas tradicionais de cura que melhore o estado de saúde dessas populações;

7) etnobiólogos coloquem à disposição os resultados de suas pesquisas aos povos nativos com os quais eles trabalharam, incluindo, especialmente, a divulgação na língua nativa;

8) seja incentivada a troca de informações entre os povos indígenas e caboclos no tocante à conservação, manejo e uso sustentado de recursos naturais.

PADRÕES DE SUSTENTABILIDADE: UMA MEDIDA PARA O DESENVOLVIMENTO SUSTENTÁVEL[1]

Horácio Martins de Carvalho

UMA ÉTICA PARA A SOBREVIVÊNCIA?

A consciência da crise. Qual crise, quais crises?

Vivenciam-se contemporaneamente crises econômicas, sociais, políticas, culturais e ambientais em ritmos e proporções distintas nas diversas regiões do mundo. E cada povo, agrupamento social e pessoa as experimentam de maneira e intensidade diferentes. Porém, todos percebem a presença da crise. Em última instância, a Humanidade vive uma "crise de humanidade".

O Relatório da Comissão Mundial para o Meio Ambiente e Desenvolvimento - CMMAD (Relatório da CMMAD, 1988) revela, com a dramaticidade da denúncia, as proporções dessa crise. E a enfatiza, quando intitula o capítulo 1 da Parte 1 como *Um futuro ameaçado*. Esse futuro é o nosso futuro. A questão que se coloca para todos nós é saber quem, como, onde, quando e por quê ameaça. Sem dúvida, as respostas não devem ser generalizadas. Destarte, um esforço inolvidável deverá ser encetado por cada povo, agrupamento social e pessoa para compreender a natureza e intensidade dessa ameaça e os caminhos para superá-la. Nessa complexa conjuntura a omissão será insuportável, porque expressará conivência com a ameaça.

Os elementos implícitos na "ameaça" são: o crescimento da população em situação de miséria; a concentração da renda e da riqueza; a insegurança alimentar; a deterioração de parcelas da biosfera; a fragilidade e inadequação das instituições; a perda da memória cultural; o crescimento da violência contra a pessoa.

Com maior ou menor intensidade esses elementos são constatáveis em todos os países, apresentando-se de maneira aguda no Brasil. No entanto, já se identificam, em

---

[1] Este texto é uma versão modificada do documento por mim elaborado, enquanto Consultor Técnico do PNUD BRA/91/015, intitulado *Desenvolvimento Sustentável e Padrões de Sustentabilidade (Contextualização para o Estado do Mato Grosso)*, Cuiabá, julho de 1993, para o Programa de Desenvolvimento Agroambiental do Estado do Mato Grosso-PRODEAGRO.

As modificações foram as seguintes:

- descontextualizar a abordagem do texto da situação particular do Estado do Mato Grosso;
- ampliar a abrangência dos parâmetros de sustentabilidade para permitir a sua maior utilização;
- enfatizar a necessidade de se estabelecer, para cada situação concreta, um padrão de sustentabilidade.

vários países, inclusive no Brasil, iniciativas para a superação dessas situações, ainda que marcadamente aleatórias e conjunturais.

A Controvérsia conceitual

Um enorme esforço vem sendo realizado em inúmeras instituições, tanto de países denominados desenvolvidos como daqueles em desenvolvimento, para se teorizar o desenvolvimento sustentável. O resultado dessa elaboração é a multiplicidade de concepções e propostas. Isso significa, antes de tudo, que não há unidade de doutrina sobre a matéria.

Na atualidade, no Brasil, e a partir da direção intelectual e moral dominante, predomina a concepção neoliberal e, nela, a economia neoclássica. Ainda que importantes setores da intelectualidade e dos movimentos sociais populares convivam com outro paradigma, a influência deste é ainda secundária no âmbito das instituições governamentais brasileiras e nos organismos internacionais de financiamento e de cooperação técnica aos governos. A maior parte dos debates e divergências recentes que circunscrevem a teorização sobre o desenvolvimento sustentável expressa, apenas, contradições internas do paradigma neoliberal para a interpretação e operacionalização do desenvolvimento sustentável.

Becker (1993) procurou sintetizar algumas dessas divergências. As seguintes passagens do seu texto auxiliam na compreensão do debate atual:

> "(...) definições se multiplicaram com ênfases diversas, correspondendo a diferentes propostas e cenários de desenvolvimento endereçados aos países periféricos. Pelo menos três concepções podem ser identificadas em relação à Amazônia.
>
> Para uns, o desenvolvimento sustentável implica estratégias que conservem o ambiente e encorajem a participação das comunidades locais, sobretudo os pequenos produtores, através de esquemas de uso da terra (Barrow, 1990).
>
> (...)Outra vertente de desenvolvimento sustentável nega a adequação da opção agrícola: o desenvolvimento sustentável demanda que os estoques de capital natural sejam mantidos constantes para atender à objetividade de eqüidade intertemporal, isto é, às gerações futuras. O desenvolvimento regional se sustentaria não no uso da terra, mas no uso de 'bens e serviços' gerados pela floresta: clima, serviços para a agricultura, medicina, indústria e ambientais decorrentes da mera existência dos ecossistemas florestais (Pearce & Myers 1990)(...)
>
> (...)Finalmente, o ecodesenvolvimento se configura como um outro conceito, propondo o uso da biomassa como fonte de desenvolvimento sustentável. Trata-se de substituição da floresta, sem queimada, por plantações racionais e do seu processamento local para obter vários tipos de produtos, sobretudo químicos e farmacêuticos...(Sachs 1989)" in (Becker ibid.: 130).

Becker (ibid.: 132) distingue, também, dois eixos referenciais a partir dos quais as proposições se elaboram: a economicista e a ecológica radical.

> "(...)A primeira, (grifo no original), corresponde ao padrão econômico generalizado desde o segundo pós-guerra até a década de 60; tem uma concepção fortemente antropocêntrica, cujo imperativo é o progresso, entendido como crescimento econômico infinito baseado na exploração de recursos naturais percebidos como igualmente infinitos. No extremo oposto, (grifo no original), concepção radical recente, é biocêntrica, percebendo os humanos sob o ângulo da

igualdade das espécies; seu imperativo é a ecotopia, postulando a necessidade de estabelecer limites ao crescimento econômico em geral e ao crescimento demográfico em particular, em face à necessidade de preservar a natureza."

"Entre os dois extremos, outras abordagens podem ser reconhecidas. No caso da economia neoclássica, tratam-se de três ênfases diferentes na percepção da relação homem-natureza, perfazendo cinco paradigmas de gestão ambiental no processo de desenvolvimento (Colby, 1990) (...)"

Essas três ênfases seriam (Becker ibid.:132-3):

a - : "(...) concebe os problemas ambientais como negativos para o crescimento econômico, e seu imperativo é o de estabelecer compromissos entre a natureza e o crescimento econômico, através de uma agenda defensiva e de taxações para remediar os impactos ambientais."

b - : "paradigma do Relatório Bruntland, o antropocentrismo é relativizado; seu imperativo é a necessidade de um 'crescimento verde', a partir do reconhecimento da real degradação dos recursos, da pobreza do Sul e da necessidade de uma eficiência global 'economizando ecologia' através do menor consumismo nos países centrais e, sobretudo, da redução da população nos países periféricos."

c - ''como uma concepção ecocêntrica sobre a relação homem-natureza, tem como imperativo o codesenvolvimento dos humanos com a natureza; propõe-se assim, não a economizar a ecologia mas a 'ecologizar o sistema social', obtendo uma soma positiva (sinergias) com o planejamento de processos produtivos miméticos aos ecossistemas, particularmente no que diz respeito à energia eficiente, à informação e à cultura."

Becker (ibid;p.133) destaca, ainda, a vertente teórica mais próxima do estruturalismo:

"a economia política do meio ambiente (que) coloca-se como uma terceira alternativa entre os economicistas e os ecólogos radicais (Redclift,1989)(...) a resposta à questão ambiental só pode ser dada se inserida no contexto social e político mais amplo, pois se trata da construção social da natureza(...) Cabe, assim, reconhecer na relação homem-natureza os processos históricos através dos quais o ambiente é transformado, e a sustentabilidade será uma decorrência de uma conexão entre movimentos sociais, mudança social e, conseqüentemente, possibilidade de políticas mais efetivas."

É no interior dessa diversidade de percepções do desenvolvimento sustentável, de fato expressão de divergências de interpretação dentro de um mesmo eixo paradigmático, que o Relatório da CMMAD se insere como um dos enfoques. Nele, como nos demais, não há neutralidade. Pode-se afirmar, como Becker(ibid;p.132), que esse Relatório foi elaborado a partir dos princípios do paradigma neoliberal — a economia neoclássica, com a ênfase na gestão dos recursos.

O Desenvolvimento sustentável

As idéias aqui expostas têm como ponto de referência, seja na concordância, seja criticamente, o relatório da Comissão Mundial sobre o Meio Ambiente e Desenvolvimento-CMMAD, conhecido sob o título *Nosso Futuro Comum* (Relatório da CMMAD,1988). Além da definição de desenvolvimento sustentável apresentada pelo Relatório da CMMAD, muitas outras se poderia arrolar, como se poderá consultar em Camino e Müller(1992), todas no âmbito da concepção neoliberal. Entretanto, como elas são concebidas no interior de uma mesma concepção de mundo, fez-se a opção de utilizar o Relatório da CMMAD como referência.

O desenvolvimento sustentável, de acordo com o Relatório da CMMAD, pode ser assim compreendido:

"(...)o desenvolvimento sustentável não é um estado permanente de harmonia, mas um processo de mudança ... Sabemos que este não é um processo fácil, sem tropeços. Escolhas difíceis terão de ser feitas. Assim, em última análise, o desenvolvimento sustentável depende do empenho político (Ibid.:10)."

"Em essência, o desenvolvimento sustentável é um processo de transformação no qual a exploração dos recursos, a direção dos investimentos, a orientação do desenvolvimento tecnológico e a mudança institucional se harmonizam e reforçam o potencial presente e futuro, a fim de atender às necessidades e aspirações humanas. (Ibid.:49)"

Para que haja um desenvolvimento sustentável se requer (ibid.:47, 81):

- "(...) que todos tenham atendidas as suas necessidades básicas e lhes sejam proporcionadas oportunidades de concretizar suas aspirações a uma vida melhor;

- a promoção de valores que mantenham os padrões de consumo dentro do limite das possibilidades ecológicas a que todos podem, de modo razoável, aspirar;

- que haja crescimento econômico em regiões onde tais necessidades não estão sendo atendidas. Onde já são atendidas, ele (o desenvolvimento sustentável -nota HMC) é compatível com o crescimento econômico, desde que esse crescimento reflita os princípios amplos da sustentabilidade e da não-exploração dos outros;

- que o índice de destruição dos recursos não-renováveis mantenha o máximo de opções futuras possíveis;

- a conservação das espécies vegetais e animais;

- minimizar os impactos adversos sobre a qualidade do ar, da água e de outros elementos naturais, a fim de manter a integridade global do ecossistema;

- que os países industrializados retomem políticas internacionais visando a expandir o crescimento, o comércio e o investimento."

Na maioria das vezes, ao menos no âmago das instituições governamentais no Brasil, utilizam-se certas definições pelo que ela explicita em si mesma, sem contextualizar a totalidade do pensamento do autor da definição no corpo de uma teoria dada, tendo em vista a percepção da concepção de mundo em apreço.

Sachs (1991: 29, 30), por exemplo, considera desenvolvimento sustentável e ecodesenvolvimento como sinônimos, ou melhor, "(...)Embora reconhecendo a complexidade e gravidade tanto dos desafios sociais como dos ambientais com os quais a humanidade se depara, tanto o Relatório Founex como a Declaração de Estocolmo de 1972 e a Declaração de Cocoyoc de 1974 (UNEP, 1991) transmitiram uma mensagem de esperança sobre a necessidade e a possibilidade de se projetar e implementar estratégias ambientalmente adequadas, para promover um desenvolvimento sócio-econômico eqüitativo, ou *ecodesenvolvimento* (grifo no original), uma expressão que foi mais tarde rebatizada pelos pesquisadores anglo-saxões como *desenvolvimento sustentável* (grifo no original)."

Sem dúvida que, como no caso acima exposto, estamos diante apenas de diferentes ênfases na percepção da relação homem-natureza, porém o eixo paradigmático de Sachs e do Relatório da CMMAD é o mesmo: o neoliberalismo e, nele, a economia neoclássica. Seria prudente, portanto, atentar para o fato de que considerar definições isoladas de expressões como desenvolvimento sustentável ou ecodesenvolvimento não é suficiente para se construir um referencial teórico. Nesse sentido, fora de um contexto teórico-global, tais expressões não adquirem "status" de categoria teórica. Portanto, se esbarra aqui com uma limitação decisiva: a impossibilidade, neste documento, de uma reflexão sobre as teorias possíveis e passíveis de serem fonte de referência sobre o desenvolvimento sustentável e, nele, a sustentabilidade. Assim, trabalha-se nos limites e contradições internas do paradigma reinante.

SUSTENTABILIDADE

Referências básicas

A utilização das expressões desenvolvimento e sustentabilidade tem sentido concreto quando historicizadas, isto é, referidas a uma formação econômica e social concreta. Entretanto, as características do desenvolvimento sustentável, expressas no Relatório da CMMAD são muito genéricas, em especial com relação à compreensão operacional (formulação de políticas públicas e privadas) da sustentabilidade. A máxima *a fim de atender às necessidades e aspirações das gerações atuais e futuras* é um convite à reflexão, mas com pouca diretividade para a operacionalização. Portanto, a questão central reside na compreensão do que é e como medir sustentabilidade. E, historicamente contextualizada. Ainda assim, não é possível se falar de sustentabilidade apenas, pois essa expressão exige complemento. Portanto, a questão que segue é: sustentabilidade do quê, quando, onde e por quê.

Para *sociedades sustentáveis,* Viederman(1992:1) sugere a seguinte definição: "Uma sociedade sustentável é aquela que assegure a saúde e a vitalidade da vida e cultura humanas e do capital natural, para a presente e futuras gerações. Tais sociedades devem parar as atividades que servem para destruir a vida e cultura humanas e o capital natural, e encorajar aquelas atividades que servem para conservar o que existe, recuperar o que foi destruído, e prevenir futuros danos".

Sustentabilidade é definida por Constanza(1991:75) como "a relação entre os sistemas econômicos humanos dinâmicos e os sistemas ecológicos mais abrangentes, dinâmicos, mas normalmente com mudanças mais vagarosas, na qual: (a) vida humana possa continuar indefinidamente, (b) individualidades humanas possam florescer, (c) cultura humana possa desenvolver, (d) efeitos das atividades humanas permaneçam dentro de limites a fim de que não destruam a diversidade, complexidade e funções do sistema ecológico de suporte da vida." (Outras definições, ver Camino

& Müller (op.cit.), inclusive para sustentabilidades específicas como sustentabilidade da agricultura, sustentabilidade ecológica, sustentabilidade dos solos, sustentabilidade financeira, sustentabilidade institucional, etc.)

São inúmeros os motivos que movem as pessoas e as instituições para exigirem, cada vez mais, a presença de critérios de sustentabilidade nos projetos humanos. O motivo mais abrangente tem sido a constatação da crescente insustentabilidade do desenvolvimento ("ameaça", conforme comentário anterior) em todo o mundo. Todavia, do ponto de vista do comportamento econômico dos grandes grupos econômicos internacionais, há razões outras nem sempre expressas.

Uma delas, e crê-se a fundamental do ponto de vista da economia ecológica, está relacionada com a complementariedade entre o capital manufaturado e o capital natural[2]. Daly (1991:19-20) levanta a seguinte hipótese: "A produtividade do capital manufaturado é mais e mais limitada pela oferta decrescente do capital natural complementar." Isto porque, explica o referido Autor, "(...)a crescente acumulação de capital manufaturado exerce pressão sobre o estoque de capital natural para suprir o incremento do fluxo de recursos naturais. Quando este fluxo alcança um volume que não pode ser mantido por muito tempo existe uma grande tentação de suprir insustentavelmente o fluxo anual pela liquidação dos estoques de capital natural, assim adiando o colapso no valor do complemento do capital manufaturado. Deveras, na era do mundo-vazio, recursos naturais e capital natural eram considerados economicamente bens livres (exceto custo de extração e de colheita). Conseqüentemente, a valoração do capital manufaturado não pressupunha ameaça de escassez do fator complementar. Na era da economia do mundo-cheio esta ameaça é real, e é vista pela liquidação do estoque de capital natural para temporariamente manter o fluxo de recursos naturais que suportam o valor do capital manufaturado. Daí o problema de sustentabilidade."

Então, quando Constanza (ibidem) propõe, *como condição mínima necessária de sustentabilidade, a manutenção do estoque total de capital natural igual ou acima do nível corrente,* entra em contradição direta com os interesses de frações do grande capital nacional e internacional que têm nos recursos naturais uma das fontes de insumos.

Uma outra hipótese que permite compreender a motivação do grande capital internacional em se colocar como um dos parceiros na defesa do capital natural reside

---

2 (...) "Capital natural é o solo e a estrutura atmosférica, biomassa vegetal e animal etc, que, tomados juntos, formam a base de todos os ecossistemas. Este estoque de capital natural utiliza insumos primários (luz solar) para produzir o rol de serviços dos ecossistemas e os fluxos dos recursos físicos naturais (...) (Constanza, 1991;p.76)".

Capital natural se distinguiria, portanto, do capital manufaturado (*manmade capital*).

Na opinião do autor deste texto a noção de capital natural é controvertida não havendo, ainda, suficiente elaboração teórica para fundamentá-la. Como hipótese pode-se considerar, apoiado em Marx, o "capital natural" como mercadoria que possui valor de troca mas não tem valor. Ou, como parte da "renda capitalizada" dispendida na aquisição da terra e sua cobertura vegetal.

nos avanços obtidos com a engenharia genética. Assim, o estoque de capital natural preservado é, antes de tudo, estoque de diversidade de germoplasma, portanto, base de uma nova relação de complementariedade entre capital natural e capital manufaturado. Nesta nova relação de complementariedade, a obtenção e o fornecimento do fluxo de insumos, agora germoplasma, não provocam perturbações relevantes nos ecossistemas, nem no tamanho e qualidade dos estoques de capital natural.

A mudança, ainda que incipiente, na complementariedade entre o capital manufaturado e o capital natural induz os grandes grupos econômicos internacionais e nacionais a pressionarem os governos e a própria iniciativa privada a mudarem suas políticas em relação à natureza.

Apesar das contradições e dificuldades dos interesses econômicos há um crescente movimento de opinião (e ação) objetivando tornar real as aspirações de sustentabilidade em todas as dimensões da vida humana. Assim, sob um outro prisma, o Informe 92 de Desenvolvimento Humano(1992:18-19) afirma: "Os Informes de Desenvolvimento Humano anteriores definiram desenvolvimento humano como o processo de ampliar a gama de opções das pessoas, oferecendo maiores oportunidades de educação, atenção médica, renda e emprego, e englobando o espectro total de opções humanas, desde um entorno físico em boas condições até liberdades econômicas e políticas"(...), e acrescenta "(...) O Informe deste ano segue avançando na exploração do conceito de desenvolvimento humano, pois considera a interação entre as pessoas e o meio ambiente. Se o objetivo do desenvolvimento é melhorar as oportunidades das pessoas, deve fazê-lo não somente para a geração atual, senão também pensando nas gerações futuras. Em outras palavras, o desenvolvimento deve ser sustentável".

Para implementar a sustentabilidade, Constanza (Ibid.:76) propõe que "(...) todos os projetos deveriam se submeter aos seguintes critérios: para recursos renováveis, a taxa de colheita não pode exceder à taxa de regeneração (capacidade de campo) e a taxa de degradação provocada por cada projeto não pode exceder à capacidade de assimilação do meio ambiente (disposição de sustentação para a degradação). Para recursos não renováveis a taxa de degradação de cada projeto não poderá exceder à capacidade de assimilação do meio ambiente, e a exploração dos recursos não renováveis requererá desenvolvimento comparável de substitutos renováveis para cada recurso. Isto garantirá um padrão de sustentabilidade mínima; e uma vez obtido, poderão ser selecionados projetos que apresentem taxas mais altas de retorno baseadas em outros critérios econômicos mais tradicionais."

Com relação aos recursos naturais renováveis[3] a relação entre taxas de colheita e de regeneração apresenta limitações. De maneira geral essa relação entre taxas se refere a um único recurso (ex. madeira), o qual é tratado como variável independente. E, nos ecossistemas complexos, como a floresta, por exemplo, essa abordagem é

3 Os conceitos utilizados neste documento relacionados com a ecologia se apoiaram em Tauk e Salati (1990) e em Duvigneaud (1977).

insuficiente. Castro(1993:5-6) observa que "(...)A sustentabilidade da produção de um único recurso é baseada no conceito de equilíbrio, isto é, o balanço entre crescimento e colheita pode ser sustentado indefinidamente, desde que sua extração periódica seja menor ou igual ao seu crescimento neste intervalo de tempo. Este princípio primário da economia de recursos é adequado, com limitações, quando se considera a floresta como fonte de um único recurso de forma genérica como a madeira, água ou proteína. É uma análise mecânica simples, que considera o recurso explorado como uma variável independente das mudanças que ocorrem no meio devido a sua exploração."

Outras limitações a esses critérios de sustentabilidade podem ser aventadas. Como exemplo, está o questionamento provocado por Castro(ibid.;p.1) com relação ao conceito de recurso, quando assevera "(...)o que é recurso para um grupo social não é para outro. Para quem vive na floresta, ela é fonte de múltiplos recursos. Para outros, é apenas um estoque de madeira. Para o pecuarista, a floresta não é recurso, é apenas um empecilho para a utilização do recurso que lhe interessa, o solo. Há, portanto, diferentes percepções da utilidade da floresta no espaço, o que leva inevitavelmente a um conflito de interesses."

Os caminhos para o equacionamento dessas questões são vários: desde um processo permanente de participação da população até mudanças conceituais sobre florestas, por exemplo, conforme indicado por Castro(ibid.;p.12): "(...)É necessário um novo paradigma que objetive, na visão de Behan, a produção simultânea, e ao menor custo, de várias substâncias e serviços interdependentes, tendo como restrição a manutenção do sistema florestal como um sistema florestal..."

Condições básicas para a sustentabilidade

Quatro critérios gerais podem ser estabelecidos como necessários e indispensáveis à sustentabilidade, seja do ponto de vista econômico, social, político, cultural, ecológico e institucional: adaptabilidade, diversidade, incerteza e eqüidade.

Adaptabilidade. Uma das condições básicas para que um desenvolvimento sustentável se efetive é a *adaptabilidade.* "Sustentabilidade requer adaptabilidade. De fato, uma das definições centrais de desenvolvimento sustentável é a de ser resiliente, capacidade de ajuste aos impactos. A única coisa certa sobre o futuro é de estarmos aí para surpresas (...) (TOES/AMERICAS, nov.1991;p.1)"

A adaptabilidade coloca uma questão, senão polêmica, ao menos instigante. Essa questão pode ser assim formulada: sempre que o homem se relaciona com a natureza esta se degrada? Várias situações/processos se apresentam. Uma rodovia degrada a natureza naquele espaço físico em que se instala e desorganiza/reorganiza o seu entorno; um aglomerado urbano idem. Constatam-se inúmeras outras situações que necessariamente não se comparam, por exemplo, com os limites da degradação, como é o caso da atividade minerária ou mesmo a derrubada total de florestas. São ações humanas, digamos, mais "humanamente compreensíveis ou toleráveis". Isto, todavia, não nega cientificamente a degradação da natureza por tal ato específico. O Relatório da CMMAD reconhece e aceita que a ação dos humanos tende a degradar a natureza. Mas, sem dúvida alguma, os humanos podem, também, recuperar, conservar e preservar a natureza, amplo senso.

No contexto acima duas situações-problema se colocam: de um lado, ações humanas sobre os recursos naturais que o degradam irreversivelmente (extração dos recursos naturais não-renováveis, áreas de recursos naturais onde se instalam cidades, rodovias, etc.) e, portanto, aquele universo de recurso natural atingido não apresentaria qualquer resiliência[4], ou seja, capacidade de regeneração a partir da sua dinâmica interna (haveria, no limite, a hipótese de se reconstruir, pela ação humana, externa ao recurso em apreço, tal ambiente degradado). De outro lado, ações humanas sobre os recursos naturais, embora o degradando, são realizadas de maneira a permitir a sua regeneração total ou parcialmente, situações estas (dos recursos naturais) capazes de apresentar resiliência. Como exemplos: reservas extrativistas, florestas de manejo sustentado, agroecossistemas de manejo sustentado, efluentes industriais tratados, emissão controlada de poluentes gasosos na atmosfera etc.

Na relação social a questão da adaptabilidade também se coloca. O desemprego provoca interrupção no fluxo de rendimento dos assalariados. Assim, o sistema familiar assalariado é perturbado pela ruptura do equilíbrio com a interrupção do fluxo de rendimentos. A resiliência de tal sistema familiar será dada pela capacidade e velocidade desse sistema conseguir recuperar o fluxo de rendimentos equivalente ao anterior.

Nesse sentido, propõe-se como premissa para a adaptabilidade nas relações homem-natureza e social homem-homem a *resiliência tendente a um,* ou seja, capacidade de regeneração total em prazos definidos socialmente para cada situação-problema. Com isto se quer dizer que as relações homem-natureza deveriam ser de tal ordem que não se perturbassem os ecossistemas naturais a tal ponto que eles não pudessem se recompor integralmente, agora com a espécie humana nele participando ativamente. Para a relação social homem-homem, as perturbações não poderiam causar qualquer dano relevante de ordem psicossomática, sendo a relevância determinada pelos indicadores já estabelecidos e consagrados socialmente para medir condições de vida.

Coloca-se, então, outra questão, ou desdobramento da anterior: qual o prazo, em função da velocidade, para a regeneração de um ecossistema ou sóciosistema perturbado pela ação humana? Esta resposta está condicionada às demais condições básicas.

Diversidade, eqüidade e incerteza. O desenvolvimento dos sistemas biológicos e sociais apresenta maior capacidade de sustentabilidade quanto maior for a sua diversidade interna, seja a diversidade de espécies, de etnias como de elementos

[4] Resiliência é o processo de retorno ou não de um ecossistema às condições anteriores a uma perturbação. Vai depender de múltiplos fatores, tais como: a intensidade e freqüência dos distúrbios, as condições atuais dos sítios, a diversidade das espécies, a complexidade das cadeias alimentares... (apoiado em Kageyama, P. Y. et allii, 1989; p.130.

econômicos, políticos, sociais, culturais e institucionais. A maior diversidade, facilitando a maior complexidade, permite a formação de inúmeras interações, aumentando a capacidade de regeneração ou a sua resiliência. Os sistemas biológicos e sociais, enquanto sistemas abertos, estão permanentemente submetidos a informações externas (perturbações) as quais tendem a desorganizar/reorganizar o funcionamento suposto do sistema. Quanto mais simples um sistema aberto, menor a sua capacidade de resposta à diversidade da informação externa, portanto é simplificadamente menor a sua potencialidade de adaptação e de reprodução nas novas condições determinadas pelo ambiente.

Para que um sistema aberto e complexo mantenha seu equilíbrio dinâmico é necessário que se garanta a eqüidade dos seus componentes. Como eqüidade se compreende o direito, o respeito ou a manutenção da dinâmica interna de reprodução de cada componente (leis internas do desenvolvimento) no universo das suas interações com os demais componentes e com seu ambiente. Assim, num agroecossistema, o "combate às pragas" (visão antropocêntrica da natureza), ainda que economicamente possa ser sustentável, do ponto de vista das cadeias biológicas rompe com a eqüidade entre as espécies, promovendo perturbações (desequilíbrios) na sua composição (também dinâmica). Por essa razão, entre outras, como exemplo, é que se tem proposto o controle biológico de "pragas e doenças" nos agroecossistemas, enquanto forma de intervenção humana na dinâmica das espécies de forma a respeitar a eqüidade ou o equilíbrio dinâmico entre os componentes da natureza (amplo senso). Neste sentido não haveria "pragas e doenças", mas desequilíbrios conjunturais indesejáveis sob uma determinada ótica.

Quanto maior a diversidade de um sistema biológico e social, e garantida a eqüidade de seus componentes, maior será a sua capacidade de adaptação (adaptabilidade) e sua resiliência e, portanto, enquanto sistemas abertos e sujeitos a um número indeterminado de informações, maior a incerteza. A incerteza, resultante da diversidade, eqüidade e da adaptabilidade, é condição básica a ser considerada quando da busca de um desenvolvimento sustentável. A própria sustentabilidade, seja econômica, social, política, cultural, institucional, biológica, ecológica..., se faz no movimento da adaptação continuada dos sistemas abertos e complexos às novas contextualizações devido às perturbações potenciais, informações externas que afetam a dinâmica interna de um sistema dado e cujo controle se dá por erro, pela denominada realimentação. Portanto, não previsível.

A compreensão dessas condições básicas, ou seja, a adaptabilidade, a diversidade, a eqüidade e a incerteza dos sistemas biológicos e sociais abertos e complexos é que permitiram, ou exigiram, a superação da ciência atual formal (reducionista) para o que se tem denominado de ciência pós-normal. "Adotamos o termo 'pós-normal' (*post-normal*) para marcar a passagem de uma época quando a norma para uma efetiva prática científica foi o processo de rotina 'resolver-enigmas' (*puzzle-solving*) (Kuhn, 1962) conduzido, ignorando os propósitos da diversidade metodológica, societal e ética gerada pela atividade e seus produtos... A comunidade de pesquisadores não pode ter a luxúria de adiar a investigação dos problemas na esperança do sucesso; no problema ambiental global, os pesquisadores precisam conseguir o melhor, ainda que o problema seja complexo e a solução incerta. Para estes novos problemas são geradas soluções para as quais, especificamente, os fatos são incertos, os valores estão em disputa, os riscos são altos e as decisões urgentes... Em geral, a situação da ciência pós-normal é aquela onde a tradicional oposição de 'fatos reais' (*hard facts*) e valores fluidos (*soft values*) é invertida; aqui nós procuramos decisões que são reais no amplo sentido, para a qual os insumos científicos são irremediavelmente fluidos. (Funtowicz & Ravetz 1992:2)"

PADRÕES DE SUSTENTABILIDADE

A Definição do padrão

O desenvolvimento sustentável pode ser quantificado por dois conjuntos de medidas; o primeiro seria expresso pelas *metas de desenvolvimento*, conforme classicamente referidas: taxa de crescimento do PIB, metas de produção setorial, metas de escolarização, sanidade, etc; o segundo, sugestão deste documento, seria expresso pelos *padrões de sustentabilidade*: conjunto de medidas que estabeleceriam restrições ao processo de desenvolvimento.

Qual a natureza dessa restrição? A *resiliência do objeto de desenvolvimento em apreço*. Em outras palavras, tais restrições estabeleceriam as condições em que se deveria dar a reprodução de sistema (floresta, corpos d'água, solos, sanidade, escolaridade, renda pessoal, organização política...) para que ele se regenerasse (reorganizasse), após uma perturbação determinada, de maneira a alcançar um estado similar àquele anterior à perturbação (informação externa ao sistema).

Para que se possa estabelecer padrão de sustentabilidade de um determinado sistema é mister que se conheçam as leis internas de desenvolvimento desse sistema. A sustentabilidade é, na concepção ora proposta, uma condição "intrínseca" ao objeto estudado. Sem dúvida alguma que as informações externas (do ambiente) podem fortalecer ou enfraquecer a dinâmica interna de um sistema. Isto dependerá da existência da capacidade (condição básica ao sistema) de adaptabilidade desse sistema. Para que tal se efetive duas outras condições básicas devem se verificar: a diversidade e eqüidade dos componentes do sistema.

O estabelecimento de padrão de sustentabilidade é uma decisão política, a qual se pressupõe que deva ser respaldada pelo conhecimento científico das leis internas que regem os objetos de desenvolvimento em consideração. Assim, o padrão de sustentabilidade de uma floresta numa determinada área da Amazônia dependerá: (a) *numa primeira instância,* do conhecimento científico do que seja uma "floresta amazônica" e das leis biológicas e físico-químicas que regem a sua reprodução; da natureza, velocidade e grandeza da perturbação provocada pelo homem na floresta (inclusive o conhecimento científico das conseqüências do impacto dessa ação); da resiliência dessa floresta ao impacto provocado; e (b) *numa segunda instância,* da decisão política, democraticamente estabelecida, do impacto a ser provocado (perturbação no sistema original) de forma a respeitar a sua resiliência potencial.

A cada grandeza de impacto (perturbação) corresponderá, conhecidas as leis internas do desenvolvimento do objeto em estudo, uma determinada resiliência. Portanto, o padrão de sustentabilidade é, ele próprio, restringido pela resiliência (social, biológica e físico-quimicamente determinados) possível e desejável.

Assim, à guisa de exemplo, a extração do mogno da floresta amazônica provoca, num contexto específico, uma determinada perturbação no equilíbrio interno da reprodução da floresta. Sem dúvida alguma, poder-se-ia afirmar que a floresta (aquela floresta) poderia se regenerar naturalmente se fosse interrompida a perturbação. A questão que se coloca é: em quanto tempo e em que condições se daria essa regeneração? Como caricatura poder-se-ia responder: nos próximos dois milhões de anos... Caricatura à parte, a expressão resiliência "socialmente estabelecida" significa dizer que, obedecidas às leis de reprodução biológica, a intervenção humana (perturbação) nos recursos naturais só deveria (condição ética e política) ser possível de tal maneira (utopia necessária) que a regeneração se desse no máximo no lapso de uma geração humana (na atualidade 20 anos). Isso não se aplica, evidentemente, aos recursos naturais não-renováveis (como a expressão já explicita).

Nas condições sociais de produção de mercadorias, a resiliência social seria dada pela capacidade e velocidade de o operariado se apropriar da mais-valia que lhe é expropriada pela ação de acumulação ampliada do capitalista.

Parâmetros globais

Apesar das suas limitações, parâmetros globais podem ser estabelecidos como balizadores fundamentais de um processo de medidas de sustentabilidade. Para tanto se optou, para a escolha desses parâmetros, pelo procedimento dos elos condutores. Isto significa a determinação de parâmetros que, pela sua natureza, podem ser considerados, ao menos parcialmente, como estruturadores do conjunto da vida social e da natureza. Conhecidos esses parâmetros, os demais seriam estabelecidos por decorrência.

O número total de parâmetros globais aqui sugeridos é de 9 (nove), sendo dois para a sustentabilidade do desenvolvimento humano, dois para a sustentabilidade institucional e cinco para a sustentabilidade da natureza na sua relação com os homens. Sem dúvida alguma que, numa reflexão de maior fôlego, êsses parâmetros poderão (deverão) ser ampliados.

Assim, propõe-se:

a - para o desenvolvimento humano:

- (1) rendimento por pessoa e
- (2) diversidade cultural.

b - para os recursos naturais:

b.1 - renováveis:

- (3) estoque de capital natural e
- (4) capacidade de regeneração do estoque de capital natural.

b.2 - não-renováveis:
- (3a) estoque do recurso e
- (5) alternativa de substituidade industrial do recurso.

c - para os agroecossistemas:
- (6) dependência de insumos externos ao sistema e
- (7) diversidade (complexidade) biológica do sistema

d - para as instituições governamentais:
- (8) descentralização e
- (9) especialização.

Adotou uma subdivisição do parâmetro 3 em 3a, porque o estoque de um recurso natural não-renovável é componente do capital natural amplo senso.

Esses parâmetros globais, socialmente quantificados e qualificados, deverão estabelecer, para um período dado, uma medida de sustentabilidade a qual será sinteticamente expressa pelo padrão de sustentabilidade.

O padrão de sustentabilidade, estabelecido para um período, constitui-se, de fato, num processo onde padrões de sustentabilidade são definidos (redefinidos) sucessivamente em função das mudanças históricas na intervenção proposta para o objeto de desenvolvimento sustentável. Um processo porquanto não se propõe a determinação de "padrões-tipo" (ver questionamento de Marglin, Stephen (1992), sobre essa questão). A sustentabilidade é, portanto, política e historicamente determinada. Significa que cada formação econômica e social e, nela, cada agrupamento humano (no limite mínimo que se desejar), estabelecerá suas referências, seus padrões de sustentabilidade. Sem dúvida que estes dependerão da correlação de forças políticas e sociais dadas numa determinada conjuntura. É por essa (entre outras) razão que se torna indispensável um sólido processo de participação da população. E sólido, quer dizer, otimização democrática.

Indicadores de sustentabilidade

A natureza da sustentabilidade é variada. Sugere-se a seguinte classificação: econômica, social, política, cultural, institucional e ambiental (recursos naturais). Todavia, esse processo classificatório exigiria outra reflexão particular para se debater ou fundamentar os critérios classificatórios. Por essa razão, tal classificação se constitui numa primeira aproximação, ensaiando dar conta de algumas dimensões da sustentabilidade.

Os parâmetros globais de sustentabilidade acima definidos, ou seja, de desenvolvimento humano, dos recursos naturais, dos agroecossistemas e de instituições governamentais apresentam várias limitações, não somente pela ausência, neste documento, de suficiente fundamentação teórica como pela gama de áreas de conhecimento que contemplam. Outros estudos, subseqüentes, deverão ser elaborados, em conjunto com os especialistas por áreas, tendo em vista se obter maior consistência técnico-científica na determinação dos indicadores e dos padrões de sustentabilidade.

Os parâmetros globais de sustentabilidade, aplicados a uma situação concreta real, deverão ser medidos e acompanhados através de um conjunto de indicadores. O conjunto integrado dos indicadores, quando historicamente calculados, define um padrão de sustentabilidade. Considerando que esta temática exige um esforço multidisciplinar, aqui apenas se apresentam sugestões de indicadores (caminhos para a reflexão) que - estima-se - propiciarão estudos e pesquisas especializadas posteriormente.

Para cada parâmetro global de sustentabilidade se deverá estabelecer um padrão desejável, historicamente contextualizado e para um período de duração definido. A periodização será estabelecida, para cada objeto de estudo, em função das mudanças potencialmente previstas no ecossistema em apreço ou no agrupamento de população contemplado. Se o desenvolvimento humano passa por fases crescentes de complexificação, não somente expressas nas condições materiais de vida mas, também naquelas subjetivas (aqui expressas pela cultura), os padrões de sustentabilidade devem mudar.

O padrão de sustentabilidade não se confunde com as metas de um plano de desenvolvimento, ainda que os padrões de sustentabilidade sejam restrição às metas de desenvolvimento estabelecidas. Também, o padrão de sustentabilidade não é um tipo-ideal de sociedade ou de setores da sociedade. O padrão de sustentabilidade é considerado como as condições reais em que uma sociedade ou ecossistema deve encontrar para que continue se desenvolvendo de maneira sustentável enquanto sistema aberto, portanto trocando informações, positivas e negativas, com o ambiente. O padrão de sustentabilidade deverá garantir um nível determinado de resiliência do objeto de estudo a uma intervenção programada (perturbação previsível). Esse nível de resiliência é o padrão de sustentabilidade.

Por outro lado, o padrão de sustentabilidade, enquanto sistema de indicadores integrados, tende a garantir condições de sustentabilidade que o simples arrolar de tecnologias ou medidas isoladas não podem fornecer. Não é suficiente se nomear, por exemplo, o uso de tecnologias alternativas. É necessário que estas dêem conta de dimensões mais complexas como ciclo do carbono, papel dos decompositores etc., necessários para explicar e garantir a sustentabilidade (ver parâmetros de sustentabilidade dos recursos naturais renováveis).

A melhoria do rendimento pessoal dos pequenos agricultores poderá realizar-se com tecnologias que não garantam sustentabilidade econômica, social e ambiental como, por exemplo, pela introdução de monoculturas (agroecossistema artificial e simples) com alta dependência de insumos externos. Todavia, ao se elaborar para os pequenos produtores de um determinado local, um padrão de sustentabilidade, este estabelecerá os condicionantes para um desenvolvimento sustentável, por exemplo, dos agroecossistemas locais.

Apresentam-se, a seguir, indicadores que poderão ser adotados para dar conta dos diferentes parâmetros de sustentabilidade. Ressalta-se que os parâmetros são interdependentes. É o conjunto dos parâmetros, articulados entre si, para cada objeto de desenvolvimento, que constitui o padrão de sustentabilidade para o objeto de estudo em consideração (e para um período dado).

a — Indicadores dos parâmetros de sustentabilidade do desenvolvimento humano

a.1 — parâmetro de sustentabilidade rendimento por pessoa:

O rendimento é por pessoa e não familiar. As pessoas são consideradas todas iguais, sejam crianças ou adultos, tendo em vista que seu desenvolvimento humano requer demandas similares.

Um rendimento por pessoa abaixo do padrão de sustentabilidade, estabelecido para um determinado local ou região, significará que aquela pessoa está em estado de insustentabilidade com relação ao rendimento pessoal, ou seja, seu desenvolvimento pessoal não é, sob o ponto de vista da reprodução das condições materiais de vida, sustentável. Portanto, sua capacidade de regeneração física, face às perturbações materiais que sua vida pessoal possa sofrer, é inferior a um estado desejável. Em outras palavras, abaixo do padrão de sustentabilidade a entropia é presente.

Entre duas medidas de sustentabilidade, fornecidas pelos indicadores, se verificará a resiliência. Esta auxiliará na compreensão das tendências "degradação" social, pessoal, etc.

O rendimento por pessoa deverá ser medido sob duas formas: direto e indireto.

O rendimento por pessoa direto é aquele expresso monetariamente. O rendimento por pessoa indireto será expresso de várias maneiras. A primeira, pelo acesso (frequência e qualidade do serviço) efetivo aos serviços públicos, tais como, ambulatórios, hospitais, maternidades, escolas, merenda, vale-transportes e similares, creches, lazer etc. medidos pelos indicadores adotados pela Organização Mundial da Saúde, UNESCO etc.; a segunda, nas situações, por exemplo, dos pequenos produtores rurais, expressa pelo auto-consumo, cestas de alimentos, assistência técnica, acesso à terra, subsídios etc.

Para a situação dos povos indígenas o rendimento por pessoa será substituído pelo *atendimento da pauta alimentar culturalmente estabelecida (economia doméstica)*[5] pelo povo e/ou grupo indígena. Este parâmetro de sustentabilidade será obtido sob duas condições objetivas: manutenção sustentada de um dado estoque populacional e controle dos povos indígenas sobre o seu território, como maneira de garantir a mobilidade espacial.

a.2 — parâmetro de sustentabilidade da diversidade cultural

As medidas serão sempre indiretas, calculadas através do acesso aos serviços culturais. Os indicadores serão aqueles já estabelecidos pela UNESCO. O que não está

---

5 Propostas a partir de consultas aos indigenistas sociólogo Itagiba Campos Fº e ao engº e antropólogo João Dal Póz.

estabelecido é o padrão de sustentabilidade da diversidade cultural local e regional. Por exemplo, a expressão da sustentabilidade da diversidade cultural num município do norte de Mato Grosso, como Alta Floresta, poderia ser dada pelos seguintes indicadores: disciplina "educação ambiental" no curriculum de todas as escolas; museus de história natural, como expressão dos micro-ecossistemas de Alta Floresta, museu da colonização, bibliotecas etc; ecoturismo, unidades de conservação e projetos de preservação de espécies desenvolvidas pelas comunidades; vivência com os povos indígenas; grupos de dança, artes plásticas, esportes etc. em ação efetiva; produção literária, musical etc., local; organizações não-governamentais ativas; participação da população nos projetos de interesse coletivo etc.

Tudo leva a crer que se tais indicadores forem elaborados, e as medidas deles se apresentarem "significativas" (dentro de um padrão dado), Alta Floresta poderá ser considerada, numa conjuntura em apreço, com elevado potencial de adaptabilidade perante as perturbações prováveis com relação à diversidade cultural. Ou melhor, com relação à diversidade cultural seu desenvolvimento é sustentável.

Com relação aos povos indígenas o parâmetro sustentabilidade da diversidade cultural permanece obedecendo às seguintes condições: garantia da identidade cultural do povo e/ou grupo indígena; interação com grupos externos ao povo e/ou grupo indígena a partir de mediações de instituições cientificamente apropriadas para essa atividade.

b - indicadores para os parâmetros de sustentabilidade dos recursos naturais

b.1 — indicadores para os parâmetros de sustentabilidade dos recursos naturais renováveis.

Esses parâmetros estarão referidos a três (3) recursos, amplo senso: florestas; solos; e corpos d'água doce.

O parâmetro estoque do capital natural (3 e 3a) será expresso pelos inventários desses estoques, cujas metodologias de trabalho são do conhecimento dos especialistas nessa área.

É oportuno recordar que em várias regiões do país existem remanescentes dos ecossistemas originais, ou seja, não eutrofizados. Essa situação permite que se determinem padrões de sustentabilidade de referência "natural", os quais podem ser considerados, para os recursos naturais, como ideais, sem terem sido idealizados.

Evidentemente, que os padrões de sustentabilidade de ecossistemas em situação eutrófica não poderiam ser adotados como padrões de sustentabilidade para áreas similares, porém, agora, impactadas pela ação humana. A resiliência dessas áreas perturbadas seria igual a um, teoricamente, se o ecossistema perturbado retornasse ao estado similar ao original antes da perturbação. Mas, como nessas áreas perturbadas pela ação humana (agroecossistemas pecuários, áreas de extração de madeira, garimpos etc.) dificilmente os homens a abandonarão completamente, o estado originário fica "perdido". Um novo padrão de sustentabilidade deverá ser estabelecido ou redimensionado.

b.1.1 - floresta[6]

O conhecimento de um ecossistema florestal, tendo em vista estabelecer um padrão de sustentabilidade - e sua resiliência - pode ser fornecido pela análise integrada (matriz de recorrência) dos seguintes indicadores (Castro et. al. 1992:11): biomassa sustentada por unidade de energia; cadeias alimentares; matéria orgânica total; elementos nutritivos inorgânicos; diversidade de espécies-variedade; diversidade de espécies - eqüitabilidade; diversidade bioquímica; ciclos biológicos; ciclos minerais; papel dos decompositores na regeneração de elementos nutritivos; simbiose interna; conservação de elementos nutritivos; e estabilidade.

b.1.2 - solos[7]

Os seguintes indicadores, analisados como um sistema de identificação da situação atual e da sua sustentabilidade, mantidas as condições vigentes, poderão sugerir padrões de sustentabilidade: cobertura; fertilidade, expressa em teor de carbono (matéria orgânica); salinização; acidez; erodibilidade; poluição química; e desertificação.

No caso da atividade minerária o solo e o subsolo são integralmente destruídos. Nesse sentido, a área perturbada não apresenta, tanto do ponto de vista da floresta como dos solos, sustentabilidade possível. A alternativa é o reaproveitamento da área e não um desenvolvimento sustentável de um ecossistema, expresso na sua adaptabilidade para a regeneração. O reaproveitamento da área física "reconstrói" ou "constrói" uma situação integralmente nova, artificialmente nova.

A queimada, perturbação bastante usual no Mato Grosso, será estudada pelos seus efeitos sobre os recursos naturais: floresta, solo e água.

b.1.3 - corpos d'água doce

Os corpos d'água doce, em interação com a ação humana, serão contemplados, para os fins desta proposta geral de padrões de sustentabilidade, a partir de duas vertentes:

- a primeira considera exclusivamente a fonte da perturbação da dinâmica natural (sem ação antrópica)de um determinado corpo d'água. Dessa forma, não se estabelece padrões de sustentabilidade para as águas mas, apenas, indicadores de

6 *O procedimento abaixo descrito foi recomendado pelo prof. engº florestal Dr. Carlos Ferreira A. Castro, da UFMT. A responsabilidade pelo uso dos procedimentos aqui descritos é do autor deste documento.*

7 *Os indicadores aqui definidos foram realizados com a colaboração do Engº Agrº Dr. Celso Castro Filho, consultor do PNUD, Projeto BRA/91/015.*

poluição das águas e predação de espécies da fauna aquática por fonte poluidora e/ ou predadora. Estas fontes seriam:

- poluição:
  - efluentes;
  - domésticos;
  - industriais;
  - erosão dos solos;
  - contaminação por produtos químicos de origem:
    - atividades minerárias;
    - atividades agropecuárias;
- predação:
  - pesca;
  - caça (ex. jacaré).

- a segunda vertente buscaria estudar a dinâmica interna do corpo d'água através dos seguintes indicadores[8]:
  - balanço de oxigênio e estratificação térmica;
  - fatores de trofia (nutrientes, luz e biomassa);
  - biota (abundância e diversidade);
  - níveis de contaminação (metais pesados e outros).

c - indicadores para os parâmetros de sustentabilidade para os agroecossistemas

Parâmetros:
- grau de dependência dos insumos externos;
- grau de complexidade biológica.

O grau de dependência aos insumos externos ao sistema objetiva indicar a maior ou menor artificialidade do sistema. A hipótese é: a maior dependência aos insumos externos (informações do ambiente) torna menos sustentável o sistema pela perda relativa de sua autonomia.

O grau de complexidade biológica do sistema objetiva conhecer a diversidade biológica, ou seja, sistemas mais simples ou mais complexos. A hipótese é: quanto mais simples o sistema menor a sua diversidade e, portanto, menor a sua capacidade de adaptabilidade face às perturbações.

Quando se combinasse alta dependência dos insumos externos e baixa diversidade biológica resultaria um agroecossistema com pequena sustentabilidade devido, entre outros, à pouca diversidade interna e à baixa adaptabilidade resultando um sistema com escassa resiliência.

---

8 Esses indicadores foram sugeridos pelos limnologistas eng. quim. Renato F. Brunkow, eng. quim. Linor F. Carignano, biól. Lilian F. Andrade, biól. Christine F. Xavier e biól. Jorge Augusto Callado Afonso, de Curitiba, PR.

Assim, um agroecossistema monocultor de soja - sistema simplificado - depende na totalidade dos insumos externos ao próprio sistema. Significa que sua sustentabilidade à perturbação ambiental é muito baixa. Noutro extremo, um roçado indígena no interior da floresta é um agroecossistema altamente diversificado -sistema complexo - e cuja dependência dos insumos externos é praticamente nula. Apresenta, portanto, alta sustentabilidade ecológica à perturbação ambiental. Na conjuntura atual, todavia, e mantidas as diferenças de situações face aos mercados, o agroecossistema soja apresentaria uma alta sustentabilidade econômica, diferentemente do roçado indígena.

Na determinação dos padrões de sustentabilidade, as dimensões econômica, social e cultural deverão ser integradas à ambiental.

Os sistemas naturais não estão aqui incluídos porque não se configuram como agroecossistemas.

Dois grupos de indicadores:

c.1 — parâmetro de sustentabilidade grau de dependência externa do sistema

Será estabelecido pelo balanço dos insumos gerados internamente e os importados pelo agroecossistema (não pelo estabelecimento); sementes, mudas e sêmen/óvulo; nutrientes; para o controle de fauna e flora; água (irrigação).

c.2 — padrão de sustentabilidade grau de complexidade do sistema

Características estruturais e funcionais do agroecossistema conforme Castro, C. et.al. (1992): biomassa sustentada por unidade de energia; cadeias alimentares; matéria orgânica total; elementos nutritivos inorgânicos; diversidade de espécies-variedade; diversidade de espécies-eqüitabilidade; diversidade bioquímica; ciclos biológicos; ciclos minerais; papel dos decompositores na regeneração dos elementos nutritivos; simbiose interna; estabilidade;

d - indicadores para os parâmetros de sustentabilidade das instituições governamentais

Parâmetros:

d.1- descentralização:

A descentralização será compreendida sob duas dimensões que se propõem integradas: descentralização espacial e participação da sociedade civil.

d.2 - especialização:

- pessoal efetivamente capacitado e elenco de especialistas por unidade descentralizada.

REFERÊNCIAS BIBLIOGRÁFICAS

BECKER, B. K. 1993. *A Amazônia pós ECO-92: Por um desenvolvimento regional responsável,* in Bursztyn, Marcel (org.),1993, (op. cit.pp.129-143).

BURSZTYN, M. 1993. *Estado e meio ambiente no Brasil: desafios institucionais,* in Bursztyn, Marcel (org.), 1993, (op.cit. pp.83/101.

CAMINO V., R. & MÜLLER, S. 1992. Agricultura, Recursos naturales y Desarrollo Sostenible. Apuntes para el marco conceptual. IICA, mimeo.

CASTRO, C. F.A. 1993. Algumas considerações a respeito do manejo visando ao rendimento sustentado de recursos florestais. Original, Cuiabá, 13pp.

CASTRO, C. F.A. et al. 1992. *Levantamento para intercâmbio e difusão de experiências agroecológicas amazônicas- Relatório do Estado de Mato Grosso,* in Levantamento para intercâmbio e difusão de experiências agroecológicas amazônicas- Relatório Técnico. SEMAM/PR e IEA, Curitiba.

CONSTANZA, R. 1991. *The Ecological Economics of Sustainability: investing in Natural Capital,* in Goodland, R. et alli (ed.), 1991. Environment Sustainable Economic Development: Building on Brundtland. World Bank, mimeo, 85pp.

CONSTANZA, R. 1992. *Trade Meets Environment,* in Economy & Environment, Vol.1 nº2, Washington, DC.

DALY, H. E. 1991. *From empty-world economics to full worldeconomics: recognizing an historical turning point in economic development,* in Goodland, R. et alli (ed.),1991, op. cit. Desarollo Humano: Informe 1992. Santa Fé de Bogotá, PNUD, 1992.

DUVIGNEAUD, P. 1977. A síntese ecológica. Populações, Comunidades, Ecossistemas, 2 vol.. Lisboa, SOCICULTUR.

FUNTOWICZ, S. O. & RAVETZ, J. R. 1992. Environmental Problems, Post-normal Science and Extended Peer Communities. Washington, World Banks.

KAGEYAMA, P. Y. et. al. 1989. *Implantação de matas ciliares: estratégias para auxiliar a sucessão secundária,* in Barbosa, Luiz M. (coord.), Anais do Simpósio sobre Matas Ciliares, Fundação Cargill, Campinas.

MARGLIN, S. A. Jan.1992. Uncertainty limits of calculation and maximization (version 1) Uncert 1, in TOES/ AMERICAS (op. cit.)

Relatório da CMMAD ou Nosso Futuro Comum 1988. Comissão Mundial sobre o Meio Ambiente e Desenvolvimento. Rio de Janeiro, Editora da Fundação Getúlio Vargas.

SACHS, I. 1991. *Estratégias de transição para o século XXI,* in Bursztyn, Marcel (org.) 1993. Para pensar o Desenvolvimento Sustentável. São Paulo, Brasiliense.

TAUK, S. & Salati, E. 1990. Ecologia. In: Margulis, Sérgio (ed.) *Meio Ambiente. Aspectos Técnicos e Econômicos.* Rio de Janeiro, IPEA: Brasília, IPEA/PNU

THE GROUP OF GRENN ECONOMISTS 1992. Ecological Economics. A practical programme for global reform. Zed Books, London and New Jersey.

TOES/AMERICAS. 1991. Alternative Visions (nov. 1991; p.1).

VIEDERMAN, S. 1992. A sustainable society: what is it? How do we get there?. Poynter Center, Indiana University, mimeo 24 p.

DESENVOLVIMENTO SUSTENTÁVEL, ECONOMIA POLÍTICA DO MEIO AMBIENTE E A PROBLEMÁTICA ECOLÓGICA DA AMAZÔNIA

Maria Célia Nunes Coelho

Este trabalho contrasta duas perspectivas teóricas ou linhas de pensamento ecológico que surgiram dos movimentos sociais dos anos 60 e 70. Uma é freqüentemente chamada de "ecodesenvolvimento" ou "desenvolvimento sustentável" e a outra "ecopolítica" ou "economia política do meio ambiente".[1] Cada uma delas apresenta uma abordagem distinta das relações entre desenvolvimento econômico e meio ambiente. Com este trabalho pretende-se demonstrar como estas duas correntes do pensamento ecológico diferem entre si, investigando suas origens e analisando conceitos e teorias nos quais elas se apóiam. Pretende-se ainda mostrar como a compreensão baseada numa ou noutra perspectiva teórica resulta em diferentes direções na análise e nas soluções da problemática ambiental. Finalmente, busca-se com este trabalho um arcabouço teórico mais consistente à discussão das questões contemporâneas relativas às relações entre sociedade e natureza na Amazônia.

ORIGENS DIFERENCIADAS DAS DUAS PERSPECTIVAS

Não obstante recentes, cada uma das correntes analisadas associa-se a raízes históricas diversas. Atrás de cada uma delas há um conjunto de idéias e teorias diferenciadas, ainda que alguns autores (Schumacker) sirvam de inspiração a ambas.

Ecodesenvolvimento ou Desenvolvimento Sustentável

O ecodesenvolvimento ou desenvolvimento sustentável surge da exigência de compatibilizar desenvolvimento com a não-agressão ao meio ambiente no final da

1 O fato de tomarmos as duas correntes citadas como duas grandes linhas do pensamento ecológico não implica ignorar nem a diversidade de facções no interior de cada uma delas nem a existência de outras linhas.

década de 60.[2] Busca-se com esta abordagem acrescentar à condição de sustentabilidade, entendida como auto-manutenção, estabilidade (equilíbrio) e durabilidade do desenvolvimento, pelo menos três dimensões consideradas fundamentais, quais sejam, a social, a ecológica e a econômica.

As raízes históricas desta corrente encontram-se em diferentes vertentes do pensamento econômico e filosófico que têm em comum a busca permanente de *equilíbrio ecológico*. Esta linha do pensamento é, principalmente, fortemente influenciada pelo anarquismo, pelas idéias de Malthus, pelos filósofos orientais, pelos defensores do atendimento às necessidades básicas da população e pelos críticos das idéias de progresso dominantes no mundo ocidental.

Entre os anarquistas destaca-se a influência do geógrafo Peter Kropotkin (1842-1921) que - baseado nas idéias dos pensadores anarquistas, Proudhon (1803-1865) e Bakunin (1814-1876) - advoga a justiça social e a harmonia entre seres humanos e natureza. Destacam-se também as influências dos ideais de Ghandi (1869-1948), um anarquista pacifista, que defende uma transição pacífica e harmoniosa de uma sociedade desigual para uma igualitária.[3]

A influência de Thomas Malthus (1766-1834) e de seus seguidores, os neo-malthusianos, faz sentir-se principalmente no velho debate sobre as relações entre crescimento populacional e recursos, baseado no princípio de que população não pode exceder os recursos sem provocar fome e doenças aos quais é acrescentada contemporaneamente a deterioração da qualidade ambiental. Ao direcionar suas atenções para a finitude dos recursos naturais, os neo-malthusianos (como Garret Hardin, da Tragédia dos Comuns (1968) e Erhlich de Eco-catastrophe (1969) advogam que é preciso controlar a população e conservar os recursos para que o equilíbrio não seja rompido.

Alguns dos mentores do ecodesenvolvimento ou desenvolvimento sustentável criticam os valores, atitudes e comportamento ocidentais, buscando inspirações na análise dos valores das culturas orientais, principamente do sul asiático (culturas hindu, budistas e taoísta) que apregoam a harmonia entre seres humanos e a natureza, e dos seres humanos entre si. Este é exemplo de Schumacker (1973) com a economia

---

2 Há muita controvérsia quanto à primeira vez que os termos ecodesenvolvimento e desenvolvimento foram utilizados. Caldwell (1984:299) sugere que a origem do termo desenvolvimento sustentável está associado a duas conferências realizadas em 1968, a da "Biosfera" e a de "Os Aspectos Ecológicos do Desenvolvimento Internacional". A primeira teve lugar em Paris e a segunda em Washington, DC. O termo ecodesenvolvimento, por sua vez, foi proposto por M. F. Strong, diretor executivo do Programa Ambiental das Nações Unidas (UNEP), no primeiro encontro do conselho administrativo realizado na Suíça em 1973. Depois disso, o uso deste termo foi popularizado por Ignacy Sachs que sobre ele escreveu vários artigos e publicou livros como: *Strategies de l' écodeveloppment* em 1980, *Ecodesarrollo, Desarrollo sin Destrucion* em 1982, *Ecodesenvolvimento - Crescer sem Destruição* em 1986, entre outros.

3 Ao discurso anarquista, além das idéias de justiça social e distribuição igualitária dos recursos, associa-se também a ênfase dada nesta corrente a temas como descentralização e planejamento participativo.

budista (Buddhist Economics). Alguns autores, nos quais os ecologistas têm buscado inspiração, assumem inclusive uma postura mística, como pode ser verificada, por exemplo, em Fritjof Capra (1982) que fala em Tao e Buda.

Defensores do ecodesenvolvimento ou desenvolvimento sustentável baseiam seus pontos de vistas nas argumentações dos economistas e outros profissionais que criticam as idéias ocidentais do progresso e desenvolvimento econômico. Segundo Fritz Schumacker, em sua obra *Small is Beautiful* de 1973, os valores moldam as economias, e as soluções para as "crises" ambientais dependem de uma mudança nos sistemas de valores ocidentais. A maior importância atribuída ao trabalho de Schumacker (1973) bem como ao de Dickinson (1979), está em sua proposta de reijeição da "dura" (hard) tecnologia (intensiva em capital) e ao estímulo ao desenvolvimento de tecnologias alternativas (intensivas em trabalho).

Os críticos do modelo de desenvolvimento econômico e do planejamento econômico baseados nas teorias liberais e neo-liberais das décadas de 60 e 70 acentuam a concentração de renda e a miséria agravada nos países periféricos, além da deterioração ambiental. As metas de colocação da população em primeiro lugar e as prioridades aos pobres na frente de tudo são expressos claramente nos trabalhos de Dasmann (1985) e Chambers (1986). Assim, para os defensores do desenvolvimento sustentável é necessário voltar o planejamento para a satisfação das necessidades básicas da população, redirecionando as prioridades para os pobres e para a ecologia.

A filosofia do determinismo associa-se à visão malthusiana e neo-malthusiana das relações entre seres humanos e natureza, resultando no desenvolvimento de uma abordagem determinística dos ecossistemas. Tais influências aparecem claramente nos trabalhos como Limits of Growth (1972) e o Blueprint for Survival (1972). Todavia, embora aceitem as idéias de que existem fortes barreiras naturais ao crescimento econômico, os ecologistas e planejadores encontraram no ecodesenvolvimento ou desenvolvimento sustentável uma fórmula mágica para rejeitarem as propostas do crescimento econômico zero.[4] Por fim, o criticismo da abordagem ecossistêmica tem conduzido muitos autores (como Capra, 1982) a buscarem uma abordagem mais próxima da Teoria Geral dos Sistemas (Von Bertalanffy 1968) que contém uma visão sintética, holística das relações entre seres humanos e natureza.

4 De acordo com Sachs (1982), o mais valioso benefício da Conferência de Estocolmo e dos trabalhos nela inspirados foi a negação das posições dos defensores do desenvolvimento baseado no crescimento econômico, de um lado, e dos defensores do crescimento zero, de outro. O resultado das propostas ecologistas de conciliar desenvolvimento e ecologia foi a elaboração de uma nova abordagem do desenvolvimento, o desenvolvimento econômico sustentável ou ecodesenvolvimento - uma política e uma estratégia que buscam o desenvolvimento sem destruir o equíbrio ambiental.

Ecopolítica ou Economia Política do Meio Ambiente

A ecopolítica ou economia política do meio ambiente tem em comum com o ecodesenvolvimento ou desenvolvimento sustentável o rompimento com o modelo linear de crescimento e com as teorias de modernização aplicadas aos países periféricos. Mas a economia política do meio ambiente é sobretudo uma reação às análises não-dialéticas, a-históricas e a-espaciais das relações entre seres humanos e natureza, comumente encontrada nos trabalhos de ecologistas (com exceção de alguns, como é o caso de Barry Commoner).

A ecopolítica ou economia política do meio ambiente constitui uma linha de pensamento que emerge do reconhecimento da necessidade de integrar a preocupação ecológica à economia política baseada nas idéias de Marx e Engels. Parte-se principalmente da idéia de natureza como a fonte primeira de todos os meios e objetos de trabalho. Baseia-se também no fato de que o caráter unitário e inseparável das relações da sociedade com a natureza acha-se presente em todos os trabalhos de Marx (Schmidt 1971 e Smith e O'Keefe 1980:80). Todavia, critica-se o fato de Marx não ser ter preocupado com a problemática ecológica (poluição e outros) agravadas na Inglaterra pela expansão industrial.

Os ecopolíticos são também influenciados pelos trabalhos de Ruldof Bahro (1978), dos antropólogos que trabalham no campo da ecologia cultural (especificamente, Geertz, 1963), e do ecologista Barry Commoner (1977). Também esta corrente sofre influências de Schumacker e Dickinson, na defesa das tecnologias alternativas e da pequena escala.

Yapa (1980), como geógrafo, contribuiu para a expansão da ecopolítica ao lhe acrescentar a preocupação com o espaço geográfico, entendido como espaço das relações entre sociedade e natureza. Assim, para Yapa, a ecopolítica baseia-se nas implicações das forças de produção, nas relações de produção e nas relações de consumo (categoria não considerada importante na época de Marx) que devem ser examinadas em suas dimensões sociais, ecológicas e espaciais. Em resumo, para Yapa, ecopolítica é um estudo das relações sociais, ecológicas e espaciais.

Redclift clarificou as diferenças entre desenvolvimento sustentável defendido por Sachs e outros e o desenvolvimento sustentável baseado nas idéias de Marx. Para Redclift (1984:5), a segunda diz respeito a uma aplicação da economia política que reconhece a especificidade histórica das formações sociais, mas busca explicar as variações estruturais de acordo com um arcabouço teórico interpretativo.

A abordagem ecopolítica ilustra como os processos econômicos e políticos determinam a maneira como os recursos naturais têm sido explorados nos países periféricos, considerados formações sociais específicas na economia global, dada a natureza global da economia capitalista. Coerentemente, seus defensores concentram esforços no entendimento de que maneira as questões ambientais são socialmente construídas sob o capitalismo. Os impactos ambientais do desenvolvimento possuem laços estruturais com as relações desiguais desenvolvidas entre países centrais e países periféricos.

Os ecopolíticos, entre eles (Yapa 1980) tomam emprestado teorias de "economia política mundial" (Wallerstein 1977) que explicam as origens do desenvolvimento da "economia-mundial européia", de "desenvolvimento do subdesenvolvimento" (Gunder Frank 1967; Santos 1967, 1970 e Marini 1969, 1973) e do desenvolvimento dependente (Cardoso e Faletto 1979) que por sua vez tentam explicar o desenvolvimento nos países periféricos. Entretanto, ao enfatizarem o peso da expansão capitalista na definição de relações de dependência entre centro e periferias, tais teorias falham em não demonstrar o papel das elites dominantes nacionais e locais que sempre trabalharam para conectar seus interesses com aqueles do sistema internacional.

O CONCEITO DE ESCASSEZ DE RECURSOS NATURAIS: ANÁLISE COMPARATIVA

Na visão marxista clássica, os recursos naturais são todos aqueles que são de uso potencial para os seres humanos. Eles são socialmente determinados no sentido que seus valores são relacionados às tecnologias usadas para explorá-los e à existência da população que os consome. Baseado nisto, os proponentes da ecopolítica têm criticado muitos dos ecologistas do desenvolvimento sustentável divulgadores do mito malthusiano de escassez de recursos naturais. De acordo com Perelman (1979), na época de Malthus o conceito de escassez era muito simples; era ele sinônimo de falta de comida (p.80). Perelman enfatizou que "o elemento comum a ambos, Malthus e Ricardo, permanece intacto, entretanto escassez era representada como uma condição natural da sociedade" (p.82). Perelman também frisou que "Marx não tratou escassez como uma categoria independente, mas em relação aos modos de produção" (p.84). O papel dos recursos naturais precisa ser visto neste contexto.

Pelo menos em teoria, a solução da velha questão relacionada com população, recursos e desenvolvimento pode ser alcançada com o desenvolvimento científico e tecnológico voltada para o encontro das necessidades sociais. Todavia, segundo os ecopolíticos, o problema se encontra no fato de que, sob o capitalismo, tecnologia é parte do mecanismo de produção, de sobre-lucro, e não tem como prioridade a solução dos mais graves problemas da humanidade (fome e falta de moradia).

As duas correntes do pensamento ecológico diferem entre si nas soluções da problemática. Ainda influenciados pelo mito de escassez de recursos, muitos defensores do desenvolvimento sustentável apresentam soluções no sentido de regular a utilização dos mesmos. Porém tais caminhos são criticados por não contribuírem para mudanças de caráter estrutural. Os ecopolíticos, por sua vez, apresentam soluções radicais. A não perspectiva de mudanças estruturais a curto prazo tem conduzido muitos a uma inoperância.

De um lado, os defensores do desenvolvimento sustentável, imbuídos de uma filosofia malthusiana (mecanicista-determinística); e do outro, os ecopolíticos, impregnados de uma causalidade estrutural, têm trabalhado com conceitos de evolução e equilíbrio aos quais se associam apenas as mudanças regulares. Falta-lhes, entretanto, considerar também as mudanças estruturais causadas pelas evoluções longe do equilíbrio, aos quais os sistemas complexos estão sujeitos. É nesse sentido que as relações complexas entre sociedade e natureza e o mito de escassez de recursos têm que ser repensados.

CONCLUSÕES: NOVOS CAMINHOS PARA SE PENSAR A AMAZÔNIA?

As necessidades contemporâneas de revisão crítica das teorias liberais, neo-liberais e marxistas de desenvolvimento são evidentes diante de suas incapacidades de explicar realidades onde as relações econômicas, sociais, políticas, culturais e ambientais se tornam cada vez mais complexas. Neste sentido, as correntes do pensamento ecológico têm que ser também objeto de rigorosos exames e reexames se se quer entender a dinâmica contida na complexidade e diversidade do mundo em permanente evolução.

A busca por uma abordagem teórica coerente ao exame das questões ecológicas da Amazônia requer a compreensão dos problemas ambientais como parte fundamental de um processo social mais complexo profundamente influenciado pelo desenvolvimento científico-tecnológico, pela expansão do sistema econômico mundial e, ao mesmo tempo, pela evolução dos sistemas continental, nacional e local.

Uma das questões cruciais é saber se o desenvolvimento sustentável e a economia política do meio ambiente constituem ou não uma nova visão de mundo que tem resultado numa nova forma de pensar, e ou de fazer ciência. Embora tais perspectivas teóricas não constituam em si mesmas nenhum novo paradigma, o novo aparece sob a forma de um esforço de substituição do paradigma cartesiano por uma visão holística, sistêmica e dinâmica. Neste sentido uma outra questão importante é saber se e como os defensores de ambas as linhas de pensamento vêm enfrentando a necessidade de revisão de conceitos básicos (equilíbrio, escassez de recursos etc) imposta pelas mudanças rápidas do mundo. Ainda, a ambas perspectivas, coloca-se a necessidade de incorporação dos avanços das ciências contemporâneas, dentre as quais se ressaltam a noção de caos, associada à aleatoriedade e os estudos das mudanças irregulares como as caóticas.

Em suma, enquanto o desenvolvimento sustentável baseia-se num conceito normativo, a economia política do meio ambiente apóia-se num arcabouço interpretativo, histórico-estrutural das relações entre sociedade e natureza, ainda longe de apresentar respostas práticas aos desafios ecológicos. Apesar de seus avanços individuais nenhuma delas contém um arcabouço coerente que fundamente a investigação para soluções às velhas e novas questões - que apresentam hoje novos desafios ao desenvolvimento sustentável da Amazônia - às quais as comunidades científicas terão que dar novas respostas. Por último, a necessidade de se repensar hoje as questões brasileira e, especificamente amazônicas, precisa ser considerada a fim de evitarmos colocações e posições que se apóiam numa realidade já ultrapassada pela rapidez com que a ciência e tecnologia estão avançando e com que o mundo está mudando.

REFERÊNCIAS BIBLIOGRÁFICAS

BAHRO, R. 1978. *L' Alternative*. Paris: Stock.

BAHRO, R. 1984. *From Red to Green*. London: New Left Books.

BRUNDTLAND REPORT. *Our Common Future*. Oxford.

BURSZTYN, M. (org.). 1993. *Para Pensar o Desenvolvimento Sustentável*. São Paulo, Brasiliense.

CALDWELL, L. K. Political Aspects of Ecologically Sustainable Development. In *Environmental Conservation*, 2 (4):299-308.

CAPRA, F. 1982. *Ponto de Mutação*, São Paulo: Ed. Cultrix.

CARDOSO, F. H. & MÜLLER, G. 1977. *Amazônia, expansão do capitalismo*. São Paulo: Brasiliense.

CHAMBERS, R. 1986. Sustainable livelihoods. Mimeografado.

COMMONER, B. 1977. *The Poverty of Power: Energy and the Economic Crisis*. New York, Alfred A. Knopf.

DASMANN, R. F. 1985. Achieving the sustainable use of species and ecosystems. In: *Landscape Planning*, 12:211-19.

DICKINSON, D. 1974. *The Politics of Alternative Technology*. London, Universe.

FRANK, A. G. 1967. *Capitalism and Underdevelopment in Latin America: Historical Studies of Chile and Brazil*. New York: Monthly Review Press.

GEERTZ, C. 1963. *Agricultural Involution: The Process of Ecological Change in Indonesia*. Berkeley, University of California Press.

HARDIN, G. 1968. The Tragedy of the Commons. *Science*, 162,124:3-8.

MALTHUS, T. 1970. *An Essay on the Principle of Population*. Harmonds-worth: Penguin.

MARINI, R. M. 1969. *Subdesarrollo y revolución*. Mexico City: Siglo Veintiuno Editores.

MARINI, R. M. 1973. *Dialética de la dependencia*. Mexico City: Ediciones Era.

MEADOWS, D. 1972. *Limites do Crescimento*. São Paulo: Perspectiva.

PEPPER, D. 1984. *The Roots of Modern Environmentalism*. London: Croom Helm.

PERELMAN, M. 1979. Marx, Malthus and the Concept of Natural Resource Scarcity. In *Antipode*, 11 (2):81-91.

REDCLIFT, M. 1984. *Development and the Environmental Crisis. Red or Green Alternatives?* London, Methuen.

REDCLIFT, M. 1987. *Sustainable Development. Exploring the contradictions*. London and New York: Methuen & Co. Ltd.

SANTOS, T. 1967. *El nuevo caráter de la dependencia*. Cuadernos de estudios socioeconómicos (CESO) (6). Santiago, Chile.

SANTOS, T. 1970. Dependencia y cambio social. *CESO* (11).

SCHMIDT, A. 1971. *The Concept of Nature in Marx*. London: New Left Books.

SCHUMACKER, E. 1973. *Small is Beautiful*. London, Blond & Briggs.

SMITH, N. & O'KEEFE, P. 1985. Geography, Marx and the Concept of Nature. In *Antipode*, 17 (2 e 3):79-88.

YAPA, L. S. 1980. Diffusion, Development and Ecopolitical Economy. In: *Innovation Research and Public Policy*. Agnew, J. A. (ed.). Syracuse University Press, p. 101-41. (Geographical Series, 5)

RESERVAS DE LAGO E O MANEJO COMUNITÁRIO DA PESCA NO BAIXO AMAZONAS: UMA AVALIAÇÃO PRELIMINAR

David G. McGrath
Fábio de Castro
Célia Futemma

INTRODUÇÃO

Com a intensificação da pesca comercial no Baixo Amazonas nas últimas três décadas, os estoques pesqueiros vêm sofrendo uma pressão sem precedentes. Como resposta a essa pressão, algumas comunidades ribeirinhas estão tomando posse de lagos locais, estabelecendo regras que visam a limitar a captura de pescado e, assim, garantir a produtividade da pesca (McGrath *et al*, 1993 a & b). Como forma de controle local dos recursos pesqueiros, o manejo comunitário dos lagos pode ser uma estratégia promissora para o desenvolvimento sustentável dos recursos da várzea. Entretanto, não se sabe até que ponto esta forma de manejo representa um modelo viável em termos ecológicos e econômicos. Nesse trabalho apresentamos alguns resultados preliminares de um estudo comparativo da pesca em lagos manejados (Ilha de São Miguel) e não manejados (Aracampina), com o objetivo de avaliar a contribuição do manejo comunitário de lago para o desenvolvimento sustentável da várzea do Baixo Amazonas (Figuras 1-2).

O AMBIENTE DE VÁRZEA E O MANEJO COMUNITÁRIO DE LAGOS

A várzea do Baixo Amazonas é formada por quatro principais tipos de ambiente: os paranás, que cortam a várzea, formando ilhas; as restingas, que contornam a ilha; os campos alagados, que formam a margem do rio; e os lagos, que ocupam o interior das ilhas (Figura 3). Os ribeirinhos utilizam todos esses ambientes. Os paranás são utilizados para o transporte e para a pesca durante as migrações sazonais de algumas espécies de peixe; os ribeirinhos moram e cultivam suas roças nas restingas, a parte mais elevada da várzea; os campos inundados são utilizados principalmente para a pastagem no verão, enquanto os lagos são unicamente para a pesca.

Em geral, o controle de um lago por uma comunidade se dá pela extensão da posse pelos membros da comunidade da terra que contorna o lago. Uma reserva de lago é definida como um lago sobre o qual uma ou mais comunidades exercem formas de manejo através de um acordo assinado pelos moradores, que envolve a proibição da entrada de pescadores de fora, e pode incluir regras específicas quanto ao tipo de atividade permitida ao longo do ano. Uma reserva de lago em si não necessariamente afeta a pressão de pesca no lago. Isso depende do conjunto de medidas adotadas, como por exemplo, a proibição da pesca comercial ou do emprego da malhadeira durante todo ou parte do ano.

A reserva de lago é uma forma de ocupação do solo muito parecida com a reserva extrativista. Ambas são tentativas da população tradicional de garantir acesso aos recursos que são a base da economia familiar local, assim preservando seu modo de viver. Também, ambas buscam conservar os ecossistemas naturais, a floresta e os lagos, através da exploração sustentável de seus recursos naturais. Por serem baseadas nas formas tradicionais de ocupação, existem também diferenças importantes entre elas devido às características dos principais recursos. Na sua forma inicial, a Reserva Extrativista está baseada na organização tradicional do seringal e está dividida em "colocações". Esta é a unidade de produção do seringal e é composta de uma família, sua casa e as três ou quatro estradas de seringa que definem a área da colocação. Embora haja uma organização coletiva da reserva e do seringal que é responsável por regras gerais sobre a utilização dos recursos florestais, cada colocação é explorada individualmente, e o impacto dessa exploração individual (por ex. seringa, castanha e madeira, mas não a caça) não afeta diretamente a produtividade dessas atividades nas outras colocações.

No caso da reserva de lago, a mobilidade do recurso pesqueiro inviabiliza a criação de territórios individuais. Todos os pescadores exploram a mesma população de peixes e de modo geral a produção de cada pescador afeta a produtividade dos demais pescadores. Embora a terra ao redor do lago tenha proprietários individuais, o lago é considerado um "comuns" e, por isso, o manejo é coletivo, envolvendo todos os pescadores da comunidade. Nesse contexto a viabilidade econômica da reserva depende não só das regras, mas também da qualidade da organização comunitária, especialmente o grau de participação dos pescadores nos acordos de pesca definidos pela comunidade.

METODOLOGIA

O estudo é baseado na comparação da pesca de lago em duas comunidades ribeirinhas caracterizadas por diferentes sistemas de manejo (Tabela 1). A Ilha de São Miguel (ISM) mantém um sistema de manejo que funciona há aproximadamente 5 anos, envolvendo regras que proíbem o uso de malhadeira e a exploração comercial do lago, com exceção da pesca de pirarucu (*Arapaima gigas*) e peixe liso (principalmente surubim *Pseudoplatystoma fasciatum* durante os seis meses em que essa pesca é liberada pelo IBAMA (Junho a Novembro). Em Aracampina (ARA) o lago é fechado, mas não existe um manejo de lago efetivo, embora haja uma história de constantes tentativas de criação de uma reserva de lago. A maioria dos habitantes é de pescadores comerciais e pescam de malhadeira.

A base de dados quantitativos foi obtida através do acompanhamento da pesca de aproximadamente 25 famílias em cada comunidade. Foram utilizadas fichas de campo, contendo questões relativas ao local, horário, aparelho de pesca, produção por espécie, dentre outras. As fichas foram preenchidas por auxiliares de campo treinados, residentes de cada comunidade, que visitaram as famílias participantes diariamente, na última semana de cada mês de 1992. Além disso, algumas viagens de pesca foram acompanhadas e alguns pescadores locais foram entrevistados.

RESULTADOS

Os diferentes sistemas de manejo utilizados se refletem de uma maneira nítida nas características da pesca em cada comunidade. Os dois fatores principais são a orientação ao mercado e os tipos de aparelhos utilizados. Obviamente, quanto maior a importância comercial da pesca, maior é a pressão sobre o recurso. Em ARA, por exemplo, onde a pesca comercial é permitida o ano inteiro, a produção média anual de pescado por família é de 1.900 Kg, comparada aos 1.200 Kg por família na ISM, onde a pesca é principalmente de subsistência (Tabela 2).

Quanto às estratégias de pesca, pode-se observar diferenças tanto na importância de cada aparelho de pesca, como na forma como elas são empregadas. A malhadeira foi o principal aparelho em ARA, responsável por 74% da captura anual, enquanto os dois aparelhos seguintes mais importantes não atingiram 15% do total (Tabela 2). Já na ISM, onde é proibido o uso da malhadeira, a distribuição de captura por aparelho foi mais variada. A tarrafa foi o aparelho mais importante, responsável por 47% da captura anual, seguida pelo caniço e arpão, respectivamente com 18% e 10% da captura (Tabela 2).

Os índices de diversidade (H) de pescado capturado calculado para os aparelhos sugerem que as estratégias de pesca empregadas na ISM são mais especializadas do que em ARA (Tabela 2). A tarrafa em ARA apresentou um índice de diversidade de pescado capturado de 5,18, similar ao da malhadeira na mesma comunidade. Em contraste, o índice da tarrafa na ISM (H = 3.10) é bem menor. A mesma tendência é evidente na pesca de caniço, que apresentou um índice de diversidade de 4,21 em ARA e de 2,85 na ISM. Esses resultados mostram que o pescador de ARA utiliza uma estratégia mais generalista, pescando quase sempre de malhadeira, enquanto o pescador de ISM emprega estratégias mais especialistas, escolhendo o aparelho conforme a época do ano, o ambiente e a espécie alvo.

Os diferentes sistemas de manejo parecem afetar na eficiência da pesca e nas características dos peixes capturados. Quando se compara a captura por tempo de pesca dos mesmos aparelhos empregados nas duas comunidades, a maior produtividade da pesca na ISM é evidente (Tabela 2). Em ambos os casos, tarrafa e caniço, a eficiência da pesca foi quase dobrada na ISM. Além disso, comparando o tempo envolvido na pesca de diferentes aparelhos, a pesca de tarrafa na ISM foi 50% mais produtiva do que a malhadeira em ARA (Tabela 2). Refletidos em parte pela pressão exercida sobre o recurso e em parte pelas estratégias de pesca empregadas, os resultados também mostram diferenças no peso médio das principais espécies capturadas nas duas comunidades. Nesse caso, porém, os resultados são mais ambíguos do que nos casos anteriores. Por exemplo, algumas das espécies mais importantes, como o tucunaré (*Cychla ocelaris*), o tambaqui (*Colossoma macropomum*) e a pescada (*Plagioscium* sp), são entre 25% e 100% maiores na ISM, embora outras como o surubim (*Pseudoplatystoma* sp) e a cojuba (*Oxydoras* sp) são maiores em ARA.

O impacto do manejo na produtividade da pesca é especialmente claro no caso do pirarucu (*A. gigas*), uma espécie sedentária que é explorada comercialmente nas duas comunidades, porém com o emprego de estratégias distintas. Em ARA, a pesca de pirarucu é realizada principalmente com o uso de malhadeira durante o ano inteiro, embora 80% da produção anual tenha sido no período na cheia, quando os adultos estão cuidando dos filhotes. Na ISM, a pesca de pirarucu só é permitida durante os seis meses do verão quando os filhotes já não dependem do cuidado parental (Tabela 1). A produção de pirarucu por família na ISM durante os seis meses da safra foi de 104 Kg/família, 22% maior do que a produção total em ARA (84 kg/família), que é capturado ao longo do ano.

DISCUSSÃO

O manejo comunitário do lago como base para o desenvolvimento sustentável da várzea do Baixo-Amazonas depende de três aspectos. Inicialmente, são necessárias evidências da viabilidade ecológica deste sistema, ou seja, se as populações de peixes podem ser beneficiadas de forma a manter uma exploração sustentável do ambiente. Em segundo lugar, deve-se discutir os efeitos do manejo comunitário na economia ribeirinha. Um terceiro ponto importante são as relações de troca com a sociedade no sentido de suprir uma demanda de pescado sem prejudicar o sistema produtivo. Abaixo segue a discussão destes três tópicos.

VIABILIDADE DO LAGO COMO UNIDADE DE MANEJO

O lago de várzea é um ecossistema aberto e representa uma pequena parte de um sistema fluvial complexo. A enchente anual eleva o nível da água do rio, inundando toda a várzea, formando um lago imenso que pode atingir mais de 40 quilômetros de largura. Durante a seca, com a diminuição do nível da água, milhares de lagos de todos os tamanhos são formados. As espécies de peixes que se movimentam dentro desse sistema complexo apresentam diversos tipos de adaptações migratórias desde sedentários até aqueles que realizam migrações de centenas de quilômetros (Lowe-McConnel 1987; Goulding 1979). Nesse contexto, será que faz sentido controlar a pesca em um único lago? Isto é, será que a movimentação dos peixes durante a enchente redistribui as populações locais entre lagos diferentes, eliminando o efeito de um manejo local?

Embora sejam sistemas abertos a ponto de o lago não poder sequer ser definido durante parte do ano, os resultados preliminares indicam que o lago de várzea parece ser uma unidade de manejo viável para várias espécies economicamente importantes. Essa conclusão parece válida não apenas para espécies mais sedentárias como o pirarucu (*A. gigas*) e o tucunaré (*C. ocelaris*), mas aparentemente também para espécies migradoras como o tambaqui (*C. macropomum*) e a pirapitinga (*Colossoma bidens*), que só realizam migração após atingir a maturidade sexual, depois de cinco ou seis anos (Goulding 1988).

A própria experiência da comunidade de ISM sustenta a conclusão de que o manejo funciona. Segundo os moradores, a decisão de proibir o uso de malhadeira e a pesca comercial foi resultado de uma crise na pesca de subsistência na comunidade gerada pela superexploração da pesca no lago pelos próprios moradores. Cinco anos depois desta decisão, a ISM é uma comunidade conhecida em toda a região pela alta produtividade da pesca de lago.

O MANEJO COMUNITÁRIO DE LAGO E A ECONOMIA RIBEIRINHA

A questão da viabilidade econômica do manejo de lago é mais complicada. A decisão de impor um manejo de lago é motivada pela baixa produtividade da pesca. Embora o caso do pirarucu mostre que é possível aumentar a produção pesqueira através do manejo, no curto prazo a adoção de medidas para controlar a pesca significa reduzir a produção pesqueira. Além disso, no primeiro momento a produtividade da pesca também cai porque a proibição da malhadeira elimina o aparelho mais eficiente. Uma comunidade avaliando a decisão de implementar regras sobre a pesca enfrenta, então, a necessidade de cortar sua principal fonte de renda por mais de um terço e no mesmo tempo reduzir a produtividade da pesca por quase a mesma quantia. Obviamente, a capacidade de agüentar uma queda tão radical na renda familiar depende da disponibilidade de atividades alternativas capazes de compensar a renda perdida.

A decisão de manejar o lago, então, implica uma mudança profunda na estrutura da economia familiar, envolvendo um deslocamento da sua base econômica da pesca para uma ou mais outras atividades capazes de proporcionar renda e produtividade adequadas. A questão principal é se existe a possibilidade de reorientar a economia familiar para diminuir a dependência da pesca sem reduzir a qualidade de vida/renda e produtividade total da família no médio prazo. O caso de ISM mostra que é possível, embora uma comparação com a situação atual de ARA mostre que a renda e a produtividade necessariamente cairiam no curto prazo, (Tabela 4). Baseado nesses dois casos, podemos definir um processo de três fases: uma fase inicial onde a pesca não é manejada, uma fase de transição em que regras são implementadas e a economia familiar se reestrutura para compensar a renda perdida, e uma fase final quando o manejo tem melhorado a produtividade da pesca, permitindo que a economia familiar alcance a produtividade total inicial, mas agora baseada em outras atividades produtivas (Tabela 4, Figura 4).

Na fase inicial a economia familiar depende inteiramente da pesca que proporciona renda e produtividade de mão-de-obra melhor do que as outras alternativas disponíveis. Mas a situação não é estável, e a produtividade da pesca está em declínio, por dois motivos: a sobre-pesca das espécies de maior valor, e a degradação dos principais ambientes pesqueiros pelo fogo e pecuária extensiva. Num determinado momento, provavelmente depois de um período de produtividade pesqueira excepcionalmente baixa, a comunidade começa a se preocupar com a conservação do recurso e resolve institiur medidas como de ISM, proibindo a pesca comercial e o uso da malhadeira.

Com a implementação dessas medidas, inicia-se a fase de transição (Tabela 4, Figura 4). A renda da pesca cai de $950 para $600, e com a proibição da malhadeira a produtividade da pesca cai 31%, de $0,94 para $0,65 por hora. O resultado é que o tempo necessário para capturar essa quantidade de peixe é quase a mesma, 923 horas em vez de 1011. A família, então, enfrenta uma situação em que a renda cai por um terço, mas o tempo necessário para conseguir essa renda é quase o mesmo, liberando pouco tempo para recuperar a renda perdida com outras atividades. Para compensar a renda perdida a família dedica mais tempo à agricultura. A produtividade da agricultura tradicional, entretanto, é menor comparada à pesca na fase inicial; então para compensar a renda perdida, a família terá que dedicar mais tempo para a lavoura do que teria dedicado à pesca. O resultado é que, na fase de transição, a família deverá gastar 37% mais horas, 1384 em vez de 1011, para manter sua renda total no nível original (Figura 4). Como geralmente são os homens que pescam, a crescente ênfase na lavoura, onde as mulheres e filhas têm um papel maior, permite uma utilização mais eficiente da mão-de-obra familiar, amenizando um pouco o impacto do aumento no tempo de trabalho.

Durante a transição a produtividade da pesca melhora e com isso o tempo necessário para manter a renda no nível inicial cai, aumentando a eficiência total de mão-de-obra. Eventualmente, o aumento na produtividade da pesca alcança o nível atual de ISM, $1,16/hora, e o tempo de pesca cai para 517 horas. Com a melhoria na produtividade da pesca, e sem incluir a possibilidade de melhorar a eficiência da pequena produção, a produtividade do sistema como um todo ultrapassa o valor inicial, chegando a $1,03 por hora (Figura 4). A alta produtividade da mão-de-obra na pesca permite um aumento na renda familiar sem ultrapassar o número de horas de trabalho na fase inicial. Além disso, o sistema é mais sustentável, baseado numa agricultura em que a fertilidade do solo é renovada anualmente pela enchente e numa pesca de lago manejada para manter a sua produtividade no longo prazo.

Nesta fase, a pesca e a pequena produção são interdependentes na economia familiar. A alta produtividade da pesca funciona como forma de crédito rural, contribuindo para a economia familiar de três maneiras: 1) subsistência, como fonte de proteína animal na dieta, 2) no caso do pirarucu, como renda para sustentar a família durante o período de cultivo, e 3) se tiver algum excedente, como capital para investir na pequena produção. Ao mesmo tempo, a renda da pequena produção reduz a pressão sobre a pesca, permitindo que sua alta produtividade seja mantida no longo prazo.

Uma vez que a produtividade da pesca tem-se recuperado, o produtor pode começar a aproveitar o excedente da renda da pesca para intensificar a pequena produção como estratégia para aumentar a renda familiar. No futuro, embora aumentos na produção de algumas espécies como o pirarucu permitam aumentos na renda até um certo ponto, a maior parte dos aumentos na renda familiar terá que vir da intensificação da agricultura e criação animal. Provavelmente a pesca terá um papel cada vez menor na renda familiar com a intensificação da pequena produção e com o crescimento da população utilizando o lago.

Embora a fase final seja mais produtiva do que a fase inicial, dificilmente as famílias de uma comunidade terão condições de suportar a transição. Por isso, a baixa produtividade da agricultura tradicional é a principal barreira na implementação efetiva do manejo de lago. Para superar essa barreira, a ênfase no primeiro momento deve ser no aumento da produtividade da pequena produção, assim possibilitando a redução da renda pesqueira sem comprometer a economia familiar (Figura 5). Uma vez que a eficiência da agricultura é comparável com a da pesca, a reestruturação da economia familiar será possível, possibilitando uma transição bem sucedida para um sistema de manejo efetivo. Essa versão do processo de implementar uma reserva de lago é mostrado na Figura 5. Aqui, o aumento da produtividade da agricultura é simultâneo com a implementação de um plano de manejo, garantindo que a renda familiar mantenha-se durante a transição.

A RESERVA DE LAGO, A PESCA COMERCIAL E A SOCIEDADE

A terceira questão, o valor da reserva de lago para a sociedade, gira em torno da questão da eficiência do aproveitamento do recurso pesqueiro. Embora pescadores ribeirinhos reivindiquem a superexploração da pesca, não há indícios claros de sobrepesca para mais de três espécies de alto valor comercial (Bayley & Petrere 1989; Junk 1984 e Goulding 1992). De fato a produção atual da bacia está estimada em torno de 20% de seu potencial. O problema não é a escassez de pescado, mas sim a escassez de algumas espécies de alto valor comercial combinado com a relativa ineficiência do pescador artesanal. O pescado é uma das fontes mais importantes de proteína animal para suprir a demanda dos centros urbanos da região, e alguns autores temem que a proliferação de reservas de lago poderia levar à "escassez catastrófica de proteína nas cidades" (Bayley & Petrere 1989, p. 396). Do ponto de vista da sociedade, será que a reserva de lago é uma maneira eficiente de aproveitar o recurso pesqueiro?

Primeiro, é importante notar que não há incompatibilidade entre a reserva de lago e a pesca comercial. Várias comunidades da região manejam seus lagos para a pesca comercial, e a grande maioria dos pescadores ribeirinhos são pescadores comerciais e pescam nos lagos ao redor de suas comunidades (McGrath et al 1993, Gentil 1988). Também, no mais otimista dos cenários, as reservas de lago abrangeriam somente uma porcentagem pequena dos lagos da região. A proliferação de reservas de lago, então, não necessariamente significa uma redução na produção pesqueira. Ao contrário, no caso de espécies como o pirarucu e em regiões próximas às principais cidades, pode resultar no aumento da produção pesqueira.

Segundo, a situação atual não é estável. Nas últimas três décadas a pesca comercial teve um impacto profundo nas populações das principais espécies comerciais. O IBAMA, por falta de recursos financeiros e de pessoal, tem-se mostrado incapaz de gerenciar a pesca na região de forma efetiva. Inevitavelmente haverá uma superexploração do recurso com a produção anual, estabelecendo-se abaixo de seu nível ótimo em termos de valor, se não biomassa. Neste contexto, a reserva de lago surge como alternativa promissora. Ao contrário da política pesqueira atual em que o Estado tem o papel central no gerenciamento da pesca, a reserva de lago é um sistema de gerenciamento descentralizado em que cada comunidade é responsável pelos custos e benefícios de seu manejo. Nesse modelo o papel do Estado é bastante reduzido, bem mais compatível com sua disponibilidade de recursos.

Terceiro, na avaliação da eficiência da reserva de lago deve ser considerada não só a produção pesqueira mas também as outras atividades produtivas (agricultura e criação animal) da economia familiar. Como foi demonstrado aqui, a alta produtividade da pesca funciona como subsídio que contribui para aumentar a produção e a produtividade da agricultura e criação animal das famílias da reserva. O que a sociedade perde com uma menor produção pesqueira, ela ganha com o aumento na produção agrícola e animal que esse subsídio possibilita. O resultado é um aproveitamento mais eficiente e mais sustentável do conjunto de recursos que formam a base da economia da várzea.

CONCLUSÃO

Em conclusão, os resultados apresentados aqui indicam que o manejo comunitário de lagos pode ser viável em termos ecológicos e econômicos tanto para a família ribeirinha quanto para uma política pesqueira regional. Deve ser destacado, entretanto, que esses resultados são bastante preliminares. Existe uma série de fatores que podem influenciar nos resultados e que não foram controlados nessa pesquisa. Talvez a principal contribuição desse estudo seja a proposta de uma metodologia simples para avaliar, em termos quantitativos, a viabilidade ecológica e econômica de reservas de lago. Dessa maneira será possível comparar melhor os custos e benefícios de diferentes formas de exploração dos recursos da várzea.

Tabela 1 - Características Gerais das Comunidades Estudadas.

	ARA	ISM
Número de Famílias	70	40
Atividade Econômica Principal	Pesca	Agricultura
Manejo de Pesca		
Uso de Malhadeira	Liberado	Proibido
Pesca Comercial no Lago	Liberado	Proibido
Pesca de Pirarucu	Ano todo	Junho-Novembro

Tabela 2 - Comparação dos Principais Aparelhos de Pesca de ARA e ISM.

	%	H	Kg/hh
	ARA / ISM	ARA / ISM	ARA / ISM
MALHADEIRA	74 / --	5,20 / --	-- / 1,98
TARRAFA	9 / 47	5,18 / 3,10	1,50 / 2,90
CANIÇO	4 / 18	4,21 / 2,85	0,78 / 1,44
ARPÃO	2 / 10	-- / 4,38	-- / 1,11
MÉDIA			1,87 / 2,32

Tabela 3 - Estimativas Totais e Por Hora de Produção e Renda Familiar na Agricultura e Pesca em ARA e ISM.

	ARA	ISM
Produção Anual de Pescado (Kg)	1.900	1.200
Renda Anual de Pescado	$ 950	$ 600
Produção Anual de Pirarucu (Kg)	84	104
Renda Média da Pesca por Hora	$ 0,94	$ 1,16
Renda Média da Agricultura por Hora	$ 0,74	$ 0,74

Tabela 4 - A Transição de Lago não manejado para lago manejado.

	I Sem Manejo	II Transição	III Manejado
Renda da Pesca:	$950	$ 600	$ 600
Renda da Agric:	0	$ 350	$ 350
Renda/Hr Pesca:	$ 0,94	$ 0,65	$ 1,16
Renda/Hr Agric:	$ --	$ 0,74	$ 0,74
Renda/Hr Média:	$ 0,94	$ 0,70	$ 1,03
Horas Pesca:	1011	923	517
Horas Agric:	--	461	461
Horas Totais:	1011	1384	977

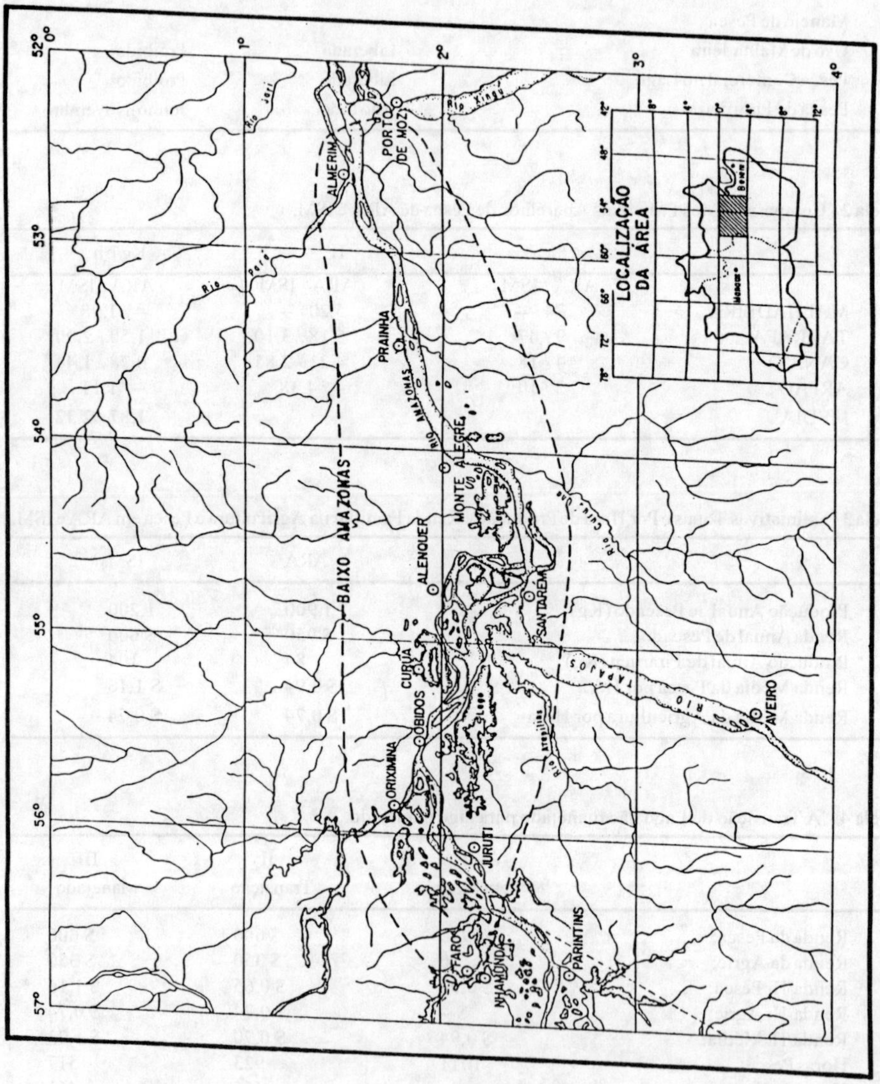

Figura 1 - Mapa do Baixo Amazonas.

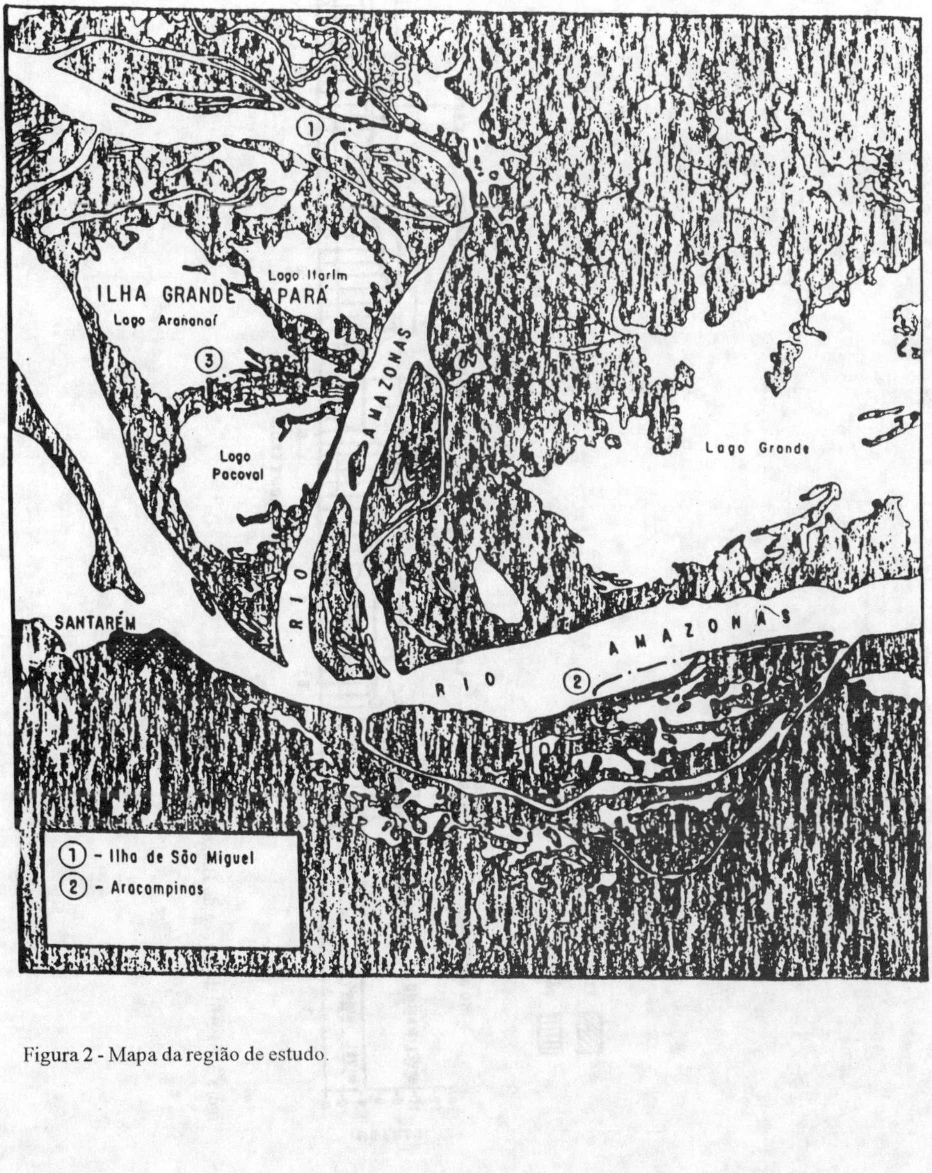

Figura 2 - Mapa da região de estudo.

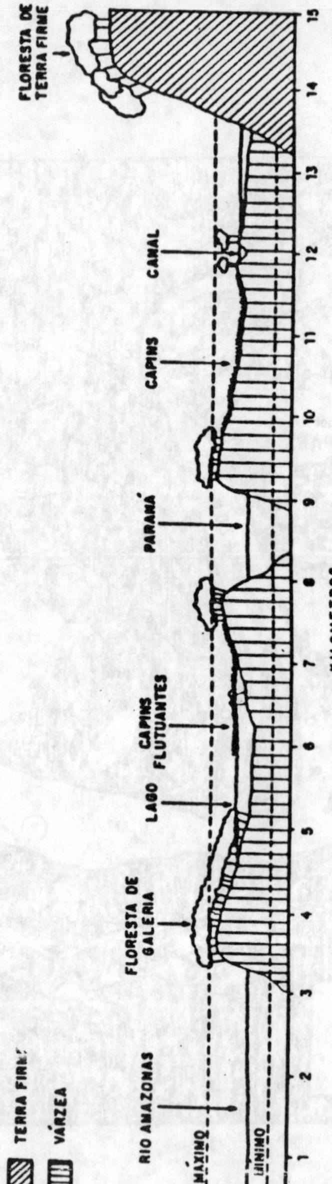

Figura 3 - Perfil da várzea do Baixo-Amazonas

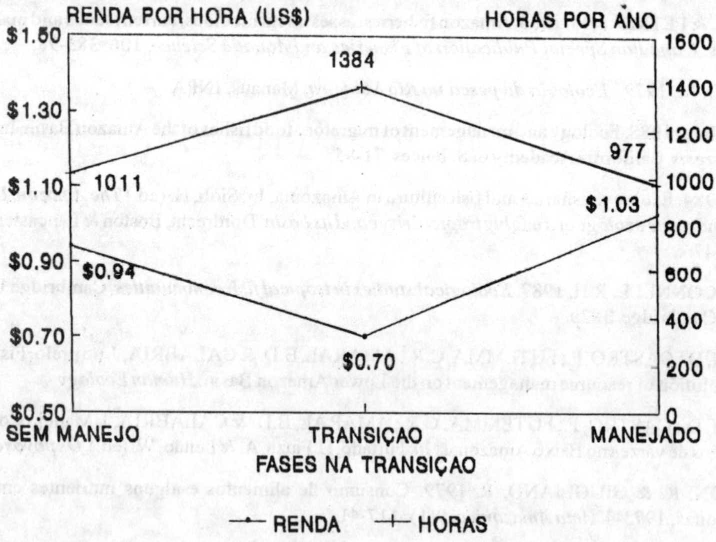

Figura 4 - Eficiência e Horas de Trabalho na Transição.

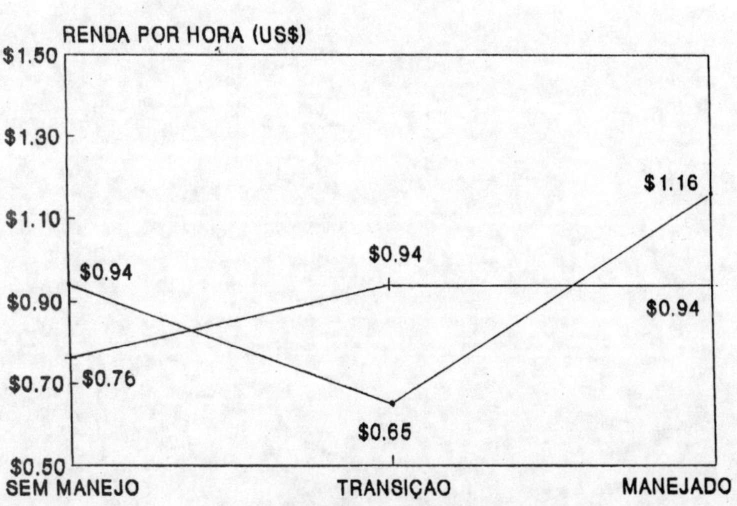

Figura 5 - Pesca e Agricultura na Transição.

REFERÊNCIAS BIBLIOGRÁFICAS

BAYLEY, P. & PETRERE, M. 1986. Amazon fisheries: assessment methods, current status and management options. *Canadian Special Publication of Fisheries and Aquatic Science*, 106: 385-98.

GOULDING, M. 1979. *Ecologia da pesca no Rio Madeira.* Manaus, INPA.

GOULDING, M. 1988. Ecology and management of migratory food fishes of the Amazon Basin. In: *Tropical Rainforests.* California Academy of Sciences, 71-85.

JUNK, W. 1984. Ecology, fisheries and fish culture in Amazonia. In: Sioli, H. (ed.) *The Amazon. Limnology and landscape ecology of a mighty tropical river and its basin.* Dordrecht, Boston & Lancaster, W. Junk. p.443-476.

LOWE-MCCONNELL, R.H. 1987. *Ecological studies in tropical fish communities.* Cambridge University Press, Cambridge. 382p.

MCGRATH, D.; CASTRO, F.; FUTEMMA, C.R.; AMARAL, B.D. & CALABRIA, J. no prelo. Fisheries and the evolution of resource management on the Lower Amazon Basin. *Human Ecology*

MCGRATH, D.; CASTRO, F.; FUTEMMA, C.R.; AMARAL, B.D. & CALABRIA, J. Manejo Comunitário dos lagos de várzea no Baixo Amazonas. *In*: Furtado, L. Fiuza, A. & Leitão, W. (ed.). *Os povos das águas.*

SHRIMPTON, R. & GIUGLIANO, R. 1979. Consumo de alimentos e alguns nutrientes em Manaus, Amazonas, 1973-4. *Acta Amazonica*, 9(1): 117-41.

SMITH, N.J.H. 1981. *Men, fishes and the Amazon.* Columbia University Press, New York. 180p.

A IMPLANTAÇÃO DE UMA UNIDADE DE CONSERVAÇÃO EM ÁREA DE VÁRZEA: A EXPERIÊNCIA DE MAMIRAUÁ

Deborah Lima Ayres

INTRODUÇÃO

Este trabalho descreve o processo de implantação de uma unidade de conservação do Amazonas, a Estação Ecológica Mamirauá (EEM).

O modelo de implantação da EEM é baseado em uma definição ampla da natureza a ser preservada. Os assentamentos humanos foram mantidos na sua área e a implantação da reserva busca conciliar os interesses da população de usuários tradicionais aos objetivos de preservação da biodiversidade, base da criação das unidades de conservação. Esta conciliação implica a necessidade de desenvolverem-se pesquisas para a definição de técnicas de manejo que garantam a sustentabilidade dos recursos explorados na reserva. A originalidade da implantação da EEM se dá na participação comunitária na tomada de decisões a respeito do funcionamento da Estação Ecológica. Conjugados, participação comunitária e pesquisa têm como meta, para o final de três anos, a elaboração do plano de manejo da reserva.

A descrição do processo de implantação da EEM ilustra a realização de orientações recentes nas áreas de conservação e desenvolvimento social. A incorporação do uso humano com bases sustentáveis, a delimitacão de zonas tampão ao redor de unidades de conservação, a ênfase na educação ambiental e busca da aceitação popular são direcionamentos atuais em projetos de conservação. Na área de desenvolvimento social, a horizontalidade e abertura à participação comunitária na tomada de decisões são tendências contemporâneas, geralmente associadas à preocupação com a questão ecológica. O relato das experiências de trabalho da equipe do Projeto Mamirauá, as soluções testadas, dificuldades, sucessos e fracassos encontrados até o momento podem contribuir tanto para a formulação quanto para o direcionamento dos trabalhos de grupos engajados em projetos semelhantes.

O CONTEXTO SÓCIO-ECONÔMICO DA VÁRZEA DA EEM

A população de 4.500 ribeirinhos usuários da área focal da EEM vive em cerca de 50 pequenas comunidades, formadas por 14 domicílios em média. As principais atividades econômicas são a agricultura, extração de madeira e pesca. Estas atividades garantem a subsistência da população com boas condições de saúde e nutrição, como verificamos em pesquisas de epidemiologia e nutrição (Projeto Mamirauá - Relatório de Atividades 1993). A atividade mercantil resulta em uma renda bruta anual baixa, em torno de US$ 500 apenas. Desta renda, cerca de 75% (aproximadamente US$ 375) são gastos na compra do "rancho", ou mantimentos básicos. O consumo doméstico de produtos comprados é limitado. Os dez produtos encontrados com maior freqüência na lista do rancho são: açúcar, café, sabão em barra, óleo de cozinha, fósforo, bolacha, leite em pó, farinha, arroz e tabaco. As limitações econômicas na esfera mercantil são compensadas pela maior independência na provisão de alimentos, já que a base da alimentação é produzida pelos próprios consumidores.

Embora existam na região da EEM algumas propriedades, com títulos cuja validade é discutível, legalmente áreas alagáveis são *temas de marinha*. A maioria da várzea na região circunvizinha à área focal da EEM é considerada "devoluta" e, portanto, de exploração aberta. Esta situação remete à questão dos domínios públicos de gestão comunal (*Commons*). No caso específico dos *vargeiros* (como são chamados localmente os moradores da várzea), no entanto, é preciso enfatizar que competem, em condições desiguais e volumes de produção extrativista totalmente distintos: pequenos produtores, de um lado, e madeireiros, peixeiros e alguns grandes proprietários, de outro. Esta desigualdade de exploração de um domínio público natural tem gerado muitos conflitos ao longo dos rios Solimões, Amazonas e afluentes. A competição desigual pelos recursos naturais da várzea ameaça diretamente a garantia de subsistência dos seus moradores.

Os vargeiros reclamam principalmente da atual dificuldade de pescar para alimentação, em comparação à "fartura", como sempre mencionam, de tempos não muito distantes. A escassez se deve mais à redução de estoques de determinadas espécies de peixes e quelônios do que à falta total de alimento ou risco imediato de extinção da maioria das espécies. Entretanto, a questão não se limita ao perigo maior ou menor de perda de diversidade biológica. O que gera conflito social e mobiliza a população de moradores da várzea é a ameaça direta a sua sobrevivência.

A dependência de exploração dos recursos naturais da várzea força os ribeirinhos a apoiarem, e muitas vezes iniciarem, movimentos ecológicos. O movimento popular de preservação de lagos é uma resposta direta à ameaça de depredação dos recursos pesqueiros da várzea pelos pescadores comerciais, causada mais pela exploração itinerante do que pelo empreendimento capitalista por si só. A luta dos pequenos produtores pela preservacão de lagos tem levado ao fechamento de áreas de pesca para uso exclusivo da comunidade guardiã. O fechamento de lagos tem encadeado um movimento pela definição de territórios que equivalem na prática a pequenas propriedades comunais.

A afirmação da propriedade comunal é, neste contexto, uma afirmação de responsabilidades e direitos comuns compartilhados pelos moradores de um assentamento que dependem para sua subsistência da exploração de um determinado território, sem terem, no entanto, nenhuma base legal para esta afirmação. Não há atualmente legislação que apóie o fechamento de lagos. Apesar de a criação da EEM responder a uma demanda popular por tornar, em sua área, o movimento popular pela preservação de lagos uma obrigação legal, sua contribuição para a solução do problema da exploração desordenada das várzeas amazônicas é limitada regionalmente. Como experiência piloto, porém, a implantação da EEM pode contribuir para a definição de um modelo genérico para a conservação das várzeas amazônicas.

IMPLANTAÇÃO COM PARTICIPAÇÃO COMUNITÁRIA

Apesar de ter sido decretada, sem consulta prévia, à população local, a EEM está sendo implantada de maneira democrática, buscando o diálogo constante com todos os setores da população regional que serão, de alguma forma, afetados pela implantação da reserva. Transformar os limites geográficos do decreto oficial de criação da reserva em *realidade social* requer um intenso trabalho de comunicação em área geográfica extensa. São 200.000 ha em que se concentram os interesses de comunidades de moradores da reserva e do seu entorno, políticos e administradores dos 3 municípios de influência sobre a reserva, além dos moradores e comerciantes das sedes. Membros da equipe do Projeto Mamirauá promovem o encontro entre estas categorias sociais e atuam como promotores de debates, e mediadores de interesses muitas vezes divergentes. A abertura à participação comunitária ampla é uma forma de reduzir a intensidade de conflitos.

Participação comunitária na implantação de projetos é certamente um empreendimento complexo, e implica, entre outros desdobramentos:

1) maior tempo de atuação, dada a necessidade de consulta e diálogo permanentes, em todas as fases do projeto, com os diferentes estratos sociais envolvidos;

2) inclusão de cientistas sociais na equipe de trabalho;

3) flexibilidade em relação aos objetivos iniciais para conciliação da proposta de trabalho inicial com os interesses locais, levando a uma provável redefinição de objetivos e estratégias de atuação compatíveis à realidade local.

Projetos fechados podem até ter um tempo de implantação mais curto, envolver uma equipe de trabalho mais restrita e obedecer rigorosamente ao planejamento inicial. No entanto, a abertura de projetos à participação da comunidade-alvo acarreta uma grande chance de sucesso e continuidade, envolve menores custos sociais, e, ao longo tempo, pode ter também menores custos financeiros por não necessitar dispender somas vultosas com a manutenção, ou fiscalização, da implantação forçada de metas socialmente indesejadas ou inapropriadas à realidade cultural.

No caso de Mamirauá, a prerrogativa definida na proposta de implantação da reserva - de que se evitarão prejuízos sociais - gerou um debate intenso sobre a definição de quem é usuário tradicional da EEM e tem, portanto, o direito de continuar a usufruir dos seus recursos naturais. O relato deste debate ilustra como se dá o processo de tomada de decisões que definirão o funcionamento da reserva.

A implantação da EEM que, repetindo, tem como meta a preservação da biodiversidade da várzea com a participação dos usuários tradicionais, incluirá o zoneamento da reserva em três tipos de áreas: assentamentos permanentes, zonas de subsistência (de exploração limitada) e áreas de preservação total. A extensão de cada tipo de zona e sua localização serão definidas ao longo dos três anos de estudos e negociações com as comunidades. Um dos desdobramentos mais evidentes da proposta de incluir a participação da comunidade de usuários foi a ampliação da definição desta mesma "comunidade".

O mesmo raciocínio presente na proposta inicial de que não se pode fazer conservação, sem incluir a população local, sob o risco de se inviabilizar econômica e politicamente a implantação da unidade de conservação, fez-nos ampliar a extensão da "comunidade" considerada como população que dependia diretamente da exploração dos recursos da reserva e incluir quase todos os assentamentos das margens opostas dos rios que definem os seus limites.

O diálogo e mobilização desta "comunidade de usuários da EEM", como se passou a chamar, resultou na organização de uma representação formal para participar de discussões a respeito da implantação da reserva. A seguinte forma de representação foi escolhida pelos usuários: cada comunidade elege dois representantes, e grupos de comunidades constituem "setores" organizados, cada setor elegendo um coordenador. Os setores realizam reuniões bimestrais para discutir assuntos da reserva, e uma assembléia geral reúne, agora anualmente, todos os setores. Já se realizaram duas assembléias gerais, com intervalo de 6 meses.

Na primeira assembléia geral, realizada na cidade de Uarini (1.800 hab.), sede do município do mesmo nome em cuja área a EEM se localiza, a principal reivindicação feita pelas lideranças de Uarini foi o direito à pesca na reserva. Iniciou-se, então, um debate entre sedes e comunidades, onde o principal conflito foi o antagonismo dos comunitários em relação aos pescadores profissionais, os "peixeiros" que abastecem as cidades, e constantemente invadem os lagos de preservação das comunidades.

Além dessa reivindicação, outro ponto de debate surgido durante a assembléia envolveu os representantes dos três municípios, Tefé, Alvarães e Uarini, para saber que municípios teriam direito a usar a reserva. Embora a área focal da EEM esteja inteiramente localizada no município de Uarini, tanto Tefé (39.100 hab.) quanto Alvarães (1.130 hab.) são tradicionalmente abastecidos com pescado proveniente da EEM.

Na segunda assembléia geral de usuários, realizada no fim de julho deste ano, foi finalmente acordado que as sedes teriam áreas definidas para abastecer seus mercados, sendo reafirmado, por vários representantes, tanto das 3 sedes municipais quanto das 50 comunidades presentes, a interdependência entre sede e comunidade. A colônia de pescadores de Tefé e as Câmaras de Vereadores de Alvarães e Uarini deverão elaborar propostas para a definição de áreas de pesca para as sedes, onde deverão também constar especificações a respeito dos períodos de pesca, freqüência e equipamentos permitidos. As propostas elaboradas pelas sedes serão discutidas com os comunitários e equipe do Projeto Mamirauá, considerando-se sua afinidade com o pré-requisito de sustentabilidade, não-depredação do meio ambiente, e respeito às áreas de pesca das comunidades.

A definição de áreas de pesca representou um avanço no zoneamento da EEM. A população de usuários já definiu 6 categorias de lagos e o tipo de utilização dos mesmos.

1. *Lagos de Procriação* - intocáveis, incluindo a restinga ao seu redor como área de preservação total;

2. *Lagos de Manutenção* - para uso exclusivo da comunidade, para pesca de subsistência;

3. *Lagos de Comercialização* - para uso exclusivo da comunidade, pesca para venda;

4. *Lagos de Manutenção e Comercialização* - lagos de uso exclusivo da comunidade utilizado tanto para alimentação quanto para comercialização;

5. *Lagos de Reserva* - para requisição, caso alguma categoria de lago não der resultado;

6. *Lago das Sedes* - para a pesca destinada ao abastecimento dos mercados das sedes dos municípios ao redor da EEM.

Avaliamos que este resultado representa uma vitória do bom senso. Primeiro porque não podemos inverter o problema e marginalizar os centros urbanos. A definição de áreas de pesca para as sedes deve evitar, ou ao menos reduzir, os efeitos predatórios da pesca itinerante (sem entrar aqui em detalhes sobre o controle da pesca das sedes por ainda não terem sido discutidos). Com a definição de áreas limitadas para a pesca profissional espera-se criar, entre os pescadores das sedes, o mesmo tipo de "responsabilidade comunal" que leva os comunitários a defenderem, quase em uníssono, a preservação de lagos e a pesca não predatória.

Em segundo lugar, o consenso alcançado significa grande chance de as decisões tomadas serem cumpridas, o que reduz maiores esforços para a implementação destas decisões, avaliadas pela equipe do Projeto Mamirauá como sendo bastante satisfatórias do ponto de vista biológico, geográfico e conservacionista.

Além dos debates sobre a definição de usuários da EEM, tipos de lagos, e sua utilização, dois outros importantes temas foram debatidos durante a segunda assembléia geral de usuários da EEM: (i) que atitude tomar em relação a *comunitários* que invadem lagos de preservação, e (ii) uma avaliação da situação atual da exploração da madeira.

O primeiro tema é uma questão antiga que envolve não só comunitários "anti-sociais" mas também peixeiros que negociam com lideranças comunitárias o "arrendamento" de lagos, em troca de dinheiro ou bens. A definição de normas e punições para invasões de lagos por comunitários foi iniciada durante a assembléia. Representantes de cada setor apresentaram suas conclusões sobre que atitude tomar. A decisão da maioria dos setores foi em um primeiro momento encaminhar o infrator para uma reunião com as lideranças do setor, de forma a tentar conscientizá-lo a não mais cometer a invasão. Se o indivíduo repetir a invasão, as lideranças comunitárias o encaminharão ao IBAMA. Alguns setores decidiram também apreender os equipamentos de pesca do infrator. Estas regras deverão amadurecer na assembléia seguinte. Até lá, os representantes comunitários irão conduzir a discussão com um maior número de comunitários em reuniões de setores.

Quanto à situação da madeira, o debate revelou um consenso geral entre os representantes comunitários de que é preciso tomar uma atitude para evitar que ocorram extinções de espécies economicamente importantes. A importância da madeira foi reconhecida pelos comunitários presentes tanto em termos do papel da madeira como fonte de renda para a população, quanto em termos de sua função ecológica como alimento para peixes e outros animais. Esta discussão também prosseguirá em debates e reuniões dos setores.

AVALIAÇÃO DOS TRABALHOS DE PARTICIPAÇÃO COMUNITÁRIA

O Projeto Mamirauá é formado por quatro programas de pesquisa: sistemas terrestres, sistema aquático, sócio-econômico e banco de dados. Todos os programas de pesquisa têm um objetivo bem definido - contribuir para a elaboração do plano de manejo da EEM. O plano de manejo deve apresentar soluções para a ocupação e exploração dos recursos naturais da reserva por populações humanas.

A participação comunitária na implantação da EEM tem avançado algumas discussões à frente da pesquisa, por força da demanda dos próprios comunitários no sentido de que se implemente, o mais breve possível, o fechamento e a fiscalização dos lagos. Por esse motivo acordamos que algumas decisões tomadas pelos comunitários sobre o funcionamento da reserva poderão sofrer revisões, já que as posições tiradas em assembléias precisam ser referendadas pela pesquisa, com base no critério de sustentabilidade da utilização dos recursos da reserva e garantia de preservação da biodiversidade.

Outro ponto essencial à implantação da EEM é a extensão social. A preservação da biodiversidade, se não incluir a promoção e preservação da vida humana digna se torna *sectarismo ecológico*, fadado à acusação de preterir a espécie humana e adotar uma concepção estreita de natureza a ser preservada. Portanto, além da promoção da participação comunitária, no sentido restrito de participação em debates, o projeto atua nas áreas de educação ambiental, saúde e nutrição.

Embora o trabalho de integração com as comunidades esteja caminhando bem, a implementação das decisões tomadas tem-se mostrado complexa. As dificuldades encontradas estão principalmente na própria região, embora não faltem dificuldades também em outras esferas. Podemos citar entre as dificuldades regionais a oposição de peixeiros e madeireiros, os boatos que associam o projeto a interesses internacionais ou a interesses econômicos particulares dos seus executores, e a dificuldade de integrar os trabalhos de fiscalização com o IBAMA local, polícia militar e capitania dos portos. Tanto a nível local quanto nacional, a questão da "internacionalização da Amazônia" tem afetado a imagem do projeto, pois conta com alguns pesquisadores e a maior parte de seu financiamento vindos de outros países. Muito tempo tem sido gasto para explicar o projeto e justificar a colaboração estrangeira para implementação desta unidade de conservação do Amazonas.

Quanto à contribuição do Projeto Mamirauá para o desenvolvimento de um modelo para a utilização racional, com bases sustentáveis, dos recursos da várzea, os trabalhos realizados até o momento têm confirmado a necessidade de um ordenamento das atividades econômicas, a partir do zoneamento de áreas de exploração para setores econômicos específicos. A competência para ordenar a exploração deve caber aos municípios, considerando-se sempre a possibilidade de criação de consórcios que, a exemplo do que ocorre na área de saúde pública, permite que municípios desfavorecidos negociem a provisão de suas necessidades com municípios vizinhos. Em outras palavras, limitar territórios de exploração e atribuir responsabilidades a categorias econômicas específicas pode ser um caminho.

PARTE VI

GRANDES PROJETOS E INDUSTRIALIZAÇÃO

GRANDES PROJETOS E O CRESCIMENTO DA INDÚSTRIA NA AMAZÔNIA

José Marcelino Monteiro da Costa

OBJETIVO

Esta comunicação trata, em perspectiva, das potencialidades de crescimento da atividade industrial da Amazônia vinculadas aos grandes projetos (GPs) implementados ou em implantação.

Preliminarmente, três observações de natureza metodológica:

a) a consecução do que se pretende requer, mesmo *en passant,* que se considere, em termos virtuais, o mecanismo multidirecional das interações causais temporalmente gradativas entre os impactos latentes dos GPs e as possíveis transformações da estrutura produtiva regional daí decorrentes *vis-à-vis* as necessidades de ampliação da dotação infra-estrutural, assim como as supervenientes mudanças nas vigentes inter-relações econômico-espaciais inter e intra-regionais. Pressupõe-se também que, uma vez detonado o processo de crescimento regional — numa região periférica de economia incipiente, com baixa densidade demográfica relativa e cujas vantagens comparativas advêm da disponibilidade de farto e diversificado estoque de recursos naturais com mercado extra-regional relativamente apreciável —, a relação entre causa e efeito passa a ser secundária ou irrelevante, em virtude da dificuldade de identificação no processo evolutivo do que é, de fato, determinante e determinado. Haja vista a incessante criação e propagação de múltiplas externalidades que acicatam o aprofundamento e a intercomplementariedade da expansão concomitante dos segmentos produtivo e infra-estrutural de forma sistemática, resultando, em última instância, num sistema cada vez mais complexo de circularidade acumulativa interdependente;

b) os parâmetros por excelência de referência são dados pelas situações e tendências recentes das economias amazônica, nacional e mundial. Descarta-se, pois, *in limine,* a postura simplória de enredamento na crítica a todo o transe, posto já se haver tido, em trabalhos anteriores, a oportunidade de, pioneira, tempestiva e exaustivamente, abordar o tema (Costa 1978, 1979, 1982; 1986, 1987, 1990, 1992a etc.);

c) a análise é de caráter macro-econômico e macro-regional. Isto permite que se contorne o viés que monitora as distorcidas e limitadas constatações inerentes aos estudos de caso. Estes, embora de grande valia coadjuvante, propendem a privilegiar problemas negativos localizados, fruto de trabalho exclusivamente pontualizado em cima de camadas sociais diretamente afetadas pelos GPs, além de passar olimpicamente ao largo dos impactos regionais mais significativos, posto estes beneficiarem, direta ou indiretamente, também a segmentos sociais não abrangidos pela investigação ou que se localizam fora do entorno territorial por esta estritamente contemplado.

GRANDES PROJETOS

Os GPs consistiram, *grosso modo,* num conjunto relativamente recente de subseqüentes intervenções setoriais de grande porte implementadas ou induzidas pelo Governo Federal.

Desde o Plano de Metas de Juscelino Kubitschek até a instauração do II Plano Nacional de Desenvolvimento (II PND) de Ernesto Geisel, em 1974, a concepção dos GPs era voltada para a dotação infra-estrutural, mormente grandes rodovias de penetração/integração nacional, e pesquisas de revelação de recursos naturais. Isto, a partir da década de 60, acoplado a toda uma parafernália institucional e de incentivos fiscais e financeiros, estimulou a instalação efetiva, até 1992, de 461 projetos econômicos privados na Amazônia Legal, enquanto 748 estão ainda em fase de implantação (MIR/SUDAM/BASA, 1993).

A partir do II PND, passaram a ser cogitados GPs diretamente produtivos visando a concretizar a frente mínero-energética, com destaque para o Programa Grande Carajás - PGC, os quais, a partir de então, converteram-se, ao talante do capital estatal, no instrumento básico tanto de integração da Amazônia à economia brasileira quanto de reinserção da economia regional à mundial. Tudo em plena consonância com o deslocamento territorial da fronteira de acumulação promovido pelos rebatimentos espaciais do processo de industrialização do País.

PADRÃO INICIAL DOS IMPACTOS

É pertinente atinar para o fato óbvio de que megaintervenções radicais modernizantes como os GPs caracterizam-se por engendrar e difundir, tautocronicamente, benefícios e custos. Enquanto estes últimos geralmente irrompem e são detectados instantaneamente, o grosso das transformações sócio-econômicas especificamente favoráveis tende a se manifestar defasadamente e ao longo de um prazo relativamente longo.

É quimérico, pois, esperar por bruscas mudanças positivas de imediato e a eliminação num átimo de mazelas acumuladas no passado. Os câmbios obedecem, aqui e alhures, a um padrão clássico.

No caso amazônico, a par da elevação das taxas de crescimento econômico e da constatação do comportamento relativamente favorável de outros indicadores sócio-econômicos, induzidos pela entrada em funcionamento dos principais novos projetos orientados de forma exclusiva para o mercado extra-regional (Costa 1992), acirraram-se problemas herdados da situação precedente, enquanto uma série de efeitos perversos emergiram de forma concomitante. Seja decorrentes da destruição do arcaico. Seja acarretados pela exacerbação da ineficiência econômica dos segmentos tradicionais — até então apenas incubada ou protegida por altos custos de transferência impostos pelo isolamento físico da região —, o que levou ao paulatino perecimento de atividades produtivas caducas. Seja, ainda, em decorrência da desativação do espaço econômico funcional tradicional, substituído por outra organização espacial mais consentânea com a estrutura econômica ora em pleno processo de gestação. Como, também, pela introdução de tecnologias mais avançadas *pari passu* à instauração de novas relações capital-trabalho requeridas pelo alto grau de competitividade que os empreendimentos modernos demandam. Ademais, durante algum tempo, tornou-se intenso o afluxo sucessivo de levas de migrantes — tangidas por fatores de expulsão nas áreas de origem — que a atratividade expectável em ascensão das regiões periféricas ativas sói promover, guardando, sem embargo, concomitância com o surto de movimentos de excedentes demográficos intra-regionais a esmo, os quais, afinal, em busca de oportunidades de emprego, acabaram por transformar as principais cidades em vastos repositórios de força de trabalho ociosa e de baixa qualificação, disseminando a proliferação da pobreza urbana. E assim por diante.

Ao fim e ao cabo, operou e continua em movimento a engrenagem complexa de um verdadeiro processo de depuração determinado pela lógica implacável da acumulação de capital, cuja persistência temporal dependerá da continuidade e da velocidade de expansão da formação regional de capital.

Em assim sendo, é plenamente compreensível — face à utópica prática rotineira adotada por certas análises regionais de despojar o desenvolvimento capitalista das leis que determinam a sua dinâmica,[1] isto é, considerar a realidade regional concreta a estas leis não-inexoravelmente subjugada ou pressupor contradições e conflitos como aberrações — a enxurrada de diagnósticos que, de forma enfática, entendem estar, atualmente, a economia amazônica, em função dos GPs, atravessando uma fase de "desordem", "desorganização", "caos" e quejandos.

CURSOS DE EXPANSÃO VIRTUAL DA INDÚSTRIA REGIONAL

A implantação de GPs é condição necessária mas não suficiente para o desenvolvimento da indústria regional.

O futuro porte e o perfil estrutural da atividade industrial na Amazônia, tirante suas vinculações à efetiva internalização regional das latentes repercussões a serem liberadas pelos GPs, estarão sujeitos, adicional e recorrentemente, a uma série de outras condicionalidades, interdependentes ou não, que extrapolam o âmbito do estritamente regional.

---

1 Sobre a lógica do desenvolvimento capitalista convém consultar recentes trabalhos de De Mattos, (1993, 1990), além da obra seminal de Harvey (1982).

Crescimento industrial regional e grandes projetos

No que tange aos impactos especificamente vinculados aos GPs, a expansão da indústria na Região Norte deverá guardar relação direta com o grau de verticalização intra-regional obtido, as economias externas pecuniárias deles decorrentes e as economias de escala por eles propiciadas.

Em primeiro lugar, será crucial a concretização intra-regional dos *linkages* ou concatenações técnico-econômicas identificadas na matriz de insumo-produto, à jusante e à montante, direta e indiretamente. Ou seja, a factibilidade de implantação de atividades ancilares e satélites, formando "complexos produtivos" locais a partir dos recursos naturais, pode contribuir para a maximização do valor adicionado passível de ser localmente retido, e, de forma gradual, minimizar a vocação de enclave que a evidência factual internacional na implementação de GPs recomenda não menoscabar.

No entanto, a verticalização intra-regional integral de todo um "complexo produtivo", mormente no bojo da hodierna onda de globalização ou mundialização da economia, é utópica. O que prevalece é a eficiência econômica de cada região na produção especializada de parte dos componentes de um dado produto final. Para isto concorrem: as especificidades históricas da inserção das regiões no contexto da divisão espacial do trabalho; as inovações tecnológicas que facultam a segmentação geográfica do processo de produção, possibilitando a desagregação territorial dos complexos produtivos em unidades autônomas; e as inovações tecnológicas nos meios de transporte, microeletrônica e telemática, que imprimem, a custos decrescentes, maior velocidade à circulação de mercadorias, serviços e informações, atenuando ou liquidando a dependência em relação às distâncias e deslocando a competição dos estreitos limites dos mercados nacionais para as fronteiras mais amplas do mercado mundial (Costa 1990a)[2].

Em segundo lugar, há que consignar a possibilidade de expansão da capacidade produtiva regional acarretada por externalidades promovidas pelas infra-estruturas logística e de apoio à implantação e funcionamento dos GPs. Ou seja, trata-se de projetos de investimento com vistas ao aproveitamento de recursos naturais, cuja viabilização seria remota caso os GPs não tivessem sido levados a cabo, mesmo que as inversões realizadas se hajam cingido — como tem sido a norma no caso amazônico — a objetivos de indubitável interesse setorial/nacional. Destarte, dentro do Programa Grande Carajás - PGC, por exemplo, há lugar para um elenco apreciável de oportunidades de investimento, algumas já concebidas e até dimensionadas. Seja no concernente ao ramo sídero-mínero-metalúrgico, seja no referente ao segmento

2 Ver, entre outros, também Alburquerque, de Mattos e Fuchs (1990), Castells (1986), Scott e Storper (1987), Ominami (1986), Pérez (1985), Costa (1985), Henderson e Scott (1984) etc.

agropecuário. O que, em absoluto, não esgota o potencial de crescimento da atividade econômica, posto haver novas oportunidades econômicas de exploração de recursos naturais viabilizadas pelo PGC, mas a ele *a priori* não-vinculadas, suscetíveis de empreender. Não somente no entorno territorial restrito de influência direta de atuação do PGC, mas também, fora dele.

Ademais, o desempenho mais incisivo dos GPs no que se relaciona à eclosão de repercussões mais amplas e profundas tem sido contido exatamente pela não consecução cabal de seus desígnios intrinsecamente fáusticos de megaprojetos. A crise econômica que solapa a economia brasileira desde o início da década de 80, contribuiu para a limitação das inversões previstas, dando prioridade àquelas que privilegiassem as metas comprometidas com o balanço de pagamentos (geração de divisas e substituição de importações), em detrimento dos investimentos de interesse eminentemente local.

À guisa de exemplo, tome-se, dentre outros, o caso da UHE de Tucuruí, no Estado do Pará. O cancelamento ou a indefinição sobre a construção de eclusas na barragem da hidrelétrica e a execução da barragem e de eclusas na corredeira de Santa Isabel do Araguaia, inviabilizou a materialização de uma via contínua de navegação fluvial com 2.841 Km de extensão que atravessaria os estados do Pará, Maranhão, Tocantins, Mato Grosso e Goiás, cujos impactos econômicos são óbvios. Além de promover a integração entre as economias das áreas estaduais beneficiadas, a preconizada Hidrovia Araguaia-Tocantins contribuiria para a conexão destas com a malha hidroviária do rio Amazonas e com o complexo portuário de Belém e Vila do Conde, o que facilitaria, sobremodo, o escoamento de seu potencial de produção para o mercado internacional e concorreria para tornar realidade o florescimento de uma concentração industrial em Barcarena.[3] Por outro lado, Belém ganharia alento, principalmente se o projeto da Alça Rodoviária Belém-Porto de Vila do Conde fosse simultaneamente realizado, e Marabá passaria a desfrutar de privilegiada posição locacional — ou ponto nodal —, haja vista poder converter-se em efetivo entroncamento estratégico rodo-ferro-hidroviário das regiões Nordeste e Centro-Oeste.

Last but not least, a possibilidade de surgimento de novos projetos econômicos, quer voltados para o aproveitamento dos *linkages* provenientes da implementação dos GPs, quer destinados ao atendimento do alargamento do mercado doméstico regional — função concomitante do aumento de emprego, renda, população, grau de urbanização, dotação infra-estrutural etc. —, deverá manter relação positiva com a

3 Em relação a este caso e a outros projetos de infra-estrutura física e econômica, que, uma vez implantados, podem promover transformações de vulto na economia amazônica, ver Ribeiro *et alii*. (1990) e Costa (1990b).

manifestação e evolução das economias de escala.[4] A inexistência ou insignificância destas é fator limitante às inversões. As empresas, individualmente, só decidem instalar-se em dada localização se esta lhes proporcionar expectativas de lucro. Este só ocorre se houver demanda, isto é, mercado para absorção da produção. Ou melhor: a racionalidade dominante impõe que só haverá produção se a quantidade da mercadoria produzida atingir um patamar que possibilite a sua oferta a preços ou custos médios competitivos.[5] Há, por conseguinte, para cada empresa de um determinado ramo, um limiar, uma escala mínima de inversões imposta pela existência de um tamanho mínimo do mercado a suprir. Esse limiar, por seu turno, não se mantém estável. Tende a oscilar de conformidade com o progresso tecnológico e correlato volume de imobilizações financeiras.

As economias de escala deverão, pois, assumir papel estratégico no concernente ao crescimento da atividade econômica regional, mormente da industrial, cujo mercado doméstico ainda é precário (ou em formação) para comportar a implantação de unidades produtivas que venham a operar de forma competitiva. Os rasgos que caracterizam a Região Norte — baixa densidade demográfica, muito embora contando com centros urbanos relativamente importantes, mas dispersos ao longo de sua vasta extensão territorial (ecúmeno), carência de infra-estrutura de transporte e comunicações que interconecte as sub-regiões de maior dinamismo, subordinação hierárquica à economia da Região Sudeste, cujos efeitos de polarização tendem a inibir o deslocamento territorial de indústrias voltadas para o mercado nacional, salvo, e em apenas alguns casos, se incentivos de toda a sorte forem acenados etc. —, são de molde a perpetuar um mercado intra-regional comparativamente inexpressivo.

Por fim, a vinculação ou intercomplementariedade entre externalidades pecuniárias e economias de escala é explícita, principalmente quando a demanda de um GP cria um *linkage* retroativo que possibilita uma nova empresa se estabelecer com uma escala econômica mínima. A importância dos "efeitos para trás" tem, portanto, que ser aquilatada pela propriedade dos GPs de empuxar outras atividades a ultrapassar referido limite. Os *linkages* "para a frente" também envolvem uma interação entre escala e externalidades sempre que um GP implicar redução de custos do fluxo potencial de insumos para seus usuários, impelindo-os a superar os limites de lucratividade (Krungman 1992).

---

4 As economias de escala não se constituem num mero fenômeno microeconômico que pode ser negligenciado. Segundo Holland (1977), elas funcionam através das firmas até os níveis da indústria e das economias regional, nacional e multinacional.

5 Ou, segundo Sylos-Labini (1962), se o tamanho mínimo da planta for compatível, dada a tecnologia necessária, com o pleno emprego das economias de escala disponíveis.

CRESCIMENTO INDUSTRIAL E CONDICIONALIDADES EXÓGENAS

Os elevados graus de abertura e dependência da economia amazônica em relação aos mercados extra-regionais mantêm-na extremamente vulnerável aos efeitos espaciais centrípetos de polarização e centrífugos propulsores difundidos pelas mudanças conjunturais ou estruturais que se processam tanto na região "centro" da economia brasileira quanto nas economias dos países industrializados.

A forma reduzida do modelo inter-regional de determinação da renda (Richardson, 1978), a seguir apresentada, coloca em evidência a direção das relações causais entre as principais variáveis econômicas abrangidas pela análise e destaca a importância que assumem os coeficientes técnicos e os parâmetros institucionais e de política fiscal considerados como mais relevantes:

$$Y_i = \frac{A_i + \sum_j m_{ij} Y_j (1 - t_j)}{1 - (C_i - \sum_j m_{ji})(1 - t_i)} \quad \ldots \quad (1)$$

Onde: i: região sob análise; j: todas as demais regiões com as quais a região "i" mantém intercâmbio; Y: renda; A: total dos gastos autônomos, sendo $A = a_i + I_i + G_i$; a: consumo autônomo; G: gastos do governo; I: investimento autônomo; m: propensão marginal a importar; t: propensão marginal a tributar; b: propensão marginal a consumir.

O multiplicador da renda regional (k_i), derivado da equação (1), é:

$$k_i = \frac{1}{1 - (b_i - \sum_j m_{ji})(1 - t_i)} \quad \ldots \quad (2)$$

O modelo supra goza da propriedade de revelar que o nível da renda regional, no curto prazo, não depende exclusivamente das exportações — embora, no caso de uma economia regional periférica ativa, estas sejam de crucial importância —, posto a magnitude dos gastos do governo, primordialmente em infra-estrutura econômica e capital social básico, os demais instrumentos de política fiscal acionáveis e o porte dos investimentos diretamente produtivos também influírem na determinação do tamanho do PIB regional. O modelo demonstra, ainda, que o nível de renda disponível das áreas importadoras e respectivas oscilações circunstanciais igualmente afetam as exportações regionais.

Em termos de médio e longo prazos, existem outros determinantes externamente gestados a considerar, cuja natureza complexa e nubilosa inviabiliza, sejam usados em modelos quantitativos.

Isto posto, o comportamento futuro da atividade industrial da Amazônia estará fadado à injunção — isolada, intermitente ou simultânea — de um diversificado repertório de condicionalidades exógenas nacionais e mundiais, que vale a pena, mesmo que incidentemente, registrar.

O desdobramento territorial do processo de industrialização nacional tem sido, nos três últimos decênios, o fator condicionante mais importante do comportamento da economia amazônica. O atual e prolongado ciclo econômico recessivo brasileiro evidenciou, por sua vez, taxas de crescimento do PIB regional mais modestas (5,78% a.a. para os anos 80) do que as observadas na década de 70 (13,85% a.a.). A perdurar esta situação, conviver-se-á com um provável arrefecimento paulatino da taxa de crescimento da economia nortista, acompanhado de seqüelas econômico-sociais de toda a sorte, que propendem a eclodir ou a agravar-se em circunstâncias adversas. Desenvolvimento capitalista nacional bloqueado terá, pois, como contrapartida a estagnação ou o crescimento mais lento da economia regional. Neste caso, a válvula de escape ou fator de atenuação será o comércio internacional.

A propósito, é pertinente lembrar que o dinamismo da economia amazônica provém dos mercados extra-regionais, com o mercado internacional, nos últimos anos, exceto a Zona Franca de Manaus, ascendendo de importância, além da pauta regional de exportações haver-se diversificado, o que implica menor vulnerabilidade da economia em relação ao comércio externo. Ademais, é lícito mencionar que, ao longo dos últimos anos, as repercussões perniciosas da crise atual — que afetaram inicialmente a região industrializada e, defasadamente, repercutiram com maior contundência nas periferias —, só não foram mais desastrosas para a Amazônia, graças à entrada em funcionamento, mesmo que parcialmente, a partir da década passada, dos GPs diretamente produtivos, cuja vinculação direta com o mercado internacional contribuiu para o incremento das exportações, renda, negócios inter e intra-regionais, receita tributária, empregos diretos e indiretos etc. Todavia, a estagnação da economia brasileira acabou por incidir na taxa de formação de capital regional, desacelerar o crescimento econômico, inibir um melhor desempenho, até então satisfatório, de vários dos indicadores quantitativos sócio-econômicos, e, por via de conseqüência de tudo isto, agravar problemas sociais (Costa 1992a). No que concerne a condicionalidades oriundas das economias industrializadas, é mister citar como indubitavelmente desfavoráveis à economia amazônica: as fases conjunturais adversas, a hodierna onda neoprotecionista,[6] a formação de megamercados continentais (CEE, NAFTA, o embrionário grupo do Sudeste Asiático) e o movimento ambientalista.

Quanto à atual revolução industrial ou "novo paradigma tecnológico", é preciso cautela no que tange às supervenientes repercussões em relação à economia regional. Em estudo recente (Costa 1992 b), constatou-se que "no caso específico da Amazônia é [...] plausível especular a ocorrência axiomática de impactos adversos dessa virada tecnológica. O difícil é determinar em que grandeza, direção e formas. Precisamente

6 Ver, dentre outros: Bhagwati (1991, 1988), Mier (1987), Hufbauer (1991), SELA (1988) etc.

porquanto as novas tecnologias ainda estão em pleno processo de maturação; são excludentes, foram desenvolvidas para resolver problemas das sociedades avançadas e das grandes organizações, especialmente no que tange a restrições impostas pela natureza em geral e pelo trabalho em particular; criam oportunidades necessárias tanto para o progresso como para o retrocesso social". Além disto, "o trânsito de um paradigma tecnológico-econômico para outro nada terá de suave, linear. Materializar-se-á através de descontinuidades e conflitos. A substituição temporal do modelo será lenta, de longo prazo. Posto resistências, alternâncias e contratendências. Será, além do mais, via de mão dupla, contraditório, paradoxal. Por um lado, pode implicar aproveitamento de potencialidades, expansão de oportunidades de investimento e constituição de 'complexos produtivos' a partir dos recursos naturais. Por outro lado, a par da crescente importância dos serviços, pode configurar 'um novo padrão de localização geográfica de investimentos', ao crodir vantagens comparativas dadas por disponibilidades de força de trabalho (de média e baixa qualificação) e recursos naturais. Como, também, representar desigualdades inter-regionais mais explícitas e acirrar disparidades intra-regionais".[7]

CONCLUSÕES

À guisa de liame com a análise debuxada, é válido repisar que a evolução da atividade industrial da Amazônia, nos médio e longo prazos, guardará correlação estreita com o ingresso da economia brasileira num novo ciclo de acumulação. Nos períodos em que circunstancialmente coincidirem ciclo nacional ascendente e condições propícias na economia internacional, a probabilidade de aceleração da economia amazônica será mais acentuada.

A mediação estratégica entre a economia regional e as economias nacional e internacional tenderá a ser conduzida pelos GPs ou, subsidiariamente, por eventuais segmentos produtivos a eles não-vinculados, mas necessariamente dotados de dinamismo econômico. Mesmo porque, nada obstante às restrições que se possam levantar em detrimento dos GPs, eles, em contrapartida, conforme já salientado, foram decisivos, ao longo do passado recente, para potencializar mutações de vulto, diretas e indiretas, na estrutura produtiva regional e para a instauração da estruturação, ora em marcha, de uma nova organização do espaço econômico regional. Em decorrência, o PIB da Região Norte passou de irrisórios US$709 milhões, em 1970, para aproximadamente US$13,1 bilhões em 1990, enquanto as exportações pularam de US$500 milhões (1982) para US$1,757 bilhão (1991). Por seu turno, a participação do setor industrial no PIB regional a custo de fatores ascendeu de 15,10% (1970) para 41,14 (1985).

---

[7] Ver, também: Pérez (1985, 1986), Gatto (1990), Nochteff (1988) e Lipietz e Leborgne (1990).

Os GPs estão aí, pois, para ficar. Em termos perspectivos, prospectivos ou projetivos nada se resolverá objetivamente em prol do porvir encurralado no *cul-de-sac* maniqueísta de lamúrias e críticas inócuas, posto neles nada haver de intrinsecamente perverso. A difusão intra-regional de seus impactos favoráveis só não foi mais ampla e profunda em virtude da forma como foram implementados. Tampouco ajudará a postura dos centros de decisão de política econômica de aceitá-los como projetos consumados. O almejável, em última análise, é impedir que venham a cristalizar-se como meros enclaves modernizados, ao invés de projetos integrados de desenvolvimento regional.

Os GPs, por conseguinte, poderão, se medidas e ações conseqüentes forem, no momento azado, encetadas, liderar a continuidade do crescimento da indústria regional. No entretempo, recomenda o bom senso que se atine para o fato de que, subordinado ao sistema tecnológico comandado pelo vetor da microeletrônica, um novo tipo de empreendimento está se manifestando, com nítido viés definido pela eficiência econômica a favor do maior grau possível de flexibilidade de processos, de organização e de produtos, paralelamente à inevitabilidade da terceirização e, na medida em que aumentem os liames fixados pela modelagem de uma nova ordem econômica mundial, aos desafios impostos pela criação ou reforço de vantagens competitivas *à la* Porter (1993).

Face ao exposto — haja vista a economia amazônica ainda estar em pleno processo de formação e as bases primárias de sustentação para o prosseguimento da expansão da capacidade produtiva regional estarem parcialmente assentadas—, será de muito bom alvitre o delineamento tempestivo de uma política de desenvolvimento regional coerente com a realidade econômica hodierna, envolvendo diretrizes, instrumentos e ações congruentes.

O possível crescimento econômico do Norte, respaldado no funcionamento dos GPs, deverá resultar, ao fim e ao cabo, das interações que, por justaposição, venham a processar-se essencialmente entre economias externas pecuniárias, escala de produção e tamanho de mercado.[8]

Objetivando a viabilização de tudo isto, deverá assumir caráter prioritário, conforme já se teve há algum tempo a oportunidade de sugerir (Costa, 1990 b), o delineamento de um programa explícito de expansão da infra-estrutura requerida tanto para maximizar a internalização regional dos efeitos positivos dos GPs quanto para viabilizar a promoção da integração intra-regional entre as sub-regiões de maior dinamismo, assim como entre estas e as áreas defasadas, mas com razoável potencial econômico já dimensionado. Estimular-se-ia, deste modo, a formação de um mercado

---

8 Na literatura econômica convencional sobre desenvolvimento regional criou-se o conceito de "economias de aglomeração" para levar, ao mesmo tempo, em consideração a propriedade da interdependência entre economias de tranferência, economias internas de escala, economias de localização ou economias externas e economias de urbanização (Richardson, 1978; Nourse, 1968).

intra-regional de tamanho relativamente conducente ao surgimento de uma constelação de empresas de médio e pequeno portes. Ao mesmo tempo, medidas compensatórias e pesquisas de revelação de recursos naturais poderiam ser cogitadas para contornar os problemas sócio-econômicos que afligem as áreas estagnadas, cujas chances de incorporação ao processo de modernização capitalista são remotas.

Destarte, propõe-se como instrumento básico de política regional de fomento à instituição de um fundo regional para o financiamento da infra-estrutura econômica e do desenvolvimento científico-tecnológico. Neste sentido, é pertinente, *mutatis mutandis*, reportar ao Fundo Europeu de Desenvolvimento Regional - FEDR, adotado, a partir de 1975, pela Comunidade Econômica Européia - CEE (Mellors & Copperthwaite 1990).

Sem embargo, a operacionalidade do fundo preconizado teria que se respaldar na idealização de um conjunto estratégico de ações sistematizadoras (voltadas para reforçar a sinergia entre as sub-regiões dinâmicas e entre centros urbanos) e internalizantes (destinadas ao fortalecimento das condições suficientes intra-regionais de absorção dos efeitos positivos dos GPs e atenuação das filtrações de renda).[9]

Por fim, como instrumento coadjuvante — a exemplo das experiências do Japão (Kawashima & Stöhr 1989; Tatsuno 1986), dos "tigres asiáticos" (Berzosa 1991; Wade 1990), de alguns governos estaduais norte-americanos (Eisinger 1988) e de todos os países que formam a CEE (Yuill & Allen, 1991; Schwab 1985; Mellors & Copperthwaite 1990; del Castillo & Sámano 1990), com destaque para a República Federal da Alemanha - RFA, notadamente após sua reunificação, em outubro de 1990, com a ex-República Democrática Alemã - RDA (Maia Gomes s.d.), é recomendável a manutenção de incentivos fiscais e financeiros como instrumentos de alocação de investimentos em pontos prévia e arbitrariamente selecionados do espaço econômico concreto regional, porém sob rígidos e adequados critérios e prioridades setorias e territoriais.

---

9 Ver, nesse sentido, Boisier (1976 a, 1976 b), cujas contribuições, *mutatis mutandis*, mantêm-se pertinentes.

REFERÊNCIAS BIBLIOGRÁFICAS

ALBURQUERQUE, F. L., DE MATTOS, C. A. & FUCHS, R. J. (org.) 1990. *Revolución tecnológica y reestructuración productiva: impactos y desafios territoriales.* Buenos Aires, GEL.

BERZOSA, C. 1991. *Los nuevos competidores internacionales: hacia un cambio en la estructura mundial.* Madrid, Ediciones de las Ciencias Sociales.

BHAGWATI. J. 1988. *Protectionism.* Cambridge, MIT Press.

BHAGWATI. J. 1991. "El sistema de comercio internacional". *Pensamiento Ibereoamericano. Revista de Economía Política,* (20).

BOISIER, S. 1976. "Industrialización, urbanización y polarización: hacia un enfoque unificado". In: ILPES. *Ensaios sobre planificación del desarrollo.* México: Siglo XXI.

BOISIER, S. 1976b. *Diseño de planes regionales: métodos y técnicas de planificación regional.* Madrid, Colegio Oficial de Ingenieros de Caminos, Canales e Puertos.

CASTELLS, M. 1986. "Mudança econômica e tecnológica e a nova divisão espacial do trabalho". *Espaço & Debates,* 6 (17).

COSTA, J. M. M. (coord.) 1987. *Os grandes projetos da Amazônia: impactos e perspectivas.* Belém: UFPa/ NAEA.

COSTA, J. M. M. 1979. "Amazonia: recursos naturales, tecnología y desarrollo". *Revista Latinoamericana de Estudios Urbano Regionales - EURE,* VI (17).

COSTA, J. M. M. 1982. "Tecnología y articulaciones de los modelos de crecimiento amazónico y nacional". *Revista Interamericana de Planificación,* 16: 63-64.

COSTA, J. M. M. 1985. "Technology and the relationships of the Brazilian and Amazon growth models". In: MISRA, R. P. , BECKER, B. K & TRI DUNG, N. (org.). *Regional development in Brazil: the frontier and its people.* Nagoya, United Nations Center for Regional Development.

COSTA, J. M. M. 1986. "Processos espaciais de acumulação de capital no capitalismo tardio". *Pensamiento Iberoamericano. Revista de Economía Política,* n. 10.

COSTA, J. M. M. 1990a. "Perspectivas do crescimento industrial: o caso da Amazônia". *Ensaios FEE,* 11 (1).

COSTA, J. M. M. 1990b. *Lineamentos de uma política espacial de desenvolvimento para a Amazônia.* Belém, SUDAM/OEA.

COSTA, J. M. M. 1992b. "Impactos território-setoriais do novo padrão tecnológico: o caso da Amazônia". *XX Encontro Nacional de Economia. Anais.* Campos do Jordão, ANPEC.

COSTA, J. M. M. 1992a. "Impactos econômico-territoriais do atual padrão de ocupação da Amazônia". In: COSTA, J. M. M. da (coord.). *Amazônia: desenvolvimento ou retrocesso.* Belém, CEJUP.

COSTA, J. M. M., FERREIRA, R. C. & JATENE, S. O. 1978. *Projetos de impacto na Amazônia: sugestões para a internalização de seus efeitos germinativos.* Belém, NAEA.

DE MATTOS, C. A. 1993. "Nuevas estrategias empresariales y mutaciones territoriales en los procesos de reestructuración en América Latina". In: *Territorios en transformación.* Madrid, AECI (no prelo).

DE MATTOS, C. A. 1990. "Reestructuración social, grupos económicos y desterritorialización del capital". In: ALBURQUERQUE et alii. (orgs.) 1990.

DEL CASTILLO, J. & SÁMANO, A. (eds.) 1990. *Políticas públicas de ayuda e de promoción económica: una valorización.* San Sebastian, Diputación Foral de Gipuskos.

EISINGER, P. K. 1988. *The rise of entrepreneurial state.* Madison, The University of Wisconsin Press.

GATTO, F. 1990. "Cambio tecnológico neofordista y reorganización productiva. Primeras reflexiones sobre sus implicaciones territoriales". In: ALBURQUERQUE, F. et alii. (orgs.) 1990.

HARVEY, D. 1982. *The limits to capital.* Chicago, The Univerty of Chicago Press.

HENDERSON, J. & SCOTT, A. 1984. *The American semicondutors industry and the new international divison of labor.* Hong Kong, Center for Urban Studies and Planning.

HOLLAND, S. 1977. *Capital versus the regions.* London, Macmillan Press.

HUFBAUER, G. C. 1991. "Las perspectivas del comercio mundial en los noventa y sus implaciones para los países en desarrollo". *Pensamiento Iberoamericano. Revista de Economía Política,* n. 20.

KAWASHIMA, T. & STHÖR, W. B. 1989. "Descentrilized technology policy: the case of Japan". *Government and Policy,* 6(4).

KRUNGMAN, P. 1993. "Toward a counter-revolution in development theory". *World Bank Annual Conference on Development Economics. Proceedings 1992,* The International Bank for Reconstrucction and Development.

LIPIETZ, A. e LEBORGNE, D. 1990. "Nuevas tecnologías, nuevas formas de regulación: algunas consecuencias espaciales". In: ALBURQUERQUE, F. et alii. (orgs.) 1990.

MAIA GOMES, G. (s.d.). *Políticas de desenvolvimento regional no mundo contemporâneo (e algumas de suas implicações para o Brasil).* S.l.: CNI, xerox.

MELLORS, C. & COPPERTHWAITE, N. (eds.) 1990. *Regional policy: spicers european policy reports.* London, Routledge.

MIER, M. A. D. 1987. "Algunas reflexiones sobre el neoprotecionismo y la crisis del GATT". *ICE,* ago./sep.

MIR/SUDAM/BASA 1993. *Brasil: incentivo e desenvolvimento.* Belém.

NOCHTEFF, H. J. 1988. "Revolución industrial y alternativas regionales". *Revista de la CEPAL,* n. 36.

NOURSE, H. O. 1968. *Regional economics: a study in the economic structure, stability, and growth of regions.* New York: McGraw-Hill.

OMINAMI, C. (org.) 1986. *La Tercera Revolución Industrial: impactos internacionales del actual viraje*

PÉREZ, C. 1985. "Microeletronics, long waves and structural change: new perspectives for developing countries", *World Development,* 13(3).

PÉREZ, C. 1986. "Las nuevas tecnologías: una visión de conjunto". In: OMINAMI, C. (org.) 1986.

PORTER, M. E. 1993. *A vantagem competititva das nações.* Rio de Janeiro, Campus.

RIBEIRO, N. F. et al. 1990. "Perspectivas dos projetos de impacto no desenvolvimento da economia empresarial". *Pará Desenvolvimento,* (26).

RICHARDSON, H. W. 1978. *Regional and urban economics.* Harmondsworth, Penguin Books.

SCHWAB, R. M. 1985. "Regional effects of investment incentives". *Journal of Urban Economics.* 12 (2).

SCOTT, A. J. & STORPER, M. 1987. "High technology industry and regional development: a theoretical critique and reconstruction". *International Social Science Journal,* (112).

SELA 1988. *La economía mundial y el desarrollo de América Latina y el Caribe.* Caracas, Nueva Sociedad.

SYLOS-LABINI, P. 1962. *Oligopoly and technical progress.* Harvard University Press.

TATSUNO, S. 1986. *The technopolys strategy.* New York, Prentice Hall.

WADE, R. 1990. *Governing the market: economic theory and the role of government in East Asian industrializations.* Princenton, Princenton University Press.

YUILL, D. & ALLEN, K. (eds.) 1991. *European regional incentives.* Glasgow, University of Strathclyde.

INDUSTRIALIZAÇÃO TARDIA E GRANDES PROJETOS

David Ferreira Carvalho

INTRODUÇÃO

Com o fim da economia da borracha, a partir do primeiro quartel do século XX, a região amazônica entrou numa profunda estagnação econômica. Posteriormente, como uma conseqüência dos "Acordos de Washington", há um curto período de recuperação da economia regional. Mas, logo depois, a economia da Amazônia volta a mergulhar num novo ciclo depressivo que vai, grosso modo, até meados da década de 50. A partir daí, com a criação da SPVEA, uma série de medidas são tomadas pelo governo federal, visando dotar a região de capital social básico.

No período subseqüente, porém, agora sob a intervenção do governo militar, foi instituída a "Operação da Amazônia" que traçou uma nova estratégia de desenvolvimento regional. No entanto, diferentemente do período anterior, os princípios norteadores dessa nova estratégia foram alicerçados em fundamentos econômicos e geopolíticos voltados muito mais para a ocupação e integração da região. Para planejar, coordenar e gerenciar esse novo modelo de ocupação e integração da Amazônia foram criados a SUDAM, o BASA, a SUFRAMA e o INCRA. Daí em diante, essas instituições governamentais passaram a operar as principais ações federais na Amazônia. Na verdade, a política de desenvolvimento regional, conduzida pelo Estado Autoritário, para ocupar essa região de fronteira de recursos, passou a se confundir com a própria política de ocupação e integração da Amazônia. Para viabilizar tal empreendimento, dois instrumentos foram colocados à disposição dos organismos regionais: (1) a política financeira de incentivos fiscais sob o controle da SUDAM e do seu agente financeiro, o BASA; e (2) a política de terras e de colonização sob comando do INCRA. No primeiro momento, o governo federal buscou atrair investidores para as atividades agropecuárias, via doações financeiras para os grandes projetos incentivados. Posteriormente, com os investimentos públicos nos megaprojetos do II PND, as instituições governamentais passaram a contar com novas fontes de recursos dadas pelo PIN, PROTERRA e POLAMAZÔNIA.

Ademais, o governo federal, para minimizar as pressões políticas daqueles que lutavam por uma reforma agrária, buscou neutralizar os movimentos das ligas camponesas do Nordeste através de uma política de migrações internas. Essa política visava atrair para o espaço amazônico, os pequenos produtores e mão-de-obra redundante de outras regiões do País. Os projetos de colonização dirigida para o assentamento de colonos ao longo das grandes rodovias — Transamazônica, Cuiabá-Santarém, Perimetral Norte e Cuiabá-Porto Velho — acabaram liberando as forças de atração de novos contingentes de trabalhadores para o assalariamento rural na região.

Na verdade, a propaganda do governo federal, em torno do projeto de colonização dirigida, serviu apenas para atrair uma imensa população migrante para a Amazônia. A partir de meados da década de 70, o governo passou a realizar maciços investimentos públicos em megaprojetos de infra-estrutura energética — Tucuruí, Balbina e Samuel — visando a fornecer energia barata para os grandes projetos industriais fornecedores de bens intermediários.

A configuração desse modelo de desenvolvimento regional, centrado na grande empresa capitalista, gerou, dentre outras, as seguintes distorções: (1) desregionalização da propriedade do capital; (2) baixo grau de geração de emprego devido aos projetos serem intensivos de capital ou terra; (3) elevados custos de criação de emprego; (4) frágil integração intra-regional da indústria; (5) predominância de projetos agropecuários sobre os industriais; (6) ganhos especulativos com a terra; (7) geração de violentos conflitos sociais decorrentes da luta pela terra; (8) territorialização burguesa da terra por não-residentes; (9) expulsão de camponeses de suas terras; (10) e aceleração do processo de destruição ambiental.

Esse padrão de desenvolvimento regional, paulatinamente, foi deslocando sua ênfase centrada no modelo de "substituição de importações" para a reprodução dos modelos de "enclave de importações" e de "enclave de exportações" de pouco grau de internalização em termos de emprego e renda regional (Costa, 1987). Aliás, este último modelo passou a ser funcional aos interesses da política nacional do comércio exterior, dada a necessidade de geração de divisas para fazer face ao endividamento externo.

De qualquer modo, o esforço de integração da economia amazônica ao resto do País, apesar dessas distorções, teve como referência os grandes projetos agropecuários, industriais e infra-estruturais. Para melhor compreendermos a inserção dos mesmos dentro da divisão nacional do espaço regional, há que se considerar os determinantes da industrialização tardia brasileira e seus reflexos sobre a economia regional na década de 80.

Neste sentido, o objetivo deste trabalho é levantar alguns problemas sobre as possibilidades do desenvolvimento regional à luz das mudanças do padrão industrial que hoje se descortina no cenário internacional vis-a-vis ao novo paradigma tecnológico e a tomada de consciência a nível internacional sobre a questão ecológica. Trata-se, portanto, de uma tentativa de esboçar algumas idéias sobre certas questões do desenvolvimento da Amazônia que vêm sendo tratadas de forma muito idealizadas pelos recentes planos e trabalhos da SUDAM.

Para isso, pretende-se, na seção II, desenhar as tendências gerais do atual processso de transnacionalização do capital e seus possíveis desdobramentos em direção à periferia. Na seção III, discutem-se alguns aspectos da crise do padrão tecnológico da industrialização tardia e seus prováveis reflexos para a Amazônia. Na seção IV, apontam-se as possibilidades de inserção da Amazônia face ao novo padrão de industrialização que se está formando com base no paradigma tecnológico da eletrônica e da biotecnologia.

GLOBALIZAÇÃO E AS NOVAS TENDÊNCIAS DA DIVISÃO INTERNACIONAL DO TRABALHO

Por globalização deve ser entendido o estágio e as formas alcançadas pela internacionalização do capital na qual uma fração crescente do valor e da riqueza é produzida e distribuída mundialmente pelas empresas transnacionais — através de um sistema de redes privadas interligadas — que operam dentro de estruturas de ofertas super-concentradas e são capazes de obter amplas vantagens no processo de internacionalização do capital financeiro do qual são o centro. Na realidade, o fenômeno de globalização recente aponta para as novas tendências da divisão internacional do trabalho que se vêm desenhando a partir da "Terceira Revolução Industrial" e da "Terceira Onda de Transnacionalização" (Tavares, 1993).

O movimento de globalização financeira, que precedeu a atual onda de transnacionalização produtiva, esteve ligado à crise internacional do padrão ouro-dólar. A financeirização internacional dos anos 80, foi o resultado do agravamento da crise financeira americana, da política da diplomacia do dólar forte e dos processos de liberalização e desregulação financeira levados a cabo pelas políticas da dupla Reagan-Tatcher. De fato, o regime de flutuação cambial e liberalização financeira, que prevaleceu depois da ruptura do padrão monetário internacional, forçou a globalização dos grandes bancos e empresas transnacionais a partir do começo dos anos 80.

Esta globalização financeira, por seu turno, veio acompanhada de uma integração flexível — em termos da produção, da comercialização, da tecnologia e dos investimentos seletivos a nível internacional — de um novo padrão de organização industrial que tem como paradigma o *NETWORK*, isto é, um modelo de redes de relações de cooperação e alianças estratégicas intrafirmas, a exemplo dos *Veiretsu*, cujas estratégias competitivas conduzem à formação de estruturas de mercado oligopolista com estratégias e táticas de concorrência inovadoras (Kupfer, 1992).

Em termos regionais, esse processo de globalização se deu mais intensamente em direção à macrorregião do Pacífico — incluindo a transnacionalização dos países da América do Norte (EUA, Canadá e México) e da Ásia (Japão, Coréia do Sul, China, Formosa, Taiwan, Hong-Kong, Singapura) — sob o comando dos conglomerados americanos e japoneses. Na Europa ocidental, particularmente no bloco dos países do CEE, esse fenômeno vem-se dando sob a liderança dos bancos e das empresas transnacionais alemães (Laplane, 1990).

Neste novo processo de internacionalização do capital, o grau de abrangência e as novas condições da concorrência internacional, dadas através da intensificação dos novos processos de rivalidades e colisões entre os grandes oligopólios, demarcam um novo padrão de concorrência internacional que incorpora todas as dimensões da concorrência capitalista que vai desde a produtiva, passando pela comercial e financeira, até a tecnológica.

Cabe assinalar que esse processo de internacionalização do capital financeiro, pela primeira vez, passa a realizar-se com a presença dos países asiáticos. De fato, o Japão e os NICs vêm assumindo um papel importante no processo de globalização produtiva e financeira. No entanto, como contratendência a esse processo, também vem ocorrendo a formação de mercados de bloco de países com forte carga de proteção comercial e uma redefinição da influência geopolítica com resultado do desmonte da União Soviética (Tavares, 1993).

Na onda da "Terceira Revolução Industrial", o Japão vem levando vantagem por ter desenvolvido um novo padrão industrial — centrado na informática e suas derivações, particularmente nas áreas da telemática e da mecatrônica — que está assegurando a esse País um maior grau de competitividade sistêmica com os seus principais rivais, inclusive na indústria de consumo de massa em escala internacional. Os investimentos em setores estratégicos nas regiões sob sua influência, particularmente nos países asiáticos, liberou os seus sócios asiáticos (NICs) para conquistas de novos mercados de produtos de alta tecnologia.

Mais ainda, o Japão também agregou a este novo padrão industrial, um subsistema internacional, de apoio às suas iniciativas de investimentos, constituído pelas suas filiais industriais, comerciais e bancárias espalhadas estrategicamente pelo resto do mundo. Esse novo sistema industrial global japonês representa hoje, no campo concorrencial, um desafio para o velho sistema internacional ainda sob o comando do colosso americano.

No entanto, apesar dessa hegemonia econômica, o Japão ainda não tem o controle do mercado das matérias-primas estratégicas, a exemplo do petróleo, e nem do padrão monetário internacional que, apesar da proeminência dos bancos japoneses, ainda está sob a hegemonia dos bancos americanos.

Na Europa, a Alemanha, devido a seu maior grau de integração nos mercados comerciais e financeiros europeus, vem liderando o movimento de integração do CEE. Não obstante, a Alemanha Ocidental, ao não optar por maciços investimentos nas indústrias eletrônica e de informática, como setores líderes da concorrência nas décadas de 70 e 80 — por considerá-los mercados disputados pelos americanos e japoneses — buscou acentuar as suas vantagens comparativas históricas, particularmente nos campos da mecânica de precisão, da química fina e dos novos materiais. Seus avanços tecnológicos nesses setores, com o apoio dos seus poderosos bancos, garantiram sua hegemonia no sistema econômico europeu (Teixeira, 1992).

Apesar dessas mudanças que estão ocorrendo no plano internacional, a "Terceira Revolução Industrial", por ainda não ter dispensado o petróleo, como matriz energética básica do sistema de transporte mundial, não gestou um *cluster* de inovações schumpterianas capaz de realizar uma verdadeira revolução industrial.

A INDUSTRIALIZAÇÃO TARDIA E O DESENVOLVIMENTO DA AMAZÔNIA

Após a fase da industrialização pesada do Plano de Metas, posteriormente complementada por um novo bloco de investimentos aplicados na agroindústria e na indústria de insumos básicos a partir do II PND, a economia brasileira fechou o seu ciclo de industrialização recente com base no padrão tecnológico da segunda revolução industrial. A transnacionalização da indústria brasileira, a partir daí, passou a ser dominada, principalmente no seu segmento metal-mecânico-eletrônico, pelas empresas filiais das transnacionais estrangeiras que, juntamente com as empresas estatais, passaram a arrastar a expansão das empresas nacionais.

No entanto, com a crise do sistema financeiro internacional, o ritmo e a continuidade dos investimentos públicos autônomos e dos investimentos privados induzidos sofreram, particularmente a partir de 1979, uma forte retração como resultado da ruptura do padrão de financiamento do setor público. De fato, com a precipitada declaração de moratória, durante o governo Sarney, a comunidade financeira internacional, através do FMI, impôs um longo período de "pão e água" de novos empréstimos e financiamentos. Para se ter uma idéia do prejuízo, somente agora, a partir da política de liberação financeira de 1990/1992, o Brasil voltou a ter acesso aos fluxos financeiros orientados para o financiamento das exportações, bolsas de valores e fundos de pensões.

Embora os processos de concentração e centralização do capital tivessem seu curso normal no País, o processo de transnacionalização das empresas brasileiras para o resto do mundo — para que possam adquirir o status de empresas transnacionais — ainda é incipiente, limitando-se apenas à realização de investimentos em alguns poucos países africanos, latino-americanos e Portugal. Pior ainda, até pouco tempo atrás, as únicas grandes empresas nacionais com alguma possibilidade de internacionalização relevante eram algumas empresas empreiteiras e estatais (Tavares, 1993).

Mais ainda, apesar da dimensão geográfica e econômica do País, o Brasil ainda não entrou na onda da transnacionalização globalizante. Há, na verdade, razões históricas para que isso ainda não tenha ocorrido. Por exemplo, somente agora vem ocorrendo as fusões entre os capitais bancário e industrial em direção ao capital financeiro. O nosso principal banco de investimento — o BNDES — é estatal. É necessário, além do BNDES, a criação de bancos de investimentos privados nacionais e regionais para incentivar a retomada dos investimentos produtivos nos setores de tecnologia de ponta, se não quisermos chegar mais uma vez atrasados na "estação" para pegarmos o "trem da história".

De fato, como se sabe, a primeira revolução industrial, baseada na indústria têxtil, maturou plenamente na Inglaterra, país pioneiro do capitalismo, por volta de 1820 a 1830. A partir daí, a Inglaterra liberou suas importações de capitais, de tecnologia e mão-de-obra com aptidões técnicas diferenciadas. Mesmo assim, ainda que esse padrão industrial fosse fundado em bases técnicas relativamente simples, seu implante no Brasil perdurou mais de 50 anos. Na verdade, o transplante desse padrão industrial para o Brasil, somente se inicia por volta das décadas de 1870 a 1880 e só vai consolidar-se entre as décadas de 1920 a 1930 (Cano, 1991).

Na realidade, o comportamento altamente conservador das nossas elites, e a demora para resolver o problema do escravismo, contribuíram para que o país levasse quase um século para absorver esse padrão industrial. Ademais, a dificuldade de se constituir um Estado estruturante, capaz de promover a industrialização e a incorporação do progresso técnico internacional, contribuiu para que chegásssemos atrasados. Assim, computado o marco de referência do nascimento desse padrão industrial na Inglaterra, pode-se dizer que, praticamente, levou-se cerca de 100 anos para se consolidar no Brasil a implantação dos frutos da primeira revolução industrial.

No período subseqüente, que vai de 1930 a 1955, tem-se um período de transição, denominado de industrialização restringida, em que parte da reprodução das relações de produção são dadas pelo capital industrial, mas essa reprodução ampliada, ainda que endógena, não é auto-determinada (Mello, 1982), porque, mais uma vez, as nossas elites empresariais não conseguiram levar adiante um plano nacional de desenvolvimento industrial.

Com a segunda revolução industrial, entretanto, um novo padrão industrial passa a ser conformado nos países de capitalismo avançado. Mais uma vez, aqui, o Brasil levou meio século para incorporar os frutos do progresso técnico da segunda revolução. De fato, é na etapa da industrialização pesada, entre 1955 e 1962, que o Brasil vai incorporar, de forma planejada, esse novo padrão industrial que passa a ditar de forma endógena e auto-determinada o ritmo cíclico do crescimento da economia brasileira.

Nesse longo período, a Amazônia manteve seu padrão de crescimento sustentado numa economia agroextrativa. Porém, diferentemente do período agroexportador, a dinâmica econômica desta periferia passa a ter um comportamento reflexo do centro industrial dinâmico da economia brasileira.

Como se vê, se foram muitas as dificuldades para a inserção do País nesse padrão industrial, dado pela segunda revolução tecnológica, maiores ainda serão as que teremos de enfrentar para a nossa inserção na terceira revolução industrial. Para melhor nos darmos conta dessas dificuldades, vejamos algumas delas:

a) Limitações Externas

No plano internacional, ao final da II Guerra Mundial, o processo de centralização do capital financeiro e seu poder de mobilização a partir dos EUA para o resto do mundo, particularmente para a Europa e Japão, ocorreu sob o predomínio dos bancos privados americanos e com a crescente incapacidade de um maior controle desse processo pelos Estados Nacionais. Da mesma maneira, o translado de fluxos de capitais produtivos, direcionados principalmente dos EUA para a Europa e Japão —

e posteriormente para a periferia latino-americana — também ocorreu sob a égide das grandes empresas transnacionais americanas (Coutinho, 1982).

No entanto, o poder financeiro das empresas transplantadas sobre a produção, inovações tecnológicas e mercados, passou a depender cada vez mais das matrizes das empresas e bancos transnacionais. Como resultado dessa dependência financeira e tecnológica, o poder de negociação a nível internacional dos países periféricos acabou sendo diluído e prejudicado. Com isso, as grandes decisões dos agentes sobre a produção, comércio, transferência tecnológica e financiamento sofreram um deslocamento institucional da órbita pública para a predominantemente privada.

É claro que isso não significou, como pensam os liberais, a retirada do Estado no seu papel de coordenador, regulador e até mesmo executor de certas atividades econômicas estratégicas. Muito pelo contrário, ele continuou a ter uma presença muito forte na nova ordem internacional, como agente estruturante do desenvolvimento das economias centrais e periféricas. Em que pese o discurso neo-liberal recente, as políticas macroeconômicas e industriais dos países centrais acabaram influenciando a reestruturação industrial dos países centrais e suportaram o desequilíbrio estrutural do sistema financeiro internacional (Cano, 1989).

Mais recentemente, a emergência de um novo padrão tecnológico, de natureza schumpteriana, vem abrindo espaço para o extraordinário desenvolvimento do complexo eletro-eletrônico e da informática — sob o comando do Japão e secundado pelos EUA e Alemanha. Esse avanço da indústria da microeletrônica, juntamente com o desenvolvimento tecnológico da indústria química, dos novos materiais e da biotecnologia, estão provocando grandes mudanças institucionais, a exemplo da formação dos macro-mercados continentais, tornando assim mais difícil e penosa a inserção da periferia nessa nova ordem internacional.

Neste ponto, pode-se dizer que a crise do leste europeu e o suicídio do comunismo na União Soviética, em parte, é o resultado do esgotamento do padrão industrial desses países e das suas dificuldades políticas e sociais internas para que esses países ingresassem na terceira revolução industrial.

Neste ponto, há que se ressaltar o fato de que as transformações tecnológicas, hoje em curso, estão conformando um novo padrão tecnológico — que persegue um maior aperfeiçoamento qualitativo dos bens e serviços, uma maior simplificação e padronização do processo produtivo, uma ampla informatização e automação dos processos de produção. Ademais, a busca de novas formas econômicas de energias alternativas para a produção, a substituição das matérias-primas convencionais por ligas mais elaboradas, mais leves e com maior base científica e tecnológica, tudo isso, enfim, vem alterando o padrão de organização do trabalho e, inclusive, promovendo e acelerando uma intensa substituição do trabalho não-qualificado pelo trabalho de alto grau de qualificação.

Não obstante, o acesso da periferia a esse novo padrão industrial depende de negociações internacionais que são, particularmente para os países de elevada dívida externa, cada vez mais difíceis. Isto porque o traço fundamental dessa terceira revolução industrial — que vem crescentemente acirrando a concorrência a nível internacional — é que ela se vem dando através de uma violenta superconcentração do capital transnacional, a partir dos principais grupos oligopólicos de quase todos os setores dos países centrais.

Acrescente-se ainda que os países periféricos, dado o fechamento dos financiamentos externos e a acentuada contração dos investimentos de risco, têm hoje sérias dificuldades para acessar a esse novo padrão tecnológico proveniente dos países centrais. A essas dificuldades se soma, ainda, a tentativa dos países centrais de forçar uma abertura comercial — através de acordos sobre patentes, propriedade intelectual, eliminação de barreiras para investimentos externos etc, no GATT — sob pressão, para o acesso aos financiamentos dos organismos internacionais (FMI, BID, BIRD). Vejamos agora as limitações internas.

b) Limitações Internas

Como decorrência do nosso endividamento externo, a nossa fragilidade cambial, para compensar maciças importações sob o comando de um Estado, também fragilizado financeiramente, reduziu ainda mais as nossas possibilidades de um desenvolvimento centrado no esgotado modelo de substituição de importação. Por outro lado, as possibilidades da retomada dos investimentos públicos, seja por parte da administração central, seja por parte das empresas estatais, algumas delas em processo de privatização, são hoje financeiramente débeis.

Por outro lado, a ausência de um projeto nacional, sob o comando do Estado Estruturante, capaz de planejar o desenvolvimento em outras bases, ainda não foi configurado, dado o impasse político e social dessa angustiante transição democrática. Por fim, a dívida interna, ao acabar reciclando a ciranda financeira e os problemas de inflação e desemprego, completa os constrangimentos internos para acessarmos ao novo padrão tecnológico internacional.

Por seu turno, as nossas elites, ainda não refeitas com o fracasso do projeto "Brasil Potência", ajustaram-se à "Ciranda Financeira" comandada pelo Estado que hoje se socorre de fontes privadas, para fazer face ao seu fantástico déficit público, junto ao mercado financeiro. Essas elites hoje, caso venha a ocorrer um processo de desindustrialização, devido à longevidade da crise econômica brasileira, correm o risco de regredirem às formas antidiluvianas dos capitais mercantil e usurário (Mello, 1992).

Para se ter uma idéia disso, não se deve esquecer que, entre 1974 a 1989, a taxa de investimento caiu de 26% para 16%, particularmente os investimentos públicos, promovendo uma forte deterioração no capital social básico do País. Nos setores produtivos, parte da nossa agropecuária, apesar de dispor de alguns produtos ainda competitivos no mercado internacional, particularmente a soja, laranja e carne, o corte dos subsídios generalizados e a redução dos gastos para investimentos em pesquisa, particularmente em biotecnologia, pode pôr em risco a competitividade conquistada nesses últimos.

No setor industrial, parte substancial dele ainda é competitiva — principalmente nos setores siderúrgicos, papel e celulose, metais não-ferrosos e petroquímicos — no mercado internacional. Mesmo assim, persiste o nosso atraso tecnológico nos setores da indústria de ponta — eletrônica, química fina, mecânica de precisão e biotecnologia — pertencentes à Terceira Revolução Industrial. Por outro lado, uma política de reestruturação industrial, juntamente com um esforço de recuperação da infra-estrutura econômica e social, demandariam um longo tempo, para tirar um atraso de cerca de 10 a 15 anos, e um montante de recursos equivalente ao volume da nossa atual dívida externa.

É claro que a recuperação do nosso atraso tecnológico não depende apenas do montante de recursos financeiros nacionais e internacionais, mas também das dificuldades, postas pelos países desenvolvidos, de se acessar a essas novas tecnologias e participar dos grandes mercados institucionais em formação (NAFTA, CEE, JAPÃO e NICs).

Essas considerações gerais, postas até aqui, devem servir de balizamento para se repensar o modelo de desenvolvimento econômico do País, e da região amazônica em particular, num contexto com fortes tendências globalizantes.

1. As Características do Padrão Industrial Brasileiro dos Anos 70

Entre meados da década de 50 e final dos anos 70, conformou-se um padrão de industrialização no País, sob o comando do Estado, caracterizado pela liderança das indústrias metal-mecânicas e químicas. Os segmentos mais dinâmicos, que puxavam o crescimento dos setores fornecedores de insumos, estavam localizados nos setores líderes da indústria de bens de consumo duráveis, da indústria de bens de capital e da indústria de construção civil.

Essa estrutura industrial foi substancialmente ampliada e verticalizada sob o amparo das políticas protecionista e de incentivos fiscais e financeiros. Nesse período, o crescimento do produto nacional se fazia com base na expansão do mercado interno e no aproveitamento das oportunidades surgidas em decorrência dos investimentos do modelo de substituição de importações. A produção industrial e tecnológica voltada para o mercado externo, que ainda tinha pouca importância, passou a ter uma significativa relevância somente a partir dos anos 70.

Apesar de se ter iniciado nos anos setenta, sob a iniciativa do Estado, a implantação das bases institucionais de um sistema nacional de apoio à ciência e tecnologia, a ação efetiva de uma política científica e tecnológica que atingisse as empresas nacionais foi muito limitada. Não se deve esquecer que a geração de tecnologia ou foi importada ou foi desenvolvida de forma seletiva nos grandes institutos de pesquisas das empresas estatais e privadas. As universidades não tiveram uma participação ativa e significativa nesse processo.

Como conseqüência, ao final dos anos 70, a estrutura industrial brasileira, embora apresentasse um alto grau de integração e diversificação, já revelava uma certa insuficiência tecnológica e de organização do trabalho, limitando sua competitividade e integração ao mercado internacional. Esta, por sua vez, se refletia nos baixos coeficientes de importações e exportações — cerca de 11% a 9% — para a economia em 1980. Essas características gerais, aqui sintetizadas, refletem o padrão da inserção internacional do País, na década de 80, que se vem caracterizando pela exportação de bens intensivos em recursos naturais, energia e mão-de-obra e pela importação de bens intensivos em tecnologia (Suzigan, 1992).

Enquanto essas características e tendências da estrutura industrial brasileira iam assim se conformando, ao longo dos anos 60 e 70, consolidava-se um outro padrão industrial nas economias avançadas a partir das inovações tecnológicas, gerenciais e organizacionais que mudaram radicalmente a base técnica da indústria rumo a um novo padrão industrial. A principal dessas tendências tecnológicas, pelo menos até agora, é liderada pelo paradigma das tecnologias do complexo eletrônico que tem como base a microeletrônica.

2. As Tendências da Estrutura Industrial Brasileira

A política macroeconômica de ajustamento imposto à indústria nacional, em função do agravamento da crise que se inicia em 1980, precipitou a perda do dinamismo do desenvolvimento industrial do período anterior. No período de 1980/1990, o produto real da indústria cresceu apenas 3, 6% e isso graças ao desempenho da indústria extrativa mineral e de alguns poucos segmentos exportadores (Maciel, 1990). A indústria de transformação teve sua produção reduzida em 6, 4%, nesse mesmo período. As indústrias de bens de capital e de consumo duráveis foram as mais atingidas. As categorias das indústrias de bens intermediários e de bens de consumo não-duráveis cresceram às taxas de 3, 9% e 10, 5% a. a., respectivamente (Maciel, 1990).

Em compensação, os gêneros industriais, tais como os têxteis, vestuário e calçados, apesar de terem forte participação no mercado externo, tiveram um desempenho negativo devido aos efeitos compressivos da demanda interna. O mesmo aconteceu com alguns segmentos da indústria de bens de consumo duráveis, a exemplo da indústria de auto-veículos.

Neste período, o único setor representativo do novo paradigma tecnológico que se desenvolveu, particularmente nas áreas de informação e comunicação, foi o da informática. Mesmo assim, a falta de articulação entre a Política Nacional de Informática (PNI) e as políticas dos demais setores do complexo eletrônico, juntamente com o recente desmonte desta PNI, limitaram e enfraqueceram o dinamismo desse segmento em direção ao novo paradigma tecnológico (Suzigan, 1992).

A tendência histórica de crescimento da produtividade da indústria extrativa e de transformação, que chegou a atingir cerca de 20, 5% em 1985, inverteu-se a partir da recessão que se instaurou no País. Mesmo assim, no período de 1980/1990, a produtividade do trabalho registrou um aumento de 15, 7%. Embora esse dado seja significativo, tem-se em conta que a indústria esteve em crise nesse período; por outro lado, ele se mostra de pouca relevância, quando comparado com os ganhos de produtividade alcançados pelos países avançados. As informações disponíveis revelam que, entre 1980/1987, os aumentos de produtividade desses países foram: Japão (70,5%), EUA (34,2%), Holanda (44,7%), Itália (58,9%), França (39,9%), Inglaterra (48,1%) e Alemanha Ocidental (34, 2%) (Suzigan, 1992).

3. O Atraso Tecnológico da Indústria Brasileira

As tendências estruturais destacadas na seção anterior, além de ampliar o hiato tecnológico da indústria brasileira em relação às economias avançadas, acentuaram a heterogeneidade tecnológica inter e intrasetorial e agravaram os desequilíbrios regionais da estrutura produtiva da indústria e da infra-estrutura econômica e social. Como resultado, talvez o País corra o risco de mais uma vez perder a oportunidade única de queimar etapas em direção ao novo paradigma tecnológico.

No momento, o atraso tecnológico da indústria brasileira se manifesta na forma de defasagens dos equipamentos e das tecnologias de processo e de produto, na baixa difusão das inovações gerenciais e organizacionais e no reduzido investimento em atividades de P&D. Além disso, com exceção parcial da informática, é incipiente o desenvolvimento das indústrias ou atividades representativas dos novos paradigmas tecnológicos (Thompson-Flores, 1992).

Alguns estudos setoriais recentes mostram que a indústria brasileira, em comparação com os padrões internacionais, apresenta as seguintes características:

a) opera com máquinas, equipamentos e instalações tecnologicamente defasados. Essa defasagem é maior ainda nas indústrias de bens de consumo, insumos básicos e de bens de capital, no que diz respeito à difusão de equipamentos de automação;
b) apresenta acentuado e crescente atraso nas tecnologias de processo, em termos da incorporação de equipamentos de automação da indústria manufatureira;
c) incorpora defasadamente tecnologias de produto, já que a indústria brasileira, com raras exceções, não desenvolve tecnologia de produto;
d) realiza gastos de investimento em P&D, em relação ao faturamento das empresas privadas, em níveis muito baixo;
e) revela, com algumas exceções, um baixo grau de controle de qualidade dos produtos e processos de fabricação;
f) apresenta um grande atraso na difusão das inovações gerenciais e organizacionais do tipo *just-in-time e quick response*;
g) possui baixo grau de interação entre o usuário e o produtor, principalmente, nas indústrias de bens de capital;
h) interage sempre em bases conflitivas, ao invés de cooperativas, com os seus fornecedores e clientes; e
i) atua com um deficiente padrão de relações de trabalho, dando pouca atenção à melhoria salarial e às condições de trabalho baseadas em treinamento e capacitação de operários polivalentes.

Como conseqüência dessas defasagens, a indústria brasileira possui um padrão de competição limitado pelos seus baixos níveis de produtividade que se refletem em custos elevados e outras deficiências — baixa capacidade de resposta a variações na demanda, baixa flexibilização e diversificação da produção, deficiente qualidade e desempenho dos seus produtos — que acabam restringindo sua capacidade competitiva via inovações tecnológicas e diversificação de processos e produtos.

Apesar das exceções de certas empresas líderes, particularmente de certos segmentos industriais voltados às exportações, terem conseguido desenvolver capacitação tecnológica para se tornarem competitivas no mercado internacional, ainda assim é necessário acelerar a incorporação do progresso técnico na grande maioria das empresas da indústria nacional (Batista et al., 1992). Essas mudanças estão a exigir uma nova mentalidade empresarial e ações do Estado com vistas a definir ações de políticas industrial, científica, tecnológica e educacional consentâneas.

4. Os Grandes Projetos da Amazônia como Saída para a Crise Industrial

Os grandes projetos de capital social básico, as grandes hidrelétricas, tais como Tucuruí, Balbina e Samuel, e os grandes mega-projetos dos setores produtivos — a exemplo do complexo Albrás-Alunorte, o complexo grande Carajás e o complexo da Alcoa — foram incentivados pelo Estado com vista a gerar as divisas necessárias ao pagamento da dívida externa. Assim, no período de 1981/1990, a característica singular do desempenho da indústria regional foi sua crescente destinação da produção para o mercado internacional.

Com o fim dos grandes investimentos na Amazônia, levado a cabo pelo II PND nos anos 70, a indústria deixou de gerar sua própria demanda e, por conseguinte, as suas possibilidades de crescimento e diversificação voltadas para o mercado doméstico ficaram restritas em função da crise econômica. Esta orientação da produção para o mercado interno foi sustentada por um conjunto de medidas — incentivos e subsídios às exportações, arrocho salarial, rigoroso controle de preços e desvalorizações cambiais periódicas — destinadas a comprimir a demanda agregada.

Na década de 80, no entanto, a inserção da indústria brasileira no mercado internacional se dá com base nos segmentos da indústria intensiva em recursos naturais, energia e mão-de-obra barata, a exemplo daquelas localizadas na Amazônia.

Uma outra característica dos anos 80, foi a retração dos investimentos. Para se ter uma idéia, a formação bruta de capital fixo como proporção do PIB, dada a preços constantes, que tinha atingido a média anual de 24% (1974-1980), caiu para 17, 6% no período 1981-1990 (Maciel, 1990).

Essa redução da taxa de investimento dos anos 80 foi o resultado da ruptura do padrão de financiamento do setor público, da inversão do fluxo de recursos externos e do comportamento defensivo do setor privado face à instabilidade e incerteza quanto à política econômica e à ausência de uma política industrial e tecnológica.

O efeito mais perverso da instabilidade econômica do País nos anos 80, por causa da aceleração inflacionária e o endividamento externo e interno, foi o enfraquecimento do já limitado esforço do desenvolvimento científico-tecnológico, inclusive de formação de recursos humanos, como conseqüência do desequilíbrio financeiro do setor público, principal financiador dos gastos em P&D. Na verdade, após o grande esforço de montagem da infra-estrutura de P&D nos anos 70, deixou-se que a mesma sofresse um forte desgaste político e financeiro que se manifestou na perda de técnicos, cientistas e na redução de verbas orçamentárias para as instituições de pesquisas.

Para ilustrar essa idéia, na década de 80, os níveis dos gastos anuais em P&D no Brasil, situou-se em torno de 2 bilhões de dólares dos quais cerca de três quartos foram financiados pelo Estado. Isso corresponde a cerca de 0,7% do PIB (1989), enquanto os países desenvolvidos e os NICs aplicaram 2,7% e 1,3%, respectivamente. É pequena, também, a participação do setor privado nos gastos em P&D no Brasil em comparação com os tigres asiáticos. Constata-se que, durante a década de 80, os recursos do FNDCT caíram em relação à década anterior. Mesmo quando se considera o PADCT, criado em 1984, a redução do volume de recursos aplicados se mantém.

Percebe-se, portanto, que os problemas estruturais da indústria brasileira foram bastante acentuados na década de 80. Por conseguinte, ampliou-se ainda mais o grau de heterogeneidade dos níveis de utilização da capacidade produtiva instalada a nível de gêneros da indústria de transformação e a deterioração dos serviços públicos e da infra-estrutura econômica e social gestada nos anos anteriores.

O NOVO PADRÃO DE INDUSTRIALIZAÇÃO E SUAS POSSÍVEIS REPERCUSSÕES REGIONAIS

Como se sabe, durante os anos 70, o processo de ocupação e integração regional, tanto de natureza física como institucional, estiveram sob o comando do governo federal. Nos anos 80, esse processo de avanço da fronteira econômica tornou-se mais amplo e complexo do que fora antes. Com a fragilidade financeira do Estado, o financiamento de projetos para a região tornou-se crescentemente dependente de investimentos internacionais privados, associados ou não com o capital nacional privado ou público.

A crescente presença de pesquisadores, das ONGs, de jornalistas e outros segmentos formadores da opinião pública, por outro lado, acabou ampliando o volume e a diversidade de informações sobre a Amazônia. Neste sentido, os anos 80 apenas reafirmam o processo de internacionalização da ocupação e integração da região amazônica.

Neste contexto, dada a formação do novo paradigma tecnológico, há que se questionar a forma como se dará o relacionamento da Amazônia com o resto da economia brasileira e com a economia internacional.

1. As Alternativas da Evolução do Processo de Ocupação com base nas Atividades Tradicionais

Apesar da dimensão territorial da Amazônia, e de sua imensa potencialidade econômica, seus espaços geo-econômicos estão sendo ocupados aceleradamente por um conjunto de atividades econômicas, com um certo grau de diversificação, voltadas intensamente para o extrativismo, agropecuária e a indústria de insumos básicos. A disputa pelo espaço econômico, particularmente nas duas últimas décadas, tem agravado a luta pela terra e aumentado o grau da violência rural.

A conscientização nacional e internacional sobre os problemas ambientais — desmatamento e queimadas de grandes áreas de florestas tropicais, destruição e poluição de rios e igarapés, extinção de espécies da flora e da fauna — tem levado a formação de vários modelos de desenvolvimento alternativos baseados em experiências locais e dentro de uma perspectiva a-histórica. Não se pretende aqui discutir esta questão, mas apenas estabelecer alguns parâmetros para se pensar a economia amazônica numa perspectiva histórica que, considerando os seus interesses locais, leve em conta a sua inserção no contexto nacional e internacional.

Há alguns preservacionistas mais ativos, por exemplo, que defendem um desenvolvimento para os "povos das florestas" baseados no agroextrativismo. É verdade que o extrativismo vegetal, por exemplo, ocupa uma área de 112 km² e emprega cerca de 200 mil pessoas, das quais metade são indígenas. Também é verdade que, em 1980, esse extrativismo vegetal rendeu próximo de U$45 milhões de dólares dos quais 65% vem da borracha e 25% da castanha-do-pará. Em termos comparativos, chega-se a avaliar o uso econômico do extrativismo de coleta, para certas populações locais, como uma alternativa mais rentável do que a agricultura ou a pecuária, sobretudo por não destruir recursos naturais e não apresentar problemas de rendimentos decrescentes com o tempo.

No entanto, apesar da grande diversidade biológica da floresta tropical amazônica, a borracha natural, que não é competitiva a nível internacional, continua sendo o principal produto extrativo vegetal. O palmito, a castanha, o açaí e algumas frutas tropicais, apesar do grande interesse comercial local, não possuem ainda mercados organizados. Sabe-se que, na área dos fármacos, 40% dos ativos dos medicamentos receitados internacionalmente, inclusive aqueles destinados para a cura das "doenças da civilização", são extraídos através de coleta seletiva diretamente contratada por empresas nacionais e estrangeiras.

No entanto, além das técnicas de coleta predatórias dessas espécies medicinais, não há replantio dessas plantas nativas para atender à crescente demanda. Por isso, nos últimos anos, vem aumentando a coleta dessas espécies para a formação de bancos de germoplasma por órgãos do governo, empresas nacionais e, sobretudo, empresas estrangeiras.

A extração de madeira é outra atividade que vem tendo uma elevada participação na renda regional. No entanto, as madeireiras, além de realizarem uma exploração seletiva e predatória de essências de alto valor comercial no mercado internacional, a exemplo do mogno, incentivam o desmatamento indiscriminado por parte dos pequenos agricultores, a quem fornece uma renda complementar, e às exportações clandestinas.

O garimpo é outra atividade predatória. Estima-se a presença de cerca de 860 mil garimpeiros ativos na Amazônia. Só no Pará, o garimpo ocupa uma área de 170.000km2. Além da poluição ambiental por mercúrio nos rios amazônicos, o garimpo é a principal atividade causadora de invasões em terras indígenas.

No caso da grande mineração, em que estão presentes as grandes empresas japonesas e americanas juntamente com as empresas estatais, a questão mais polêmica é que esses projetos geram economias de enclave. No caso do Grande Projeto Carajás, existe a preocupação com a implantação de empresas siderúrgicas altamente consumidoras de carvão vegetal, ao longo da ferrovia Carajás-Itaqui, devido a seu potencial desmatador de florestas estimado em cerca de 15. 000 ha por ano.

No caso da pecuária, estima-se que o rebanho bovino amazônico tenha crescido de cerca de 1. 000. 000 cabeças (1950) para 7.000.000 cabeças em 1987. A pecuária ocupa cerca de 40.000 km² de pastagens naturais e aproximadamente 100.000 km² de pastagens artificiais. Estas pastagens plantadas foram formadas a partir do desflorestamento de matas densas e absorveram subsídios da ordem de 1,5 bilhão de dólares. Cerca de 60 a 70% do total dos incentivos fiscais concedidos, por outro lado, foram concentrados nas mãos de apenas 35 grandes empresas nacionais e estrangeiras. Tendo em conta que muitos desses projetos, por certo, foram abandonados ou vendidos, depois de terem obtido os certificados de implantação, chega-se à conclusão de que uma parcela significativa desses beneficiários jamais operaram esses projetos em condições de lucratividade normal (Almeida, 1992).

No caso da agricultura, esta interessa mais pelos seus processos sociais e de conflitos na luta pela terra do que por sua efetiva contribuição produtiva em termos macroeconômicos. Para se ter uma idéia, segundo o censo agropecuário do IBGE de 1985, dos 65, 8 milhões de hectares agrícolas apenas 4 milhões de hectares estavam ocupados com lavouras, ou seja, o equivalente a 1/3 da área ocupada com pastagens na Amazônia.

Calcula-se que cerca de menos de 1/2 milhão da área agrícola estava ocupada com culturas perenes. Essas culturas permanentes, ambientadas às condições ecológicas da região, são tecnologicamente apropriadas aos trópicos úmidos e se constituem uma alternativa de renda para o pequeno produtor.

Entretanto, deficiências na pesquisa, extensão rural, infra-estrutura de sementes e mudas, infra-estrutura de transporte e comercialização, eletrificação rural e a falta de políticas de crédito e de preços mínimos adequadas, têm bloqueado essa alternativa de acumulação produtiva dessa atividade agrícola. Esses problemas, por certo, têm contribuído para que o pequeno produtor recorra à diversificação de suas atividades em direção a outras de natureza não-agrícolas.

De qualquer maneira, os que conseguem acumular, sob quaisquer que sejam as formas, são a minoria da população agrícola. Na maioria das vezes o fracasso leva ao êxodo rural. Mais ainda, a itinerância da pequena produção agrícola, certamente, deve-se não apenas ao esgotamento do solo pelo uso, mas também aos complexos processos de expulsão social criados pelo modelo de desenvolvimento econômico da Amazônia.

2. O Novo Reordenamento Industrial da Periferia Regional

Não resta dúvida que, "apesar dos pesares", o capitalismo tardio brasileiro, particularmente a sua indústria e agroindústria, alcançou um nível mais integrado no mercado internacional e uma estrutura produtiva mais verticalizada. Por sua vez, o projeto de integração nacional, através da expansão dos sistemas de transporte e comunicações inter-regionais, juntamente com o suporte de uma política de desenvolvimento regional fortemente incentivadora às migrações do capital produtivo, sem dúvida contribuiu para que todas as regiões brasileiras, de um certo modo, se beneficiassem da maior inserção da economia brasileira no mercado internacional e de seu melhor desempenho econômico nos anos de prosperidade.

Apesar do crescimento econômico das macrorregiões da periferia, na década de 70, os seus problemas sociais permaneceram e até mesmo se agravaram. A tentativa do II PND, de buscar uma desconcentração em relação a São Paulo, por cima do mercado, resultou num aparente paradoxo. De fato, à medida que se constatava, via censo, uma relativa desconcentração inter-regional a partir do Estado de São Paulo, por outro lado, observava-se uma intensa desconcentração intra-regional, a partir da região metropolitana paulista, em direção ao interior do Estado de São Paulo. Para se ter uma idéia, o interior de São Paulo que, em 1970, participava com 18% da produção da indústria brasileira, passou para 22% em 1980.

Essa desconcentração não significou apenas a relocalização de indústrias processadoras de matérias-primas, a exemplo das agroindústrias sucro-alcooleiras, mas também, e principalmente, de indústrias de tecnologias avançadas que produzem desde aviões, tanques de guerra e produtos da petroquímica até as indústrias do complexo eletrônico e da informática.

As políticas atrativas municipais, a descentralização da infra-estrutura de transporte e energia, como uma política do governo do Estado, e as "deseeconomias externas" da grande metropóle paulista, juntamente com a reorganização sindical do setor metalúrgico, que acabou induzindo certas empresas a migrarem para pequenos municípios do interior paulista, onde a classe trabalhadora ainda era pouco afeita à luta de classes, certamente contribuíram para essa descentralização.

Não menos relevante foram os investimentos do governo federal no setor petroquímico — as refinarias de petróleo instaladas em Paulínia e São José dos Campos — na indústria aeronáutica e bélica — no Vale do Paraíba — e na microeletrônica e informática — em Campinas e adjacência — os incentivos à agroindústria exportadora e ao programa de álcool carburantes, que permitiram o desenvolvimento da agroindústria praticamente em todo o interior paulista.

No contexto dessa divisão regional do trabalho, a região nordeste, graças a sua base mineral e à política de incentivos fiscais, foi a grande receptora de investimentos à indústria de bens intermediários, o que lhe proporcionou uma taxa média de crescimento anual de 17%, na década de 70. A base de recursos naturais do sul e centro-oeste, foi também diversificada em direção da produção agroindustrial de produtos exportáveis, tais como soja, laranja, trigo e carnes.

Com relação à Amazônia, pode-se dizer que a abertura da fronteira agrícola, embora tenha ampliado a produção agropecuária da região, ainda assim o fez de forma limitada, em termos da acomodação social dos pequenos produtores, e com pouca racionalidade no que diz respeito à agressão ao meio ambiente.

Neste sentido, é preciso frisar que, apesar de a política do governo autoritário ter dado vazão ao excedente social do nordeste, a região amazônica só recebeu cerca de 600 mil imigrantes entre 1970/1980, ou seja, pouco mais de 1/5 do que São Paulo recebeu no mesmo período. No entanto, nesse mesmo período, os maiores investimentos no setor agropecuário, inclusive com o apoio dos incentivos fiscais da Sudam, foram dirigidos para a região centro-oeste.

O colossal volume de incentivos da Zona Franca de Manaus, por outro lado, induziu à formação de um pólo eletrônico voltado para a produção de áudios, vídeos, televisores e outros produtos da área de informática. Ainda assim, são grandes os problemas sociais e a dependência tecnológica desse parque industrial em relação a São Paulo. Hoje, com as dificuldades da indústria nacional de componentes eletro-eletrônicos, esse quadro tende a se agravar.

3. O Novo Padrão Industrial e as Possíveis Repercussões Regionais

As repercussões do novo paradigma tecnológico sobre o espaço regional, em princípio, deve partir de um diagnóstico setorial para se identificar o que está acontecendo a nível internacional. Por exemplo, o futuro do tradicional setor siderúrgico pode estar sendo posto em "xeque" como conseqüência do surgimento das "novas ligas". O Japão queimou 20% da sua capacidade produtiva e os EUA cerca de 50%, mas o Brasil não só modernizou suas plantas industriais, nesse setor, como se tornou competitivo no mercado internacional.

Entretanto, com o surgimento das novas ligas, capazes de substituir o "velho aço" pelo "aço novo", talvez o mercado fique segmentado com os países desenvolvidos produzindo aços nobres e os países em desenvolvimento, como o Brasil, exportando o aço comum. Esta questão é importante para o País, uma vez que a nossa siderurgia está descentralizada em vários estados da periferia, inclusive na Amazônia.

Os setores do Complexo Mineral, a exemplo da indústria de alumínio, cujas indústrias são poluidoras e demandantes de alta quantidade de energia, ao que tudo indica deverão desenvolver-se na periferia possuidora de alto potencial de recursos minerais e localização geográfica estratégica, como a Amazônia. Este segmento industrial, no caso da Amazônia, abre novas possibilidades de uma política de desenvolvimento regional capaz de ocupar as brechas deixadas por esse tipo de indústria na periferia.

Contudo, cabe alertar que as tecnologias utilizadas por essas indústrias são poupadoras de mão-de-obra não-qualificada e altamente consumidoras de energia e matérias-primas convencionais.

O potencial biogenético da região, por sua vez, abre boas oportunidades para o desenvolvimento de agro-indústrias inovadoras, desde que se façam maciços investimentos em P&D e se defina uma política nacional de desenvolvimento regional. É claro que não se deve ter ilusões de transformar a Amazônia num pólo biotecnológico, com o desenvolvimento de bio-indústrias fundadas na engenharia molecular, como sugere a SUDAM e seus consultores (Carvalho, 1990).

A euforia de alguns, em torno da implantação de uma poderosa indústria naval, apenas revela o pouco conhecimento sobre o processo de industrialização do País. Na verdade, com esse parque industrial estabelecido no Rio de Janeiro, as possibilidades de desenvolvimento de uma indústria naval, voltada para o transporte fluvial e marítimo, deverão ficar limitadas à indústria artesanal ou de luxo para certos nichos de mercado. Um mercado amplo para bens de capital desse tipo e as deficientes economias externas regionais, sem dúvida, atuam como fatores limitantes para se pensar um bloco de investimento significativo capaz de alavancar essa indústria.

Quanto às indústrias de *hardware* e *software*, na área da informática, as possibilidades para o desenvolvimento desses segmentos estão sujeitas ao esforço nacional de integração vertical desse setor. Os mesmos problemas estão presentes na indústria de semi-condutores.

Os Parques e Pólos Tecnológicos, talvez, possam se transformar num instrumento de atração de empresas em regiões com instituções de pesquisa de excelência. Contudo, há que se insistir no fato de que o setor *High-tech*, da indústria eletrônica e de informática, tem grandes dificuldades de se localizar, via mercado, na periferia.

Na verdade, não basta a presença de universidades e centros de pesquisa para a criação de pólos e parques tecnológicos numa região, é preciso também uma densidade econômica fortemente integrada, uma rede de relações mercantis, produtivas e financeiras, um mercado de trabalho denso, ágil e altamente qualificado e o suporte da ação governamental para atrair as empresas de base tecnológica do setor privado.

No caso do setor eletrônico de consumo (áudios e vídeos), geralmente, suas indústrias, fugindo da taxação nos seus países de origem, têm-se instalado em diversas partes da periferia do mundo subdesenvolvido quase sempre como uma indústria de montagem que importa seus principais componentes fora da periferia. Estes são os casos da Zona Franca de Manaus e da recente Zona Franca de Macapá. Em ambos os casos, este setor poderá até lograr êxito na Amazônia, devido às isenções e incentivos fiscais recebidos, porém continuará dependente de importação dos componentes produzidos em São Paulo.

A agroindústria é outra atividade econômica alternativa, com ampla possibilidade de sucesso, a ser pensada para contribuir para o desenvolvimento da região amazônica. Entretanto, a sua expansão passa pela formulação de uma política nacional de desenvolvimento agrícola regionalizada e por uma imédiata reforma agrária capaz de viabilizar a expansão da pequena produção integrada aos complexos agroindustriais.

CONCLUSÃO

A partir do momento histórico em que se montou e consolidou uma indústria pesada no País, a dinâmica da periferia regional ficou atrelada ao centro da dinâmica do centro econômico brasileiro. Não importa se em termos dos setores produtivos, a dinâmica regional possa crescer a uma taxa até mesmo acima do ritmo do centro industrial brasileiro, tal como ocorreu nos anos 70.

Na verdade, a montagem de uma indústria de bens intermediários na periferia, que funciona atrelada ao centro dinâmico, apenas reforça essa associação e reproduz uma dinâmica cíclica como reflexo da dinâmica nacional. De fato, há uma certa flexibilidade de crescimento entre os diversos setores produtivos da periferia que acaba conferindo às macrorregiões uma certa diferenciação de ritmo de crescimento em relação à dinâmica do pólo dominante.

Isto pode até ocorrer como resultado de uma política específica de exportações e/ou de importações ou ainda como decorrência da inserção de um novo segmento produtivo na periferia; mas, diga-se de passagem, nunca como conseqüência de um processo de industrialização regional a partir da periferia. Isto porque esse processo histórico da industrialização brasileira já ocorreu a partir de São Paulo — que possuía as condições sócioeconômicas para a realização do capitalismo tardio brasileiro — e hoje se expande a todo o espaço nacional.

Portanto, deve-se pensar a "industrialização da periferia" dentro das limitações acima referidas e a partir de sua inserção no mercado nacional e internacional. Para tal, é preciso considerar o papel complementar da periferia na economia nacional. A oportunidade surgida com o novo padrão industrial, portanto, sugere que se repense a economia amazônica dentro dos limites das suas possibilidades e potencialidades, sem que isso signifique um retrocesso a modos de produção arcaicos, baseados nos limitados modelos agroextrativos, e nem numa industrialização altamente avançada, capaz de incorporar, num passe de mágica, o novo paradigma tecnológico internacional.

Há que se pensar a Amazônia, portanto, a partir de uma visão macroeconômica que, sem negar a existência e até mesmo a melhoria de técnica de certos modos de produção artesanais locais, considere a possibilidade de se ocuparem as brechas tecnológicas desse desenvolvimento do capitalismo nacional e internacional naqueles setores e atividades capazes de internalizar os efeitos de renda e emprego para as populações amazônicas.

Mas, tal projeto nacional de desenvolvimento regional, há que ser pensado a partir de uma estratégia de desenvolvimento que considere não só as demandas sócioeconômicas da sociedade amazônica, como os custos sociais que esta pode arcar em função dos impactos que as atividades econômicas venham a provocar no meio ambiente regional. Para que isso ocorra, as velhas instituições regionais decadentes, que comandaram o processo de desenvolvimento nos últimos anos, têm que ser, no mínimo, reformuladas ou substituídas por outras com novas funções sociais e novos compromissos políticos para com a sociedade amazônica.

Não resta dúvida de que as inovações tecnológicas, que tomam forma no contexto internacional, estão redefinindo um novo padrão industrial nos países desenvolvidos. Esse novo padrão tecnológico, ainda que com algum retardo, está sendo incorporado pela economia nacional. Os rebatimentos dessa inserção da economia brasileira em direção à Amazônia, portanto, se dará de forma indireta. No entanto, além do frágil mercado regional, a falta de uma política nacional de desenvolvimento tecnológico para a Amazônia, que leve em consideração os interesses regionais, aumenta ainda mais o grau de incerteza sobre as possibilidades de atração de empresas de base tecnológica para a região.

REFERÊNCIAS BIBLIOGRÁFICAS

BATISTA, M. et al. 1992. *Os Impactos Da Nova Política Industrial Nas Estratégias Competitivas Das Empresas Lideres Da Indústria Brasileira de Informática: A Falsa "Modernidade" E Os Limites Da Competitividade Internacional.* Campinas, IE/UNICAMP. (mimeo)

CANO, W. 1989. *Reestruturação Internacional E Repercussões Inter-Regionais Nos Paises Subdesenvolvidos: Reflexões Sobre O Caso Brasileiro.* Campinas, IE/UNICAMP.

CANO, W. 1991. *Reflexões para uma política do atraso social e produtivo do Brasil na década de 1990.* Campinas, IE/UNICAMP, 1991.

COSTA, J. M. M. 1987. Crise, grandes projetos e perspectivas da Amazônia. In: COSTA, J. M. M. (org). *Os Grandes Projetos da Amazônia: Impactos e Perspectivas.* Belém, NAEA/UFPa.

COUTINHO, L. G. 1982. Percalços e Problemas da Economia Mundial Capitalista. In: *Desenvolvimento Capitalista no Brasil: Ensaios Sobre a Crise.* v 1., São Paulo, Brasiliense.

DOSI, G. & ORSENIGO, L. 1988. Industrial Structure and Tecnical Change. In: *Innovation, Tecnology, and Finance.* HEERTJE, A. (ed.), Oxford/New York, Basil Blackwell.

ERBER, F. S. 1990. A política industrial-paradigmas teóricos e modernidade. In: TAVARES, M. C. et alli (orgs). *Aquarella do Brasil.* Rio de Janeiro, Fundo de Cultura.

LAPLANE, M. F. 1990. *A Reestruturação da Indústria Nos EUA, No Japão e Na Alemanha Nos Anos Oitenta.* Campinas, IE/UNICAMP.

MACIEL, C. S. 1990. *Investimento e modernização tecnológica na indústria brasileira durante a década de oitenta.* Relatório de Pesquisa do Projeto SCTDE/SP-FECAMP. Campinas, IE/UNICAMP.

MACIEL, C. S. 1990. *Padrão de investimento industrial nos anos noventa e suas implicações para a política tecnológica.* Relatório de Pesquisa do Projeto IPT/FECAMP. Campinas, IE/UNICAMP.

SUZIGAN, W. 1992. *A Indústria Brasileira Após Uma Década De Estagnação: Questões para política industrial.* Campinas, IE/UNICAMP.

TAVARES, M. C. 1992. *Tendências de Globalização, Crise do Estado Nacional e Seus Impactos Sobre o Brasil.* Rio de Janeiro, UFRJ/ANGE.

TEIXEIRA, J. R. 1992. A Europa 92 e os impactos sobre importações da CEE de produtos manufaturados brasileiros. *ANAIS DA ANPEC.* São Paulo, ANPEC.

THOMPSON-FLÔRES, E. A. L. 1992. *A Competitividade da Indústria Brasileira: uma análise com base em indicadores de custos, 1970/90.* Rio de Janeiro, BNDES.

AS GRANDES HIDRELÉTRICAS E AS POPULAÇÕES CAMPONESAS

Sonia Barbosa Magalhães

A hidreletricidade tem sido, historicamente, no Brasil, a alternativa preferencial de geração de energia e, ao lado da opção pela hidreletricidade, tem sido o modelo grande hidrelétrica, um modelo que se consagra na década de 70, a opção tecnológica privilegiada para viabilizar o chamado desenvolvimento industrial no país.[1] Esta vinculação é forte no Brasil de tal modo que há quase uma associação naturalizada entre a hidreletricidade e a grande hidrelétrica. Foi nesta opção tecnológica que o país investiu e inclusive se destaca no cenário internacional. É, pois, em razão deste tipo específico de tecnologia que o Estado Brasileiro, através da ELETROBRÁS e de suas subsidiárias, promoveu, ao longo dos anos 70 e 80, a inundação de vastas extensões do território nacional e o deslocamento compulsório de milhares de seus habitantes, em sua maioria camponeses. Desse modo, a experiência de construção de grandes hidrelétricas no Brasil vem sendo marcada pelas sérias e graves conseqüências que têm trazido para as populações camponesas[2].

Por que estou enfatizando os camponeses? Não é uma opção gratuita, nem aquilo que se poderia chamar de "mania de antropólogo". Estou enfatizando os camponeses porque, em primeiro lugar e conforme já me referi, há um dado estatístico que enfatiza a presença camponesa: os dados oficiais indicam que, apenas para as barragens de Sobradinho, Itaipu e Tucuruí, cerca de cento e cinqüenta mil pessoas foram transferidas compulsoriamente, sendo aproximadamente 80% correspondentes aos camponeses e suas famílias. E, em segundo lugar, porque embora, em princípio, não se trate de uma política voltada para os camponeses, ao incidir sobre o território com a inundação de milhares de quilômetros quadrados, a política energética do Estado tem resultado na

1 Verificou-se nas décadas de 70 e 80 a construção simultânea de várias barragens, espalhadas por todas as regiões do país. Por exemplo, na Região Nordeste: Moxotó(1971-1977), Sobradinho (1973-1979) e Itaparica (1974-1988); na Região Sul: Passo Fundo (1968-1973), Salto Santiago (1975-1984) e Itaipu (1974-1983); na Região Central: Itumbiara (1974-1980); e, na Região Norte: Tucuruí(1975-1984) e Balbina (1978-1989).

2 Sobre as consequências das grandes hidrelétricas para as populações camponesas, v. Sigaud [1986]; Sigaud et alii [1987]; Daou [1989]; Martins Costa [1989]; Vianna [1990]; Faillace [1990].

inundação de uma parcela do território nacional, tradicionalmente ocupada por famílias camponesas - às margens e circunvizinhanças dos rios[3].

Assim, se se pode pensar que a um nível geral, esta inundação de grandes parcelas do território nacional traz, por conseqüência, um reordenamento espacial que incide sobre o uso e a apropriação do solo, sobre as potencialidades de desenvolvimento da economia extrativa - mineral e vegetal - , a nível específico têm-se como conseqüência, para os camponeses, a redefinição de todo um modo de vida associado ao padrão mesmo de uso e de apropriação do território. A rigor, a questão da relação entre espaço físico e a constituição de grupos sociais têm sido uma preocupação histórica da Antropologia, notadamente no que diz respeito à relação entre a organização espacial e as relações sociais que lhe são solidárias.

Aqui na Amazônia tem-se um caso exemplar para se pensar, a partir desta perspectiva, a relação entre os camponeses e as grandes hidrelétricas, e é sobre ele que eu quero deter a minha atenção. Refiro-me à transferência compulsória de grupos camponeses, provocada pela construção da Usina Hidrelétrica de Tucurui[4] e, mais particularmente, às conseqüências decorrentes das alterações que se verificam sobre as condições sociais de uso e de apropriação do território na construção da hidrelétrica. De acordo com os dados oficiais, a construção da Hidrelétrica de Tucuruí resultou no deslocamento de cerca de seis mil famílias, sendo que as famílias camponesas compunham cerca de 90% deste total[5]. Em Tucuruí, considero paradigmáticos os casos de transferência para os locais denominados Loteamento Rural Rio Moju e Loteamento Gleba Parakanâ , o primeiro situado no município de Moju e o segundo no atual município de Repartimento[6].

---

3 A proposta deste texto inspira-se em Sigaud [1986 e 1989] que, refletindo sobre a intervenção estatal para geração de energia hidrelétrica, chama a atenção para a especificidade desta intervenção sobre o território, que incide sobre todas as dimensões da vida social, desencadeando processos rápidos e intensos de mudança social.

4 A Hidrelétrica de Tucuruí, situada na Região Médio Rio Tocantins Paraense, foi construída pelas Centrais Elétricas do Brasil (ELETRONORTE) no período compreendido entre 1975 e 1984. Com a sua construção, foi inundada grande parte dos territórios dos municípios de Tucuruí, Jacundá e Itupiranga; e, uma pequena parcela do município de Rondon do Pará. Formou-se um lago com uma área total estimada em 2.830 km² e com extensão o de 170 km. Para a formação deste lago, foram inundados uma sede municipal - Jacundá - e uma dezena de povoados. O represamento parcial das águas teve início em 1979, realizando-se o enchimento total do lago cinco anos depois, entre junho de 1984 e março de 1985. Em Magalhães (1988) encontram-se outros dados sobre a Usina Hidrelétrica de Tucuruí.

5 Este dado populacional se encontra em ELETRONORTE et alii [1988], e a forma como estou apresentando-o simplifica uma constante alteração que se verifica nas informações produzidas pela ELETRONORTE ao longo da construção da referida usina, especialmente naquelas referentes aos camponeses e as suas terras inundadas. Para maiores detalhes sobre estes dados e para uma análise da relação entre a imprecisão das informações e os pressupostos e práticas desta empresa em sua relação com os camponeses, v. Magalhães [1989].

6 Época da transferência, este local pertencia ao município de Jacundá e integrava a Reserva Indígena Parakanã, que também foi quase totalmente inundada. Esta área remanescente da Reserva foi cedida pela FUNAI à ELETRONORTE. Sobre a transferência compulsória dos Parakanã e as questões referentes à demarcação da Reserva Indígena, v. Magalhães [1991, 1993].

Ao longo do trecho médio do Rio Tocantins inundado com a construção da Usina HIdrelétrica, habitava uma parcela dos camponeses de permanência mais antiga na região: ocupação que remonta às décadas de 20 e 40 deste século quando se inicia a exploração mais intensa da castanha-do-pará, esta que seria do ponto de vista econômico a atividade mais importante do Estado até os anos 70. E, camponeses que mais recentemente chegaram a esta região, especialmente, no final dos anos 60 e início da década de 70, no âmbito dos programas estatais de implantação da malha rodoviária, de colonização e de regularização fundiária. A rigor, a particular situação da região como uma área de frente de expansão da sociedade nacional imprime uma feição à constituição deste campesinato que pode ser caracterizada por uma história objetivamente homogênea construída através de trajetórias diversificadas. Objetivamente homogênea na medida em que partilharam de uma situação anterior de vários deslocamentos provocados por diversos processos expropriatórios ou constituem a segunda geração dc grupos camponeses expropriados que avançavam em direção à Amazônia em busca de terras.

A trajetória diversificada, cujo ponto comum é a condição camponesa retomada e/ou reproduzida num mesmo espaço social, inclui percursos como o de camponeses que se assalariaram em atividades industriais, especialmente na construção civil e/ou em atividades agrícolas, tendo ou não passado por relações de peonagem; ou, simplesmente, camponeses que sempre mantiveram a sua condição social. Parafraseando Thompson (1987:12) tratava-se de "uma multidão de indivíduos com um amontoado de experiências", que convergiram para um mesmo espaço seja perseguindo uma rede de vizinhança, seja perseguindo uma rede de parentesco, ou a abertura de uma estrada, ou a safra da castanha, ou o emprego numa fazenda, ou o emprego numa empresa de construção civil, ou, mais diretamente, uma *terra livre*[7].

Estes camponeses moravam em pequenos povoados ou próximo aos pequenos povoados, distribuídos ao longo da beira da Estrada de Ferro Tocantins, cuja construção se iniciou no final do século passado e foi dada por concluída em meados dos anos 40 deste século; da *beira* da rodovia Transamazônica e de seus ramais de interligação, e, em sua maioria, ocupavam as terras devolutas, geralmente, aquelas mais próximas aos castanhais[8], dispondo-se no interior da mata - no *centro* -,

---

[7] *Terra livre* é uma categoria utilizada pelos camponeses para se referir às terras devolutas e às forma de seu uso. Para uma discussão desta categoria na literatura sobre o campesinato na Amazônia, v. Musumeci [1988].

[8] Havia os "castanhais do município" - aqueles pertencentes às prefeituras e aos quais estava facultado a qualquer indivíduo o acesso para coleta da castanha. Em tese, exigia-se apenas do interessado uma matrícula na Prefeitura como castanheiro, embora na pratica pouco uso se fizesse desta matrícula. Os camponeses se consideravam como tendo *direitos* sobre as castanheiras que havia em suas ocupações, estrategicamente localizadas e/ou ampliadas em direção a estes castanhais. Além dos "castanhais do município" - também chamados "castanhais livres ou "castanhais do povo" -, havia os "castanhais de dono"; estes eram privatizados mediante arrendamento (o que se verifica desde o final dos anos 20 ate os anos 50) ou aforamento (a partir de 1954) concedido pelo Governo do Estado do Para. E, em pequeníssima escala, havia também castanhais adquiridos mediante compra, também ao Governo Estadual.

sobretudo em lugares próximos aos igarapés ou lagoas. Geralmente, mesmo os camponeses que moravam no *centro* tinham uma casa na *beira*. E os camponeses que moravam na *beira* "botavam" as suas roças no *centro*, seja na *terra livre*, seja nas *capoeiras* ou na terra de um outro *morador* .

Embora esta área tenha sido incluída como integrante dos Programas de Regularização Fundiária e de Colonização, desencadeados nos anos 70, de fato, estes Programas não parecem ter contemplado mais de 10% da população camponesa local e ambos foram interrompidos pouco depois de iniciada a construção da referida usina. Assim é que os camponeses costumavam se instalar ou, simplesmente, faziam suas roças no interior da mata - no centro . A existência das terras livres facultava, como em outras áreas da Amazônia Brasileira, esta particular combinação entre o centro e a beira[9]. Neste sentido, diversamente de um padrão sócio-espacial tipificado em unidades fixas, ter-se-ia aqui um modelo conceitual que, por um lado, organiza a mobilidade histórica que caracteriza a relação dos camponeses com o espaço; e, por outro, revela o exercício combinado de diversas atividades produtivas.

A esta articulação sócio-espacial correspondia a organização de um calendário agrícola que lhes permitia, além do pleno uso da força de trabalho da família durante todo o ano, uma integral adaptação das atividades econômicas às estações amazônicas de inverno e de verão, cujas características são secularmente conhecidas. Em geral, praticavam uma agricultura de terra firme durante o verão amazônico, apenas no trecho do rio correspondente ao município de Itupiranga havia uma significativa agricultura de várzea; e, durante o inverno amazônico dedicavam-se ao extrativismo da castanha, realizando, ainda, ao longo de todo o ano a coleta de variados frutos silvestres e a caça. O rio, mas, sobretudo os igarapés, eram utilizados para a pesca, atividade completamente integrada ao planejamento das atividades diárias, e fundamentais à dieta alimentar vigente. Se havia a produção de alimentos, combinada à caça e à pesca que garantiam/asseguravam a quase auto-suficiência da unidade doméstica camponesa, a castanha, frente à, relativamente, inexpressiva comercialização dos produtos agrícolas, ocupava, integralmente, o lugar, que se observa nas economias camponesas do "cash crop" (Garcia Jr. 1983). Era através da coleta da castanha que todos os camponeses tinham acesso garantido à renda monetária fundamental à aquisição de produtos para o consumo e que não eram por eles produzidos; a aquisição de produtos socialmente considerados supérfluos; e, principalmente, a renda monetária que proporcionasse os meios para a ampliação do tamanho e a diversificação dos produtos da roça, condições indispensáveis para redefinir a relação de "aviamento" com o *patrão*.

---

9 A elaboração sobre as categorias camponesas *centro* e *beira* é de Velho [1979, 1981]. A partir desta elaboração outros pesquisadores têm destacado pares dicotômicos similares, como Almeida [1974], Esterci [1985].

Era, pois, a partir do peso relativo que desempenhava a renda monetária obtida com a castanha na reprodução do grupo doméstico que a nível mais geral se produzia uma diferenciação econômica interna, que se expressava, nitidamente, na composição e nas relações internas aos diversos grupos domésticos e nas relações com outros atores, como as relações com o *patrão*, os grandes comerciantes locais que também detêm o poder político no município. Há, neste caso, como em outras situações descritas na literatura como "mandonismo local" conforme, por exemplo, Queiroz (1976) uma acumulação de papéis entre os principais atores que compõem a rede comercial e a cena política. Comércio (patronagem) e política, da perspectiva dos agentes, integravam um mesmo circuito, os comerciantes ocupando cargos eletivos e administrativos que decidiam sobre aspectos de interesse desta sociedade camponesa, que vão desde o reconhecimento da ocupação da terra, passando pelo reconhecimento dos centros e povoados e de suas necessidades, como por exemplo construção de escolas, contratação de professor, até as "doações" para festas religiosas e outras. Ao nível intermediário, eram também aqueles que estavam integrados na estrutura comercial, que se encarregam de encaminhar ao *patrão* aquelas que são consideradas as necessidades do *centro*, do povoado, ou mesmo de um grupo doméstico em particular, assim como se encarregam de preservar a lealdade no dia da eleição, o voto constituindo-se em importante "objeto de troca" e "símbolo de fidelidade" na relação que se estabelece entre o *patrão* e o *freguês*.

Assim é que, solidária a esta combinação *centro-beira*, a organização social estava estruturada a partir de uma rede de relações que articulavam o parentesco real, o parentesco ritual, o compadrio e a vizinhança, rede a partir da qual se constituíam grandes grupos - que eu chamo de grupo de reciprocidade[10] - que operavam ao nível da produção.

A forma como combinavam as atividades produtivas e conciliavam o trabalho no *centro* e a morada na *beira* garantia-lhes, enfim, uma rede de sociabilidade que viabilizava nos povoados quer a educação para os filhos, quer a comercialização e troca dos produtos cultivados e coletados, quer a participação em rituais que fortaleciam os laços de solidariedade entre as diversas unidades domésticas camponesas. Assim era o caso dos *festejos* religiosos, durante os quais se comemorava a festa dos santos padroeiros, celebravam-se diversos rituais como batismo e casamento; enfim, uma gama de rituais que sustentava toda uma rede de reciprocidade que se verificava no exercício das atividades produtivas.

Deste modo, a *beira* - o povoado - e o *centro* - a mata, os igarapés, a roça, os castanhais - funcionavam como espaços sociais complementares entre si, cuja

[10] É freqüente na literatura sobre grupos camponeses em situação de *fronteira* a referência à importância da "rede de parentesco, compadrio e vizinhança". Ver, por exemplo, Esterci (1985: 111), Almeida (1986: 267), Velho (1981: 108).

articulação diz respeito não somente às condições sociais de produção, mas igualmente a uma determinada elaboração cultural sobre a realidade. O povoado - a *beira* era o lugar da efervescência social: o local do lazer, da celebração religiosa e do comércio, por excelência. O *centro* era, principalmente, dadivoso: onde se encontravam os castanhais, onde se caçava, fazia a roça, etc.

Com a inundação provocada pelo lago formado com a implantação da Usina Hidrelétrica de Tucuruí, foram inundados cerca de 2.800 km², onde se localizavam os castanhais e as melhores terras para a prática da agricultura nas condições sociais de produção então vigentes: as chamadas *terras roxas* circunvizinhas ao Rio Tocantins, especialmente em sua margem esquerda. Esta era a área de ocupação preferida pelos camponeses, cuja experiência de cultivo os levara a acreditar estar deste lado do rio os melhores castanhais e as melhores terras. Experiência que, por sua vez, conduziu a uma curiosa metodologia de reconhecimento da qualidade do solo, utilizada pelos camponeses, que privilegiava a associação entre proximidade de castanhal e terra agricultável. A margem direita era, historicamente, reconhecida pelos camponeses como território dos índios Gavião com os quais sempre mantiveram relações conflituosas, e mesmo na década de 70 a presença camponesa era insignificante, relativamente, à margem esquerda.

Sem entrar em detalhes sobre o processo de transferência compulsória dos camponeses, permeado por indefinições e por um longo embate entre os camponeses e a empresa estatal, cf. Magalhães (1991), vejamos o arranjo espacial e as condições encontradas nos loteamentos.

O Loteamento Rural Rio Moju fica situado ao longo dos km 35 e 60 da rodovia PA-263, do lado que corresponde à margem direita do Rio Tocantins, no município de Moju, microrregião do Baixo Tocantins. Neste loteamento os camponeses foram colocados em *lotes* de 50 hectares, dispostos ao longo dos 25 quilômetros da referida rodovia, penetrando em até seis quilômetros em cada área lateral do eixo da estrada.

Em toda a área do loteamento e circunvizinhanças, inexistem os castanhais, igarapés e lagoas, são relativamente à área anterior, raros, de tal modo que a empresa teve que perfurar poços em cada um dos lotes individuais, com uma profundidade que chega a ultrapassar os dez metros. A caça e os frutos silvestres são escassos e o solo é impróprio para os cultivos tradicionais dos camponeses; ademais, como todos os outros loteamentos, está localizado de modo que inviabiliza a anterior articulação entre o *centro* e a *beira*.

Em primeiro lugar, como me afirmou um camponês em 1991, não há *centro*; não há mata, e, sobretudo, não há "dádiva": a caça, a castanha, os frutos, etc. Há *fundos*, apropriados, *cortados*, socialmente interditados. Em segundo lugar, embora o loteamento esteja fisicamente localizado na beira da estrada, não há *beira*, do ponto de vista sociológico: não tem lazer, não tem comércio, não tem igreja, não tem *patrão*.

O povoado mais próximo, Goianésia, fica numa distância entre 15 e 40 quilômetros do loteamento, a depender da localização de cada lote individual, mas sobretudo é, socialmente distante: trata-se de um povoado localizado no cruzamento entre as rodovias PA-263 e PA-150, constituído a partir da década de 70, através de outros fluxos migratórios e/ou de outros processos sociais. Paradoxalmente, o povoado, socialmente, mais próximo - igualmente constituído de antigos *moradores* da área inundada -, denominado Breu Branco, com o qual seria teoricamente possível retomar antigos laços de sociabilidade, localiza-se numa distância que varia entre 30 e 60 quilômetros do referido loteamento, a depender também da posição de cada lote individual.

Verifica-se, pois, neste loteamento, por um lado, o rompimento das relações de interdependência e de complementariedade antes vigentes, tanto em termos de atividades desenvolvidas - extrativismo, agricultura, caça e pesca - quanto em termos do consorciamento a nível da comercialização dos produtos agrícolas e extrativos, sobretudo pela inexistência da castanha-do-pará . E, por outro, rompidas as tradicionais relações de crédito e de comercialização vigentes para os produtos extrativos - especialmente o patronato - enfrentam os camponeses dificuldades de acesso a outras modalidades, como o crédito bancário, seja pelas dificuldades embutidas na própria política brasileira de financiamento ao pequeno produtor agrícola, seja por pressupostos culturais que relativizam as possíveis vantagens oferecidas: em especial, a recusa às restrições feitas pelo banco sobre a liberdade de plantar "o que quer e o quanto quiser" relativização, como se sabe, encontradas entre diversos grupos camponeses. De todo modo, as condições físicas do solo parecem indicar que no mínimo uma efetiva retomada do processo produtivo depende de uma "modernização" compulsória, que introduza tratamento do solo, predomínio da monocultura, produtos agrícolas comerciais, com conseqüentes alterações nos parâmentros do cálculo camponês.

O Loteamento Gleba Parakanã , considerado o maior loteamento rural constituído a partir da construção da Usina de Tucuruí, está situado entre os Rios Pucuruíe Bacuri, à beira da rodovia Transamazônica, em local que corresponderia à antiga margem esquerda do Rio Tocantins. Este loteamenteo é em termos de solo, presença de igarapés e lagoas, reconhecida pelos camponeses como apresentando condições de produção similares aquelas de suas antigas terras, à exceção da presença de castanhais. Mas, localizada na borda do lago, a despeito de recomendações técnicas em contrário, vem sendo palco desde 1985, portanto desde aproximadamente dois anos após a instalação dos camponeses , de uma já prevista proliferação de mosquitos, considerada pelos especialistas como "extremamente grave, atingindo níveis de calamidade pública" (INPA et al., 1989).

Do ponto de vista sociológico, para estes camponeses já pauperizados pelo enfrentamento de um processo de transferência que se prolongou por cinco anos, marcado, ademais, por constantes embates com a empresa estatal, foi, praticamente, inviabilizada a retomada do processo produtivo e das condições sociais anteriores de produção e de reprodução. Por exemplo, foram fragmentados os laços de reciprocidade com a dispersão das unidades domésticas pelos lotes ou pelos povoados; foi destruído o trabalho objetivado, durante décadas, na formação de sítios, quintais, na construção de moradias, paióis etc, de importância vital naquela economia camponesa.

Produziu-se, então, como um dos resultados mais evidentes desta desestruturação, o empobrecimento da unidade familiar, uma ampla busca do trabalho assalariado - nas serrarias e/ou nas unidades de produção de carvão vegetal, ou nas grandes empresas pecuárias -, a migração para outras áreas da Amazônia, promovendo, enfim, um outro tipo de desterritorialização.

A retomada do processo produtivo ainda neste momento, com cerca de dez anos após a transferência, atravessa uma fase de indefinição, tanto para os camponeses que permanecem no Loteamento Rural Rio Moju, os quais perseguem tenazmente a descoberta de técnicas e produtos compatíveis com as condições do solo e com as suas condições sócio-econômicas, quanto para os camponeses da Gleba Parakanã que lutam contra os mosquitos.

Uma pesquisa encomendada pela ELETRONORTE indicava em 1988, ELETRONORTE/ENGEVIX (1988:78) que era de 25% o índice de "abandono do lote" em todas as áreas de reassentamento. Considerando os lotes sobre os quais não se obteve informação este índice chega a atingir 42%. No Loteamento Rural Rio Moju constatei em janeiro de 1991 que apenas 40% dos camponeses ainda permaneciam em seus respectivos lotes, havendo uma insofismável transferência do estoque das terras camponesas para outros grupos sociais.

A partir desta exposição, breve, sobre a transferência compulsória dos camponeses de Tucuruí, podemos voltar para a minha preocupação inicial. O que os dois casos dos camponeses transferidos revelam, numa mesma hidrelétrica, em espaço contíguo, sob a mesma administração é que: em primeiro lugar, este tipo de intervenção sobre o território ultrapassa uma equação meramente física ou matemática, como parecem ser as chamadas "políticas de relocação", que parecem propor a troca de pedaços de terra - inunda aqui, muda prá acolá . Em segundo lugar, que é imprescindível que se questionem as formas tópicas ou pontuais das chamadas "avaliações de impacto" , que reduzem o social a estatísticas, não raras vezes apressadas, de atividades econômicas, produtividade, números, enfim, que pouco ou nada expressam sobre a dinâmica social e que, portanto, dificilmente poderão fornecer elementos confiáveis de previsibilidade.

O que eu quis chamar a atenção aqui é para o fato de que é imprescindível uma análise das relações sociais se se quer dimensionar com um mínimo de acerto as consequências das chamadas grandes hidrelétricas, e, no limite, do que se convencionou chamar grande projeto. E, certamente, a sociedade dispõe de instrumentos analíticos que podem dar conta da problemática, dos custos sociais reais de empreendimentos como estes e similares. Falta a decisão política de utilizá-los. Enfim, se os dados sociológicos podem nos dar uma lição que esta seja o repensar a intervenção sobre o território na experiência brasileira de construção de hidrelétricas.

REFERÊNCIAS BIBLIOGRÁFICAS

ALMEIDA, A. W. 1974. "Movimentos Migratórios nos Vales do Tapajos e do Xingu", *Relatório de Pesquisa,* Rio de Janeiro, PPGAS/MN. UFRJ.

ALMEIDA, A. W. 1986. "Estrutura fundiária e expansão camponesa", in: ALMEIDA JR.(org). *Carajás. Desafio Político, Ecologia e Desenvolvimento,* S. Paulo, CNPq/Brasiliense.

DAOU, A. M. 1989. *Políticas de Estado e Organização Social Camponesa: a barragem de Sobradinho.* Dissertação de Mestrado, Rio de Janeiro, UFRJ/PPGAS/Museu Nacional.

ELETRONORTE/ENGEVIX/THEMAG. 1988. *UHE Tucurui. Plano de Utilização do reservatório.* Caracterização e Diagnostico do reservatório e de sua área de influencia. TUC-10-26346-RE", vol.1, m.s.

ESTERCI, N. 1985. *Conflitos no Araguaia.* Tese de Doutoramento, São Paulo, USP.

FAILLACE, S. 1989. "Os Atingidos do Rio: analise da categoria 'atingido' na questão da U.H. de Ita". *Relatório de Pesquisa,* MN/PPGAS.

GARCIA JR., A. 1983. *Terra de Trabalho. Trabalho Familiar de Pequenos Produtores,* Rio de Janeiro, Paz e Terra.

INPA et alii. 1989. *Relatório da Comissão de Estudos da Proliferação de Mosquitos.* mimeo).

MAGALHÃES, A. C. 1991. "As nações Indígenas e os projetos econômicos do Estado - a política de ocupação do espaço na Amazônia".

MAGALHÃES, A. C. 1993. "Os Parakanã e a questão ambiental", In: HOYOS, J. & ACEVEDO, R. *Hidrelétricas: conhecimento e dimensão ambiental,* Belém, NUMA/UFPa.

MAGALHÃES, S. B. 1988. "Exemplo Tucuruí. Uma política de relocação em contexto". In: SANTOS & ANDRADE (orgs). *As Hidrelétricas do Xingu e os Povos Indígenas.* São Paulo, CPI-SP.

MAGALHÃES, S. B. 1989. Os Expropriados de Tucurui. Uma analise das relações entre o campesinato e o Estado. *Bol. Mus. Para. Emílio Goeldi,* no prelo.

MAGALHÃES, S. B. 1991. "Expropriação e Mobilização - a dupla face da relação entre os grandes projetos e a população camponesa", In: HEBETTE, J. (org) *O cerco está se fechando,* Belém, NAEA.

MARTINS-COSTA, A. L. 1989. "Uma Retirada Insólita: a representação camponesa sobre a formação do Lago de Sobradinho", *Relatório de Pesquisa,* PPGAS/MN.

MUSUMECI, L. 1988. *O mito da terra liberta. Colonização 'Espontânea', Campesinato e Patronagem na Amazônia Oriental,* São Paulo, Vértice, Revista dos Tribunais/ANPOCS.

QUEIROZ, M. I. P. 1976. *O Mandonismo Local na Vida Política Brasileira e Outros Ensaios,* São Paulo, Alfa-Omega.

SIGAUD, Lygia. 1986. "Efeitos Sociais de Grandes Projetos Hidrelétricos: As Barragens de Sobradinho e Machadinho", *Comunicação,* nº9, Museu Nacional.

SIGAUD, Lygia. 1989. "O Social sob Controle". In: SIGAUD (coord.) *Avaliação de Aspectos Sociais da Produção de Energia Hidrelétrica,* Relatório de Pesquisa, Rio de Janeiro, Museu Nacional.

SIGAUD et allii. 1987. "Expropriação do campesinato e concentração de terras em Sobradinho: uma contribuição a analise dos efeitos da Política Energética do Estado", In: *Ciências Sociais Hoje*, ANPOCS, Ed. Vértice.

THOMPSON, E. P. 1987. *A Formação da Classe Operária Inglesa*, Rio de Janeiro, Paz e Terra, vol 1.

VELHO, O. 1979. *Capitalismo Autoritário e Campesinato*, S. Paulo, DIFEL, 1979, 2 ed.

VELHO, O.1981. *Frentes de Expansão e Estrutura Agrária. Estudo do Processo de Penetração numa área da Transamazônica*, Rio de Janeiro, Zahar, 2a. ed.

VIANNA, A. 1990. "Carlos Gomes: luta camponesa e apropriação do espaço por poloneses atingidos pela barragem de Machadinho", *Relatório de Pesquisa*, PPGAS/MN, ms.

PROCESSOS DE TRABALHO E RELAÇÕES DE PODER NO CARAJÁS[1]

Edna Castro

MUDANÇAS SOCIAIS, INDUSTRIALIZAÇÃO E RELAÇÕES DE TRABALHO

O presente texto tem como objetivo problematizar alguns pontos referentes à relação entre mudanças sociais e trabalho tomando como referência o que vem ocorrendo na região do Programa Grande Carajás (Amazônia). As observações empíricas aqui tratadas se referem a algumas das cidades que sofreram fortes impactos devido à instalação de projetos indústrias e de serviços do PGC, entre elas Marabá, Tucuruí e Parauapebas no Estado do Pará e de Açailândia no Estado do Maranhão. São espaços redesenhados pela Política de Incentivos Fiscais da Sudam e da Sudene nas décadas de 60 e 70, pela instalação de grandes projetos na década de 80, pela exploração madeireira e pecuária e marcados por intensa penetração de migrantes de origem rural oriundos sobretudo de áreas de tensão e conflitos em outras regiões do país.

Os processos de mudanças podem ser identificados pelas rupturas nos modos de vida e nas concepções sociais e pelo aparecimento de elementos novos no sistema de valores. As intensas transformações na região estudada configuram-se como tal, destacando-se como um dos resultados a recomposição do campo político pelas ações de diferentes atores e a intensificação de conflitos sociais. Os processos em curso e as condições pelas quais indivíduos e grupos foram atingidos por formas diversas, constituíram um campo de reelaboração de novas relações sociais, de aprendizagem e recriação de práticas coletivas. Dos diferentes lugares sociais em que os atores se encontram e de suas relações no processo de mudança se rearticula a experiência

---

[1] Este artigo foi escrito no quadro da Pesquisa ''Exploração Mineral na Amazônia e Tranformação nas Relações de Trabalho'' desenvolvido no Núcleo de Altos Estudos Amazônicos/UFPA, com apoio do CNPq., Fundação Ford e Centre de Recherches pour le Développement International (CRDI). A elaboração deste projeto beneficiou-se ainda dos debates ao interior do GT ''Relações de Trabalho & Relações de Poder'' reunidos de 1989 a 1991 no quadro de Universidades do Norte/Nordeste do Brasil.

social e os modos diversos de incorporação e participação nessas transformações sociais. A perspectiva aqui esboçada se funda no reconhecimento do papel político que os trabalhadores passam a desempenhar na estruturação das relações de poder na área estudada.

Essa problemática de mudança social é examinada neste artigo sob duas óticas. A primeira procura analisar as relações sociais enquanto relações de poder, interrogando sobre os processos de diferenciação social configurados no mercado formal do emprego. É indispensável buscar nas relações sociais os elementos chaves da divisão da sociedade, da hierarquização e de suas distinções sociais, chamando atenção também para as diferenças na divisão sexual do trabalho enquanto relações de poder, visíveis no mundo do trabalho.[2]

Para entender os processos em curso é necessário levar em conta certas dimensões e particularidades do mercado de trabalho local. Primeiro, trata-se de uma região de fronteira industrial[3], cujos novos empreendimentos (agro-industriais, industriais, serviços) representam o alargamento da relação salarial e a presença de novas formas de regulação no mercado de trabalho. Estes influenciam nas estratégias de fixação da mão-de-obra que transita nessa "fronteira" em busca de possibilidades de trabalho menos provisórias. Isso tem provocado processos de recomposição social e política originais, como é exemplo não apenas a sindicalização, mas a luta conduzida a nível do município por segmentos populares que estiveram sempre excluídos da "ordem da coisa pública". Por outro lado, esse mercado evolui também pela forte presença do Estado - através dos empreendimentos estimulados direta ou indiretamente pelo PGC - e pelos interesses das empresas de ramos variados que se instalam e interferem em sua regulação.

O exame sobre as estruturas produtivas emergentes e o recrutamento de trabalhadores para o mercado formal do emprego - homens e mulheres - na região do sudeste do Pará e Pré-Amazônia maranhense tem mostrado a formação de um mercado de trabalho com caráter marcante no emprego precário, alternando processos apenas aparentemente divergentes, de absorção da mão-de-obra em dados momentos e *pics* de trabalho e exclusão, marginalização em outros. A ampliação

---

2 As relaçoes de sexo não podem ser vistas como dados naturais, embora elas sejam supostamente compreendidas como algo banal do cotidiano. Não se trata de perceber as relaçoes de sexo como dadas, "naturais" e por isso mesmo imutaveis.(Guillaumin). Essa noção está ideologicamente associada à mulher, e tem conduzido à naturalização das relaçoes de dominação de sexo estruturada ao sistema hierárquico e ideológico de poder da sociedade, reproduzida historicamente. A associação de um determinado grupo ou de uma certa condição social (sexo, raça, etnia) à natureza, pela própria compreensão desta como "objeto de dominação", implica que o sistema de poder atribua aos dominantes uma dupla "legitimação" do exercício da dominação.

3 Fatiha Hakiki-Talahite - Activité Feminine et Processus d'individuation dans le tiers monde.In. Les Raports Sociaux de sexe: Problématiques, Méthodologies; Champs d'analyses. Actes de la Table Ronde Internationale.APRE. Cahiers n° 7. avril/mai,1987

do mercado tem-se dado também pela diversificação da estrutura ocupacional cujo exame permite listar um perfil das ocupações em expansão e como o recrutamento constrói suas crivagens em função da demanda no mercado.

A segunda ótica sobre as mudanças é construída a partir da análise dos movimentos sociais enquanto espaço possível de construção de identidades de trabalhadores. A análise sobre as diferenças étnicas, de classe, de gênero esclarecem e vizibilizam as relações de poder. A questão colocada pelos movimentos de mulheres ao interior das organizações políticas e a necessidade teórica de desconstrução de relações tidas como "naturais" que reforçam uma dominação masculina, são exemplos a examinar. Essas experiências das lutas contemporâneas de mulheres na Amazônia trazendo ao claro traços de identidade remetem a processos de construção da individuação, de tornar-se indivíduo no sentido de se afirmar como pessoa e não apenas coletivo (família, associações de naturezas diferentes, sindicato etc...). Inúmeros estudos chamaram atenção à articulação entre indivíduo e coletivo procurando mostrar como o indivíduo passa a integrar um coletivo por intermédio de uma luta, afirmando sua individualidade ainda que no âmbito de um espaço de cumplicidade coletiva. Kaufmann discute o sentido da subjetividade e mostra que o processo de recomposição, de reconstrução da identidade de um grupo qualquer se dá num nível evidentemente profundo, do sensível, do inconsciente. É importante registrar como preocupação de pesquisa, ainda que não seja aprofundado neste artigo, essa compreensão de nível micro, do que é ser homem, ser mulher (do que é ser trabalhador: siderúrgico, lavadeira, vendedora, quebradeira de coco de babaçu, prostituta, pescador, garimpeiro) e interrogar sobre a possibilidade ou não de desenvolvimento dos processos de individuação em momentos intensos de luta e mudanças sociais, a exemplo dessa região estudada[4].

ESTRUTURA PRODUTIVA E MERCADO DE TRABALHO

A compreesão das mudanças nessa região passa pela caracterização dos sistemas de produção ali implantados e a análise sobre o regime de trabalho assalariado. A questão é saber o que é novo (setores, ramos, empresas e ocupações) e como se comportam as antigos estruturas de produção. Importa captar a dinâmica sócio-econômica a partir das ações e reações encadeadas, identificar atores e agentes presentes e formas de interação que eles vivenciaram individual e coletivamente.

De todos os programas governamentais montados na Amazônia, nessas três últimas décadas, o Grande Carajás[4] se distingue dos outros pelo montante de

[4] A noção de "fronteira" tem sido objeto de debate polêmico no contexto das análises sobre as relaçoes sociais e políticas no meio rural (fronteira agricola). Neste texto o termo é utilizado para designar o espaço onde as relaçoes sociais (no campo do trabalho e fora dele) são transformadas pela presença de multiplos atores e incorporando em alguns casos processos industriais novos.

investimentos, sob diferentes formas de aportes de capital: do Estado, públicos e privados, nacionais e internacionais. A concepção tenocrática de "pólos de desenvolvimento" respaldou a idealização sobre mudanças e modernização por parte de atores externos à região. Estruturaram ações pela via de uma geo-política de "pólos": florestal, agro-industrial, madeireiro, mineral, siderúrgico, papel e celulose. É também o programa que apresenta maior pretensão territorial, atendendo seu objetivo de diversificação setorial em sub-programas e em projetos[5]. Contrariamente às politicas governamentais dos anos 60 e 70 nessa região, que dava prioridade à exploração da madeira e do gado, o Estado vai garantir nos anos 80 os interesses do setor industrial. A descoberta de riquezas minerais acelera as negociações e a aceitação dos primeiros projetos industriais no setor mineral: Projeto Ferro Carajás (ferro), Mineração Rio do Norte (bauxita), Albrás e Alumar (alumínio-alumina), e outros projetos da CVRD tais como os de manganês, de cobre e de ouro.[6]

A análise mostra que essas empresas interferiram na organização do mercado de trabalho diversificando-o segundo setor e ramos de atividades, ocupações, qualificações, salários, políticas empresariais e gestão da mão-de-obra. Esses empreendimentos ao se implantarem com relativa concentração geográfica e num lapso de tempo reduzido, concentraram igualmente os impactos econômicos e sociais sobre o mercado de trabalho urbano e rural. As atividades econômicas com base no trabalho familiar continuaram porém a ser expressivas não somente pela alta ocupação de trabalhadores mas também pela quantidade da produção local.

A mobilização de mão-de-obra em direção à Amazônia Oriental é seguramente anterior aos grandes projetos minerais. Desde fins dos anos 60, houve intensos fluxos migratórios sobretudo por camponeses expulsos da terra em outras regiões do pais onde a modernização do campo empurrou em processo contínuo trabalhadores e famílias em direção à Amazônia. Nesse sentido há um deslocamento espacial da pobreza e da exclusão social. Os programas de colonização acabaram por intensificar esse processo. O estímulo proveniente dos incentivos fiscais às empresas, orientou por outro lado, a expansão do capital em direção ao norte. Esses investimentos e os fluxos migratórios contribuíram à expansão do mercado de trabalho assalariado e definiram as bases de sua constituição.

Os novos processos de trabalho exigiram diversificação da estrutura produtiva e do perfil ocupacional da mão-de-obra, provocando a ampliação do regime assalariado.

---

5 O Programa Grande Carajas foi oficializado em 1980 pelos Decretos-Leis n° 1.813 (24/11) e n° 1.825 (22/12)

6 Desenvolvemos essa questão no artigo: CASTRO, Edna & Acevedo, Rosa: "Amazônia Oriental: Territorialidade e Meio Ambiente. In: LAVINAS,L; CARLEIAL,L. e NABUCO,R. Reestruturação do Espaço Urbano e Regional no Brasil. Rio de Janeiro, Ed. Hucitec, 1993.

Comparado com a situação nacional, a expansão do assalariamento na Amazônia provavelmente não apresenta importância na alteração dos dados nacionais agregados, se examinados do ponto de vista quantitativo de sua população ou da participação regional no PNB. Mas, do ponto de vista local, esclarece sobre a emergência de uma outra dinâmica em zonas de recente ocupação industrial e sobre as diferenças intra e inter-regionais. Provavelmente a observação sobre a participação de homens e mulheres nesse processo, os novos lugares que ocupam nos sistemas de produção podem elucidar dimensões das formas atuais de exclusão social.

O conjunto da mão-de-obra do PGC é formada de homens e mulheres, sobretudo jovens provenientes de vários estados e regiões do pais. Como vimos anteriormente, o perfil do recrutamento se orienta sobretudo por uma demanda de mão-de-obra masculina. Os setores dinâmicos do ponto de vista do mercado de trabalho formal e portanto da expansão do emprego tem sido: construção civil, indústria madeireira, mineração e siderurgia e garimpo.

Os ramos da construção civil e das serrarias contribuíram de forma expressiva na etapa inicial de formação do mercado de trabalho urbano em Marabá, Tucuruí, Parauapebas e Açailândia. A partir de meados dos anos 70 resgistrou-se a implantação de grandes obras de infra-estrutura, tais como estradas, portos, ferrovi-as, distritos e parques industriais, terminais para abastecimento de petróleo e derivados e a usina hidrelétrica de Tucuruí. Essa dinamização no setor de construção civil articula formas de recrutamento de mão-de-obra. Para muitos trabalhadores, operários de primeira geração, é o início de sua trajetória de assalariamento. Algumas cidades, pela confluência rodo-ferroviaria, tornam-se bolsão de emprego e lugar de agenciamento de trabalhadores para outros municípios circunvizinhos, casos de Açailândia e Marabá. Parte dela acabou por se fixar em acampamentos próximos às obras, como Açailândia que surge de um acampamento da Rodovia Belém-Brasília e Parauapebas de um ponto de recrutamento de trabalhadores à construção do Projeto Ferro Carajás. Em cidades de antiga ocupação - Marabá e Tucuruí - a população foi consideravelmente aumentada em espaço reduzido de tempo. Os fluxos de oferta e demanda de mão-de-obra se alteram, tanto pela quantidade como pelo perfil ocupacional, embora com demanda marcadamente masculina. Igualmente, nos processos de trabalho na atividade de garimpo, são trabalhadores do sexo masculino.

Formados como resultado de decisões tomadas no âmbito do Programa Grande Carajás, as usinas de ferro-gusa começam a se instalar em 1987 em cidades localizadas ao longo da Estrada de Ferro Carajás e constituem-se como empreendi-mentos de médio porte. O PGC representa um modelo de intervenção - enquanto conjunto de projetos integrados - cuja concepção remete a dois objetivos: articular as estratégias do Estado às empresas, de um lado, e ligar de forma metódica as atividades do setor primário (mina, madeira, gado, agricultura e reflorestamento) aos sistemas industriais, de outra parte.[7]

A orientação dos trabalhadores é sobretudo em direção ao emprego formal que se evidencia pela decisão tomada por muitos deles em modificar trajetórias de vida e de atribuir prioridades à escolha de se fixar naquelas zonas urbanas próximas de empresas que realizam recrutamento importante e mantém certa regularidade de funcionamento nesse mercado. As atividades urbanas que abrem possibilidades de emprego às mulheres estão basicamente no setor de serviços, majoritariamente no mercado informal. Há porém contratação de trabalhadoras para inúmeras atividades no Núcleo Urbano de Carajás, como funcionárias da CVRD sobretudo nos Departamentos de Administração, Recursos Humanos e no Controle de Qualidade. Das empresas sub-contratadas observa-se sua maior presença nas seguintes atividades: limpeza urbana, restaurante industrial, serviços de educação e de saúde.

Políticas Empresariais e Práticas Diferenciadas no Mercado de Trabalho

A literatura sociológica ilustra de forma abundante as relaçoes entre política empresarial e práticas diferenciadas no mercado de trabalho. Parte-se das observações e comparações sobre as práticas empresariais moduladoras do trabalho e as dimensões políticas da participação dos trabalhadores nos espaços da vida urbana. De forma sintética sublinho alguns aspectos que compõem esse mundo do trabalho:

1. a constituição de mercados diferenciados a partir de indicadores sobre a natureza dos empregos propostos, das modalidades de recrutamento, da escala de salários, da qualificação e da estabilidade;[9]

---

[7] O carro-chefe dos projetos de exploração mineral é o Projeto Ferro Carajas que começou a funcionar em 1985. Trata-se de um complexo industrial que compreende: a mina (extração e beneficiamento do ferro); a estrada de ferro que percorre 890 km cortando o sudeste do Estado do Pará, em direção ao Estado do Maranhão e atravessa este último até sua capital, São Luis; e o porto onde o minério é descarregado no porão de navios cargueiros a fim de ser canalizado ao mercado exterior. Esse complexo se coloca no espaço regional com uma malha de serviços que extrapola o campo da produção. E o caso dos investimentos direcionados a serviços de infra-estrutura urbana e social, no Núcleo Urbano do Carajás, nas vilas residenciais em outras cidades cortadas pela ferrovia (Parauapebas, Marabá e Açailância, por exemplo), na sua forte presença institucional e financeira em certas secretarias municipais. Constituem-se como rede de apoio que beneficia igualmente ao funcionamento de outros empreendimentos da CVRD situados em espaço contíguo, materializando assim as estratégias de diversificação da empresa, prevista para os anos 80 e que Carajás oportunizaria.

[8] A CVRD associada com a Nippon Amazon Aluminium Company (associação de 30 siderúrgicas japonêsas) mantêm em Barcarena, próximo de Belém, um dos mais importantes projetos minero-metalúrgico, a Albrás-Alunorte (aluminium). Ainda que exista uma certa similitude com o Projeto Ferro Carajás do ponto de vista de sua concepção como complexo (usina, estrada de ferro, porto e núcleo urbano), ele apresenta diferenças significativas quanto ao modelo de gestão, que se inspira no modelo japonês. Um outro empreendimento que iniciou ao mesmo tempo é o da Alumar (aliança sob a forma de joint venture, formada pela Alcoa dos Estados Unidos e da Billington Metal/Shell) usina de aluminium-alumina, localizada em São Luis e que utiliza como insumo importante a bauxita extraída no Rio Trombetas pela Mineração Rio do Norte, cuja produção começou em 1979.

2. as gestões complementares das empresas, permitindo a combinação de mercado protegido com mercados instáveis (a exemplo da CVRD e das empresas sub-contratadas) em função da precariedade do emprego oferecido por estas últimas. Nesse quadro se situam os contratos entre empresas de setores diferentes como acordos entre empresas do setor mineral, madeireiro ou siderúrgico com as firmas de prestação de serviços (imobiliárias, transporte, alimentação e comércio, entre outros). São estabelecidos ainda vínculos comerciais entre serrarias e usinas de ferro-gusa. Neste caso, os acordos são celebrados objetivando a produção do carvão vegetal, fornecendo as serrarias o refugo de madeira ou produzindo também carvão vegetal em fornos instalados no fundo de seus pátios industriais;
3. os múltiplos movimentos de fixação da população ou de iniciativas de retorno à região de origem são influenciados pela composição desse mercado. A precariedade do emprego e, em conseqüências, a qualidade de vida nos centros urbanos provoca um impacto imediato sobre a rotatividade e as trajetórias dos trabalhadores;
4. a mobilização de trabalhadores em suas estruturas de representação de classe para discutir uma longa agenda que inclui desde condições salariais ate às disparidades e desigualdades no mercado de trabalho. Constitui-se um fórum contínuo de avaliação das ações do Estado e das empresas no mundo do emprego. Os operários montam estratégias com outras categorias profissionais, extrapolando alianças com setores inclusive do campesinato e grupos étnicos (no caso, grupos indígenas). Tais alianças constribuíram na formulação de um olhar crítico e de um discurso que se contrapõe às práticas sintonizadas com o sistema de desenvolvimento produtivista e homogeneizador incentivado pelo PGC, visibilizando assim as formas de violência mas também as contradições que a lógica do modelo comporta. O movimento dos trabalhadores contribuiu também na formulação de respostas e de proposições como são provas as atas de reuniões, de congressos e seminários de trabalhadores em toda a região. A dinâmica da fronteira elabora ainda, enquanto espaço em transição, uma correlação de força e de controle de novas relações de poder.

A hierarquização social resultante, em parte das relações de trabalho, ilustra o papel desempenhado pelos programas e os projetos econômicos na regulação do mercado de trabalho na fronteira industrial e, também, o lugar da modernização imposta pelo planejamento.

As formas de segmentação do mercado de trabalho resultam do conjunto dessas mudanças apontadas. A análise que segue é uma comparação dessa segmentação sobre as políticas empresariais. Examinemos dois casos:

1a). a CVRD e as empresas sub-contratadas (regime de sub-contratação, cidades de Carajás e Parauapebas)

2a). as usinas siderúrgicas de produção de gusa (cidades de Marabá e Açailância).

A CVRD, enquanto empresa de grande porte, organiza seu coletivo de trabalhadores segundo critérios de competência e de produtividade. Por recrutar mão-de-obra especializada, cria igualmente um quadro funcional incomum ao perfil do mercado regional. Ao oferecer melhores condições de trabalho destaca-se das outras empresas e setores de atividades da região. Avaliação que incorpora também salários indiretos, estabilidade de emprego e possibilidades de construir uma carreira profissional. Todos os trabalhadores da CVRD habitam no núcleo urbano do Carajás, no alto da serra, beneficiam-se de transporte, de habitação, de alimentação no lugar de trabalho, de escola para os filhos, de hospital, de clube e teatro, de viagens aéreas estensiva a todos membros da família com fins de gozar as férias em suas cidades de origem.

As diferenças mais visíveis que marcam o cotidiano dos trabalhadores da CVRD e das empresas sub-contratadas encontram-se no sistema hierárquico definido pelos espaços sociais que aquelas empresas ocupam nas estruturas de poder local. As relações de poder se viabilizam pelas relações sociais a partir da inserção dos indivíduos numa ou em outra empresa, incluindo-os ou excluindo-os de certos espaços. Essa organização atravessa do mundo do trabalho à vida privada onde os mecanismos de inclusão/exclusão se constroem a partir do lugar e da função ocupada por cada um na produção. Distinção que marca o uso dos espaços urbanos, dos serviços sociais e dos equipamentos coletivos acima enumerados. São produzidas assim mediações e distinções nas relações sociais fora do espaço de trabalho, entre os empregados da CVRD e aqueles das empresas sub-contratadas, em função de cada lugar na estrutura do sistema produtivo local e, por via de conseqüência, de seu lugar de habitação, em Carajás (empregados da CVRD) ou em Parauapebas (empregados de outras empresas sub-contratadas pela CVRD). Mas outra crivagem se estabelece ao interior desse último grupo, de acordo com a inserção do trabalhador em um ou outro tipo de empresa e a reputação dele no mercado. Entram em conta categorias como perfil de qualificação, duração e montante do contrato de prestação de serviço assinado com a CVRD.

A comparação entre tipos de empregos propostos pelas empresas sub-contratadas e pela CVRD visibiliza as novas dimensões da diferenciação no mercado a partir de uma grande empresa. Os trabalhadores das empresas sub-contratadas recebem baixos-salários comparativamente à empresa matriz, estão sujeitos a jornadas maiores, dormem em quartos coletivos de até 8 leitos ou em pequenas casas de madeira em Parauapebas.

A análise das políticas empresariais de recrutamento e de gestão da mão-de-obra, revela as mudanças das relações de poder ao interior desse mercado. As empresas engajadas pela CVRD ou que obtiveram autorização de explorar certos serviços são as que absorvem a maior parte da mão-de-obra regional, se a comparamos com a CVRD. Também elas propõem salários inferiores à estatal. É absolutamente necessário compreender a lógica da relação entre empresa (CVRD) e o mercado de trabalho, seu impacto sobre as trajetórias de certos indivíduos e sobre o processo de hierarquização que reestrutura o espaço urbano.

As empresas do setor de construção civil, sub-contratadas na fase inicial de construção do Projeto Ferro Carajás, contrataram cerca de 28.000 trabalhadores no momento de pic da obra. Quando a CVRD estabilizou a produção e exportação de ferro, em 1988, seu quadro funcional estava em torno de 1855 pessoas distribuídas da seguinte maneira: gerências (0,42%); técnicos (3,93%); supervisão e operários especializados (14,21%); trabalhadores generalistas (72,55%) e estagiários/apredizes (3,93%). Porém a maior parte dos trabalhadores a seu serviço - cerca de 3.000 - estavam engajados nas empresas sub-contratadas. Observou-se, mesmo, uma progressão da sub-contratação - o que não ocorreu com o quadro de funcionários da CVRD -, passando a 4.300 trabalhadores dois anos mais tarde (1990), distribuídos entre 88 empresas de serviços de pequeno e médio porte. Trata-se de uma tercialização que ocorre passo a passo com a industrialialização, como parte do processo de recomposição dos sistemas produtivos e descentralização de atividades .

As estratégias de gestão colocadas em prática por empresas de porte maior (CVRD, Eletronorte, Camargo Correa...) prevêem, efetivamente, uma descentralização crescente das atividades. Transferem às empresas sub-contratadas não apenas a execução de serviços ou geração de produtos, mas também as atribuições sobre o controle da produção e da disciplina, do recrutamento e da seleção e sobre os encargos sociais[9].

O processo de tercialização reforça o caráter provisório e precário do emprego nessa região. Ele reduz o trabalhador, em gama considerável de ocupações, a tarefas polivalentes e flexíveis que dificultam de um lado a construção de trajetórias em direção a uma carreira profissional e de outro, o desenvolvimento da identidade de trabalhador em dado processo de produção. Esse dois efeitos se articulam e se retroalimentam. Observa-se que nas empresas do terciário, a condição de força de trabalho descartável, aprofunda-se.

Existem diferenças significativas entre o recrutamento realizado pela CVRD e o das outras empresas. A primeira tem um Departamento de Recursos Humanos e um serviço de recrutamento e de seleção. Tratando-se de funções mais qualificadas ou de responsabilidade, entre elas as de direção e gerências, o recrutamento realiza-se no mercado especializado, sobretudo em cidades com tradição mineira, a exemplo de Rio de Janeiro, Belo Horizonte, Itabira e Vitória. A CVRD transferiu dos Estados onde ela atua, número importante de funcionários para ocupar os postos-chave em Carajás com o objetivo de formar um novo coletivo de trabalhadores, em função de critérios próprios. Dados obtidos no seu Departamento de Pessoal mostram que 30% de seus funcionários vem do Estado de Minas Gerais. À exceção do Estado do Pará (13%) e do Estado do Amapá (2%), os demais trabalhadores (55%) provinham, em

---

9 Ver Castro, Edna - Transformations sociales et marche du travail dans la Région du Programme Grande Carajas. Revue du Centre de Recherches sur le Brésil Contemporain. CRBC/EHESS/IHEAL. n° 21.1993.

1988, de estados de fora da Amazônia Legal. Do mesmo modo, as atividades nas usinas de ferro-gusa que demandam formação especializada realizam o recrutamento no mercado externo, seja nas cidades de grande porte, mais próximas - Belém e São Luis - ou ainda nos centros com tradição de trabalho siderúrgico. Para os postos menos valorizados no mercado, a demanda é local.

A política de recrutamento da CVRD define minuciosamente os critérios de seleção de seu pessoal. Os ajustamentos de mercado são importante para o funcionamento das empresas, tendo em vista as fragilidades na qualificação da mão-de-obra, acabando as mesmas por incorporá-la ao conjunto de regras da gestão empresarial. Inclui tanto as competências profissionais como as qualidades pessoais favoráveis a uma boa adaptação do trabalhador ao núcleo urbano do Carajás, onde reina a filosofia da "grande família", sobre a qual repousam os pilares da gestão do trabalho na empresa. Em vários casos os postos de trabalho na gestão empresarial são ocupados por cônjuges dos funcionários da empresa.

Trabalho, Relações de Poder e Paternalismo

As relações sociais paternalistas têm lugar central no modelo de gestão de mão-de-obra nessa região. O paternalismo empresarial é profundamente marcado pelas estruturas autoriárias presentes no tecido social. Mas encontra-se também de regulação e controle da "cidade operária" da CVRD, Carajás. Encontramo-nos portanto, face a uma modalidade de organização do trabalho que absorve a vida privada e procede através do controle de tempo dedicado ao trabalho mas também dos movimentos nos espaços do cotidiano. É esse o objetivo do crachá, a identificação permanente e absoluta dos movimentos para sair ou entrar nesse espaço urbano. O princípio hierárquico marcado pela ideologia da "grande família" permite à empresa construir relações bastante estreitas entre trabalho e família e de minimizar os conflitos no campo do trabalho. Constatamos que essas estruturas alimentadas por relações paternalistas presentes nas empresas menos modernas como aquelas do setor terciário e as usinas de madeira e siderurgia, persistem também na grande empresa.

O mercado de trabalho constitui um lugar privilegiado à compreensão dessas relações autoritárias. A análise das políticas empresariais de recrutamento e de gestão da mão-de-obra tem revelado como se reproduzem essas formas de mando ao interior desse mercado. Igual a qualquer outro mercado, este é também um lugar de trocas materiais e simbólicas. Nesse sentido, as relações de dominação utilizam-se das características sociais e culturais presentes nos grupos heterogêneos que chegam na fronteira. Eles, não raro, são submetidos a longos processos de dominação construindo uma dinâmica que influencia certamente na gestão e nas formas de exploração do trabalho.

A CVRD é a principal empregadora direta e a que tem maior quantidade de empresas vinculadas sob regime de sub-contratação, o que lhe confere uma situação favorável frente à sociedade local. Tem o poder de influenciar desde a classe política à empresarial e a preferência dos trabalhadores no mercado de trabalho em função de oferecer condições de emprego estáveis embora para uma parcela reduzida de trabalhadores em relação ao trabalho precário das empresas sub-contratadas.

Apesar de uma estrutura de poder local onde aparecem ainda representantes das oligarquias, cujo poder provém da terra (fazendeiros, donos de castanhais e de garimpo de ouro e diamante) e de inserção partidária na classe política, observa-se a formação de lideranças provenientes de velhas e novas estruturas econômicas (fazendeiros, donos de serrarias, exploradores de garimpos, empresários das industrias de mineração e siderurgia ou do setor serviços); outras lideranças têm sido formadas nos processos eleitorais (rede político-partidárias) como tem acontecido com muitos profissionais liberais notadamente médicos, situação bem visível em Açailândia c Marabá. A presença de empresas apoiadas pela máquina política federal também contribui para rearmar o jogo político e as estruturas de poder. Nesse contexto as relaçoes sociais reconstruídas são marcadas pela ética da dominação masculina.

O paternalismo aparece como substrato de uma sociedade onde o domínio das regras tem que aparecer de forma difusa e aí reside a representação de sua legitimação. Na ocasião do III Congresso Municipalista Maranhense, realizado pela Federação dos Municípios do Maranhão/FAMEM (junho/1991), reunindo os prefeitos daquele Estado na cidade de Açailândia para discutir estratégias de desenvolvimento regional, foi assintosa, embora recebida como "natural", a proibição à mulheres de assistirem às sessões plenárias, à exceção das poucas eleitas ao cargo de vereadoras, ali presentes. Essa clivagem de espaços representa uma definição do espaço público com exclusividade masculina, sob formas tão autoritárias que se pensava já banidas do Brasil contemporâneo. Entendemos que tais representações sexuadas constituem elementos singulares no tecido social dessa região onde as fronteiras entre espaços masculinos e femininos, trabalho de homens e de mulheres, trabalho assalariado e doméstico, embora embaçadas pela "naturalização" dos papéis sociais de sexo, denunciam fortemente o grau de tensão das relaçoes de poder, seja no mundo do trabalho ou fora dele.

Ao interior das relações de trabalho pontua-se, como procuramos demonstrar, relações de mando que aparecem desde o recrutamento, a hierarquização das ocupações e dos salários até às formas de exclusão social e de dominação de sexo. Elementos integrados a uma cultura do trabalho e portanto nos modelos de gestão, onde estão presentes desigualdades e formas de exclusão social pela negação de direitos.

Trabalho, Gênero e Exclusão Social

No recrutamento dos trabalhadores se definem as qualidades requeridas ou adaptadas aos postos de trabalho e às politicas de gestão da empresa. O perfil da demanda estabelece critérios de idade, sexo, origem e estado civil. Na região do Carajás observa-se o quadro seguinte:

a) o emprego no mercado formal é bastante reduzido com baixa qualificação nas empresas sub-contratadas (são exemplos os setores: limpeza industrial e urbana, alimentação e serviços na administração empresarial);
b) No setor informal avolumam-se os pequenos serviços temporários, como vendedoras no mercado ambulante, lavadeiras, faxineiras, cozinheiras ou trabalhadoras da noite (de serventes nas casas noturnas a prostitutas).

Observa-se, portanto, na área do PGC, uma exclusão de mulheres das atividades econômicas socialmente valorizadas. Porém essa exclusão é acompanhada de outro processo, o da ampliação do recrutamento de mulheres em certos ramos já reconhecidos enquanto mercado de trabalho feminino, a exemplo de indústrias do setor alimentar, ou ainda em outros setores com tradição de recrutamento masculino, como a construção civil, que passa a absorver o trabalho de mulheres.

Trata-se de um processo de desenvolvimento desigual que produz concomitantemente também formas de exclusão diferenciadas por sexo. Certamente o econômico reproduz as diferença de sexo inscritas na cultura da sociedade. Na lógica dos programas de planificação regional, de execução de políticas públicas, subjaz a noção de masculino enquanto regra, reprodução da ordem do trabalho como "neutra", aparentemente, mas na prática, masculina. Representação na qual o trabalho feminino é residual, exceção, margem, frente ao trabalho "propriamente dito" (masculino). A invisibilidade da noção de divisão sexual do trabalho representa o silêncio, o não dito/pensado. Entretanto, esse negado/ignorado, afirma de certa forma a existência do diverso, do múltiplo, do plural, onde se incluem as diferenciações sociais e de sexo (objetivas/subjetivas) no mercado de trabalho.

Ainda que as práticas sociais denunciem uma lógica de exclusão das mulheres do mercado formal de trabalho, essa problemática não pode ser examinada por mão única na experiência recente de industrialização na Amazônia. A instalação do setor eletroeletrônico em Manaus ou a dinamização das indústrias do setor alimentar em Belém, são exemplos nos anos 70, da elevada demanda de mão-de-obra feminina. Porem, na região do Carajás, os setores dinamizados têm sido tradicionalmente de "trabalho masculino", registrando uma demanda que se orienta marcadamente ao segmento masculino da população.

Acreditamos que o *approche* econômico sobre o mercado de trabalho não é suficiente para entender essa exclusão como fenômeno socialmente produzido. A simples comparação das atividades de homens e de mulheres é seguramente insuficiente para compreender os fundamentos das diferenças entre práticas masculinas e femininas. É essencial ir mais além e se interrogar sobre o conteúdo de seus trabalhos e o que estes representam na estrutura hierárquica da sociedade. E ainda como essas atividades se articulam e interferem nas dimensões da subjetividade dos sujeitos individuais e coletivos. O que estaria mudando em relação à subjetividade de atores nessa região de expansão industrial e de convergência de grupos sociais com experiências anteriores tão diversas? Se as modalidades da prática mudam o sentido das práticas, é provável que pela compreensão sobre os novos espaços ocupados pelas mulheres encontremos sinais da emergência de novas práticas e subjetividades. O movimento de mulheres quebradeiras de coco de babaçu sinaliza essa direção ao se auto-identificar no processo de trabalho e nas formas de luta em defesa do direito de continuar a reproduzir essa atividade produtiva.

Prefiro trabalhar a hipótese que e sobretudo através das lutas políticas que essas mulheres jogam um papel e ocupam um espaço de interlocução mais expressivo no processo de mudanças. É justamente pela recusa à exclusão que elas se tornam visíveis. Inserem-se ao interior do movimento (sindical ou não) pelas suas "identificações" ao trabalho. Observa-se assim, uma lenta consolidação de novas formas de expressão das lutas sociais. A participação das mulheres permite identificar uma inserção tanto pela via do trabalho produtivo como de atividades concernentes à esfera da reprodução. Participação que encontra limites e se torna *enjeu* de tensões em função das estruturas de dominação de sexo, dentro ou fora da família. Denunciam as dificuldades que são impostas ao exercício de práticas políticas, em associações, no sindicato ou em partidos políticos, pelos próprios companheiros, pois o "machismo" passa a ser também objeto de afrontamentos. Para algumas mulheres, a tomada de consciência nas relaçoes de poder no processo de luta, foi a chave de novas descobertas sobre o autoritarismo masculino em relação a elas próprias. Uma consciência de separação de espaços segundo o sexo, de direitos e obrigações, exigindo a gestão desse território de domínios diferenciados de sexo. As experiências de mulheres camponesas tiveram papel importante ao problematizar a relação homem/mulher e interrogar sobre suas influências no desenvolvimento da organização política da sociedade civil. Grupos de mulheres urbanas, como no movimento de professoras, têm afirmado pontos de vista concretos sobre as condições de trabalho mas também refletido sobre a sexuação de suas lutas, descobrindo que mesmo ao lado dos homens nas ações, é necessário denunciar as desigualdades das relações de poder, no jogo político, como mostra também Le Doaré ao examinar os movimentos populares latino-americanos.

Além das ações reivindicativas (escolas, hospitais etc...) a maior parte das lutas nessa região tocam diretamente problemas relacionados ao trabalho. Não é simplesmente o emprego que está em jogo, mas o trabalho, categoria mais ampla que recobre portanto um leque de possibilidades, desde a conquista da terra ou a garantia do crédito agrícola que permita ao pequeno produtor condições de produzir, até ao trabalho assalariada urbano, no mercado formal ou informal. Parece residir aí uma dificuldade teórica importante, que é a de entender a noção de trabalho na Amazônia a partir da noção de trabalho assalariado formulada pela sociedade ocidental (onde se inclui a Sociologia e a Economia do Trabalho), aprisionada a nosso ver, num campo de análise que acaba privilegiando a relação de trabalho nos limites empresariais. Nessa perspectiva, ao se observar uma exclusão das mulheres do mercado formal do emprego - a partir dos setores mais demandantes de mão-de-obra -, poder-se-ia erroneamente realizar uma outra exclusão, se não fosse observada a intensa participação de segmentos femininos em trabalhos de setores não formalizados, em zonas urbanas e rurais e em atividades domésticas. Sob uma outra perspectiva talvez se possa alcançar a compreensão sobre a subjetividade dessas mulheres polivalentes e como elas vivenciam essas mudanças, suas angústias, medos, prazeres e sofrimentos relacionados com o trabalho e com as lutas cotidianas - individuais ou no coletivo - de trabalhadoras.

MOVIMENTOS SOCIAIS: EXPRESSÃO E IDENTIDADES NO PROCESSO DE TRABALHO

A atomização das práticas políticas, ao interior do tecido sócio-politico, a criação de laços identitários entre diferentes atores e ao mesmo tempo, a adoção de uma nova linguagem na mediação utilizada frente às empresas empregadoras, revelou um lento fortalecimento das estruturas de representação dos trabalhadores de Marabá, Parauapebas, Tucuruí e Açailândia, no sentido de intervir no mercado de trabalho. A dinâmica das relações com as empresas do Estado está no centro dos afrontamentos na região, causados pelas políticas públicas e pelo modelo autoritário de gestão do trabalho conduzido pelas empresas, revela a evolução das reivindicações. O conflito eclodido entre trabalhadores urbanos e rurais e a empresa estatal Eletronorte, que dura mais de 12 anos, releva a dificuldade de negociação; trabalhadores no Município de Parauapebas lutam contra as decisões tomadas pela Companhia Vale do Rio Doce que lhes afetam diretamente. Tal dinâmica das relações com o Estado e as empresas revela a emergência de novas estratégias por parte dos trabalhadores, cuja base se monta nas alianças com grupos de maior trânsito nos canais políticos institucionais.

O que genericamente vimos chamando de movimentos sociais, neste artigo, emerge de processos os mais variados, de natureza localizada, dentro ou fora dos sindicatos e constituem-se como unidades de mobilização apreciável. Atraem a atenção para demandas sociais relativas ao emprego e às condições de trabalho mas também à esfera da reprodução social. Chamam atenção para os impactos provocados pela implementação de grandes empreendimentos econômicos que agem degradando o território e suas condições de trabalho e de produção. Essas unidades de mobilização tenderam a uma unificação de lutas a nível nacional a partir de condições concretas sobre seus espaços de trabalho ameaçados .

Novas questões foram colocadas à compreensão dessas lutas, sobretudo por emergirem, em boa parte, fora das estruturas organizativas mais antigas, como os sindicatos, as centrais sindicais e os partidos de esquerda. É a própria noção de campo político que está em jogo e que perquire a produção de um conhecimento sobre as práticas quotidianas igualmente politizadas. Foram colocadas em questão as antigas formas de organização política enquanto instrumentos de mobilização de classe.

Exigiu uma revisão radical das organizações, suas capacidades e seus limites para entender a diversidade, as subjetividade nessa diversidade, as identidades, e portanto, os diferentes conteúdos das reivindicações segundo seus atores: associação de bairro, associação de mulheres, coletivo de camponeses atingidos por barragens ou grandes projetos de mineração, movimento negro, grupos indígenas etc. É necessário remarcar que há uma conjuntura política comum a todas essas lutas, que ajuda a construir uma unidade apesar das diferenças.

Tais experiências demonstram uma convergência para o campo de reprodução ou de ampliação das possibilidades de trabalho, seja no mercado formal ou não. Apesar dos impasses os trabalhadores têm conseguido se afirmar enquanto sujeitos face a situações adversas, traduzindo numa visão de conjunto, a complexidade desse agir político. Em função de sua variedade essas lutas têm politizado, no seu desdobramento, diferentes campos do social. O trabalho e as relações com o emprego constituem elementos de articulação desses processos, embora nem sempre articulados ao mercado de trabalho regulado pelo Estado e pelas empresas de maior expressão. As reivindicações e as ações tocadas pelos sindicatos e os movimentos populares contribuíram para alargar os espaços de luta e a definição das especificidades de seus atores, facilitando ainda a transparência sobre as relações de poder difusas no tecido sócio-politico.

REFERÊNCIAS BIBLIOGRAFICAS

HALL, A. 1991. *Amazônia: Desenvolvimento para quem? Desmatamento e Conflito social no Programa Grande Carajás*. Zahar Ed.Rio de Janeiro.

LAUTIER, B. & MARQUES-PEREIRA J. 1993. *Répresentations Sociales et Constitution du Marché du Travail*. GREITD. Paris.

SABEL, C. F. 1985. *Trabajo y politica. La division del trabajo en la industria*. M.T.S.S. Madrid.

KERGOAT, D. 1991. De la Division sexuelle du travail aux rapports sociaux de sexe: continuité ou discontinuité. Réflexion à partir de deux types de mouvements sociaux. In: *Cahiers du GEDISST*, n° 2. IRESCO/CNRS.

CASTRO, E. 1989. Resistência dos atingidos pela Barragem de Tucurui e construção de identidades. In: *Cadernos NAEA* n° 10. UFPA/NAEA. Belem.

CASTRO, E. et all. 1989. *Impactos do Projeto Ferro Carajas sobre a mão-de-obra*.(Relatório de Pesquisa). UFPA/NAEA. Belém

CASTRO, E. et all. 1992 . *Exploração Mineral na Amazônia e Tranformação nas Relações de Trabalho na area do Programa Grande Carajás* (Relatório de Pesquisa). UFPZ/NAEA.Belém.

CASTRO, E. 1993. Transformations Sociales et marche du travail dans la region du Programme Grande Carajas. *Revue du Centre de Recherches sur le Bresil Contemporain*- CRBC/EHESS/IHEAL, no. 21, Paris.

CASTRO, E. & ACEVEDO R. 1993. Amazonia Oriental: Territorialidade e Meio Ambiente. In: L. LAVINAS, L.CARLEIAL, R. NABUCO *Reestruturação do Espaço Urbano e Regional no Brasil.* Anpur/Hucitec. Rio de Janeiro.

HAKIKI-TALAHITE F. 1987. Activité Feminine et Processus d individuation dans le tiers monde. In: *Les Rapports Sociaux de Sexe: Problématiques, Méthodologies; Champs d analyses. Actes de la Table Ronde Internationale.* APRE. Cahiers n. 7. avril/mai.

LE DOARE H. 1991. Le mouvement populaire en Amérique Latine.Elément d'une réflexion sur la notion de mouvement sociaux sexué.In: *Cahiers du GEDISST*, n° 2.IRESCO/CNRS.

HIRATA H. 1992. Notes sur les apports d'une problématique en terme de rapports sociaux de classe et de sexe(et/ou de division sociale et sexuelle du travail) à ma recherche. In: *Cahiers du GEDISST* n° 3.IRESCO/GEDISST.

HIRATA H. & SUGITA K. 1988. Politique paternaliste et division sexuelle du travail: le cas del'industrie japonaise. Revista *Le mouvement Social*, n° 144. Paris.

FIORI J. 1990. *Sonhos Prussianos Crises Brasileiras. Leitura politica de uma industrialização tardia.* Ensaios FEE.Porto Alegre.

MAURICE M. 1987. *Réflexions sur les constituants du Marché du Travail.* In: M.E. MARUANI REINAUD Coord. Ed. Alternative/Syros.

CALLON M., Réseaux technico-économique et irreversibilité. Actes du Séminaire *"Contradictions et Dynamiques des Organisations"*. CRG/ESCP, Paris.

COSTA T. 1991. Districts industriels et systèmes locaux d'entreprise. In: GUITTON, C., MARUANI, M., REYNAUD, E. Coord. (1991) *- L'emploi en Espagne: Marchés du travail et relations professionnelles, Paris. Syros/Alternative.*

CAPITALISMO, PESCA E EMPOBRECIMENTO NA AMAZÔNIA: A CONTRAFACE DA MODERNIZAÇÃO

Alex Fiuza de Mello

A Amazônia, cenário de grandes investimentos infra-estruturais e industriais nas décadas de 70/80, considerada uma das últimas fronteiras de expansão capitalista, "celeiro do mundo", almoxarifado de matérias-primas estratégicas para o desenvolvimento nacional e internacional, "espaço vazio" disponível para ser ocupado pelos empreendimentos "racionais" de exploração econômica, rompe os anos 90 e caminha para a virada do milênio sob enfoque invertido daquele outrora predominante. Os mesmos interesses que até recentemente defendiam a exploração intensiva e em larga escala de seus recursos naturais, em nome da ecologia e do chamado "desenvolvimento sustentável" passaram hoje a manifestar preocupações quanto à destruição do ecossistema nativo, cuja diversidade e riqueza biológica alcançou notório reconhecimento científico internacional.

Ocorre que os programas oficias de desenvolvimento regional, organizados em controvertidos programas de ocupação e colonização, subsidiadores de empreendimentos empresariais voltados à exploração dos recursos florestais, minerais hídricos e agro-pastoris, demonstraram que pouco contribuíram à melhoria do padrão de vida das populações locais; ao contrário, geraram devastação ambiental, desagregação de modos de vida secularmente organizados e conflito social. Em outras palavras, se desencadearam progresso econômico para uma fatia minoritária de grandes e médios empresários e criaram fontes alternativas de arrecadação estatal, por outro deixaram as massas populacionais à margem dos benefícios da "modernização". Essas, expropriadas de suas terras, expulsas de seu habitat, subordinadas a novos padrões de produção em relação aos quais, quando não é excluída, é transformada em mão-de-obra de baixíssimo custo, vêm sofrendo um progressivo processo de *empobrecimento* ao longo dos últimos anos, a exemplo dos segmentos majoritários da população brasileira nas demais regiões do país.

Demonstram os resultados do relatório final da pesquisa "Caracterização e Evolução da Pobreza nos Anos 80", realizado pelo Instituto de Economia da UNICAMP (Oliveira et al., apud Sales, 1992), particularmente no capítulo que trata da variação da pobreza na década de 80 na região metropolitana de São Paulo e em outras regiões do país, que ocorreram especificidades entre os dois contextos, que podem ser resumidas no seguinte: embora no final da década a proporção de famílias com renda per capita inferior à linha de pobreza tivesse aumentado em todas as metrópoles brasileiras, relativamente São Paulo sofreu menos que as outras regiões tal retrocesso das condições de vida. Juarez Brandão Lopes (apud Sales, 1992) aponta a maior fragilidade das regiões Norte e Nordeste às variações das conjunturas econômicas adversas (inflação, recessão, etc.), apresentando invariavelmente níveis de pobreza sempre mais elevados. Exemplo disso é que, enquanto o Nordeste apresentava 3/4 das famílias vivendo com faixa de renda per capita até meio salário mínimo, em São Paulo este contingente não chegava a 1/3. Utilizando uma classificação assentada sobre indicadores que lhe permitiram estabelecer uma distinção entre aquilo que chamou de "pobreza estrututal ou crônica" e "pobreza conjuntural ou transitória", Lopes concluiu uma amostra que permite verificar uma situação social de pobreza muito mais grave nas regiões afastadas do eixo Sul-Sudeste.

Eis assim que o Norte (a Amazônia), hoje, revela-se como um "laboratório" privilegiado aos estudos sobre pobreza crônica no Brasil. Nunca é demais, porém, lembrar que, ao se falar de Amazônia, há que se relevar a contradição existente entre a miséria e a fome e as condições potenciais de recursos naturais disponíveis numa região que, ao contrário do Nordeste (por exemplo), apresenta proporcionalmente, sob alguns aspectos, maiores e melhores meios de satisfação imediata das necessidades básicas das populações através das *atividades extrativas*. As carências alimentares e a precariedade de infra-estrutura nas áreas de saúde e saneamento básico apontam as grandes contradições num espaço onde, ao contrário do fenômeno da seca (Nordeste), tem-se a maior rede hidrográfica do mundo e cujo território responde por 30% da totalidade das florestas tropicais do planeta, dispondo assim do maior "tesouro genético" do Trópico Úmido - sendo por isso destaque no debate internacional sobre a proteção da biodiversidade.

Os dados da pobreza, melhor dizendo, do *empobrecimento* registrado ao longo da última década, estão estampados no "Diagnóstico sobre a situação da Criança e do Adolescente na Amazônia" (UFPA: 1992), realizado por instituições da própria região sob o patrocínio do UNICEF. Tomando-se o caso do Pará, o Estado mais populoso da região Norte, constata-se que:

- em cada 1000 nascimentos, há 30 nascidos mortos, bem acima da média de mortalidade fetal brasileira (18/1000);
- a maior parte das crianças e dos adolescentes são componentes de famílias cuja renda per capita não atinge um salário mínimo;
- 19% dessas famílias estão sendo sustentadas somente por mulheres;
- 75% de crianças e adolescentes vivem em condições de habitação inadequadas, sem esgoto ou rede de abastecimento de água (o que confirma o diagnóstico de Lopes, citado);
- em 1990, 600.000 crianças e adolescentes (10% dos habitantes do Estado) não conseguiram vagas nas escolas;
- estão presentes índices bastante elevados de desnutrição em crianças menores de 5 anos residentes nas cidades.

O fato é que na Amazônia, como bem observa o I Relatório do Projeto "Pobreza e Meio-Ambiente na Amazônia" (UFPA/UNAMAZ 1992), os Modelos de Desenvolvimento adotados desde a década de 60 (SPVEA) até hoje (SUDAM), apoiados pelos Governos Federais e elites locais (e do Sul-Sudeste), partiram da premissa de que "a exploração das riquezas naturais em grande escala geraria recursos suficientes tanto para amenizar os problemas advindos da dívida externa, como para promover o bem-estar dos habitantes da sociedade regional (...) Entretanto, esta expectativa otimista ficou frustrada na medida em que, devido a variáveis como a estagnação de preços internacionais para matérias-primas e produtos minerais, o desempenho de empreendimentos minerais como Ferro Carajás, Albrás/Alunorte, Mineração Rio do Norte não correspondeu às previsões iniciais e que estes, ao invés de melhorarem expressivamente as receitas das instituições públicas, continuaram parcialmente beneficiados por uma série de *external economies*".

Neste sentido, *o modelo de desenvolvimento amazônico* é um dos exemplos mais recentes de como na América Latina *políticas de modernização*, concebidas a partir da *racionalidade técnico-instrumental*, representada, por sua vez, por conceitos como "produtividade", "custo-benefício", "competitividade" etc. e, dirigida em sua essência contra os modos de trabalho e de vida que não se enquadram no universo dela, implicam para amplos setores sociais a negação da prometida *modernidade*, enquanto *racionalidade normativa* (Lechner, 1990), da qual, além das liberdades civis e políticas, é um elemento indissociável "o direito de não padecer de fome e desnutrição ("Estratégias para Melhorar a Nutrição de Crianças e Mulheres nos Países em Desenvolvimento", UNICEF. New York 1990). De fato, passadas três décadas de experiências, percebe-se na Amazônia, como observa Castro (1992:69), que o "padrão inserido nos Planos de Desenvolvimento (de agricultura, de colonização, de industrialização, por exemplo) desenvolve mecanismos desestruturadores e força o engajamento na economia dominante de consumo de bens e serviços externos, para os quais não há contrapartidas na geração de rendas". À perda das condições de vida originárias, com padrões próprios de auto-suficiência alimentar, de moradia, saúde, etc., adaptadas ao habitat natural, pouco ou nada usufruem da "nova modernidade", extratores, agricultores ou pescadores, excluídos que estão, na sua grande maioria, do acesso às novas tecnologias de produção e propriedade (posse) dos espaços.

Dentre os vários setores produtivos de importância regional, que têm experimentado transformações profundas nos dois últimos decênios, destaca-se o da *pesca*, com consideráveis inversões de capital constante (maquinaria, técnicas e instrumentos modernos de captura e beneficiamento etc.) e modificações nas relações de produção tradicionais. Pode-se afirmar que foi o pesqueiro um dos primeiros ramos produtivos na Amazônia a experimentar um processo de industrialização intensiva, com a criação do complexo industrial pesqueiro de Icoaracy, no Pará, que já ao final da década de 70 estava constituído por quase 20 indústrias de captura e/ou beneficiamento. O "drama" das populações pesqueiras, dos trabalhadores do mar, dos rios e lagos, sintetizado no fenômeno da modernização da produção artesanal do pescado e sua industrialização, compõe um conjunto de vicissitudes que são aspectos/momentos de uma mesma totalidade - o processo de penetração efetiva do capital na região e a subsunção das atividades produtivas tradicionais pela nova "lógica" dominante - e que revela a sua violência na forma da trajetória imposta ao pescador em tão curto espaço de tempo, entre a atividade de subsistência e a de produtor desqualificado de mais-valia na grande indústria.

As chamadas comunidades pesqueiras (populações ribeirinhas e litorâneas que vivem da produção do pescado como principal ou complementar meio de vida/ subsistência) representam hoje cerca de 20% do contingente populacional da região amazônica. Constituem, assim, universo expressivo do homem que vive e trabalha na região, além de representarem um padrão de atividade produtiva e modo de vida tipicamente regional com características próprias e predominâncias proporcionalmente significativas em relação a outras regiões do país. O Pará, dentre todos os Estados brasileiros, é aquele que se destaca, por exemplo, por possuir, juntamente com a Bahia, o maior contingente de pescadores profissionais registrados nos órgãos oficiais (vd. Quadro a seguir), *mesmo em termos absolutos.*

Número de pescadores por Regiões e Estados - 1986

Região	Federações/ Jurisdição	Nº de Colônias	Pescadores Regularizados	Profissionais %N/Regular	
NORTE		54	55.558	21,1	48.170
	Amazonas	06	6.163		16.680
	Amapá	04	3.408		1.825
	Pará	44	45.987		29.673
NORDESTE		157	104.759	39,4	160.556
	Maranhão	31	30.476		61.130
	Piauí	14	4.190		11.555
	Ceará	16	9.890		15.330
	R. G. Norte	21	11.238		7.780
	Paraíba	08	4.810		820
	Pernambuco	16	7.311		5.848
	Alagoas	26	0.666		4.760
	Sergipe	08	3.996		8.600
	Bahia	45	24.174		52.708
SUDESTE		55	47.552	17,9	33.907
	Esp. Santo	09	3.717		2.340
	R. de Janeiro	21	25.174		23.851
	São Paulo	25	18.661		7.716
SUL		33	57.506	21,7	37.856
	Paraná	15	15.000		8.150
	Sta. Catarina	06	24.049		4.756
	R. G. do Sul	12	18.457		24.950
TOTAL		299	265.375	100.0	288.49

Total estimado pelas Colônias de Pescadores e Federação Nacional. Fonte: Coordenação Nacional de Pescadores - 1986.

Considerando que a própria Confederação Nacional dos Pescadores (órgão que congrega as Colônias de Pesca e Capatazias locais ao longo de todo o território nacional) estima que apenas 20 a 30% da totalidade dos pescadores são registrados nas Colônias, calcula-se que, no Pará, o número de pescadores na ativa sobe para cerca de 3 vezes mais, ou seja, aproximadamente 200.000 (duzentos mil) trabalhadores que, somados aos seus familiares (média de 6 membros por família), envolve um universo de 1.200.000 (hum milhão e duzentos mil) pessoas direta ou parcialmente dependentes da atividade pesqueira no Estado, isto é, cerca de 20% da população total do Pará. Estima-se que para as populações ribeirinhas na Amazônia o consumo de peixes per capita é o mais elevado do Brasil e dentre os mais significativos do mundo (60 kg per capita), representando de 60 a 70% do aporte de proteína animal componente da dieta local (Diegues, 1992).

O fato é que, devido a impactos provocados pelos chamados "projetos desenvolvimentistas" e demais políticas públicas (incluída a legislação), excludentes da maior parcela da população, as comunidades pesqueiras na Amazônia (Pará, em particular) - como em geral ocorre com outros segmentos da economia agrária - vêm experimentando ao longo das duas últimas décadas um processo de progressivo *empobrecimento*, aqui entendido como deteriorização das condições materiais de existência (qualidade de vida expressa nas condições de trabalho, de subsistência, garantias de reprodução social, níveis de saúde/educação), resultante da combinação de inúmeros fatores, dentre os quais se destacam: a) a construção de barragens e represas; b) poluição de rios e lagos; c) privatização de terras na orla marítima e fluvial; d) urbanização e concorrência mercantil; e) sobrepesca e depredação ambiental.

CONSTRUÇÃO DE BARRAGENS E REPRESAS

Prioritariamente voltadas à geração de energia destinada aos grandes projetos regionais - como é o caso do Projeto Grande Carajás (no sul do Pará) e Albrás-Alunorte (em Barcarena, Baixo-Tocantins), ambos de exploração mineral - a construção de hidrelétricas tem causado modificações físico-ambientais significativas relativamente ao ecossistema dessas áreas, resultando em alguns casos, prejuízos às populações ribeirinhas de pequenos produtores rurais ou pescadores, expulsos das várzeas para terra firme em decorrência da inundação do espaço tranformado em reservatório. Tal impacto abrange inúmeras conseqüências: a) os movimentos migratórios das espécies ictiológicas são modificados, em alguns casos interrompidos, face ao represamento dos sedimentos que conduzem a que a fertilização das águas dos rios e lagos próximos à jusante da barragem fique prejudicada, atingindo diretamente a reprodução dos estoques pesqueiros anteriormente disponíveis (Diegues, 1992); b) em conseqüência, escasseamento progressivo do peixe na zona circunscrita à jusante da represa, com perda de produtividade e diminuição absoluta da produção do pescado; c) desaparecimento, nessas áreas, da pesca de várzea enquanto recurso econômico fundamental de complementação alimentar desses agrupamentos sociais; d) impossibilidade de reproduzir atividades extrativas dependentes do regime do rio, particularmente para aquelas populações reassentadas em glebas distantes da rede fluvial (Castro, 1992); e) quebra das relações tradicionais de trabalho, em regra baseadas em atividades polivalentes (pesca e agricultura), em função da perda do acesso aos recursos aquáticos.

Deslocado à terra firme, o antigo pescador-lavrador vê-se obrigado a redefinir suas estratégias de subsistência, agora condenado ao cultivo monovalente de uma terra menos fértil que a várzea, sem mais a opção do peixe em sua dieta. Além do mais, o antigo saber acumulado, herança transmitida de geração em geração, de pai para filho, ordenador do mundo ribeirinho, com suas "regras, seus sistemas classificatórios, seus padrões e traços culturais, suas concepções de tempo e espaço", como coloca Castro (1992:194), instituidor de um modo de vida próprio e da própria alteridade comunitária, perde sua função social no interior do novo contexto, à mercê de uma nova "racionalidade" que impõe agora ao trabalhador uma maior dependência do mercado - perda da autonomia anterior - como, por exemplo, a compra de insumos para adubação de uma terra mais árida.

POLUIÇÃO DE RIOS E LAGOS

A implantação de projetos industriais em áreas lacustres, ribeirinhas e estuarinas, associada às atividades de garimpo e ao crescente desmatamento - este normalmente decorrente da implementação de projetos agropecuários - são fatores diretamente responsáveis pelo impressionante fenômeno da mortandade de espécies aquáticas na Amazônia. A poluição de rios e lagos tradicionalmente usados por populações interioranas da região como meio de obtenção de sua subsistência (pelo consumo direto ou pequena comercialização), tem afetado significativamente a qualidade de vida desses grupos, graças à contaminação do pescado. Diegues (1992) cita o caso da Mineração Rio do Norte (empresa ligada à *holding* Companhia Vale do Rio Doce - CVRD), instalada às margens do Rio Trombetas (oeste do Pará), a qual, para retirar seis milhões de toneladas de bauxita por ano do rio, assoreou o lago Batata, tendo depois que gastar 70 (setenta) milhões de dólares para limpá-lo. Também o estuário do rio Amazonas (Pará), onde se localiza a indústria Albrás e Alunorte (CVRD), denúncias sistemáticas têm sido divulgadas em jornais relativamente à diminuição de peixes provocada pela poluição dos rios.

A mineração de ouro aluvionar, intensificada na Amazônia a partir do final dos anos 70 e que atualmente envolve cerca de 600.000 (seiscentas mil) pessoas (Pfeifer et al., 1990), atuando nos mais diversos rincões regionais - como ao longo dos rios Tapajós e Tocantins (PA) - constitui-se, certamente, o fator principal da contaminação das águas.

A generalização desse fenômeno pode ser verificada em outros estados da região, como é o caso de Rondônia - onde, segundo dados do Instituto de Pesquisas da Amazônia - INPA, 70% do peixe consumido em Porto Velho estão contaminados por mercúrio (Diegues, 1992) - ou mesmo do país - Costa (1989) demonstra como, em função da poluição sofrida pela baía da Guanabara (RJ) nos últimos anos, resultante de dejetos industriais, a pesca, uma das principais atividades tradicionalmente ali exercidas, decresceu cerca de 90% (!).

Na Amazônia, a ameaça de contaminação crescente, inclusive em áreas mais distantes às zonas de garimpo, pode ser explicada pela maneira como se desencadeia a proliferação do mercúrio. Este, uma vez liberado, "entra diretamente na atmosfera (55%) sob forma metálica. Após sofrer oxidação em reações com vapor d'agua e ozônio, é lixiviado da atmosfera pelas chuvas sob forma iônica. Nos lagos de várzea, igarapés de florestas e áreas alagadas, o mercúrio é rapidamente metilado pela imensa atividade microbiana destas águas..." (EYSINK et alii, apud Petrere Jr., 1992).

Santarém, no Pará, cidade banhada pelos rios Amazonas e Tapajós, é um exemplo desse fenômeno. O Tapajós, por exemplo, segundo pesquisas que vêm sendo realizadas por cientistas da UFPA e UFRJ, tem apresentado uma concentração de mercúrio que já revelou uma contaminação de 2,2 p.p.m. em peixes, como o pirarucu (o máximo de p.p.m. tolerável pela OMS é de 0,5), particularmente na Região da Barra de S. Manuel, onde se situa uma antiga vila de pescadores.

Baseando-se em estudos de Goulding (1979), Petrere Jr. (1992) irá também demonstrar a extrema dependência que muitas espécies de peixes (como o tambaqui, o pacu, a pirapitinga, a matrinchã) têm da vegetação, seja das folhas, como flores e frutos ocorrendo correlação direta entre desmatamento e piscosidade das águas. Começando a cadeia alimentar na terra, pelos insumos que esta fornece aos meios aquáticos, nutrem-se os peixes dessas substâncias orgânicas. Quando ocorrem desmatamentos significativos, em razão da implantação de grandes projetos agropecuários, imediatamente há interferência no trajeto das espécies, deslocando-se os cardumes para outras áreas e provocando, assim, escasseamento da quantidade de peixes disponíveis ao pescador.

PRIVATIZAÇÃO DE TERRAS NA ORLA MARÍTIMA E FLUVIAL

Tal fato é decorrente, na Amazônia, de dois fatores principais: a) especulação imobiliária em áreas destinadas a projetos e investimentos turísticos, com valorização dos terrenos circunscritos às zonas de pesca; b) implantação de fazendas para desenvolvimento de projetos agropecuários às margens de rios e lagos.

A especulação imobiliária proveniente da exploração turística é fenômeno que se verifica identicamente em outras regiões do país: Hoefle (1989), refletindo sobre as ameaças à pesca em pequena escala no sudeste brasileiro (litoral sul fluminense), irá demonstrar que, após a construção da rodovia Rio-Santos na década de 70, investimentos em atividades de lazer e veraneio, na busca pela apropriação de espaços físicos na orla praieira, passaram a se constituir em efetiva causa de redução das zonas de pesca, com a expulsão dos antigos habitantes de seu habitat tradicional. Com a criação dessas áreas de lazer, a sociedade de mercado e a racionalidade urbana se instala, gerando nova dinâmica social e econômica que atinge, por sua vez, outras atividades produtivas alternativas e/ou complementares dos trabalhadores do mar; o desaparecimento da produção artesanal de canoas e outros artefatos de pesca - fonte de trabalho dos pescadores em tempo parcial nos períodos de menor piscosidade das águas - face à sua substituição por produtos industrializados do continente, ilustra muito bem o fenômeno (Hoefle, 1989). Situações semelhantes têm sido registradas para outros pontos do país, como em Santa Catarina (Beck, 1989), Maricá/RJ (Guimarães, 1988) e Rio Grande/SP (Castro, 1988).

Pesquisas realizadas no Pará, tanto em zonas litorâneas do nordeste oceânico como em municípios e localidades situados à beira de rios e lagos (águas interiores) evidenciam que esse tipo de ocorrência é significativo e recorrente. Maneschy (1989) deixa isso muito claro ao relatar os perigos que a expansão turística tem trazido à comunidade da vila de pescadores de Ajuruteua, município de Bragança, zona do Salgado (atlântica) paraense. Com a conclusão da rodovia PA-458, em 1983, ligando Bragança a Belém e outros centros urbanos, a vila "passou a ser freqüentada mais regularmente por veranistas, principalmente da capital do Estado, que para lá se dirigem com seu estilo de vida e consumo urbano, (crescendo) o interesse pela posse de casas e terrenos na própria vila" (Manescky, 1989:99). Salinópolis, principal balneário de lazer e turístico do Pará é, sem dúvida, o exemplo mais ilustrativo. Lá, os empreendimentos imobiliários já ocuparam a maior parte da orla marítima, tendo muitos pescadores-lavradores sido expulsos de zonas tradicionalmente utilizadas para o apresamento de subsistência e horta caseira.

Se o mar é a principal opção dos investimentos turísticos, as várzeas próximas aos rios e lagos têm a sua preferência ao assentamento de projetos agropecuários. Tal é o caso relatado por Furtado (1988) referente à pesca no Médio-Amazonas, região oeste do Pará, município de Óbidos e adjacências. Lá, projetos pecuários são desenvolvidos em terrenos às margens de rios e lagos, transformados em campos de pastagem, isto graças à maior fertilidade da terra e seus efeitos positivos (alimentação etc.) à criação do gado. Segundo a autora, está ocorrendo uma concentração progressiva da propriedade desses terrenos nas mãos de fazendeiros residentes, dificultando o acesso de pescadores à área, já que são proibidos de exercerem atividades no local. Sobretudo os "vargeiros" (pescadores-lavradores das várzeas) são atingidos, sendo obrigados a migrar para a cidade sem garantias de outros meios de sobrevivência. "Na memória dos pescadores (relata Furtado), registram-se cenas em que os mesmos são escorraçados, humilhados e enxotados pelos capatazes das fazendas."

URBANIZAÇÃO E CONCORRÊNCIA MERCANTIL

A abertura de estradas (a partir dos anos 60), interligando os grandes centros consumidores às localidades produtoras de pescado no interior, associada à introdução do motor nas embarcações e à utilização de geleiras, desencadeou rapidamente o que pode ser considerado uma "revolução mercantil" no setor pesqueiro regional, transformando paulatinamente a economia da pesca: de bem de subsistência (valor-de-uso) o peixe passou a se constituir em mercadoria (valor-de-troca), fonte de lucro e acumulação capitalista. Passa a ocorrer, assim, uma *intensificação da comercialização* do pescado, com modificações tecnológicas fundamentais na estrutura produtiva das embarcações, instrumentos de captura e métodos de conservação do produto. Ao mesmo tempo, introduz-se no seio dessas comunidades o comércio de artigos manufaturados ou industrializados, atrativos trazidos da capital - relógios, roupas da moda (sobretudo depois da chegada da televisão), gravadores, rádios de pilha etc. - subvertendo-se os costumes tradicionais por uma aculturação de estilo de vida (valores, práticas sociais) mais "urbanizado"; isso não representando, porém, via de regra, uma melhoria do padrão de vida dessas populações, cuja maioria não chega a ter fácil acesso às novidades do mercado. Esse fenômeno está devidamente mapeado por inúmeras pesquisas já realizadas nas mais variadas localidades da região amazônica: Smith (1979), Penner (1984), Loureiro (1985), Mello (1985), Furtado (1987 e 1988), Hartmann (1992), dentre outros.

O fato é que as técnicas tradicionais, baseadas num manejo artesanal, em pequena escala, com instrumentos comparativamente rudimentares e com finalidade de subsistência, são incapazes de competir com empresas dotadas de tecnologia mais moderna, que operam em ampla escala, com alta mobilidade. A história da pesca na Amazônia, como em outras regiões do país, tem demonstrado que, com a abertura de estradas aproximando as zonas piscosas dos grandes centros consumidores e a intensificação da atividade produtiva da pesca destinada à comercialização, a tendência é ocorrer a expulsão dos pequenos produtores do mercado - impossibilitados que estão, na prática, de terem acesso a créditos financeiros que os ajudem na modernização de seus apetrechos de pesca - por uma pequena e média burguesia comercial que se instala (ou se produz) nessas áreas e passa a dominar o mercado do peixe e inclusive a produção. Ocorre, então, a proletarização (assalariamento) dos pescadores, que ficam à merce dos novos "donos do mar" (Mello, 1985), dependentes de salários prefixados e de vagas nas embarcações, ou seu deslocamento para outros ramos produtivos e de serviços que surgem no local, como a construção civil, servindo como mão-de-obra barata e reserva de força-de-trabalho à disposição do capital.

SOBREPESCA E DEPREDAÇÃO AMBIENTAL

Diretamente associado à prática da comercialização intensiva impõe-se um ritmo produtivo que, em muitos casos, não respeita o ciclo natural de reprodução das espécies aquáticas, causando sua rarefação: a *sobrepesca*. Tendo a pesca se tornado um empreendimento "lucrativo", muitos trabalhadores que antes dividiam seu tempo entre o cultivo da roça e o complemento da pesca, tornaram-se pescadores de *atividade exclusiva*, ou o que muitos observadores denomimam de "pescador profissional". Passaram, assim, a depender diretamente da produção do pescado, o qual é objeto de captura ao longo de todo o ano, independentemente dos ciclos de reprodução e crescimento das espécies. Em áreas de maior interesse comercial, pela grande concentração de estoques pesqueiros, a pesca empresarial, seja ela baseada em padrões artesanais ou industrial, devido à utilização de redes maiores de nylon e da técnica da apanha com malhadeira, tem acentuado os problemas de predação animal. Particularmente a tecnologia industrial, com malhadeiras mecanizadas de arrasto, por não ser seletiva na captura, causa inúmeros prejuízos com o extermínio de estoques apresados e não aproveitados por não terem valor comercial de exportação.

A diminuição da quantidade de peixes disponíveis às populações ribeirinhas e litorâneas, pelas razões apontadas, tem merecido registro por parte de pesquisadores que se têm dedicado ao estudo das sociedades haliêuticas (que se organizam em torno da produção dos recursos provenientes do meio aquático). A incidência do fenômeno ao longo de todo o território nacional aponta o grau de generalidade e significância que o mesmo representa. Orlando et al. (1988) constatam a depredação dos estoques de camarão no estuário da Lagoa dos Patos, Rio Grande do Sul, provocada por barcos de maior porte e de objetivos empresariais que invadem a reserva antes destinada aos pequenos produtores. Semelhantemente, no baixo curso do rio Ribeira, região lagunar de Iguape-Cananéia (Paraná), Sales (1988) observa a diminuição do volume de pescado disponível às populações locais após a utilização da prática da pesca intensiva por malhadeiras mais sofisticadas, causando evasão de moradores do local. A descaracterização de comunidades de pescadores devido a problemas de natureza sócio-econômica e ecológica é também um dos aspectos analisados por Silva (1989) relativamente ao Estado do Rio de Janeiro; também neste caso, devido às atividades da pesca empresarial, a escassez do pescado decorrente e a dificuldade de organização comercial dos pequenos produtores, geram um crescente empobrecimento do pescador artesanal. Segundo a pesquisadora, os pescadores do rio Itabapoana relatam que naquele local, onde há quinze anos "se panhava peixe co'a mão", hoje se registra um "decréscimo na produtividade, o que os pescadores imputam à multiplicação do número de profissionais e, principalmente, à pesca predatória" (Silva, 1989:228).

Na Amazônia, a generalização dessa ocorrência pode ser observada tanto na zona litorânea quanto nas águas interiores (rios e lagos). Petrere Jr. (1992), estudando a pesca nos lagos próximos a Manaus (AM), registra que o estoque pesqueiro, a longo prazo, tende a ser sobre-explorado pela ação dos "pescadores profissionais", que provocam depleção das reservas, deixando as populações que vivem da pesca de subsistência em dificuldades para conseguir o pescado para o consumo. No caso do Lago Grande de Monte Alegre (oeste do Pará), Hartmann (1992), baseando-se em Goulding, historia o processo que, a partir do aumento do esforço da pesca no lago provocado pela introdução da rede de nylon e da técnica da malhadeira desde o final dos anos 60, levou a um decréscimo acentuado na disponibilidade do pescado. Este também será um dos temas da monografia de Furtado (1988) sobre os pescadores do rio Amazonas. Partindo de uma etnografia extremamente atenta e detalhes sobre a pesca na região de Óbidos (PA), evidencia a sobrepesca como um problema que tem atingido inúmeras comunidades de pescadores das várzeas dos rios e lagos, como

Mamuru, Buissu, Açaí, Cuecé dos Patos, Cumuru e outros. As causas deteriorantes das condições de vida nessas áreas, devido à depredação ambiental, têm provocado a migração de pescadores para as cidades próximas, na busca de outras estratégias de sobrevivência, rompidas as garantias tradicionais de reprodução. No litoral paraense, espaço onde ocorrem as principais investidas da captura industrial, o nível de mortalidade de espécies jovens de pescado (alevinos) se revela muito alto. Loureiro (1985:143), baseando-se nos dados fornecidos pela Comissão Estadual de Planejamento Agrícola - CEPA/PA, indica uma taxa de mortandade em torno de 70% por "arrasto" procedido pelas embarcações industriais, "em virtude da indiscriminada coleta de indivíduos jovens e outras espécies não aproveitadas para a comercialização no mercado externo". Os reflexos desse "desastre ambiental" para os pescadores artesanais do estuário e litoral paraense são demonstrados em pormenores por outros autores, como Penner (1984) e Maneschy (1989).

THE DAY AFTER: O NOVO QUADRO DAS PERDAS

Eis que o que pode ser denominado, primariamente, de *empobrecimento* das populações haliêuticas (num sentido geral) e dos trabalhadores diretamente dependentes da atividade pesqueira (num sentido particular) na Amazônia, abrange alguns componentes resultantes do processo global de transformações econômicas e sociais no setor pesqueiro regional que podem ser caracterizados como *fenômeno de perda*: perda da posse (e acesso) de áreas até recentemente utilizadas à prática da pesca (terras de várzea e litorânea); perda das condições propícias à fertilidade das águas; perda do manancial quantitativo e qualitativo das espécies ictiológicas disponíveis ao apresamento em zonas próximas ao continente; perda das condições tradicionais do modo de vida e subsistência representadas pela forma polivalente de cultivo da terra e extrativismo das águas; perda do domínio tecnológico sobre os recursos de captura e beneficiamento do pescado face à sua substituição por equipamentos mais modernos (propriedade capitalista) e novos padrões de exigência do mercado consumidor; perda da capacidade autônoma de produção decorrente da subordinação ao novo regime de emprego e assalariamento; perda do controle sobre a dinâmica do mercado (agora ampliado e complexo) e espaços de comercialização (controlados por "marreteiros", comerciantes que se instalam nos locais e monopolizam a compra e venda do produto).

Embora em trabalhos científicos (relatórios de pesquisa, artigos etc.) ocorram com certa freqüência e de diversas formas indicações e comentários a respeito do que se poderia conceber como "perda da qualidade de vida" dessas populações ou segmentos sociais, via de regra esses são pontuais e pouco sistemáticos, não permitindo que até o presente se possa auferir, mediante utilização de dados empíricos satisfatórios, quantificações razoáveis nesse sentido. Esse é um trabalho que ainda merece atenção e enfrentamento, envolvendo sobretudo um desafio metodológico de mensuração e análise. Mesmo porque a realidade apresenta inúmeros aspectos contraditórios que merecem ser destacados.

Não há, por exemplo, estudos substanciais quanto às condições de vida de indivíduos que emigram das zonas de pesca para outras localidades em busca de novas estratégias de subsistência. Da mesma forma está para ser aprofundado estudo sobre os impactos dos projetos agro-pastoris e de construção de barragens junto a essas populações, uma vez que, se por um lado têm inviabilizado as atividades pesqueiras em áreas tradicionais ou sob formas sociais e/ou tecnológicas anteriormente predominantes, por outro engendram novas estratégias de sobrevivência, atuadas por segmentos desses agrupamentos, como por exemplo a dedicação à pesca comercial de maneira mais intensiva em substituição à pesca de subsistência que era desenvolvida em pequena escala às margens de rios e lagos. Registra-se, como fundamentação do argumento, que o surgimento do chamado "pescador profissional" decorre, em muitos casos, dessa "passagem" de antigo pescador-lavrador a pescador de atividade exclusiva, vivenciada diretamente pelos trabalhadores da mesma geração ou pela geração seguinte (filhos de pescadores-lavradores que passam a se dedicar exclusivamente ao "ofício" das águas), como conseqüência de todas essas trnasformações econômicas. Ilustra muito bem o fenômeno estudos procedidos por Furtado (1988) e Castro (1992) sobre pesca em águas interiores da Amazônia. Enquanto Furtado evidencia a figura do "pescador citadino", ex-habitante da várzea agora residente na cidade, que volta ao rio para a apanha do peixe na forma de mercadoria, agora fonte básica e única de sua sobrevivência, Castro mostra que, se sob certo ângulo a construção da Hidrelétrica de Tucuruí impôs dificuldades à realização da pesca à jusante da barragem, com prejuízos econômicos consideráveis às populações ribeirinhas habitantes daquele perímetro do Tocantins, sob outro a área inundada do reservatório, represada pela barragem, acumulou presença abundante de peixes no local, deslocando para lá pescadores e outras categorias de trabalhadores que passaram a se interessar na exploração intensiva da atividade pesqueira, com fins eminentemente comerciais, criando inclusive uma situação que levou a Eletronorte, responsável pela própria expropriação de terras camponesas junto às várzeas atingidas, a organizar, no final dos anos 80, um Encontro com pescadores de Tucuruí, Marabá, Itupiranga e Jacundá, para estabelecer normas de disciplinamento da pesca no lago (represa), como definição de áreas de proteção, formas de manejo e de tipos de apetrechos de pesca permissíveis.

O fato é que o impacto causado pelos grandes empreendimentos de "enclave" (projeto Grande Carajás, ICOMI, Albrás/Alunorte, projeto Jari etc.), associado aos projetos de natureza agro-pastoril, com sua interferência direta na dinâmica das economias locais, no jogo de poder a nível das instâncias dos aparelhos de Estado, na dinamização e interiorização da sociedade de mercado, subordinando padrões de vida tradicionais e redirecionando a destinação da produção dos municípios, ao criar níveis de concorrência mercantil prejudiciais aos interesses dos pequenos produtores (excluídos que estão, de fato, dos benefícios do crédito subsidiado) e gestar padrões de produção excludentes à utilização de mão-de-obra em larga escala, vem impondo às populações rurais, incluindo as ribeirinhas, alternativas de sobrevivência que, ora se traduzem na *migração para núcleos urbanos e cidades maiores*, entregando sua sorte a um destino incerto nos mercados informais de trabalho (numa espécie de "fuga forçada"), ora na *resistência em continuar exercendo as suas tradicionais formas de reprodução*, no entanto em condições profundamente diferentes, radicalmente adversas.

O fator *empobrecimento*, ainda que mereça ser melhor discutido e trabalhado pelas razões apontadas e outras mais, sob pena de "cortes" avaliativos um tanto quanto superficiais e pouco criteriosos, não pode deixar de ser encarado no âmbito de um quadro econômico, político e cultural que impõe novos padrões de produção e consumo a populações e categorias de trabalhadores acostumadas a um estilo de vida menos dependente do mercado, seja como visão de mundo, seja como condições materiais de existência.

As *perdas* anteriormente classificadas, de que são vítimas os trabalhadores das águas, devem ainda merecer um outro "revestimento" de leitura: perda progressiva de um referencial simbólico construído secularmente, espinha dorsal da identidade cultural e visão-de-mundo comunitária. Como as referências temporais e espaciais determinadas de acordo com o movimento de cheia e vazante do rio ou do mar - como coloca Petrere Jr. (1992) - ou no dizer de Maldonado (1986:34), identidade "resultante de uma relação de troca com a natureza, em que a reciprocidade é o princípio orientador da organização do trabalho"; o "ethos" inerente a uma condição de vida e trabalho que significa "pertencer a um sistema social definido no tempo e no espaço, no qual se inscrevem valores, símbolos e histórias de vida comum... (onde) a vitalidade da tradicional organização social da pesca constitui o resultado de uma tática de vida e não a sobrevivência de uma técnica de trabalho do passado" (Britto 1992:181). O saber prático do caboclo dimensionado em sua totalidade pelos seus limites existenciais próprios definidos em sua relação direta e permanente com a natureza, vai sendo substituído pela racionalidade e lógica do mercado, em tensões antes desconhecidas e decorrentes da utilização de novas tecnologias que não mais consagram a destinação comunitária dos frutos do trabalho, muito menos a partilha ou parceria da propriedade dos meios de produção. A *perda do saber*, ou melhor dizendo, a substituição do saber polivalente e totalizante que o pescador detém/detinha sobre a arte de pescar por um procedimento mais moderno e segmentador, parcelizador dos domínios e especialidades do saber produtivo - o que não deixa de representar uma *perda efetiva* para essa categoria de trabalhadores. O *saber-pescar*, como algo que "se produz e se acumula culturalmente no exercício da 'profissão' e se recria continuamente, a partir do domínio e dos imperativos colocados pela especificidade do ambiente marinho, que se apresenta como cíclico, móvel e imprevisível...todo um código do saber-fazer que se constrói e se ritualiza no mar, através da tradição, aprendizagem, experiência e intuição" (Cunha, 1989:23), vai sendo paulatinamente subsumido por um padrão produtivo em que o antigo "mestre" (pescador experiente e profundo conhecedor do "ofício") não mais representa a personagem central dentro do processo de trabalho: seu conhecimento do vento e da maré necessário ao deslocamento das embarcações a vela, é substituído pela autonomia do motor; a localização dos cardumes já é feita por sonda; a direção da condução do barco é agora atributo do "motorista", que também controla o ritmo da produção em nome do proprietário dos equipamentos; a técnica da salga cede passagem ao acondicionamento em gelo. Resta ao pescador a tarefa de preparar, lançar e puxar a rede, retiradas que lhe estão as demais funções.

É isso que representa, no real, a dialética da tradição X modernidade na pesca: a *perda* do poder do conhecimento e controle do pescador sobre o processo de trabalho relativamente às novas técnicas introduzidas, tecnologicamente mais modernas, transformadas em capital, posse do propietário que agora se interpõe sobre o contingente dos trabalhadores na condição de *patrão*. Ainda mais, tratando-se a pesca de um setor social de produção que se baseia na exploração de recursos naturais renováveis marcados pela sazonalidade e incidência determinadas fundamentalmente por fatores físico-químicos, agudiza-se o quadro das contradições na proporção da permanência e intensificação do modo *mercantil* de produção do pescado (Diegues, 1989).

O pescador vê-se, assim, *empobrecido* também na sua condição de *trabalhador*: de produtor autônomo e polivalente, transmutado é em trabalhador parcial (tarefeiro) e monovalentemente a serviço do capital. O capital, constituído por interesses movidos pela busca do lucro que tudo tranforma em mercadoria, subordina os trabalhadores das águas retirando-lhes progressivamente seu espaço de reprodução social enquanto categoria independente, na medida em que *monopoliza o mercado* e *modifica a tecnologia produtiva*, cujos padrões de modernidade são inalcançáveis pelo pescador nas condições históricas do sistema de crédito rural no Brasil. Com o monopólio da comercialização do pescado pelas indústrias de filetagem e pelos armadores e "marreteiros", os pequenos produtores se vêem obrigados a se submeter às condições de venda e preço determinados pelos interesses dominantes. Seja pela baixa capacidade produtiva dos apetrechos rudimentares utilizados (incapazes de concorrer com o motor, a geleira, a rede de nylon), seja pela dificuldade de armazenamento do produto, por necessitarem vender a mercadoria logo que chegam ao porto, os pescadores que ainda resistem em sobreviver enquanto "autônomos" sujeitam-se aos preços impostos pelos atravessadores, cada vez mais minimizados em relação ao valor real do produto no mercado consumidor (Silva, 1989). Já as modificações da base produtiva da pesca deságuam em conseqüências mais profundas e irreversíveis: com a máquina (motor propulsor, sonda, acondicionamento elétrico etc.) dominando o processo de trabalho, "a unidade tradicional do ofício é destruída e o produtor direto vê-se subordinado ao capital já não apenas através das relações mercantis, mas também através das novas relações técnicas de produção que se estabelece" (Pignon & Querzola). Se antes era o trabalhador que possuía o controle do processo de trabalho, ditando o ritmo e o modo de produzir concreto com suas finalidades, agora o ritmo e a forma de ser conduzido o trabalho são ditados pela máquina. "O saber herdado (como bem observa Silva 1989:198) dilui-se no fazer profissional que se apóia em soluções tecnicistas cada vez mais mecanizadas". Não por acaso ocorre o processo de assalariamento progressivo na Amazônia envolvendo pescadores, sobretudo em zonas marítimas da costa paraense, uma vez que esses não conseguem sobreviver à concorrência imposta pelos "novos tempos". Quando não largam a atividade para tentar a sorte (ou a desgraça) na cidade grande, ficam ameaçados a vivenciar a degradação de seu "ofício" costumeiro, ora na condição de assalariados produtores de mais-valia, ora na de espécie de "posseiros" das águas, sem qualquer garantia de acesso aos recursos marinhos cada vez mais rareados "na beira", quando não de "exército de reserva" disponível para outros setores do mercado que se instalam - além de mim, Loureiro (1985), Furtado (1987), Maneschy (1989), dentre outros, constataram em locais diferentes do litoral paraense o fenômeno, assim como sua reprodução é demonstrada em outras regiões do país, como no Nordeste por Maldonado (1983), no Sudeste por Diegues (1983), Silva (1989) e Hoefle (1989) ou no Sul, por Rodrigues Jr. et al. (1989). Hoefle (1989: 328/29) chega a afirmar que a tendência para o setor pesqueiro, a permanecerem as condições dadas até aqui, "será a condição da desestruturação cada vez maior da pesca autônoma, com concentração de capital, sobre exploração dos recursos naturais, e conseqüente proletarização de uma parcela da categoria dos pescadores autônomos", com o agravante de que, à medida que se desloca o esforço produtivo para alto mar - devido à depredação das zonas situadas junto à orla costeira - as exigências tecnológicas aumentam e limitam a possibilidade de sobrevivência da pequena produção autônoma, dada sua limitada capacidade de acumulação/modernização. Ao mesmo tempo, pelos recursos utilizados pelas embarcações de tecnologia avançada, próprias da pesca de alto-mar, a própria figura do pescador passa a ser substituível por outros segmentos da classe trabalhadora local. Aqui, o significado da *perda do saber* atinge simbolicamente seu ápice, configurado no pescador "descartável" ou "supérfluo".

A "modernização" das zonas de pesca e dos padrões produtivos pesqueiros, ao representar *perdas* para as populações haliêuticas tradicionais, ao subordinar os trabalhadores das águas a um regime de relações de trabalho cada vez mais adverso à reprodução social da categoria em condições economicamente favoráveis, ao excluir o pescador da produção em larga escala, oferece a contra-face do "progresso": *o empobrecimento da maioria*.

No mais, como sintetiza Silva (1989:199) - ilustrando o que tantos estudos etnológicos e sociológicos têm revelado por esse país afora nas últimas décadas - resta o sonho do pescador: "... Pensar-se sem patrão, sem horário a cumprir além daquele que a natureza lhe sugere; decidir onde, quando e o que capturar; render-se ao discurso das forças cósmicas; curvar-se ao rumo das ondas mas nunca ao imperativo patronal. (...) Ao se estreitarem cada vez mais seus horizontes, a cada palmo de terra que lhe rouba a especulação imobiliária, a cada porção d'agua que lhe poluem os detritos industriais e humanos, mais se torna dissonante a canção libertária que lhe embalou, por gerações, o sonho de independência".

REFERÊNCIAS BIBLIOGRÁFICAS

ARAGON, L. E.et al. 1991. *A Desordem Ecológica da Amazônia.* UNAMAZ/UFPA. Belém.

BECK, A. 1989. "Lavradores e Pescadores: uma contribuição à discussão do conceito de Pescador Artesanal" *Pesca Artesanal: Tradição e Modernidade.* Anais do III Encontro de Ciências Sociais e o Mar. USP. São Paulo.

BRITTO, R. C. (s.d.) "Comunidades Litorâneas na Amazônia e a Gestão do Espaço Público", in *Populações Humanas, Rios e Mares da Amazônia* op. cit.

CASTRO, E. M. R. 1992. "Pobreza, Desenvolvimento e Crise Ecológica: organizações do campo como resposta", in *Comunidades Rurais, Conflitos Agrários e Pobreza.* UFPA. Belém.

CASTRO, E. M. R. 1992. "O Disciplinamento no Espaço de Trabalho em Tucuruí", in *Populações Humanas, Rios e Marés da Amazônia.* Anais do IV Encontro de Ciências Sociais e o Mar no Brasil. USP. São Paulo.

COSTA, R. N. L. (s.d.) "Proposta para Caracterização de Colônias de Pesca: estudo de caso na baía de Guanabara", in *Pesca Artesanal: Tradição e Modernidade,* cit.

DIEGUES, A. C. S. 1983. *Pescadores, Camponeses e Trabalhadores do Mar.* Ed. Ática. São Paulo.

DIEGUES, A. C. S. (s.d.) "Formas de Organização da População Pesqueira no Brasil: alguns aspectos metodológicos", in *Ciências Sociais e o Mar no Brasil.* Anais do II Encontro de Ciências Sociais e o Mar. USP. São Paulo, 1988.

DIEGUES, A. C. S. (s.d.) "Tradição e Mudança nas Comunidades de Pescadores do Brasil: por uma Socio-Antropologia do Mar", in *Pesca Artesanal: Tradição e Modernidade,* cit.

DIEGUES, A. C. S. (s.d.) "Populações Humanas e as Áreas Inundáveis da Amazônia", in *Populações Humanas, Rios e Mares da Amazônia,* cit.

MELLO, A. F. 1985. *A Pesca sob o Capital: a tecnologia a serviço da dominação.* UFPA. Belém, 1985.

FURTADO, L. G. 1987. *Curralistas e Redeiros de Marudá: Pescadores do Litoral do Pará.* Museu Goeldi/CNPq. Belém.

FURTADO, L. G. 1981. "Pesca Artesanal um delineamento de sua história no Pará", in *Boletim do Museu Paraense Emílio Goeldi n. 79.* Belém, 1981.

FURTADO, L. G. 1988. *Pescadores do Rio Amazonas* (mimeo.). Museu Goeldi.

FURTADO, L. G. (s.d.) "Notas preliminares sobre alguns aspectos conceituais para a análise da pesca no Baixo Amazonas", in *Pesca Artesanal: Tradição e Modernidade,* cit.

GORZ, André et al. 1976. *Divisão Social do Trabalho e Modo de Produção Capitalista,* Ed. Escorpião, Porto.

GUIMARÃES, E. M. M. (s.d.) "Impacto da urbanização sobre comunidades pesqueiras artesanais no município de Maricá", in *Ciências Sociais e o Mar no Brasil,* cit.

HARTMANN, W. D. (s.d.) "Conflitos e Pesca em Águas Interiores da Amazônia e tentativas para sua solução", in *Pesca Artesanal: Tradição e Modernização,* cit.

HOEFLE, S. W. (s.d.) "A Pesca de Pequena Escala no Sudeste do Brasil: estratégias de capitalização frente a Pesca Empresarial e ao Turismo no sul Fluminense, in *Pesca Artesanal: Tradição e Modernidade,* cit.

HARTMANN, W. D. (s.d.) "Por uma Co-Administração de Recursos Pesqueiros em Águas Interiores da Amazônia", in *Populações Humanas, Rios e Mares da Amazônia,* cit.

LOUREIRO, V. R. 1985. *Os Parceiros do Mar.* Museu Goeldi/CNPq. Belém.

MALDONADO, S. C. 1986. *Pescadores do Mar.* Ed. Ática. São Paulo.

MANESCHY, M. C. (s.d.) "Organização Social e Fatores de Ameaça a uma Comunidade Pesqueira do Litoral Paraense", in *Pesca Artesanal: Tradição e Modernidade,* cit.

MANESCHY, M. C. (s.d.) "Pesquisa Social e Desenvolvimento no Setor Pesqueiro Artesanal no Pará: Reflexões a partir de uma Experiência", in *Populações Humanas, Rios e Mares da Amazônia*, cit.

MANESCHY, M. C. & (s.d.). "Antropologia das Sociedades Marítimas, MANESCHY, M.C. Ribeirinhas e Lacustres da Amazônia", in *Populações Humanas, Rios e Mares da Amazônia*, cit.

MARTINS, P. R. (s.d.) "Campesinato e Pesca Artesanal", in *Pesca Artesanal: Tradicão e Modernidade*, cit.

MOURÃO, F. A. A. (s.d.) "Pescadores do Litoral Sul do Estado de São Paulo", in *Ciências Sociais e o Mar*, cit.

ORLANDO, A. M. et al. (s.d.) "Aspectos da pesca do camarão da Lagoa dos Patos (RS)", in *Ciências Sociais e o Mar*, cit.

PENNER, M. E.S. 1984. *A Dialética da Atividade Pesqueira no Nordeste Amazônico* UFPA. Belém.

PETRERE JR., M. (s.d.) "As Comunidades Humanas Ribeirinhas da Amazônia nas transformações Sociais", in *Populações Humanas, Rios e Mares da Amazônia*, cit.

RODRIGUES JR. G. et al. (s.d.) "A Evolução da Atividade Pesqueira na Região Estuarina da Lagoa dos Patos" in *Pesca Artesanal: Tradição e Modernidade*, cit.

SALES, T. 1992. *Trama das Desigualdades, Drama da Pobreza no Brasil*. (Mimeo.). Campinas.

SMITH, N. 1979. *A Pesca no Rio Amazonas*. CNPq/INPA. Manaus.

SILVA, T. E. M. (s.d.) "Os Pequenos Pescadores, Trabalhadores para o Capital", in *Pesca Artesanal: Tradição e Modernidade*, cit.

SILVA, L. G. (s.d.) "Modernidade Social de Pescadores no Norte e Nordeste Brasileiro: Tradição e Mudança (1966 - 1988)", in *Pesca Artesanal: Tradição e Modernidade*, cit.

SILVA, M. E. B. (s.d.) "De Pescador a Operário-do-Mar: Travessia", in *Pesca Artesanal: Tradição e Modernidade*, cit.

SILVA, E. V. (s.d.) "A Pesca no Estado do Rio de Janeiro: Conservantismo e Inovação", in *Pesca Artesanal Tradição e Modernidade*, cit.

PARTE VII

POLÍTICAS PÚBLICAS E DEMANDAS SOCIAIS

O ZONEAMENTO ECOLÓGICO-ECONÔMICO COMO INSTRUMENTO PARA O DESENVOLVIMENTO SUSTENTÁVEL DA AMAZÔNIA

Herbert O. R. Schubart

INTRODUÇÃO

Desde setembro de 1990 o governo federal vem desenvolvendo ações para implementar um programa de zoneamento ecológico-econômico em todo o território nacional. Deu-se prioridade à Amazônia Legal para o início dos trabalhos; razão pela qual darei ênfase a exemplos desta região no curso do presente trabalho. A extensão continental da Amazônia, sua baixa densidade demográfica e suas reservas de recursos naturais renováveis e não renováveis fazem da região uma fronteira potencial de expansão econômica dos países amazônicos. Contudo, uma série de restrições relacionadas com a fragilidade dos ecossistemas e com as grandes distâncias entre as áreas de produção e os mercados têm dificultado a transformação destas potencialidades em bens econômicos.

Do início da colonização portuguesa, até meados do Século XX, a economia da Amazônia tem sido dominada pelo extrativismo, particularmente da borracha. Após a Segunda Guerra Mundial constata-se uma série de iniciativas do Governo brasileiro objetivando uma articulação mais efetiva da Amazônia à economia nacional (Salati & Oliveira 1987). A partir da segunda metade da década de 1960, especialmente, realizam-se uma série de obras de infra-estrutura e têm início programas de incentivos fiscais para projetos na região, especialmente agropecuários. Ao mesmo tempo em que ocorria esta expansão econômica na Amazônia, acontecia uma notável revolução científica e tecnológica mundial, ainda em curso, que mostra duas tendências importantes para a região: uma transição tecnológica, caracterizada por uma redução no uso de energia e matérias primas na produção de bens e serviços, associada ao maior uso de conhecimentos científicos nos processos produtivos; e um aprofundamento da compreensão científica dos processos ecológicos da biosfera como um todo e da capacidade técnica de monitorar globalmente o estado da Terra (Schubart 1991). Hoje, está se tornando evidente que as atividades econômicas em todo o mundo estão modificando os ciclos de energia e materiais da biosfera, causando mudanças climáticas, degradação de solos e de reservas de água potável, extinção de espécies etc. Na Amazônia, a evolução do conhecimento científico tem contribuído para questionar a racionalidade da expansão da agricultura e da pecuária, baseada no desmatamento extensivo e nas queimadas, com seus impactos negativos sobre os ecossistemas, os povos indígenas e comunidades locais (Fearnside 1985; Salati 1983; Schubart 1977; Schubart, Franken, Luizão 1984; Shukla, Nobre, Sellers 1990).

A Amazônia, embora continue sendo uma fronteira de expansão econômica para os países amazônicos, adquire hoje um valor emergente inestimável, como fator de equilíbrio ecológico e biológico do planeta, uma vez que nesta região se encontram 2/3 das florestas tropicais úmidas, que se distribuem por apenas 6% da superfície dos continentes, e onde vivem mais da metade de todas as espécies de organismos da Terra (Schubart 1991). Conciliar a utilização econômica dos recursos naturais com a conservação dos ecossistemas e das espécies que aí vivem, em benefício das sociedades regionais e nacionais dos países amazônicos, sob a ótica do desenvolvimento sustentável (CMMAD, 1988), é o objetivo principal do zoneamento ecológico-econômico (Ab'Sáber 1990; Schubart 1992), discutido no restante deste trabalho.

Zoneamento Ecológico-Econômico: Conceitos e Métodos

O zoneamento ecológico-econômico em seu sentido mais abrangente inclui um componente estritamente técnico e um componente político (Fig. 1).

Componente técnico: O objetivo técnico do zoneamento ecológico-econômico, consiste em sintetizar e modelar o conhecimento científico disponível sobre o funcionamento e a distribuição espacial dos sistemas ambientais de uma região. O meio físico, biológico e sócio-econômico, em seu conjunto, pode ser analisado como um sistema ambiental, formado por componentes tais como formas de relevo, grupos de solos, coberturas vegetais, cidades, obras de infra-estrutura etc. que interagem entre si por meio de fluxos de energia, substâncias e informação, em diferentes escalas temporais e espaciais.

Portanto, a execução técnica do zoneamento ecológico-econômico deve considerar de forma holística, segundo uma hierarquia de escalas espaciais e temporais, a estrutura e a dinâmica dos sistemas ambientais, visando à agregação de fatores e à apreciação dos valores histórico-evolutivos do patrimônio biológico e cultural. Deve também analisar as relações de causa e efeito entre os componentes do sistema ambiental, estabelecendo as interações entre os mesmos. A aplicação desses princípios permite avaliar o grau de sustentabilidade e vulnerabilidade dos sistemas ambientais por meio de uma prognose de seus comportamentos futuros face às diversas alternativas de uso dos recursos naturais, ultrapassando o estágio de simples descrição da situação atual do sistema (IBGE & IPEA 1990). A sua execução envolve, metodologicamente, trabalhos de campo e laboratório, incluindo análises de dados obtidos por sensoriamento remoto e o uso de sistemas de informações geográficas.

Tendo em vista seu caráter holístico e sistêmico, o zoneamento ecológico-econômico é capaz de sugerir soluções mais abrangentes em termos de uma relação entre custos e benefícios mais favoráveis para a sociedade. Nesse sentido, ele difere de modalidades setoriais de zoneamento, como por exemplo os zoneamentos agroecológicos que enfatizam a aptidão agrícola dos solos, negligenciando outras oportunidades de uso do espaço e dos recursos naturais e ambientais pela sociedade. Como qualquer instrumento de planejamento, o zoneamento ecológico-econômico é um processo dinâmico. Não se trata de produzir mapas que cristalizem o conhecimento, limitando quaisquer oportunidades futuras de desenvolvimento. Mesmo se este fosse o objetivo, o esforço seria vão, uma vez que o conhecimento científico sobre o meio natural evolui, como também evoluem as relações sociais e econômicas. Portanto, a relevância da informação técnica produzida pelo zoneamento ecológico-econômico depende, entre outras coisas, da possibilidade de sua atualização permanente, ou seja, da capacitação técnica e instrumentação das equipes de órgãos de planejamento e meio ambiente.

ZONEAMENTO ECOLÓGICO-ECONÔMICO:

I. COMPONENTE TÉCNICO:

1. OBJETIVOS:
- Síntese e Modelagem do Conhecimento sobre o Funcionamento e a Distribuição Espacial dos Sistemas Ambientais
- Atualização Permanente

2. MEIOS:
- Peopleware (Recursos humanos)
- Software (Programas, procedimentos)'
- Hardware (Equipamentos)

II. COMPONENTE POLÍTICO:

1. OBJETIVOS:
- Implementar Alternativas de Desenvolvimento Regional e Sub-regional Compatíveis com a Sustentabilidade e Vulnerabilidade dos Sistemas Ambientais

2. MEIOS (Políticas públicas):
- Incentivos Fiscais
- Créditos Públicos
- Tributos
- Tarifas Públicas
- Obras de Infra-estrutura
- Política Ambiental
- Etc.

Figura 1 - Visão geral do zoneamento ecológico-econômico, seus componentes, objetivos e meios.

Componente político: Em seu componente político, o zoneamento ecológico-econômico objetiva implementar alternativas de desenvolvimento regional e sub-regional compatíveis com a sustentabilidade e vulnerabilidade dos sistemas ambientais. Os resultados técnicos, além de sistematizar e interpretar as informações sócio-econômicas, ecológicas e ambientais relativas a um dado território, pouco podem fazer para orientar e controlar os padrões de ocupação do espaço e utilização dos recursos naturais. Para que as propostas técnicas do zoneamento sejam implantadas, têm-se que adotar, complementarmente, políticas públicas coerentes, visando a estimular os investimentos nas áreas mais propícias, e inibir as ações de alto risco econômico e ambiental. Entre os instrumentos disponíveis destacam-se mecanismos fiscais e creditícios, tais como os incentivos fiscais, os créditos públicos, os tributos, as tarifas públicas, a política ambiental, o planejamento de obras de infra-estrutura etc. No caso da Amazônia podem ser citados a título de exemplos:

1) Incentivos fiscais e financeiros, que compreendem créditos públicos, e particularmente o Fundo de Investimento da Amazônia (FINAM) e os mecanismos de isenção de imposto de renda, administrados pela Superintendência de Desenvolvimento da Amazônia. Vale mencionar aqui o Decreto no 153, de 25 de junho de 1991, que estabelece para os projetos envolvendo recursos incentivados, além da proibição de desmatamento de áreas de floresta primária e destruição de ecossistemas primários, que os mesmos serão orientados conforme Zoneamento Ecológico-Econômico, concluído ou em fase de execução.

2) PIN/PROTERRA e o FNO. Os recursos do PIN - Programa de Integração Nacional, e do PROTERRA - Programa de Redistribuição de Terras e Estímulo à Agroindústria do Norte e Nordeste, podem, em princípio, ser alocados de acordo com prioridades estabelecidas pelo zoneamento ecológico-econômico, além de incluírem uma parcela destinada à ciência e tecnologia. Pelas suas características, este instrumento tem papel importante nos investimentos de infra-estrutura econômica e social. O Fundo Constitucional de Financiamento do Norte - FNO, por sua vez, constitui-se em um dos principais suportes aos setores produtivos das pequenas e médias empresas rurais e industriais.

3) A diferenciação do valor de impostos, tais como o imposto territorial rural (ITR) no campo ou o imposto predial e territorial urbano (IPTU) nas cidades, pode representar instrumento poderoso para a implementação de propostas de zoneamento.

4) As obras de infra-estrutura, a exemplo da abertura de estradas, do asfaltamento de estradas já existentes, da construção de usinas hidrelétricas etc., na medida em que dão acesso a novas áreas e valorizam as terras sob sua influência, representam estímulos indiretos importantes e devem ser cuidadosamente planejados à luz do zoneamento ecológico-econômico.

A "tradução" do saber científico em ação político-administrativa: A maior dificuldade para se realizar praticamente as propostas técnicas do zoneamento ecológico-econômico, e até mesmo para se compreender o programa de zoneamento na forma abrangente como vem sendo conduzido, reside provavelmente no processo complexo de "tradução" do conhecimento científico sobre os ecossistemas e os sistemas ambientais em ações político-administrativas. O conhecimento científico disponível sobre os ecossistemas e os sistemas ambientais é considerável, mesmo na Amazônia. A metodologia científica, com os instrumentos modernos de coleta e processamento de dados e modelagem de sistemas, aproxima-se dia a dia do ideal de analisar e modelar o funcionamento de ecossistemas complexos, inclusive da biosfera como um todo. No entanto, freqüentemente defronta-se com a perplexidade da comunidade científica diante de ações "irracionais" de administrações públicas na utilização dos recursos naturais e ocupação do solo. Por sua vez, políticos, administradores e empresários cobram "resultados práticos" das instituições de pesquisa e universidades, comparando-as criticamente a "torres de marfim".

A origem da dificuldade do processo de "tradução" do conhecimento técnico para a ação política pode ser percebida à luz das interações entre os sistemas sociais e os ecossistemas, conforme apresentado por W. W. Goldsmith (1992) no que ele chamou de "uma economia política do meio ambiente". Trata-se de idéia inspirada em um modelo de Barry Commoner, que contempla uma análise sistêmica estratificada em quatro níveis: um núcleo constituído por ecossistemas com suas leis e limitações biofísicas invioláveis; um estrato constituído pelas tecnologias que transformam os recursos da natureza em bens úteis; um estrato representado pela economia, que governa o desenho, implementação e utilização da tecnologia; e, finalmente, um estrato constituído pelo sistema social e político, com suas relações de poder governando a economia. Cada um destes estratos representa o objeto de áreas de pesquisa bem definidas, tais como a ecologia de ecossistemas, as engenharias, as ciências econômicas, a sociologia, o direito e as ciências políticas. As áreas de pesquisa relacionadas aos estratos mais centrais deste sistema concêntrico, especialmente a ecologia de ecossistemas, apresentam contornos mais definidos quanto à estrutura teórica e experimental. Estes contornos ficam mais difusos nos estratos mais externos.

O grande desafio da proposta é considerar as interfaces entre estes campos, onde se situa o problema da "tradução" do conhecimento científico em ações políticas. Por exemplo, o sistema social e político pode, por desconhecimento das leis e limites biofísicos dos ecossistemas naturais, desenvolver relações econômicas baseadas em tecnologias inadequadas ao uso sustentável dos ecossistemas.

O componente técnico do zoneamento ecológico-econômico tem como objetivo sistematizar o conhecimento sobre os ecossistemas e os sistemas ambientais de forma acessível a diversas classes de usuários, aumentando o nível de informação relevante para a tomada de decisão política. No entanto, a questão da "tradução" aqui considerada envolve códigos de comunicação muito distintos nas ciências naturais, nos sistemas econômicos ou no sistema político, por exemplo (Nitsch 1991).

A Coordenação do Zoneamento Ecológico-Econômico do Território Nacional pelo Governo Federal

A Constituição Federal atribui à União a competência para elaborar e executar planos nacionais e regionais de ordenação do território e de desenvolvimento econômico e social. Ela estabelece também, como competência comum da União, dos Estados e do Distrito Federal, proteger o meio ambiente e combater a poluição, preservar as florestas, a fauna e a flora, fomentar a produção agropecuária e organizar o abastecimento alimentar. Além disso, a Constituição, em seu capítulo do meio ambiente (Art. 225), avançou muito no sentido de maior sustentabilidade ambiental do desenvolvimento, ao estabelecer que todos têm direito ao meio ambiente ecologicamente equilibrado, bem de uso comum do povo e essencial à sadia qualidade de vida, impondo-se ao Poder Público e à coletividade o dever de defendê-lo e preservá-lo para as presentes e futuras gerações.

Considerando que o zoneamento ecológico-econômico é um instrumento técnico privilegiado para subsidiar a ordenação do território e orientar as ações do Poder Público visando a tornar compatível a produção econômica com a proteção do meio ambiente e a conservação de recursos naturais, o Governo Federal instituiu pelo Decreto no 99.540, de 21 de setembro de 1990, a Comissão Coordenadora do Zoneamento Ecológico-Econômico do Território Nacional (CCZEE), Fig. 2. A CCZEE é uma comissão interministerial coordenada pela Secretaria de Assuntos Estratégicos da Presidência da República (SAE/PR), e tem como atribuições planejar, coordenar, acompanhar e avaliar a execução dos trabalhos de zoneamento ecológico-econômico do território nacional, articulando-se com os Estados para apoiá-los em seus respectivos zoneamentos, procurando estabelecer um padrão metodológico comum.

O Decreto de criação da CCZEE conferiu à Amazônia Legal a prioridade para o início do zoneamento do território nacional. Devido à enorme extensão territorial da região, a CCZEE optou por uma abordagem hierarquizada segundo diferentes escalas de detalhamento, exposta a seguir:

1) Diagnóstico ambiental de toda a Amazônia, proporcionando uma visão de conjunto da região; a escala de trabalho adotada é de 1:1.000.000, com apresentação dos resultados na escala de 1:2.500.000. A execução técnica do diagnóstico ambiental foi atribuída por convênio à Fundação Instituto Brasileiro de Geografia e Estatística (IBGE). A 1ª Fase do Diagnóstico, concluída em junho de 1993, objetiva avaliar a situação ambiental da região; a 2ª Fase objetiva indicar alternativas para as grandes linhas de ação governamental, e será concluída em dezembro de 1993.

CCZEE
Ministério da Justiça - MJ Ministério das Relações Exteriores - MRE Ministério dos Transportes - MT Ministério da Agricultura, do Abastecimento e da Reforma Agrária - MARA Ministério da Saúde - MS Ministério das Minas e Energia - MME Ministério da Integração Regional - MIR Ministério da Ciência e Tecnologia - MCT Ministério do Bem-estar Social - MBES Ministério do Meio Ambiente - MMA Estado-maior das Forças Armadas - EMFA Secretaria de Planejamento, Orçamento e Coordenação da Presidência da República - SEPLAN Secretaria de Assuntos Estratégicos da Presidência da República - SAE

Figura 2. Composição da Comissão Coordenadora do Zoneamento Ecológico-Econômico do Território Nacional (CCZEE), coordenada pela SAE/PR.

2) Zoneamento ecológico-econômico propriamente dito de áreas geográficas selecionadas segundo critérios econômicos e ambientais específicos, considerando-se os interesses dos Estados da região; a escala de trabalho recomendada é de 1:250.000. O objetivo principal a ser atingido nesta fase é a participação efetiva dos Estados no processo, de tal modo que o estamento técnico-administrativo e político das unidades federativas incorpore o zoneamento ecológico-econômico em sua cultura de planejamento e tomada de decisão sobre o uso do espaço. Com esse objetivo, a CCZEE criou uma subcomissão de articulação técnica com os Estados, que visitou os Estados da Amazônia, verificando suas necessidades em termos de capacitação técnica e laboratorial, e sugerindo acordos de cooperação técnica e financeira. Um desdobramento importante dessa articulação tem sido a criação, pelos Governos Estaduais, de Comissões Estaduais de Zoneamento Ecológico-Econômico, com atribuição de coordenar o zoneamento no âmbito estadual.

3) Estudos de áreas críticas, visando a implementar ações de recuperação ou preventivas de impactos ambientais localizados; a escala de trabalho deve ser igual ou maior do que 1:100.000, compatível com a natureza dos problemas enfocados. Áreas críticas são espaços geográficos mais restritos, submetidos ou em vias de serem submetidos a grandes impactos ambientais por representarem núcleos de polarização econômica, tais como as áreas de influência das cidades com grande dinamismo social, o entorno das barragens hidroelétricas, atuais ou planejadas, dos pólos de exploração mineral, os eixos rodoviários e ferroviários etc. Os projetos de estudos de áreas críticas devem envolver instituições e equipes técnicas estaduais e municipais. A eficácia dos trabalhos de zoneamento nessa escala depende intrinsecamente do grau de participação da população local.

CONCLUSÕES E RECOMENDAÇÕES

Como principal instrumento de política territorial, sob uma ótica de desenvolvimento sustentável, o Governo Federal está coordenando, por intermédio da Comissão Coordenadora do Zoneamento Ecológico-Econômico do Território Nacional, o zoneamento ecológico-econômico da Amazônia. Este trabalho, que tem como principais parceiros os Governos Estaduais, deve orientar a formulação de políticas de aplicação de incentivos, créditos e investimentos públicos, visando à implantação de programas e projetos segundo critérios de sustentabilidade.

O principal objetivo é harmonizar políticas públicas, visando a promover o desenvolvimento com qualidade ambiental e maior distribuição de benefícios sociais, sobretudo para as comunidades locais, estimulando os investimentos nas áreas mais adequadas e inibindo programas de alto risco econômico, social e ambiental. Como principais recomendações de pesquisa podem ser enumeradas as seguintes:

1) desenvolver metodologias e capacitar tecnicamente equipes estaduais e municipais objetivando aumentar a competência local para planejar e controlar o uso

do espaço e dos recursos ecológicos. Este objetivo deve ser alcançado preferencialmente em cooperação com as universidades e institutos de pesquisa da região.

2) realizar análises e estudos visando a adequar instrumentos fiscais e financeiros, além de outras políticas públicas, para implementar alternativas de desenvolvimento regional e sub-regional compatíveis com as propostas do zoneamento ecológico-econômico.

3) realizar estudos para valorizar o patrimônio natural da Amazônia enquanto produtor de "bens e serviços" ambientais e enquanto um estoque de "capital natural" de importância para a sociedade a médio e longo prazo, em contraposição com usos imediatistas insustentáveis econômica e ecologicamente.

REFERÊNCIAS BIBLIOGRÁFICAS

AB'SÁBER, A. 1989. Zoneamento ecológico e econômico da Amazônia. Questões de escala e método. IEA/USP, São Paulo, *Estudos Avançados* 3(5): 4-2O.

CMMAD. (1988). *Nosso futuro comum. Comissão Mundial sobre Meio Ambiente e Desenvolvimento.* Rio de Janeiro, Editora Fundação Getúlio Vargas.

FEARNSIDE, P.M. 1985. Brazil's Amazon forest and the global carbon problem. *Interciencia* 10(4): 179-186.

GOLDSMITH, W. W. 1992. Urban environmental problems of developing countries - The beginning of the new century. *Simpósio sobre Urbanização Acelerada e Degradação Ambiental,* Brasília, 11 a 13/11/1992, Instituto Sociedade, População e Natureza - ISPN e Fundo de População das Nações Unidas - FNUAP, mimeografado.

IBGE e IPEA. 1990. *PMACI I. Projeto de Proteção do Meio Ambiente e das Comunidades Indígenas. Diagnóstico Geoambiental e Sócio-Econômico, Área de influência da BR-364, trecho Porto Velho/Rio Branco.* Rio de Janeiro, IBGE, 1990.

NITSCH, M. 1991. Ökosystem vs-Soziales System: Schnitt-stellenanalyse am Beispiel der Flächennutzungsplanung ("Zoneamento") im brasilianischen Amazonien. Lateinamerika-Institut der Freien Universität Berlin, Diskussionspapiere, Berlin, 14 p.

SALATI, E. 1983. O clima atual depende da floresta. *In: Salati, E., H.O.R. Shubart, W. Junk, e A.E. de Oliveira. Amazônia: desenvolvimento, integração, ecologia.* Brasília, CNPq; São Paulo, Ed. Brasiliense, pp. 15-44.

SALATI, E. e Oliveira, A.E. 1987. Os problemas decorrentes da ocupação do espaço amazônico. *Pensamiento Iberoamericano* n 12: 79-95.

SCHUBART, H. O. R. 1977. Critérios ecológicos para o desenvolvimento agrícola das terras-firmes da Amazônia. *Acta Amazonica* 7 (4): 559-567.

SCHUBART, H. O. R. 1991. A Amazônia e os temas ecológicos globais: mitos e realidade. Brasília, Instituto Sociedade, População e Natureza, Documento de Trabalho n. 6: 1-24.

SCHUBART, H. O. R. 1992. Planejando a ocupação sustentável do território nacional: o exemplo da Amazônia. IPEA, Brasília, *Planejamento e Políticas Públicas* n. 7: 27-38.

SCHUBART, H. O. R., Franken, W. e Luizão, F.J. 1984. Uma floresta sobre solos pobres. *Ciência Hoje* 2 (1O): 26-32.

SHUKLA, J., C. Nobre, e P. Sellers 199O. Amazon deforestation and climate change. *Science* 247: 1322-1325.

RISCOS DO PLANEJAMENTO REGIONAL NA AMAZÔNIA BRASILEIRA: OBSERVAÇÕES RELATIVAS À LÓGICA COMPLEXA DO ZONEAMENTO

Manfred Nitsch

Preservar a floresta amazônica por meio do "zoneamento"?

O chamado "zoneamento ecológico-econômico" é hoje em dia o instrumento principal, senão único, do planejamento regional na Amazônia brasileira. Com assistência técnica e financeira internacional foi aplicado já em Rondônia, e existem planos concretos não somente para o Acre, mas, também, para o resto da Amazônia Legal e do país inteiro.

Porém, as experiências em outros países, como no Brasil, mostram efeitos pouco animadores tanto do ponto de vista ecológico como político: o que ocorre é que, se tomado a sério pelos administradores, o zoneamento provoca uma multidão de resistências contra a classificação dos territórios "zonificados" nas várias categorias, entre "estritamente protegido" e "intensamente cultivado". Então, os planejadores se justificam com o argumento de que a versão oferecida não é mais do que uma "primeira aproximação", a ser seguida por uma segunda, terceira e quarta, suscitando um processo no qual cada nova "aproximação" será mais próxima ao cultivo mais intensivo da terra. Parece existir uma tendência irresistível em direção à intensificação até chegar ao ponto de equilíbrio somente na categoria 1 ("uso intensivo") para o território inteiro, - o que significaria, praticamente, o fim de qualquer esforço de preservação ou conservação com fins ecológicos.

No Brasil, esse resultado é, muitas vezes, atribuído à fraqueza da sociedade civil e da consciência ecológica do país, à debilidade da administração pública ou ao caráter particularmente suscetível a pressões particularistas da classe política brasileira, senão simplesmente às faltas e limitações técnicas do mesmo planejamento. Então, as "terapias" sugeridas oscilam entre o fortalecimento das organizações não-governamentais (ONGs) e do equipamento dos planejadores, geralmente combinadas com fortes doses de ceticismo com respeito às chances da moralização e profissionalização efetiva das lideranças políticas e administrativas do país. Finalmente, se recorre à história colonial predatória para encontrar uma explicação cultural para o comportamento pouco suscetível do homem brasileiro às necessidades, desafios e riscos ecológicos atuais (veja:DaMatta 1993).

Contrariando essa visão fatalista da sociedade brasileira e dos seus problemas, que são usualmente reunidos em favor dos argumentos do zoneamento, vamos apresentar e defender a hipótese de que a lógica do zoneamento, em si mesma, leva à grande parte dos problemas e riscos, independentemente das idiossincrasias que a sociedade brasileira possa vir a ter. Na verdade, a rigor, é até defensável a tese de que o menor grau de rigidez no sistema administrativo-político de um dado país, modifica em direções positivas os mecanismos anti-preservacionistas do zoneamento.

"Zoneamento": definição e lógica

Por "zoneamento" (em inglês: "zoning") se entende geralmente a divisão de um certo território em zonas que se distinguem pelo uso permitido da terra. O Estado, baseado no poder de "ordenar" o seu território, proíbe, desse modo, certos usos em todos os terrenos abrangidos pelo mapa, com uma clara demarcação de "zonas", - sem deixar "manchas brancas" no território em questão. O exercício de delimitar zonas, desta forma, somente faz sentido, quando na ausência de um decreto ou de uma lei que converte em legislação vigente o mapa abrangente com linhas claras entre as diferentes zonas, outros usos da terra, quer dizer, usos mais intensivos, houvesse sido impostos pelo mercado ou outros processos, não diretamente controlados pelo Estado, usos esses, que agora, com o zoneamento, estão proibidos. "Zoning is negative" (zoneamento é negativo), assim Babcock (1966:65) cita o típico planejador municipal.

É importante sublinhar esse ponto: zoneamento não é outra coisa que proibição abrangente, aplicada simultaneamente a todos os lugares do território em questão, sejam cidades, campo agropecuários, vilas, florestas, território indígenas, bioreservas, lagos, rodovias ou barragens hidroelétricas. Pode-se argumentar que o zoneamento não somente proíbe, mas também permite, por exemplo, a construção de rodovias, a eletrificação, etc. Porém, no fundo, essa permissão, de nenhuma forma, garante a construção da estrada, somente não a proíbe, voltando a nossa discussão ao ponto inicial, quer dizer, à lógica, inerente e exclusiva, "binária", de proibir ou não. A diferença entre formas de planejamento regional tradicional, quer dizer, *com* projetos concretos de infra-estrutura e zoneamento, *sem* nada além de proibições, é essencial para entender a tomada de decisões com respeito à ordenação de territórios desta ou de outra forma.

Por que não existe em nenhum país do mundo um "zoneamento" à brasileira, quer dizer, um zoneamento para extensos territórios abrangendo cidades, vilas, campos e florestas no mesmo mapa? E por que a idéia é tão em moda agora aqui no Brasil e particularmente na Amazônia brasileira?

A literatura acadêmica não é muito rica com relação a experiências com o zoneamento, mas as novas teorias sobre tomada de decisões no campo de políticas públicas (public choice, new political economy, institutional economics) permitem o deciframento nítido da lógica mesma do zoneamento. Vejamos: ao invés de modelar o Estado e seus representantes como guardas do "bem comum", esse enfoque transfere o modelo do *homo economicus* da esfera privada (consumidor, empresário, banqueiro, etc.) à esfera pública e interpreta as políticas públicas como resultado de decisões individuais que maximizam o benefício do "homem público" (eleitor, político, administrador, juiz, etc.).

Vista deste ângulo, chega a ser totalmente plausível a ausência, quase total, desse instrumento no arsenal das políticas públicas no mundo inteiro: nenhum cidadão-eleitor gosta de ser proibido de desenvolver atividades que lhe tragam benefícios, e nenhum político democrático gosta de arriscar a sua reeleição por meio de projetos que não agradam a ninguém. Assim, simplesmente não existe, para ninguém, qualquer incentivo para introduzir tal instrumento político.

Porém, na Europa e nos EUA - e provavelmente também em outras regiões do mundo - existe uma exceção típica: o zoneamento como parte de um plano diretor urbano para assentamentos na cidade e seus arredores. Os planos diretores urbanos, porém, sempre abrangem mais do que um zoneamento puro, porque incluem projetos concretos de infra-estrutura urbana (incluindo parques recreativos e outras zonas protegidas); também, limitam-se a áreas dentro dos limites da cidade e seus "anéis" imediatos. Ali, os interesses individuais, pró ou contra a intensificação do uso da terra, se equilibram (veja FISCHEL 1985) para um modelo formal, porque nas áreas urbanizadas cada cidadão tem o anseio e a reivindicação de pôr sob um regime de "preservação" o terreno do vizinho, porque isso aumenta o preço do prédio e terreno próprio. De fato, a origem mesma do "zoneamento" pode ser atribuída ao afã dos residentes de subúrbios de se protegerem da invasão da "cidade" (Babcock, 1966:3). Geralmente, hoje em dia na Europa Ocidental e EUA, os conselhos ou outros grêmios municipais concordam, em maior ou menor medida, com a preservação do *status-quo*, porque as forças, a favor ou contra a intensificação do uso da terra urbana ou quase urbana, equilibram-se. Porém, no que se refere a parques, bioreservas, etc., em áreas rurais, a palavra "parque nacional" já indica o nível onde se decide preservar rigorosamente a natureza, nessa parte do território nacional. Isto significa que não é, e não pode ser, a população local que decide pôr a si mesma sob um regime "preservacionista". Ao mesmo tempo, o deciframento da lógica explica por que nem existem tentativas de zonear e planejar "abrangentemente", quer dizer, ao mesmo tempo e dentro da mesma lei ou do mesmo decreto, o uso da terra ao redor, por exemplo, de Berlim e na costa do Mar Báltico ou ao redor de outra cidade européia e outras regiões distantes dela, - mesmo que as distâncias geográficas européias possam parecer minúsculas a brasileiros.

Por que, então, perguntamos, o "zoneamento" é tão em moda no Brasil hoje? Dentro do mesmo enfoque teórico, perguntamos ainda, que tipo de pessoas estão, como indivíduos privados ou públicos, interessadas nesse instrumento e não em outro? A análise de documentos pertinentes e da institucionalização do processo pode dar algumas indicações preliminares a respeito.

Zoneamento no Brasil

O zoneamento chegou ao Brasil nos fins dos anos oitenta, quando surgiu a ampla discussão internacional sobre a destruição da floresta amazônica. Os "grandes projetos" Carajás e POLONOROESTE, ambos financiados pelo Banco Mundial e outros financiadores internacionais, atraíram críticas particularamente duras, de maneira que, nacional e internacionalmente, decidiu-se mudar o rumo das coisas com o Programa Nossa Natureza e com a nova etapa do programa POLONOROESTE em Rondônia: o PLANAFLORO (Plano Agropecuário e Florestal de Rondônia), oficializado pelo Decreto no. 3782 de 14.06.1988 chegou a ser a primeira tentativa de um "Zoneamento Sócio-Econômico-Ecológico" no Brasil. Dividiu-se a área total do Estado de Rondônia em seis zonas, onde a variação se dava entre a primeira, "com alta concentração de lavouras" e a última, a sexta, com "ecossistemas muito frágeis", "unidades de conservação", "áreas indígenas".

A experiência subseqüente refletiu a lógica e seus problemas explicados inicialmente: com as novas constituições a nível nacional e estadual, foi necessário passar pela Assembléia Estadual o projeto de lei substituindo o Decreto mencionado. Surgiram, então, as pressões dos interessados em permitir (igual a não-proibir) o uso, pelo menos, um pouco mais intenso do terreno próprio. Foram não somente os donos da terra, mas também os trabalhadores assalariados, os empregados, os funcionários públicos e até os seringueiros e os indígenas que reclamavam a permissão para um pouco mais de infra-estrutura e outros atributos da "civilização". Não é de se surpreender que a Proposta de Lei não conseguiu ser aprovada pela Assembléia, uma vez que nenhum dos cidadãos foi a favor.

A reação dos planejadores foi tipicamente burocrática: de um lado, admitiram que o mapa fosse somente uma "primeira aproximação" indicando que estavam dispostos a recuar nas proibições quando surgissem "sugestões" com bons argumentos, e, além disso, detalharam o mapa do 1:1.000.000 a 1:250.000, incluindo sempre mais pedaços de uso mais intensivo das terras.. Por outro lado, "enriqueceram" o zoneamento puro com promessas de infra-estrutura, caso a Assembléia aprovasse a Lei. Essas negociações duraram vários anos até que, por fim, o PLANAFLORO foi aprovado de forma revisada (com menos proteção do meio ambiente) e genericamente "enriquecido" com promessas de liberação de fundos financeiros, nacionais e internacionais, para infra-estrutura e apoio a atividades direitamente produtivas. Assim, o zoneamento, propriamente dito, foi, praticamente, abandonado em favor de um planejamento tradicional de infra-estrutura.

É importante, aqui, compreender bem a diferença entre o zoneamento e o planejamento chamado de "tradicional": tradicionalmente se ordena um território em etapas, por exemplo, um projeto de colonização inclui a infra-estrutura, a alocação das parcelas agrícolas ou agro-florestais e as áreas protegidas, dentro da zona de influência, ao redor do projeto concreto. O ordenamento territorial correspondente não interfere, não tem nada a ver com o manejo florestal no parque estadual bem distante da obra, ou com a infra-estrutura permitida ou proibida na área indígena localizada em outro rincão do Estado, ou com a intensificação das lavouras nos "anéis" próximos à capital do Estado. Isto faz a diferença essencial entre o zoneamento e o planejamento "tradicional": com o instrumento do zoneamento todos esses setores e regiões, próximos ou distantes, que não estavam relacionados, são integrados, artificial e desnecessariamente, em um só pacote, e passam a ser importantes, para qualquer cidadão. Estar dentro da próxima "aproximação" , anti-preservacionista, que venha a ser feita pelos "especialistas" chega a ser atrativo, senão essencial para todos..

No caso de Rondônia, então, a lógica da tomada de decisões foi a seguinte: para assegurar a aceitação do PLANAFLORO pela Assembléia, o cidadão e o político recebem obras de infra-estrutura e concedem proteção ao meio ambiente, melhor dizendo, recebem promessas, o que quer dizer em "economês" que recebem valores que devem ser descontados, tanto pelo risco de não ser realizados como pelo tempo. Então, em comparação com o planejamento tradicional, as obras de infra-estrutura prometidas são mais extensas, e se fazem a custo do meio ambiente e dos objetivos preservacionistas.

Seguimos a história do zoneamento no país: a Comissão Coordenadora do Zoneamento Ecológico-Econômico de Território Nacional (CCZEE), coordenada pela Secretaria de Assuntos Estratégicos da Presidência da República (SAE), foi criada a nível nacional pelo Decreto No. 99.540 de 21.09.1990 , visando à cobertura total do país, com prioridade para a Amazônia Legal (veja Schubart 1992, 1993a e b). Depois se criaram as Comissões Estaduais de Zoneamento Ecológico-Econômico e, recentemente, o "Plano Piloto" do Grupo dos Sete (G7), Banco Mundial, Comissão da Comunidade Européia e Governo Federal do Brasil começaram a promover, com pré-projetos e estudos de viabilidade, a cooperação internacional no zoneamento em vários estados amazônicos.

Para entender a atração intelectual e burocrática do zoneamento e para colocar esse instrumento num quadro mais geral é interessante entrar um pouco na documentação da SAE. São significativos os seguintes parágrafos das "Diretrizes Metodológicas" (SAE 1991: 3):

> "O caráter globalizante e integrativo dessa análise demanda à adoção de uma visão ***holística-sistêmica*** que faculte a compreensão das interrelações e interdependências existentes entre o conjunto de variáveis geoambientais e as de natureza sócio-econômicas. (...)
>
> Os espaços assim configurados correspondem a sistemas ambientais cujos atributos relacionam-se ***harmonicamente*** e reagem de forma específica a pressões desencadeadas pelas ações antrópicas. (...)"
> (grifos nossos)

Essa visão não é limitada à SAE e aos projetos de zoneamento, mas reflete uma tendência nacional e internacional do discurso ecologista. Por exemplo, a Comissão Interministerial para a Preparação da Conferência das Nações Unidas sobre Meio

Ambiente e Desenvolvimento (CIMA, 1991a:52) escreve nos seus "Subsídios Técnicos para Elaboração do Relatório Nacional Brasil para a Conferência das Nações Unidas sobre Meio Ambiente e Desenvolvimento", versão preliminar, de julho de 1991, também nesses termos, agregando outros que ajudam o entendimento da filosofia geral do zoneamento:

> "Em conformidade com esta base conceitual, a *visão cartesiana* do espaço geográfico é abandonada em favor de uma abordagem globalizante e integrativa para a percepção da dinâmica de subsistemas ecológicos e econômicos e de suas interdependências. Essa *percepção holística-sistêmica* pressupõe a abordagem interdisciplinar das análises dos componentes físico-bióticos e das variáveis e fatores sócio-econômicos que neles estão inseridos." (grifos nossos)

Esse discurso se vincula, nitidamente, com o diagnóstico feito pelo antropólogo DaMatta(1983:105) da visão que os brasileiros têm da origem de seu país e da relação entre homem e natureza.

> "... na lógica das 'descubertas', sobretudo das descobertas por acaso, da dinâmica social é traduzida por meio de um *código natural* que acentua a dinâmica biológica e surge na forma das familiares *ideologias organicistas ou holistas*". (grifos nossos)

Num dos primeiros artigos acadêmicos escritos por Ab'Saber (1989:4) sobre "zoneamento", encontram-se frases emprestadas, quase que diretamente, de um "código natural":

> "Estabelecer as bases de um zoneamento ecológico e econômico em uma determinada conjuntura geográfica equivale a realizar um estudo para determinar a *vocação* de *todos* os subespaços que compõem um certo território, e efetuar o levantamento de suas potencialidades econômicas, sob um critério basicamente ecodesenvolvimentista." (grifos nossos)

Dentro desta argumentação, por fim, citamos uma frase do bestseller internacional de Capra (1983:449s) na qual se cristaliza a "visão sistêmica" proposta por ele e que tem tido grande influência nos movimentos ecologistas do mundo inteiro:

> "Finalmente precisamos de uma nova ética planetária e novas formas de organização política a nível planetário, e isso como conseqüência da cognição que nós não podemos manejar nosso planeta, senão que nos devemos integrar, *harmonicamente*, nos seus sistemas múltiplos e auto-organizantes."[1]

Bastam essas citações para entender caraterísticas importantes do pensamento subjacente ao grande esforço de introduzir , por meio do zoneamento, políticas públicas sensatas na Amazônia que deveriam conduzir tanto à preservação dos

---

[1] Texto em alemão: "Schliesslich brauchen wir eine neue planetare Ethik und neue Formen der politischen Organisation auf planeter Ebene, und zwar als Konsequenz der Erkenntnis, dass wir unseren Planeten nicht 'managen' koennen, sondern uns selbst harmonisch in seine multiplen, sich selbst organisierenden Systeme integrieren muessen".

últimos refúgios da floresta primária tropical (interesse do G7 e do Governo Federal) como ao desenvolvimento sustentável em favor dospovos da floresta como do homem na Amazônia em geral.

A problemática do falso holismo

Pode-se identificar quatro conceitos-chave nos textos citados que podem ajudar a entrar e a compreender o mundo dos planejadores: o primeiro é a palavra "holístico" ou "holismo", o segundo o conceito de "vocação", o terceiro, a "harmonia" e o quarto, a "visão cartesiana" que deveria ser abandonada em favor da abordagem holística-sistêmica.

(1) Pela palavra "holos" (total, completo em grego clássico) se denomina, hoje, globalmente, no discurso ecológico, a necessidade de ver problemas no seu contexto, abordar soluções levando em conta todas as conseqüências, e não ignorar nenhum detalhe do todo, porque pode ser que se mostre decisivo para os processos desencadeadores e, muitas vezes, desconhecidos. Até aqui, o conceito não tem nada em si a ser criticado. Porém, o discurso "holístico" facilmente leva a insinuações analítica e politicamente muito problemáticas: sempre quando a natureza, o homem e a sociedade humana são interpretados como um conjunto "total", hermético, organicista e quase indissolúvel, no qual, a natureza, em última instância, determina o que se deve ou não fazer. Dessa forma se elimina as diferenças que são fundamentais para a filosofia moderna e geralmente para a vida e o discurso moderno, entre o Ser e o Dever, entre análise, decisão ética e política. Ignora-se, então, a vasta gama das opções que tem o homem, particularamente o homem moderno, no uso, na destruição e na preservação dos recursos naturais.

(2) Não existe nenhum "ecossistema" ou "sistema ambiental" na terra que tenha a *vocação* de formar a base geográfica para uma cidade como São Paulo ou Berlim, nem para Porto Velho ou Rio Branco; globalmente as outras áreas geográficas são também, desde há 500 anos ou mais, de fato "ordenadas" pelas suas relações com as metrópoles. A "carrying capacity" local, determina apenas limites bem amplos, mas nunca pode determinar usos "ótimos", nem falar de áreas a preservar. Uma vista de olhos num gráfico que desenha o produto interno bruto per capita e o consumo de energia per capita, nos diversos países do mundo, ensina rapidamente, o quanto distante estamos do ponto "0", sem energia fóssil ou nuclear nas economias modernas, - incluindo a brasileira. Um estudo pertinente dos mais sérios é, provavelmente, a dissertação de doutoramento em biologia de Philip Fearnside (1986), que se limita, estritamente, aos "agroecosystems" ao longo da Transamazônica evitando o tema da cidade.

(3) O terceiro ponto problemático é a pretendida harmonia que existe (ou que deve existir?) entre homem e natureza, e - implicitamente - entre os diferentes homens e seus grupos, classes e camadas sociais. Outra vez, qualquer situação social num determinado território pode ser definida como "harmoniosa", e já qualquer

reivindicação e qualquer esforço de mudar as coisas chegam a ser susceptíveis à repreensão de "perturbar a harmonia". Essa categoria é, arbitrariamente, aplicável tanto ao *status-quo* como à preservação estrita ou à lavoura intensiva com tecnologia moderna, de maneira que, serve, facilmente, como camuflagem para decisões autoritárias e totalmente arbitrárias. O uso de palavras como "harnonioso" em documentos da SAE faz lembrar que essa agência é sucessora institucional do Serviço Nacional de Informações (SNI) que, na época da ditadura militar, era bem conhecido pela legitimação tecnocrata do regime, invocando a "harmonia" com o desenvolvimento do país, o mundo livre, etc., ainda que não com o meio ambiente e as leis naturais da ecologia. Hoje, as duas correntes dentro da SAE são descritas pelo jornalista Chimanovitch (1993) como "serviço secreto 'moderno e democrático'" de um lado e "ex-SNI" de outro, o almirante Flores, chefe da SAE, representando a primeira; porém, a reportagem recente na ISTO É revela, claramente as forças bem vivas do ex-SNI no seio da SAE.

(4) O ataque contra o "Penso, logo existo" de *Descartes* também pode e deve ser visto com olhos críticos: se por *visão cartesiana* se entende a compartimentalização excessiva das ciências e o dualismo estrito entre física e metafísica, faz evidentemente sentido exigir mais integração entre as disciplinas e mais preocupação com a natureza pelos pensadores atuais (veja CAPRA 1982 como o propagandista melhor conhecido do "holismo" anti-cartesiano); porém, a crítica à razão cartesiana pode também significar a imunização de decisões tecnocratas legitimadas por uma pretendida "harmonia" com a natureza contra apelos da sociedade civil e contra processos políticos dentro das instituições legítimas da democracia. Além disso, o apelo anti-cartesiano sempre leva uma certa conotação anti-intelectual lembrando, outra vez, os regimes militares da América Latina.

O homem moderno e sua sociedade e economia simplesmente não fazem parte "integral" dos ecossistemas ou sistemas ambientais, mas, ao contrário, são regidos por leis bem próprias. Isso não quer dizer que o homem não *deve* levar mais em conta a natureza, ao contrário. Tem que ser reconhecidas as precariedades das relações e a distância "cartesiana" entre o homem moderno e a natureza, como também às vastas oportunidades e opções, sobre as quais, numa sociedade democrática, decide-se pelos regulamentos previstos nas Constituições, e não pelo apelo de alguns planejadores a uma "visão holística", organista- naturalista e a "vocação" de um certo lugar geográfico. Qualquer decisão arbitrária pode ser justificada assim. Por exemplo, é perfeitamente possível classificar um certo terreno, perto da cidade, como categoria de alta preservação, porque o "homem amazônico" precisa da proximidade da floresta para seu "equilíbrio" holístico-sistêmico, ou hipostasiar uma "vocação nitidamente agrícola" do mesmo pedaço de terra, por ter solos potencialmente férteis.

A tentativa de resposta à pergunta por que está tão em moda o zoneamento no Brasil, fica na impressão de que o velho autoritarismo estabelece uma aliança eco-tecnocrata com o novo ecologismo. Para administradores, militares e planejadores é tão atrativo, como para geógrafos e biólogos, usurpar o poder político. Nisso são facilmente apoiados pelas ONGs ecologistas, que, ainda que sendo, em geral, pouco suscetíveis a repreensões burocrático-autoritárias, são, ao mesmo tempo, convencidas de que podem ser elas que incorporam melhor a "volonté génerale" do povo e a "ética planetária", que os parlamentos democráticos.

A aliança que se forma entre a SAE, os financiadores internacionais, os planejadores e as ONGs, já tem força e, com o desprestígio atual dos "políticos" tem chances de se converter num poderoso bloco eco-tecnocrata. Assim, os "public men" (e "women") e os "private men" envolvidos no zoneamento chegam a ter, finalmente, uma compreensão dentro desses termos.

A pergunta conseguinte que se põe é, se essa aliança, - seja problemática em termos democráticos ou não, - pelo menos seja beneficiária para a conscientização ecológica e para a proteção dos últimos refúgios da floresta tropical primária na América do Sul. Obviamente, o Banco Mundial e os outros financiadores do "Plano Piloto" apóiam o zoneamento na Amazônia. Para nós, intelectuais do Norte, é essencial a discussão com nossos colegas brasileiros sobre a posição a defender a esse respeito. Dirigimo-nos a essa questão no parágrafo final.

À guisa de conclusão: o zoneamento é ecológica e socialmente contraprodutivo

Em sua forma pura, o zoneamento não é outra coisa que uma soma de proibições de certos usos da terra num território extenso, quer dizer com várias zonas ecológico-econômicas. Não faz sentido desenhar um mapa com uma única zona. Aqui já começa o problema preservacionista: para ser aceitável, na sociedade, a proteção de grandes áreas, no caso, a floresta amazônica, somente é possível, se decidido a nível nacional. Assim já tem sido para as reservas indígenas, as reservas extrativistas e outras unidades de conservação. Qualquer tentativa de zoneamento abrangente a nível estadual vai pôr em risco até essas reservas, porque submete o "manejo florestal", a infra-estrutura de acesso e outros aspectos importantes para as populações envolvidas, à disposição dos planejadores e administradores estaduais enquanto, formalmente, ficam na jurisdição e competência nacionais. A alternativa no planejamento "tradicional" seria a desvinculação do manejo das unidades nacionais da administração estadual. Para a natureza e para os povos da floresta a opção preferida é evidentemente contra o zoneamento e a favor do planejamento regional "tradicional".

De fato, como já vimos, as leis e decretos que estabelecem as "zonas" somente são aceitáveis nas Assembléias sob duas condições: que sejam primeiras, segundas, etc. "aproximações", e que sejam enriquecidas com promessas de obras de infra-estrutura. A primeira induz à impressão de que todo o exercício não é sério e que pressões são já previstas desde o início; a segunda leva a um fisiologismo político desnecessário e exagerado como também a uma inflação das promessas de infra-estrutura. É sublinhar outra vez, - não por falta de cultura política no Brasil, mas por lógica inerente ao próprio zoneamento, como se manifestaria em qualquer país do mundo.

A insinuação implícita no falso "holismo" que tende a deduzir o Dever dos homens e de seu comportamento social do Ser do "ecossistema" ou do "sistema ambiental" ignora as opções da sociedade e civilização modernas, baseadas - se nos agrada ou não - em energia fóssil, outros tipos de minas com recursos não-renováveis no mundo inteiro, numa multidão de mercados mundiais, de meios de comunicação, etc., o que faz do território geográfico só um dos fatores, e não o mais importante, que determina o que passa por em cima dele. Nenhum lugar da terra tem a "vocação" de ser asfaltado, obviamente. A "visão holística-sistêmica", invocada pelos planejadores do zoneamento, somente pode servir para a camuflagem de uma pretensão eco-tecnocrata.

Pior ainda, em termos democráticos, é a suposição da "harmonia", que desacredita, implicitamente, a discussão e a luta por soluções diferentes como incentivando "desarmonias". Essa suposição é logicamente indispensável, porque a admissão da amplitude verdadeira das opções inibiria a tomada de decisões com relação a cada linha no mapa de zonas e, assim, sem o apelo à "harmonia" com a natureza ficaria óbvio e patente a arbitrariedade do planejador.

O zoneamento não é um instrumento "indispensável". Existem até no planejamento regional tradicional uma série de outros instrumentos mais adequados. Parece antes, uma moda alimentada pelos sonhos de onipotência de burocratas, militares e cientistas. Provavelmente essa moda vai desaparecer com o reconhecimento gradual de seus defeitos inerentes e, oxalá, do modo mais rápido possível. Para a Amazônia tem que se esperar que a cultura política brasileira e o bom senso comum dos homens e mulheres que executam e que financiam nacional e internacionalmente estes projetos e planos de zoneamento em marcha, suavizem os mecanismos nocivos implícitos nesse instrumento pouco útil para fins ecológicos e pouco adequado para uma sociedade democrática.

REFERÊNCIAS BIBLIOGRÁFICAS

AB'SÁBER, A. 1989, Zoneamento ecológico e econômico da Amazônia. Questões de escala e método. *Estudos Avançados*, São Paulo, 3(5):4-20.

BABCOCK, R. F. 1966. *The Zoning Game. Municipal Practices and Policies*. Madison/London, University of Wisconsin Press.

BRAZIL, Government of/The World Bank/Commission of European Communities. 1991. *Pilot Program for Conservation of the Brazilian Rainforests*. Preliminary Proposal, s/l., Maio.

CAPRA, F. 1982/1983/1991. The Turning Point. s/l; tradução alemã: Wendezeit. Bausteine für ein neues Weltbild. 5 ed. Bern/ Munich/ Wien: Scherz; tradução portuguesa: Ponto de Mutação. 2 ed., São Paulo.

CHIMANOVITCH, M. 1993. Spy vs. spy. Arapongas da SAE e do ex-SNI disputam o monopólio da espionagem. *ISTOÉ*, 22.09.1993: 36-37.

CIMA - Comissão Interministerial para a Preparação da Conferência das Nações Unidas sobre Meio Ambiente e Desenvolvimento. 1991a. *Subsídios Técnicos para Elaboração do Relatório Nacional Brasil*. Versão Preliminar, Brasília, Julho

CIMA - Comissão Interministerial para a Preparação da Conferência das Nações Unidas sobre Meio Ambiente e Desenvolvimento. 1991b. *O Desafio do Desenvolvimento Sustentável.* Relatório do Brasil para a Conferência das Nações Unidas sobre Meio Ambiente e Desenvolvimento, Brasília, Setembro

DAMATTA, R. 1993. *Em torno da representaçãoo de natureza no Brasil: pensamentos, fantasias e divagações.* Conta de mentiroso. Sete ensaios de antropologia brasileira. Rio de Janeiro: Rocco: 91-123.

FEARNSIDE, Ph. M. 1986. *Human Carrying Capacity of the Brazilian Rainforest.* New York, Columbia University Press.

FISCHEL, W. A. 1985. *The Economics of Zoning Laws. A Property Rights Approach to American Land Use Controls.* Baltimore-London, Johns Hopkins University Press

HURTIENNE, Th. & NITSCH, M. 1987. O quadro político e econômico do desenvolvimento e subdesenvolvimento na Amazônia. In: KOHLHEPP e SCHRADER (eds.): 143-157.

KOHLHEPP, G. 1987. Desafios à ciência e às políticas de desenvolvimento regional. Reflexões e recomendações sobre o futuro desenvolvimento da Amazônia. KOHLHEPP e SCHRADER (eds.): 485-499.

KOHLHEPP, G. 1991. Regionalentwicklung und Umweltzerstörung in Lateinamerika - am Beispiel der Interessenkonflikte um eine ökologisch orientierte Regionalpolitik in Amazonien. In: KOHLHEPP, G. (org.) *Lateinamerika. Umwelt und Gesellschaft zwischen Krise und Hoffnung.* Tuebingen: Geographisches Institut der Universitaet Tuebingen: 207-222.

KOHLHEPP, G. & SCHRADER, A. (orgs.) 1987. *Homem e natureza na Amazônia.* Simpósio internacional e interdisciplinar Blaubeuren 1986. Tuebingen, Geographisches Institut der Universitaet Tuebingen.

LUHMANN, Niklas. 1988. *Oekologislsche Kommunikation. Kann die moderne Gesellschaft sich auf oekologische Gefährdungen einstellen?* 2 ed., Frankfurt am M., Suhrkamp. (tradução inglesa: *Ecological Communication.* Chicago University Press, 1989.)

NITSCH, M. 1991. *Oekosystem vs. soziales System: Schnittstellenanalyse am Beispiel der Flaechennutzungsplanung ("Zoneamento") im brasilianischen Amazonien.* Berlin (Diskussionspapier des Lateinamerika-Instituts der Freien Universitaet Berlin)

NITSCH, M. 1993a. Vom Nutzen des systemtheoretischen Ansatzes fuer die Analyse von Umweltschutz und Entwicklung - mit Beispielen aus dem brasilianischen Amazonasgebiet. In: SAUTTER, H. (coord.) *Umweltschutz und Entwicklungspolitik.* Berlin, Duncker & Humblot. (Schriften des Vereins fuer Socialpolitik): 235-269. ("preprint" como Diskussionspapier des Lateinamerika-Instituts der Freien Universitaet Berlin.)

NITSCH, M. 1993b. Der amazonische Regenwald im Konflikt zwischen striktem Naturschutz, nachhaltiger Entwicklung und Raubbauwirtschaft. Kurzgutachten im Auftrag der Kreditanstalt fuer Wiederaufbau zu dem Projektantrag "Programa Estadual de Zoneamento Ecológico-Econômico do Acre" vom Juni 1993. Berlin.

NITSCH, M. 1993c. *Amazonien und wir.* Klima Global. Arte Amazonas. Berlin, Staatliche Kunsthalle Berlin: 44-50.

NITSCH, M. 1993d. A "Caixa Agrícola dos Produtores de Uraim": uma instituição de camponeses na Amazônia brasileira (mit deutscher Zusammenfassung/with English Summary), 2a. ed. Berlin-Belém (Diskussionspapier des Lateinamerika-Instituts der Freien Universitaet Berlin).

NITSCH, Manfred. 1993b. *Der amazonische Regenwald im Konflikt zwischen striktem Naturschutz, nachhaltiger Entwicklung und Raubbauwirtschaft.* Kurygutachten im Auftrag der Kreditanstalt fuer Wiederaufbau zu dem Projektantrag "Programa Estadual de Zoneamento Ecológico-Econômico do Acre" vom Juni 1993, Berlin (confidencial)

OBERNDOERFER, D. 1998b. Schutz der tropischen Regenwaelder (Feuchtwaelder) durch ökonomische Kompensation. *Freiburger Universitaetsblaetter,* 28 (105): 91-117.

OBERNDOERFER, D. 1989a. *Schutz der tropischen Regenwaelder durch Entschuldung.* Munich, Beck (Schriftenreihe des Bundeskanzleramtes Bd. 5).

RONDÔNIA, Governo do Estado, Secretaria de Estado do Planejamento. 1989. *Plano Agropecuário e Florestal de Rondônia - PLANAFLORO.* Porto Velho.

SAE - Secretaria de Assuntos Estratégicos. 1991. Programa de Zoneamento Ecológico-Econômico da Amazônia Legal. Brasília, Set. (com Anexo I: Zoneamento Ecológico-Econômico da Amazônia Legal em Nível Regional: Diretrizes Metodológicas e Patamar Mínimo de Execução; Termos de Referência para a Execução do Zoneamento Ecológico-Econômico da Amazônia Legal a Nível Regional: O Roteiro Metodológico: Identificação de Sistemas Ambientais).

SCHUBART, H. O. R. 1992. Planejando a ocupação sustentável do território nacional: o exemplo da Amazônia. *Planejamento e Políticas Públicas*, 7, Jun.: 27-38.

SCHUBART, H. O. R. 1993a. O zoneamento ecológico-econômico como instrumento para o desenvolvimento sustentável, Trabalho apresentado no Seminário para ex-bolsistas do DAAD "Ecologia e Desenvolvimento". Belém, mimeo.

SCHUBART, H. O. R. 1993b. O zoneamento ecológico-econômico como instrumento para o desenvolvimento sustentável. Nesse volume.

SCHUBART, Herbert O. R. 1993c. O zoneamento ecológico-econômico como instrumento para o desenvolvimento sustentável. Resumo, Trabalho apresentado na conferência promovida pelo Museu Goeldi "Amazônia e a crise da modernização", Belém, 29.09.0-01.10.1993

WORLD BANK. 1992. *Brazil: An Analysis of Environmental Problems in the Amazon.* Washington, 2 vol.

WORLD BANK 1992b. *World Development Report. Environment and Development.* Washington.

USO DE DADOS GOVERNAMENTAIS NO PLANEJAMENTO DA AMAZÔNIA: O PARÁ COMO ESTUDO DE CASO[1]

Rui Rocha
Christopher Uhl

INTRODUÇÃO

A Amazônia vem sendo, nas ultimas décadas, um território aberto para várias atividades. Garimpos, serrarias, olarias , pecuária, extração de madeira e agricultura expandem-se rapidamente na região, tornando difícil o gerenciamento dos recursos naturais pelos governos federal, estadual e municipal.

Para a administracão pública, é fundamental que se tenham informações regulares e de qualidade. Existem dados, atualmente, que são pouco usados e que têm grande poder para ilustrar o que acontece na região. Os Censos Econômico e Demográfico, do IBGE, junto com informações de órgãos estaduais, como Secretarias da Fazenda, Saúde, Educação e Planejamento, se usados de forma sistemática, podem servir para o entendimento regional, e permitem a geração de indicadores, úteis na tomada de decisão.

Por outro lado, existem problemas nos dados, atualmente, como, por examplo, a irregularidade das publicações do IBGE. Aliado a isso, as informações disponíveis são sub-utilizadas pelos órgãos de governo e de pesquisa da região, o que compromete a qualidade das políticas públicas para a Amazônia.

Neste artigo, apresentamos informações censitárias do IBGE que podem ser úteis para o conhecimento dos Estados e Municípios da Amazônia. Como demonstração, usamos o estado do Pará e os seus municípios como objeto de estudo.

1. Informações disponíveis a nível estadual: o Pará como exemplo[2]

1.1 A estrutura fundiária e os desmatamentos

Separamos os estabelecimentos rurais em quatro grupos, aqui chamados de micro, pequenos, médios e grandes: de 0 a menos de 20 hectares, de 20 a menos de 100, de 100 a menos de 1 mil, e mais de mil hectares, respectivamente.

---

[1] Este texto é uma transcrição resumida do artigo "Dados Governamentais e o Planejamento da Amazônia: O Pará como estudo de caso", em fase de elaboração, com apoio do IMAZON e da Fundação Ford.

[2] A fim de entender como o Pará vem sendo povoado, usamos os dados do Censo Agropecuário. Para isso, cruzamos as informações disponíveis sobre estrutura fundiária, usos da terra, valor de produção e pessoal ocupado nos estabelecimentos rurais, para o ano de 1985, data do ultimo censo econômico.

No ano de 1985, 84% dos estabelecimentos do Estado ficam entre os micro e pequenos, embora ocupassem apenas cerca de 20% da área total.Os médios estabelecimentos ocupavam 24% das terras, representando 14% do total de estabelecimentos. Os grandes, porém, ocupando 56% da área ocupada, representavam 1% dos estabelecimentos.

A área desmatada, em 1985, estava próxima de 10 milhões de hectares. Os médios e grandes estabelecimentos abrigam 26% e 46% da área total desmatada, respectivamente, enquanto que os micro e pequenos abrigam 5% e 23%, respectivamente. Por outro lado, os micro e pequenos foram os que mais desmataram as suas áreas, em termos relativos: 67% e 54 respectivamente. Já os médios e grandes, por deterem grandes áreas, desmataram 42% e 33%, respectivamente[3].

1.2 Os usos da terra e os desmatamentos, o valor de produção e a arrecadação

Agora, analisemos a importância dos usos da terra para os desmatamentos e para a economia paraense. A causa principal dos desmatamentos vem sendo o plantio de pastos, que ocupavam 48% da área desmatada, em 1985. As lavouras anuais ocupam 8% da área, e os cultivos perenes apenas 3%. Por outro lado, 37% da área desmatada era ocupada com capoeira, naquele ano. Estas áreas de capoeira têm origem tanto na degradação de pastos, como no descanso de áreas para as culturas anuais, o que aumenta a responsabilidade destes dois usos aos desmatamentos do Estado.

Quanto ao peso dos usos da terra na economia regional, vemos que, de um total de 440 milhões no valor de produção, os cultivos anuais, em 1985, participaram com 30% do valor total de produção. Os cultivos perenes vieram em segundo lugar, com 26% e a pecuária gerou 23% do valor total. O extrativismo, em último lugar, mas com uma participação significativa, gerou 51 milhões de dólares, ou 11% do valor total (Tabela 1).

Se considerarmos o valor de produção por hectare utilizado, os cultivos perenes se destacam, com $370/h, vindo em seguida os cultivos anuais, a pecuária, e o extrativismo, com $ 170, $ 15 e $ 4 dólares / h (Tabela 1).

A arrecadação de impostos[4] não segue a mesma tendência dos dados de valor de produção. Os produtos primários, em 1985, geraram aproximadamente 19 milhões de dólares, sendo que a produção extrativa se destaca: gerou 6.3 milhões de dólares. Os cultivos perenes, em segundo lugar, geraram 6.1 milhões de dólares, vindo em seguida a pecuária, com 5.9 milhões de dólares. Os cultivos anuais, por causa de isenções fiscais, e pelo fato de não circularem muito além do município produtor, entraram com a menor parte: 940 mil dólares.

---

[3] Ver também Costa, em Ecologismo e Questão Agrária na Amazônia, NAEA/ UFPA, 1992.

[4] Os dados de arrecadação de impostos no Pará foram obtidos na publicação *Diagnóstico do Setor Primário Estadual (Produção X Arreacadação)*, da Secretaria da Fazenda Estadual, 1992.

Se consideramos o valor arrecadado por área utilizada, o peso dos usos da terra mudam radicalmente. As culturas perenes (principalmente em virtude do cacau e da pimenta) lideram, com $ 19/ ha. Os cultivos anuais geraram $ 1.2/ha, vindo em seguida a pecuária, com $ 0.9/ha, e os produtos extrativos com $0.5/ha (considerando todas as áreas de mata e com vegetação secundária dos estabelecimentos rurais).

Tabela 1. Importância dos usos da terra para a economia paraense

Usos da terra	Área	Valor de produção	Valor / Área	Arrecadação	Arrecadação/ Área
lavouras anuais	766 mil ha	130 milhões U$	170 U$ /ha	935435	1.2 $/ha
lavouras perenes	313 mil ha	116 milhões U$	370 U$/ha	6070985	19 $/ha
pecuária	6.565 milhões ha	100 milhões U$	15 U$/ha	5864866	0.89 $/ha
extrativismo	12.6 milhões ha	51 milhões U$	4 U$/ ha	6286858	0.5 $ /ha

1.3 A estrutura fundiária e a absorção de mão de obra, o valor de produção

Para completar esta análise dos dados para a área rural, a nível do estado, voltemos ao tamanho dos estabelecimentos rurais, para ver como estes se relacionam com a ocupação de mão de obra e o valor de produção.

A absorção de mão de obra também é desigual entre os grupos de estabelecimentos. Em 1985, havia cerca de 1.2 milhões de pessoas ocupadas, sendo que 945 mil trabalhavam nos micro e pequenos estabelecimentos (78% do total), 210 mil entre os médios estabelecimentos (17%) enquanto que os grandes estabelecimentos ocuparam apenas 50 mil pessoas (4%). Vale ressaltar que 96% da mão de obra absorvida nos micro e pequenos estabelecimentos é familiar, e não têm remuneração. Embora os grandes estabelecimentos absorvam pouca mão de obra, 75% do pessoal ocupado, nestes, é remunerado (seja como assalariados temporários, ou permanentes).

A distribuição do valor de produção nos estabelecimentos rurais conserva o mesmo grau de diferenças, entre os grupos de tamanho. Em 1985, o valor total foi de 440 milhões de dólares. Os micro e pequenos estabelecimentos contribuíram com 221 milhões (80 e 141 mihões, respectivamente), os médios com 121 milhões, e os grandes estabelecimentos foram responsáveis por 98 milhões de dólares.

Além dos micro e pequenos estabelecimentos se destacarem em números absolutos, o valor de produção por área ocupada, destes também, é maior do que dos outros grupos de estabelecimentos. Os estabelecimentos rurais, como um todo, geraram $18/ha, naquele ano. Os micro e pequenos geraram $110 e $35/ha, respectivamente, os médios $20 /ha, enquanto que os grandes estabelecimentos participaram com $7/ha.

Esta relação, entre o tamanho dos estabelecimentos, os usos da terra, a absorção de mão de obra e o valor de produção mostra uma lógica muito clara. Os pequenos estabelecimentos, por disporem de poucas terras e muita mão de obra familiar, praticam agricultura (já que exige menos áreas, e mais trabalho). A pecuária, predominantemente extensiva, exige grandes áreas e o mínimo de mão de obra para ser rentável, daí a sua concentração nos grandes estabelecimentos. Quanto ao valor da produção, as diferenças se explicam pelos usos distintos da terra, que geram, como vimos, produtos com valores também distintos, por unidade de área.

A análise destes dados governamentais são um exemplo de como os mesmos podem servir para que os tomadores de decisão conheçam a realidade estadual. Neste caso, diferenciamos os custos e benefícios de cada atividade no espaço ocupado da região. Para ir além, podem-se definir linhas de desenvolvimento que estimulem os cultivos perenes, por exemplo, ou os pequenos estabelecimentos rurais.

2. Dados diferentes produzindo indicadores, para o conjunto dos municípios do Pará

Neste capítulo, mostramos como dados governamentais, a nível dos municipios, podem gerar indicadores. A função principal dos indicadores é o de mostrar diferenças entre as diversas localidades do Estado, ajudando na definição de prioridades, nos programas de desenvolvimento.

Usaremos, para isso, as informações obtidas no capítulo anterior.

Vimos que os pequenos estabelecimentos cumprem um papel importante na economia e na geração de emprego. Por outro lado, a mão de obra predominante neste grupo de estabelecimentos é familiar, sendo usada intensamente, com uma remuneração normalmente baixa. Assim, para demonstração, criamos 2 indicadores: o percentual de pequenos estabelecimentos na área ocupada; e o valor de produção por pessoal ocupado. Estes funcionarão como indicadores de 'qualidade' nos municipios, imaginando-se que um número maior de pequenos estabelecimentos, e um valor de produção também elevado, corresponderiam, a grosso modo, em uma boa situação.

2.1 O percentual de pequenos estabelecimentos na área ocupada (%)

Este indicador diferencia os municípios de acordo com a concentração dos pequenos estabelecimentos (com menos de 100 hectares) na área total ocupada (área dos estabelecimentos rurais).

Os 17 municipios paraenses onde os pequenos estabelecimentos são maioria, na área ocupada, estão no Baixo Tocantins e na Zona Bragantina. Nestes locais, pequenos estabelecimentos representam mais de 70% da área ocupada. Estes são municipios pequenos, reunindo apenas 2.2% das terras do Pará.

Os 26 municipios onde as pequenas unidades rurais são minoria (com menos de 20% das terras ocupadas) estão no sul e sudeste do Pará, Campos de Marajó, além de Almeirim. Estes municipios representam a maioria das terras do Estado (55%). Porém, a maioria dos municípios estão em situação intermediária: os pequenos estabelecimentos rurais ocupam entre 20% e 70% da área total.

Este indicador pode ajudar orgãos governamentais que pretendam trabalhar com os pequenos estabelecimentos, a exemplo de Secretarias da Agricultura, ou Ematers dos estados. Estes órgãos poderiam, por exemplo, priorizar municípios em programas de estímulo aos pequenos proprietários, nas localidades onde é alta a participacão dos pequenos, ou mesmo incentivar a redistribuição de terras em localidades em que os pequenos estabelecimentos são insignificantes.

2.2 Valor da produção[5] por pessoal ocupado ($/p.o.)

Com este índice, diferenciamos os municípios pelo valor da produção *per capita*. Assim, identificamos os locais de alta e baixa produtividade do trabalho, em termos econômicos. De modo simplicado, diferenciamos as localidades do Estado em ricas, medianas e pobres.

O valor de produção per capita varia de $59 a $1443 /p.o., em 1985, nos municipios do Pará, embora 80% dos municipios apresentem renda inferior a $400/ p.o..

Os municipios 'ricos', ou que apresentam valores mais altos, são aqueles onde a pecuária é predominante, e o uso de mão de obra é pequeno (Santa Cruz do Arari e Paragominas, com $1262 e $1332, por exemplo), ou onde os produtos cultivados e criações tem um alto valor (hortaliças, cacau, pimenta, aves, etc) (são os casos de Benevides e Santa Izabel, com $1170 e $1443 /m.o.). No último caso, os municipios estão próximos à Belém, o que facilita a comercialização dos produtos.

Nos municipios pobres, onde predomina a agricultura tradicional de corte e queima (e uso intensivo da mão de obra familiar), encontramos uma baixa renda per capita (exemplos de Augusto Corrêa e Bragança, com $95 e $167, respectivamente[6]).

Este indicador não só ajuda a diferenciar os municípios, mas também revela como a área rural do estado vive em alto grau de pobreza . Embora a maioria dos municípios apresentem valores baixos, o que dificulta uma priorização de áreas, este índice pode ser usado na identificação de áreas muito pobres, a serem estimuladas em políticas de desenvolvimento, inclusive com o fomento às culturas perenes, de maior retorno financeiro. Mas, um fato que é também revelador é a coincidência entre municipios de pequena agricultura tradicional com o baixo valor de produção per capita.

O uso de indicadores, como nestes dois casos, revela também que a priorizacão de localidades exige não só bons números, mas uma compreensão mais ampla dos problemas, e inclusive mais localizada, enxergando as diferenças entre os municípios.

---

[5] Corrigimos o valor de produção de cruzados para dólar, usando os valores de 31 de dezembro de 1985, data de referência do censo agropecuário.

[6] Estes se assemelham a valores de países africanos como Moçambique e Madagáscar, com rendas per capita de 100 e 180 dólares, respectivamente (dados da Editora Abril).

2.3 Outros indicadores como instrumentos de políticas públicas

Os dados governamentais disponíveis nos Censos Agropecuário e Demográfico do IBGE, bem como nos órgãos estaduais, a exemplo dos valores de arrecadação, podem servir na geração de um amplo número de indicadores.

Indices como o percentual da população que vive área rural, número de hectares desmatados por pessoa ocupada na área rural, valor de produção por área desmatada, percentual de pequenos estabelecimentos na área ocupada, e tantos outros, podem ser obtidos nos dados já existentes, ou podem ser imaginados e produzidos no futuro.

3. Problemas e soluções nos dados governamentais: a necessidade de uma cultura de informatização nos estados e municípios da Amazônia, guiando políticas públicas

As discussões sobre o futuro da Amazônia, e as estratégias para que este futuro compatilize melhoria da qualidade de vida dos seus habitantes e a sustentabilidade dos recursos naturais, não têm levado em conta a importância dos dados governamentais. Estas informações, disponíveis em formas pouco acessíveis[7], e muitas vezes encaradas como dispensáveis, podem servir como instrumentos do planejamento regional, se usadas de forma sistemática e dirigida.

Existem, porém, limitações nos dados censitários e nos números dos órgãos estaduais. A irregularidade e a demora no fornecimento dos dados é um fator complicador para o seu bom uso. O último censo econômico, que deveria ter sido feito em 1990[8], está programado para se realizar somente em 1995. Além disso, o tempo para publicação dos dados é muito longo. O último censo econômico, referente a 1985, só foi divulgado em 1991.

Como os censos são uma referência para as estimativas anuais, o atraso e não realização dos mesmos fazem com que estas percam em qualidade, já que não conseguem acompanhar as mudanças que regiões como a Amazônia sofrem, ao longo do tempo.

Se somamos a irregularidade na realizacão dos censos, o atraso na sua publicação, a deficiência das estimativas anuais, e o pouco uso dos dados já publicados, vamos reconhecer que os órgãos de estado estão bastante desinformados da realidade regional, e incapazes de definirem estratégias para o futuro, a nível de politicas .

Por outro lado, não se pode negar o valor das categorias de informação hoje disponíveis nos livros censitários e estimativas, nem a capacidade institucional do IBGE, entre outros órgãos, de gerar estes dados. É necessário que se crie uma cultura de valorização dos dados governamentais, não só para usá-los sistematicamente, como também para buscar a sua melhoria. Iniciativas recentes de órgãos estaduais do Pará,

---

7 O livro 'Geografia do Brasil', produzido pelo IBGE, com volumes específicos para cada região do País, contribuiu para tornar muitos destes dados mais acessíveis

8 Os censos econômicos do IBGE são feitos, oficialmente, de cinco em cinco anos..

a exemplo do IDESP e SEPLAN, apontam nesta direção, e podem servir como auxiliares importantes na tomada de decisão do governo estadual.

A criação de bancos de dados, a escolha das informações que ajudam na tomada de decisão, a geração de dados dentro dos próprios órgãos, como foi feito pela Secretaria da Fazenda do Pará, e o fortalecimento dos órgãos de informação, como o IBGE, são fundamentais para isso.

Precisa-se, portanto, romper um círculo vicioso na esfera dos dados governamentais, em que: 1. as pessoas que tomam decisão não conhecem e/ou não usam os dados existentes; 2. as pessoas que geram os dados não se sentem estimuladas ou cobradas para melhorar a coleta; 3. os dados caem em qualidade; 4. e as pessoas não usam os dados, argumentando que os mesmos não têm qualidade.

UNIVERSALIZAÇÃO E LOCALISMO: MOVIMENTOS SOCIAIS E CRISE DOS PADRÕES TRADICIONAIS DE RELAÇÃO POLÍTICA NA AMAZÔNIA[1]

Alfredo Wagner Berno de Almeida

Os movimentos sociais na área rural da Amazônia, que, nas duas últimas décadas, vêm-se consolidando fora dos marcos tradicionais do controle clientelístico e tendo nos STRs uma de suas expressões maiores, conhecem, no momento atual, certos desdobramentos, cujas formas de associação e luta escapam ao sentido estrito de uma organização sindical e às formas de enquadramento urdidas pelo Estado.

Conflitos localizados, envolvendo aparelhos de poder, cujas instituições de caráter econômico implantam seus *programas como uma ordem* a ser acatada a todo custo, têm-se agravado até um ponto de extrema tensão. Barragens, campos de treinamento militar, base espacial, áreas reservadas à mineração, portos, aeroportos, ferrovias, rodovias, implantação de usinas de ferro gusa e outros projetos incentivados, no momento de sua implementação têm gerado inúmeros conflitos com grupos camponeses e indígenas. No bojo destes antagonismos aguçados têm-se manifestado, todavia, desde meados de 1988, condições favoráveis à aglutinação de interesses específicos de grupos sociais diferenciados. Embora não haja homogeneidade absoluta nas suas condições materiais de existência, são momentaneamente aproximados e assemelhados, baixo o poder nivelador da ação do Estado. Em outras palavras e em outro nível de abstração, pode-se adiantar que as políticas públicas é que possibilitam os elementos básicos à formação de composições e de vínculos solidários, tal como registrados naquelas situações de confronto. São elas que concorrem decisivamente para uniformizar ações políticas de grupos sociais não-homogêneos do ponto de vista econômico. Sem representar necessariamente categorias profissionais ou segmentos de classe, tais grupos têm-se organizado em consistentes *unidades de mobilização*, não somente na Amazônia, mas em todo o país. O valor da força de trabalho não

---

[1] A presente comunicação, não obstante expor novos dados, reproduz para efeito de debate, neste livro, reflexões contidas em dois trabalhos de pesquisa, cujos resultados já foram anteriormente divulgados, quais sejam: "Universalização e localismo - movimentos sociais e crise dos padrões tradicionais de relação política na Amazônia" (1989) e "Continentalização dos conflitos e transformações na geopolítica das fronteiras" (1992).

constitui sua base racional e declarada, mas a despeito disto verifica-se um elevado grau de coesão em suas práticas, tornando-as formas ágeis e eficazes de organização pública. Por se encontrarem atreladas a lutas localizadas e imediatas, cuja especificidade se atém ao próprio tipo de intervenção dos aparelhos de poder consorciados com interesses de empreendimentos privados, estabelecem uma articulação particular do político com o econômico.

Mesmo com todas as diferenciações e desigualdades que porventura encerrem, mobilizam-se pela manutenção das condições de vida preexistentes aos mencionados programas e projetos. Compõem-se, objetivando garantir o efetivo controle de domínios representados como territórios fundamentais a sua identidade e, inclusive, para alguns deles, a sua afirmação étnica. O caráter consensual desse objetivo superou reservas, ressentimentos, desconfianças e competições. O que antes dividia, erodiu temporariamente, permitindo convergências inimaginadas noutros momentos. Fatores étnicos, raciais e religiosos usualmente utilizados para reforçar solidariedades e distinguir as chamadas "minorias" perdem relativamente, no contexto destes antagonismos, sua força de marcar diferenças intransponíveis. Ameaçados pela perda de direitos às pastagens, às florestas densas e aos recursos hídricos e, por conseguinte, à caça, à coleta, à pesca e à agricultura, vivem a ruptura da estabilidade na combinação de recursos e no exercício de atividades elementares como prenúncio de uma crise ecológica (WOLF:1984:336-350) sem precedentes. As terras indígenas, as chamadas "terras de preto" remanescentes de quilombos, as áreas tituladas e aquelas de posse aparecem aí alinhadas, uma após outra, num bloco compacto de reivindicações em que grupos sociais atingidos lutam para não serem removidos compulsoriamente (casos de barragens, campos de treinamento militar, ferrovias, rodovias, Base de Alcântara) ou para que não sejam forçosamente fixados (casos de garimpeiros face ao anteprojeto que institui o "regime de permissão de lavra mineral", onde mudar de área explorada constitui crime). O direito de imobilizar ou de remover de forma compulsória aparece como atributo e primazia de aparelhos de poder que representam os atingidos como cidadãos de segunda categoria. A "crise ecológica" vivida por segmentos do campesinato e por grupos indígenas da Amazônia tem uma dimensão marcadamente política e ideológica e não corresponde, necessariamente, à denominada "questão ecológica" que caracteriza hoje a sociedade abrangente (ALMEIDA;1990:13).

Nestes antagonismos, em que à primeira vista não há o predomínio político de classe, as categorias de mobilização refletem, na medida adequada, o tipo de intervenção dos aparelhos de Estado. Os agrupamentos traduzem efeitos de ação, senão vejamos: "atingidos por barragens", "remanejados", "deslocados", "reassentados" e "assentados". Prevalecem também noções genéricas, que encobrem possíveis especificidades, tais como: "povos da floresta" e "ribeirinhos". O que parece importar é que categorias de circunstância (atingidos) surgem combinadas com outras de sentido permanente (povos da floresta) no contexto de conflitos abertos.

A nova estratégia do discurso dos movimentos sociais no campo, ao designar os sujeitos da ação, não aparece atrelada à conotação política própria do termo *camponês*.

Politiza-se aqueles termos de uso local. Seu uso cotidiano e difuso não é visto como se opondo aos movimentos classistas, antes parece ser considerado como fator de educação política, estimulado tanto pela União das Nações Indígenas, quanto pelo Conselho Nacional dos Seringueiros e pela Comissão Nacional dos Atingidos por Barragens. Cinde-se com o monopólio político do significado dos termos *camponês* e *trabalhador rural*, que até então eram utilizados com prevalência por partidos políticos, movimento sindical dos trabalhadores rurais e entidades confessionais. Isto sem destituir o atributo político daquelas categorias de mobilização. A nova classificação, verificada na alteração das nomeações e num conjunto de práticas organizativas, traduz transformações políticas mais profundas na capacidade de mobilização destes grupos sociais face ao poder do Estado[2]. "Seringueiros", "castanheiros", "juteiros", "barranqueiros", "assentados", "colonheiros", "posseiros", "colonos" e pescadores sugerem denominações de uso local e de condições econômicas que se derramam naquelas categorias de mobilização de pretensão abrangente como "povos da floresta" e "ribeirinhos". Revelam-se ainda embutidas em outras derivações que elas vão conhecendo segundo a particularidade dos antagonismos: "os não-indenizados de Tucuruí", "os deslocados pela base de Lançamento de Alcântara", "os que serão atingidos pelas barragens de Altamira e do Rio Trombetas".

Os grupos sociais assim delineados mobilizam-se organizadamente em núcleos que recebem as seguintes denominações: "comissões"(de "atingidos por barragens"), "conselhos"(de seringueiros), "associações"(de garimpeiros e de "assentados") e "comunidades negras rurais" e "comunidades" de resistência indígena. De acordo com as lutas localizadas e imediatas constituem-se, pois, em *unidades de mobilização* de cuja coesão social não se pode duvidar, tanto pela uniformidade de suas práticas, quanto pela força com que se colocam nos enfrentamentos diretos. Logram múltiplas e bem sucedidas mobilizações como os "empates" intensificados pelos seringueiros, impedindo os desmatamentos com centenas de famílias, embargando no local os serviços de derrubada, ou como as ocupações dos canteiros de obra no caso dos "atingidos por barragens". Tais mobilizações concorrem para tornar aquelas unidades organismos legítimos de representação, que não mais podem ser descartados das mesmas negociações, quando das tentativas de resolução dos conflitos.

Não obstante diferentes níveis de prática e de organização e relações distintas com os aparelhos de poder, tais *unidades de mobilização* podem ser interpretadas como potencialmente tendendo a se constituir em forças sociais. Nesta ordem elas não representam apenas simples respostas a problemas localizados. Suas práticas alteram padrões tradicionais de relação política com os centros de poder e com instâncias de

---

[2] Para um aprofundamento de situações históricas em que ocorrem deslocamentos de nomeações de grupos sociais, mesmo que num sentido inverso, consulte-se: FAYE, Jean-Pierre - "Crítica da linguagem e análise de classe", em MACCHIOCHI, M. A. *Elementos para uma análise do fascismo*. Portugal, Livraria Bertrand, fevereiro de 1977, p.169-205.

intermediação, possibilitando a emergência de lideranças que prescindem dos que detêm o poder local. Destaque-se, neste particular, que mesmo distante da pretensão de serem movimentos para a tomada do poder político, logram generalizar o localismo das reivindicações e mediante estas práticas de mobilização aumentam seu poder de barganha face ao governo e ao Estado. Para tanto suas formas de ação transcendem as realidades localizadas e geram movimentos de maior abrangência, que agrupam as diferentes unidades, a saber: Comissões *Regionais* de Atingidos por Barragens, distribuídas por quase todo o país; Conselho *Nacional* dos Seringueiros, *União* dos Sindicatos e Associações de Garimpeiros da Amazônia Legal e *Associação* das Áreas de Assentamento do Maranhão. Ainda que incipientes, enquanto modalidades de organização política, têm realizado sucessivos atos de mobilização. No decorrer dos cinco primeiros meses de 1989 intensificaram os preparativos para planos de luta em nível nacional. Reuniram assembléias de delegados e representantes nos chamados "encontros", ou seja, uma forma superior de luta ou o evento maior de universalização do localizado. Caso fosse necessária uma periodização, poder-se-ia classificar o referido período como "o tempo dos primeiros encontros".

Assim, o *I Encontro dos Povos Indígenas do Xingu* foi realizado entre 20 e 25 de fevereiro em Altamira (PA) formalizando protestos contra a construção da usina hidrelétrica de Cararaô e a inundação das terras indígenas. O documento final da assembléia, intitulado Declaração Indígena de Altamira, foi aprovado por 400 índios, representando cerca de 20 tribos e 10 nações e tendo como observadores trabalhadores rurais da região, isto é, "colonos" e posseiros[3].

O *I Encontro dos Povos da Floresta* foi realizado entre 25 e 31 de março de 1989 em Rio Branco (AC), juntamente com o *II Encontro Nacional dos Seringueiros*, definindo um amplo programa de lutas por uma imediata reforma agrária, com a implantação de reservas extrativistas, pela demarcação das terras indígenas e contra a criação de "colônias indígenas" tal como vêm sendo efetivadas, notadamente no âmbito dos projetos especiais da Calha Norte, pelo "fim do pagamento da renda e das relações de trabalho, que escravizam os seringueiros nos seringais tradicionais", bem como reivindicações para a preservação ambiental, para uma nova política de preços e comercialização, de saúde e de educação das "populações extrativistas". Este programa foi aprovado por 135 seringueiros e 52 índios, representando trabalhadores extrativistas de 26 municípios do Amapá, Acre, Rondônia, Pará, Amazonas e de uma área de seringais da Bolívia. Como observadores convidados, sem direito a voto, por não serem delegados eleitos em seus povoados e aldeias, participaram 17 seringueiros e 9 índios. Credenciaram-se também junto à secretaria do encontro 267 representantes de entidades governamentais e não governamentais[4].

---

3 Maiores esclarecimentos podem ser encontrados na série de artigos publicados em *A Província do Pará*. Belém, 25 de fevereiro de 1989, 1º cad.

4 Cf. Secretaria do Encontro (CNS-UNI)- *Boletim Notícias*, número 3. Rio Branco, 27 de março de 1989, p.156.

O *I Encontro Nacional dos Trabalhadores Atingidos por Barragens* foi realizado em Goiânia(GO), entre 19 e 21 de abril, reivindicando não apenas uma "nova política para o setor elétrico com a participação da classe trabalhadora", mas também "reforma agrária já" e "demarcação das terras indígenas e das comunidades negras remanescentes de quilombos". O documento final denominado Carta de Goiânia foi subscrito por 25 entidades, sendo uma central sindical, um pólo sindical e um "movimento" e ainda 6 comissões estaduais de "atingidos por barragens", 4 "comunidades indígenas"(Kaingang de Irai, Kaingang de Chapecozinho, Ava-Guarani e Pankararu) e 12 entidades de apoio e institutos de pesquisa e documentação. Foi criada no referido encontro a Comissão Nacional de Atingidos.

O *I Encontro dos Atingidos pela Barragem de Tucuruí* realizou-se em Belém (PA), discutindo as relações dos chamados "atingidos", intermediados pelos STRs, junto às prefeituras e à Eletronorte a propósito do cumprimento dos convênios para reparar danos e atender reivindicações (escolas, postos de saúde). Delegados representantes de 8 STRs (Itupiranga, Tucuruí, Jacundá, Baião, Mocajuba, Cametá, Igarapé-Mirim, Oeiras do Pará), duas Colônias de Pescadores (Jacundá e Igarapé-Mirim), dois núcleos de pescadores não-formalizados (Cametá e Tucuruí), juntamente com membros do STR de Altamira, da FETAGRI-PA, da CUT tocantínea, definiram que a atuação dos STRs deve ser a de fiscalizar a execução das obras e de sua administração. Participaram também do evento 04 entidades de apoio.

O fundador e ex-presidente da União dos Sindicatos e Associações de Garimpeiros da Amazônia Legal (USAGAL), José Altino Machado, apresentado como "garimpeiro do Tapajós", num manifesto intitulado "Urutu, na Amazônia, é cobra", publicado em 15 de abril de 1989 pelo *Jornal do Brasil*, protestou contra o anteprojeto de lei sobre a atividade garimpeira enviado à Presidência da República pela Secretaria de Assessoramento e Defesa Nacional (SADEN). O autor forneceu dados sobre os possíveis representados, na oportunidade em que se preparava o encontro de garimpeiros de Roraima :

> "O garimpo tinha 400 mil profissionais há apenas dois anos. Hoje são hum milhão. Chegam mais de 1 mil 500 pessoas por dia à Amazônia."[5]

Na primeira semana de maio foi fundada a Associação das Áreas de Assentamento do Maranhão (ASSEMA), no Vale do Mearim, com a participação de representantes de áreas já desapropriadas por interesse social para fins de reforma agrária. Duas semanas depois, 78 STRs do Maranhão, num "encontro" para definir programas de reivindicações, realizado em São Luís, aprovaram posições de que as ocupações de latifúndios seriam apoiadas pelo movimento sindical. Sublinhe-se que

[5] Cf. MACHADO, José Altino - "Urutu, na Amazônia, é cobra". *Jornal do Brasil*. Rio de Janeiro, 15 de abril de 1989.

levantamento feito pela FETAEMA indica existirem mais de 300 áreas ocupadas por cerca de 500 mil posseiros no Estado[6], abrangendo mais de 2 milhões de hectares de terras em conflito.

Acrescente-se ainda que o *III Encontro das Comunidades Negras Rurais do Maranhão* realizou-se entre os dias 28 e 3O de julho em Bacabal (MA), com representantes de mais de uma centena das chamadas *terras de preto* e das áreas de remanescentes de quilombos. Na sua convocatória já se delineiam reivindicações pelo imediato reconhecimento das terras ocupadas pelos remanescentes de quilombolas e por uma reforma agrária imediata. Entidades de apoio como o Grupo Negro Palmares Renascendo e Centro de Cultura Negra promoveram o evento. Trata-se do primeiro encontro que trata, a nível local, da aplicação do Art. 68 das Disposições Constitucionais transitórias, referindo-se à titulação definitiva dos "remanescentes das comunidades de quilombo".

O *II Encontro Raízes Negras do Médio Amazonas Paraense* realizou-se no período de 3O de junho a O2 de julho de l989 na comunidade de Jauary, Rio Erepecuru (Oriximiná-PA), coordenado pelo Centro de Estudos e Defesa do Negro no Pará (CEDENPA) e organizado junto com os Quilombos de Pacoval, Curuá, Mata, Acapu, Cuminá, Erepecuru, Trombetas e Jauari. A entidade criada para conduzir localmente a luta pelo reconhecimento destas terras de quilombos é a Associação dos Remanescentes de Quilombos de Oriximiná (ARQMO).

Ainda em julho de 1989 realizaram-se inúmeras assembléias de mulheres trabalhadoras rurais no Vale do Mearim (MA) e no Bico do Papagaio (TO), objetivando a criação das Associações das Quebradeiras de Coco Babaçu, voltadas fundamentalmente para assegurar o livre acesso aos babaçuais ilegalmente cercados. O *I Encontro Interestadual de Quebradeiras do Coco Babaçu* somente será realizado, entretanto, em setembro de 1991, em São Luís (MA).

O agrupamento de *unidades de mobilização* nos chamados "encontros" se, por um lado, explicita o caráter de relativo consenso das demandas locais, de outro, evidencia que há proposições comuns entre as diferentes entidades a nível regional e nacional. As "cartas" e "declarações" finais aprovadas nos encontros bem manifestam este outro nível de consensualidade. À exceção da USAGAL todas aquelas entidades recém-criadas defendem medidas imediatas de reforma agrária e de não -intrusamento e demarcação das áreas indígenas, bem como de preservação ecológica. A exclusão da USAGAL deve-se à sua posição de defesa da atividade extrativa mineral em áreas indígenas manifesta no "encontro" que reuniu todos os líderes garimpeiros de Roraima, em Boa Vista (RR), no dia 28 de junho de 1989[7].

---

[6] Cf. dados divulgados pela FETAEMA. Esta organização congrega hoje l36 STRs com cerca de dois milhões de trabalhadores rurais sindicalizados.

[7] Vide "Jucá vai resistir se o governo resolver expulsar garimpeiro", *Jornal do Brasil,* 29 de junho de l989, p.7.

As temporalidades próprias dos diferentes planos de confronto, tomadas separadamente, parecem condensar-se em questões essenciais num momento único de enfrentamento mais direto e incisivo com os aparatos de Estado. Pescadores, seringueiros, castanheiros, barranqueiros, assentados e remanescentes de quilombolas e índios subscrevem, numa reciprocidade ideal, as mesmas proposições básicas. Os movimentos, através dos "encontros", sugerem desaguar todos eles numa única e ideal mesa de negociações, embora cada um deles, em seu campo próprio, tenha como interlocutores aparelhos de poder com competências específicas.

Conformando aspectos consensuais de confrontos localizados e sem ser uma mera soma deles, estes novos organismos de representação logram impor aos aparatos de Estado uma via única de interlocução, não lhes permitindo negociar por parte e forçando-os a uma negociação mais global, baseada em princípios gerais que orientam as políticas públicas. Os critérios locais de intervenção são relativizados. O caráter universal, que rompe com o localismo, é, pois, imposto pela própria dinâmica das mobilizações que se estruturam a partir de lutas específicas e realidades localizadas. Universalizam e concomitantemente dialogam com os interlocutores oficiais, um a um, sem perder de vista o conjunto dos centros de poder. Há, assim, uma globalização de lutas localizadas, que num tempo único exigem interlocutores distintos, mas que simultaneamente tratam os aparatos de Estado em bloco e procuram ampliar suas redes de apoio e pressão.

Consultando-se os documentos finais dos "encontros", verifica-se uma ênfase na ampliação das bases sociais dos movimentos, mediante acordos para um fim comum, através de composições definidas como "aliança", "juntar forças " e "acordo".

> "O Conselho Nacional dos Seringueiros, neste seu II Encontro Nacional, afirma a sua disposição de estabelecer o leque mais amplo possível de alianças com as populações tradicionais da Amazônia, com os sindicatos de trabalhadores, com as organizações ambientalistas, e com os movimentos que se articulam em defesa dos povos da floresta."

O significado de "populações tradicionais" sendo vasto, permite indagar se estariam inclusos os grupos mediadores que historicamente se situam entre os seringueiros e a sociedade nacional, ou seja, os comerciantes, os ambulantes que abastecem os mercados rurais , as lideranças políticas locais e os sacerdotes. A noção de "leque" parece apontar também para estes segmentos que se situam nos meandros das relações políticas, religiosas e de mercado. Entretanto, se cotejado o trecho acima, extraído da Introdução ao documento final, com o programa de lutas contido no mesmo documento, observa-se que há reivindicações por novas relações de trabalho com o "fim das rendas" e das formas de peonagem da dívida, com créditos diretos aos "produtores extrativistas" que desorganizam as bases daquelas intermediações. De igual modo, destaca-se que o movimento reivindicatório amplo busca poderes externos para se confrontar com os detentores do poder local, que impedem a emergência de lideranças camponesas ou indígenas para continuar controlando clientelisticamente a situação.

Neste sentido, percebe-se que as *unidades de mobilização* empenham-se, por um lado, no contato com uma infinidade de pequenos grupos que quase sempre se mostram desconfiados e recusam receber orientações e lideranças de fora. Na confluência entre o povoado, a aldeia , o centro, a beira e a sociedade mais abrangente, insinuam-se novas intermediações, emanadas da própria capacidade de estes grupos imporem lideranças representativas de seus interesses intrínsecos. Os pequenos seringueiros, de Xapuri e Brasiléia, independentes, livres dos mecanismos de imobilização e do jugo dos seringalistas, concentram a liderança do movimento. Dispõem de condições próprias e de mobilidade para, inclusive, orientar e apoiar a luta nas demais regiões como a bacia do Juruá, onde os seringueiros ainda lutam pelo fim da subjugação às "rendas" e proibições de livre comercialização da borracha, ditada pelos seringalistas.

Por outro lado, a necessidade de apoios externos para confrontar as forças de dominação local, não implicam novos atrelamentos, indicando uma autonomia tática (WOLF: 1984:333-36l), essencial ao êxito da mobilização dos seringueiros. A rotina do funcionamento dos grupos de trabalho e das plenárias na oportunidade do II Encontro Nacional dos Seringueiros e do I Encontro dos Povos da Floresta deixou isto bem claro. As entidades de apoio e as associações voluntárias presentes foram mantidas em reuniões à parte e fora do processo da tomada de decisões. Não puderam dirigir-se aos delegados reunidos em plenária lideranças partidárias externas ao movimento[8]. Nesta ordem é que também alteram os padrões tradicionais de relação política com os antigos intermediários ao mesmo tempo em que o fazem com os candidatos a novos mediadores.

Na Declaração Indígena de Altamira, os signatários além de se disporem como "ameaçados" lado a lado com os chamados "ribeirinhos", que abrangem, latu -senso, juteiros, barranqueiros, colonheiros e os que cultivam as terras de várzea ou nelas habitam como os pescadores e os que trabalham com cerâmica, distinguem forças no campo político:

> "Neste encontro dos povos indígenas do Xingu decidimos vigiar as ações do governo para impedir mais destruição, juntar forças com o Congresso Nacional e com o povo brasileiro, para juntos protegermos essa importante região do mundo, nossos territórios."

---

8 Na gestão 1989-1992 o CNS desenvolveu trabalhos em Cruzeiro do Sul (AC), na estruturação da administração e do transporte de produtos extrativistas, no fortalecimento da organização sindical, na aliança com grupos indígenas e na criação de reservas extrativistas. Ampliou os trabalhos em Guajará Mirim (RO), no Pará no Polígono dos Castanhais e no Maranhão na região dos babaçuais. O *II Encontro Nacional dos Seringueiros* realizou-se em Rio Branco (AC) entre os dias 26 e 29 de março de 1992, com um total de 169 delegados presentes ao evento. Estavam também representados 7 STRs do Acre, 4 do Amazonas, 11 do Pará, 01 do Amapá e membros de diretorias de STRs do Maranhão. Neste Encontro, tal como no anterior, representantes de ONGs não tiveram direito à palavra.

O nível de contradição percebido induz à desconfiança profunda face ao governo e prevê aliados fora dos centros de poder, que se constituam a partir da sociedade civil e sejam mais próximos às suas mobilizações, haja vista os parlamentares que em Altamira asseveram seu apoio às lutas contra os projetos governamentais. Sete deputados federais subscreveram a intitulada Carta dos Parlamentares aos Povos Indígenas Reunidos, defendendo a adoção de uma política que garanta a sobrevivência dos "povos da floresta" e sugerindo que se coloque em prática "uso harmônico e auto-sustentável do meio ambiente e o respeito aos povos" como forma de construção da democracia brasileira.[9]

Os dois encontros referidos, o de Altamira e o de Rio Branco, desdobraram-se na denominada Aliança dos Povos da Floresta, articulação formada pela União das Nações Indígenas(UNI) e pelo Conselho Nacional dos Seringueiros, que foi lançada em São Paulo no dia 12 de maio de 1989. Os objetivos desta Aliança, consoante declaração do coordenador da UNI, Ailton Krenak, seriam os de promover a defesa do ecossistema amazônico, para que não sejam destruídos os recursos naturais e os povos da região, além de "estabelecer acordos com outras articulações urbanas e rurais em defesa da vida dos povos da floresta"[10]. A partir de 1990, as dificuldades de uma representação indígena a nível nacional, resultam por fragilizar a UNI, desencadeando um processo de fortalecimento de lutas localizadas em que se multiplicam entidades de representação, tais como, a Federação das Organizações Indígenas do Rio Negro (FOIRN), a Coordenação das Organizações Indígenas da Amazônia Brasileira (COIAB) e a Federação Indígena do Vale do Juruá.

Também no movimento indígena percebe-se a dificuldade de aglutinação de reivindicações numa única entidade de representação. A dinâmica dos próprios conflitos e os rituais de negociação política, intrínsecos a cada etnia, parecem favorecer esta atomização, reforçando lideranças em cada ocorrência de confrontos localizados.

Os movimentos dos "atingidos por barragens", por sua vez, apresentam-se como mais estreitamente vinculados às entidades sindicais de trabalhadores. Compreendem "comunidades" indígenas e camponesas, com seus segmentos diferenciados, que atuam conjuntamente com os STRs, os Pólos Sindicais, as Confederações e com as entidades confessionais e ambientalistas. Parecem insistir numa regra de mobilização através de frentes e composições, com nítido predomínio político de entidades sindicais.

No que concerne às "alianças", a exceção, novamente, consiste na USAGAL. Além de defender a legalização dos garimpos em território Ianomami, favorecendo o

---

9 Cf. Carta dos Parlamentares aos Povos Indígenas.In: *A Província do Pará*. Belém, 25 de fevereiro de 1989, p.9.

10 Cf. "Seringueiros e índios lançam em São Paulo aliança dos povos da floresta". *Folha de São Paulo*. 12 de maio de 1989, p.A-8.

intrusamento de áreas indígenas, alia-se a interesses do poder estadual, tal como preconizado pelo então governador-interventor de Roraima. Em contrapartida se coloca contra algumas cooperativas de garimpeiros e contra a atuação de entidades confessionais e ambientalistas, que apóiam as lutas de demarcação imediata das áreas indígenas. Estes dados evidenciam o provável equívoco de se analisar esta mencionada entidade em conjunto com as demais ora mencionadas. Para estas prevalece o critério de aliança com forças da sociedade civil e a questão central resume em forçar o Estado a pôr fim às funções coercitivas que os programas dos vários aparatos de poder estão a exigir para sua implantação efetiva.

As contradições internas ao movimento dos garimpeiros dispõem, de um lado, a USAGAL e a COOGAR, que congregam os que têm participação nos "barrancos" e fornecem aos garimpeiros, e, de outro lado, os trabalhadores do garimpo diretamente empenhados na extração, também chamados "peões", "formigas", "trabalhadores do barranco" com suas subdivisões específicas, tais como, "raizeiro", "bicojateiro", "maraqueiro" etc. Os primeiros, impropriamente denominados garimpeiros, subordinam os demais, que não são beneficiados pela legislação trabalhista e pelos demais direitos juridicamente assegurados aos trabalhadores contratados[11].

Interpretações estritas de textos de Lenin[12] podem asseverar que as associações, a molde das *unidades de mobilização* aqui estudadas, nunca sobrevivem muito tempo e tampouco funcionam num mesmo nível de atuação e organização, sendo bastante suscetíveis à desmobilização, dado que só uma efervescência extraordinária e geral pode permitir que sejam possíveis e eficazes. Seriam vistas, sob este prisma, como "movimentos de circunstância", espontâneos e de feição contingencial, distinguindo-se do caráter organizado e permanente das lutas sindicais.

Outro tipo possível de crítica advém daquelas concepções que consideram estes movimentos sem efeitos pertinentes sobre o poder do Estado. Analisam a função de ordem do Estado e seu tipo de intervenção como impedindo que os interesses de classe venham a emergir nos antagonismos sociais. Deste ângulo, as unidade de mobilização, paradoxalmente, se conformariam aos desígnios dos aparatos de poder, inibindo as mobilizações de classe e debilitando os órgãos máximos de representação dos trabalhadores.

Para além destas interpretações algo genéricas, conduzimos o enfoque para processos reais e para formas concretas de mobilização, relativizando os possíveis pragmatismos tanto quanto as análises formais e tributárias do economicismo. Importam, em verdade, nos termos da exposição desta pesquisa, as práticas em jogo

---

11 Consulte-se PINTO, Lúcio Flávio - "Ouro: guerra suja". *Jornal Pessoal*, Ano 1, n.9, Belém, primeira quinzena de janeiro de 1988. p.1-5 e "Garimpo: houve um genocídio?" *Jornal Pessoal*, Ano 1, n.10, 1988.

12 A propósito, consulte-se LENIN - *Sobre os Sindicatos*, na coletânea de textos publicados pela Ed. Vitória em 1961.

e seus efeitos pertinentes sobre os aparelhos de poder no âmbito dos enfrentamentos diretos. Desta perspectiva é que se pode adiantar que a relação destes movimentos com as entidades sindicais dos trabalhadores rurais apresentam-se, pelo menos sob dois aspectos: suplantaram-nas na condução e orientação das lutas, onde elas se mostram frágeis; e subordinaram-se ou tem sido conduzidas por elas onde se mostram eficazes nas mobilizações. Afinal, também nas estruturas sindicais são detectados níveis de contradição que podem inibir ou não a capacidade mobilizatória. No caso, por exemplo, do Centro de Lançamento de Alcântara, o STR conduziu a luta das famílias atingidas nas negociações diretas e no plano jurídico. De igual maneira, o Pólo Sindical do Submédio São Francisco tem conduzido a luta dos atingidos pela Barragem de Itaparica. Aqui o sindicalismo não exclui aquelas mobilizações, antes as assimila, fortalecendo-se inclusive. O mesmo não ocorre, em regiões do Acre, com a luta dos seringueiros, em que se registram tensões entre *unidades de mobilização* do Conselho Nacional de Seringueiros e entidades sindicais.

O poder destas unidades revela-se incomodativo pelo caráter democratista que às vezes contraria a vontade de se falar em termos de consciência de classe, estrito senso. No âmbito de suas manifestações, os STRs participam ombro a ombro com as entidades ambientalistas, confessionais, associações voluntárias e demais grupos informais. Todavia, nas assembléias as decisões são aprovadas exclusivamente por delegados, que tanto podem estar representando povoados, aldeias, grupos indígenas, famílias ou outras unidades como uma colocação ou um seringal.

Não há critério de proporcionalidade nos votos, poderia ponderar, ortodoxamente, um analista político. Tampouco há listagens ou direitos de voto restritos a sócios. A capacidade de aglutinação, entretanto, vem do que é potencialmente mobilizável numa situação de confronto aberto. O delegado votante encerra a autoridade necessária para garantir pressões indispensáveis à negociação política dos conflitos. Pareceu-me surpreendente o elevado número de seringueiros, castanheiros e índios presentes ao I Encontro dos Povos da Floresta, que jamais haviam participado de assembléias no gênero ou que, sendo do Acre, jamais tinham visitado a capital, mas que se manifestavam inteiramente coadunados com o sentido político das lutas específicas. O raio de alcance destes movimentos parece, pois, tendente à ampliação, já que as exigências de participação não se restringem a "associados" voluntários, mas sim a áreas críticas de conflito e tensão social e seus respectivos representantes. O móvel da mobilização mostra-se condicionado, em certa medida, à freqüência e à temporalidade dos confrontos, o que faz destas mencionadas unidades instrumentos ágeis de luta política, numa conjuntura de violências sucessivas.

Pode-se admitir, ainda, que sejam movimentos sociais de data certa e absolutamente situacionais. Em 1985, com o IV Congresso Nacional dos Trabalhadores Rurais, tinha-se um ponto de convergência de todas estas lutas específicas. Basta ler nos Anais[13] as proposições aprovadas para se constatar que foram contempladas as

13 Consultem-se os *Anais do IV Congresso Nacional dos Trabalhadores Rurais*. Brasilia. CONTAG. 1985.

questões concernentes aos "atingidos por barragens" (CONTAG,1985:102-104), ao módulo adequado à atividade seringueira (ibid. 182), às desapropriações por utilidade pública que não foram antecedidas por desapropriações por interesse social, ao recurso à violência de que se valem "empresas estatais e agências governamentais como a CHESF, a CODEVASF, o GETAT" (ibid. 67); às relações de trabalho e inobservância da legislação trabalhista (ibid. 147-176) etc. O problema da reforma agrária abarcava então múltiplas questões e o movimento sindical dos trabalhadores rurais concentrava a orientação, numa conjuntura definida como de "transição democrática", de uma infinidade de lutas específicas e localizadas

Nos quatro anos seguintes os conflitos se intensificaram mediante o retraimento da ação fundiária oficial, e parece ter havido dificuldades políticas e operacionais por parte de organizações sindicais para continuarem a concentrar a condução das reivindicações e exercer sua mediação com eficácia. A dinâmica das lutas localizadas e dos confrontos, transcendendo, de certo modo, determinadas intermediações, impeliu a uma relativa dispersão às práticas reivindicatórias. Aquelas referidas estruturas pareciam ineficientes para comportá-las e conduzi-las. Em principio de 1989, quando se aguardava a realização do Congresso para eleger a nova diretoria da CONTAG, retomando um processo de condução organizada de lutas de massa, sujeitas à dispersão e marcadas pelo aguçamento dos confrontos, tal não sucedeu. A oportunidade de discutir os impasses foi perdida. O chamado "tempo dos primeiros encontros", já agendado, desde fins do ano anterior, cumpria-se, então, com mais impulso, tentando, como ainda agora, "reconcentrar a dispersão"

Há outra análises correntes que assinalam tendências burocráticas, que asfixiaram organizações sindicais e facilitaram a dispersão de lutas e a emergência de outros organismos de representação. Indicam, também, a não-renovação de lideranças centrais como fragilizando a mediação nos confrontos. Interessa, porém, chamar a atenção para dois tipos de impasses com que se está havendo hoje a organização sindical dos trabalhadores rurais: de um lado o caráter amplo e difuso das *unidades de mobilização*, congregando diversos segmentos sociais e orientando-se, sobretudo, pela lógica dos enfrentamentos; de outro, um movimento qualitativamente distinto que busca separar organizacionalmente o proletariado rural do campesinato possuidor de terra. Os processos reais e as realidades localizadas, que envolvem o primeiro impasse são de natureza diferente das condições ideais que predefinem o segundo e que até o momento parecem ocorrer fundamentalmente no Estado de São Paulo[14].

Enquanto os movimentos sociais no campo ampliam-se e se diversificam num aparente estilhaçamento de categorias e formas de organização já consolidadas, os centros de poder, no que se refere à Amazônia, impõem até 1990 um interlocutor único

---

[14] O V Congresso Nacional dos Trabalhadores Rurais, finalmente realizado entre 26 e 3O de novembro de 1991, em Brasília, não logrou aglutinar todas as lutas reivindicativas, embora tenham sido incorporados à chapa vencedora membros da CUT, tentando reduzir de certo modo a referida dispersão.

para um conjunto diferenciado de questões e problemas, retomando algumas das práticas administrativas centralizadoras mais caras ao pensamento autoritário. As unidades de mobilização pressionam por parte a cada um dos aparelhos de poder, sem menosprezar os critérios mais gerais que norteiam o conjunto dos projetos oficiais na região. Discutem, juntos ou separadamente, aqui e ali, com Eletronorte, Companhia Vale do Rio Doce, IBAMA, DNPM, INCRA, FUNAI e órgãos de governos estaduais. Numa contra-estratégia para assegurar a imposição dos seus projetos, o Estado afunila seus canais e concentra a autoridade num único centro de poder, objetivando disciplinar e centralizar as decisões relativas à Amazônia. Aceita que instituições oficiais discutam com índios, com "atingidos por barragens", com garimpeiros, seringueiros, castanheiros, posseiros e trabalhadores rurais. Permite que se sentem à mesa de discussões, assimilando as pressões. Todavia, quem vai regendo gradativamente o pano de fundo das negociações por parte do governo não aparece para discutir e, sem fazê-lo, dita as regras do jogo.

O ex-presidente da USAGAL, no seu manifesto de 15 de abril de 1989, chega a perceber isto, chamando a atenção para o que pode ser considerado uma hipertrofia de funções da SADEN e dos segmentos da burocracia militar executores de suas decisões, nomeados por Altino Machado de "vontade feudal dos fardados de gabinete" (MACHADO;1989):

> "A Secretaria de Assesssoramento e Defesa Nacional - codinome institucional do Conselho de Segurança Nacional - quer assumir o controle da Amazônia e do meio ambiente. E no arresto, açodadamente põe o dedo na válvula de alívio da tensão brasileira, o garimpo (...)" (MACHADO, ibid.)

A neutralização dos instrumentos básicos de reforma agrária, no decorrer de 1986-1988 e o esvaziamento do MIRAD, do IBDF e da FUNAI deixaram em aberto, como que vago, um lugar institucional de interlocução para as demandas dos movimentos sociais no campo. Numa conjuntura dita de "transição à democracia" percebe-se que os conflitos agrários permaneceram, todavia, como matéria de segurança nacional. A questão ambiental, a mineral e a indígena e os antagonismos decorrentes encontram-se direta ou indiretamente afetos aos quadros especializados da SADEN.

Assiste-se, pois, a uma flagrante hipertrofia deste centro de poder, que reedita medidas administrativas e de coerção nos moldes do GETAT e do GEBAM, no fortalecimento dos projetos especiais da Calha Norte, na coordenação da política ambiental, na criação de " colônias indígenas", no controle de projetos de colonização em Roraima, no controle do programa de obtenção de fotos de satélite para fiscalização de desmatamentos, no anteprojeto que redefine a atividade garimpeira, nas medidas ligadas às reservas minerais estratégicas, na definição da política indigenista e no reforço de unidades militares em zonas críticas de tensão e conflito[15]. Esta concentração de poder empalmando as funções de competências diversas provoca atritos e contrastes num momento dito de "transição à democracia", que preconiza idealmente medidas não-coercitivas para a resolução de antagonismos sociais.

O Estado afunila seus canais de interlocução no que tange às demandas sociais na Amazônia. Sua contra-estratégia, entretanto, não vem dissociada de articulações com setores do empresariado e segmentos do poder local. Afinal a pressão de mobilização de índios, trabalhadores rurais, entidades confessionais e ambientalistas logrou obter a suspensão oficial por três meses da aprovação de projetos beneficiários de incentivos fiscais e creditícios. Assim, realizou-se em Manaus, entre 06 e 08 de março de 1989, o III Encontro dos Governadores da Amazônia Brasileira, ocasião em que o general Rubem Bayma Denis, secretário-geral da SADEN, debateu com os governadores o Programa Nossa Natureza, criado pelo DEC. n. 96944 de 12 de novembro de 1988. Na mesma cidade, nos dias 06 e 07 de agosto de 1989, cerca de 37 entidades empresariais (Confederação Nacional da Indústria, Confederação Nacional da Agricultura, Confederação Nacional do Comércio, Associação dos Empresários da Amazônia, Associação Brasileira da Indústria Eletro-Eletrônica, Associação Brasileira de Investidores em Projetos Incentivados, Associação dos Importadores da Zona Franca, Sindicato da Indústria Madeireira do Amazonas etc) promoveram, com apoio do Governo do Amazonas, o I Encontro dos Empresários da Amazônia. Participaram cerca de 250 empresários, assistindo a palestras proferidas pelo Senador Roberto Campos (PDS-MT), deputado federal Alysson Paulinelli (PFL-MG), presidente da Confederação Nacional da Agricultura, e Senador Albano Franco, presidente da Confederaçãao Nacional da Indústria, dentre outros. Os interesses empresariais neste evento mostram-se indissociáveis da ação do Estado e inteiramente tributários de suas concessões e benefícios. O documento final do encontro consiste na intitulada Carta da Amazônia, que anuncia a criação do Conselho Empresarial da Amazônia, defende a "atualização do zoneamento geo-econômico e ecológico da região", bem como a manutenção da concessão de incentivos fiscais e creditícios. Não há menção a conflitos e tensões e a questão indígena é tratada como uma das "especificações" daquele aludido zoneamento, numa ligeira referência às "áreas de reservas indígenas". Evidencia-se, assim, uma coalizão de interesses bastante consolidada, sobretudo, na defesa dos benefícios fiscais, amparando implicitamente o afunilamento dos canais de interlocução urdido pelos aparelhos de poder[16].

15 Leia-se PINTO, Lúcio Flávio - "O Exército vai reforçar seu efetivo em Marabá, instalando novas unidades, uma aerotransportadora e outra de blindados." *Jornal Pessoal*, n.9, janeiro de 1988, p.5.

16 Vide "Empresário toma decisão política sobre a Amazônia". *Jornal do Brasil*, 15 de agosto de 1989, p.8-9.

Através da medida Provisória n. 150, de 16 de março de 1990, foi extinta a Secretaria de Assessoramento da Defesa Nacional, mas a mencionada coalizão de interesses não foi afetada. As iniciativas governamentais na Amazônia, persistindo no propósito de reforçar a presença militar e o controle geopolítico estratégico, privilegiaram o chamado Programa Calha Norte. Inicialmente tratava-se de um programa circunscrito à faixa de fronteira, mas a burocracia militar tem objetivado uma ampliação para toda a Amazônia. Tal propósito é explicitamente mencionado na Exposição do Ministro do Exército General Carlos Tinoco, no Senado Federal, em 4 de abril de 1991, sobre os conflitos na região do Traíra, na fronteira com a Colômbia[17]. Ao contrário da finalidade histórica de "salvaguarda das fronteiras amazônicas", isto é, voltada prioritariamente para fora, a burocracia militar busca descrever um movimento inverso, partindo de ações na faixa de fronteira internacional para dentro do território brasileiro. Senão vejamos:

> "O Programa Calha Norte veio ao encontro desses objetivos. Erradamente tem sido acusado de ser um programa puramente militar: a verdade é que a estrutura do Exército, já de há muito presente na área possibilitou uma pronta resposta às solicitações em sua esfera de atuação, o que não ocorreu em outros setores. Tal fato tem acarretado a acusação de nos imiscuirmos em assuntos cuja responsabilidade não nos cabe, nos quais nos envolvemos por sermos, invariavelmente, os únicos presentes. Acredito que a total implementação do Programa Calha Norte, envolvendo todos os setores responsáveis, é de fundamental importância, não só para evitar tais acusações, mas principalmente para criar todas as condições que possibilitem a ocupação de tão extensa área de forma ordenada, com a correta utilização de suas terras agriculturáveis, e a preservação de áreas onde seja mais conveniente o extrativismo e a exploração organizada de suas imensas riquezas minerais e hídricas, em benefício de toda a sociedade. Diante dos fatos, ouso afirmar que o Programa deve abarcar toda a Amazônia e não exclusivamente a Calha Norte" (Tinoco, 1991:1387).

Ao propor tal ampliação, conspira contra a especificidade de suas próprias intervenções históricas na faixa de fronteira, invertendo papéis institucionais e correndo o risco de confundir, cada vez mais, sua ação com aquela das forças policiais. Pode-se supor até que esta oscilação reflita o grau de perplexidade de quadros militares premidos pelos "novos" conceitos de soberania e segurança nacional, derivados de um acelerado processo de internacionalização da economia, mediante a integração de mercados. A livre circulação de bens, serviços, recursos financeiros e inclusive de força de trabalho, com a eliminação de direitos aduaneiros e de barreiras alfandegárias, aponta para a constituição de macromercados, tanto na Europa, quanto no Pacífico e na América do Sul. Após o Tratado de Constituição do Mercado Comum do Sul (Mercosul), em 26 de março de 1991, já existem informações preliminares sobre a formação do Merconorte, abrangendo os países amazônicos.

---

[17] Para outras informações consulte-se: Exposição do Ministro de Estado do Exército, Carlos Tinoco. Ata da 29 Sessão Legislativa Ordinária, da 49 Legislatura. Diário do Congresso Nacional. Brasília. V. 17, n.34, 5 de abril de 1991, p.1386-1404.

Esboça-se, assim, a nível econômico, uma determinada relativização do princípio da nacionalidade, sem qualquer indício, no plano político, de uma tendência à balcanização, isto é, de separatismos e secessões, provocadas por conflitos étnicos ou religiosos, quer seja no chamado Cone Sul, quer seja na fronteira Oeste ou na Amazônia.

Em contrapartida à concepção autoritária de "ampliação para dentro" do Projeto Calha Norte, os movimentos sociais no campo não só acentuam sua capacidade mobilizatória como descrevem um deslocamento no sentido inverso, isto é, "para fora", ao romper, pelo conflito, as linhas de fronteira internacional, relativizando à sua moda o princípio da nacionalidade.

Em 23 de agosto de 1993 com as múltiplas pressões de diferentes movimentos sociais e organismos transnacionais, a partir do massacre dos Ianomami em Haximu, maloca localizada na faixa de fronteira com a Venezuela, foi anunciada a criação do Ministério Extraordinário para a Articulação de Ações na Amazônia Legal. Formalmente se reconhecia as limitações do Projeto Calha Norte na administração de conflitos. Os quadros da diplomacia, que já compunham as comissões consulares nas discussões sobre os conflitos nas fronteiras internacionais, envolvendo índios, garimpeiros, seringueiros e pequenos produtores agrícolas, são convocados para a direção do Ministério. Ocorre a fusão deste organismo com o preexistente Ministério do Meio Ambiente, resultando no Ministério do Meio Ambiente e da Amazônia Legal, cujo titular é o ex-embaixador brasileiro nos Estados Unidos, Rubens Ricúpero. Suas primeiras declarações são no sentido de promover a coordenação dos "mais de vinte órgãos públicos que hoje se ocupam da Amazônia", conforme entrevista ao *Jornal do Brasil* em 16 de setembro de 1993. Suas primeiras medidas referem-se à criação do Sistema de Vigilância da Amazônia (SIVAM) apoiado numa rede de comunicações, como se a questão dos conflitos sociais, dos massacres e das práticas de genocídio se devesse ao fato de serem ocorrências marcadas pelo isolamento e pelas dificuldades de acesso, tributárias de fatores físicos e de natureza geográfica. A despeito das alterações de competência legal e da convocação de membros da burocracia diplomática percebe-se que se mantêm os mesmos pressupostos de ação, não permitindo que se vislumbrem quaisquer medidas permanentes capazes de solucionar os conflitos e tensões sociais hoje registrados na Amazônia. Em contrapartida, intensifica-se a multiplicidade das formas de organização de índios e camponeses, marcadas por uma autonomia crescente face aos aparelhos de Estado.

REFERÊNCIA BIBLIOGRÁFICA

ALMEIDA, A. W. B. 1990. O intransitivo da transição - o Estado, os conflitos agrários e a violência na Amazônia. *Maria Fumaça*, São Luís, CIMI. (2): 03-17.

CARNOY, M. 1988. *Estado e teoria política*. São Paulo, Ed. Papirus. 2. ed.

FOUCAULT, M. 1982. "The subject and power". In: DREYFUS, H. et alii *Michel Foucault beyond structuralism and hermeneutics*. Chicago, University Press. p. 208-226.

MOORE Jr, B. 1975. *As origens sociais da ditadura e da democracia. Senhores e camponeses na construção do mundo moderno*. Lisboa, Cosmos/Martins.

POULANTZAS, N. 1969. *Classes sociales y poder politico en el estado capitalista*. Mexico, Siglo XXI eds., p. 117-148

WOLF, E. 1984. *Guerras camponesas do século XX*. São Paulo, Global Ed.

UM PROJETO DE CIDADANIA[1]

Airton Falero

INTRODUÇÃO

Em primeiro lugar, sou migrante, vim do sul do país e estou há mais de 15 anos aqui na Amazônia, sou um pequeno agricultor e esta é toda a minha história.

Na Central Única dos Trabalhadores (CUT), nós trabalhamos com vários parceiros que são as entidades de apoio, de assessoria. Nós não trabalhamos sós, por um lado há essas entidades que são nossas parceiras, mas também, por outro lado, nós nos relacionamos com outras instituições, e como a mesa está bem democrática vou me sentir bem à vontade para falar não só de nós, mas também dar um "toque" a algumas instituições porque os projetos que elas desenvolvem se relacionam com o nosso.

Vou trabalhar em três etapas: primeiro, quero fazer algumas considerações gerais sobre respostas institucionais para o desenvolvimento da Amazônia; num segundo momento vou colocar um dos trabalhos que nós desenvolvemos: falarei da nossa organização vertical na Amazônia, que são as federações de trabalhadores na agricultura que são filiados à CUT, que é o nosso braço vertical. Falarei desse projeto e não dos outros projetos de desenvolvimento. Na terceira etapa, a nossa relação com as outras instituições e a função dessas outras instituições dentro de nosso projeto.

Antes da primeira consideração, estava meditando aí na plenária que aqui estão os índios, os trabalhadores, os pesquisadores, os pensadores para discutir o desenvolvimento, só falta uma peça fundamental, que é o pessoal da área financeira, que não veio. Essa é uma observação. Foram convidados, mas não estão presentes. Estou só fazendo uma observação.

Respostas institucionais para o desenvolvimento da Amazônia

Quando se fala em instituições, você tem dois tipos, que são essas que a Maria Angela falou: as não governamentais, mas há também aquelas financeiras governamentais. Acho que tem que se fazer essa diferença e precisamos levar em conta uma

---

1 Transcrição da fita.

questão fundamental: é que as instituições financeiras governamentais são frutos do perfil do Estado e elas estão cumprindo os conceitos de desenvolvimento do Estado. Não se pode negar nada, em absoluto, há pessoas lá dentro que não são assim, há algumas instituições que conseguem romper com isso, mas são exceções, mas aí a exceção confirma a regra. Então, estas instituições são fruto do perfil do Estado, ou seja, o perfil da elite que está hegemonizando a economia e a política no Estado e no País. Por exemplo, se os excluídos da sociedade dos quais estamos falando nessa conferência tivessem hegemonizado o poder político, certamente as instituições governamentais trabalhariam num conceito diferenciado do que é hoje o de desenvolvimento.

Quando se fala em instituições está muito ligado ao que acontece ao que vem acontecendo. Por exemplo, todos nós já constatamos nessa conferência que o modelo de intervenção na Amazônia está desgastado. Assim, não podemos esquecer que junto com o desgaste desse modelo de desenvolvimento, também estão desgastadas as instituições. Por isso se vê a EMBRAPA reformulando o seu programa, e por isso se vêem as organizações não-governamentais, as entidades de classe reformulando a sua forma de atuação. Então há um desgaste também das instituições diante desse desgaste do modelo de desenvolvimento. Quando se fala em modelo de desenvolvimento vem a indagação: De que modelo nós estamos falando? O que é desenvolvimento? O que é desenvolvimento sustentável? E aí vêm os nossos conceitos, que a gente está em processo de formulação. Diria que as instituições teriam que redirecionar a sua atuação econômica e entender sua intervenção no social. Se não houve redirecionamento, ou seja, uma inversão de prioridades, nós vamos continuar com o mesmo modelo, com os mesmos problemas econômicos e os mesmos problemas sociais.

A outra questão geral que eu quero levantar também é o problema da democracia. Aí vamos pegar democracia das informações como a primeira coisa: a democracia da informação envolve o índio, mas envolve também as nossas instituições, envolve as instituições governamentais, financeiras, de pesquisa etc... Às vezes a gente vê um Prefeito, ou então a gente vê a sociedade recomendando para o povo não participar. Você analisa a população, vê a escola como uma coisa que não é dela, mas como uma coisa que é da prefeitura, que é do Governo do Estado sendo feita uma obra a mais. Aí pergunto: ''será que nossos governantes, nossas instituições não têm uma folha principal, não estão discutindo, não estão dizendo, olha, o nosso orçamento é esse, nós gastamos tanto, mas é possível ainda fazer isso. A comunidade tem que participar construindo isso''. Acho que é esse mesmo o problema central: a democratização da informação, a democratização no planejamento; nos orçamentos e na gestão das questões. Porque senão fica aquele negócio: isto é do Governo, e aí a população se acha até no direito de quebrar a estátua na praça e uma série de coisas mais. Pra entrar no tema, eu quero até fazer uma consideração que eu fiz ontem no tema das demandas sociais. Todos nós temos falado que a Amazônia passa por mudanças, uns falam em "transição", outros falam em "redefinição" na forma de intervenção.

Todo mundo está falando que a Amazônia passa por uma modificação na intervenção da natureza. Eu acho que tenho que destacar o solo, o subsolo, a água, quando se fala em Amazônia. A natureza, a intervenção na natureza é uma questão central; e eu quero repetir o que disse no grupo ontem: ''eu não tenho uma pesquisa até porque eu sou sindicalista e sindicalista é mais ativista do que pesquisador, mas também teoriza, também pode filosofar e também consegue pensar e dizer o que acha das coisas".

Eu tenho avaliado que nessa transição há três caminhos para se percorrer. Um deles é esse projeto conservador tradicional, antigo, bruto na forma da intervenção da natureza. Aí, então, vocês estão vendo agora que estão chegando mais madeireiros na Amazônia, por exemplo, no Guajarina, aquele pessoal bem antigo. Agora, tem um outro caminho, que é esse que eu considero perigoso, que é aquele do pessoal que tem o discurso da autosustentação, o discurso ecológico, o discurso da combinação desenvolvimento econômico com a conservação do meio ambiente - e a prática diz o contrário. E tem um terceiro caminho que é o do puro, isto é, do pessoal que acredita que tem muita coisa boa acontecendo na Amazônia, têm muitas experiências ricas acontecendo na Amazônia, que é um pessoal que pensa, realmente, na possibilidade desse convívio mais harmônico entre o homem e a natureza, na intervenção pensada e planejada. Existe isso, e aí não é para assustar ninguém, mas continuo sendo um dos lutadores para que essa posição se afirme na Amazônia. Porém eu tenho minhas dúvidas se a sociedade, o povo e todo mundo irá conseguir implantar esse projeto. Porque eu também tenho visto, na prática, nas minhas andanças por aí, esse outro projeto de uma forma muito acelerada, e aí esses projetos vão se confrontar.

E aí vamos ver quem se afirma. Pra começar a falar do Projeto que nós estamos desenvolvendo, queria reafirmar o que já foi dito antes, que não existe nada acabado na Amazônia, que você pensa em desenvolvimento, do tipo de quem acha "Ah! as coisas já estão aí", eu acho que não, mas existe muita coisa que já permite que a gente comece a ter o mínimo de garantia de pensar em fazer alguma coisa. Eu sou contrário à tese de que primeiro tem que estudar pra depois começar a implantar. Acho que as duas coisas têm que ir acontecendo juntas, vai-se testando na prática, vai-se esquematizando, vai teorizando e colocando em prática; parado é que não se produz o desenvolvimento que é necessário.

Nosso Projeto

O perfil dos movimentos sociais deixou de ser apenas expressão de denúncias das irregularidades e injustiças e chega às mesas de negociação com propostas claras de alternativas.

O Projeto que nós vamos apresentar é voltado para a área rural, às áreas mais do interior porque ele está, basicamente, descentralizado. Em vez de você trazer a população para as cidades, para a capital, você garante a distribuição da população na área geográfica. O projeto é baseado na descentralização da renda, está baseado também na descentralização do poder, não do tipo "um grupinho pequeno que quer mandar em tudo". É um projeto que busca descentralizar e depois, no decorrer da discussão dele, vou colocar também como a gente vê as conseqüências.

O Projeto que nós estamos desenvolvendo em parceria com outras instituições - e aí, vale dizer - não é uma coisa assim, já toda certinha; ele já está acontecendo, mas de uma forma muito dispersa. Você pega Marabá que está desenvolvendo isso, você pega os seringueiros no Acre que estão desenvolvendo isso, você pega as comunidades indígenas que são as mais ricas da uma fundamentação dos ciclos naturais e são até mais práticas e teóricas para o que nós estamos fazendo. Você pega os caboclos ribeirinhos, você pega os migrantes. Você pega o movimento da Transamazônica. Existem muitas coisas acontecendo. Você pega as cooperativas e tem também muita coisa lá. Então a nossa grande tarefa é nessa diversidade tentar juntar todos esses setores, que são o movimento popular, o movimento sindical, os indígenas, os seringueiros, os movimentos diversos, as entidades de apoio, os pensadores. Tentamos juntar tudo isso que está acontecendo e desenvolver um projeto que nós estamos chamando de *Projeto de Afirmação de Agricultura Familiar na Amazônia*, como principal sujeito produtivo, sujeito econômico e social pra área rural.

Considerando que esse processo está em curso, não é uma coisa já acabada, consideramos que há uma complexidade muito grande. Nós, sim, achamos que já há algumas diretrizes que nos dariam garantia para começar a ter como projeto básico para ser apostado, pra valer. Ele estaria baseado principalmente, na agro-florestal, o que nós estávamos chamando Projeto Agro-Ambiental Agro-Extrativista, Agro-Pastoril. Essa junção quando a gente, numa mesma área, passa a desenvolver, ou seja, produzir os produtos de subsistência, a gente passa a produzir produtos de valor econômico e ecológico, florestal, medicinal, onde a gente pode em uma área de pastagem desenvolver o sombreamento e o enriquecimento dessa pastagem, garantindo um novo sistema de produção - essa é a base principal do nosso projeto.

Uma outra coisa que fundamenta a base do nosso projeto, é que ele deve ser cooperativado. O Município tem que ter sua cooperativa, mas do ponto de vista regional, das grandes regiões dos Estados, tem que ter também um consórcio de cooperativas onde possam pegar mais forte. Vou dar um exemplo: uma cooperativa num município não pode comprar um trator de esteira para abrir estrada ou para fazer uma destoca leve na pastagem para introduzir mecanização. Porque a pastagem na Amazônia está entrando em decadência, todo mundo sabe disso, e o pessoal da EMBRAPA tem estudado isso. Mas se tiver um consórcio de cinco ou seis municípios, é possível comprar um trator. Uma cooperativa em um município pode comprar maquinarias ou implementos. Outra coisa, também, que nós achamos que ajuda esse consórcio quando você pensa em infra-estrutura, você pensa no armazenamento, você pensa em comercialização, em industralização etc.

E aí eu acho que nós vamos entrar em conflito. Com toda a sinceridade, eu acho que a tendência é que a agro-indústria seja implantada na Amazônia. E aí tem que fazer uma diferença muito grande da micro-indústria cooperativada, que é o que nós defendemos, e da agro-indústria. Para quem der uma visitada em Santa Catarina, no Rio Grande do Sul, no Paraná, vai ver que a agro-indústria é uma empresa que explora, de uma forma mais moderna, a maior parte dos trabalhadores, e o grande lucro fica com a empresa, e isso aí não é distribuir renda, senão uma forma de modernizar a exploração. Nós achamos que nós temos de pensar essa economia familiar do ponto de vista também não só de melhorar a nossa intervenção, a nossa produção, a nossa produtividade em consonância ao desenvolvimento econômico e ambiental, mas também nós pensamos nesse nosso projeto a questão da industrialização. Eu pergunto pra vocês: por que é a Sadia que tem que fornecer os produtos aqui pra nós? Por que uma cooperativa de pequenos produtores que tem um produto de boa qualidade, que tem o seu rótulo, que tem a sua marca não pode fornecer para supermercado? Por que não se pode criar cooperativas de consumo na cidade? Tem que ser a agro-indústria pesada? Inclusive se a gente pegar a qualidade desses produtos, nós conhecemos isso, a qualidade desses produtos não chega perto desses produtos apresentados, nem do ponto de vista da qualidade, nem do ponto de vista de distribuição de renda. E aí vem um conflito, porque aquela agro-indústria talvez até seja mais mesclada de uma ecologia, ou de um ecologismo - na prática não vai ser isso. Daqui a um tempo nós vamos continuar com o povo na Amazônia passando fome, com a gente continuando na miséria.

Nós achamos que esse projeto de economia familiar deve também ter uma resposta social, não basta só pensar o econômico. Por exemplo, nós estamos discutindo e revendo a forma de moradia. Por que a juventude vem para a cidade? Por que muita gente não quer mais ficar no interior? Além do problema do abandono, que todo mundo sabe, tem esses problemas de local do lazer, de energia elétrica etc. Quem não gosta de ter uma geladeira, por exemplo, pra conservar os produtos? Aí a dispersão da moradia é tão grande que fica difícil ter energia elétrica. Então se a gente repensar de novo a moradia, talvez uma nova forma de agrupamento, que é uma coisa que está em estudo e a gente está discutindo.

Por exemplo, a saúde: não dá mais para um doente adoecer lá no interior e ele vem para o hospital mais próximo, mas quando chega, não tem nenhum especialista. Tem que ter hospitais regionais com serviços especializados; aí, não precisa vir todo mundo pra Belém. Tem que qualificar os trabalhadores na saúde porque há uma desqualificação muito grande. Com a educação é a mesma coisa. A educação no interior não tem outra saída, tem que qualificar aqueles trabalhadores que estão lá, porque as pessoas daqui não querem ir pra lá. É difícil ir pra lá. É outro mundo. Então, as pessoas têm que ser qualificadas para dar resposta para essa situação. E precisa pensar no lazer também. Por que a população do interior não pode repensar sua forma de lazer? Hoje é só futebol, e aí as mulheres ficam fora. Então é preciso repensar, tem alguns lugares que o pessoal tá implementando o futebol feminino, acho um avanço, pelo menos uma forma de participação.

A infra-estrutura é outro exemplo. A região Norte e a Amazônia é uma das regiões mais carentes do ponto de vista da infra-estrutura, por exemplo, estradas, energia elétrica, e nós estamos fornecendo energia para o Brasil e a nossa carência é muito grande. Com respeito às prioridades regionais, tenho o exemplo do Oeste paraense, comprovadamente possuidor do maior potencial agrícola do Estado de Pará, onde se situam as grandes extensões da várzea: não há estradas, energia e políticas que impulsionem o desenvolvimento a partir da utilização dos recursos locais.

Estou falando muito pincelado desse projeto. Teríamos que ter um tempo só para discutir esse projeto que está em curso, que a gente está implementando. Se conseguirmos implementar esse projeto, vamos conseguir resolver alguns problemas; um dos primeiros é o problema de inchaço das cidades que tem como conseqüência a violência, tem muito a ver com isso a violência urbana, a prostituição. Essa degradação social tem muito a ver com a vinda das pessoas para a cidade.

Nós vamos resolver o problema da distribuição de renda. Essa questão da fome muita gente diz que esse problema da fome não está dando em nada e tem muito demagogo aí, empresários que roubam os trabalhadores de dia, e de noite vão ajudar na coleta, vão para a reunião. Eu concordo com tudo isso. Agora, não estou preocupado com esses caras, não. Eu estou preocupado e estou contente porque, primeiro, a questão da fome conseguiu desnudar nosso país. A população não sabia que havia 32 milhões de pessoas passando fome. Outra questão é desenvolver uma solidariedade humana. Se nós ficarmos só na distribuição de alimentos, aí nós vamos cometer um erro profundo, porque isso não resolve o problema. Se nós conseguirmos implementar um projeto de reforma agrária, onde nós possamos segurar o homem, a mulher e o jovem lá na terra, onde possamos distribuir renda para essa população, onde passamos aumentar o salário, aumentar os empregos - esses são os problemas estruturais que causam a fome, e são esses problemas que nós temos que resolver. Se nós conseguirmos resolver isso, nós estamos resolvendo o problema da fome, porque nós estamos, por um lado, produzindo mais alimentos e por outro lado, integrando as pessoas, o cidadão, num projeto econômico, na profissão.

Quando se trata da cidadania, tento trabalhar duas coisas: uma é a educação, e eu acho que é básica, mas se você não integrar essa pessoa na produção, eu acho que ela não vai se afirmar como cidadão. Uma pessoa pode ter recebido alfabetização, mas se não tem onde morar, não tem emprego, não tem nada, ela volta a ser uma pessoa desintegrada da sociedade. Então, acho que nós vamos resolver problemas estruturais se a gente resolver isso.

Nossa relação com as outras instituições

Vou colocar pra vocês, já entrando na terceira etapa, como esse projeto está em andamento e como tem sido o comportamento das instituições no andamento desse projeto. Vou trazer dados reais, vividos, para vocês acompanharem.

Vamos pegar a questão do crédito agrícola. O crédito agrícola, acho que vocês têm acompanhado a questão do Fundo Constitucional de Financiamento do Norte (FNO). O Banco de Amazônia (BASA) tem em média 120 milhões de dólares por ano para o FNO. Nós, depois de todas aquelas brigas do “Grito do Campo”, do “Grito da Amazônia”, nós conseguimos negociar um programa especial para os pequenos produtores, que atingiu ano passado só 3% do valor do montante, e esse ano acho que a gente chega a 5% desse montante.

A Superintendência de Desenvolvimento da Amazônia (SUDAM) tem dois programas: um que é o Fundo de Investimento da Amazônia (FINAM) que é só para grandes empresas, grandes empreendimentos que têm um valor para 1993 de US$ 387.174.000,00. É isso para os grandes projetos, para os grandes investimentos. O programa de Integração Nacional - Pró-Terra (PINPROTER) que nós negociamos também no "Grito da Amazônia", que é para as prefeituras fazerem estradas e para as cooperativas é de apenas US$ 2.534.000,00. Tem US$ 387.174.000,00 para uma turma de grandes e apenas dois milhões e poucos dólares para outra turma, os pequenos. E aí, como é que você faz desenvolvimento democrático? Como é que se implementa cidadania com um tratamento diferenciado desse? E isso não é o mais grave. O mais grave é que o dinheiro do FNO é um crédito que vem do Orçamento da União, é um dinheiro público. Agora esse dinheiro do FINAM é do Imposto de Renda que todos vocês ajudam a pagar, e para nossa infelicidade fiquei sabendo ontem que havia um lançamento do FNO Especial na região Bragantina, Capanema, Bragança e Capitão Poço. Vocês sabem quem foi para o lançamento do FNO Especial, que é um fundo público? O Dr. Anivaldo, presidente do BASA, correto! mas ele levou um senhor chamado Jarbas Passarinho e mais uns quatro deputados. Então veja a mentalidade de nossa elite: um fundo público que é prioridade dos trabalhadores que só ganham 3% ou 5%, e na hora de fazer o lançamento chama o Jarbas Passarinho que certamente, eu não tenho mais dúvida, o Anivaldo só pode ser candidato e o Jarbas Passarinho também. Mas os nossos governantes, a nossa elite que manda no Banco da Amazônia, têm esse tipo de comportamento...

Tem uma outra questão que estamos enfrentando, também ligada ao Banco da Amazônia com esses fundos públicos; nós queremos moralizar esse crédito, é porque é uma linha de crédito proposta por nós e conseguimos com muita briga implementar 70% do que nós pensamos. Está lá nesse programa especial o Banco da Amazônia: primeiro ele tentou prender, para que ninguém pegasse o dinheiro, para ele ficar gerenciando o dinheiro. Quando nós chegamos, eles mudaram a política. Eles estão correndo para os municípios, chamando todas as pessoas desorganizadas, distribuindo dinheiro para que o pessoal organizado não receba. Acho que por trás disso está a desmoralização do crédito. É a prática para contribuir para a retirada do FNO na revisão constitucional, que já tem um *lobby* muito grande a nível nacional. Isso é uma irresponsabilidade muito grande, falando em instituição financeira. Se nós queremos implementar esse programa da economia familiar, eu acho que o Banco da Amazônia, a SUDAM, o Banco do Brasil..., é, nós temos que criar um projeto que seja assumido, que seja uma coisa pública. Então, se houver alguém que mereça programa especial não são os grandes, mas os pequenos; nós temos que ser o sujeito principal, o que hoje é o inverso.

Vou falar de assistência técnica. Primeiro, está desestruturada vergonhosamente. A EMATER está desestruturada. Se o pessoal da EMATER não fizer uma reciclagem, porque eles estão tão acostumados com aquele modelo tradicional de intervenção na agricultura que, se não for feita uma reciclagem, eles não respondem pelo projeto que nós queremos. Por isso, eles têm que fazer uma reciclagem porque estão defasados.

Outra coisa é que se criou uma cultura na assistência técnica e ela não dá acompanhamento no projeto como um todo. Ela dá um laudo, não vai nem na propriedade. Tem que mudar a forma de trabalhar e ainda tem uma cultura de não trabalhar com o trabalhador organizado - o que é um grande erro. Já vi técnicos da EMATER quase chorando, decepcionados, porque eles procuram pegar o quanto mais desorganizado, melhor. Quanto mais desorganizada estiver a sociedade, mais difícil de trabalhar, então tem que mudar essa cultura.

Na pesquisa, acho que está havendo um avanço, mas para esse projeto que queremos desenvolver, que estamos implementando, teria que ser priorizado pela pesquisa esse projeto da economia familiar, e aí tem muita coisa para pesquisar: por exemplo, esses consórcios que estamos implementando, essa diversidade de plantações na mesma área, o que é que tem viabilidade técnica, econômica, do ponto de vista de biodiversidade, o que se adapta melhor.

Outro exemplo, onde tem mercado para nossa produção? Todos sabem que a Amazônia é rica do ponto de vista medicinal, etc. Esses estudos devem se voltar para a questão desse projeto de economia familiar. Eu acho que temos um problema recíproco, tanto da parte dos trabalhadores como dos órgãos de pesquisa: primeiro tenho acompanhado esses grupos econômicos mais fortes; eles têm dado as regras do jogo para a pesquisa, mas, principalmente, para esses órgãos governamentais. Eles se adiantam e chegam lá dizendo, precisamos dessa pesquisa.

Dois erros: primeiro, ela serve para fazer aquela pesquisa e fornecer a esses grupos e a esse modelo de desenvolvimento, ou então às vezes serve para se fazer uma tese de doutorado ou de mestrado, e sair fazendo palestras e depois aquilo ser engavetado. Erro nosso é não ter ido dizer o que nós queremos, e erro também de quem está com essa prática. Assim não conseguiremos implantar o novo projeto de desenvolvimento na Amazônia.

Tenho dito que na pesquisa temos que trabalhar uma nova idéia. Às vezes a gente se ilude de que está democratizando a questão de pesquisa, e está cometendo um erro: vocês nos chamam para uma reunião, fazemos um debate e só. Isso não é democratizar. Democratizar a questão da pesquisa tem dois caminhos: um deles é a pesquisa assumir isso que nós estamos querendo, então desenvolver a pesquisa e dar o retorno. Esse retorno vai ter uma execução prática, até para observar se estava correto. Tem muita coisa boa que está na gaveta. Os pesquisadores vão ter que sair e nos "chacoalhar": "Vocês não vão fazer isso?" E a gente vai colocar em prática para saber se tem razão ou não. Se nós não fizermos isso, a pesquisa vai ficar engavetada e a gente com uma carência enorme a que a pesquisa não estará respondendo.

Outro órgão que tem algumas coisas que não dá pra entender, é o Instituto Brasileiro do Meio Ambiente (IBAMA). De vez em quando faz uma briga com o pequeno produtor e toma a espingarda dele, mas as grandes questões o IBAMA não está atacando. Ou ele ataca as grandes questões na Amazônia, ou então podemos pedir pra eles irem embora, junto com o Ministério que foi criado agora. Depois que mataram os índios, criou-se um Ministério para mostrar ao Primeiro Mundo que o

Brasil está preocupado com a questão indígena. O apoio internacional para as experiências alternativas só será válido e conseqüente, se for visto como complemento ao investimento público dos governos municipal, estadual e federal, e se a participação do governo no desenvolvimento se traduzir em políticas públicas que revertam a lógica excludente vigente até hoje.

Sobre a ELETRONORTE, acho que está chegando o momento em que ela tem que se definir. Para a Amazônia não é preciso mais construir hidrelétricas, já está comprovado isso. Entreguei um trabalho para a conferência feito pelo pessoal da Universidade de São Paulo (USP) que está comprovando que não precisa mais barragem aqui, a não ser que, como discutíamos aqui, que fazemos parte do Brasil e o Brasil precisa de barragens. Ela não está trazendo energia: a energia tem servido para as grandes empresas e não está atendendo a população. Ainda precisa da ELETRONORTE? Não tinha que mudar a filosofia da ELETRONORTE?

O trabalho que citei, a pesquisa aponta o seguinte: para construir o linhão com rebaixamento Tucuruí-Altamira-Itaituba-Santarém tem um gasto de 130 a 160 milhões de dólares. Só de subsídios que a ALUMAR e a ALBRÁS recebem num ano dá 160 milhões de dólares. Então, não se constrói um linhão para favorecer a população, porque não querem. Se for suspenso o contrato que vai até 2004, um ano de subsídios já daria para construir o linhão. Se pegar 70% do óleo diesel que é utilizado nas termoelétricas, por que não tem energia que é subsidiada pelo Governo Federal? Dois anos de suspensão disso dá para pagar a construção do linhão.

Falo brevemente também das siglas SUDAM e SUDENE (Superintendência de Desenvolvimento do Nordeste), os projetos que elas financiam tem isenção do imposto, quer dizer, de incentivos fiscais de 430 milhões de dólares por ano. O dinheiro está sendo mal aplicado, mal distribuído. Temos uma elite econômica com fortes traços oligárquicos e uma elite aventureira que entrou na Amazônia atraída pelos incentivos fiscais e financiamentos através da SUDAM, que atingiram cerca de 2 bilhões de dólares, no período de 1975 a 1985. Porém, aqui próximo, em Cametá, não se tem energia, e nós somos ricos lá, do ponto de vista da água. Outra questão que não foi muito bem estudada na Amazônia, é a questão do peixe. Tem algumas experiências boas em Tomé-Açu.

Assim há muita coisa para ser explorada ainda, não dá para ficarmos morando aqui, fornecendo para o Brasil e para o mundo, e a gente servir só para fornecer todas as nossas riquezas naturais para fora, e a população cada vez mais pobre. Se continuar, pode dar margem, no futuro, para brigas separatistas. Não podemos continuar assim.

Então, tem jeito, tem caminho; sou bastante otimista. Acho que dá para começarmos a sonhar, e esse sonho pode tornar-se realidade. E esse projeto da economia familiar deve ser uma bandeira, não dos trabalhadores rurais, mas de toda a sociedade brasileira, porque é ela que tem que resolver os problemas estruturais que vem enfrentando.

Eu queria pedir desculpa pelo tempo.

UM ARCO DE ALIANÇAS

José Adalberto Silva

Em primeiro lugar quero agradecer à mesa pela oportunidade que me deram e também agradecer a todos os presentes pela atenção.

Vou ser breve: acredito que todos nós sabemos a situação dos povos indígenas na Amazônia. Não só na Amazônia mas em todo o Brasil.

Os povos indígenas da Amazônia vêm sofrendo, nos últimos anos, o descaso dos órgão governamentais, principalmente após 1991, quando o então presidente Collor, esvaziou o papel da FUNAI para distribuir a responsabilidade da questão indígena entre os diversos Ministérios. Este ato político repercute, negativamente, na realidade das comunidades indígenas, tomando mesmo dimensões graves, especialmente no tocante à situação da saúde.

A FUNAI - Fundação Nacional do Índio, esvaziada, pelo poder político, de recursos para atender minimamente as necessidades básicas das aldeias, nem sequer conseguiu agir no único campo de atuação que ainda lhe cabia, a saber, a remarcação dos territórios indígenas.

As invasões dos territórios indígenas deram-se de modo sistemático e ocorreram, principalmente, por madeireiros e garimpeiros. A situação de invasão por madeireiros em Rondônia, por exemplo, é gravíssima. Numa recente pesquisa, foram identificadas mais de 350 madeireiras clandestinas, sendo que muitas delas atuam em áreas indígenas. Na área indígena dos Cinta-larga, por exemplo, foram abertos por empresas madeireiras ilegais, aproximadamente, 1.500 km de estradas para o corte e escoamento da madeira. Os principais focos de extração de madeira no Brasil encontram-se justamente em áreas indígenas da região do alto Solimões - AM (área indígena do Vale do Javari), do sul do Pará (área Kaiapó) e no estado de Rondônia (áreas Cinta-larga, Suruí, Uru-eu-wau-wau etc).

São utilizados novos meios para poder garantir a atuação das madeireiras nas áreas indígenas, através de atravessadores, de contratos com a própria FUNAI, ou, mesmo ainda, através de alianças com algumas lideranças indígenas.

Em relação às invasões provocadas por garimpeiros, estas tendem a aumentar, e mesmo na situação catastrófica em que se encontram os poderes públicos, o país não pode estar alheio a esta situação.

De fato, muitos trabalhadores rurais, que já tiveram que fugir para a cidade na esperança de melhores condições de vida, encontrando-se desempregados, vislumbram no garimpo a última alternativa para tentar a sorte. A política do governo de "fechar os olhos e deixar fazer" e a impunidade que circunda o país são motivos suplementares para incitar os garimpeiros a invadirem as áreas indígenas para a extração do minério.

O garimpo, além de ser uma verdadeira "fábrica de doenças", é, efetivamente, a principal fonte de conflitos e de atos de violência para com os povos indígenas.

As áreas onde predominam a exploração por garimpeiros localizam-se no estado de Roraima (áreas Airasol e Yanomami) nos territórios indígenas e nos parques nacionais do alto e médio rio Negro (AM), nos estados de Rondônia e Mato Grosso e no sul do Pará.

Essas constantes invasões de madeireiras, do garimpo e ainda outras, como no caso dos fazendeiros ou dos projetos governamentais (hidrelétricas, estradas, projetos militares etc...) têm uma conseqüência nefasta para os povos indígenas, e se tornam uma séria ameaça para a sua sobrevivência étnica além de provocar graves interferências no meio ambiente amazônico, desmatando a floresta, poluindo os rios e igarapés e acabando com a fauna e a flora.

Estas constantes invasões trazem doenças, mortes interferências na vida das comunidades, e provocam divisões nas mesmas. Os patrões, atravessadores ou comerciantes procuram favorecer algumas lideranças, em detrimento de outras para melhor poder "reinar" e extrair tranqüilamente os recursos naturais das áreas indígenas. Neste mesmo sentido, nunca houve de modo tão organizado e orquestrado, uma mobilização contrária à demarcação dos territórios indígenas, promovida pelas oligarquias e poderes regionais na Amazônia, com o respaldo de numerosos parlamentares, prefeitos e vereadores a serviço de interesses econômicos escusos.

Vimos, pela primeira vez, verdadeiras caravanas de parlamentares dos Estados do Norte - principalmente do Amazonas e Roraima dirigindo-se a Brasília, para iniciar um amplo trabalho de *lobby* no Congresso Nacional e nos Ministérios, no intuito de retardar ou bloquear o processo demarcatório de numerosas áreas indígenas.

Se as áreas indígenas perfazem uma superfície total aproximada a 10% do território nacional, vale lembrar que 48,5% do país pertence aos latifúndios e que grande parte destas terras são improdutivas.

É também inconsistente a última alegação. Os povos indígenas, na Amazônia, lutam pela auto-determinação no sentido de serem reconhecidos dentro de seu próprio território e podendo manifestar todos os aspectos de sua cultura. Se reconhecem como membros de suas tribos, mas também como cidadãos brasileiros e como tal, os povos indígenas têm um papel preponderante no controle e na gestão e são os primeiros a promover a garantia da soberania nacional e não as empresas que exploram, clandestinamente, grande parte dos recursos naturais extraídos da Amazônia.

Frente a essas questões, que são graves e polêmicas, e diante da revisão, que ora se processa, do Estatuto do Índio, creio que, em se mantendo as atuais disposições constitucionais e em se garantindo os direitos originários dos índios, ainda assim vamos ter muitas dificuldades para efetivar os direitos indígenas, para declarar e demarcar fisicamente as áreas indígenas, e, principalmente, para exigir que a demarcação seja cumprida.

É hora também de se buscar um consenso na sociedade com relação aos direitos humanos, não só das minorias e dos índios.

Gostaria de finalizar afirmando que nós estamos na luta pelos nossos direitos. Nós teremos que reconstituir um arco. Não só reconstituir, mas ampliar o arco de alianças.

A POSSE AGRÁRIA ALTERNATIVA E A RESERVA EXTRATIVISTA NA AMAZÔNIA

José Heder Benatti

O objetivo desse *paper*, é discutir alguns aspectos da posse agrária na Amazônia brasileira, a partir do conceito de apossamento extrativista desenvolvido pelos seringueiros.

Tal enfoque busca dar conseqüência teórica ao trabalho de assessoria jurídica prestado junto às comunidades rurais e ao Conselho Nacional dos Seringueiros, no qual a luta pela garantia da posse da terra, compõe-se com a criação de concepções jurídicas alternativas àquelas presentes no ordenamento estatal.

Este tema foi desenvolvido com mais detalhes na monografia jurídica intitulada "O Pluralismo Jurídico e as Posses Agrárias na Amazônia", escrita em co-autoria com Antonio Gomes M. Maués. Na realidade, esse *paper* — é uma parte desta monografia, no qual acrescentamos a análise sobre as unidades de conservação na Constituição Federal.

A posse agrária alternativa

No Brasil as fissuras entre ordenamento estatal e a sociedade são marcantes. As insuficiências do processo de democratização e a continuada crise do modelo de desenvolvimento, o modo autoritário que ainda rege as relações do Estado com as classes populares, a ineficácia do Poder Judiciário, entre vários outros fatores, acentuam a importância de localizar os conflitos continuamente renovados entre o direito estatal e extra-estatal.

Dentro deste contexto, afirmamos que não existe somente a norma estatal. Não é dado ao Estado, unicamente, o poder de criar e sancionar normas, mas sim, que as normas estatais representam apenas um componente do processo global da sociedade. Portanto, o Direito é composto por uma pluralidade de ordenamentos jurídicos numa relação dialética de dominação e libertação, e dentre elas destacamos a posse dos seringueiros que denominamos de posse agrária alternativa.

A nível jurídico, esses conflitos foram processados pela diversidade de concepções sobre o apossamento da terra na Amazônia e a visão do sistema estatal. Neste aspecto, afirma Luiz Edson Fachin que "essa atuação uniformizadora do Estado busca reduzir a conceitos únicos as ocupações de terra, sobressaindo-se desse aparato legal uma concepção unitária do fenômeno da posse, o que é francamente incompatível com a diversidade brasileira, de um modo geral, e com a diversidade da Amazônia de um modo especial."

Portanto, o acirramento dos conflitos de terra na Amazônia, a partir da ditadura militar, teve, como um dos seus fatores, o etnocentrismo jurídico - a idéia de considerar a "cultura jurídica" do Governo Federal como a medida de todas as demais - que, conseqüentemente, trouxe sérios conflitos entre o direito estatal e o extra-estatal.

Apresentaremos as características gerais da posse agrária alternativa, e descreveremos a posse dos seringueiros como exemplo típico de apossamento encontrado na Amazônia, demonstrando a relação entre o conflito dessa modalidade com o direito estatal, caracterizando assim a situação de pluralismo jurídico.

Aspectos Gerais da Posse Agrária Alternativa

Entre outros aspectos, a diversidade na Amazônia significa heterogeneidade ecológica entre as áreas, o que leva a formas de interação flexível entre o homem e o seu meio ambiente. Logo, nesse apossamento a predominância de plantações, extração, caça e pesca, a produção para o mercado ou de subsistência, assim como o grau "coletivização" no processo de trabalho, depende das características eco-culturais e sócio-econômicas de cada área. Neste contexto, "ter" posse é interagir com o meio, e não impor outro ecossistema.

É interessante notar, que a terra para esse segmento de campesinato não tem um caráter mercantil, não se constitui um objeto de troca; assim como não é vista como um bem sujeito a apropriação individual, mas somente na forma familiar conjugada com a coletiva.

Essa forma coletiva de apropriação dos recursos, e a presença de práticas de trabalho com base no agro-extrativismo, são características da posse agrária alternativa.

Dentro desta realidade existem duas modalidades de apossamentos: da comunidade (que é de uso coletivo, no qual se manifesta o sistema de uso comum da terra), e o de apropriação familiar (que pode ser entendido como "privado").

O sistema de uso comum na estrutura agrária brasileira sempre foi marginalizado, tanto é que não temos um conceito de áreas de uso comum juridicamente consolidado.

A dificuldade em definir áreas de uso comum, também conhecidas como terras comuns, está no fato de que o controle dos recursos básicos não é exercido livre e individualmente por uma família ou um grupo doméstico de camponeses, e as normas que regulam essa relação social vão além das normas jurídicas codificadas pelo Estado.

A noção de área de uso comum é "um bem não sujeito à apropriação individual em caráter permanente. Nestes espaços combinam-se as noções de propriedade privada e de apossamento de uso comum, onde se encontra um grau de solidariedade e coesão social, formadas a partir de normas de caráter consensuais que garantem a manutenção destes espaços".

Logo, "terra comum" são: os rios, lagos, varadouros (caminhos reais), praias, barrancos e matas administradas pelo conjunto de moradores da Reserva, onde se desenvolve o usufruto coletivo.

Já a posse agrária alternativa é fisicamente a somatória dos espaços familiares e as áreas de uso comum da terra.

A posse agrária alternativa se materializa, enquanto espaço ecológico e social, distintos e interligados, em três conjuntos: casa, roça e mata.

Casa: entendemos como casa o espaço físico familiar que é utilizado como moradia, onde se realizam as atividades domésticas, incluindo seus prolongamentos, que são o terreiro, a horta e o sítio (local onde se desenvolvem as culturas permanentes).

Roça: é o espaço físico familiar onde se desenvolvem as atividades produtivas agrícolas, que na maioria das vezes são de subsistência, que se distinguem da produção extrativista.

Mata: espaço físico onde se encontram as árvores silvestres, floresta, a fauna, e se desenvolvem as atividades extrativistas.

A Posse dos Seringueiros

Para esse segmento de camponês extrativista a floresta é um recurso produtivo e um bem econômico, vista como a grande alidada.

A posse agrária alternativa dos seringueiros é a área que ocupam para a exploração do látex e para sua sobrevivência. Denominando-a de colocação, podemos dizer que "é uma unidade de produção diversificada na qual se combinam atividades agrícolas, extrativistas, coletoras, com caça, pesca, criação de animais domésticos configurando um espaço cuja lógica não pode ser traduzida em linhas delimitadas rigidamente."

Uma área de exploração de seringa é composta por várias colocações familiares e estradas de seringa, que se configura como sendo um seringal ou uma comunidade.

Colocação familiar é uma pequena clareira na mata, tendo no centro a casa do camponês. Ao seu redor fica um terreiro com algumas árvores frutíferas e animais domésticos; também pode haver um pequeno pasto para algumas cabeças de gado. Normalmente, a roça se encontra nas proximidades da casa.

Como a produção de látex é extraída da árvore de seringa, que se encontra dispersa na floresta, a estrada de seringa tem uma configuração bem típica, tendo um formato circular, de tal modo que o seringueiro sempre volta ao seu ponto de partida. Geralmente o início da estrada é próximo de sua colocação e cada colocação tem em média três estradas de seringas.

Reserva Extrativista: a reforma agrária dos seringueiros

Agora pretendemos realçar os aspectos políticos presentes na proposta das reservas extrativistas, que são inovadoras, por valorizar o apossamento de terra dos seringueiros e questionar o aspecto anti-ecológico da ocupação oficial na Amazônia.

Desse modo, as reservas extrativistas devem ser entendidas como parte da luta pela reforma agrária na região Amazônica, proposta específica de solução dos conflitos de terra, no contexto dos seringais do vale do rio Acre; isto é, na contraposição dos seringueiros ao sistema de barracão e às novas formas de ocupação que conduziam à derrubada da mata.

Assim, a luta pela terra na região implicava, ao lado da luta pela desapropriação do seringal e do reconhecimento da posse sobre as colocações, a defesa da floresta de seringais-castanhais, fonte do extrativismo. Nesta articulação, a concepção de posse agrária alternativa, que vai sendo formulada, resulta no uso sustentável da floresta.

Tal concepção é bem nítida nas definições de reserva extrativista, concebidas como áreas nas quais se desenvolve, ou apresentam potencial para isso, um extrativismo de coleta não predatória e sustentável, ou seja, cuja exploração não leva ao esgotamento os recursos naturais.

Além disso, a proposta de reserva extrativista supõe:

a) A regularização de áreas de extrativismo sustentável através da concessão de uso da terra, do poder público para as populações locais, que tenham tradição de exploração racional dos recursos florestais e estejam organizadas em associações ou cooperativas;
b) Atendimento às populações que já vivem em áreas de extrativismo sustentável e àquelas que as abandonaram, mas que para lá queiram voltar;
c) Conservação do meio ambiente e desenvolvimento da pesquisa científica, que vise ao aumento da produtividade e a melhoria das condições de vida das populações amazônicas em geral.

Neste conjunto de proposições, estão realçadas as diferenças com os padrões do direito estatal brasileiro, inclusive questionando o modelo tradicional de assentamento em lotes agrícolas padronizados, sem consideração da especificidade e diversidade do meio natural amazônico, e propondo a utilização coletiva da terra.

Realça, ainda, a junção entre a questão fundiária e a questão agro-ecológica, propondo novos critérios no apossamento da terra, centrados no uso sustentável dos recursos naturais. Assim, no último Encontro Nacional dos Seringueiros, a proposta da reserva extrativista é ampliada, significando "a regularização de áreas ocupadas por trabalhadores rurais que praticam agro-silvicultura, através de processos produtivos não predatórios aos recursos naturais; onde se pratica o manejo florestal; e onde se busca aliar auto-sustentabilidade econômica com auto-sustentabilidade ecológica; constituindo uma proposta de reforma agrária para áreas agro-extrativistas".

Para nós, a principal característica das reservas é o resgate da importância do homem, numa nova perspectiva de se ocupar o espaço amazônico, em inter-relação com a conservação do meio ambiente, no qual são levados em consideração os aspectos sociais, culturais, econômicos e ecológicos.

Por ser uma proposta que surgiu da base, das reivindicações dos trabalhadores rurais, ela leva em consideração a diversidade de formas de ocupações na Amazônia (índios, ribeirinhos, seringueiros, trabalhadores agro-extrativistas, remanescentes de quilombos, etc.). Na reserva extrativista se tem uma nova leitura do que é morada habitual, cultura efetiva, produtividade, módulo rural e benfeitoria.

Hoje, na Amazônia, as reservas extrativistas apresentam-se como o espaço que grupos de trabalhadores rurais podem construir ou reconstruir as suas relações sócio-econômicas com o respectivo meio ambiente.

A Reserva Extrativista dentro do contexto legal

A Constituição Brasileira, no seu artigo 225, diz que "todos têm direito ao meio ambiente ecologicamente equilibrado, bem de uso comum do povo e essencial à sadia qualidade de vida, impondo-se ao Poder Público e à coletividade o dever de defendê-lo e preservá-lo às presentes e futuras gerações".

Um dos instrumentos legais que a administração pública possui para defender, proteger e preservar o bem público é através da criação dos *espaços protegidos*, pois "todos têm direito ao meio ambiente ecologicamente equilibrado".

Espaço protegido é "todo local, definido ou não seus limites, em que a lei assegura especial proteção. Ele é criado por atos normativos ou administrativos que possibilitem à administração pública a proteção especial de certos bens, restringindo ou limitando sua possibilidade de uso ou transferência, pelas suas qualidades inerentes".

A criação desses espaços protegidos é fundamental para assegurar a eficácia do mandamento constitucional e garantir o equilíbrio ecológico.

Quando a administração pública cria uma Floresta Nacional, Estação Ecológica ou uma Reserva Extrativista, ela está criando uma *unidade de conservação*. Cada unidade tem uma finalidade própria, a fim de proteger e preservar a espécie vegetal ou animal, ou mesmo, por qualquer outro motivo previsto em lei. Logo, unidade de conservação é uma especialização do espaço protegido, possuindo suas regras próprias de uso e manejo e com definição legal de sua criação.

No parágrafo 4º do art. 225 da Constituição Federal estão dispostos alguns dos bens ambientais protegidos constitucionalmente, denominados de patrimônio nacional: Floresta Amazônica, Mata Atlântica e a Serra do Mar. Por receberem essa definição, sua utilização far-se-á, na forma da lei, dentro de condições que assegurem a preservação do meio ambiente, inclusive quanto ao uso dos recursos naturais.

Atualmente no Brasil temos as seguintes unidades de conservação previstas em lei: Área Especial de Interesse Turístico, Árvore Imune de Corte, Área de Interesse e Proteção Especial (Urbana), Áreas de Proteção Ambiental (APA), Área de Relevante Interesse Ecológico, Cavidades Naturais, Estação Ecológica, Floresta Nacional, Estadual ou Municipal, Florestas Protetoras e Remanescentes (reservas florestais), Jardim Botânico e Horto Florestal, Jardim Zoológico, Parques Nacionais, Estaduais e Municipais, Patrimônio Arqueológico, Parelograma de Cobertura Florestal, Parque de Caça, Reserva Biológica, Reserva Ecológica, Reserva Extrativista, Reserva Particular de Patrimônio Natural, Reserva da Biosfera, Terras Indígenas, Tombamento de Bens Culturais e Naturais.

A Lei Federal 6.938 de 31 de agosto de 1981, dispõe sobre a Política Nacional do Meio Ambiente, seus fins e mecanismos de formulação e aplicação, que entre estes instrumentos destacamos a Reserva Extrativista (RESEX), contida no seu artigo 9º, inciso VI.

A lei 6.938/81 está fundamentada nos incisos VI e VII do artigo 23 e no artigo 235 da Constituição Federal, sendo alterada pela Lei 7.804 de 18 de julho de 1989 e regulamentada pelo Decreto 99.274 de 06 de junho de 1990

Descrição do Art. 9º, VI da Lei Federal nº 6.938/81:

Art. 9º- São instrumentos da Política Nacional do Meio Ambiente:

I - o estabelecimento de padrões da qualidade ambiental;
II - o zoneamento ambiental;
III - a avaliação de impactos ambientais;
IV - o licenciamento e revisão de atividades efetiva ou potencialmente poluidora;
V - os incentivos à produção e instalação de equipamentos e à criação ou absorção de tecnologia, voltados para a melhoria da qualidade ambiental;
VI - a criação de espaços territoriais especialmente protegidos pelo Poder Público Federal, Estadual e Municipal, tais como Áreas de Proteção Ambiental, de Relevante Interesse Ecológico e *Reservas Extrativistas*;
VII - o Sistema Nacional de Informações sobre o Meio Ambiente;
VIII - o Cadastro Técnico Federal de Atividades e Instrumentos de Defesa Ambiental;
IX - as penalidades disciplinares ou compensatórias ao não cumprimento das medidas necessárias à preservação ou correção da degradação ambiental;
X - a instituição do RELATÓRIO DE QUALIDADE DO MEIO AMBIENTE, a ser divulgado anualmente pelo Instituto Brasileiro do Meio Ambiente e dos Recursos Renováveis - IBAMA;
XI - a garantia da prestação de informações relativas ao Meio ambiente, obrigando-se o Poder Público a produzi-las quando inexistentes;
XII - o Cadastro Técnico Federal de Atividades Potencialmente Poluidoras e/ou Utilizadoras dos Recursos Ambientais. (grifo nosso)

A RESEX é uma figura jurídica *sui generis* de conservação ambiental combinada à exploração econômica, destinada especialmente às populações tradicionais e por elas gerida. Ela distingue-se da concepção tradicional de unidade de conservação de espécies vegetais e animais porque prevê a exploração auto-sustentável e a conservação dos recursos naturais renováveis pelas populações extrativistas, ou seja, garante a presença humana. Também se distingue de unidades de conservação que prevêem atividades de exploração sujeitas a planos de utilização, mas que não levam em conta as populações locais, seus direitos, organização e cultura.

CONCLUSÃO

A pressão dos seringueiros pela criação das reservas extrativistas, desenvolveu-se não apenas na luta pelo prevalecimento, mesmo à margem do direito estatal, da posse agrária ecológica, mas também pela adoção da proposta pelo ordenamento jurídico oficial.

A obtenção desta conquista, através do Decreto nº 98.987, de 30 de janeiro de 1990 (decreto que cria a figura jurídica da reserva extrativista), deve ser analisada por levantar questões sobre a resolução de conflitos dentro do pluralismo jurídico.

Pois, se este Decreto representou uma conquista na luta pela criação das reservas extrativistas, isso por si só não significa uma incorporação automática da realidade jurídica da posse agrária ecológica pelo direito estatal, visto que ainda os princípios da posse civilista (que visa a interesses individualistas), e secundariamente da posse agrária estatal (visa à função econômica e social da terra), ainda são largamente predominantes, onde concluímos que a ocorrência de conflitos internos ao ordenamento jurídico oficial é uma realidade.

Na região amazônica não basta, portanto, fazer a reforma agrária nos moldes oficiais. É de fundamental importância levar em consideração a heterogeneidade da Amazônia em termos de fauna, flora, hidrografia, clima, assim como a população local e os migrantes recém-chegados nos últimos vinte anos.

Na Amazônia, o comum é a diversidade.

REFERÊNCIAS BIBLIOGRÁFICAS

ALLEGRETTI, M. H. 1990. *Reservas Extrativistas: uma proposta de desenvolvimento da floresta amazônica.* Curitiba: Instituto de Estudo Amazônico, Mimeografado.

ALMEIDA, Al. W. B. 1989. Terra de Preto, Terra de Santo, Terras de Índio: uso comum e conflito. In: E. de CASTRO e HÉBETTE, J. (org.). *Na Trilha dos Grandes Projetos: modernização e Conflito na Amazônia.* Belém, NAEA/UFPA.

FACHIN, L. E. 1990. Posseiros e Seringueiros: aspectos jurídicos *Revista da Associação Brasileira de Reforma Agrária.* ABRA, 20:73, abr./dez.

SOUZA FILHO, C. F. M. 1993. Espaços Ambientais Protegidos e Unidades de Conservação. In: *Ponto de Vista.* Curitiba : Universitária Champagnat.

AUTORES

Airton Faleiro - Federação dos Trabalhadores da Agricultura (FETAGRI) e Central Única dos Trabalhadores (CUT), Belém, PA.

Alex Fiuza de Mello - Departamento de Ciências Sócio-Políticas do Centro de Filosofia e Ciências Humanas da Universidade Federal do Pará, Belém, PA.

Alfredo Wagner B. de Almeida - Antropólogo, Leopoldina, MG.

Anaíza Vergolino-Henry - Departamento de Antropologia do Centro de Filosofia e Ciências Humanas da Universidade Federal do Pará, Belém, PA.

Angela Maria de Moraes Bertho - Departamento de Ciências Humanas do Museu Paraense Emílio Goeldi - CNPq, Belém, PA.

Aziz Ab'Saber - Sociedade Brasileira para o Progresso da Ciência (SBPC) e Instituto de Estudos Avançados da Universidade de São Paulo, SP.

Bertha K. Becker - Instituto de Geociências e Programa de Pós-Graduação em Geografia da Universidade Federal do Rio de Janeiro, RJ.

Célia Futemma - Instituto do Homem e Meio-Ambiente da Amazônia (IMAZON), Belém, PA.

Clarita Müller-Plantenberg - Universidade de Kassell - Alemanha.

Christopher Uhl - Instituto do Homem e Meio-Ambiente da Amazônia (IMAZON) e Empresa Brasileira de Pesquisa Agropecuária (EMBRAPA), Belém, PA.

Darrell A. Posey - Museu Paraense Emílio Goeldi - CNPq e Instituto de Antropologia Social e Cultural da Universidade de Oxford, Inglaterra.

David F. Carvalho- Departamento de Economia e Núcleo de Altos Estudos Amazônicos (NAEA) da Universidade Federal do Pará, Belém, PA.

David Cleary - Centro de Estudos Latino Americanos da Universidade de Cambridge, Inglaterra e Fundação Esperança, Santarém, PA.

David McGrath - Núcleo de Altos Estudos Amazônicos (NAEA) da Universidade Federal do Pará e Instituto do Homem e Meio-Ambiente da Amazônia (IMAZON), Belém, PA.

Déborah L. Ayres - Departamento de Antropologia do Centro de Filosofia e Ciências Humanas da Universidade Federal do Pará, Belém, PA.

Edilza Fontes - Departamento de História do Centro de Filosofia e Ciências Humanas da Universidade Federal do Pará, Belém, PA.

Edna Castro - Núcleo de Altos Estudos Amazônicos (NAEA) da Universidade Federal do Pará, Belém, PA.

Ernani Chaves - Departamento de Filosofia do Centro de Filosofia e Ciências Humanas da Universidade Federal do Pará, Belém, PA.

Fábio de Castro - Instituto do Homem e Meio-Ambiente da Amazônia (IMAZON), Belém, PA.

Francisco de Oliveira - Centro Brasileiro de Análise e Planejamento (CEBRAP) e Departamento de Sociologia da Universidade de São Paulo, SP.

Geraldo M. Coelho - Departamento de História do Centro de Filosofia e Ciências Humanas da Universidade Federal do Pará, Belém, PA.

Harald Sioli - Instituto Max Plank de Limnologia, Plon, Alemanha.

Herbert Schubart - Secretaria de Assuntos Estratégicos da Presidência da República (SAE), Brasília, DF.

Hermínio Martins - Centro Latino-Americano do St Antony's College, Universidade de Oxford, Inglaterra.

Horácio Martins Carvalho - Pesquisador, Curitiba, Paraná.

Jacky Picard - Convênio ORSTOM - CNPq - Museu Paraense Emílio Goeldi e Universidade Bordeaux III, França.

João Pacheco de Oliveira Filho - Programa de Pós-Graduação em Antropologia Social do Museu Nacional - Universidade Federal do Rio de Janeiro, RJ.

José Adalberto Silva - Coordenação das Organizações Indígenas da Amazônia Brasileira (COIAB), Manaus, AM.

José Marcelino M. da Costa - Economista, Belém, PA.

José H. Benatti - Sociedade Paraense de Defesa dos Direitos Humanos, (SPDDH), Belém, PA.

José Carlos Castro - Departamento de Filosofia do Centro de Filosofia e Ciências Humanas da Universidade Federal do Pará, Belém, PA.

Jussara da Silva Derenji - Fundação Cultural do Município de Belém (FUMBEL) e Departamento de Arquitetura da Universidade Federal do Pará, Belém, PA.

Laymert Garcia dos Santos - Departamento de Ciências Sociais Aplicadas à Educação da Universidade Estadual de Campinas, SP.

Lourdes G. Furtado - Departamento de Ciências Humanas do Museu Paraense Emílio Goeldi- CNPq, Belém, PA.

Lúcia Hussak van Velthem - Departamento de Ciências Humanas do Museu Paraense Emílio Goeldi - CNPq, Belém, PA.

Lúcio Flávio Pinto - Jornal Pessoal, Belém, PA.

Manfred Nitsch - Instituto de Estudos Latino-americanos da Universidade Livre de Berlim, Alemanha.

Márcio Meira - Departamento de Ciências Humanas do Museu Paraense Emílio Goeldi- CNPq, Belém, PA.

Márcio Souza - Biblioteca Nacional do Rio de Janeiro, RJ.

Maria Angela D'Incao - Universidade Estadual Paulista (UNESP) e Departamento de Ciências Humanas do Museu Paraense Emílio Goeldi - CNPq, Belém, PA.

Maria Angélica Motta-Maués - Departamento de Antropologia do Centro de Filosofia e Ciências Humanas da Universidade Federal do Pará, Belém, PA.

Maria Célia Nunes Coelho - Núcleo de Meio Ambiente (NUMA) da Universidade Federal do Pará, Belém, PA.

Maria Cristina Maneschy - Departamento de Ciências Sócio-Políticas do Centro de Filosofia e Ciências Humanas da Universidade Federal do Pará, Belém, PA.

Maria Lúcia Medeiros - Departamento de Letras do Centro de Letras e Artes da Universidade Federal do Pará, Belém, PA.

Maria Luzia Miranda Álvares - Departamento de Ciências Sócio-Políticas do Centro de Filosofia e Ciências Humanas da Universidade Federal do Pará, Belém, PA.

Marlúcia Martins - Departamento de Zoologia do Museu Paraense Emílio Goeldi - CNPq, Belém, PA.

Oliveiros S. Ferreira - Departamento de Ciências Políticas da Universidade de São Paulo,SP.

Paul Singer - Instituto de Estudos Avançados da Universidade de São Paulo, SP.

Paulo Nogueira Batista - Embaixador brasileiro no Mercosul, Montevideu, Uruguai.

Priscila Faulhaber - Departamento de Ciências Humanas do Museu Paraense Emílio Goeldi - CNPq, Belém, PA.

Roberto Araújo - Departamento de Ciências Humanas do Museu Paraense Emílio Goeldi - CNPq, Belém, PA.

Roberto Cortez - Departamento de Ciências Humanas do Museu Paraense Emílio Goeldi - CNPq e Departamento de Antropologia do Centro de Filosofia e Ciências Humanas da Universidade Federal do Pará, Belém, PA.

Rui Barbosa Rocha - Instituto do Homem e Meio-Ambiente da Amazônia (IMAZON), Belém, PA.

Saint-Clair Trindade Jr - Departamento de Geografia do Centro de Filosofia e Ciências Humanas da Universidade Federal do Pará, Belém, PA.

Sonia Barbosa Magalhães - Departamento de Ciências Humanas do Museu Paraense Emílio Goeldi - CNPq, Belém, PA.

Thomas Hurtienne - Instituto Latino-americano da Universidade Livre de Berlim, Alemanha.

Véronique Boyer-Araújo - CEMACA - CNRS, Paris, França

Editora Supercores

Travessa do Chaco, 688.
Tel.: (091) 233-0217. Fax: (091) 244-0701
Belém do Pará